제2판

철도공학 및 관계법규 포함

철도토목기사·산업기사 필기·실기 합격 바이블

이 책은 철도토목기사와 산업기사를 준비하는 철도 종사자와 철도 관련 학생들이 단기간에 시험을 준비할 수 있도록 기존의 기출문제를 수집·분석하여 정리하였다.

제2판

철도공학 및 관계법규 포함

철도토목기사·산업기사 필기·실기 합격 바이블

정대호, 정찬묵, 배석복 저

씨아이알

머리말

지난 1세기 동안 철도는 인적·물적 수송의 주역으로 국가 기간산업과 경제발전에 크게 기여하여 왔습니다. 최근 고유가와 친환경에 대한 높은 관심으로 대중교통의 패러다임이 바뀌고 있으며, 저탄소 녹색성장 실현에 가장 적합한 교통수단으로서 철도의 우수성이 입증되어 철도투자 비중이 점점 확대되고 있습니다. 국가적으로 고속철도 개통, 기존철도의 속도향상, 경전철 도입 등으로 철도의 기술발전이 빠르게 진행되고 있으며 대륙철도와 해외철도 진출도 가시화되고 있는 시점입니다.

이 책은 철도기술의 보급과 교육이 필요한 시점에 철도토목기사와 산업기사를 준비하는 수험생의 기술 향상과 저변 확대에 기여하기 위한 목적으로 집필하였습니다. 한편 철도토목기사 시험을 준비할 때 가장 어려운 점은 우선 관련 수험서가 없어 시험 자료가 부족하다는 것과 일반 토목을 전공한 학생은 철도공학과 보선 관련 법규가 생소하다는 것임을 알았습니다. 이 책은 이러한 수험생의 고충을 고려하여 다음과 같이 구성하였습니다.

◇ 이 책의 구성과 특징

1. 각 장의 핵심 이론에 연도별·기사별 기출연도를 표시하여 출제빈도와 중요도를 쉽게 알 수 있도록 구성하였습니다.
2. 한 권으로도 철도토목기사·산업기사 시험을 준비할 수 있도록 관련 법규 및 핵심 이론을 정리하였고 각 장별 기출문제를 함께 분석·정리하였습니다.
3. 출제기준에 맞는 목록과 개정된 법령을 반영하였습니다.

철도토목기사 및 산업기사를 준비하는 수험생에게 시험의 길잡이가 되도록 노력하였으나 기출문제 자료의 부족 등으로 정리에 어려움이 많았고, 본문 내용 또한 불충분한 점이 있을 수 있음에 아쉬움과 부끄러운 마음입니다. 앞으로 철도 분야에 많은 학생들이 진출하기를 희망하며 철도토목기사는 토목기사의 수험과목(응용역학, 측량학, 건설재료·시공)과 겹치는 부분이 많으므로 철도공학과 보선 관련 법규만 이해한다면 토목기사와 철도토목기사를 함께 취득할 수도 있으리라는 생각이 듭니다. 다시 한번 토목을 전공하고 철도 현장에 계시는 많은 분들이 철도를 이해하고 발전시키는 데 조금이나마 도움이 되었으면 하는 바람입니다.

앞으로도 부족한 점은 계속 수정·보완토록 노력할 것을 다짐하오니 많은 분의 지도와 관심을 부탁드리며, 출간에 도움을 주신 최승엽, 황윤태를 비롯한 모든 분께 깊이 감사드립니다.

저자 정대호, 정찬묵, 배석복

목 차

실기 편

PART 01 철도보선설계 및 시공실무

PART 01 철도공학

CHAPTER 01 철도일반

CHAPTER 02 선로

CHAPTER 03 분기기 및 장대레일

CHAPTER 04 선로설비 및 정거장 설비

CHAPTER 05 선로보수

CHAPTER 01 철도일반

1-1 철도개론

1-1-1 철도의 의의

철도(한국과 일본에서는 철도, 영국 railway, 미국 railroad)란 레일 또는 일정한 길잡이(guide ways)에 따라 운행하는 육상 교통기관의 총칭이다.

1. 철도의 정의

전용 용지의 노반(토공, 교량, 터널, 배수시설 등) 위에 레일, 침목, 도상 및 그 부속품으로 구성한 궤도를 부설하고 그 위로 차량을 운행하여 일시에 대량의 여객과 화물을 수송하는 육상 교통기관을 말한다.

2. 철도의 특징

1) 거대자본 고정성 : 고정자산(토지)이 대부분을 차지하고, 유동자산은 극히 적은 특성을 가짐
2) 독점성 : 철도 시스템은 독점성이 높은 교통기관
3) 공공성 : 국가 기간교통수단으로서 공익성을 추구하는 교통사업
4) 통일성 : 철로의 선로, 차량, 신호방식, 운송조건 등의 통일성이 확보되어야 함

3. 철도의 장점 (14,17기사, 09산업)

1) 대량 수송성 : 적은 에너지로 많은 차량을 일시에 수송 가능
2) 안전성 : 최신 신호보안 설비를 통하여 안전 수송 가능
3) 에너지 효율성
4) 전기운전성, 저공해성 : 전기차량 운행 확대로 친환경적 수송 가능
5) 고속성 : 전용선로를 갖고 보안장치에 의한 안전하고 고속운전 운행이 가능
6) 정확성 : 천후의 영향이나 기상변화의 영향을 거의 받지 않음
7) 쾌적성, 저렴성, 장거리성

1-1-2 철도의 역사

1. 철도의 기원

열차는 1814년 영국의 스티븐슨이 증기기관차를 발명함으로써 등장하였다. 그 뒤로 철도가 전 세계에 널리 퍼지면서 열차도 발전하기 시작하였다. 이후 증기기관차의 성능이 개선되어 100km/h 이상으로 달릴 수 있게 되었다. 초기의 증기기관차가 10km/h 안팎의 속도로 달렸던 점을 감안하면, 이는 꽤 커다란

발전인 것이다.

1894년에 루돌프 디젤 박사가 디젤기관을 발명하자 디젤동력기관차가 발명되었고, 기존에 증기기관차가 가지고 있던 한계를 극복함으로써 더 빠르고 효율적이며 힘이 좋은 열차의 탄생을 가능케 했다. 이로 인해 열차는 디젤기관차 시대를 맞게 되었고, 증기기관차는 역사의 저편으로 저물어가는 계기가 되었다. 디젤기관차는 제2차 세계 대전 이후 많이 쓰이기 시작하였다. 이 디젤기관차는 오늘날에도 많은 나라에서 쓰이고 있다. 디젤기관차는 전차선이 없어도 운행할 수 있어 특히 전철화가 비효율적인 나라나 지역에서 인기를 얻고 있다.

디젤기관차가 발명된 때와 비슷한 즈음에, 전기열차도 같이 연구되고 발명되었다. 전기기관차는 1837년 로버트 데이비슨이 전지로 움직이는 열차를 개발하면서 시작되었다. 그러나 전지로 열차를 움직이기에는 한계가 있었으므로 그다지 큰 주목을 받지 못했다. 첫 번째 전기철도노선은 1895년에 건설된 볼티모어 & 오하이오 철도의 볼티모어 벨트선으로, 전철화하여 열차를 움직인 최초의 노선이다. 초기 전기기관차는 지하철도, 도시철도에서 많이 쓰였고 1960년대 이후에는 디젤기관차보다 많이 쓰이게 되었다. 특히 전기기관차는 다른 기관차보다 에너지효율이 월등히 높고 그 견인력에 있어서도 독보적인 효율을 보여주고 있는 데다가, 에너지 사용의 유연성이 확보되므로 전기열차 시대의 도래는 철도선진국으로서의 기본조건이 되었다. 전기기관차는 나날이 혁신하여 현재 고속열차의 토대가 되었다.

1-1-3 철도의 구분

철도는 기술, 경제 또는 사회상의 관점에서 구분할 수 있다.

1. 기술상의 구분

1) 동력에 의한 구분

① 증기철도(steam railway) : 증기기관차를 운행하는 철도

② 내연기철도(gasoline railway or diesel railway) : 디젤기관차

③ 전기철도(electric railway) : 전기기관차를 운행하는 철도

2) 궤간에 의한 구분

① 표준궤간철도(standard gauge railway) : 궤간이 1,435mm

② 협궤철도(narrow gauge railway) : 궤간이 표준궤간 1,435mm보다 좁은 철도를 말하며 일본 국철 및 국내에서는 과거 수인선이 있었으나 폐선됨

③ 광궤철도(broad gauge) : 표준궤간보다 넓은 궤간, 러시아, 스페인 등에서 사용

3) 선로 수에 의한 구분

① 단선철도(single track railway) : 단선궤도를 부설하여 운행하는 철도

② 복선철도(double gauge railway) : 상하행선으로 구분 운행하는 철도

③ 3선철도(triple track railway)

④ 2복선, 3복선, 4복선철도

4) 구동, 견인 방식에 의한 구분 (02,03,12,18**기사**, 07,15**산업**)

① 점착식 철도(adhesion railway) : 레일과 차량 바퀴의 점착력으로 운행

② 치차레일식 철도(rack railway) : 궤간 내 치차레일(gear rail)과 차량의 치차가 서로 물려 산악 등 급한 기울기에도 운행할 수 있는 철도

③ 인크린드 철도(inclined railway) : 점착식 철도로 연결운행이 곤란한 낙차가 심한 급기울기 구간 높은 위치에 전기식 호이스트(hoist)를 설치하여 윈치(winch)와 와이어로프로 기관차를 제외한 차량 1량식을 하향으로 내리거나 상향으로 감아 올려 다시 기관차로 열차를 조성·운행하는 철도

④ 강색 철도(cable railway) : 높은 산과 계곡에 철탑과 케이블을 설치하여 이 케이블에 차량 1량을 매달아 운행하는 철도

5) 부설 지역에 의한 구분

① 평지철도(plans railway) : 평탄한 지상에 놓인 철도(보통철도)

② 산악철도(mountainous railway) : 산악지대에 부설된 철도

③ 시가철도(street railway) : 도시 시가지에 도로를 따라 설치된 철도

④ 해안철도(seashore railway) : 도시 근교 교외에 부설된 철도

6) 레일 수에 의한 구분

① 모노레일(mono rail) : 부설 레일이 1줄인 철도로 상승식(上乘式) 또는 가좌식(跏坐式), 현수식(懸垂式)으로 구분함

② 레일 2줄인 철도(general railway) : 일반·고속철도, 지하철과 같이 궤간 위에 차량이 점착력에 의해 운행하는 철도

③ 레일 3줄인 철도(3rd railway) : 차륜이 운행되는 두 개 레일 외에 별개의 레일을 부설하여 급전용으로 사용되는 레일로 터널공간을 줄이는 데 유용함

7) 시공기면 위치에 의한 구분

① 지표철도(surface railway) : 시공기면이 지상에 있는 철도로서 보통철도

② 고가철도(elevated railway) : 시공기면이 고가에 위치한 철도

③ 지하철도(under ground railway) : 시가지의 지하철도

8) 열차 운전속도에 의한 구분

① 일반철도(railway or railroad) : 200km/h 미만의 속도로 주행하는 철도

② 고속철도(high speed railway) : 열차가 주요 구간을 시속 200km 이상의 속도로 주행하는 철도로서 국토교통부 장관이 그 노선을 지정·고시하는 철도

③ 초고속철도(super high speed railway) : 일반적으로 300km/h 이상의 열차영업속도를 실현하는 신형식에 유도(guid)된 초고속 육상 교통기관

2. 경영주체, 수송 대상물에 의한 구분

1) 경영주체에 의한 구분

① 국유철도 또는 국영철도(national railway or government railway)

② 공유철도 또는 공영철도(public railway)

③ 사유철도 또는 사영철도(private railway) : 민간이 소유하여 운영하는 철도
④ 제3섹터 철도(third sector railway) : 국영이나 공영 및 사영도 아닌 제3자 경영방식의 철도이며 국가, 지방자치단체, 공적기관의 출자 공단 등이 출자하여 운영하는 철도

2) 수송 대상물에 따른 구분
① 여객철도(passenger railway) : 여객만 전용으로 수송하는 철도
② 화물철도(freight railway) : 화물만 전용으로 수송하는 철도
③ 광산철도(mining railway) : 광산 전용으로 운행하는 철도
④ 산림철도(forest railway) : 산림 전용으로 운행하는 철도
⑤ 군용철도(military railway) : 군사 전용으로 운행하는 철도

3) 사회간접자본시설에 대한 민간투자 철도 구분 (11**기사**)
① BTO(Build Transfer Operate) 방식 : 사회간접자본시설의 준공과 동시에 그 시설의 소유권은 국가 또는 지방자치단체에게 귀속되고 사업시행자에게 일정 기간 시설관리 운영권을 인정하는 방식
② BOT(Build Own Transfer) 방식 : 준공 후 일정 기간 사업시행자에게 그 시설의 소유권이 인정, 기간 만료 시 시설소유권이 국가 또는 지방자치단체에 귀속되는 방식
③ BOO(Build Own Operate) 방식 : 사회간접자본시설의 준공과 동시에 사업시행자에게 그 시설의 소유권을 인정하는 방식
④ BTL(Build Transfer Lease) 방식 : 사업시행자가 사회간접자본시설을 준공한 후 일정 기간 운영권을 정부에 임대하고 임대기간 종료 후 시설물을 국가 또는 지방자치단체에게 이전하는 방식

1-1-4 철도 시스템의 구성

1. 개요

1) 철도는 다른 교통수단과 비교하여 정해진 선로상에서만 주행할 수 있다는 제약조건과 차량을 장대 편성하여 대량으로 수송할 수 있다는 특징이 있음
2) 이러한 제약조건과 특성을 이용하여 기능을 발휘하기 위해서는 열차운영을 위한 여러 요소의 체계적이고 종합적인 관리를 위한 시스템화가 요구됨
3) 철도 시스템은 크게 역 설비, 차량, 선로, 에너지 공급 설비, 신호통신 설비 등 5가지 설비로 나누어짐

2. 철도 설비의 구성요소

1) 역 설비 : 역 건물과 승강장 등 승객이 타고 내리거나 화물을 싣고 내리기 위해 갖추어진 설비를 총칭
2) 차량
① 승객 또는 화물을 수송하는 설비
- 사용하는 에너지의 종류에 따라 전기차, 디젤차로 구분
- 수송 대상물의 종류에 따라 여객차, 화물차로 구분
- 동력의 유무에 따라 동력차, 비동력차로 구분

② 승객 설비와 주행 장치로 구성
- 승객 설비 : 객실, 조명, 안내 설비 등

• 주행 장치 : 전동기, 구동 장치, 동력 제어 장치 등

3) 선로

① 차량을 운행하기 위한 전용 통로

② 선로의 중심 부분으로써 도상, 침목, 레일과 그 부속품으로 이루어지는 궤도와 흙 구조물, 교량, 터널의 노반으로 구성

③ 선로는 주행 중인 차량의 하중을 넓게 분산시켜주는 역할

4) 전철 전력 에너지 공급 설비

① 차량에 동력을 공급하는 설비

② 발전소에서 송전된 전기를 변전소에서 변전하여 전차선을 통해 차량에 공급하는 전기차 운행에 필요한 설비와 디젤차 운행을 위한 경유를 공급하는 설비로 구분

5) 신호통신 설비(열차운행 정보전달 체계)

① 열차운행을 위한 정보전달 체계로서 위의 4가지 요소와 함께 종합 관리하여 철도의 특성을 보장하는 기능

② 신호보안 설비, 통신제어 설비 등의 시설물과 사령실로 구성

1-1 기출문제

1. 철도의 분류 중 구동 및 견인방식에 의한 구분이 아닌 것은? (18기사, 07산업)

가. 점착식 철도　　나. 치차레일식 철도
다. 지표철도　　라. 강색 철도

해설 시공기면 위치별 구분 : 지표철도, 고가철도, 지하철도

2. 철도를 구동 및 지지방식에 의하여 구별할 때 특수철도가 아닌 것은? (02,03기사)

가. 강색 철도　　나. 점착식 철도
다. 단궤철도　　라. 무궤철도

해설 점착식 철도는 일반철도에서의 구동 및 지지방식이다.

3. 다음 중 철도의 우수한 특성으로 볼 수 없는 것은? (09산업)

가. 안전성　　나. 접근성
다. 정확성　　라. 저공해성

해설 접근성은 자동차의 최대 장점이다.

4. 철도와 같은 사회간접자본시설에 대한 민간투자 방식으로 시설의 준공과 동시에 해당 시설의 소유권이 국가 또는 지방자치단체에 귀속되며 사업시행자에게 일정 기간 시설관리 운영권을 인정하는 투자 방식은? (11기사)

가. BTO(Build Transfer Operate) 방식
나. BOT(Build Own Transfer) 방식
다. BOO(Build Own Operate) 방식
라. BTL(Build Transfer Lease) 방식

해설 BTO(Build Transfer Operate) 방식 : 사회간접자본시설의 준공과 동시에 해당 시설의 소유권은 국가 또는 지방자치단체에게 귀속되고 사업시행자에게 일정 기간 시설관리 운영권을 인정하는 방식을 말한다.

5. 철도 수송의 특성으로 옳지 않은 것은? (14기사)

가. 철도는 여러 대의 차량으로 열차를 형성하여 운행하므로 대량 수송이 가능하다.
나. 철도는 교통공해 발생 정도가 타 교통기관보다 상대적으로 적다.
다. 시간적, 공간적 제약이 적어 여행자유도가 높다.
라. 철도는 기상조건에 거의 영향을 받지 않고 정상적인 운행이 가능하여 정시성이 높다.

해설 철도는 정해진 선로와 차량으로 운행하므로 자유로움이 낮아 자동차와 상반된 특징을 지닌다.

6. 철도를 구동 및 견인 방식에 의해 분류할 때 해당하지 않는 것은? (15산업)

가. 광궤철도　　나. 점착식 철도
다. 치차레일식 철도　　라. 강색 철도

해설 광궤철도는 궤간에 의한 구분이다.

7. **급기울기 철도 중 점착식 철도(adhesion railway)에 대한 설명으로 옳은 것은?** (12기사)

가. 최대 기울기는 880/1000 정도의 시공사례가 있다.

나. 급기울기 철도의 종류 중 가장 급한 기울기에서 사용된다.

다. 차륜과 레일 간의 마찰에 의하여 차륜이 주행하는 방식이다.

라. 동력차에 설치한 치차에 의해 급기울기선을 운전하는 철도를 말한다.

해설 점착식 철도는 현재 우리나라에서 운행 중인 고속, 일반철도 형식으로 레일과 차량 바퀴의 점착력으로 운행된다.

8. **앞으로의 철도사명을 수송형태 측면에서 다음과 같이 볼 때 관계가 없는 것은?** (17기사)

가. 지방 중핵 도시간을 연결하는 고속 수송체계의 확립

나. 지방시·대도시 근교에 있어서의 통근, 통학, 비즈니스, 수송의 확보

다. 생산지와 소비지를 연결하는 중장거리 화물수송의 대단위화 및 고속화

라. 화물수송을 배제하고 전국을 1일 생활권으로 연결하는 고속인력 수송체계 확보

해설 화물수송을 배제하는 것은 옳지 않다.

정답 1. 다 2. 나 3. 나 4. 가 5. 다 6. 가 7. 다 8. 라

1-2 철도계획

1-2-1 계획 일반

1. 철도건설계획의 정의

「철도건설법」에서 규정하고 있는 공공철도의 건설 및 개량사업과 「사회기본시설에 관한 민간투자법」에서 규정한 철도사업 등의 사업계획을 말한다.

건설사업계획은 건설사업을 구상하여 예비타당성조사, 기본계획수립조사 및 기본계획수립, 기본설계, 실시설계, 공사집행 및 시공, 준공 및 시운전, 개통 및 영업개시 등 영업개시를 시작할 때까지의 단계별 사업계획을 수립하여 시행한다.

2. 철도계획의 분류

1) 철도투자계획 (02,03,07**기사**, 04**산업**)

① 수송력 증강 투자계획 : 복선화, 복복선화의 배선의 변경, 전철화 등의 제공사 계획이 포함

② 기존 설비의 근대화 투자계획 : 운전의 안전을 확보하기 위하여 필요한 투자계획

③ 수송서비스 투자계획 : 차량 및 역의 냉난방화, 대합실의 정비, 맹인 등 지체장애자용 시설의 충실, 역의 미화 등 쾌적성의 향상을 주로 한 투자계획

④ 신선 건설계획 : 수요가 증대하여 기존시설의 공급력 필요시 단선, 복선 철도건설, 단복선 전기철도 건설

2) 철도영업계획 (04**산업**)

① 여객 유치를 촉진하는 판매계획

② 철도영업시설 투자의 효율적 운용 : 역구내영업, 수탁광고 영업계획

③ 생력화를 주체로 하는 영업합리화 계획

④ 화물영업계획 및 운임요금의 설정계획

3) 철도계획의 특징 (10**기사**)

① 장기간에 걸쳐 라이프 사이클(life cycle)을 가짐

② 지역의 도시계획 및 많은 사람들과 직간접으로 이해관계를 가짐

③ 대규모 및 장기간의 투자를 필요로 함

④ 지역사회에 광범위하고 복잡한 영향과 효과를 미침

1-2-2 역세권의 설정

1. 노선세력권 정의

일반적으로 계획선로의 연선에 대하여 그 경제적 영향권을 설정한다. 이 영향권을 경제권(economic sphere), 세력권(influence sphere) 또는 역세권(station influence sphere)이라 부른다. 철도계획 조사사항은 다음과 같으며, 세력권은 선정된 지형도를 이용하여 도상 조사한다.

1) 자연조건
2) 행정구역
3) 교통조건
4) 경제조건
5) 사회조건
6) 인위조건

2. 노선세력권 범위

계획노선을 중심으로 한 노선세력권의 범위는 노선의 중요도에 따라 다르다.

1) 보행시간 1～2시간 경우 : 4～8km

2) 자동차 등의 교통편이 불량한 경우 : 10～30km

3) 교통편이 양호한 경우 : 30～50km

1-2-3 경제조사 및 수송수요

1. 경제조사

1) 개요 및 목적 : 경제성 분석은 평가대상 사업이나 비교대안에 대한 사회적 편익과 비용을 비교하여 투자여부를 판단하고 정책결정자의 의사결정을 지원하는 기법

① 순현재가치 방법(NPV : Net Present Value) : 평가기간의 모든 비용과 편익을 현재가치로 환산하여, 총편익에서 총비용을 뺀 값을 바탕으로 사업의 경제적 타당성을 평가하는 기법

② 편익/비용 비율 방법(B/C ratio) : 평가기간 동안에 발생하는 총편익을 총비용으로 나눈 비율이 가장 큰 대안을 최적대안으로 선택하는 방법

③ 내부수익률 방법(IRR : Internal Rate of Return) : 투자사업이 원만히 진행될 경우 기대되는 총편익의 현재가치와 총비용의 현재가치가 같아지는 할인율

④ 초기년도 수익률 방법(FYRR : First-Year Rate of Return) : 첫 편익이 발생한 연도까지 소요된 총비용

⑤ 할인율 환산 방법 : 각기 다른 시기에 발생하는 비용과 편익을 현재가치로 환산하여 비교

2. 수송수요

1) 수송수요 요인 (05기사, 02산업)

① 자연요인 : 인구, 생산, 소득, 소비 등의 사회적, 경제적 요인

② 유발요인 : 열차횟수, 속도, 차량 수, 운임 등의 철도 서비스

③ 전가요인 : 자동차, 선박, 항공기 등의 타교통기관의 수송 서비스

2) 예측시행의 기본적 단계

① 과거의 경향과 장래의 예측에 관한 기본적 사실 규명

② 과거 수요의 변동요인 분석

③ 이전 예측과 현재의 수요가 다른 요인 해명

④ 장래 수요에 영향을 줄 것으로 생각되는 인자 탐색

⑤ 장래의 수요예측 및 예측의 정밀도와 그 오차의 원인 검토

3) 수요예측의 방법

① 시계열분석법 : 통계량의 시간적 경과에 따른 과거의 변동을 통계적으로 재구성 요소로 분석하고, 이들 정보에서 장래의 수요를 예측하는 방법

② 요인분석법 : 현상과 몇 개의 요인변수와의 관계를 분석

③ 원단위법 : 여러 대상지역을 여러 개의 교통구역으로 분할하며 그 장래의 토지이용과 인구로 교통 수송량을 구하는 방법

④ 중력모델법 : 두 지역 상호 간의 교통량이 두 지역의 수송수요 발생량 크기의 제곱에 비례하고, 양 지역 간의 거리에 반비례하는 예측모델법

⑤ OD표 작성법 : 각각 지역의 여객 또는 화물의 수송경로를 몇 개의 존(zone)으로 분할하고 각 존 상호 간의 교통량의 출발, 도착의 양면에서 작성

1-2-4 설비기준 및 수송능력 검토

1. 설비기준 (07기사)

철도의 신선 건설계획의 경우에 설비기준이 되는 주요 사항을 말한다.

1) 궤간 : 표준궤간 등 접속철도와 관련 있음
2) 궤도구조 : 레일, 침목, 도상의 규격
3) 단선, 복선의 구분 : 수송량의 구간변화, 단계적 건설에 따라 결정
4) 동력 : 동력방식, 공급원의 확보
5) 차량규격 : 차량규정 및 차량치수
6) 선로기울기, 곡선반경의 제한 : 운전속도와 견인력과의 관계
7) 역 예정지의 선정 : 화물집산지, 여객집중지와의 조정
8) 역유효장과 열차장 : 1개 열차당의 수송력과 관련
9) 운전속도 : 완화곡선 및 종곡선과의 관련
10) 설정열차 종별 및 횟수 : 여객종별, 화물품목별, 유효시간대 등과 관련
11) 추정열차 운전도표 : 단선 시의 교행설비, 일반으로 폐색구간의 수, 길이 등과 관련
12) 건설기준 : 건축한계, 시공기면 폭, 궤도 중심간격, 선로부담력 등

2. 철도 수송능력 검토

철도건설 시 시설능력 판단과 영업운영의 선로, 차량, 운전설비 등의 능력 판단의 기준이 되며, 철도 수송능력을 판단 검토하려면 철도용량을 검토해야 한다.

1) 선로용량의 정의 (07**기사**, 09**산업**) : 철도의 수송능력을 나타내며, 1일 최대 설정 가능한 열차횟수를 말함. 즉, 계획상 실제에 운전 가능한 편도(왕복을 나타낼 경우도 있음) 1일의 최대 총 열차횟수를 말함

2) 선로용량의 종류 (03,04,05**산업**)

① 한계용량 : 기존 선구의 수송능력의 한계를 판단하는 데 사용

② 실용용량 : 보통은 한계용량에 선로이용률을 곱하여 구하며 일반적으로 곡선용량은 이 실용용량을 말함

③ 경제용량 : 최저의 수송원가가 되는 선구의 열차횟수로 수송력 증강대책의 선택이나 그 착공시기에 대한 지표가 됨

3) 선로용량 산정 시 고려사항 (14,18,19**기사**, 03**산업**)

① 열차의 속도(운전시분)

② 열차의 속도차

③ 열차의 종별 순서 및 배열

④ 역간 거리 및 구내 배선

⑤ 열차의 운전시분

⑥ 신호현시 및 폐색 방식

⑦ 열차의 유효 시간대

⑧ 선로시설 및 보수 시간

4) 선로용량 변화 요인 (02**산업**)

① 열차 설정을 크게 변경시켰을 경우

② 열차속도를 크게 변경시켰을 경우

③ 폐색 방식이 변경되었을 경우

④ A.B.S 및 C.T.C 구간 폐색 신호기 거리가 변경되었을 경우

⑤ 선로 조건이 근본적으로 변경되었을 경우

5) 선로용량 산정식

① 단선구간의 선로용량 (05,07**기사**, 02,05,07,08,12**산업**)

$$N = \frac{1,440}{t+s} \times d$$

d : 선로이용률

t : 역간 평균 운전시분

s : 열차 취급시간

② 복선구간의 선로용량(전동차 전용구간) (08**기사**)

- 통근선구, 동일속도 열차설정구간

$$N = 2 \times \frac{1,440}{t+s} \times d$$

d : 선로이용률

t : 역간 평균 운전시분

s : 열차 취급시간

- 고속열차와 저속열차가 설정된 구간

$$N = \frac{1,440}{hv + (r+u+1)v'} \times d$$

h : 고속열차 상호 간의 최소 운전시격(6분)

v : 편도열차에 대한 고속열차의 비율

r : 저속열차 선착과 고속열차와의 필요한 최소 운전시격(4분)

u : 고속열차 통과 후 저속열차 발차까지 필요한 최소시격(25분)

v' : 편도열차에 대한 저속열차의 비율

d : 선로이용률

6) 선로용량을 증가시킬 수 있는 방법 (10산업)

① 역간 거리를 짧고 균일하게 함

② 열차 종류를 적게 함

③ 열차의 속도를 높임

④ 폐색 취급을 간편하게 함

3. 선로이용률

1) 정의 : 선로이용률은 1일 24시간에 열차설정 가능 시간의 비율을 말하며, 열차운전은 수요 특성 및 선로보수 등에 따라 유효 운전 시간대가 제약되기 때문에 실제 이용 가능한 총 열차횟수와 계산상 가능한 총 열차횟수는 차이가 있음

2) 개념식

$$\text{선로이용률} = \frac{\text{임의선로의 이용 가능한 열차 총 횟수}}{\text{임의선로의 계산상 가능한 열차 총 횟수}}$$

3) 선로이용률 영향 요인 (13,14**기사**)

① 선로 물동량의 종류에 따른 성격

② 주요 도시로부터의 시간과 거리

③ 인접 역간 운전시간의 차

④ 운전 여유시분, 시간별 집중도

⑤ 보수시간

⑥ 열차회수, 여객열차와 화물열차의 횟수비

4) 기준

① 선로이용률은 단선 60%, 복선 60~75%를 적용

② 용량산정구간은 일반적으로 조성역간을 1개 용량 기준 구간으로 함

1-2-5 투자평가 및 효과분석

1. 투자평가(appraisal or evaluation of project)

정해진 기준에 따라 그 투자의 실시가치 여부 또는 실시 가능 여부를 판단한다.

1) 기술평가 : 투자의 내용이 기술적으로 최적성(optimality)을 달성할 수 있는가, 투자가 기술적으로 타당성(feasibility)이 있는가를 평가하는 것

2) 경제평가 : 경영평가는 투자의 경제적 목적 달성 여부를 판단하는 것이며, 투자의 경제편익이 경제비용보다 크면 클수록 좋음

3) 재무평가 : 투자기관의 현금유통, 상환능력 및 사업수지성을 재무회계의 측면에서 평가

4) 경영평가 : 투자주체가 완성 후 운영의 원활한 인력조직, 재정사정, 경영기술 등에 의하여 좌우되고, 최근에는 이러한 경영평가가 중요시되고 있음

2. 효과분석

1) 투자의 단계별 기간에 따른 효과

① 계획단계의 효과
② 건설단계의 효과
③ 이용단계의 효과
2) 투자의 대상에 따른 효과
① 수송시설의 경영주체·이용자에 대한 효과
② 수송시설의 투자에 의하여 연선지역주민에 대하여 주어지는 효과

1-2-6 철도건설

신선 건설과 기존 철도의 수송력 한계에 따른 선로를 증설하여 복선화, 곡선 및 기울기를 개량하여 수송력 증강을 도모하는 선로개량을 포함한다.

1. 철도건설기본계획의 사항

1) 장래의 철도교통수요 예측
2) 철도건설의 경제성, 타당성 그 밖의 관련 사항 평가
3) 개략적인 노선 및 차량기지 등의 배치계획
4) 공사 내용, 공사기간 및 사업시행자
5) 개략적인 공사비 및 재원조달계획
6) 환경보전관리에 관한 사항
7) 지진대책
8) 그 밖의 대통령령이 정하는 사항

2. 철도건설사업 단계

1) 사업구상 및 예비 타당성 조사
① 시설범위 구상 및 시설기준 조사·검토
② 관련 상위계획, 법, 사업계획 검토, 경제적·정책적 타당성 검토
2) 타당성 조사 및 기본계획
① 철도 시스템, 노선, 정거장 입지선정
② 공사비, 보상비 등 건설비 적절성 검토
③ 수송수요 예측 및 열차운행계획 검토
④ 지자체 등 협의 결과 노선 변경
3) 기본설계
① 시설물 계획, 공사비, 공기 등을 고려 최적안 선정
② 최적안에 대한 기술자료 작성(구조물 형식, 설계도서 및 주요 시방서 작성 등)
③ 상세측량(1 : 5000 → 1 : 1200) 및 지반조사(약 30%)에 따른 구조물 계획 상세화
4) 실시설계
① 기본설계 결과를 토대로 최적안 선정
② 최적안에 대한 설계도서 작성

③ 지반조사(약 70%) 및 상세측량에 따른 구조물계획 확정

④ 지자체 요구 및 민원사항 반영, 환경 및 교통영향 평가결과 반영

5) 시공

① 실시설계 결과에 의한 공사시행

② 터널보강 등(직접조사 곤란 부분)

1-2 기출문제

1. 철도의 수송수요의 요인을 자연요인, 유발요인, 전가요인으로 구분할 때, 유발요인에 속하지 않는 것은? (05기사)

가. 열차횟수 나. 운임
다. 차량 수 라. 소비

해설 소비는 자연요인에 해당한다.

2. 수송수요의 요인에 속하지 않는 것은? (02산업)

가. 자연요인 나. 유발요인
다. 강제요인 라. 전가요인

해설 수송수요의 요인으로는 자연요인, 유발요인, 전가요인이 있다.

3. 철도의 신선 건설계획 설비기준이 되는 주요 사항에 대한 결정 요소로 잘못 짝지어진 것은? (07기사)

가. 궤도구조 : 레일, 침목, 도상의 규격
나. 선로기울기, 곡선반경의 제한 : 열차 운전속도, 견인력
다. 운전속도 : 완화곡선, 종곡선
라. 추정열차 운전도표 : 상치신호기 수와 위치

해설 추정열차 운전도표는 단선 시의 교행설비, 일반으로 폐색구간의 수, 길이 등과 관련된다.

4. 수송능력의 산정 시 수송력 증강대책의 선택이나 착공시기에 대한 자료가 되는 것으로 최저의 수송원가가 되는 선로의 열차횟수를 나타내는 선로용량은? (04산업)

가. 경제용량 나. 지표용량
다. 실용용량 라. 한계용량

해설 선로용량의 종류는 한계, 실용, 경제용량이 있다. 한계용량은 기존 선구의 수송능력의 한계를 판단하는 데 사용된다.

5. 선로용량 산정 시 한계용량에 선로이용률을 곱하여 구하는 것은? (05산업)

가. 실제용량 나. 실용용량
다. 경제용량 라. 사실용량

해설 보통 한계용량에 선로이용률을 곱하여 구하며 일반적으로 곡선용량은 이 실용용량을 말한다.

6. 철도의 수송능력을 나타내는 1일 열차횟수의 선로용량 산정의 종류가 아닌 것은? (03산업)

가. 실용용량 나. 표준용량
다. 경제용량 라. 한계용량

해설 선로용량의 종류에는 한계용량, 실용용량, 경제용량이 있다.

7. **철도계획에서 선로용량 산정 시 고려할 사항 중 옳지 않은 것은?** (03산업)

가. 열차의 속도 및 속도차 나. 역간 거리 및 구내배선

다. 신호현시 및 폐색 방식 라. 열차의 연결량 수

해설 고려사항으로 열차의 종별 순서 및 배열과 선로시설 및 보수시간도 있으며, 열차의 연결량 수는 유효장과 관련이 있다.

8. **다음 중 가장 선로용량이 많은 시스템은?** (02산업)

가. 단선통표폐색식 나. 단선 C.T.C

다. 복선 쌍신폐색식 라. 복선 A.B.S

해설 선로용량의 커지는 경우는 열차속도 향상, 폐색 방식 자동화, 선로조건의 변경(단선에서 복선, 복복선으로 변경 또는 기울기 완화, 직선화 등) 등이 있다.

9. **단선구간의 선로용량을 구할 때 사용되지 않는 것은?** (02,08산업)

가. 선로이용률 나. 고속열차 횟수비

다. 관계 취급시분 라. 1개 열차의 역간 평균 운전시분

해설 고속열차와 저속열차의 설정된 구간의 선로용량 산정 시 고속열차 횟수비, 고속열차 상호 간의 최소 운전시격, 고속열차 통과 후 저속열차 발차까지 필요한 최소 시격 등이 사용된다.

10. **일반적으로 복선화, 복·복선화, 배선변경, 전철화 등의 철도 건설공사가 포함되는 철도투자계획은?** (02,03기사)

가. 신선 건설계획 나. 기존 설비의 근대화 투자계획

다. 수송서비스 개량투자계획 라. 수송력 증강 투자계획

해설 복선화, 복·복선화, 배선변경, 전철화 등의 철도 건설공사가 포함된다.

11. **다음 철도계획 중 영업계획은 어느 것인가?** (04산업)

가. 설비의 근대화 나. 수송 서비스 향상

다. 여객 유치를 촉진 라. 수송력 증강

해설 영업계획은 여객 유치 촉진, 철도 영업시설 투자의 효율적 운용, 생력화를 주체로 하는 영업합리화 계획, 화물영업계획 및 운임요금의 설정계획이 있다.

12. **단선구간 선로용량의 간이산정식에 해당되는 것은? (단, N : 선로용량, t : 1개 열차의 역간 평균 운전시분, s : 운전 취급시분, d : 선로이용률)** (07산업)

가. $N=\left[\dfrac{1440}{(t+s)}\right]\times d$ 나. $N=2\times\left(\dfrac{1400}{t}\right)\times d$

다. $N=\left(\dfrac{1440}{t}\right)\times d$ 라. $N=2\times\left[\left(\dfrac{1440}{t}\right)+s\right]\times d$

해설 평균 운전시분(t)과 운전 취급시분(s)이 반영된 산정식이며, 복선의 경우 단선의 2배이다.

13. 단선 자동폐색구간에서 선로이용률 60%, 관계 취급시분 1.5분, 역간 총 실운전시분 765분, 설정 열차횟수 90회라고 할 때 선로용량(왕복)은 몇 회인가? (05,07기사)

가. 54회　　나. 86회

다. 90회　　라. 99회

해설 선로용량 $N=\frac{1440}{t+s}\times d$에서 $\frac{1440}{8.5+1.5}\times 0.6=86.4\fallingdotseq 86$회

여기서, 역간 평균 운전시분은 $\frac{765}{90}=8.5$가 된다.

14. 단선구간에서 역간 평균 운전시분이 5분, 열차 취급시분이 1분, 선로이용률이 60%일 때 선로용량은? (05산업)

가. 144회　　나. 288회

다. 432회　　라. 864회

해설 선로용량 $N=\frac{1440}{t+s}\times d$에서 $\frac{1440}{5+1}\times 0.6=144$회

15. 전동차 전용구간 최소 운전시격 6분, 선로이용률을 70%로 할 때 선로용량은 얼마인가? (15기사)

가. 144회/일　　나. 168회/일

다. 180회/일　　라. 240회/일

해설 선로용량 $N=\frac{1440}{t+s}\times d$에서 $\frac{1440}{6}\times 0.7=168$회

16. 열차운전계획과 밀접한 관계가 있는 선로용량이란? (07기사, 09,13산업)

가. 1일 가능 최대 열차운행 횟수

나. 1일 운행 열차횟수

다. 1일 최대 열차 수×편성량 수

라. 1일 열차운행 횟수×계수

해설 선로용량은 철도의 수송능력을 나타내며, 1일 최대 설정 가능한 열차횟수를 말한다.

17. 선로용량에 대한 설명으로 옳은 것은? (09,19기사)

가. 역간 거리가 멀면 선로용량이 증가된다.

나. 자동신호화에 의해 열차 취급시간을 감소시키면 선로용량은 증가된다.

다. 차량성능을 향상시켜 열차속도를 올리면 선로용량이 감소된다.

라. 선로이용률을 증가시키면 선로용량이 감소된다.

해설 자동신호화로 열차의 취급시간을 감소시키면 선로용량은 증가된다.

18. 철도의 수송계획 수립 시 고려사항으로 거리가 가장 먼 것은? (14,18기사)

가. 선로 유지보수 시간(h)　　나. 운반의 대상(여객 또는 화물)

다. 열차의 속도(km/h)　　라. 수요의 규모(인, 톤 등)

해설 선로 유지보수 시간은 선로용량 산정 시의 고려사항이다.

19. **다음 중 선로이용률에 영향을 주는 요소가 아닌 것은?** (13기사)

가. 선구 물동량에 따른 열차 종별의 다소

나. 역간 거리 및 운전시간의 장단에 따른 열차 지연 정도

다. 여객열차와 화물열차 횟수비

라. 열차의 길이 및 승객 수

해설 선로이용률은 1일 24시간에 열차 설정 가능 시간의 비율을 말하는 것으로 열차의 길이, 승객 수와는 상관없다.

20. **선로용량을 크게 할 수 있는 경우가 아닌 것은?** (10산업)

가. 교행대피시설을 축소한다.

나. 열차의 속도를 높인다.

다. 열차의 종별을 단순화한다.

라. 폐색구간을 단축(신호기 간격 조정)한다.

해설 선로용량을 증가시키는 방법에는 역간 거리를 짧고 균일하게 하거나 열차 종류를 적게 하고, 열차속도를 증가시키거나, 폐색취급을 간편하게 하는 것 등이 있다.

21. **철도계획의 특성으로 옳지 않은 것은?** (10기사)

가. 장시간에 걸친 라이프 사이클(life cycle)을 지닌다.

나. 많은 사람들과 직간접인 이해관계를 지닌다.

다. 대규모의 투자를 필요로 한다.

라. 효과, 영향의 파장이 비교적 소규모의 지역사회에 미친다.

해설 철도계획의 효과, 영향에 대한 파장이 대규모의 지역사회에 미친다.

22. **통근전동차 전용구간에서 최소 운전시격을 5분, 선로이용률을 0.6으로 가정할 때의 선로용량은?** (12산업)

가. 480회	나. 288회
다. 172회	라. 144회

해설 선로용량 $N=\dfrac{1440}{t+s}\times d$에서 $\dfrac{1440}{5}\times 0.6=172$회

23. **철도계획에서 경영구조계획을 내용 및 방법에 의해 분류할 때 이에 속하지 않는 것은?** (16기사)

가. 신설계획	나. 보수계획
다. 기본계획	라. 폐지계획

해설 기본계획은 경영구조계획 분류에 속하지 않는 사항이다.

정답 1. 라 2. 다 3. 라 4. 가 5. 나 6. 나 7. 라 8. 라 9. 나 10. 라 11. 다 12. 가 13. 나 14. 가 15. 나 16. 가 17. 나 18. 가 19. 라 20. 가 21. 라 22. 다 23. 다

1-3 철도형식

1-3-1 특수철도 일반

1. 경전철의 도입배경

경전철은 도시교통의 문제점인 환경측면과 미래지향적인 차원에서 교통혼잡과 환경오염을 경감시킨다. 대중교통수단으로 이용이 편리하지만, 속도감 확보 및 타 교통수단과의 연계성 검토가 필요하다.

2. 경량전철의 특징 (15산업)

1) 배차간격이 짧아 승차 대기시간이 적음
2) 지하철보다 건설비 및 고정시설비가 적게 듦
3) 무인운전 및 여객설비 자동화로 운영비용이 적게 듦
4) 급기울기, 급곡선 채용이 가능하며 주행성이 좋음
5) 사령실에서 원격제어하므로 승객 수송수요 변화에 신속 대응이 가능
6) 현지 여건에 따라 동력 및 차량형식의 선택이 자유로움
7) 여객 요청의 다양화에 대응
8) 정거장 간격 축소로 인근 주민에게 보다 높은 서비스 제공 가능

1-3-2 모노레일(mono rail)

1. 정의

부설레일이 1줄인 철도로서 상승식(上乘式) 또는 가좌식(跏坐式), 현수식(懸垂式)으로 구분한다.

가좌식 모노레일

현수식 모노레일

2. 특징

1) 급구배, 급곡선 주행이 가능
2) 구조물이 직접 궤도가 되므로 정교한 시공이 가능
3) 도로지장이 없고 공사가 용이하며 용지비가 적어 경제적
4) 안전도가 높고 승차감이 양호
5) 무인운전이 곤란함(비상시 승객의 피난유도를 위해)

6) 차량기지 확보 및 고가로 주택가 통과 시 민원 문제
7) 지하철과의 환승 문제
8) 도로 1개 차선 점유로 인한 공간 확보 문제
9) 주로 위락단지와의 연결 등 관광성이 있는 지역에 적합

1-3-3 자동운전궤도 시스템(Automated Guideway Transit)

1. 특징

잦은 정거장으로 표정속도 저하가 불가피하여 수송수요가 15,000명/시간/방향내외 지역에 적합하며, 적설을 감안한 대책이 수립되어야 한다.

2. 안내 방식

1) 중앙 안내 방식 : 궤도 중심에 설치된 1개의 레일에 안내차륜이 감싸고 안내하는 방식
2) 측방 안내 방식 : 안내레일을 주행면의 측면에 설치하여 안내하는 방식
3) 중앙구 안내 방식 : 좌우의 주행로 구조물 내측을 이용하여 안내하는 방식

3. 분기방식

1) 부침식 : 진행방식에 따라 가드레일을 상하로 작동하여 방향을 바꾸는 방식
2) 회전식 : 분기장치가 180° 회전하여 진행방향을 변화
3) 가동안내판 방식 : 가동 안내판을 작동하여 방향 전환하는 방식
4) 수평회전식 : 주방향과 안내궤도가 일체로 작동하는 방식

4. 고무차륜 AGT 시스템과 철제차륜 AGT 시스템

AGT(Automated Guideway Transit)는 경량전철의 한 종류로 고가 등의 전용궤도를 고무타이어나 철제차륜을 갖춘 차량이 안내레일(guideway)을 따라 무인으로 운영하는 철도 시스템을 말한다. 크게 차륜 형식에 따라 고무차륜과 철제차륜으로 구분하는데, 고무차륜 AGT는 일반 승용차와 유사한 고무타이어로 이루어졌다. 철제차륜 AGT는 안내레일에 철제차륜이 운영되는 시스템으로 차륜과 레일 간의 소음 저감을 위해 고무 패트 층이 내적된 철제탄성차륜을 적용하여 운영하고 있다.

고무차륜

철제차륜

항목	고무차륜	철제차륜
1량당 승차정원	48~110명	75~100명
차량편성	1~6량당 고정 및 변동편성 가능	2량 또는 3량 고정편성
승객수송능력	7,000~25,000명/시간	17,000~25,000명/시간
차륜형태	고무타이어 주행륜+안내문	소형철제탄성차륜
최고 운행속도	60~80km/h	70~80km/h
최대 등판구배	50~75%	45~60%
최소 곡선반경	30~35m	30~50m
운전방식	완전자동무인운전(비상시 수동운전)	완전자동무인운전(비상시 수동운전)
차량중량	1량당 18~19톤(기존 지하철차량의 50~55% 수준)	1량당 18~27톤(기존 지하철차량의 60~75% 수준)
특성	• 편평한 선형모터 채용(건설비 절감) • 급곡선, 급경사 운행 가능, 속도 제어, 제동운전 용이 • 역간 거리가 짧은 도심지 시스템으로 적합	• 철제레일주행, 철제탄성차륜 및 관절형 차체/관절대차 이용 • 탄성차륜에 의한 소음 및 진동 감소 • 원형모터, 레일 이용한 열차제어로 일반철도와 비슷한 시스템 채택 • 전력소모가 가장 적음
해외운행사례	• 일본 : 동경임해선, 나리타공항 셔틀 등 • 프랑스 : 릴르시, 오를리공항, 툴르즈 등 • 독일 : 프랑크푸르트 마인 공항 셔틀	• 영국 : 런던 도클랜드 DLR • 독일 : 프랑크푸르트 U3 등 • 미국 : 볼티모어 LRT, 산타클라라 LRV 등 • 프랑스 : 그레노블 LRV, 낭뜨 LRV 등

1-3-4 자기부상철도(Magnetic Levitated Linear Motor Car System)

1. 정의

레일과 차륜이 없이 자기력의 반발력, 흡인력을 이용하여 부상하고 리니어 모터에 의하여 주행한다.

2. 종류

1) 초전도 반발식(일본) : 자기의 반발력을 이용 차량이 부상, 강한 자력으로 guideway 상면에서 10cm 부상하여 주행
2) 상전도 흡인식(독일) : 자기의 흡인력을 이용 차량이 부상, guideway 상면에서 1cm 부상하여 주행하며 상전도 방식은 개발 완료로 상업화가 용이함

3. 장점

1) 500km/h 이상 초고속 주행 가능
2) 급곡선, 급기울기 등 선형 제약이 적음
3) guideway를 따라 주행하고 최첨단 컴퓨터 제어설비 사용으로 안전성 보장
4) 소음·진동이 거의 없음(집전기, 차륜이 없음)
5) 시설물이 단순하여 유지관리 용이
6) 보수노력 감소(시설물 보수, 갱환이 필요 없음)

4. 단점

1) 초기 투자비 증가

2) 기존 점착식 철도와 연계운행 불가
3) 기술의 신뢰성 미흡
4) 점착식에 비해 대량 수송 불리

5. 도시철도 적용

1) 도시철도 시스템으로 100km/h 방식이 적합
2) 일본 HSST(High Speed Surface Transit)가 대표적 (09기사, 05산업)

인천공항 자기부상철도

노면전차

1-3-5 기타 특수철도

1. 노면철도(노면전차) (04,06,15기사)

노면철도(Tramway, Street Light Rail Transit)는 주로 도로상에 부설된 레일을 따라 움직이는 전동차를 운행하는 것으로, 우리나라의 경우에도 1900년대 초까지 있었으나 자동차 보급의 급격한 증가로 극심한 지체 현상을 겪어 대부분 폐지되었다.
이에 등장한 LRT는 노면전차의 기능을 개선하고 최신 기술을 도입하여 개발한 노면전차라 할 수 있다. 이는 신교통수단으로 리모델링한 것으로 정시성 확보와 고속주행이 가능하다. 노면전차는 기본적으로 도로 위를 일반도로 노면 교통수단과 혼합하여 운행하나, LRT는 도로와 격리된 전용의 궤도주행을 기본으로 한다.

1) 장점 : 고가화, 지하화하여 효율적으로 운행 가능, 급구배, 급곡선 주행이 가능
2) 단점 : 도시 도로 정체로 정시성, 신속성이 떨어짐

2. 트롤리 버스

대도시 버스 등의 대기오염을 개선하고 에너지 효율을 높이기 위하여 가공전차선에서 전기를 공급받아 운영하는 버스 전용차선을 운영하는 개념으로 수송량은 버스와 노면전차의 중간이고 대도시 주변의 거점 간 연결, 중소도시에서 1개의 노선 축을 운행할 때 적합하다.

3. 리니어 모터카 (04,13,19기사)

리니어 모터카(LIM : Linear Induction Motor)는 회전모터의 1차 코일을 차량에 설치하고 2차 코일을 궤도

에 설치하여 전기에 의해 발생되는 전자력으로 차량을 움직이는 시스템이다. 자기부상열차와 동일한 추진방식 개념이나 자기부상열차가 차체를 띄운 상태에서 운행하는 반면, 리니어 모터카는 차체를 띄우지 않고 일반 철제차륜과 동일한 형태의 차륜을 부착하여 상부하중을 레일에 전달하도록 하고 있다. 전차선이 없어 터널 단면이 축소된다.

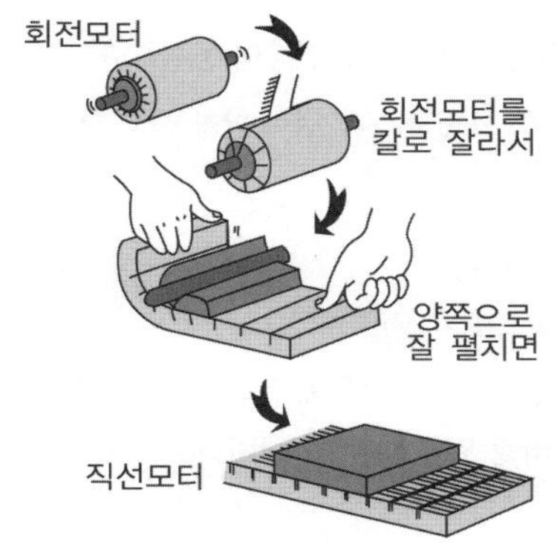

리니어 모터카

4. 궤도승용차 시스템

PRT(Personal Rapid Transit)란 3~5인이 승차할 수 있는 소형차량이 궤도(guidway)를 통하여 목적지까지 정차하지 않고 운행하는 새로운 도시교통수단으로서 일종의 궤도승용차이다.

트롤리 버스

궤도승용차 시스템

1-3 기출문제

1. **교통 시스템의 하나인 HSST(High Speed Surface Transport)의 특징으로 옳지 않은 것은?** (09기사, 05산업)

가. 공해가 없다.
나. 고도의 안전성이 있다.
다. 우수한 경제성이 있다.
라. 타 교통기관과 상호 환승이 용이하다.

해설 자기부상, 모노레일 등 경전철은 일반철도와 지하철과의 궤도와 운행 시스템이 달라 상호 환승이 용이하지 못하다.

2. **노면철도와 무레일 전차와의 차이를 설명한 것 중 맞지 않는 것은?** (04기사)

가. 무레일 전차는 동력을 전기로 사용하기 때문에 노면철도보다 공해가 없다.
나. 무레일 전차는 타이어와 노면 사이의 마찰계수가 크므로 노면철도보다 급구배 운전이 가능하다.
다. 노면철도는 레일에 의해 운행이 유도되므로 무레일 전차에 비해 운전조작이 간단하다.
라. 노면철도는 무레일 전차에 비해 주행저항이 작다.

해설 노면철도는 전차선으로 급전하여 운행하므로 공해가 없다.

3. **무레일 전차를 노면철도와 비교할 때 특징으로 옳지 않은 것은?** (06기사)

가. 건설비와 궤도보수량이 적게 소요된다.
나. 보도에 접근하여 승차할 수 있어 승강에 편리하다.
다. 대량 수송에는 적당하지 않다.
라. 전식의 우려가 있다.

해설 전식은 전차에 공급되는 전류(직류급전방식)가 레일을 통하여 변전소로 되돌아갈 때 레일에 생기는 부식 현상을 말한다.

4. **리니어 모터(Linear Motor) 차량의 특징에 대한 설명 중 옳은 것은?** (04기사)

가. 차륜과 레일 간의 마찰력이 필요 없다.
나. 원심력이 크게 작용되어 속도를 향상시킨다.
다. 치차 등의 활동부에 부분적 마모 발생으로 경제적이다.
라. 소음, 진동은 적지만 대기오염이 크다.

해설 리니어 모터 차량은 전자력으로 차량을 움직이는 시스템이므로 차륜은 상부하중을 레일에 전달하는 역할만 한다.

5. **노면철도(전차)에 대한 설명으로 옳지 않은 것은?** (15기사)

가. 노면철도는 도로에 같은 높이로 궤도를 부설하여 일반차량과 같이 운행하는 철도이다.
나. 도시 도로에서 운행하므로 정시성, 신속성이 우수하다.
다. 급구배, 급곡선 주행이 가능하다.
라. 고가, 지하 등 계단사용이 없어 접근성이 매우 높다.

해설 노면철도의 단점은 도시 도로 정체로 정시성, 신속성이 떨어진다.

6. **리니어 모터(Linear Motor) 차량의 특징에 대한 설명으로 옳은 것은?** (13기사)

가. 비점착 구동으로 기울기 등판능력이 우수하다.

나. 원심력이 크게 작용되어 속도를 향상시킨다.

다. 치차 등의 활동부에 부분적 마모 발생으로 경제적이다.

라. 소음, 진동은 적으나 대기오염이 크다.

해설 리니어 모터 차량은 일반 철제차륜과 동일한 형태의 차륜을 부착하여 상부하중을 레일에 전달한다.

7. **경량전철의 특징으로 틀린 것은?** (15산업)

가. 지하철보다 건설비 및 고정시설비가 적게 든다.

나. 무인운전 및 여객설비 자동화로 운영비용이 적게 든다.

다. 사령실에서 원격제어하므로 승객 수송수요 변화에 대한 신속 대응이 불가능한 단점이 있다.

라. 급기울기, 급곡선 채용이 가능하며, 주행성이 좋다.

해설 사령실에서 원격제어하므로 승객 수송수요 변화에 신속 대응이 가능하다.

8. **다음 경전철 차량 중 비점착 구동방식으로 기울기 등판능력이 우수한 것은?** (19기사)

가. 리니어 모터카　　나. 모노레일

다. 철제차륜 AGT　　라. 고무차륜 AGT

해설 리니어 모터카는 차체를 띄우지 않고 일반 철제차륜과 동일한 형태의 차륜을 부착하여 상부하중을 레일에 전달하도록 하고 있다.

정답 1. 라 2. 가 3. 라 4. 가 5. 나 6. 가 7. 다 8. 가

1-4 철도차량 및 운전

1-4-1 철도차량 개요

철도차량이란 전용의 궤도 위를 한 쌍의 차륜을 설비한 차축이 2조 이상 차체와 연결시켜 주행할 수 있는 구조물로서, 여객이나 화물의 운송을 목적으로 하는 차량과 이것을 견인하기 위한 동력을 갖춘 기관차, 자체적으로 주행할 수 있는 동력차량 등을 총칭하여 철도차량이라 한다.

이처럼 차량의 사용목적에 따라 분류할 수도 있으나, 실제로는 차량의 동력원에 따라 디젤차량, 디젤전기차량, 전기차량, 자기부상열차 등으로 구분할 수 있고, 차량용도에 따라 견인기관차, 입환기관차, 침대객차, 순환열차, 통근열차, 지하철, 고속전철 등으로 나눌 수 있다.

1-4-2 동력차

기관차 및 동력장치를 갖춘 차량을 총칭하여 동력차(powered rolling stock)라고 한다.

1. 종류

1) 증기차량 : 탱크기관차, 텐더기관차
2) 디젤차량 : 디젤기관차(액체식, 전기식), 디젤동차
3) 전기차량 : 전기기관차(직류식, 교류식, 직교류식), 전기동차

2. 동력집중, 동력분산에 의한 분류 (04,08,13산업)

1) 동력집중방식 : 기관차가 객·화차를 견인하는 것으로 동력이 집중되어 있는 방식
2) 동력분산방식 : 통근형 전동차와 같이 편성된 여러 대의 차량에 동력을 분산 배치하는 방식
   ① 장점
   - 견인력을 크게 할 수 있고, 높은 가속도를 얻을 수 있음
   - 축중분산이 가능하고, 기관차의 방향전환이 필요 없음
   - 전기브레이크를 사용하여 안전도가 높음
   - 대도시 통근과 같은 승객의 대량 수송에 절대적으로 유리함
   - 선로기울기의 제한을 적게 받음

   ② 단점
   - 동력기기에 의한 소음, 진동으로 승차감 저하
   - 동력장치가 많아 유지보수비가 많이 듦
   - 종류가 다른 전차와 연결 곤란
   - 기관차 이외의 객차 연결, 조성 곤란

1-4-3 객화차

기관차에 견인, 추진되는 객차와 화차 및 동력장치를 갖춘 여객차를 말한다.

1. 객차

1) 일반 영업용차 : 고속철도객차, 새마을객차, 무궁화객차, 식당차, 우편차, 화물차 등

2) 업무용 및 기타차 : 업무용차, 시험차, 진료차, 귀빈차, 발전차 등

2. 화차 (19기사)

1) 일반 영업용차 : 유개차, 무개차, 냉장차, 호퍼카, 자갈차, 자동차운반차, 컨테이너화차, 장물차 등

2) 업무용 및 기타차 차장차, 제설차, 비상차, 기중기차, 공사차 등

1-4-4 기타 차량

1. 차량한계

차량의 크기를 결정하기 위해 규제해놓은 것이다. 차량의 어떤 부위도 이 한계에 저촉되는 것을 허용하지 않는 것으로 건축한계보다 좁다.

2. 고정축거

차축간거리로 선로곡선을 원활히 통과할 수 있도록 축간거리를 제한하고 있으며 국철은 4.75m이다.

3. 차량연결기의 높이

차량연결기의 높이와 연결방식은 같아야 하며 연결방식은 자동연력기로서 높이는 레일면에서 815~900mm로 규제한다.

1-4-5 운전

1. 운전 이론의 개요

1) 운전 이론의 의의

① 철도의 사명 : 여객과 화물의 안전·정확·신속하고 경제적인 수송

② 운전 이론 : 열차를 합리적 또는 경제적으로 운행하기 위한 운전기술에 관한 기초이론

③ 적용 범위 : 기관사의 기기 조작 방법, 열차 다이아 작성, 차량의 설계·제작, 선로·신호·전기 시설물의 부설 등에 관한 이론

2) 운전 이론 1단계

① 열차의 안전운행에 관여되는 기본 인자

② 동력차의 견인력·열차저항·제동력에 관한 이론(1견열제)

3) 운전 이론 2단계

① 운전 이론 1단계를 기초로 도출

② 동력차의 견인정수 산정, 열차 운전시분 검토, 합리적인 열차조종법 등에 관한 이론을 산출(2동열합)

4) 운전계획에 관한 이론

① 동력차 견인정수 산정

② 최소 운전시격(어느 지점을 열차가 통과한 후에 다음 열차가 통과할 때까지 안전을 확보할 수 있는 시간) 및 표준 운전시분 검토

③ 운전설비의 검토

④ 운전선도 : 열차가 어떠한 속도변화와 운전시분의 경과를 가지고 있는가를 도시한 것으로 열차계획, 운전정리 등의 기초자료로 활용

2. 열차제어기술의 개요

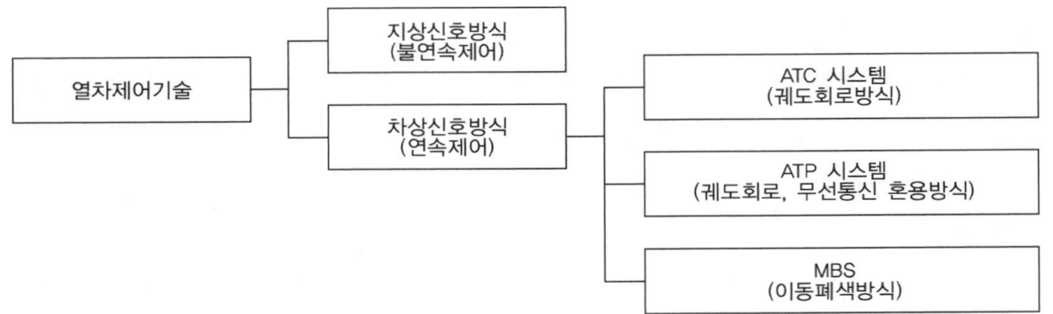

3. 열차집중제어장치(CTC : Centralized Traffic Control)

1) 정의 : 한 지점에서 광범위한 구간의 많은 신호설비를 원격제어하여 운전취급을 직접 지령할 수 있는 장치로서 정상 운전 스케줄이 유지되도록 하며, 선로 전체에 대한 열차운행을 제어함으로써 열차지연 방지 및 수송 능력을 전체적으로 증강시킨다.
2) 효과 (02,03,13**기사**)
   ① 보안도의 향상
   ② 선로용량의 증대
   ③ 평균 운행속도의 향상
   ④ 운전비, 인건비 등의 절감

4. 열차자동제어장치 (16,17,18**기사**)

1) 열차자동정지장치(ATS : Automatic Train Stop) : 기관사의 시각에 의한 확인 운전 시 오인과 조작 착오가 발생할 우려가 있으므로 위험구역에 열차가 접근하면 경보음을 울려주고 일정 시간에 브레이크 조작이 없을 경우 브레이크를 동작시켜 열차를 안전하게 정지하는 시스템을 말한다.
2) 열차자동제어장치(ATC : Automatic Train Control device) (02,03**기사**, 03,04**산업**) : 열차속도를 제한하는 구역에서 그 이상으로 운행하면 자동적으로 속도를 제어하여 제한속도 이하로 운행하게 하는 장치로 ATS가 정지신호 오인 방지가 주목적이라면 ATC는 속도제어를 통한 열차 안전운행 유도를 목적으로 한다.
3) 열차자동운전장치(ATO : Automatic Train Operation) (07,08**기사**) : ATC에 자동운전 기능을 부가하여 열차가 정거장을 발차하여 다음 정거장에 정차할 때까지 가속, 감속 및 정거장에 도착할 때 정위치에 정차하는 일을 자동적으로 수행하는 시스템이다. 국내외 적용 실태를 보면 ATC/ATO를 갖춘 1인 운전이 대부분이며, 이 장치에 'Full Auto' 기능을 추가하여 안전성과 신뢰성을 확보하여 장래 무인운전에 대비하고 있다.
4) 열차자동방호장치(ATP : Automatic Train Protection) : 열차의 안전한 운행을 확보하기 위한 설비로서 열차간격 조정, 열차속도 조정, 자동운전, 비상정지 등의 기능을 제공하는 장치이다. 작동원리로는 지상자를 통해 폐색구간의 길이, 기울기, 분기기 위치 등 지역정보와 지상신호기가 현시하고 있는 신호정보 등 지상정보를 차상으로 전송하여 열차길이, 제동력, 열차종별 등에 대한 차상 정보가 결합하

여 스스로 연산 열차를 자동방호하는 'Distance To Go' 시스템이다.

5) 통신기반열차제어장치(CBTC : Communication Based Train Control) : 지상의 거점에 위치하는 컴퓨터가 각 열차로부터 위치와 속도를 주기적으로 수집하고, 선행열차와 속도제한지점까지의 거리정보를 열차로 전송하여, 차상의 제어장치가 열차 성능에 맞는 최적의 속도로 제어한다.

5. 열차저항

1) 정의 : 열차가 출발 또는 주행을 할 때 열차의 진행방향과 반대방향으로 주행을 방해하는 힘이 발생하는 데 이를 열차저항이라 하며 kg/ton 표시한다. 열차저항은 최고속도, 열차 가속성능, 견인력, 브레이크성능이 고려된다.

2) 열차저항에 영향을 주는 인자

① 선로상태
- 기울기, 곡선반경
- 궤도구조, 선로보수상태
- 터널단면적(내공단면적)

② 차량상태
- 차량의 구조 및 보수상태
- 윤활유의 종류, 기온에 따른 감마유의 점도 변화 등

3) 열차저항의 종류 (12**산업**)

① 출발저항(Starting Resistance) (02,05,08**산업**)
- 열차가 출발할 때 열차진행 방향과 반대방향으로 열차주행을 방해하는 저항으로 출발 시 큰 견인력이 필요함
- 출발저항은 출발 시 최대치를 이루다가 급격히 감소하여 열차속도 3km/h에서 최소

② 주행저항(Running Resistance) (04**산업**) : 열차가 주행할 때 열차 주행방향과 반대방향으로 작용하는 모든 저항으로 기계저항, 속도저항, 터널저항이 있음

③ 기울기저항(Grade Resistance) : 열차가 기울기 구간을 주행할 때 주행방향 반대방향으로 발생하는 주행저항을 제외한 저항

④ 곡선저항(Curve Resistance) : 차량이 곡선주행 시 발생하는 주행저항을 제외한 마찰에 의한 저항

⑤ 가속도저항(Acceleration Resistance) : 각종 열차저항과 견인력이 일치하여 등속도 운전상태에서 더욱더 속도를 증가시키기 위하여 필요한 저항

6. 운전선도(Run-curve) (03,17**기사**, 02**산업**)

1) 정의 : 열차의 운전상태, 운전속도, 운전시분, 주행거리, 에너지소비량 등의 상호관계를 역학적인 도표로 나타낸 것으로 계획단계에서부터 시뮬레이션되어 실제 열차운전 계획수립 및 보조 자료로 활용

2) 필요성

① 열차운전계획 수립에 사용 : 신선 건설, 전철화, 차종변경, 노선의 개량

② 보조 자료로 활용 : 동력차 및 견인정수(tractive car) 비교, 운전시격 검토

1-4 기출문제

1. 전기차량 중 동력집중방식과 동력분산방식의 득실을 비교한 내용 중 동력집중방식의 장점에 해당하는 것은? (04,13산업)

가. 가속성이 좋다.

나. 객차의 소음, 진동이 적다.

다. 동력차의 일부가 고장이 나도 운전 가능하다.

라. 기기가 분산되어 있으므로 부담하중이 평균화되어 경량이다.

해설 동력집중방식은 기관차로 객차를 견인하므로 객차의 소음이나 진동이 적다.

2. 열차주행 시 운행방향과 반대로 작용하는 모든 저항을 총칭하여 말하며 전동기의 입력 대 출력 간의 손실, 치차의 전달손실 등이 포함되지 않는 저항은? (04,08산업)

가. 열차저항 나. 출발저항

다. 주행저항 라. 가속도저항

해설 열차주행 시 운행방향과 반대로 작용하는 저항을 주행저항이라 하며, 기계저항, 속도저항, 터널저항이 있다.

3. 열차가 평탄하고 직선인 선로의 정지상태에서 움직이는 데 처음 발생하는 저항은? (02,05산업)

가. 출발저항 나. 주행저항

다. 가속도저항 라. 곡선저항

해설 출발저항은 출발 시 최대치, 열차속도 3km/h에서 최소가 된다.

4. 열차자동제어장치 중 열차 속도를 제한하는 구역에 있어서 제한속도 이상으로 운행하게 되면 자동적으로 제동이 작용하여 감속을 하도록 열차 속도를 제어하는 장치는? (04산업)

가. 열차자동운행장치 나. 열차자동정지장치

다. 열차집중운행장치 라. 열차자동제어장치

해설 열차자동정지장치(ATS)는 정지신호 오인 방지가 주목적이며, 열차자동제어장치(ATC)는 속도제어를 통한 열차 안전운행 유도를 목적으로 한다.

5. 열차 속도가 지정속도보다 높아지면 자동으로 제동이 작용하여 일정 속도의 열차운행을 하게 하는 장치는? (02,03기사, 03산업)

가. 차내 경보장치 나. 열차자동정지장치

다. 열차자동제어장치 라. 열차자동운행장치

해설 속도제어(Train Control)를 통한 열차 안전 유도 목적이므로 열차자동제어장치(ATC)이다.

6. **건널목 안전설비에 대하여 다음 괄호에 알맞은 말을 쓰시오.** (20실기)

> 건널목 안전설비는 (㉠)과(와) (㉡)를(을) 설치하는 것을 기본으로 하나 필요한 경우 (㉢)만을 설치할 수 있다.

해설 ㉠ 건널목 경보기 ㉡ 전동 차단기 ㉢ 건널목 경보기

7. **열차집중제어장치(CTC)의 효과 중 옳지 않은 것은?** (02,13기사)

가. 선로용량의 증대 나. 보안도의 향상
다. 열차속도의 고속화 라. 운전비, 인건비 등의 절감

해설 선로 전체에 대한 열차운행을 제어함으로써 열차 지연 방지 및 수송 능력을 전체적으로 증강시킨다. 따라서 평균 운행속도의 향상을 가져온다.

8. **열차가 정거장을 발차하여 다음 정거장에 정차할 때까지 가속, 감속 및 정거장에 도착 시의 정위치에 정차하는 일을 자동으로 수행하는 운전방식은?** (07,16,17,18기사)

가. ATC 나. ATO
다. ATH 라. ATS

해설 ATO는 운전의 대부분이 자동화되어 보안도의 향상, 기관사의 숙련도나 부담의 경감, 정확한 운전시간의 유지, 수송효율의 증대, 동력비의 경감 등을 목적으로 한다.

9. **철도보안설비를 열차 운전 제어장치, 진로 제어장치, 차량 제어장치, 건널목 보안장치로 구분할 때 열차운전 제어 장치가 아닌 것은?** (08기사)

가. ATS 나. ATC
다. ATO 라. CTC

해설 CTC는 열차집중제어장치이다.

10. **다음 괄호 안에 들어갈 철도의 특징은?** (08기사)

> 수송기관으로서 가장 먼저 요구되는 것이며 경제성 이전의 문제다. 일정 궤도로 주행 유도되는 것을 타 교통과 동시에 ( )을 확보하는 기본이 되며 CTC, ATS 등의 설비를 동반하게 되어 더욱 유리하다.

가. 안정성 나. 신속성
다. 정확성 라. 편리성

해설 열차 제어기술은 열차의 안전한 운행을 확보하기 위한 설비이다.

11. **열차의 운전상태, 운전속도, 운전시분, 주행거리, 전기소비량 등의 상호관계를 열차운행에 수반하여 변화하는 상태를 역학적으로 도시한 것은?** (02,03,16기사)

가. 속도기록지 나. 열차시간표
다. 운전선도 라. 운전상항도

해설 운전선도는 신선 건설, 전철화, 노선의 개량 등 열차 운전계획 수립에 사용된다.

12. **열차운행의 공전 발생에 대한 설명으로 옳지 않은 것은?** (10,16기사)

가. 동륜주인장력이 점착력보다 큰 순간에 발생한다.

나. 강우, 서리 등으로 인한 습윤선로에서 비교적 쉽게 발생한다.

다. 레일주행면에 산화철이 많은 경우 쉽게 발생한다.

라. 공전 방지를 위해 레일에 살사하여서는 안 된다.

해설 점착력이 부족하여 공전 또는 제동 시 미끄러질 경우 일반적으로 살사법을 실시한다.

13. **열차저항의 종류에 해당되지 않는 것은?** (12산업)

가. 출발저항 나. 곡선저항

다. 가속도저항 라. 교량저항

해설 열차저항의 종류 : 출발저항, 주행저항, 기울기저항, 곡선저항, 가속도저항

14. **철도소음의 발생요인과 대책 중 차량 분야의 대책으로 옳지 않은 것은?** (12산업)

가. 차량바닥 아래의 기기류를 완전히 덮는 바디 마운트(body mount) 구조로 한다.

나. 팬터그래프를 밀어 올리는 힘을 향상시킨다.

다. 타이어 플랫(flat)을 방지하는 설비를 한다.

라. 차륜의 강도를 높인다.

해설 차륜과 레일의 접촉으로 소음이 발생하며, 차륜의 강도가 높아지면 소음 증가, 레일의 마모가속이 생길 수 있다. 차륜과 접촉하는 레일은 장대화, 중량화하는 것이 소음 방지에 도움이 된다.

15. **다음 중 철도차량의 일반적인 제동방식은?** (17기사)

가. 공기제동 나. 기계제동

다. 기관제동 라. 유압제동

해설 공기제동은 차량에 탑재한 공기압축기에서 만든 압축공기를 이용하여 제동하는 방식을 말하며, 철도차량은 여러 차량을 연결하여 달리게 되므로 차량과 차량 사이가 분리될 수 있어 분리될 경우를 대비하여 공기가 빠지면 제동이 걸리도록 하는 공기제동방식을 주로 사용하고 있다.

16. **열차의 운전상태, 운전속도, 운전시분, 주행거리, 전기소비량 등의 상호관계를 열차운행에 수반하여 변화하는 상태를 역학적으로 도시(圖示)한 것은?**

가. 운전선도 나. 속도기록지

다. 열차시간표 라. 운전상황도

해설 운전선도는 열차의 운전상태, 운전속도, 운전시분, 주행거리, 에너지소비량 등의 상호관계를 역학적인 도표로 나타낸 것으로 계획단계에서부터 시뮬레이션되어 실제 열차운전 계획수립 및 보조 자료로 활용한다.

17. **전기철도의 장점으로 틀린 것은?** (18기사)

가. 급유 없이 장거리 운행이 가능하다. 나. 증기기관차에 비해 에너지 효율이 높다.

다. 건설에 적은 비용의 설비 투자를 요한다. 라. 매연 및 배기가스가 없어 환경 측면에 유리하다.

해설 철도의 전철화는 건설에 많은 설비투자가 필요하다.

정답 1. 나 2. 다 3. 가 4. 라 5. 다 6. 해설 참조 7. 다 8. 나 9. 라 10. 가 11. 다 12. 라 13. 라 14. 라 15. 가 16. 가 17. 다

1-5 신호보안

1-5-1 신호보안 개요

1. 개요 및 종류

1) 열차 운전의 안전 확보와 효율적인 운행에 필수적인 설비로서 최근 열차의 고밀도 운행과 고속화가 진행됨에 따라 열차 보안도 향상과 고효율적인 운전이 요구되어 첨단기술이 집약되고 있다.
2) 종류(12**기사**, 10**산업**) : 신호장치, 폐색장치, 전철장치, 연동장치, 궤도회로, ATS, ATC, CTC, 건널목 보안장치, 열차위치 표시장치, 열차선별장치 등이 있다.

2. 신호시스템의 동작 개요

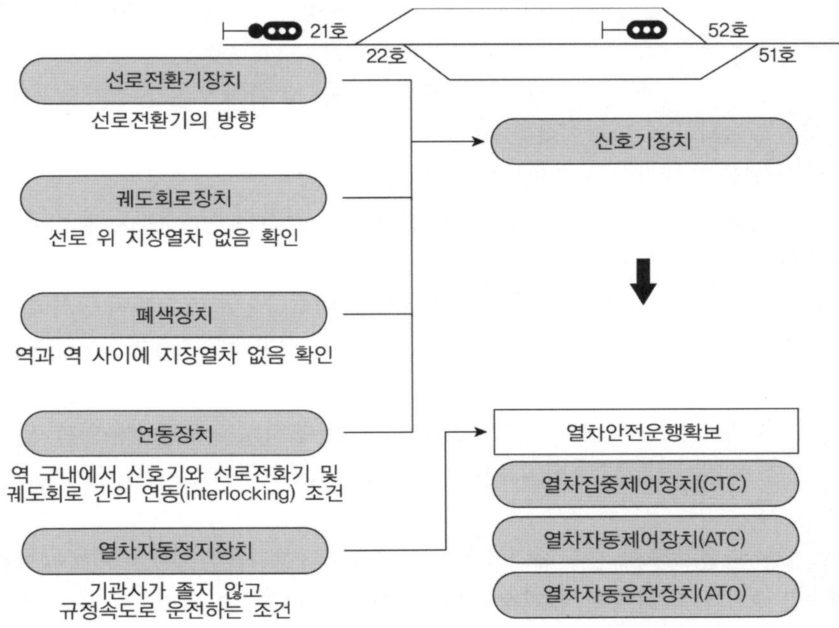

신호시스템의 동작개요 및 열차안전운행 확보

1-5-2 신호와 표지

철도신호는 기관사에게 운행조건을 지시하는 신호, 종사원의 의사를 표시하는 전호, 장소의 상태를 나타내는 표식으로 분류하며 부호, 형상, 색, 음성으로 전달한다.

1. 신호 (05,11,12,13,14,15,19**기사**, 07,10,12,15**산업**)

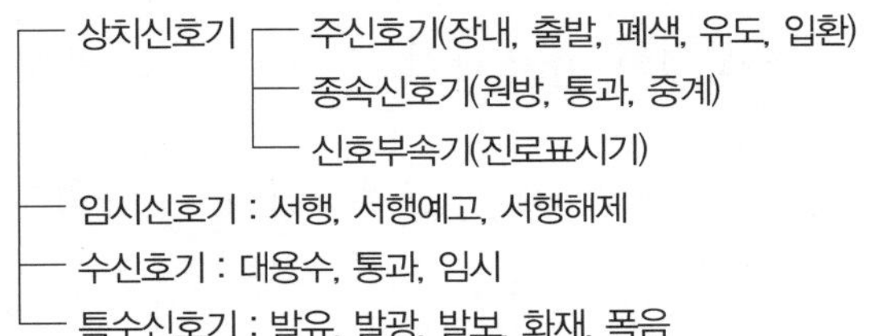

1) 구조상 분류로는 기계식, 색등식, 다등형 신호기, 조작에 의한 분류로는 수동, 자동, 반자동 신호기
2) 신호의 현시방법은 2위식과 3위식(주로 사용)이 있음
3) 3위식의 종류
① 3현시 : G진행 Y주의 R정지
② 4현시 : G진행 YG감속(또는 YY경계) Y주의 R정지
③ 5현시 : G진행 YG감속 Y주의 YY경계 R정지
4) 절대신호기 : 열차의 진행을 허용하는 신호가 현시된 경우 이외는 절대로 신호기 내방에 진입할 수 없는 신호기로 장내, 출발, 입환, 엄호신호기 등이 있음
① 장내신호기 : 정거장에 진입할 열차에 대하여 그 신호기 내방으로 진입 여부를 지시하는 신호기
② 출발신호기 : 정거장에서 출발하고자 하는 열차에 다음 방호구간 앞까지 진행할 수 있도록 운전을 지시하는 신호기
③ 유도신호기 : 먼저 도착한 열차가 정거장 내에 정차 중일 때 뒤에 오는 열차를 장내신호기 안쪽으로 서행시켜 진입시킬 경우 등 열차진로를 현시할 때 사용하는 신호기
④ 입환신호기 : 입환 시 열차의 구내 왕복을 지시하는 신호기
⑤ 엄호신호기 : 정거장 외에 있어서 특별히 방호를 요하는 지점을 통과하려는 열차에 대해 그 신호기 내방으로 진입의 가부를 지시하는 신호기
⑥ 폐색신호기 : 신호보안 설비에 있어서 역과 역 사이를 여러 구간으로 나누어 동시에 여러 개의 열차를 운전하게 되는데 이와 같은 경우 각 구간의 시점에 설치되는 신호기로서 그 구간에 열차가 진입할 수 있는가의 가부를 지시하는 신호기 **(05기사)**
5) 허용신호기 : 자동폐색신호기와 같이 정지신호가 현시되었다 하더라도 열차가 일단 정지한 다음 제한속도로 운행할 수 있는 신호기로 식별표지가 붙어 있는 신호기 **(08산업)**
6) 종속신호기
① 원방신호기 : 상당한 속도로 진행 중인 열차에 정지신호를 현시하는 신호를 어느 상당한 거리에서부터 확인할 수 있도록 해야 하나, 지형 · 천후 · 기타 정거장 전후의 조건으로 확인할 수 없는 경우에 주신호기를 예고하는 신호기
② 중계신호기 : 장내, 출발, 폐색신호기 또는 엄호신호기 확인거리가 600m 이상인데 이 거리보다 미달일 경우에 설치하며, 장내신호기 또는 출발신호기가 2기 이상 설치된 경우는 각각 별개로 설치함
7) 임시신호기 **(02,05산업)** : 서행(50m 전방), 서행예고(400m 전방), 서행해제신호기를 말하며, 공사구간 또는 사고구간에 임시로 설치하는 신호기
8) 선로작업표 등
① 선로작업표 건식은 130km/h 이상 선로는 400m, 130～100km/h까지는 300m, 100km/h 미만 선로는 200m 이상 거리에 세워야 함
② 공사알림판을 열차진행 방향에 대향방향으로 200m와 500m 이상 거리에 공사 시행업체에서 세워야 함

2. 전호 (02,03,06,13기사, 09,10산업)

출발전호, 입환전호, 전철전호, 비상전호, 제동시험전호, 대형수신호, 현시전호 등 철도에서는 종사원 상호 간의 의사를 표시하는 것

3. 표지

1) 열차표지, 폐색신호기 식별 표지, 속도제한표지
2) 속도제한해제표지, 출발반응표지, 열차정지표지
3) 차량정지표지, 입환표지, 전철표지
4) 차막이표지, 차량접촉한계표지

1-5-3 신호기와 전철장치

1. 신호기 장치

신호기 장치란 열차 또는 차량이 일정한 구역 내를 운행할 때 선로의 이상 유무, 분기기의 개통방향 및 선행열차의 운행상태 등 열차가 운행하는데 필요한 여러 조건들을 하나의 신호로 집약하여 최종적으로 기관사에게 진행조건을 지시하는 장치를 말한다. 신호기 장치의 종류로는 기계신호기, 전기신호기, 신호전구가 있다.

2. 전철장치 (10기사)

선로의 분기에는 분기기(turnout)가 설치되며, 그 진로를 전환하는 장치, 즉 분기기의 진로방향을 변환시키는 장치를 선로전환기(전철기)라 한다.

1-5-4 궤도회로와 폐색장치

1. 궤도회로(track circuit)

1) 정의
   ① 레일을 전기회로의 일부로 이용하여 회로를 구성하고 열차가 진입하게 되면 차량의 차축에 의해서 양쪽 레일의 전기적인 회로가 단락함에 따라 열차 또는 차량의 점유 유무를 검지하여 신호기, 선로전환기, 연동장치를 직접 또는 간접으로 제어할 목적으로 설치된 궤도를 이용한 전기회로
   ② 궤도회로의 구성방식은 폐전로식 궤도회로로 하지만 필요에 따라 개전로식 궤도회로를 조합하여 설비할 수 있음
2) 각 선구별 설치할 궤도회로
   ① 직류 전철구간 : 가청주파수, 고전압임펄스, 상용주파수 궤도회로
   ② 교류 전철구간 : 가청주파수, 고전압임펄스, 직류바이어스 궤도회로
   ③ 비전철구간 : 가청주파수 궤도회로, 직류바이어스 궤도회로
3) 궤도회로의 구성 : 전원장치, 한류장치, 궤조절연, 레일본드, 점퍼선, 궤도계전기
4) 궤도회로와 사구간(Dead Section) (04,07,11기사) : 사구간이 생기는 구간은 선로의 분기교차점, 크로싱부분, 드와프거더교량 등이며 궤도회로의 사구간은 7m를 넘지 않게 하여야 함

2. 폐색구간(block section) (07기사, 07,10산업)

1) 폐색방법

① 시간간격법 : 선행열차가 출발한 뒤 일정 시간이 경과한 후 후속열차를 출발시키는 방법으로 사고로 중간에 지연열차가 있을 경우 대형 사고 우려

② 공간간격법 : 열차 사이에 일정한 공간을 두고 운행시키는 방법으로 폐색구간이 길면 길수록 보안도는 향상되지만 운행밀도가 제한되고 열차운영효율이 떨어짐(고밀도 운전 곤란), 국철에 일반적으로 채용됨

2) 폐색 방식

① 상용폐색 방식 : 평상시 사용하는 폐색 방식

- 복선구간 : 자동폐색식, 연동폐색식, 차내신호폐색식(ATC 장치 운영)
- 단선구간 : 자동폐색식, 연동폐색식, 통표폐색식

② 대용폐색 방식 : 폐색장치의 고장 등으로 상용폐색 방식의 시행이 불가능한 경우 사용

- 복선구간 : 통신식
- 단선구간 : 지도식, 지도통신식

1-5-5 연동장치

정거장 구내에서 열차의 안전을 확보하기 위하여 신호기 상호 간에 그리고 이들 신호기와 분기기의 상호 간에 약속된 조건이 충족될 때만 상호 연쇄하면서 작동하게 하는 장치를 연동장치라 한다.

1. 연동장치의 종류

1) 마이크로프로세서에 의해 소프트웨어 로직으로 상호조건을 쇄정시킨 전자연동장치

2) 계전기 조건을 회로별로 조합하여 상호조건을 쇄정시킨 전기연동장치

2. 연동도표

정거장 구내의 열차운전이 안전하게 이루어지도록 여러 가지 방법의 연쇄가 연동장치에 의해 이루어지고 있는데 이러한 연동장치가 어떤 내용인지를 일목요연하게 알 수 있도록 도표로 표시한 것을 말한다. 연동도표는 신호기와 전철기의 연동관계를 표시한 도표로서 배선약도와 연동도표로 되어 있다.

1-5-6 쇄정

신호기, 선로전환기 등을 전기적 또는 기계적으로 동작하지 않도록 잠금장치를 하는 것을 말하며 기기 상호 간 일정한 순서에 의해서만 동작되도록 한다.

1. 쇄정의 종류

1) 정위 쇄정 : A 또는 B의 신호취급 버튼(레버) 상호 간에 한쪽이 반위로 한 경우 다른 한쪽의 취급 버튼(레버)은 반위로 할 수 없도록 정위로 쇄정하도록 하는 것을 말한다. 주로 열차가 과주여유거리 내에 진로를 공용하고 있을 때 사용한다.

2) 반위 쇄정 : A 또는 B의 신호취급 버튼(레버) 상호 간에 한쪽이 반위로 하고 다른 한쪽의 취급 버튼(레버)이 반위로 되어 있다면 서로 반위로 쇄정하도록 하는 것을 말한다.

3) 정반위 쇄정 : A의 버튼(레버)을 반위로 한 경우 B의 버튼(레버)이 정위 또는 반위 어디에 있든 간에 그 위치에서 쇄정되고 A의 버튼(레버)은 B의 버튼(레버)이 정위 또는 반위 어떠한 경우라도 쇄정되지 않는 경우를 말한다.

4) 조건부 쇄정 : A의 버튼(레버)을 반위로 하였을 경우 B의 버튼(레버)은 다른 버튼(레버)의 어느 조건이 만족스럽게 되었을 때만이 쇄정되고 그 조건이 만족스럽지 못하면 쇄정되지 않는 경우를 말한다.

2. 쇄정의 방법

1) 철차 쇄정(detector locking) (12**기사**) : 철차 쇄정은 선로전환기를 포함하는 궤도회로에 열차(차량)가 있을 때 열차에 의하여 그 선로전환기가 전환되지 않도록 쇄정함을 말한다.

2) 진로 쇄정(route locking) : 진로 쇄정은 신호기에 진행을 현시한 후 열차가 그 진로를 완전히 통과할 때까지 선로전환기를 쇄정하는 것이다. 진로 구분 쇄정(sectional route locking)은 신호기에 진행을 현시하고 열차가 그 진로를 통과 시 통과한 궤도회로 내의 선로전환기를 해정하는 것이다.

3) 접근 쇄정(approach locking) : 접근 쇄정은 장내 신호기에 진행신호를 현시한 후 그 신호기의 외방 일정 구간(접근 구간)에 열차가 진입하였을 때 또는 열차가 그 신호기의 안쪽에 진입하거나 또는 그 신호기를 정지신호로 현시한 후 상당한 시분이 경과하였을 때까지는 열차에 의하여 진로의 선로전환기 등을 전환할 수 없도록 각각 쇄정함을 말한다. 접근 쇄정 시의 해정시분은 장내신호기의 경우 90초±10%이며, 출발신호기나 입환신호기(입환표지까지)의 경우 30초±10%이다.

4) 보류 쇄정(stick locking) : 보류 쇄정은 신호기, 입환표지에 진행신호를 현시한 후 운전취급 절차변경으로 정지현시 했을 경우 신호기 외방에 열차접근 유무에 관계없이 신호기 내방의 선로전환기를 일정 시분동안 전환할 수 없도록 쇄정하는 것을 말한다. 해정시분은 접근쇄정 시의 해정시분에 준한다.

5) 시간 쇄정(time locking) : 시간 쇄정은 A와 B의 취급버튼(레버) 상호 간에 쇄정하는 A의 취급버튼(레버)을 정위로 복귀하여도 B의 취급버튼은 일정 시간이 경과할 때까지 해정되지 않은 것을 말한다.

6) 폐로 쇄정(closed locking) : 폐로 쇄정은 출발신호기와 입환신호기를 소정의 위치에 설치할 수 없을 경우 열차 및 차량정지표지에서 출발신호기와 입환신호기까지의 궤도회로 내에 열차가 점유하고 있을 때 취급버튼을 정위로 쇄정함을 말한다.

1-5 기출문제

1. **다음 중 상치신호기가 아닌 것은?** (07,15산업)

가. 장내신호기 나. 중계신호기

다. 서행신호기 라. 입환신호기

해설 서행, 서행예고, 서행해제신호기는 임시신호기이다.

2. **다음 상치신호기 중 주 신호기가 아닌 것은?** (05,11기사)

가. 출발신호기 나. 폐색신호기

다. 입환신호기 라. 원방신호기

해설 원방신호기는 종속신호기이다.

3. **다음 중 주 신호기가 현시하는 신호의 인지거리를 보완하기 위하여 설치되는 종속신호기에 해당되는 것은?** (09기사)

가. 유도신호기 나. 엄호신호기

다. 원방신호기 라. 입환신호기

해설 원방신호기는 지형, 정거장 전후 조건으로 확인할 수 없는 경우 주 신호기를 예고하는 신호기이다.

4. **자동폐색신호기와 같이 정지신호가 현시되었다 하더라도 열차가 일단 정지한 다음 제한속도로 운행할 수 있는 신호기로 식별표지가 붙어 있는 신호기는?**

가. 허용신호기 나. 절대신호기

다. 기계식신호기 라. 색등식신호기

해설 허용신호기는 일단 정지한 후 다음 제한속도로 운행할 수 있는 신호기이며, 절대신호기는 절대로 운행을 할 수 없는 신호기를 말한다.

5. **궤도회로는 어떠한 경우에도 단락되어서는 안 되나 분기부 등 특별한 경우에는 불가피하게 단락구간인 사구간(dead section)이 생기게 된다. 이 경우 사구간의 길이는 얼마를 넘지 않아야 하는가?** (04,07기사)

가. 6m 나. 7m

다. 8m 라. 9m

해설 사구간이 생기는 구간은 분기부, 크로싱부분, 드와프거더교량이며 7m를 넘지 않아야 된다.

6. **철도신호 중 전호란 무엇인가?** (02,03,06기사)

가. 기관사에게 선로상태를 알려주는 것

나. 종사자의 의사를 표시하는 것

다. 장소의 상태를 표시하는 것

라. 신호기의 신호표시

해설 전호는 종사자의 의사를 표현하는 것이며, 종류로는 출발, 입환, 전철, 비상, 제동시험, 대용수신호현시 전호가 있다.

7. **전호의 종류가 아닌 것은?** (09산업)

가. 출발전호　　나. 화재전호
다. 대용수신호　　라. 제동시험전호

해설 전호는 종사원 상호 간 의사를 표시하는 것으로 출발전호, 입환전호, 전철전호, 비상전호, 대용수신호, 현시전호 등이 있다.

8. **선로의 노반이 50m에 걸쳐 침하되어 서행신호기를 건식하였을 때 열차가 지정 서행속도 이하로 운전하여야 할 거리는? (단, 통과열차의 열차 길이는 200m로 함)** (02,05산업)

가. 50m　　나. 150m
다. 350m　　라. 450m

해설 서행은 서행개소 전방 50m+침하개소 50m+후방 50m+열차 통과가 완료되는 200m의 합이므로 350m이다.

9. **폐색구간 시점에 설치되는 자동폐색신호기가 정지신호로 현시하여야 할 상황이 아닌 것은?** (07,10산업)

가. 폐색구간에 열차 또는 차량이 있을 때
나. 장치가 고장이 났을 때
다. 폐색구간의 전철기가 정당한 방향에 있지 아니할 때
라. 폐색구간 종점신호기의 현시상태가 주의신호일 때

해설 폐색구간의 시점에 설치되는 신호기로서 그 구간에 열차가 진입할 수 있는지를 지시하는 신호기이다.

10. **정거장 상호 간에 열차충돌을 방지하기 위하여 열차와 열차 사이에 항상 일정한 간격을 확보해야 하며 이렇게 일정한 시간과 거리를 두는 구간으로 하나의 열차만을 운행할 수 있는 구간은?** (07기사)

가. 쇄정구간　　나. 안전구간
다. 연동구간　　라. 폐색구간

해설 열차 간 안전운행 목적으로 폐색구간을 두며, 시간간격법과 공간간격법이 있다.

11. **철도의 설비를 구분할 때 안전, 신속 그리고 정확한 열차의 운행을 확보하기 위한 보안설비로 거리가 먼 것은?** (10산업)

가. 연동장치　　나. 무선전화
다. 폐색장치　　라. 궤도회로

해설 보안설비로 신호장치, 폐색장치, 전철장치, 연동장치, 궤도회로, ATS, ATC, CTC, 건널목 보안장치, 열차위치 표시장치, 열차선별장치 등이 있다.

12. **철도신호와 관련하여 종사자 상호 간의 의사전달을 위한 의사표시를 무엇이라 하는가?** (10산업)

가. 신호　　나. 전호
다. 표지　　라. 현시

해설 전호란 출발전호, 입환전호, 전철전호, 비상전호, 제동시험전호 등 종사원 상호 간의 의사를 표시하는 것이다.

13. 단선으로 운전하는 기존 선로에 열차횟수 증대를 위한 조치들이다. 열차횟수 증대와 가장 거리가 먼 것은? (11, 14기사)

가. ABS 및 CTC화　　나. 레일의 중량화
다. 복선화　　라. 폐색구간 단축

해설 레일의 중량화는 열차횟수 증대와 관련이 없다.

14. 전철기를 포함하는 궤도회로 내에 열차가 있을 때, 이 열차로 인하여 전철기가 전환되지 않도록 쇄정하는 것은? (12기사)

가. 조사 쇄정　　나. 철차 쇄정
다. 진로 쇄정　　라. 보류 쇄정

해설 철차 쇄정(detector locking)은 선로전환기를 포함하는 궤도회로에 열차(차량)가 있을 때 열차에 의하여 그 선로전환기가 전환되지 않도록 쇄정함을 말한다.

15. 선로의 분기교차점, 크로싱부, 교량부 등에 있어서 레일극성이 같게 되어 열차에 의한 궤도회로의 단락이 불가능한 곳이 생기는 구간을 무엇이라 하는가? (11기사)

가. 사구간　　나. 폐색구간
다. 대용구간　　라. 제어구간

해설 사구간이 생기는 구간은 선로의 분기교차점, 크로싱부분, 드와프거더교량 등이며 궤도회로의 사구간은 7m를 넘지 않게 하여야 한다.

16. 다음 중 상치신호기에 해당되는 것은? (10산업)

가. 유도신호기　　나. 서행예고신호기
다. 서행신호기　　라. 서행해제신호기

해설 서행예고신호기, 서행신호기, 서행해제신호기는 임시신호기이다.

17. 철도의 사명인 안전, 정확, 신속한 수송을 위하여 열차안전운행에 필요한 보안설비로 거리가 먼 것은? (12기사)

가. 건축한계 및 차량한계　　나. 건널목 보안장치
다. 열차자동운행장치　　라. 궤도회로와 폐색장치

해설 보안설비로 신호장치, 폐색장치, 전철장치, 연동장치, 궤도회로, ATS, ATO, ATC, CTC, 건널목 보안장치, 열차위치 표시장치, 열차선별장치 등이 있다.

18. 다음 중 전호의 종류에 속하지 않는 것은? (13기사)

가. 출발전호　　나. 전철전호
다. 입환전호　　라. 장내전호

해설 전호의 종류에는 출발전호, 입환전호, 전철전호, 비상전호, 제동시험전호 등이 있다.

19. **다음 중 유도신호기에 대한 설명으로 맞는 것은?** (14,18기사)

가. 정거장을 출발하는 열차의 출발 여부를 지시하는 신호기이다.

나. 정거장에 진입하는 열차의 진입 여부를 지시하는 신호기이며 정거장 내외의 경계를 표시한다.

다. 먼저 도착한 열차가 정거장 내에 정차 중일 때 뒤에 오는 열차를 장내신호기 안쪽으로 서행시켜 진입시킬 경우 등 열차진로를 현시할 때 사용하는 신호기이다.

라. 정거장 구내 운전을 하는 차량에 그 신호기를 넘어서 진입할 수 있는지를 지시하기 위하여 설치하는 신호기이다.

해설 유도신호기 : 먼저 도착한 열차가 정거장 내에 정차 중일 때 뒤에 오는 열차를 장내신호기 안쪽으로 서행시켜 진입시킬 경우 등 열차진로를 현시할 때 사용하는 신호기

20. **신호보안설비 중에서 전철기의 전철장치를 설명한 것으로 옳은 것은?** (10기사)

가. 기관사에게 운행조건을 지시하는 장치

나. 열차의 진로를 전환시켜주는 장치

다. 신호기와 전철기 등을 상호 연관시켜주는 장치

라. 일정 구간을 1개 열차만 운행할 수 있도록 하는 장치

해설 전철장치 : 선로의 분기에는 분기기(turnout)가 설치되며, 그 진로를 전환하는 장치, 즉 분기기의 진로방향을 변환시키는 장치

21. **상치신호기의 분류 중 주 신호기에 속하는 것은?** (12산업)

가. 중계신호기 나. 유도신호기

다. 통과신호기 라. 원방신호기

해설 주 신호기는 장내, 출발, 폐색 유도, 입환신호기이다.

22. **다음 상치신호기 중 주 신호기가 아닌 것은?** (13기사)

가. 통과신호기 나. 출발신호기

다. 유도신호기 라. 장내신호기

해설 통과신호기는 종속신호기에 해당한다.

23. **신호보안 장치의 필요성과 가장 거리가 먼 것은?** (15기사)

가. 수송능률 향상 나. 선로이용률 증대

다. 소음, 진동 감소 라. 열차 안전운행 확보

해설 신호보안과 소음, 진동과는 관계없다.

24. **주 신호기가 현시하는 신호의 인지거리를 보완하기 위하여 설치되는 종속신호기에 해당하지 않는 것은?** (15기사)

가. 서행신호기 나. 원방신호기

다. 통과신호기 라. 중계신호기

해설 종속신호기의 종류에는 원방신호기, 통과신호기, 중계신호기 등이 있다.

25. 주신호기가 현시하는 신호의 인지거리를 보완하기 위하여 설치되는 종속신호기에 해당하지 않는 것은? (19기사)

가. 서행신호기 나. 원방신호기

다. 통과신호기 라. 중계신호기

해설 서행신호기는 임시신호기이다.

정답 1. 다 2. 라 3. 다 4. 가 5. 나 6. 나 7. 나 8. 다 9. 라 10. 라 11. 나 12. 나 13. 나 14. 나 15. 가 16. 가 17. 가 18. 라 19. 다 20. 나 21. 나 22. 가 23. 다 24. 가 25. 가

1-6 전차선로

1-6-1 전차선로 종류

1. 구조 특성 비교

1) 가공선 방식 (03**산업**) : 궤도면상의 일정한 높이에 가선한 전선에 전력을 공급하고 전기차는 팬터그래프로 집전하여 기동하고 궤도를 귀선으로 한다. 가공단선식과 가공복선식이 있다. 우리나라는 가공단선식을 표준화하고 있다.

2) 제3궤도 방식(제3레일식) (08**산업**) : 열차주행용 궤도와 별개의 도전용 레일을 부설하여 전기차에 전력을 공급하는 방식으로 저전압의 산악 협궤열차나 지하철에 사용하고 있다.
   ① 장점 : 건설 시 터널단면이 가공전차식(5.25m)보다 1m 절약되어 건설비가 절감되고, 유지관리비가 적으며, 전차선 교체가 필요 없음
   ② 단점 : 눈, 서리가 많은 지역에서는 별도의 보완책이 필요하며, 연계운전이 불가능(가공전차선식 차량과 연계운전 곤란)

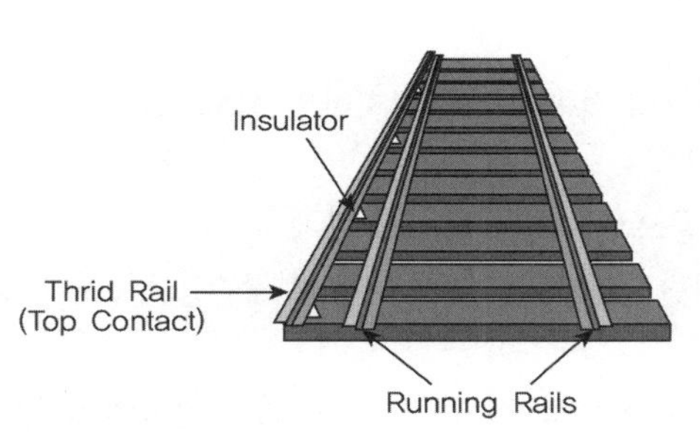

제3궤도 방식

3) 직류방식과 교류방식의 구분 (19**기사**, 09**산업**)
   ① 교류방식(25,000V)
   - 장거리 간선철도에서 사용, 건설비 약 20% 정도 절감
   - 변전소 간격이 30～50km 정도, 통신유도장해가 있음

   ② 직류방식(1,500V)
   - 지하철, 도시철도에서 사용
   - 변전소 간격이 10～20km 정도, 전식 발생

2. 지지 방식에 의한 종류

1) 직접 조가 방식 : 저속의 역구내 측선과 노면전차선 등에 채용
2) 현수 조가 방식 : 조가선을 따로 설치하여 그 조가선에 약 5m 간격의 행거로 트롤리선을 매달아 조가선이 현수곡선으로 되어 트롤리선의 처짐은 대단히 작음
3) 강체 조가 방식 : 터널 구간과 교외철도에 직통하는 가선식의 지하철 등에 채용

1-6-2 전차선로 설비

1. 집전장치

가공 전차선이나 제3레일 등에서 전류를 공급하기 위한 장치를 말하며 다음과 같은 종류가 있다.

1) 트롤리 폴(trolley pole) 시가형 전차용
2) 궁형 집전장치(current collector bow) 시가형 전차용
3) 팬터그래프(pantograph) 고속 전철용
4) 집전슈(collector shoe) 제3레일 방식의 집전장치

2. 구분 장치

사고 시 또는 보수작업 시 전차선을 국부적으로 구분해서 정전시키기 위한 정전장치로서, 전기적 구분 장치, 기계적 구분 장치가 있다.

1) 전기적 구분 장치
   ① 에어섹션(air section) : 전차선로의 급전계통 구분 장치, 동상의 본선 구분용으로 설치
   ② 섹션 인슐레이터(section insulator) : 사고 발생 시 사고구간과 장해시간의 단축을 위해 전차선의 일정 구간을 한정 구분하는 장치
   ③ 사구간(dead section) : 변전소와 구분소 및 직·교류의 접속개소에 설치하며 서로 다른 전기를 구분하기 위해서 설치
   - 전차선의 길이는 장력조정, 시공방법상의 제한 등으로 보통 1,600m로 한계
   - 설치 위치 : 직선 또는 곡선반경 800m 이상, 평탄선형 또는 하향 기울기 구간, 부득이한 경우 1,000분의 5 이하의 기울기 구간
2) 기계적 구분 장치 : 에어조인트(air joint) : 전차선의 장력조정 및 전선의 길이 등과 관련하여 설치하는 것으로 기계적으로는 분리되나 전기적으로는 완전 접속됨

3. 전식

1) 정의 : 전차에 공급되는 전류는 레일을 통하여 변전소로 되돌아가는데, 레일이 대지와 완전히 절연되어 있지 않아 전류의 일부가 땅속으로 누설되어, 땅속에 묻혀있는 금속매설물에 전류가 통하여 전기분해가 일어나 매설물 및 레일이 부식되는 현상을 말하며, 직류급전방식에서 발생함
2) 발생개소 : 1일 평균 누설전류량이 +5V를 초과하면 전식의 문제 발생
   ① 레일로부터 전류가 유출되는 개소
   ② 레일의 대지전압이 높고 레일의 접지저항이 낮은 개소
   ③ 변전소에서 먼 구간 및 다습한 장대레일 구간

1-6 기출문제

1. 전차선로는 전기차의 집전장치를 통하여 전력을 공급할 목적으로 궤도를 따라 시설하는 것으로서 우리나라에서의 전차선로 구성은 어떤 식을 표준으로 하고 있는가? (03산업)

가. 가공단선식 나. 가공복선식
다. 제3궤도식(저전압) 라. 강체복선식

해설 가공선 방식에는 가공단선식과 가공복선식이 있으며, 가공단선식을 표준으로 한다.

2. 전차선로에서 전원공급방식이 직류방식일 때 널리 채용되고 있는 전압방식은? (09산업)

가. 300V와 500V 나. 1,500V와 3,000V
다. 4,000V와 5,000V 라. 6,600V와 50,000V

해설 직류방식은 1,500V와 3,000V가 많이 사용되며 보통 지하철, 도시철도에서 사용한다.

3. 전기철도의 집전방식에 의한 분류 중 열차주행용 궤도와 별개의 도전용 레일을 부설하여 전기차에 집전하는 방식으로 저전압의 산악협궤 철도나 지하철에서 사용되는 것은? (08산업)

가. 귀선로식 나. 제3레일식
다. 급전선식 라. 조가선식

해설 터널 단면이 축소되어 건설비가 절감되고 레일식이라 전차선 교체가 필요 없다.

4. 전차선로의 트롤리선(trolley wire) 종류가 아닌 것은? (17기사)

가. 원형 나. 제형
다. 각형 라. 이형

해설 전차선로 트롤리선은 원형, 제형, 이형으로 나눈다.

정답 1. 가 2. 나 3. 나 4. 다

CHAPTER 02 선 로

2-1 선로일반

2-1-1 궤간(철도건설규칙 제6조 참조)

철도선로(roadway, permanent way)는 열차 또는 차량을 운행하기 위한 전용통로의 총칭이며, 궤도(Track)와 이것을 지지하는 데 필요한 기반을 포함한 지대를 말한다. 궤도는 도상, 침목, 레일과 그 부속품으로 이루어진다.

1. 궤간의 정의

레일두부면에서 아래쪽 14mm점에서 양쪽레일 내측 간의 최단거리를 말하며, 수송량, 속도, 지형 및 안전도 등을 고려하여 결정되며 철도의 건설비, 유지비, 수송력에 영향을 준다.

2. 종류

1) 표준궤간(standard gauge) : 치수(1.435m), 세계 각국에서 가장 많이 사용하고(약 60%) 있으며, 1887년 스위스 베른 국제철도회의에서 최초로 제정되었음
2) 광궤(broad gauge) : 표준궤간보다 넓은 궤간으로 러시아, 스페인 등에서 사용
3) 협궤(narrow gauge) : 표준궤간보다 좁은 궤간을 말하며, 일본 국철에서 일부 사용
4) 이중궤간(double gauge) : 레일을 3개 이상 설치하여 궤간이 다른 2종의 차량이 운전할 수 있는 궤간으로 교량상에서는 편심하중이 작용하여 불리하며 분기기가 복잡함

3. 장단점 (02,07,08산업)

광궤의 장점(협궤의 단점)	협궤의 장점(광궤의 단점)
• 고속주행 가능 • 수송력, 주행 안전성 증대 • 차륜 마모의 경감 • 승차감이 좋음	• 건설비와 유지관리비의 경감 • 곡선저항이 적어 산악지대 선로 선정 용이(則 급곡선 주행 가능)

4. 현장적용

궤간은 열차동요와 선로보수 등을 고려하여 '실제의 궤간 = 1,435 + 슬랙±공차' 범위 내에서 결정한다(공차 : 일반철도 +10 ~ −2, 고속철도 +3 ~ −3).

5. 서로 다른 궤간의 연결

1) 차량 측 직결방안

① 궤간가변 방식 : 궤간에 따라 차륜 간 거리를 가변적으로 조절하는 방식

② 대차교환 방식 : 차량의 대차를 궤간에 맞도록 교환하는 방식

2) 궤도 측 직결방안 : 4선방식, 3선방식, 전면궤도 개량방식

2-1-2 건축한계(철도건설규칙 제14조 참조)

차량한계 외측으로 열차가 안전하게 운행될 수 있도록 궤도상에 확보되는 모든 공간을 건축한계라 한다. (04,06**기사**, 04,07,08**산업**)

차량한계와 건축한계는 차량과 시설물 사이에 일정한 공간을 확보하여 어떤 경우라도 접촉하지 않고 안전하게 주행할 수 있도록 정해놓은 것이다.

구분	차량한계(mm)	건축한계(mm)
높이	4,800	5,150
넓이	3,600	4,200
궤도 중심에서 승강장까지 거리	1,600	1,675(고상홈 1,700)

1. 곡선구간의 건축한계 (02,09**산업**)

1) '직선구간 건축한계＋확대량(W)＋캔트에 의한 차량경사량＋슬랙량'만큼 확대

$$W = \frac{50,000}{R(\mathrm{m})}$$

W : 선로중심에서 좌·우측으로의 확대량(mm)

2) 내궤에서는 $W_i = 2,100 + \dfrac{50,000}{R} + 2.4 \cdot C + S$

3) 외궤에서는 $W_o = 2,100 + \dfrac{50,000}{R} - 0.8 \cdot C$

2. 곡선반경과 차량편기량, 차량길이와의 상관관계 (08,16**기사**)

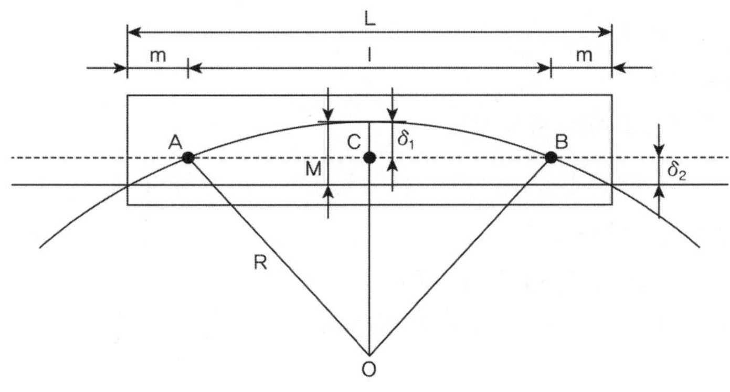

곡선에서의 차량편기

1) 차량 중앙부에서의 편기량

$$\overline{AC}^2 = \overline{AO}^2 - \overline{CO}^2,\ M = \delta_1 + \delta_2$$

$$\left(\frac{\ell}{2}\right)^2 = R^2 - (R - \delta_1)^2 \text{ 이므로,}$$

$$R^2 = \left(\frac{\ell}{2}\right)^2 + (R - \delta_1)^2 = \frac{\ell^2}{4} + R^2 - 2R\delta_1 + \delta_1^2$$

δ_1^2은 미소하므로, $\delta_1^2 = 0$으로 보면,

$$2R\delta_1 = \frac{\ell}{4^2}$$

$$\delta_1 = \frac{\ell^2}{8R} \text{ ------------------①}$$

2) 차량 전·후부에서의 편기량 (08,16기사)

$$\delta_2 = M - \delta_1 = \frac{(\ell + 2m)^2}{8R} - \frac{\ell^2}{8R}$$

$$= \frac{m(m+\ell)}{2R} \text{ ------------------②}$$

R : 곡선반경(m)

m : 대차 중심에서 차량 끝단까지 거리(m)

δ_1 : 곡선을 통과하는 차량 중앙부가 궤도 중심의 내방으로 편기하는 양(mm)

δ_2 : 곡선을 통과하는 차량 양끝이 궤도 중심의 외방으로 편기하는 양(mm)

M : 선로 중심선이 차량 전후부의 교차점과 만나는 선에서 곡선 중앙종거(mm)

ℓ : 차량의 대차 중심 간 거리(m)

L : 차량의 전장(m)

3. 건축한계 예외

1) 가공전차선 및 현수장치
2) 선로보수 등의 작업상 필요한 일시적 시설

4. 차량한계 예외

1) 차륜의 범위 이내에 있는 차량의 부분
2) 정차 중에 개폐하는 차량의 문이 열려있는 경우
3) 제설장치, 기중기, 기타 특수 장치를 사용하고 있는 경우

2-1-3 궤도 중심간격(철도의 건설기준에 관한 규정 제14조 참조) (19기사)

1. 정의

궤도가 2선 이상 부설되어 있을 경우 열차교행에 지장이 없고, 선로입환, 차량정비 등에 필요한 작업 공간(safety zone)을 확보하며, 열차 내의 승객이나 승무원의 위험이 없도록 궤도 간에 일정한 거리를 두는 것을 말한다.

궤도 사이에 가공전차선 지주, 신호기, 급수주 등을 설치하는 경우 해당 부분만큼 확대하며, 궤도 중심간격이 너무 넓게 되면 용지비와 건설비가 증대하므로 일정 한도를 정하여 설치한다.

2. 직선구간 궤도 중심간격의 설치

1) 정거장 외의 구간에서 2개의 선로를 나란히 설치하는 경우

설계속도 V(km/시간)	궤도의 최소 중심간격(m)
$350 < V \leq 400$	4.8
$250 < V \leq 350$	4.5
$150 < V \leq 250$	4.3
$70 < V \leq 150$	4.0
$V \leq 70$	3.8

2) 궤도의 중심간격이 4.3m 미만인 구간에 3개 이상의 선로를 나란히 설치하는 경우에는 서로 인접하는 궤도의 중심간격 중 하나는 4.3m 이상으로 하여야 한다.

3) 정거장(기지를 포함) 안에 나란히 설치하는 궤도의 중심간격은 4.3m 이상으로 하고, 6개 이상의 선로를 나란히 설치하는 경우에는 5개 선로마다 궤도의 중심간격을 6.0m 이상 확보하여야 한다.

2-1-4 노반과 시공기면(철도의 건설기준에 관한 규정 제15조 참조)

1. 노반

노반은 궤도를 지지하기 위하여 천연의 지반을 가공하여 만든 인공의 지표면으로서 궤도를 충분히 강고하게 지지하고 궤도에 대하여 적당한 탄성, 노상으로 하중을 전달하는 기능을 한다.

1) 노반의 재료
   ① 흙, 물, 공기의 복합물질
   ② 함수비에 따라 그 성질이 변하는 특징이 있음
2) 철도노반의 구비 조건
   ① 분니 현상 또는 자갈이 노반 속에 매립되지 않도록 노반표층의 파괴가 적을 것
   ② 노반 자체의 파괴가 적을 것
   ③ 노반상에 견디는 하중이 그 지지력 이하가 되도록 하중을 고루 분산, 전달할 것
      노반 침하계수가 일정치 이상일 것
3) 일반노반과 노반분니와 도상분니의 방지를 위한 강화노반이 있다.

2. 시공기면(Track Formation)

1) 정의 : 노반을 조성하는 기준이 되는 면을 말한다. 수평인 기준면이 시공기면이며, 배수 측구를 붙인 것이 노반면이다. 실용상으로는 노반면과 혼동하여 사용하기도 한다. (08기사)

2) 시공기면 폭 결정

① 시공기면 폭 : 궤도 중심선에서 기면 턱까지의 수평거리

② 도상두께, 침목길이, 보선작업 시 작업성, 열차 대피여유 등을 고려하여 결정

③ 궤도에 받는 하중을 노반으로 광범위하게 전달하도록 설치

설계속도 V(km/h)	최소 시공기면의 폭(m)	
	전철	비전철
$350 < V \leq 400$	4.5	−
$250 < V \leq 350$	4.25	−
$200 < V \leq 250$	4.0	−
$150 < V \leq 200$	4.0	3.7
$70 < V \leq 150$	4.0	3.3
$V \leq 70$	4.0	3.0

2-1-5 선로의 부담력(철도의 건설기준에 관한 규정 제16조 참조)

1. 표준활하중

1) 정의 및 개요 : 선로구조물을 설계할 때 활하중으로 작용하는 차량은 그 종류가 많고 차축 수, 축거, 축중 등이 각각의 차량마다 모두 달라 이를 감안하여 설계한다는 것은 곤란하다. 기관차가 객차나 화차를 견인하여 주행할 때 궤도와 노반에 미치는 응력을 구하는 기준을 정하기 위하여 표준활하중을 사용하며, 차량의 개조나 다른 형식의 차량설계·제작보다 궤도나 노반을 개량하는 것이 공사비와 공사기간이 더 많이 소요되므로, 철도건설규칙에서는 선로의 부담력을 정하여 차량이 궤도를 주행할 때 궤도에 미치는 영향이 이 부담력보다 적게 되도록 규정하고 있다.

2) 표준활하중의 종류 (02,17,18기사)

① 여객 및 화물혼용선 : KRL2012 표준활하중

② 여객전용선 : KRL2012 여객전용 표준활하중

③ 전기동차전용선 : EL 표준활하중(EL−25, EL−22, EL−18)

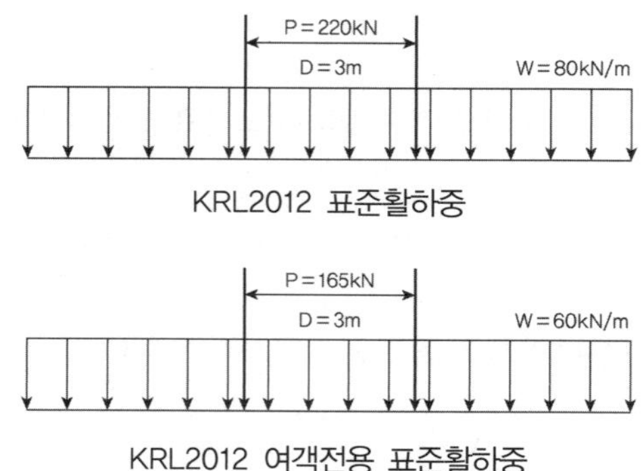

KRL2012 표준활하중

KRL2012 여객전용 표준활하중

2-1 기출문제

1. 궤간에는 표준궤간, 광궤, 협궤 등이 있다. 다음 중에서 협궤와 비교할 때 광궤의 장점이 아닌 것은? (02,07산업)

   가. 고속도를 낼 수 있다.
   나. 수송력을 증대시킬 수 있다.
   다. 열차의 주행 안전도를 증대시킨다.
   라. 급곡선에서 곡선저항이 적다.

   해설 협궤는 건설비, 유지비 경감, 곡선저항이 적어 급속선 주행이 가능하다는 장점이 있다.

2. 표준궤간보다 좁은 협궤의 장점은? (08산업)

   가. 고속도를 낼 수 있다.
   나. 수송력을 증대시킬 수 있다.
   다. 급곡선을 채택하여도 곡선저항이 적다.
   라. 열차의 주행안전도를 증대시키고 동요를 감소시킨다.

   해설 협궤는 곡선반경을 줄여 전체 건설사업비를 절감할 수 있다는 장점이 있다. 현재 우리나라에는 협궤열차가 없다.

3. 건축한계에 대한 설명으로 옳은 것은? (04,06기사)

   가. 차량의 크기를 결정하고 제한하는 범위이다.
   나. 레일 부위는 건축한계와 무관하고 레일 상부만 제한한다.
   다. 건축한계는 직선부와 곡선부가 같다.
   라. 열차가 안전하게 주행하기 위한 공간으로 건축한계 내에는 건조물을 설치하지 못한다.

   해설 건축한계는 차량한계 외측으로 열차가 안전하게 운행할 수 있도록 궤도상에 확보되는 모든 공간을 말한다.

4. 차량의 운전에 지장이 없도록 궤도상에 일정 공간을 설정하는 한계로서 건물과 모든 건조물이 침범할 수 없도록 정한 한계는? (04,07,08산업)

   가. 차량한계　　나. 선로한계
   다. 열차한계　　라. 건축한계

   해설 건축한계를 말하며, 가공전차선 및 현수장치, 선로보수를 위한 일시적 시설을 예외로 할 수 있다.

5. 직선구간에서의 건축한계가 4.2m인 국철 구간에서 곡선반경 500m인 곡선에서는 확폭을 포함한 건축한계가 몇m인가? (02산업)

   가. 4.25m　　나. 4.30m
   다. 4.40m　　라. 5.20m

   해설 곡선에 따른 확대량 $W=\frac{50,000}{R(\mathrm{m})}=\frac{50,000}{500}=100\mathrm{mm}$,

   양쪽이므로 $4.2+(0.1+0.1)=4.4\mathrm{m}$

6. 일반철도에서 반지름(R)＝400m인 원곡선부의 건축한계 확대량(폭)은? (단, 캔트와 슬랙은 설치하지 않는 것으로 가정) (09산업)

가. 100mm　　나. 125mm

다. 250mm　　라. 500mm

해설 곡선에 따른 확대량 $W=\frac{50,000}{R(\mathrm{m})}=\frac{50,000}{400}=125\mathrm{mm}$이므로 양쪽으로 하면 250mm이다.

7. 노반의 선로 중심에서 비탈면 머리까지의 수평거리를 무엇이라 하는가? (08기사)

가. 궤도 중심간격　　나. 도상정규

다. 시공기면 폭　　라. 여성토

해설 시공기면 폭으로 시공기면은 노반을 조성하는 기준이 되는 면을 말한다.

8. 곡선을 통과하는 차량 끝이 궤도 중심외방으로 편의하는 양 C_1 공식은? (08,16기사)

가. $(1/2R)\times(V2)^2$　　나. $m(m+\ell)/2R$

다. $(1/2R)\times(m+L)$　　라. $L^2/8R$

해설 곡선반경에 따른 차량 전후부의 차량편기량은 $\frac{m(m+\ell)}{2R}$이다.

9. 국철에서 전기동차전용선인 경우 설계 시 적용하여야 할 표준활하중은? (02기사)

가. KRL2012　　나. KRL2012 여객전용

다. EL－15　　라. EL－18

해설 전기동차전용선 : EL 표준활하중(EL－25, EL－22, EL－18)

10. 다음 중 협궤와 비교하여 광궤 선로의 장점으로 볼 수 없는 것은? (13산업)

가. 열차의 주행안전도를 증대시키고 동요를 감소시킨다.

나. 급곡선을 채택하여도 협궤에 비해 곡선저항이 적다.

다. 수송력을 증대시킬 수 있다.

라. 고속도를 낼 수 있다.

해설 광궤 선로는 급속선에서 곡선저항이 크다.

11. 철도의 건설기준에 관한 규정에서 선로설계 시 여객 전용선에 적용하는 KRL2012 여객 전용선 표준활하중은 KRL2012 표준활하중의 몇 %를 적용한 것인가? (17기사)

가. 65%　　나. 75%

다. 85%　　라. 95%

해설 여객 전용선에 적용하는 KRL2012 여객 전용 표준활하중은 KRL2012표준활하중의 75%를 적용한 것이다.

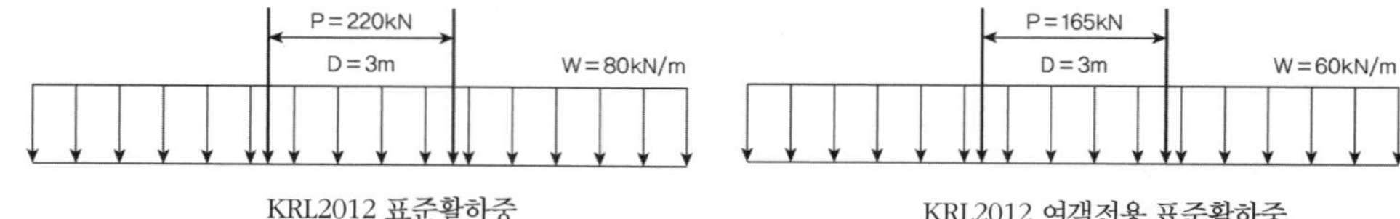

12. **선로의 부담력에 대한 설명 중 틀린 것은?** (18기사)

가. KRL2012 여객 전용 표준활하중의 간격은 2m이다.

나. 전기동차 전용선은 EL 표준활하중을 적용하여야 한다.

다. 여객 전용선은 KRL2012 표준활하중의 75%를 적용하여야 한다.

라. 여객/화물 혼용선은 KRL2012 표준활하중을 적용하여야 한다.

해설 KRL2012 여객 전용 표준활하중의 간격은 3m이다.

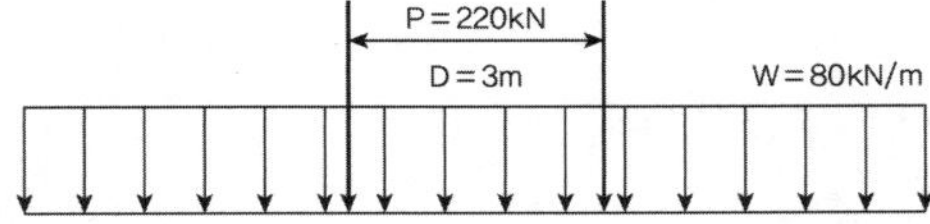

13. **궤도의 중심간격을 결정할 때 고려할 사항으로 틀린 것은?** (19기사)

가. 터널의 시공오차

나. 차량교행 시의 압력

다. 유지보수의 편의성

라. 직선 및 곡선부에서 최대 운행속도로 교행하는 차량 및 측풍 등에 따른 탈선 안전도

해설 중심간격을 정할 때 터널 시공오차는 고려사항이 아니다.

정답 1. 라 2. 다 3. 라 4. 라 5. 다 6. 다 7. 다 8. 나 9. 라 10. 나 11. 나 12. 가 13. 가

2-2 곡선과 기울기

2-2-1 곡선

철도선로는 직선으로 하는 것이 가장 좋지만, 지형지물을 따라 경제적으로 건설하기 위하여 부득이 직선으로 할 수 없는 개소에는 차량이 일정한 속도로 원활하게 주행할 수 있도록 삽입한 굽은 모양의 곡선을 넣는다.

1. 곡선의 표시

1) 곡선은 보통 원곡선을 사용하며 일반적으로 곡선반경 R로 표시

2) 미국에서는 100ft의 현으로 형성되는 중심각 $\theta°$ 로 표시

2. 종류

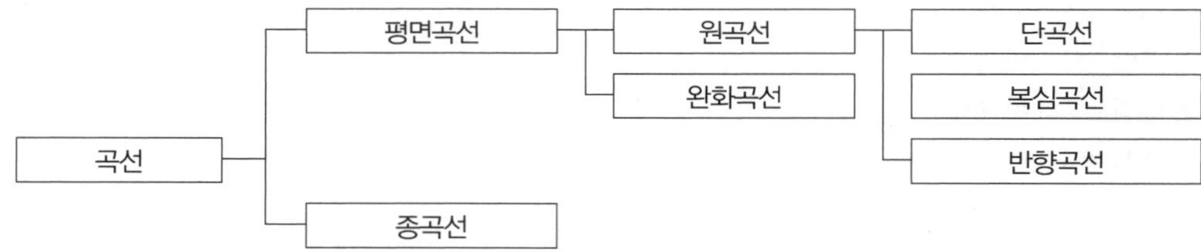

3. 곡선형상

1) 복심곡선

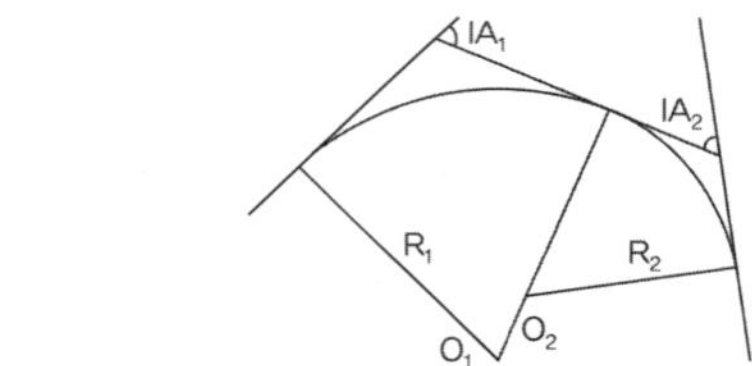

2) 반향곡선

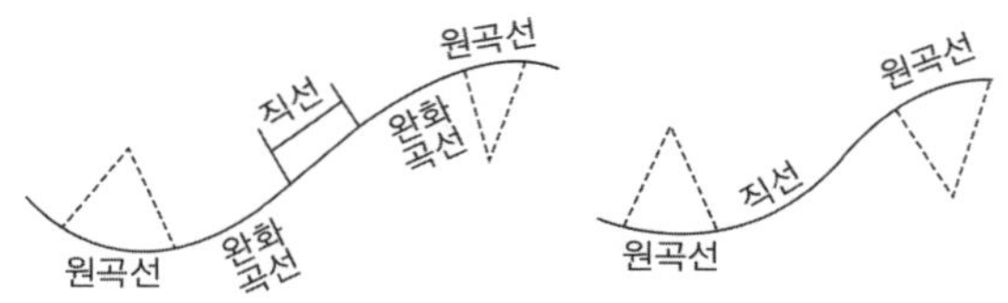

4. 최소 곡선반경(철도의 건설기준에 관한 규정 제6조 참조) (10,12,15기사)

등급별로 곡선구간에서 열차가 최고속도로 안전하게 주행할 수 있는 최소한의 곡선반경을 말하며, 열차 속도, 캔트와의 상관관계로 최소 곡선반경을 설정한다.

1) 최소 곡선반경 : 차량이 곡선구간을 주행할 때 승객의 승차감과 차량의 주행안전성을 고려하여 $C_{\max}$: 최대 설정캔트(mm), $C_{d,\min}$: 최대 부족캔트(mm)를 기준하여 최소 곡선반경 크기 결정

$$C = 11.8\frac{V^2}{R} \Rightarrow R = 11.8\frac{V^2}{C} \text{에서 } R \geq \frac{11.8\,V^2}{C_{\max} + C_{d,\min}}$$

설계속도 V(km/h)	최소 곡선반경(m)	
	자갈도상 궤도	콘크리트도상 궤도
400	–	6,100
350	6,100	4,700
300	4,500	3,500
250	3,100	2,400
200	1,900	1,600
150	1,100	900
120	700	600
$V \leq 70$	400	400

2) 최소 곡선반경의 축소

① 역세권이 이미 형성된 도심을 통과하여 철도를 건설(정거장을 설치)할 경우

② 기존선 개량 등 특수한 경우

③ 경제성, 시공성을 고려하여 전동차전용선로는 250m까지 축소 가능

④ 부본선, 측선 및 분기기에 연속되는 경우에는 곡선반경을 200m까지 축소할 수 있음

5. 직선 및 원곡선의 최소 길이(철도의 건설기준에 관한 규정 제9조 참조) (09산업)

1) 차량이 인접한 곡선에서 곡선으로 주행하는 경우 차량방향이 급변하여 차량에 동요가 발생하므로 불규칙한 동요를 방지하고자 차량의 고유진동주기를 감안하여 곡선사이에 삽입하는 직선의 거리

2) 곡선 중의 차량동요가 다음 곡선으로 이동하는 사이에 소멸하기 위하여 차량의 고유진동주기를 생각하여 적어도 1주기 이상 진행하는 길이의 직선을 두 곡선 사이에 삽입해야 하며 사행동이 차량별로 발생하는 주기를 차량고유진동주기라고 함

3) 목적

① 불규칙한 동요 감소

② 승차감 향상

③ 궤도재료 손상 방지 및 유지보수 노력 경감

④ 차륜마모 감소

설계속도 V(km/h)	직선 및 원곡선 최소 길이(m)
400	200
350	180
300	150
250	130
200	100
150	80
120	60

설계속도 V(km/시간)	직선 및 원곡선 최소 길이(m)
$V \leq 70$	40

주) 이외의 값은 다음의 공식으로 산출한다.

$$L = 0.5\,V$$

여기서, L : 직선 및 원곡선의 최소 길이(m)
V : 설계속도(km/시간)

2-2-2 완화곡선(철도의 건설기준에 관한 규정 제8조 참조)

차량이 직선에서 원곡선으로 진입하거나, 원곡선에서 직선으로 진입할 경우 열차의 주행방향이 급변함으로써, 차량의 동요가 심하여 원활한 주행을 할 수 없으므로 직선과 곡선 사이에 반경이 무한대(∞)에서 R(원곡선반경) 또는 R(원곡선반경)에서 무한대(∞)로 변화하는 완만한 곡률의 곡선을 삽입하는데, 이를 완화곡선(transition curve)이라 한다.

1. 설치 목적

1) 3점지지에 의한 탈선의 위험 제거
2) 캔트, 캔트부족량의 변화를 서서히 행하여 승차감 향상
3) 차량운동의 급변을 방지하고, 원활한 주행 유도
4) 궤도의 파괴를 경감
5) 슬랙의 체감을 합리적으로 함

2. 완화곡선 삽입 (08,09,14,19기사, 05,12산업)

1) 본선의 경우 설계속도에 따라 다음 표의 값 미만의 곡선반경을 가진 곡선과 직선이 접속하는 곳에는 완화곡선을 두어야 한다. 다만, 분기기에 연속되는 경우이거나 기존선을 고속화하는 구간에서는 부족캔트 변화량 한계값을 적용할 수 있다.

설계속도 V(km/h)	곡선반경(m)
250	24,000
200	12,000
150	5,000
120	2,500
100	1,500
$V \leq 70$	600

2) 분기기 내에서 부족캔트 변화량이 다음 표의 값을 초과하는 경우에는 완화곡선을 두어야 한다.

① 고속철도전용선

분기속도 V(km/h)	$V \leq 70$	$70 < V \leq 170$	$170 < V \leq 230$
부족캔트 변화량 한계값(mm)	120	105	85

② 그 외

분기속도 V(km/h)	$V \leq 100$	$100 < V \leq 170$	$170 < V \leq 230$
부족캔트 변화량 한계값(mm)	120	$141-0.21V$	$161-0.33V$

3) 본선의 경우 두 원곡선이 접속하는 곳에서는 완화곡선을 두어야 하며, 이때 양쪽의 완화곡선을 직접 연결할 수 있다. 다만 부득이한 경우에는 완화곡선을 두지 않고 두 원곡선을 직접 연결하거나 중간직선을 두어 연결할 수 있다.

① 중간직선이 없는 경우

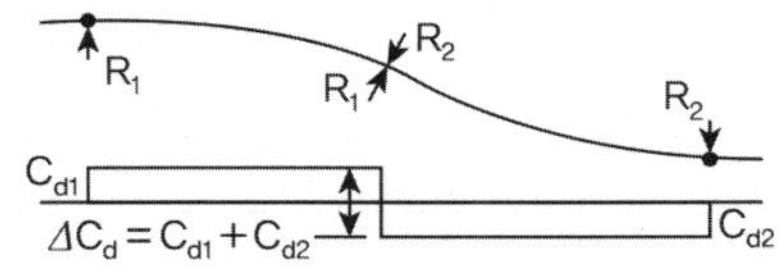

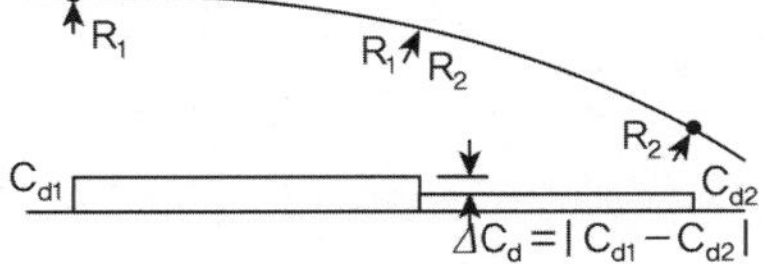

② 중간직선이 있는 경우로서 중간직선의 길이가 기준 값보다 작은 경우

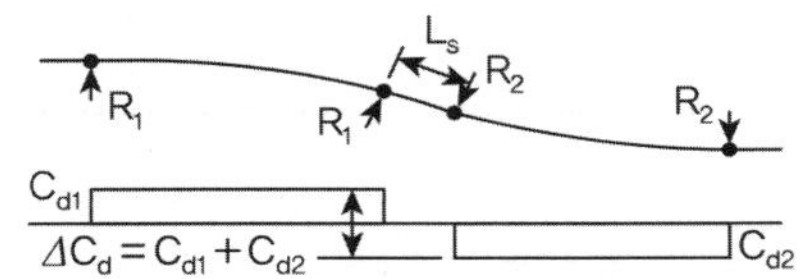

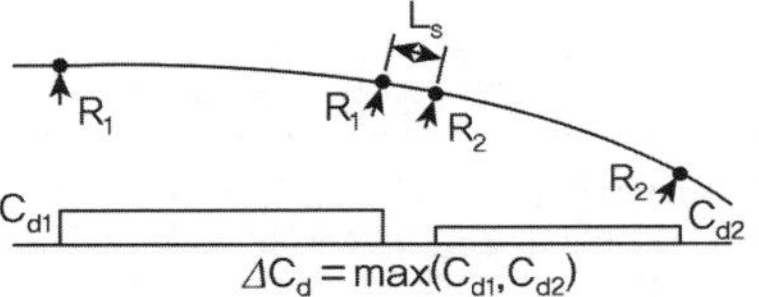

중간직선이 있는 경우, 중간직선 길이의 기준 값($L_{s,lim}$)은 설계속도에 따라 다음 표와 같다.

설계속도 V(km/h)	중간직선 길이 기준값(m)
$200 < V \leq 350$	$0.5V$
$100 < V \leq 200$	$0.3V$
$70 < V \leq 100$	$0.25V$
$V \leq 70$	$0.2V$

3. 완화곡선의 종류 (02,05,09산업)

1) 3차 포물선($y = ax^3$: 일반철도, 고속철도 사용)
2) 클로소이드 곡선(clothoid curve, 지하철과 도로에서 사용) : 곡률이 곡선에 비례하여 체감(지하철) (02산업)
3) 사인 반파장(sin 저감곡선)
4) 렘니스케이트 곡선(lemniscate spiral) : 곡률이 장현에 비례하여 직선체감
5) 4차 포물선, 3차 나선, AREA 나선, 등
6) 종곡선상의 완화곡선 종류 : 원곡선식, 2차 포물선식

2-2-3 기울기(철도의 건설기준에 관한 규정 제10조 참조)

1. 정의

선로의 기울기는 최소 곡선반경보다도 수송력에 직접적인 영향을 주기 때문에 가능한 한 수평에 가깝도록 하는 것이 좋다. 하지만 수평으로 하면 토공과 장대터널을 필요로 하게 되어 건설비가 많이 소요되므로, 산악이 많은 우리나라 지역에는 기울기도 많아진다.

2. 기울기의 분류 (08,11,18기사, 07,15산업)

1) 최급기울기 : 열차 운전 구간 중 가장 물매가 심한 기울기

설계속도 V(km/h)		최대 기울기(천분율)
여객전용선	$250 < V \leq 400$	35[1), 2)]
여객화물 혼용선	$200 < V \leq 250$	25
	$150 < V \leq 200$	10
	$120 < V \leq 150$	12.5
	$70 < V \leq 120$	15
	$V \leq 70$	25
전기동차전용선		35

1) 연속한 선로 10km에 대해 평균기울기는 1,000분의 25 이하여야 한다.
2) 기울기가 1,000분의 35인 구간은 연속하여 6km를 초과할 수 없다.
주) 단, 선로를 고속화하는 경우에는 운행차량의 특성 등을 고려하여 열차운행의 안전성이 확보되는 경우에는 그에 상응하는 기울기를 적용할 수 있다.

2) 제한기울기 : 기관차의 견인정수를 제한하는 기울기를 말한다.
3) 타력기울기 : 제한기울기보다 심한 기울기라도 그 연장이 짧은 경우에는 열차의 타력에 의하여 이 기울기를 통과할 수가 있는데 이러한 기울기를 말한다.
4) 표준기울기 : 열차운전 계획상 정거장 사이마다 조정된 기울기로서 역간의 임의 지점 간의 거리 1km의 연장 중 가장 급한 기울기로 조정한다.
5) 가상기울기 : 기울기선을 운전하는 열차의 벨로시티헤드(velocity head)의 변화를 기울기로 환산하여 실제의 기울기에 대수적으로 가산한 것으로 열차 운전시분에 적용한다.

2-2-4 종곡선(철도의 건설기준에 관한 규정 제11조 참조)

1. 종곡선의 설치

선로의 기울기 변화점에서는 열차가 통과할 때 열차 전후에 인장력과 압축력 작용하여 연결부 손상 및 볼록 기울기에서 탈선 위험, 오목 기울기에서 부담력 증가로 궤도파괴의 우려가 있으며, 수직가속도 증가에 따른 승차감 불량 해소를 위하여 기울기 변화점에는 종곡선을 설치한다.

2. 종곡선의 삽입

1) 기울기가 서로 다른 선로가 접속하는 경우로서 기울기 차이가 다음과 같을 경우 등급별로 종곡선 삽입

설계속도 V(km/시간)	기울기 차(천분율)
$200 < V \leq 400$	1
$70 < V \leq 200$	4
$V \leq 70$	5

2) 설계속도별 종곡선 반경

설계속도 V(km/시간)	최소 종곡선 반경(m)
250	22,000
200	14,000
150	8,000
120	5,000
70	1,800

3) 종곡선은 직선 또는 원의 중심이 1개인 곡선구간에 부설해야 한다. 단, 부득이한 경우 콘크리트도상 궤도에 한해 완화곡선 또는 직선에서 완화곡선과 원의 중심이 1개인 곡선구간까지 걸쳐서 둘 수 있다.

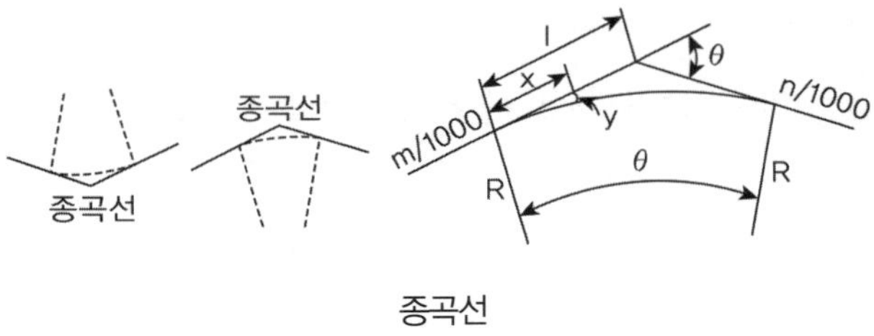

종곡선

4) 종곡선 부설에 필요한 수식 (06,09,12**기사**)

$$l = \frac{R}{2,000}(m \pm n)$$

$$y = \frac{x^2}{2R} \quad [R = \text{종곡선의 반경(m)}]$$

2-2-5 곡선보정

기울기 중에 곡선이 있는 경우 열차에는 곡선저항이 가산되므로 곡선저항과 동등한 기울기량 만큼 최급기울기를 완화시켜야 한다. 이와 같이 환산기울기량만큼 기울기를 보정한 것을 곡선보정이라 한다.

1. 종류

1) 환산기울기 : 곡선저항을 기울기저항으로 환산한 기울기(equivalent grade)

2) 보정기울기 : 실제 기울기에서 환산기울기량만큼 차인한 기울기

3) 곡선보정 : 실제 기울기에서 환산기울기량만큼 기울기를 보정한 것

2. 보정공식 유도 (07,08,14,17,19기사, 15산업)

1) 곡선저항 산정식 : 모리슨 실험식 이용(4축2대차)

$$Rc = \frac{1000 \cdot f \cdot (G+L)}{R} \text{(kg/ton)}$$

f : 차륜과 레일 간 마찰계수(0.15~0.25, f =0.2)

G : 궤간

L : 고정축거(평균고정축거 2.2m)

R : 곡선반경(m)

2) Rc(kg/ton) =i(‰)이므로

$$Rc = \frac{1000 \cdot f \cdot (G+L)}{R} = \frac{1000 \times 0.2 \times (1.435 + 2.2)}{R} = \frac{727}{R} \fallingdotseq \frac{700}{R}$$

3) 환산기울기 적용 예

① 10‰상기울기 구간에 R=350m 곡선이 있을 경우

② $Rc = \frac{700}{R} = \frac{700}{350} = 2\text{kg/ton}$

$Rc = i_e$ 이므로 $i = 2‰$ 에 해당하므로

$$i_e = I + \frac{700}{R}(‰) = 10 + 2 = 12‰$$

③ 열차저항치는 12kg/ton이고 이는 12‰상기울기를 운전할 때의 열차저항치와 같음을 의미한다.

2-2 기출문제

1. 본선에 있어서 인접한 두 곡선이 있는 경우 각 곡선에 대한 캔트 체감 후 두 곡선 사이에 설계속도 200km/h 선로의 경우 삽입해야 하는 직선 길이로 적합한 것은? (09산업)

가. 80m　　나. 100m
다. 130m　　라. 150m

해설 원곡선의 최소 길이 참조

2. 선로의 곡선에서 완화곡선의 길이를 결정하는 주요 요인으로 옳은 것은? (08기사)

가. 평균 열차횟수 (1일)　　나. 열차의 운전속도
다. 원곡선의 길이　　라. 슬랙량

해설 완화곡선의 길이는 캔트량과 관계가 있으며, 캔트량은 곡선 중 열차통과속도에 따라 결정되므로 열차의 운전속도가 완화곡선 길이 결정의 주요 요인이다.

3. 설계속도 100km/h 철도의 본선에 있어서 완화곡선은 최대반경 몇 미터 이하의 곡선과 직선이 접속하는 곳에 부설하는가? (05산업)

가. 600m　　나. 1,500m
다. 12,000m　　라. 24,000m

해설 철도의 건설기준에 관한 규정 제8조 완화곡선 삽입 내용 참조

4. 우리나라 고속철도에서 채용하고 있는 완화곡선 형상은? (02,09산업)

가. 3차 포물선　　나. 정현 반파장 곡선
다. 클로소이드 곡선　　라. 렘니스케이트 곡선

해설 우리나라 일반·고속철도에는 3차 포물선을, 지하철은 클로소이드 곡선을 채택한다.

5. 완화곡선 중 곡률이 곡선장에 비례하여 체감되는 곡선은? (02산업)

가. 클로소이드 곡선　　나. 3차 포물선
다. 사인 반파장 곡선　　라. 렘니스케이트 곡선

해설 클로소이드 곡선으로 지하철과 도로에서 채택 중이다.

6. 상향의 기울기 변환점에 반경 3,000m의 종곡선을 삽입하면 도상의 횡방향 저항력은 어떻게 되는가? (07기사)

가. 변함이 없다.
나. 약 3% 정도 감소한다.
다. 약 50% 정도 감소한다.
라. 종곡선 반경에 비례하여 증가한다.

해설 선로기울기 변화점에는 통과열차에 대해 인장력과 압축력이 발생함으로 도상의 횡방향에 대한 저항력과는 무관하다.

7. **선로의 표준기울기를 설명한 것으로 옳은 것은?** (08기사)

가. 기관차의 견인정수를 제한하는 기울기

나. 열차의 탄력에 의해 운행되는 구간의 기울기

다. 열차운전 계획상 정거장 사이마다 조정된 기울기로서 역간에 임의지점 간의 거리 1km의 연장 중 가장 급한 기울기

라. 열차운전 구간 중 경사가 가장 심한 기울기

해설 기관차의 견인정수를 제한하는 기울기(제한기울기), 열차의 탄력에 의해 운행되는 구간의 기울기(타력기울기), 열차운전 구간 중 경사가 가장 심한 기울기(최급기울기)

8. **기울기에 대한 설명 중 틀린 것은?** (07산업)

가. 최급기울기란 열차운전구간 중 가장 경사가 심한 기울기이다.

나. 표준기울기란 열차운전 계획상 정거장과 정거장 사이마다 조정된 기울기이다.

다. 제한기울기란 기관차의 견인정수를 제한하는 기울기이다.

라. 가상기울기란 제한기울기보다 심한 기울기라도 그 연장이 짧을 경우에는 열차의 타력에 의하여 이 기울기를 통과할 수 있는 기울기이다.

해설 라항의 설명은 타력기울기에 대한 설명이다.

9. **1,000분의 15 경사 중에 반경 700m 곡선이 들어 있을 경우 최급 기울기를 얼마로 완화시켜야 하는가?** (08,18기사)

가. 1,000분의 13.6(13.6‰)　　나. 1,000분의 13.8(13.8‰)

다. 1,000분의 14.0(14.0‰)　　라. 1,000분의 14.2(14.2‰)

해설 $Rc=\frac{700}{R}=\frac{700}{700}=1\text{kg/ton}=1‰$이다. 곡선저항만큼 기울기를 완화시켜야 최급기울기의 기준에 적합해지므로 $15‰-1‰=14‰$이다.

10. **곡선반경 700m의 곡선인 본선의 기울기가 보정 전에 20‰일 때 환산기울기로 보정한 후의 기울기는?** (07,17,19기사)

가. 18‰　　나. 19‰

다. 20‰　　라. 21‰

해설 $Rc=\frac{700}{R}=\frac{700}{700}=1\text{kg/ton}=1‰$이다. 보정 전 $20‰-1‰=19‰$이다.

11. **속도 향상을 위한 선로의 대책 중 평면선형에 대한 대책으로 틀린 것은?** (03,05,13산업)

가. 곡선반경을 될 수 있는 한 크게 한다.

나. 캔트를 될 수 있는 한 크게 한다.

다. 캔트 부족량을 될 수 있는 한 크게 한다.

라. 곡률 변화구간과 캔트 변화구간이 일치하는 쪽이 바람직하다.

해설 캔트 부족량이 클수록 속도는 낮아진다.

12. 터널 내와 교량상의 기울기에 대한 설명 중 옳지 않은 것은? (02,03기사)

가. 터널 내에서는 습기에 의한 점착력 감소를 감안하여 제한구배보다 10‰ 정도 완화할 필요가 있다.

나. 터널은 공사 중 또는 완성 후의 보수노력을 고려하여 가능한 한 수평으로 하는 것이 좋다.

다. 교량상에서는 제동 시 구조물에 제동하중을 가하게 되므로 급구배로 하지 않는 것이 좋다.

라. 개상식(開床式) 교량상에서는 구배의 변환점을 두지 않는 것이 좋다.

해설 터널은 터널 내 원활한 배수를 위하여 일정 기울기를 두는 것이 좋다.

13. 원곡선에 의한 종곡선에서 경사변환점의 편기량(y)은? (단, $m=2$, $n=-3$, $R=4{,}000$m) (06,09기사)

가. 1cm　　나. 1.25cm

다. 1.5cm　　라. 2.5cm

해설 $l=\dfrac{R}{2{,}000}(m\pm n)=\dfrac{4{,}000}{2{,}000}(2+3)=10\text{m}$이므로,

$y=\dfrac{x^2}{2R}=\dfrac{10^2}{2\times 4{,}000}=0.0125\text{m}=1.25\text{cm}$

14. 철도건설 시 최급기울기가 25‰인 선로상에 반지름 500m의 곡선이 있다면 기울기를 몇 ‰ 이하로 하여야 하는가? (14기사, 15산업)

가. 23.6　　나. 24.6

다. 25.6　　라. 26.6

해설 $\text{Rc}=\dfrac{700}{R}=\dfrac{700}{500}=1.4\text{kg/ton}=1.4‰$이다.

보정 전 25‰ − 1.4‰ = 23.6‰이다.

15. 철도선로에서 최소 곡선반경을 결정하는 요소가 아닌 것은? (15기사)

가. 열차의 속도　　나. 차량의 고정축거

다. 열차의 중량　　라. 궤도의 궤간

해설 최소 곡선반경은 열차의 속도, 차량의 고정축거, 궤도의 궤간에 따라 결정한다.

16. 최소 곡선반경 결정 시 고려해야 할 사항이 아닌 것은? (10기사)

가. 신호방식　　나. 궤간

다. 열차 속도　　라. 차량의 고정축거

해설 최소 곡선반경은 열차의 속도, 차량의 고정축거, 궤도의 궤간에 따라 결정한다.

17. 열차운전계획상 철도선로의 기울기 종류가 아닌 것은? (11기사)

가. 최급기울기　　나. 제한기울기

다. 타력기울기　　라. 열차기울기

해설 기울기의 종류 : 최급기울기, 제한기울기, 타력기울기, 표준기울기, 가상기울기

18. 선로의 기울기에 대한 설명으로 옳지 않은 것은? (15산업)

가. 최급기울기란 열차운전구간 중 가장 경사가 심한 기울기이다.

나. 표준기울기란 열차운전계획상 정거장 사이마다 조정된 기울기로서 역간의 임의지점 간의 거리 2km의 연장 중 가장 완만한 기울기로 조정한다.

다. 제한기울기란 기관차의 견인정수를 제한하는 기울기이다.

라. 타력기울기란 제한기울기보다 심한 기울기라도 그 연장이 짧을 경우에는 열차의 타력에 의하여 이 기울기를 통과할 수 있는 기울기이다.

해설 열차운전계획상 정거장 사이마다 조정된 기울기로서 역간의 임의지점 간의 거리 1km의 연장 중 가장 급한 기울기로 조정한다.

19. 종곡선의 기울기가 +5%와 −25%일 때 접선장 l과 곡선시점으로부터 6m 지점의 종거 y는 얼마인가? (단, 종곡선 반지름은 3,000m) (12기사)

가. $l=30\text{m}$, $y=4\text{mm}$ 　　나. $l=45\text{m}$, $y=6\text{mm}$

다. $l=50\text{m}$, $y=8\text{mm}$ 　　라. $l=60\text{m}$, $y=12\text{mm}$

해설 $l=\dfrac{R}{2,000}(m\pm n)=\dfrac{3,000}{2,000}(25+5)=45\text{m}$

$y=\dfrac{x^2}{2R}=\dfrac{6^2}{2\times 3,000}=0.006\text{m}=6\text{mm}$

20. 선로의 곡선반지름은 운전 및 선로보수상 큰 것이 좋으나 불가피하게 반지름이 작은 곡선을 두게 될 때, 최소곡선 반지름의 결정요인으로 짝지어진 것은? (12기사)

가. 궤간, 열차속도, 차량의 고정축거 　　나. 레일 종류, 궤도구조, 궤간

다. 도상두께, 궤도구조, 열차 속도 　　라. 도상두께, 열차 속도, 차량의 고정축거

해설 최소 곡선반경은 열차의 속도, 차량의 고정축거, 궤도의 궤간에 따라 결정한다.

21. 완화곡선의 길이를 결정하는 데 관계되는 것은? (14기사, 12산업)

가. 열차 운전속도 　　나. 궤간의 크기

다. 차량의 고정축거 　　라. 열차운행 횟수

해설 완화곡선은 직선과 곡선사이에 설치하므로, 열차 안전운행에 목적을 두고 설치한다. 특히 열차의 속도에 따른 탈선 방지, 승차감 향상에 도움이 된다.

22. 부족캔트 변화량이 일정값을 초과하면 완화곡선을 두어야 한다. 고속철도 전용선에서 분기속도 100km/h인 경우 분기기 내에서 부족캔트 변화량 한계값의 기준은? (19기사)

가. 85mm 　　나. 100mm

다. 105mm 　　라. 120mm

해설

분기속도 V(km/시간)	$V\leq 70$	$70< V\leq 170$	$170< V\leq 230$
부족캔트 변화량 한계값(mm)	120	105	85

정답 1. 나 2. 나 3. 나 4. 가 5. 가 6. 가 7. 다 8. 라 9. 다 10. 나 11. 다 12. 나 13. 나 14. 가 15. 다 16. 가 17. 라 18. 나 19. 나 20. 가 21. 가 22. 다

2-3 궤도

2-3-1 궤도의 개요

1. 궤도의 의의

1) 철도선로 : 열차 또는 차량을 운행하기 위한 전용통로를 말하며, 궤도, 노반 및 선로구조물로 구성된다.
2) 궤도 : 레일과 침목, 도상, 그 부속품으로 이루어진다.

2. 궤도의 구성 요소 (03,09산업)

1) 레일
   ① 차량을 직접 지지한다.
   ② 열차하중을 침목과 도상을 통하여 광범위하게 노반에 전달한다.
2) 침목
   ① 레일을 견고하게 체결하여 위치를 유지한다.
   ② 레일로부터 받은 하중을 도상에 전달한다(열차하중지지).
3) 도상
   ① 레일 및 침목 등에서 전달된 하중을 널리 노반에 전달한다.
   ② 침목의 위치를 유지한다.
4) 레일 이음매 및 체결장치
   ① 이음매 이외의 부분과 강도와 강성이 동일하여야 한다.
   ② 구조가 간단하고 설치와 철거가 용이하다.

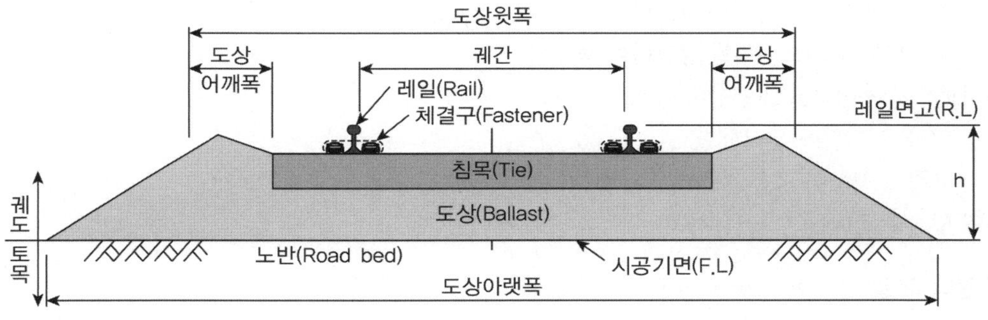

궤도의 구성 요소

3. 궤도구조의 구비 조건 (13,16기사, 12산업)

1) 차량의 동요와 진동이 적고, 승차감이 양호할 것
2) 차량의 원활한 주행과 안전이 확보될 것
3) 열차의 충격에 견딜 수 있는 강한 재료일 것
4) 열차하중을 시공기면 아래의 노반에 균등하고 광범위하게 전달할 것
5) 궤도틀림이 적고 열화 진행은 완만할 것

6) 유지 · 보수작업이 용이하고, 구성 재료의 교환은 간편할 것

4. 궤도구조의 형식 및 궤도강도 증진

1) 자갈도상궤도, 콘크리트도상궤도, 기타 궤도구조로 분류
2) 궤도강도 증진 (04,06,15기사)
   ① 레일중량화, 장대화
   ② 침목 PC화 : 이중탄성체결, 충격흡수, 궤도안정
   ③ 노반개량 : 분니처리, 유공관 매설, 모래치환 등
   ④ 도상개량 : 양질의 쇄석, 도상두께 확보
   ⑤ 분기기 개량 : 망간 크로싱, 탄성 포인트, 분기기 고번화

5. 궤도 소음 · 진동 방지대책 (09,16기사)

1) 레일의 장대화, 진동흡수 레일
2) 방진 매트
3) 궤도 구조개선(체결구조, 강성, 질량 등)
4) 흡음효과 개선(자갈도상)
5) 레일 연마
6) 궤도틀림 방지, 단차 방지 등

2-3-2 레일 및 레일 이음매

1. 레일의 구비 조건

1) 구조적으로 충분한 안전도를 확보할 것
2) 초기 투자비와 유지보수비를 감안하여 경제적일 것
3) 유지보수가 용이하고 내구성이 길 것
4) 진동 및 소음 저감에 유리할 것
5) 전기 흐름에 저항이 적을 것
6) 레일 및 부속품(체결구, 이음장치 등)의 수급이 용이할 것

2. 레일의 재질 (07,14기사, 04,13산업)

1) 탄소 : 함유량이 1.0%까지는 증가할수록 결정이 미세해지고 항장력과 강도가 커지는 반면에 연성이 감퇴된다.
2) 규소 : 적량이 있으면 탄소강의 조직을 치밀하게 하고 항장력을 증가시키나 지나치게 많으면 약해진다.
3) 망간 : 경도와 항장력을 증대시키나 연성이 감소된다. 유황과 인의 유해성을 제거하는 데 효과적이다. 1% 이상이면 특수강이 된다.
4) 인 : 탄소강을 취약하게 하여 충격에 대한 저항력을 약화시키므로 제거한다.
5) 유황 : 강재에 가장 유해로운 성분으로 적열상태에서 압연작업 중 균열이 발생한다.

3. 레일검사 항목

1) 인장시험
2) 낙중시험
3) 휨시험
4) 경도시험
5) 파단시험
6) 피로시험

4. 레일의 종류

1) 일반레일
2) 고탄소강 레일 (05**기사**) : 탄소강 레일의 탄소함유량을 증가시켜 내마모성을 증가시킨 레일로 탄소함유량을 0.85% 정도까지 쓰고 있다.
3) 솔바이트 레일(경두레일) (06,12,15**기사**, 03**산업**) : 레일두부면 약 20mm를 소입시켜 솔바이트 조직으로 만들어 강인하고 내마모성을 크게 한 것이다. 이음매부의 끝닳음을 예방하기 위하여 보통레일의 단부를 10~20cm 정도 표면을 소입하며 이것을 레일단부소입이라 한다.
4) 망간레일 (02,03,13**기사**) : 망간을 10~14% 함유시켜 내마모성을 높인 레일로서 내구연한이 보통레일의 약 6배가 되므로 분기기, 곡선부, 기타마모가 심한 개소에 사용한다.
5) 복합레일 : 레일두부에 내마모성이 큰 특수강을 사용한 것으로 두부에는 고탄소 크롬강을 복부 및 저부에는 저탄소강을 사용한다.

5. 레일의 길이 제한 이유

레일의 길이는 될 수 있으면 이음매 수를 줄이기 위해서는 길게 하는 것이 좋다. 그러나 레일 길이는 다음과 같은 이유로 제한한다.

1) 온도신축에 따른 이음매 유간의 제한
2) 레일 구조상의 제한
3) 운반 및 보수작업상의 제한
4) 레일 길이와 차량의 고유진동주기와의 관계

6. 레일의 내구연한 (05기사)

레일의 내구연한은 훼손, 마모, 부식, 회로, 전식 등의 요인에 의해 결정된다. 일반적으로 레일의 수명은 열차의 통과 톤수, 차량중량 또는 궤도가 해변이나 터널 등 부설된 조건에 따라 일정하지 않다.

1) 직선부 : 20~30년
2) 해안 : 12~16년
3) 터널 내 : 5~10년

7. 레일 이음매 (02,05,09기사, 12산업)

1) 레일 이음매의 구비 조건
   ① 이음매 이외의 부분과 강도와 강성이 동일할 것
   ② 구조가 간단하고 설치와 철거가 용이할 것
   ③ 레일의 온도신축에 대하여 길이방향으로 이동할 수 있을 것
   ④ 연직하중뿐만 아니라 횡압력에 대해서도 충분히 견딜 수 있을 것

⑤ 가격이 저렴하고 보수에 편리할 것

2) 구조상의 분류

① 보통이음매

② 특수이음매 : 절연이음매, 이형이음매, 신축이음매, 용접이음매 등

3) 배치상의 분류

① 상대식 이음매 : 좌우 레일의 이음매가 동일위치에 있는 것으로 소음이 크고 노화도가 심하나 보수작업은 상호식보다 용이

② 상호식 이음매 : 편측 레일의 이음매가 타측 레일의 중앙부에 있는 것으로 충격과 소음이 작으나 보수작업이 불리

4) 침목위치상의 분류

① 지접법 : 이음매부를 침목 직상부에 두는 것

② 현접법 : 이음매부를 침목 사이의 중앙부에 두는 것

③ 2정 이음매법 : 지접법에서 지지력을 보강하기 위하여 2개의 보통침목을 체결하여 지지

④ 3정 이음매법 : 현접법과 지접법을 병용한 것

5) 궤도패드 역할 : 타이패드라고도 하며, 레일과 침목 사이, 타이 플레이트와 침목 사이, 레일과 플레이트 사이에 삽입하는 완충판으로 레일로부터의 진동감쇠 충격완화, 하중분산, 복진저항의 증가, 전기절연 등의 역할을 함

8. 이음매판 종류 (05, 08,18기사)

1) 단책형 이음매판 : 구형단면의 강판으로 제작되어 레일두부에서 저부로 힘의 전달이 유효한 구조, 50kg 레일용 사용

2) I형 이음매판 : 레일두부의 하부와 레일저부 상부곡선의 2부분에서 밀착하여 쐐기작용을 함

3) L형(앵글형) 이음매판 : 단책형에 하부 플랜지를 붙여 단면을 증가시켜 강도를 높인 구조

4) 두부자유형 이음매판 : 레일목에 집중응력이 발생하지 않고 이음매판의 마모와 절손이 적음

9. 레일 훼손 (04,19기사)

1) 원인

① 제작 중 내부의 결함 또는 압연작용의 불량 등 품질적인 결함 발생

② 취급방법 및 부설방법 불량

③ 궤도상태 불량 시

④ 부식, 이음매부 레일 끝 처짐 시

⑤ 차량불량, 사고 및 탈선 시

2) 종류

① 유궤, 좌궤 : 열차의 반복하중 등으로 두부 정부의 일부가 궤간 내측으로 찌그러지거나, 정부의 전부가 압타되는 현상을 말한다.

② 종렬, 횡렬 : 종렬은 두부의 연직면에 따라 발생하지만 때로는 복부의 볼트구멍에 따라 발생하기도 한다. 횡렬은 두부 내부에 발생된 핵심균열이 반복하중에 의하여 발달된다.

③ 파단 : 이음매볼트 부근의 응력집중이 원인으로 되어 방사형으로 발생하는 균열이 대부분이며, 경우에 따라서 두부와 복부에 발생하는 것을 말한다 (04,18기사).

④ 파저 : 레일 저부가 레일못과 침목과의 지나친 밀착관계로 파손되는 것을 파저라 한다. 레일 훼손의 약 50%를 점유하고 있다.

10. 레일복부 기입사항 5가지 (08,15산업)

①	②③	④	⑤	⑥	⑦
→	50N	LD	NKK	1995	lllllll

① 강괴의 두부방향표시 또는 레일 압연 방향표시

② 레일중량(kg/m)

③ 레일종별

④ 전로의 기호 또는 제작공법(용광로)

⑤ 회사표 또는 레일 제작회사

⑥ 제조년 또는 제작연도

⑦ 제조월 또는 제작월(1월당 1로 표시)

2-3-3 침목

1. 역할

1) 레일을 소정위치에 고정 및 지지한다.

2) 레일을 통해 전달되는 차량의 하중을 도상에 넓게 분포한다.

2. 구비 조건 (08,11기사)

1) 레일을 견고하게 체결하는 데 적당하고 열차하중지지가 되어야 한다.

2) 강인하고 내충격성 및 완충성이 있어야 한다.

3) 저부 면적이 넓고 도상다지기 작업이 원활해야 한다.

4) 도상저항이 커야 한다.

5) 취급이 간편하고, 내구성, 전기절연성이 좋아야 한다.

6) 경제적이고 구입이 용이해야 한다.

3. 목침목 방부처리 방법 (10기사, 04산업)

1) 베셀법

2) 로오리법

3) 류우핑법

4) 블톤법

4. 종류 및 장단점 (13기사, 04,05,08,10,15산업)

구분	장점	단점
목침목	• 레일체결이 용이하고 가공이 편리하다. • 탄성이 풍부하다. • 보수와 교환작업이 용이하다. • 전기절연도가 높다.	• 내구연한이 짧다. • 하중에 의한 기계적 손상을 받는다. • 충해를 받기 쉬워 주약을 해야 한다.
콘크리트침목	• 부식우려가 없고 내구연한이 길다. • 궤도틀림이 적다. • 보수비가 적어 경제적이다.	• 중량물로 취급이 곤란하다. • 탄성이 부족하다. • 전기절연성이 목침목보다 떨어진다.
철침목	• 내구연한이 길다. • 도상저항력이 크다. • 레일체결력이 좋다.	• 구매가가 고가이다. • 습지에서 부식하기 쉽다. • 전기절연을 요하는 개소에 부적합하다.
PC침목	• Con 침목에 부족한 인장력 보강 • Con 침목보다 단면이 적어 자중이 적다. • 가격이 저렴하다(수입목침목과 비슷).	• 중량물로 취급이 곤란하다. • 탄성이 부족하다. • 전기절연성이 목침목보다 떨어진다.

2-3-4 도상

1. 자갈도상

노반 위에 도상에 깬 자갈을 설치하여 열차의 하중을 레일과 침목을 통하여 도상에서 노반에 광범위하게 전달하는 도상구조물로 철도도상재료로 가장 많이 사용되고 있다.

구비 조건은 다음과 같다 (03,06기사, 05,08,15산업).

1) 경질로서 충격과 마찰에 강할 것

2) 단위중량이 크고 입자간 마찰력이 클 것

3) 입도가 적정하고 도상작업이 용이할 것

4) 토사 혼입률이 적고 배수가 양호할 것

5) 동상, 풍화에 강하고 잡초가 자라지 않을 것

6) 양산이 가능하고 값이 저렴할 것

2. 콘크리트도상

도상 부분을 콘크리트로 대체한 것을 말하며, 목침목을 일정한 규격으로 절단하여 레일을 부설하는 경우(단침목식)와 콘크리트도상에 직접 레일을 체결하는 경우(직결식)가 있으며, 보수주기의 연장과 고강도 목적으로 사용된다.

3. 자갈도상과 콘크리트도상의 장단점 (05,09산업)

구분	자갈도상	콘크리트도상
탄성	양호	불량
전기절연성	양호	불량
충격 및 소음	적음	크다
도상진동	크다	적음
궤도틀림	크다	적음
유지보수	필요	불필요
사고 시 응급처치	용이	곤란
건설비	저렴	고가
세척 및 청소용이성	불량	양호
미세먼지	불량	양호

콘크리트도상

자갈도상

4. 도상자갈의 마모, 피해원인

1) 차량운행으로 인한 반복적 진동
2) 도상오염으로 인한 마모, 파쇄
3) MTT 작업에 의한 마모·피해(작업횟수가 많을수록 수명단축에 영향을 미침)

5. 도상자갈의 마모, 파쇄 저감 방안

1) 양질의 도상자갈 사용
2) MTT 작업의 최소화
3) 도상자갈의 규격강화
4) 자갈도상의 토사 혼입량 억제

2-3-5 궤도의 부속설비

1. 복진 방지장치 (04,06,09,16기사, 10,13산업)

열차의 주행과 온도변화의 영향으로 레일이 전후방향으로 이동하는 현상을 말하며, 동절기에 심하다.

체결장치가 불충분할 때는 레일만이 밀리고 체결력이 충분하면 침목까지 이동하여 궤도가 파괴되고, 열차사고의 원인이 된다.

1) 복진의 원인

① 열차의 견인과 진동에 의한 차륜과 레일의 마찰

② 차륜이 레일 단부에 부딪혀 레일을 전방으로 떠민다.

③ 열차주행 시 레일에 파상진동이 생겨 레일이 전방으로 이동되기 쉽다.

④ 동력차의 구동륜이 회전하는 반작용으로 레일이 후방으로 밀리기 쉽다.

⑤ 온도 상승에 따라 레일이 신장되면 양단부가 타 레일에 밀착 후 레일의 중간 부분이 약간 치솟아 차륜이 레일을 전방으로 떠민다.

2) 복진이 발생하기 쉬운 개소

① 열차진행 방향이 일정한 복선구간

② 운전속도가 큰 선로구간 및 급한 하향 기울기 구간

③ 분기부와 곡선부

④ 도상이 불량한 곳, 체결력이 적은 스파이크 구간

⑤ 교량 전후 궤도탄성 변화가 심한 곳

⑥ 열차제동 횟수가 많은 곳

3) 복진 방지 대책

레일과 침목 간, 침목과 도상 간의 마찰저항을 증가시켜야 한다.

(1) 레일과 침목 간의 체결력 강화방법 : 탄성 체결장치를 사용하여 레일과 침목 간의 체결력을 확고히 한다.

(2) 레일앵카를 부설하는 방법

① 연간 밀림량 25mm 이상 되는 구간에 설치

② 궤도 10m당 8개가 표준

③ 밀림량에 따라 수량 증가, 최대 16개/10m당

④ 산설식(분산설치)과 집설식(집중설치)이 있으며 산설식이 바람직

(3) 침목의 이동 방지 방법

① 말뚝식 : 이음매 침목에 인접하여 복진방향과 반대 측에 말뚝을 박는 방법

② 계재식 : 이음매 전후 수 개의 침목을 계재로 연결시켜 수 개의 침목도상 저항력을 협력시키는 방법

③ 버팀식 : 이음매 침목에서 궤간 외에 팔자형으로 2개의 지개를 설치하는 방법

2. 가드레일(Guard Rail , 호륜레일)(선로유지관리지침 제7절 참조) (11,13기사, 02산업)

열차의 이선진입, 탈선 등 위험이 예상되는 개소에 주행레일 안쪽에 일정한 간격을 두고 부설한 레일을 말한다. 차량의 탈선을 방지하고, 차량이 탈선하여도 큰 사고를 미연에 방지하기 위해 설치한다.

1) 탈선 방지 가드레일

① 곡선반경 300m 미만 곡선

② 기울기 변화와 곡선이 중복되는 개소

③ 연속하기울기 개소, 곡선이 중복되는 개소

2) 교상 가드레일

① 트러스교, 프레이트거더교

② 전장 18m 이상 교량

③ 곡선교량

④ 10‰ 이상 기울기, 종곡선이 있는 교량

⑤ 교량과 인접하여 R=600m 미만 곡선이 있는 교량

교상 가드레일

3) 건널목 가드레일 : 건널목에서 깔판이 플랜지 웨이(레일 안쪽의 차륜이 통과하는 장소)에 지장을 주지 않도록 보호하기 위해 주행 레일의 안쪽에 주행 레일로부터 직선구간에서는 65mm, 곡선구간에서는 65mm+슬랙(최대 75mm) 떨어져 부착되는 레일

건널목 가드레일

4) 안전 가드레일 : 낙석, 폭설로 적설이 우려되는 개소에 설치

5) 분기기 가드레일 : 크로싱의 결선부에서 이선진입, 탈선을 방지하기 위하여 반대쪽 주 레일에 일정한 간격을 두고 부설

6) 마모 방지 레일 : 급곡선부의 외궤 레일의 두부내측은 차륜에 의한 마모가 심하므로 마모 방지 레일을 곡선 내궤의 외측에 부설하며 탈선 방지용 레일보다 좁아야 효과가 있음

2-3-6 슬랙과 캔트

1. 슬랙(철도의 건설기준에 관한 규정 제12조 참조) (05,09,11기사)

철도차량은 2개 또는 3개의 차축이 대차에 강결되어 고정된 프레임으로 차축이 구성되어 있어 곡선구간을 통과할 때, 전후 차축의 위치이동이 불가능할 뿐만 아니라 차륜에 플랜지(flange)가 있어 곡선부를 원활하게 통과하지 못한다. 그러므로 곡선부에서는 외측 레일을 기준으로 내측 레일을 직선부 궤간보다 확대시켜야 하는데 이를 슬랙(slack)이라 한다.

1) 슬랙의 계산식

$$S = \frac{2,400}{R} - S'$$

S : 슬랙(mm)　S' : 조정치(0～15mm)　R : 곡선반경(m)

2) 설치개소와 방법

① 슬랙은 외측 레일을 기준으로 내측 레일을 확대

② 곡선반경 600m 미만의 곡선에 부설

③ 슬랙 치수는 30mm를 초과하지 못함(정비기준치 고려 35mm 이내)

④ 분기부를 제외하고 완화곡선 전장에 걸쳐 체감

⑤ 완화곡선이 없는 경우 캔트의 체감길이와 같은 길이(직선과 곡선을 포함한 캔트의 600배 이상의 길이)에서 체감

3) 슬랙의 설치효과

① 차량동요가 적고 승차감 향상

② 소음·진동 발생 감소

③ 레일 마모 감소 및 사용연수 증가

④ 횡압감소로 궤도틀림 감소

2. 캔트(철도의 건설기준에 관한 규정 제7조 참조) (02,10,15,16,17기사, 03,04,07,08,10,12,13산업)

열차가 곡선구간을 주행할 때 차량의 원심력이 곡선 외측에 작용하여 차량이 외측으로 기울면서 승차감이 저하하고, 차량의 중량과 횡압이 외측 레일에 부담을 주어 궤도 보수비 증가 등 악영향이 발생한다. 이러한 악영향을 방지하기 위하여 내측 레일을 기준으로 외측 레일을 높게 부설하는데, 이를 캔트(cant)라 하고, 내측 레일과 외측 레일과의 높이차를 캔트량이라 한다.

1) 설정캔트 : 우리나라의 철도는 여객전용선이나 화물전용선이 별도로 없어 여객열차, 열차 및 전동열차가 혼용 운행하고 있으므로 유지·보수관리 시에는 이를 고려한 적정한 캔트로 설정하여야 하며, 이때의 적정한 캔트를 '설정캔트'라고 한다.

$$C = 11.8\frac{V^2}{R} - C_d$$

C : 설정캔트(mm)　V : 설계속도(km/h)　R : 곡선반경(m)　C_d : 부족캔트(mm)

2) 초과캔트 : 열차의 실제 운행속도와 설계속도의 차이가 큰 경우에는 다음 공식에 의해 초과캔트를 검토하여야 하며, 이때 초과캔트는 110mm를 초과하지 않도록 하여야 한다.

$$C_e = C - 11.8\frac{V_o^2}{R}$$

C_e : 초과캔트(mm)

C : 설정캔트(mm)

V_o : 열차의 운행속도(km/h)

R : 곡선반경(m)

3) 곡선구간에 차량의 정차 시 최대캔트와 차량의 전복 한계

$$C_1 = \frac{\frac{G}{2} \times G}{H} = \frac{G^2}{2 \cdot H}$$

C : 설정 최대캔트(C_m =160mm)

C_1 : 정차 중 차량의 전복한도 캔트(mm)

G : 궤간(차륜과 레일접촉면과의 거리 1,500mm)

H : 레일면에서 차량중심까지 높이(2,000mm)

x : 편기거리(mm)

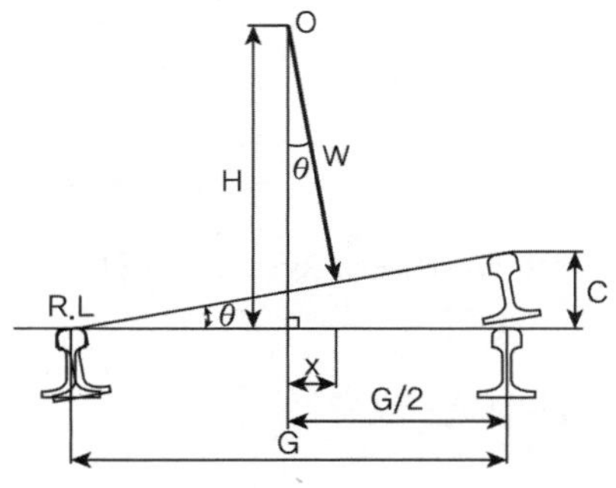

차량 중심과 궤도 중심과의 관계

그러므로 정차 중 차량의 전복 한도 캔트 C_1은,

$$C_1 = \frac{1,500 \times 1,500}{2 \times 2,000} = 562\text{mm}$$

설정캔트 C_m =160mm일 때 안전율은,

$$S = \frac{C_1}{C_m} = \frac{562}{160} \fallingdotseq 3.5$$

그러므로 자갈도상의 설정 최대 캔트량 C_m =160mm는 차량이 정차 중 전복에 대하여 안전하다.

2-3 기출문제

1. 고속의 열차하중을 직접 지지하는 궤도의 구성 요소만으로 바르게 짝지어진 것은? (09산업)

가. 도상, 침목, 노반
나. 도상, 노반, 궤도재료 및 부속품
다. 도상, 침목, 레일 및 기타 부속품
라. 노반, 레일, 궤도재료 및 부속품

해설 선로는 노반, 궤도, 선로구조물로 구성되며, 궤도는 레일, 침목, 도상, 기타 부속품으로 구성된다.

2. 다음 중 궤도에 속하지 않는 것은? (03산업)

가. 레일 나. 침목
다. 도상 라. 노반

해설 궤도는 레일침목도상으로 이루어지며, 토목시설은 노반(토공), 교량, 터널로 구분된다.

3. 궤도강도를 증진시키기 위한 대책으로 거리가 먼 것은? (04,06,15기사)

가. 레일의 중량화 나. 운행차량의 중량화
다. 침목 간격의 축소 라. 침목 접지면의 확대

해설 궤도강도 증진은 궤도 구성 요소, 즉 레일, 침목, 도상의 개량을 말한다.

4. 레일에 표시하는 내용이 아닌 것은? (08,15산업)

가. 강괴의 두부방향 나. 전로의 기호
다. 제조년 라. 탄산함유량

해설 레일에 표시는 강괴의 두부방향표시, 레일중량(kg/m), 레일종별, 전로의 기호, 레일 제작회사, 제작연도 및 제조월이다.

5. 레일의 내구연한을 결정하는 3요인이 아닌 것은? (05기사)

가. 훼손 나. 마모
다. 부식 라. 축력

해설 레일의 내구연한은 훼손, 마모, 부식, 전식 등에 의해 결정된다.

6. 다음 중 레일의 구성 원소로 맞지 않는 것은? (04산업)

가. 탄소 나. 규소
다. 인 라. 알루미늄

해설 레일의 구성 원소는 탄소, 규소, 망간, 인, 유황이다.

7. 레일 제작 시 탈산제로 사용하므로 강재 중에 다소 함유되며, 그 양이 증대함에 따라 경도를 증가시키나 연성이 감소되는 탄소강 원소는? (07,14기사)

가. 규소 나. 망간
다. 인 라. 유황

해설 망간이며 1% 이상 되면 특수강이 된다.

8. 보통레일의 약 3배의 내구력이 있으며 레일의 두부면 약 20mm를 소입시켜 강인하고 내마모성이 큰 레일은? (06,12,15기사, 03산업)

가. 복합레일 나. 경두레일

다. 망간레일 라. 고 탄소강레일

해설 경두레일은 이음매부의 끝닳음과 곡선 외측 레일의 편마모 방지를 위해 설치한다.

9. 고망간강 크로싱의 화학성분 중 망간의 함유량은? (02,03,13기사)

가. 0.5~0.8% 나. 1.1~1.4%

다. 5.0~8.0% 라. 11~14%

해설 망간레일은 망간을 11~14% 함유하여 보통레일보다 6배의 내구성을 지닌다.

10. 고탄소강 레일은 탄소 함유량을 증가시켜 내마모성을 증가시킨 것으로 탄소함유량이 어느 정도까지 쓰이는가? (05기사)

가. 0.05% 나. 0.85%

다. 3.5% 라. 12.5%

해설 탄소 함유량은 0.85% 정도까지 쓰이고 있다.

11. 레일의 훼손 중 이음매 볼트 부근의 응력집중이 원인으로 되어 방사선상으로 발생하는 균열이 대부분인 것은? (04,19기사)

가. 파단 나. 파저

다. 유궤 라. 종열

해설 문제에서 설명하는 것은 파단이며 경우에 따라서는 두부와 복부에 발생한다. 파저는 레일 저부가 레일못과 침목과의 지나친 밀착관계로 파손되는 것을 말한다.

12. 침목 구비 조건이 아닌 것은? (08,11기사)

가. 재료 구입 용이 및 경제적

나. 유연하고 연성이 좋고 화기에 강할 것

다. 저부 면적이 넓고 도상다지기에 편리할 것

라. 레일과 견고한 체결에 적당하고 열차하중을 지지할 수 있을 것

해설 유연함과 연성은 단점이며, 강인하고 내충격성 및 완충성이 있어야 한다.

13. 다음 중 PC침목의 장점이 아닌 것은? (07산업)

가. 부식의 염려가 적고 내구연한이 길다.

나. 전기절연성이 목침보다 유리하다.

다. 기상작용에 대한 저항성이 크다.

라. 보수비가 적게 소요되어 경제적이다.

해설 목침목은 재질이 나무이므로 전기절연성이 우수하다. PC침목은 전기절연성을 높이기 위해 절연블록으로 레일 및 코일스프링과 침목 사이에 설치한다.

14. **다음 중 콘크리트 침목의 장점에 대한 설명으로 옳지 않은 것은?** (04,08산업)

가. 부식의 염려가 없고 내구연한이 길다.

나. 탄성이 풍부하며 완충성이 크다.

다. 보수비가 적게 소요되어 경제적이다.

라. 자중이 커서 안정이 좋기 때문에 궤도틀림이 적다.

해설 목침목의 장점에 해당하는 것으로 탄성이 풍부하며 완충성이 크고 전기절연도가 높다.

15. **도상재료의 구비 조건으로 옳지 않은 것은?** (03기사, 08,15산업)

가. 둥글고 입자 간의 마찰력이 적을 것

나. 단위중량이 크고 값이 쌀 것

다. 점토 및 불순물의 혼입이 적을 것

라. 입도가 적정하고 도상작업이 용이할 것

해설 자갈도상은 입도가 적정하고 입자 간 마찰력이 크며, 토사 혼입률이 적어야 한다.

16. **도상재료의 구비 조건으로 보기 어려운 것은?** (05산업)

가. 충격에 강할 것

나. 능각(稜角)이 풍부할 것

다. 입자 간의 마찰력이 작을 것

라. 입도가 적정할 것

해설 도상은 침목을 견고하게 잡아주는 역할을 위해 자갈 간 마찰력이 커야 된다.

17. **도상재료의 구비 조건에 대한 설명 중 잘못된 것은?** (06기사)

가. 입도가 적정하고 도상작업이 용이할 것

나. 동상 풍화에 강하고 잡초 육성을 방지할 것

다. 불순물의 혼입률이 적고 배수가 양호할 것

라. 단위중량이 작고 입자 간의 마찰력이 작을 것

해설 도상은 침목을 견고하게 잡아주는 역할을 하기 위하여 자갈 간 마찰력이 커야 된다.

18. **다음 콘크리트도상에 관한 설명 중 단점으로 옳은 것은?** (05,09산업)

가. 배수가 양호하고 동상이 없다.

나. 궤도의 탄성이 적으므로 충격과 소음이 크다.

다. 도상의 진동과 차량의 동요가 적다.

라. 궤도의 세척과 청소가 용이하다.

해설 콘크리트도상은 도상이 자갈이 아닌 콘크리트로 되어 있어 탄성이 적고 전기절연성이 부족하며 충격과 소음이 크다. 대신 유지보수가 거의 불필요하고 궤도틀림이 적다.

19. **목침목의 방부처리 방법이 아닌 것은?** (10기사, 04산업)

가. 베셀법

나. 로오리법

다. 뉴톤법

라. 뤼핑법

해설 방부처리 방법으로는 베셀법(Bethell), 로오리법(Lowry), 뤼핑법(Rueping), 불톤법(Bouiton)이 있다.

20. 레일 이음매판의 종류 중 레일목에 집중응력이 발생하지 않고 이음매판의 마모와 절손이 적은 것은? (05,08,18기사)

가. 단책형　　나. 두부접촉형
다. 두부자유형　　라. 앵글형

해설 두부자유형 이음매판을 말한다. 단책형은 50kg 레일용으로 사용하며, I형 이음매판은 레일두부의 하부와 레일저부 상부곡선의 2부분에서 밀착하여 쐐기작용을 한다.

21. 레일의 복진을 발생시키는 주된 원인에 대한 설명으로 틀린 것은? (04,06,09,16기사)

가. 열차의 견인과 진동에 있어서 차륜과 레일 간의 마찰에 의한다.
나. 차륜이 레일 단부에 부딪쳐 레일을 전방으로 떠민다.
다. 온도 상승에 따라 레일이 신축되면서 복진 원인이 발생된다.
라. 열차의 주행 시 레일에는 파상진동이 생겨 레일이 후방으로 이동되기 쉽다.

해설 열차의 주행 시 레일에는 파상진동이 생겨 레일이 열차진행 방향인 전방으로 이동되기 쉽다. 또한 온도 상승에 따라 맹유 간 발생으로 레일 간 서로 밀림이 발생하여 복진 원인이 된다.

22. 본선 레일과 마모 방지용 레일과의 간격에 대한 설명이 맞는 것은? (02산업)

가. 탈선 방지용 레일보다 좁아야 효과가 있다.
나. 탈선 방지용 레일과 같이 65+Smm이다.
다. 안전레일과 같이 180mm 정도이다.
라. 120mm이다.

해설 마모 방지용 레일은 급곡선부의 외측 레일의 두부 내측은 차륜에 의한 마모가 심하므로 곡선 내궤의 외측에 부설하며, 탈선 방지용 레일보다 좁아야 효과가 있다.

23. 궤도패드의 역할이 아닌 것은? (02,09기사)

가. 전기절연　　나. 복진저항의 증가
다. 레일신축의 원활　　라. 레일의 충격완화

해설 궤도패드는 고무재질로서 레일저부와 침목 사이에 설치한다. 레일의 충격완화, 전기절연, 복진으로 인한 레일의 밀림을 방지하는 역할을 한다.

24. 이음매 부속품 중 와셔의 역할로 옳지 않은 것은? (05산업)

가. 적정한 볼트의 장력을 준다.
나. 이음매 볼트와 이음매판 사이의 완충 역할을 한다.
다. 너트 장력의 불균형을 방지한다.
라. 볼트 재료의 화학적 성질을 보완해준다.

해설 와셔는 볼트와 너트 사이에 설치되는 것으로 너트의 장력의 불균형을 방지하고, 적정한 볼트의 장력을 줌으로써 이음매 볼트와 이음매판 사이의 완충 역할을 한다.

25. **레일 이음의 침목 배치 방법 중 레일 단부가 내민보 역할을 하여 이음매 충격을 완화할 수 있는 것은?**

(04산업)

가. 지접법　　나. 현접법

다. 2정이음매법　　라. 3정이음매법

해설 현접법은 이음매부를 침목 사이의 중앙부에 두는 것을 말하며 지접법은 이음매부를 침목 직상부에 두는 것을 말한다.

26. **철도소음 발생에 대한 궤도대책으로 가장 거리가 먼 것은?** (09,16기사)

가. 레일을 장대화한다.

나. 슬래브궤도의 하면 또는 도상궤도의 자갈 아래에 매트를 설치한다.

다. 호륜 레일을 설치한다.

라. 레일 연마에 의하여 파상마로를 삭정한다.

해설 호륜(가드) 레일의 설치 목적은 열차의 이선진입, 탈선 등 위험이 예상되는 개소에 설치하는 것을 말한다.

27. **국철에서 곡선반경 $R=600$mm, 통과속도 80km/h일 때 균형 캔트량은?** (16기사, 07,04,10산업)

가. 116mm　　나. 136mm

다. 126mm　　라. 106mm

해설 $C=11.8\frac{V^2}{R}=11.8\frac{80^2}{600}=125.87 \fallingdotseq 126\text{mm}$

28. **곡선반경이 800mm인 곡선궤도에서 열차가 100km/h로 주행 시 산출 캔트량은 얼마인가? (단, $C_d=40$mm)**

(17기사, 03,08산업)

가. 108mm　　나. 112mm

다. 118mm　　라. 120mm

해설 $C=11.8\frac{V^2}{R}-C_d=11.8\frac{100^2}{800}-40=107.5 \fallingdotseq 108\text{mm}$

29 **표준 궤간에서 최대 캔트 160mm로 인한 정차 중 차량의 전복에 대한 안전율은 얼마인가? (단, 레일면에서 차량 중심까지의 거리 $H=2.0$m이다)** (02기사)

가. 2.0　　나. 3.0

다. 3.5　　라. 5.0

해설 $C_1=\frac{\frac{G}{2}\times G}{H}=\frac{G^2}{2\cdot H}=\frac{1,500\times 1,500}{2\times 2,000}=562\text{mm}$에서 최대 캔트 160mm일 때, 안전율 $S=\frac{C_1}{C_m}=\frac{562}{160}\fallingdotseq 3.5$

30. **곡선반경이 400m인 곡선에서 슬랙을 옳게 부설한 것은? (단, $S'=0$, 국철이다)** (05,09기사)

가. 4mm　　나. 5mm

다. 6mm　　라. 9mm

해설 $S=\frac{2,400}{R}-S'=\frac{2,400}{400}-0=6\text{mm}$

31. 다음 중 레일에 포함되면 가장 해로운 물질은? (13산업)

가. 탄소 나. 규소
다. 유황 라. 망간

해설 유황 : 강재에 가장 유해로운 성분으로 적열상태에서 압연작업 중에 균열을 발생

32. 레일 체결장치의 구비 조건에 해당되지 않는 것은? (14기사)

가. 차륜과의 접촉에 따른 마모가 적을 것
나. 열차하중과 진동을 흡수(완충)할 수 있는 탄성력을 가질 것
다. 레일의 이동, 부상, 경사를 억제할 수 있는 강도를 가질 것
라. 곡선부의 원심력 등에 의한 차륜의 횡압력에 저항할 수 있을 것

해설 레일 체결장치는 차륜과 직접 접촉하지 않는다.

33. 캔트에 대한 설명 중 틀린 것은? (15기사)

가. 윤중 및 횡압에 의한 궤도파괴를 경감하기 위해 캔트를 설치한다.
나. 곡선 내방에 작용하는 초과원심력에 의한 승차감 악화 방지를 위해 설치한다.
다. 열차의 실제 운행속도와 설계속도의 차이가 큰 경우에는 초과캔트를 검토하여야 한다.
라. 분기기 내의 곡선과 그 전후의 곡선, 축선 내의 곡선 등 캔트를 부설하기 곤란한 곳에 있어서 열차의 운행 안전성을 확보한 경우에는 캔트를 설치하지 않을 수 있다.

해설 곡선 외방에 작용하는 초과원심력에 의한 승차감 약화 방지를 위해 설치한다.

34. 다음 중 목침목의 장점으로 옳지 않은 것은? (13기사)

가. 탄성이 풍부하여 완충성이 크다. 나. 보수와 교환작업이 용이하다.
다. 전기절연도가 높다. 라. 내구성이 크다.

해설 목침목은 나무재질로 탄성과 전기절연도가 높은 대신 콘크리트(PC)침목보다 내구성이 적다.

35. 설계속도 200km/h, 곡선 반경 2,000m의 표준궤간 선로에서 부족 캔트량이 80mm일 경우 설정 캔트량은 얼마인가? (13산업)

가. 126mm 나. 136mm
다. 146mm 라. 156mm

해설 $C = 11.8\frac{V^2}{R} - C_d = 11.8\frac{200^2}{2,000} - 80 = 156\text{mm}$이다.

36. 콘크리트침목에 대한 설명으로 옳지 않은 것은? (13기사)

가. 탄성력이 커서 충격에 강하다.
나. 부식의 염려가 없고 내구연한이 길다.
다. 중량이 무거워 취급이 곤란한 부분적 파손이 발생하기 쉽다.
라. 레일 체결이 복잡하고 균열 발생의 염려가 크다.

해설 콘크리트침목은 탄성이 부족하다.

37. 반경 300m 미만의 곡선, 기울기 변화와 곡선이 중복되는 개소 또는 연속 하향 기울기 개소와 곡선이 중복되는 개소에 부설하여야 하는 가드레일은? (13기사)

가. 탈선 방지 가드레일
나. 교상 가드레일
다. 건널목 가드레일
라. 분기기 가드레일

해설 탈선 방지 가드레일에 대한 설명이다.

38. 레일의 복진 방지 방법으로 가장 거리가 먼 것은? (13산업)

가. 레일과 침목 간의 체결력 강화
나. 레일 앵카의 부설
다. 침목의 이동 방지
라. 레일 버팀쇠의 설치

해설 복진 방지 대책 : 레일과 침목 간의 체결력 강화, 레일 앵카 부설, 침목의 이동 방지 방법

39. 레일 이음매판에 대한 설명으로 옳은 것은? (13,17기사)

가. 본자노 이음매판(bonzano splice plate)은 궤간 외측의 레일 측면에 목괴를 삽입하여 진동을 완화시킨다.
나. 웨버 이음매판(weber splice plate)은 앵글(angle) 이음매판 중앙에서 앵글 하부 플랜지를 다시 연직방향으로 구부려 보강한 것이다.
다. 연속식 이음매판(continuous splice plate)은 이음매판의 하부를 아래쪽으로 180° 구부려 레일의 저면까지 싸서 강성을 크게 한 것이다.
라. 본자노 이음매판(bonzano splice plate)은 이음매부 도상작업이 편리하고 효과적인 것이나 고가이므로 절연 이음매에 일부 사용된다.

해설 본자노 이음매판(bonzano splice plate)은 앵글 이음매판 중앙에서 앵글 하부 플랜지를 다시 연직방향으로 구부려 보강한 이음매판으로서 강도는 크나 이음매부의 도상작업이 불편하다.
웨버 이음매판(weber splice plate)은 레일 이음매의 한 종류로 궤간 외측의 레일측면에서 목괴(木塊)를 삽입하여 진동을 완화시키고, 이음매판 볼트의 이완을 예방하기 위한 것이다.

40. 궤도의 구비 조건에 대한 설명으로 옳지 않은 것은? (13기사, 12,16산업)

가. 열차의 충격을 견딜 수 있는 재료로 구성되어야 한다.
나. 차량의 동요와 진동이 적고 승차 기분이 좋게 주행할 수 있어야 한다.
다. 궤도틀림이 적고 열화 진행이 빨라야 한다.
라. 차량의 안전이 확보되고 경제적이어야 한다.

해설 열화 진행이 느려야 한다.

41. 곡선 반지름이 300m인 곡선에 부설되는 슬랙의 크기로 옳은 것은? (단, $S'=0$이고, 일반철도이다) (11기사)

가. 4mm
나. 5mm
다. 6mm
라. 8mm

해설 $S=\dfrac{2,400}{R}-S'=\dfrac{2,400}{300}-0=8\text{mm}$

42. 곡선부에서는 열차속도에 따라 적정한 캔트(cant)를 붙여야 한다. 일반철도에서 사용하는 캔트 공식은? [단, V = 열차 최고속도(km/h), R = 곡선반경(m), C = 조정치(mm)] (12산업)

가. $C = 11.8\frac{V^2}{R} - C'$

나. $C = 11.8\frac{V}{R} - C'$

다. $C = 11.3\frac{V^2}{R} - C'$

라. $C = 11.3\frac{V}{R} - C'$

해설 캔트는 곡선반경에 반비례하고, 열차속도 제곱에 비례한다.

43. 레일 이음매판에 대한 설명으로 옳지 않은 것은? (10기사)

가. 웨버 이음매판(weber splice plate)은 궤간 외측의 레일 측면에 목괴를 삽입하여 진동을 완화시킨다.

나. 본자노 이음매판(bonzano splice plate)은 이음매판 중앙에서 앵글 하부 플랜지를 다시 연직방향으로 구부려 보강한 것이다.

다. 연속식 이음매판(continuous splice plate)은 이음매판의 하부를 아래쪽으로 180° 구부려 레일의 저면까지 싸서 강성을 크게 한 것이다.

라. 본자노 이음매판(bonzano splice plate)은 이음매부 도상작업이 편리하고 효과적인 것이나 고가이므로 절연 이음매의 일부에 사용된다.

해설 본자노 이음매판은 이음매부의 도상작업이 불편하다.

44. 교량호륜레일(bridge guard rail)에 대한 설명으로 옳지 않은 것은? (11기사)

가. 교량 위 또는 교량 부근에서 차량이 탈선할 경우 교량 아래로 떨어지는 중대한 사고를 방지하기 위해 설치한다.

나. 본선 레일의 내측으로 교량 전장에 열차 탈선 방지를 목적으로 부설한다.

다. 급곡선과 급기울기선 중에 있는 교량 전부에 설치한다.

라. 직선 중에 있는 교량연장 18m 이상의 교량에 설치한다.

해설 교량 연장 18m 이상의 교량에 설치한다.

45. 콘크리트 침목의 특징에 관한 설명으로 옳지 않은 것은? (10,15산업)

가. 레일 체결이 복잡하다.

나. 균열 발생의 염려가 크다.

다. 전기절연성이 목침목보다 좋다.

라. 충격력에 약하고 탄성이 부족하다.

해설 전기절연성이 목침목보다 좋지 않다.

46. 레일의 복진이 비교적 많이 발생하는 장소에 대한 설명으로 옳지 않은 것은? (10산업)

가. 열차제동 횟수가 적은 곳

나. 열차의 방향이 일정한 복선구간

다. 분기부와 곡선부

라. 급한 하향 기울기

해설 열차제동 횟수가 많은 곳에 복진이 발생한다.

47. 캔트(cant)에 대한 설명으로 옳지 않은 것은? (10기사)

가. 일정한 범위 내의 조정치가 존재한다.

나. 열차속도에 정비례한다.

다. 곡선반경과 반비례한다.

라. 내측 레일과 외측 레일의 높이차를 의미한다.

해설 열차의 속도의 제곱에 비례한다.

48. 레일 이음매에 대한 설명으로 옳은 것은? (12산업)

가. 레일 이음매 이외의 부분과 강도와 강성에 있어 동일하여야 한다.

나. 장대레일에는 절연 이음매를 주로 사용한다.

다. 레일 이음매는 대게 현접법을 사용하고 있다.

라. 이음매판은 무게를 줄이기 위해 알루미늄을 사용한다.

해설 레일 이음매 이외의 부분과 강도와 강성이 동일해야 한다.

49. 레일이 차륜과의 전동접촉피로에 의하여 두부상면에 균열핵이 형성되고 균열진전에 의하여 형성된 피로파면이 조개껍질 모양을 나타내는 레일의 손상현상은? (19기사)

가. 횡열 나. 쉐링

다. 수평열 라. 두부체크

해설 쉐링은 두부상면에 균열핵이 형성되고 균열진전에 의하여 조개껍질 모양으로 손상되는 것을 말한다.

정답 1. 다 2. 라 3. 나 4. 라 5. 라 6. 라 7. 나 8. 나 9. 라 10. 나 11. 가 12. 나 13. 나 14. 나 15. 가 16. 다 17. 라 18. 나 19. 다 20. 다 21. 라 22. 가 23. 다 24. 라 25. 나 26. 다 27. 다 28. 가 29. 다 30. 다 31. 다 32. 가 33. 나 34. 라 35. 라 36. 가 37. 가 38. 라 39. 다 40. 다 41. 라 42. 가 43. 라 44. 나 45. 다 46. 가 47. 나 48. 가 49. 나

2-4 선로구조물

2-4-1 선로구조물 개요

1. 철도구조물(토목)과 궤도의 특징 (09,15기사)

1) 철도구조물(토목) : 상부에 궤도를 부설하기 위한 기반시설(토공, 교량, 터널)로서 탄성체의 영구적인 구조물로 축조되는 구조물이다.
2) 궤도 : 레일, 침목, 도상 각 구성 재료를 조립하여 도상자갈의 다짐과 강성에 의해서 단면을 유지하는 탄소성체의 구조물로 부설된다. 즉, 궤도는 반복되는 열차주행에 따라 점진적으로 파괴가 진행되는 구조물이다.

2. 터널(Tunnel) (03산업)

산악이나 구릉지대에서 소정의 구배와 곡선반경으로 철도를 건설하기 어려운 곳과 하저나 교통량이 많고 복잡한 시가지 통과할 때 설치한다.

1) 재래식 터널 : 산악지형 등에 갱구를 설치하고 암반이나 토사 등의 지반을 강지보재에 의해 지지하면서 굴착하고 최종적으로 라이닝을 설치하여 완성하는 공법(대부분의 국내 철도 터널이 해당함)
2) NATM 터널 : 암반 또는 지반 등의 지하공간의 구변에 링 모양의 지지구조체 형성을 꾀하고 하는 공법
3) 개착식 터널 : 지표면에서 큰 고랑을 굴착하여 그 속에 지하구조물을 구축하고 완성된 후 매몰하여 원상태로 복구하는 방법(ex. 낙석을 받아 막거나 계곡으로 낙하시켜 낙석에 의한 피해를 방지하는 피암 터널)
   ① 철도 선로 인근에 여유폭이 없는 개로소서 낙석 발생의 가능성이 있는 급경사의 절개면(30m 이상) 또는 낙석의 규모가 커서 낙석 방지 울타리나 옹벽으로 막을 수 없는 경우
   ② 종류 : 캔틸레버형, 문형, 역L형, 아치형 피암 터널, NATM 터널 개착식 터널, TBM 터널

3. 교량 (04산업)

1) 사용목적에 의한 분류
   ① 교량 : 양 교대면 길이가 5m 이상의 것
   ② 피일교 : 하천의 범람을 예상하여 교량에 인접하여 설치하는 교량
   ③ 가도교 : 도로 위에 철도가 있는 교량
   ④ 과선교 : 과선도로교, 과선선로교, 과선인도교
2) 상부구조의 형식에 의한 분류 : I빔거더, 플레이트거더, 트러스교, 아치교, 라멘교, PC빔교, T빔교 등

4. 소수로의 횡단 (19기사)

1) 하수 : 시공기면 이하에 매설되며 경간이 1m 이하
   ① 관하수 : 횡단수로가 시공기면과 상당한 차이가 있을 때 설치하며 토관, 철근 콘크리트관, 철관 등
   ② 개거 : 수로가 시공기면보다 깊지 않을 때, 경간은 30~45cm 정도이며 45cm 이상일 때는 레일빔 또는 소형 I빔 가설
   ③ 암거 : 돋기가 높아지면 개거로서는 비경제적이므로 Box형, 아치형 등의 암거 설치

2) 고가수로와 사이폰

① 고가수로 : 돋기가 깊고 수로가 시공기면보다 높아 수로의 하부가 건축한계에 충분할 때 사용되며 용수로는 물론 산악지대에서는 작은 단면의 수로까지 시공

② 사이폰 : 깎기가 깊지 않고 수로면이 높지 않을 때 철근 콘크리트 구조물을 궤도하부에 매설

③ 구교 : 경간이 1m 이상이고, 2경간 이상의 전장이 5m 미만이며 구교도 개거와 암거가 있음

2-4-2 깎기와 돋기

시공기면 구축을 위하여 지반을 절취하거나 성토해야 한다. 비탈은 통과하는 열차의 진동과 강우, 강설, 풍화 등의 기상작용에 대하여 안전해야 한다.

1) 돋기방법 : 수평쌓기법, 전방쌓기법, 비계쌓기법 등

2) 비탈면의 구배 : 높이와 수평거리비가 보통토사일 때 1 : 1.5, 줄떼로 비탈면 보호 시 또는 석재 보호 시 1 : 1.2 또는 1 : 1의 비탈구배, 깎기는 1 : 1 정도

3) 더돋기 : 공사 후 침하를 예상하여 토질, 시공방법, 지반의 토질, 높이 등에 따라 H/12~H/40 정도 시행

2-4-3 옹벽 흙막이공

절토나 성토의 높이가 높은 것에 대하여는 필요에 따라서 흙막이를 설치하고, 하천이나 해안에 따르고 있는 경우에는 호안을 설치한다.

1) 옹벽 설치 : 노반축조 시 지형상 비탈길이가 길게 될 경우 또는 선로인근에 이전하기 곤란한 건물과 용지가격이 고가일 때 설치한다.

2) 옹벽 종류 : 선로가 큰 하천이나 해안을 따라 부설될 경우 유수나 파랑의 침식에 견디고 노반의 파괴 및 유실을 방지하기 위하여 호안옹벽, 1·2·3종 옹벽, 산옹벽, 해안옹벽 등이다.

2-4 기출문제

1. 어느 산악철도에 낙석이 심하여 항구적인 대책을 수립하고자 한다. 다음 중 가장 확실한 방안은? (03산업)

가. 낙석 방지 철책 나. 낙석 방지 옹벽

다. 피암 터널 라. 숏크리트에 의한 암석고정

해설 낙석을 낙석방지 울타리나 옹벽으로 막을 수 없는 곳에 피암 터널을 설치한다. 피암 터널은 낙석을 막거나 계곡으로 낙하시켜 낙석에 의한 피해를 방지한다.

2. 선로구조물의 계획 시 유의할 사항에 해당되지 않는 것은? (15기사)

가. 선로구조물은 열차가 설계 최고속도로 주행할 수 있도록 계획하여야 한다.

나. 소음·진동, 일조저해, 전파장애 등 사회생활에 지장을 주는 일이 없도록 환경보전상의 문제가 적은 구조물로 계획하여야 한다.

다. 철도의 기능에 큰 영향을 주는 요소는 선로의 평면곡선과 종단기울기이므로 기준치 범위 이내에서 큰 곡선반경과 작은 종단기울기로 계획하여야 한다.

라. 계획의 대상이 되는 구조물에 대하여 설계조건(설계하중, 사용재료, 환경 등), 구조해석의 방법, 부재강도의 산정방법 등을 적절하게 정하여 안전성을 확보하여야 한다.

해설 선로구조물은 표준 열차하중을 고려하는 등 열차운행의 안전설비가 확보되도록 설계하여야 한다.

3. 철도교량 설계 시 교량의 공간이 부족한 곳에 사용되는 상부구조 형식은 무엇인가? (18기사, 04산업)

가. I빔거더 나. 드와프거더

다. 프레이트거더 라. PC빔

해설 산악통과 구간에 배수가 필요한 곳 등 공간이 부족한 개소에는 드와프거더를 설치한다.

4. 철도의 구성 요소 중 선로구조물만으로 구성되어 있는 것은? (09,20기사)

가. 측구, 전차선, 신호기, 침목, 레일

나. 도상, 측구, 전차선, 통신선, 노반

다. 노반, 레일, 침목, 도상, 철주

라. 특별고압선, 신호기, 방음벽, 측구, 철주

해설 선로구조물에는 측구, 철주, 전차선, 조가선, 급전선, 고압선, 특별고압선, 통신선, 부급전선, 신호기, 방음벽 등이 속한다.

5 철도의 구성 요소 중 선로구조물만으로 구성되어 있는 것은? (17기사)

가. 노반, 레일, 침목, 도상, 철주

나. 도상, 침목, 레일과 그 부속품

다. 도상, 측구, 전차선, 통신선, 노반

라. 신호기, 방음벽, 측구, 철주, 급전선

해설 선로는 노반, 궤도, 선로구조물로 구분되며, 궤도에는 레일, 침목, 도상, 기타 부속품이 있다.

6. 일반적으로 경간이 1m 이상이고 2경간 이상의 전장이 5m 미만을 말하며 개거와 암거로 구분되는 것은? (19기사)

가. 구교 나. 관하수

다. 사이펀 라. 고가수로

해설 구교는 경간이 1m 이상이고, 2경간 이상의 전장이 5m 미만을 말하며 구교도 개거와 암거가 있다.

정답 1. 다 2. 가 3. 나 4. 라 5. 라 6. 가

2-5 궤도역학

2-5-1 궤도역학 개요

1. 궤도역학의 이해

궤도역학이란 열차의 안전운행에 필요한 궤도와 차량의 관계를 이론적으로 규명하고 궤도 각부에 발생되는 응력, 변형, 진동 등을 역학적으로 해석하는 학문으로, 궤도가 담당해야 하는 힘의 크기와 종류의 이해가 궤도역학이론의 기본이다.

2. 궤도역학의 주요 기술 분야

1) 궤도에 작용하는 힘과 변형의 해석
2) 차량과 궤도의 상호작용 규명
3) 궤도구조와 구성 재료의 설계
4) 궤도검측과 측정방법 개발
5) 궤도관리기법의 최적화

2-5-2 궤도에 작용하는 힘

궤도를 구성하는 각 재료는 탄성체이며 레일은 연속된 탄성체상에 설치된 보(Beam)로 가정한다. 궤도에 작용하는 힘은 궤도면에 수직으로 작용하는 수직력(윤중)과 레일두부 측면에서 작용하는 횡압, 레일과 평행방향으로 작용하는 축방향력으로 구분된다.

1. 수직력(輪重)

열차주행 시 차륜이 레일면에 수직으로 작용 힘, 윤중(wheel load)
1) 곡선통과 시의 불균형 원심력의 수직성분
2) 차량동요 관성력의 수직성분
3) 레일면 또는 차륜면의 부정에 기인한 충격력

2. 횡압(橫壓) (02,03,07,13,14,19기사, 02,07,12산업)

열차주행에 따른 차륜으로부터 레일에 작용하는 횡방향의 힘
1) 곡선통과 시 전향횡압
2) 궤도틀림에 의한 횡압
3) 차량동요에 의한 횡압
4) 곡선통과 시 불평형 원심력의 수평성분

3. 축방향력(軸壓) (02,05기사, 04,08산업)

차량주행 시 레일의 길이방향으로 작용하는 힘
1) 레일 온도변화에 의한 축력
2) 동력차의 가속, 제동 및 시동하중
3) 기울기 구간에서 차량 중량이 점착력에 의한 전후로 작용

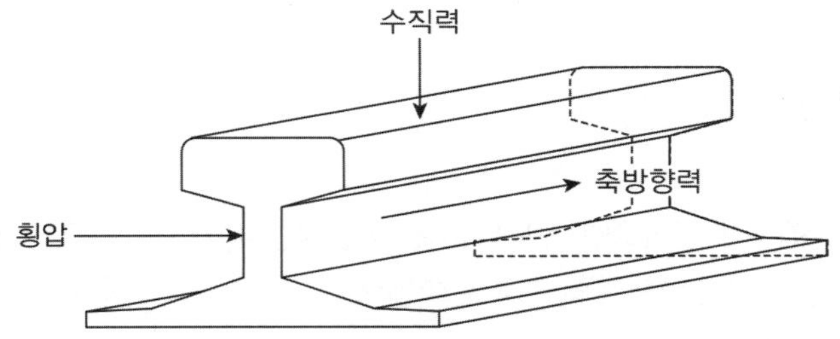

2-5-3 레일의 휨응력 및 침하량

1. 레일의 허용응력 (03산업)

1) 새 레일의 인장강도 : 7,000~8,000kg/cm^2 이상
2) 레일의 피로한계 : 정적하중의 0.4~0.6배
3) 레일의 허용휨응력 : 2000kg/cm^2
4) 궤도응력 계산 : 레일 저부의 인장응력만 검토

2. 궤도계수

1) 정의 : 단위길이의 궤도를 단위량만큼 침하시키는 데 필요한 힘이다. 즉, 궤도 1cm를 1cm만큼 침하시키는 데 필요한 힘을 U(kg/cm^2/cm)로 표시한다.

$$U = \frac{p}{y}$$

U : 궤도계수(kg/cm^2/cm)
p : 임의 점의 압력(kg/cm^2)
y : 침하량(cm)

일반적인 궤도계수는 150~200kg/cm^2/cm이며, 궤도계수의 윤중낙하시험을 통해 측정한다.

2) 궤도계수 증가 대책
   ① 양호한 도상재료 사용
   ② 도상두께 증가
   ③ 레일의 중량화
   ④ 강화노반 사용
   ⑤ 탄성 체결장치 사용
   ⑥ 침목의 중량화(PC침목)

2-5-4 침목응력, 도상 및 노반 반력

1. 침목의 허용응력

1) 목침목 허용휨응력 : 100kg/cm^2, 허용지압력 : 24kg/cm^2
2) PC침목 28일 압축강도 : 500kg/cm^2, 허용압축응력 : 200kg/cm^2, 허용인장응력 : 0

2. 도상압력(roadbed pressure) (12기사, 12산업)

도상자갈의 강도는 원석의 강도도 커야 하지만 마찰각(안식각)이 커야 하고, 도상두께도 두꺼워야 한다. 보통자갈의 마찰각은 30~45°이며 이때의 도상압력은 두께가 15cm 미만일 때도 4kg/cm^2 이상이므로 허용도상압력은 4kg/cm^{2}로 보고 있다.

3. 노반압력(roadbed pressure)

노반압력은 침목 위의 하중이 도상을 통하여 노반상에 수직으로 작용하며, 이것은 도상의 질. 상태 및 침목의 형상에 따라 결정된다. 또한 경우에 따라 선로 각부 중 가장 많은 부담을 받게 되고 노반상태에 의하여 궤도의 침하와 진동이 많은 영향을 받으므로 견고한 노반이 유지되어야 한다.

보통 노반은 자갈이 혼입된 토사 또는 점토로 되어 있어 2~3kg/cm^{2}이다. 노반상의 궤도에는 기관차가 가장 큰 중량이므로 이에 대한 노반의 허용지압력은 2.5kg/cm^{2}로 보고 있다.

$$\text{노반압력 } (P_s) = P_o \times P_r$$

P_o는 도상계수가 5kg/cm^{3}일 때 레일응력 1ton에 대한 최대노반 압력도로서 도상 두께가 14, 23, 27 및 30cm일 때 0.49, 0.35, 0.27 및 0.24kg/cm^{2}이다.

4. 도상강도 (06,09,10,13,16,17,18기사, 05산업)

궤도역학에서 안전도 등을 지배하는 도상의 강도, 즉 도상반력에 저항하는 강도를 도상강도로 정의한다.

1) 공식

$$K = \frac{P}{r}$$

K : 도상계수(kg/cm^3)

P : 도상반력(kg/cm^2)

r : 탄성침하량(cm)

2) 침하량이 적을수록 도상은 양호함

3) 도상계수의 특성
   ① 도상재료가 양호할수록 큼
   ② 다지기가 충분할 경우 큼
   ③ 노반이 견고할수록 큼

4) 도상계수의 판단기준
   ① K=5kg/cm^3 : 불량도상
   ② K=9kg/cm^3 : 양호도상
   ③ K=13kg/cm^3 : 우량도상

5. 도상저항력 (10기사)

1) 개요 : 도상저항력은 온도하중, 시/제동하중, 열차의 주행하중 등에 의하여 도상 중의 침목이 종·횡방향으로 이동하려고 할 때의 저항력을 말하며, 궤도편측(레일) 1m당 kg으로 표시한다.

2) 횡저항력 : 횡방향 변위에 대한 궤도의 단위길이당 저항하는 힘으로서 좌굴안정성에 크게 영향을 준다. 장대레일의 구간에서는 좌굴을 방지하기 위하여 약 500kg/m(고속철도 900kg/m) 이상의 횡저항력을 확보하여야 한다.

tip) 환산 예 (05,09,16,18**기사**, 09,10**산업**)

침목 배치정수가 10m당 16개, 침목저항력 500kg

500/2=250kg, 16/10m=1.6개/m

250×1.6=400kg/m

3) 종저항력 (08**산업**) : 종방향 변위에 대한 궤도의 단위길이당 저항하는 힘으로서 장대레일의 축력 및 레일 파단 시 개구량, 장대레일 신축량 등에 크게 영향을 주며, 종저항력은 보통 횡저항력의 1.4배 정도이다(800kg/m).

2-5-5 충격률 (02,03,05,15기사)

현행 충격계수는 미국철도기술협회(AREA)식을 준용, '속도가 1마일(1.6km) 증가하는 데 따라 33인치(83.8cm)를 기관차의 동륜직경으로 나누어 얻은 값의 1/100만큼 비율로 증가'된다.

$$i = 1 + \frac{0.513}{100} V$$

i : 충격계수

V : 열차속도(km/h)

2-5-6 궤도 변형의 정역학 모델

1. 연속탄성지지 모델

1) 레일이 연속된 탄성기초상에 지지되어 있다고 가정하는 방법

2) 이론계산이 비교적 간편

2. 유한간격(단속탄성)지지 모델 (04기사)

1) 레일이 일정 간격의 탄성기초상에 지지되어 있다고 가정하는 방법

2) 실제구조물에 가까운 가정

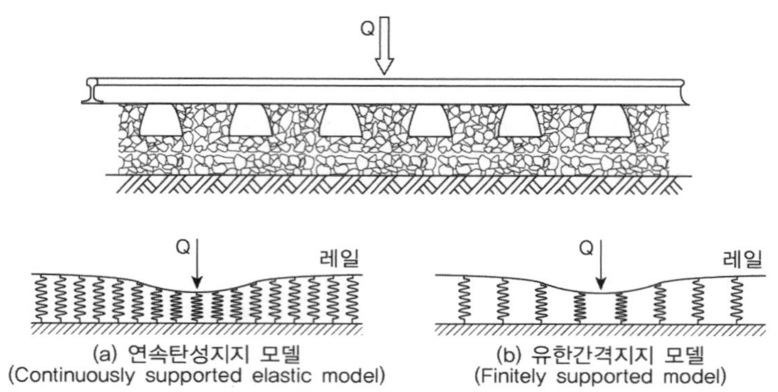

궤도 변형의 정역학 모델

2-5 기출문제

1. 궤도에 작용하는 외력 중 횡압에 해당하는 것은? (02,07산업)

가. 자중

나. 차량동요 관성력의 수직성분

다. 곡선 통과 시 불평형 원심력에 따른 윤중

라. 분기기 및 신축 이음매 등과 같은 궤도의 특수개소에 있어서 충격력

해설 곡선 통과 시 윤중(수직력)과 원심력에 의한 횡압이 같이 작용한다.

2. 차륜으로부터 레일에 작용하는 횡방향의 힘을 횡압이라 한다. 다음 중 횡압의 발생 요인에 해당되는 사항은? (02,03,13기사, 12산업)

가. 레일의 온도변화에 의한 축력

나. 제동 및 시동하중

다. 구배구간에서 차량중량의 점착력

라. 분기부 및 신축이음매 등에서의 충격력

해설 분기부 기본레일과 텅레일 사이 통과 시 충격력에 의한 횡압이 발생한다. 신축이음매도 텅레일을 사용하기 때문에 비슷하다.

3. 궤도에 작용하는 각종 힘 중 온도변화와 제동 및 시동 하중 등에 의하여 생기며 특히 구배구간에서 차량 중량의 점착력에 의해 생기는 것은? (04산업)

가. 횡압

나. 축방향력

다. 수직력

라. 불평형 원심력

해설 온도에 의한 신축 및 시동, 제동하중은 레일의 길이방향으로 작용하므로 축방향력이다. 궤도(레일)와 직각방향으로 작용하는 힘이 횡압이다.

4. 궤도에 작용하는 축방향력에 미치는 영향으로 볼 수 없는 것은? (05기사)

가. 레일의 온도변화

나. 열차의 제동하중

다. 차량의 사행동(snake motion)

라. 열차의 시동하중

해설 차량의 사행동은 궤도틀림에 따른 좌우방향으로 흔들리면서 운행하므로 횡압에 크게 작용한다.

5. 다음 중 레일의 길이방향으로 작용하는 축방향력에 가장 큰 영향을 주는 축력은? (08산업)

가. 경사 구간에서 차량중량의 점착력에 의해 전후로 작용하는 축력

나. 차량제동 및 시동 시에 가감속력의 반력이 차륜에 작용하는 출력

다. 레일의 온도변화에 의한 레일신축이 구속되었을 때 발생하는 축력

라. 차량의 불규칙적인 진동 등에 의하여 작용되는 레일의 불규칙한 변동 축력

해설 온도변화에 의한 레일신축은 레일의 좌굴, 장출에도 문제가 크게 미친다.

6. **차륜으로부터 레일에 작용하는 횡방향의 힘을 횡압이라 한다. 다음 중 횡압의 발생 요인에 해당되는 사항은?** (07,19기사)

가. 레일의 온도변화에 의한 축력
나. 제동 및 시중하중
다. 기울기 구간에서 차량중량의 점착력
라. 신축이음매 등에서의 충격력

해설 신축이음매부와 텅레일부에서는 차량운행 시 차륜이 레일측면으로 충격을 주기 때문에 횡압이 발생한다.

7. **상향의 구배 변환점에 반경 3,000m의 종곡선을 삽입하면 도상의 횡방향 저항력은 어떻게 되는가?** (05기사)

가. 변함이 없다.
나. 약 3% 정도 감소한다.
다. 약 5% 정도 증가한다.
라. 종곡선 반경에 비례하여 증가한다.

해설 선로기울기 변화점에는 통과열차에 대해 인장력과 압축력이 발생하므로 도상의 횡방향에 대한 저항력과는 무관하다.

8. **도상반력 $P=22\text{kg/cm}^2$, 측정지점의 탄성침하 $r=2\text{cm}$일 때 도상계수 값 K는 얼마이며, 이 노반에 대한 평가는?** (06,09,16,17,18기사)

가. $K=11\text{kg/cm}^3$, 양호노반
나. $K=1.1\text{kg/cm}^3$, 양호노반
다. $K=11\text{kg/cm}^3$, 불량노반
라. $K=1.1\text{kg/cm}^3$, 불량노반

해설 $K=\dfrac{P}{r}=\dfrac{22}{2}=11\text{kg/cm}^3$, $K=5\text{kg/cm}^3$: 불량도상, $K=9\text{kg/cm}^3$: 양호도상, $K=13\text{kg/cm}^3$: 우량도상
따라서 양호노반에 가깝다.

9. **일반적으로 도상을 불량, 양호, 우량노반으로 구분할 때 양호노반의 기준이 되는 도상계수 값은?** (05산업)

가. 2kg/cm^3
나. 4kg/cm^3
다. 9kg/cm^3
라. 15kg/cm^3

해설 $K=5\text{kg/cm}^3$: 불량도상, $K=9\text{kg/cm}^3$: 양호도상, $K=13\text{kg/cm}^3$: 우량도상으로 구분한다.

10. **궤도 응력 계산 시 레일에 대한 응력 검토는 일반적으로 어느 부분에 대하여 검토하는가?** (03산업)

가. 레일두부의 압축응력
나. 레일두부의 인장응력
다. 레일 복부의 인장응력
라. 레일 저부의 인장응력

해설 궤도응력 계산 시 레일 저부의 인장응력만 검토한다.

11. **다음 중 궤도의 충격률과 가장 밀접한 관계가 있는 것으로 짝지어진 것은?** (05기사)

가. 레일의 중량, 운행속도
나. 레일의 중량, 차륜의 직경
다. 차륜의 직경, 운행속도
라. 차량의 중량, 운행속도

해설 미국철도기술협회(AREA)식을 준용, '속도가 1마일(1.6km) 증가하는 데 따라 33인치(83.8cm)를 기관차의 동륜직경으로 나누어 얻은 값의 1/100만큼 비율로 증가'한다.

12. 단면은 약 64cm^2, 인장강도 8,000kg/cm^{2}인 50kgN 레일 1개가 받을 수 있는 인장력은? (05,12산업)

가. 80ton　　나. 60ton

다. 512ton　　라. 700ton

해설 8,000×64=512,000kg=512ton

13. 침목에 작용하는 레일압력(P_R)이 주행 시 6,000kg이고 침목폭(b)이 24cm, 레일 저부폭(L)이 12.7cm일 때 침목상면의 지압력(σ_b)은? (07,13산업)

가. 19.7kg/cm^2　　나. 197kg/cm^2

다. 250kg/cm^2　　라. 472kg/cm^2

해설 정지 시 침목 상면의 지압력

$$\sigma_{b0} = \frac{P_{ro}}{b \times L} = \frac{6,000\text{kg}}{24\text{cm} \times 12.7\text{cm}} = 19.7\text{kg/cm}^2$$

여기서, P_{ro}는 주행속도가 반영된 레일압력

14. 궤도 10m에 침목 16개를 부설하였다면, 침목 1개가 받는 레일 압력은? (단, 궤도계수 : 180kg/cm/cm, 침하량 : 0.50cm 충격 포함) (02산업)

가. 1,125kg　　나. 2,880kg

다. 3,600kg　　라. 5,625kg

해설 $P_R = a \cdot P = a \cdot u \cdot y(\text{kg}) = (1,000\text{cm}/16) \times 0.5 \times 180 = 5,625\text{kg}$

y : 레일의 최대 침하량(cm)

a : 침목 중심간격(cm)

15. 열차정지 시 침목 1개가 받는 레일압력이 4,000kg일 때 120km/h의 속도로 주행 시 받는 압력은? (02,03,15기사)

가. 4,800kg　　나. 6,052kg

다. 6,462kg　　라. 6,548kg

해설 120km/h의 속도로 주행 시 침목 상면의 지압력은 충격계수를 고려하여 계산한다.

$\sigma_b = \sigma_b 0 \times (1+I) = 4,000\text{kg/cm}^2 \times (1+0.6156) = 6,462\text{kg/cm}^2$

여기서, $I = \frac{0.513}{100} \times V(120\text{km/h}) = 0.6156$

16. 도상의 횡저항력을 알기 위하여 침목 1개의 저항력을 측정하니 620kg이었다. 침목 배치간격이 588mm이라면 도상의 횡저항력은 얼마인가? (09,16,18기사, 09산업)

가. 592kg/m　　나. 568kg/m

다. 543kg/m　　라. 527kg/m

해설 침목 배치정수가 10m당이므로 10,000/588=17개, 한쪽 침목저항력 620/2=310kg, m당 침목개수 17/10m=1.7개/m에서 310×1.7=527kg/m이다.

17. 궤도역학의 이론모델 중 레일이 침목마다 스프링으로 지지되어 있다고 가정하는 모델은? (04기사)

가. 단속탄성지지 모델 나. 연속탄성지지 모델

다. 다중탄성지지 모델 라. 연속스프링지지 모델

해설 연속탄성지지 모델은 레일이 연속된 탄성기초상에 지지되어 있다고 가정하는 방법이며, 단속탄성지지 모델은 레일이 일정 간격의 탄성기초상에 지지되어 있다고 가정하는 방법이다.

18. 곡선반경 400m 구간의 선로를 45km/h로 주행하는 차량의 곡선 불균형 원심력에 의한 횡압 크기는 얼마인가? (단, 슬랙은 9mm, 캔트는 72mm, 차량중량은 40t이며, 궤간은 표준치수를 적용) (14기사)

가. 구심력에 의한 횡압 0.2t

나. 원심력에 의한 횡압 0.2t

다. 구심력에 의한 횡압 0.4t

라. 원심력에 의한 횡압 0.4t

해설 횡압 $Q=\left(\frac{V^2}{127\times R}-\frac{C}{G+S}\right)\times W=\left(\frac{45^2}{127\times 400}-\frac{72}{1,435+9}\right)\times 40=-0.4\text{ t}$

여기서, Q가 (−)인 경우 구심력, (+)인 경우 원심력에 의한 횡압

V=45km/h(속도), R=400(곡선반경), C=72mm(캔트), G=1,435mm(궤간)

S=9mm(슬랙), W=40t(중량)

19. 선로관리에 대한 용어 설명으로 옳지 않은 것은? (10기사)

가. 장대레일의 체결장치의 체결을 풀어서 재구속하는 것을 재설정이라 한다.

나. 도상자갈 중 궤광을 궤도와 직각방향으로 수평 이동하려 할 때 침목과 자갈 사이에 생기는 최대 저항력을 도상종저항력이라 한다.

다. 장대레일 재설정 시 체결구를 체결하기 시작할 때부터 완료할 때까지의 장대레일 전체에 대한 평균온도를 설정온도라 한다.

라. 궤도의 국부틀림이 좌굴을 일으킬 수 있는 충분한 조건이 되었을 때 이론상 좌굴을 일으킬 수 있다고 생각되는 최저의 축압력을 최저 좌굴축압이라 한다.

해설 횡저항력에 대한 설명이다.

20. 침목 배치정수가 10m당 17개이고 침목 1개의 저항력이 1,000kg일 때 도상종저항력은? (10산업)

가. 850kg 나. 8,500kg

다. 850kg/m 라. 8,500kg/m

해설 침목 배치정수가 10m당 17개, 한쪽 침목저항력 1,000/2=500kg, 17/10m=1.7 ∴ 500×1.7=850kg/m

21. 도상반력이 4.5kg/cm^{2}이고 그 점의 탄성침하량이 0.5cm일 때 도상의 양부 판정이 옳은 것은? (10,13기사)

가. 불량노반 나. 양호노반

다. 우량노반 라. 초우량노반

해설 $K=\frac{P}{r}=\frac{4.5}{0.5}=9\text{kg/cm}^3$, $K=5\text{kg/cm}^3$: 불량도상, $K=9\text{kg/cm}^3$: 양호도상, $K=13\text{kg/cm}^3$: 우량도상

따라서 양호노반에 가깝다.

22. 일반철도에서 허용 도상 압력은 얼마로 보는가? (12기사)

가. $2kg/cm^2$ 나. $4kg/cm^2$
다. $6kg/cm^2$ 라. $8kg/cm^2$

해설 일반철도에서 허용도상압력은 $4kg/cm^2$이다.

23. 궤도 설계 시 적용하는 노반의 허용지지력과 허용도상압력이 옳게 짝지어진 것은? (12산업)

가. 허용지지력 : $2.5kg/cm^2$, 허용도상압력 : $4kg/cm^2$
나. 허용지지력 : $2.5kg/cm^2$, 허용도상압력 : $8kg/cm^2$
다. 허용지지력 : $4kg/cm^2$, 허용도상압력 : $2.5kg/cm^2$
라. 허용지지력 : $8kg/cm^2$, 허용도상압력 : $2.5kg/cm^2$

해설 허용지지력은 $2.5kg/cm^2$, 일반철도에서 허용도상압력은 $4kg/cm^2$이다.

24. 선로관리에 대한 용어의 설명으로 옳지 않은 것은? (15기사)

가. 도상자갈 중 궤광을 궤도와 직각방향으로 수평이동하려 할 때 침목과 자갈 사이에 생기는 최대 저항력을 도상횡저항력이라 한다.
나. 부설된 장대레일의 체결장치를 풀어서 응력을 제거한 후 다시 체결한 것을 장대레일의 설정이라 한다.
다. 장대레일 재설정 시 체결구를 체결하기 시작할 때부터 완료할 때까지의 장대레일 전체에 대한 평균온도를 설정온도라 한다.
라. 궤도의 국부틀림이 좌굴을 일으킬 수 있는 충분한 조건이 되었을 때 이론상 좌굴을 일으킬 수 있다고 생각되는 최저의 축압력을 최저 좌굴축압이라 한다.

해설 장대레일의 재설정을 말한다.

정답 1. 다 2. 라 3. 나 4. 다 5. 다 6. 라 7. 가 8. 가 9. 다 10. 라 11. 다 12. 다 13. 가 14. 라 15. 다 16. 라 17. 가 18. 다 19. 나 20. 다 21. 나 22. 나 23. 가 24. 나

CHAPTER 03 분기기 및 장대레일

3-1 분기기

3-1-1 분기기 개요 및 종류

1. 분기기의 구성 요소 및 일반도 (05기사, 03,08,13산업)

1) 정의 : 열차 또는 차량을 한 궤도에서 다른 궤도로 전환시키기 위하여 궤도상에 설치한 설비로 3부분의 구성은 포인트(point, 전철기), 크로싱(crossing, 철차), 리드(lead)이다.
2) 일반도 : 실기편 2-5-2 분기기 참조
3) 리드길이 : 포인트 전단에서 크로싱의 이론교점까지의 길이

2. 분기기의 종류

1) 배선에 의한 종류
   ① 편개분기기(simple turnout) (08산업) : 가장 일반적인 기본형으로 직선에서 적당한 각도로 좌우로 분기한 것
   ② 분개분기기(unsymmetrical double curve turnout) : 구내배선상 좌우 임의각도로(예 6 : 4, 7 : 3 등) 분기각을 서로 다르게 한 것
   ③ 양개분기기(double curve turnout) (07,14기사, 13산업) : 직선궤도로부터 좌우로 등각으로 분기한 것으로써 사용빈도가 기준선측과 분기측이 서로 비슷한 단선 구간의 분기에 사용함
   ④ 곡선분기기(curve turnout) : 기준선이 곡선인 것
   - 내방분기기(double curve turnout in the same direction) : 곡선 궤도에서 분기선을 곡선 내측으로 분기시킨 것
   - 외방분기기(double curve turnout in the opposite direction)
   ⑤ 복분기기(double turnout) : 하나의 궤도에서 3 또는 2 이상의 궤도로 분기한 것
   ⑥ 삼지분기기(three throw switch) (04기사) : 직선기준선을 중심으로 동일개소에서 좌우대칭 3선으로 분기시킨 것에 많이 사용
   ⑦ 삼선식 분기기(mixed gauge turnout) (10기사) : 궤간이 다른 두 궤도가 병용되는 궤도에 사용

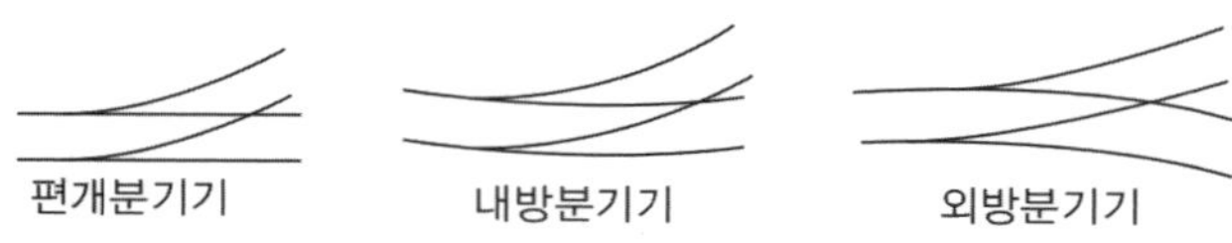

2) 특수용 분기기의 종류

① 승월분기기(run over type switch) (15기사) : 기준선에는 텅레일, 크로싱이 없고, 보통 주행레일로 구성된 편개분기기, 그러므로 분기선외궤륜은 흠선이 없는 주행레일 위로 넘어가게 된다.

② 천이분기기(continous rail point) : 승월분기기와 비슷하나, 분기선을 배향통과시키지 않는 것을 말한다.

③ 탈선분기기(derailing point) : 단선구간에서 신호기를 오인하는 경우 운전 보안상 중대한 사고가 예측될 때 열차를 고의로 탈선시켜 대향열차 또는 구내진입 시 유치열차와 충돌을 방지하기 위하여 사용된다.

④ 간트 렛트 궤도 : 복선 중의 일부 단구간에 한쪽 선로가 공사 등으로 장애가 있을 때 사용되며 포인트 없이 2선의 크로싱과 연결선으로 되어 있는 특수선을 말한다.

3) 분기기 사용방향에 의한 호칭(07,17기사, 07산업)

① 대향분기(facing of turnout) : 열차가 분기를 통과할 때 분기기 전단(포인트)으로부터 후단(크로싱)으로 진입할 경우를 대향(facing)이라 한다.

② 배향분기(trailing of turnout) : 주행하는 열차가 분기기후단(크로싱)으로부터 전단(포인트)으로 진입할 때는 배향(trailing)이라 한다. 배향분기가 더 안전하고 위험도가 적다.

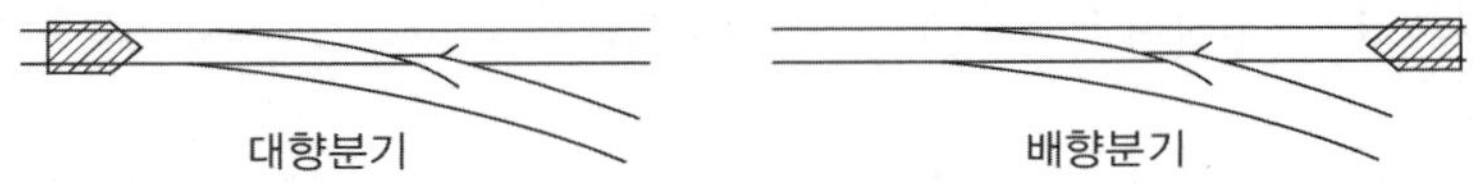

3-1-2 포인트

1. 정의 (06기사)

차량의 방향을 유도하는 역할을 담당하며, 텅(tongue)레일 후단의 힐(heel)이 선회한다. 텅레일은 기본레일에 밀착, 이격하여 주행을 인도하는 구조이며, 특별히 압연한 비대칭단면레일을 깎아서 사용한다.

2. 종류 (15기사)

1) 둔단포인트 : 구조가 단순 견고하나 열차가 진입 시 충격이 크고, 잘 사용하지 않는다.

2) 첨단포인트 : 가장 많이 사용되며, 2개의 첨단레일(tongue rial)을 설치한다. 열차주행은 원활하나 첨단부의 앞부분의 손상에 대한 보강이 필요하다.

3) 승월포인트 : 분기선이 본선에 비하여 중요치 않는 경우에 사용하며 본선에는 2개의 기본레일을 사용하고, 분기선 한쪽은 보통 첨단레일을 사용하고 한쪽은 특수형상의 레일을 사용하여 궤간 외측에 설치한다.

4) 스프링포인트 : 강력한 스프링의 작용으로 평상시는 통과량이 빈번한 방향으로 개통되어 있는 포인트이며, 종단, 중간역 등에서 진행방향이 일정한 분기기에서 일부 사용한다.

3. 분기기 입사각 (08,16기사, 09산업)

1) 기본레일 궤간선과 리드레일 궤간선의 교각을 입사각이라 한다.

2) 분기 시 차륜이 텅레일에 닿는 부분을 적게 하기 위해서는 입사각을 가능한 한 작게 하는 것이 좋으

나 입사각이 작으면 텅레일은 길어지고 곡선반경이 커진다.

3) 곡선형 텅레일은 입사각을 0으로 할 수 있으나 곡선반경이 커지므로 원활한 주행에 불리하다.

4) 50kg 레일 8번 입사각(2°00′21″), 10번(1°36′16″), 12번(1°20′13″)

3-1-3 크로싱

1. 크로싱부

분기기 내 직선레일과 곡선레일이 교차하는 부분을 말하며, V자형 노스레일과 X자형 윙레일로 구성되고 크로싱의 양쪽에 가드레일이 있다(각부 명칭은 실기편 2-5-2 분기기의 4. 크로싱 참조).

2. 종류 (06기사, 09,15산업)

1) 고정 크로싱 : 크로싱의 각부가 고정되어 윤연로(flange way)가 고정되어 있는 것으로 차량이 어느 방향으로 진행하든지 결선부를 통과해야 하므로 차량의 진동과 소음이 크고 승차감이 좋지 않다. 종류는 조립, 망강, 용접, 압접크로싱이 있다.

2) 가동 크로싱 : 크로싱의 최대 약점인 결선부를 없게 하여 레일을 연속시킨 형태로 차량의 충격, 진동, 소음, 동요를 해소하여 승차기분을 개선하여 고속열차 운행의 안전도 향상된다. 종류로는 가동노스 크로싱, 가동둔단 크로싱, 가동 K 크로싱이 있다.

   ① 가동노스 크로싱 : 크로싱의 노스 일부가 좌우로 이동할 수 있는 구조로서 고속열차 운행에 유리하다.

   ② 가동둔단 크로싱 : 가공하지 않은 전단면 단척레일 사용한다. 흠선부분 발생, 유지보수가 곤란하며, 최근에는 사용하지 아니한다.

   ③ 가동 K 크로싱 : 다이아몬드 크로싱에서 a, c 분기번호 8번 이상에서 사용한다.

3) 고망간 크로싱 : 사용초기에는 2~3mm 마모하나 그 이후엔 내마모성이 강하여 보통레일의 사용에 비해 마모수명이 약 5배 정도 된다.

3. 크로싱 각도와 크로싱 번수의 관계 (07,13,18,19기사, 02,04산업)

1) 크로싱 각도(θ)와 비례하여 크로싱 번수(N)도 비례하여 증가

2) 관계식

$$N = \frac{1}{2} Cot \frac{\theta}{2}$$

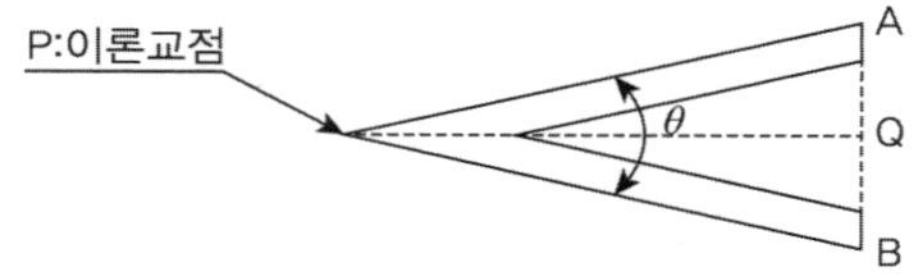

크로싱 번호 N=8이란 위 그림에서 PQ : AB=8 : 1이 되는 것을 말한다. 종래 사용한 것은 대부분 8-15번이나 분기 고번화하여 고속화가 가능해지고 있다.

3-1-4 가드(호륜)레일(guard rail)

1. 정의 (09산업)

차량이 대향분기를 통과할 때 크로싱의 결선부에서 차륜의 플랜지가 다른 방향으로 진입하거나 노스의 단부를 훼손시키는 것을 방지하며 차륜을 안전하게 유도하기 위하여 반대측 주 레일에 부설하는 것을 말한다.

2. 백게이지(back gage) (07기사)

분기부에서 크로싱부 노스레일과 주 레일 내측에 부설한 가드레일 외측 간의 최단거리를 말한다.

1) 백게이지의 필요성 : 크로싱 노스레일 단부저해 방지, 차량의 이선 진입 방지, 차량의 안전주행을 유도한다.

2) 백게이지 치수

① 국내 일반철도 : 1,390~1,396mm

② 국내 고속철도 : 1,392~1,397mm

3) 문제점

① 백게이지가 작을 경우 노스레일 손상 및 마모, 이선진입 위험이 있다.

② 백게이지가 클 경우에는 탈선의 위험이 있다.

3-1-5 전환기 및 정위, 반위

1. 전환장치의 정의

포인트의 첨단레일을 기본레일에 밀착 또는 분리시켜 포인트를 목적하는 방향으로 개폐하는 장치를 말한다.

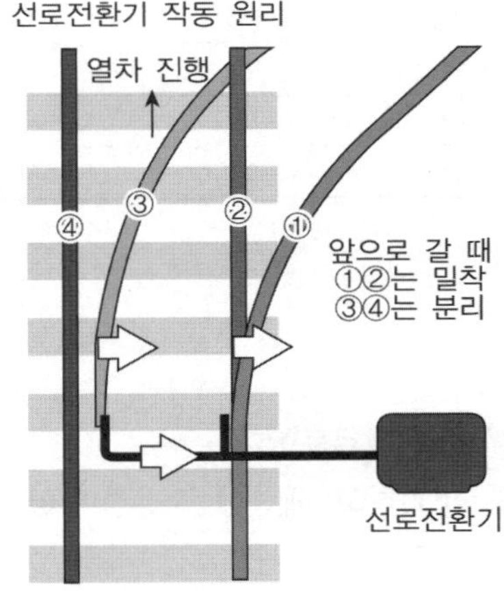

2. 정위와 반위 (08,14기사, 07,08,12,15산업)

1) 상시 개통되어 있는 방향을 정위, 반대로 개통되어 있는 방향을 반위라 한다.

2) 정위설정표준

① 본선 상호 간에는 중요한 방향, 단선의 상하본선에서는 열차의 진입방향

② 본선과 측선에서는 본선의 방향
③ 본선, 측선, 안전측선 상호 간에서는 안전측선의 방향
④ 측선 상호 간에서는 중요한 방향
⑤ 탈선 포인트가 있는 선은 차량을 탈선시키는 방향

3. 분기기의 열차통과속도 (02,03,06,10,12,13,16기사, 10,15산업)

분기기는 일반 궤도에 비해 구조상으로나 선형상으로도 취약하여 열차속도를 제한할 필요가 있다.

1) 일반궤도와 다른 점
① 텅레일 앞·끝부분의 단면적이 적다.
② 텅레일은 침목에 체결되어 있지 않다.
③ 텅레일 뒷부분 끝 이음매는 느슨한 구조로 되어 있다.
④ 기본 레일과 텅레일 사이에는 열차통과 시 충격이 발생한다.
⑤ 분기기 내에는 이음부가 많다.
⑥ 슬랙에 의한 줄틀림과 궤간틀림이 발생한다.
⑦ 차륜이 윙 레일 및 가드레일을 통과할 때 충격으로 배면 횡압이 작용한다.

2) 분기선측 열차 속도 제한
① 리드곡선부에 캔트 및 완화곡선이 없다.
② 슬랙체감이 급한 좋지 않은 선형이다.
③ 일반철도 분기기 통과속도 : $V = 1.5 - 2.0\sqrt{R}$ (일본 $2.75\sqrt{R}$)
④ 고속철도 분기기 통과속도 : $V = 2.6 - 2.9$

구간별	분기기별	구분	8#	10#	12#	15#
지상구간	편개분기기	곡선반경	145	245	350	565
		속도	25	35	45	55
지하구간	편개분기기	속도	25	30	40	−
지상구간	양개	속도	35	45	55	65

4. 정거장 내 분기기 배치 (08,12산업)

1) 분기기는 가능한 한 집중 배치한다.
2) 총유효장을 극대화한다.
3) 본선에 사용하는 분기기는 위치를 충분히 검토한다.
4) 특별분기기는 보수를 위해 가능한 한 피하고, 배선상 큰 장점이 있을 경우 부설한다.

3-1 기출문제

1. 분기기를 구성하는 3부분이 아닌 것은? (03,08,13산업)

가. 포인트부 나. 크로싱부

다. 리드부 라. 후로우부

해설 분기기 구성 3부분은 포인트부, 리드부, 크로싱부이다.

2. 분기기의 종류 중 일반적으로 가장 많이 사용되는 기본형 분기기는? (08산업)

가. 편개분기기 나. 양개분기기

다. 진분분기기 라. S.C.O

해설 편개분기기가 일반적인 기본형이며 직선에서 적당한 각도로 좌우로 분기한 것이다.

3. 다음 분기기 중 직선 기준선을 중심으로 동일개소에서 좌우 대칭 3선으로 분기시킨 것으로 화차 조차장에서 많이 사용되는 분기기는? (04기사)

가. 복분기기 나. 삼지분기기

다. 진분기기 라. 삼선식 분기기

해설 삼지분기기의 설명이며 복분기기와 비슷한 구조로 보이나 복분기기는 하나의 궤도에서 3 또는 2 이상의 궤도로 분기된 것을 말한다.

4. 분기기의 배선에 의한 종류 중 직선궤도로부터 좌우 등각으로 분기한 것으로 사용빈도가 기준선 측과 분기 측이 서로 비슷한 단선구간에 사용하는 분기기는? (07,14기사, 13산업)

가. 분개분기기 나. 양개분기기

다. 복분기기 라. 3지분기기

해설 양개분기기는 좌우 등각이며 분개분기기는 좌우 임의각도로 분기각을 서로 다르게 한 것을 말한다.

5. 일반적으로 분기기 구조에서 특별히 압연한 비대칭 단면의 레일을 삭정하여 사용하는 레일은? (06기사)

가. 가드레일 나. 텅레일

다. 노스레일 라. 윙레일

해설 텅레일 : 기본레일에 밀착, 이격하여 주행을 인도하는 구조로 압연하여 비대칭 다면의 레일을 삭정한 것으로 사용한다.

6. 50kg 8# 분기기의 보통 포인트 입사각은? (02,09산업)

가. 2°00′21″ 나. 7°09′10″

다. 9°09′23″ 라. 5°43′29″

해설 50kg 8# 입사각(2°00′21″), 10# 입사각(1°36′16″), 12# 입사각(1°20′13″)

7. **분기기 입사각의 바른 설명은?** (08,16기사)

가. 기본레일 궤간선과 리드레일 궤간선의 교각을 입사각이라 한다.

나. 분기 시 차륜이 텅레일에 닿은 부분을 적게 하기 위해 입사각을 작게 하는 게 좋다.

다. 입사각이 작을수록 텅레일이 짧아지고 곡선반경은 작아진다.

라. 곡선형 텅레일은 입사각이 커서 원활한 주행에 불리하다.

해설 분기 시 차륜이 텅레일에 닿은 부분을 적게 하기 위해 입사각을 작게 하는 게 좋으며, 입사각이 작을수록 텅레일이 길어지고 곡선반경은 커진다. 곡선형 텅레일은 입사각을 작게 할 수 있으나 곡선반경이 커져 원활한 주행에 불리하다.

8. **다음 괄호 안에 들어갈 용어가 알맞게 짝지어진 것은?** (07산업)

> 주행하는 열차가 분기기 후단으로부터 전단으로 진입할 때를 (①)이라 하며 운전상 (②)는 (③)보다 안전하고 위험도가 적다.

가. ① 배향 ② 배향분기 ③ 대향분기

나. ① 배향 ② 대향분기 ③ 배향분기

다. ① 대향 ② 배향분기 ③ 대향분기

라. ① 대향 ② 대향분기 ③ 배향분기

해설 분기기는 대향, 즉 텅레일 부분 진입 시 탈선에 많은 영향을 미치므로 배양분기가 안전하고 위험도가 적다.

9. **다음 중 전환기의 정위에 대한 표준으로 틀린 것은?** (14기사, 07,08,10산업)

가. 본선 상호 간에서는 중요한 본선방향

나. 본선, 측선, 안전측선 상호 간에서는 본선의 방향

다. 본선, 측선에서는 본선방향

라. 탈선포인트가 있는 선은 차량을 탈선시키는 방향

해설 열차의 운행은 안전이 최우선이기 때문에 본선보다 안전측선으로 진행방향으로 전환기, 신호를 표시하였다가 본선 운행 시 전환기를 본선방향으로 하여 운행한다.

10. **포인트 전환기의 정위를 결정하는 표준으로 보기 어려운 것은?** (08기사, 12산업)

가. 본선 상호 간에는 중요한 방향

나. 본선과 측선에서는 측선의 방향

다. 본선, 측선, 안전측선 상호 간에는 안전측선의 방향

라. 측선 상호 간에는 중요한 방향

해설 정위의 결정은 측선보다는 본선, 본선과 안전측선 간에는 열차의 안전을 중요시하며, 안전측선의 방향으로 설정한다.

11. **포인트 부품 중 열차가 통과하기까지 진로의 전환을 할 수 없도록 텅레일과 기본레일과의 밀착이 유지되도록 하기 위한 쇄정을 하도록 텅레일의 최선단에 설치하는 것은?** (08기사)

가. 프런트 로드 나. 스위치 어져스터

다. 레일 브레이스 라. 분기기 이음매판

해설 프런트 로드는 분기기의 좌우 텅레일 선단의 간격을 고정하는 것으로, 밀착 시 텅레일이 움직이지 않도록 하는 역할을 한다.

12. **분기기에서 리드길이는 어느 지점 간의 거리를 의미하는가?** (05기사)

가. 포인트 전단에서 크로싱의 전단까지의 길이
나. 포인트 전단에서 크로싱의 이론교점까지의 길이
다. 포인트 후단에서 크로싱의 전단까지의 길이
라. 포인트 후단에서 크로싱의 이론교점까지의 길이

해설 리드길이 : 포인트 전단에서 크로싱의 이론교점까지의 길이

13. **크로싱 번호를 구하는 식은? (단, θ는 크로싱 각)** (04산업)

가. $\frac{1}{2}\cot\frac{\theta}{2}$
나. $\frac{\pi}{4}\sin\theta$
다. $2\times 106\tan\theta$
라. $15.24\mathrm{cosec}\frac{\theta}{2}$

해설 크로싱 각도(θ)와 비례하여 크로싱 번수(N)도 비례하여 증가하며, 관계식은 $N=\frac{1}{2}Cot\frac{\theta}{2}$이다.

14. **다음 분기기에 대한 설명으로 옳은 것은?** (06,12기사)

가. 곡선분기기는 리드 곡선 반경이 작은 분기기를 말한다.
나. 분기기번호가 클수록 열차통과속도를 높일 수 있다.
다. 가드레일은 배향 운전 시 차량의 이선 진입을 방지한다.
라. 가동 크로싱은 차량통과 시 충격과 소음이 크고 경선부가 같다.

해설 분기기번호가 클수록 입사각이 작고 리드 곡선반경이 커서 열차통과속도를 높일 수 있고, 가동 크로싱은 결선부를 없애 소음과 충격을 줄일 수 있다.

15. **정거장 내 분기기 배치에 대한 설명으로 틀린 것은?** (08산업)

가. 특별분기기를 많이 설치한다.
나. 분기기는 가능한 한 집중 배치한다.
다. 총유효장을 극대화한다.
라. 본선에 사용하는 분기기는 위치를 충분히 검토한다.

해설 분기기는 가능한 한 집중 배치, 총유효장을 극대화, 본선에 사용하는 분기기는 위치를 충분히 검토하고, 특별분기기는 보수를 위해 가능한 한 피한다.

16. **분기기에 대한 설명 중 틀린 것은?** (07,13,18기사)

가. 탈선분기기는 단선구간에서 신호기를 오인하는 경우 운전 보안상 중대한 사고가 예측될 때 열차를 고의로 탈선시켜 대항열차와 충돌을 방지하는 목적으로 설치한다.
나. 배향이란 주행하는 열차가 분기기 후단으로부터 전단으로 진입할 때를 말하며 배향분기는 대항분기보다 안전하다.
다. 분기기는 보통 크로싱 각의 대소에 따라 다르며 분기기 번호는 크로싱 각의 sin 값으로 정한다.
라. 백게이지란 크로싱 노스레일과 가드레일 간의 간격을 말한다.

해설 분기기번호는 크로싱 각도(θ)와 비례하며 관계식은 $N=\frac{1}{2}Cot\frac{\theta}{2}$이다.

17. 궤간 결선이 없게 된 노스부가 이동하는 구조로 고속열차 운행의 안전도 향상을 도모한 크로싱은? (09,15산업)

가. 고정 크로싱
나. 다이아몬드 크로싱
다. 가동노스 크로싱
라. 망간 크로싱

해설 가동노스 크로싱은 노스부가 운행선 방향으로 이동하여 결선부가 없게 되어 진동과 충격이 적어 고속분기기에 적합하다.

18. 크로싱의 노스레일과 가드레일의 플랜지웨이 내측 간의 간격을 의미하는 것은? (09산업)

가. 궤간
나. 스트로크
다. 윤연로
라. 백게이지

해설 백게이지라 하며 크로싱 노스레일 단부저해 방지, 차량의 이선 진입 방지, 차량의 안전주행을 유도한다. 국내 일반철도 백게이지 치수는 1,390~1,396mm이다.

19. 다음 중 분기기 가드레일의 역할은? (09산업)

가. 차량탈선 시 대형 사고 방지를 위한 차량 유도
나. 크로싱의 마모 방지 및 슬랙량의 조정
다. 크로싱의 백게이지 확보 및 궤간 축소 방지
라. 차량이 대향운전 시 이선 진입 방지

해설 차량이 대향운전 시 이선 진입 방지와 노스의 단부를 훼손시키는 것을 방지하며 반대 측 주레일에 부설하는 것을 말한다.

20. 서울역 구내에 15번 양개분기기를 부설하였다. 부산행 새마을호 열차의 이 분기기 통과 제한속도는 얼마인가? (02,03,16기사)

가. 50km/h
나. 60km/h
다. 65km/h
라. 70km/h

해설 15번 양개분기기 통과 제한속도는 65km/h, 편개분기기 55km/h이다.

21. 정거장에서의 분기기 배치에 대한 설명 중 옳지 않은 것은? (12산업)

가. 분기기는 위치, 방법, 종별에 관하여 충분히 검토해야 한다.
나. 조차장 입환선에 설치하는 분기기는 차량의 주행저항을 균일하게 한다.
다. 특별분기기는 유지관리 및 보수를 위하여 가급적 많이 설치한다.
라. 분기기는 가능하면 집중 배치한다.

해설 특별분기기는 보수를 위해 가능한 한 피하고 배선상 큰 장점이 있을 경우 부설한다.

22. 분기기가 일반 궤도와 다른 점으로 옳지 않은 것은? (15산업)

가. 분기기 내에는 이음부가 없다.
나. 기본레일과 텅레일 사이에는 열차통과 시 충격이 발생한다.
다. 슬랙에 의한 줄틀림과 궤간틀림이 발생한다.
라. 텅레일 앞·끝부분의 단면적이 작다.

해설 분기기 내에는 이음부가 많다.

23. **분기기의 구성 요소인 포인트의 종류에 해당하지 않는 것은?** (15기사)

가. 첨단포인트 나. 스프링포인트

다. 가동포인트 라. 승월포인트

해설 포인트의 종류로는 둔단포인트, 첨단포인트, 승월포인트, 스프링포인트가 있다.

24. **포인트의 정위에 대한 설명으로 옳지 않은 것은?** (15산업)

가. 본선 상호 간에는 중요한 방향

나. 단선의 상하본선에는 열차의 진출방향

다. 본선, 측선, 안전측선 상호 간에는 안전측선의 방향

라. 탈선포인트가 있는 선은 차량을 탈선시키는 방향

해설 단선의 상하본선에서는 열차의 진입방향이 정위설정 표준임

25. **분기기의 통과속도를 일반궤도보다 낮게 제한하는 이유는 일반궤도에 비해 구조적인 약점이 있기 때문이다. 이러한 약점에 해당되지 않는 것은?** (10산업)

가. 분기기의 슬랙과 리드 곡선반경이 크다. 나. 텅레일의 단면적이 작고 견고하게 체결될 수 없다.

다. 캔트가 부족하다. 라. 크로싱에 결선부가 있다.

해설 슬랙이 좋지 않고 리드곡선부에 캔트 및 완화곡선이 없다.

26. **일반궤도와 비교하여 50kgNS 레일용 분기기의 구조적 특징에 해당되지 않는 것은?** (10기사)

가. 텅레일 전체를 견고하게 체결하기 어렵다.

나. 분기기의 슬랙이 적다.

다. 포인트부와 리드곡선에 완화곡선이 없다.

라. 텅레일의 단면적이 크다.

해설 텅레일은 일반레일보다 단면적이 작다.

27. **일반궤도와 비교하여 50kgNS 레일용 분기기의 구조적 특징에 해당되지 않는 것은?** (13기사)

가. 분기기의 슬랙이 적다. 나. 크로싱에 궤간선 결선이 있다.

다. 텅레일의 단면적이 작다. 라. 리드 곡선반경이 크다.

해설 리드 곡선반경이 작다.

28. **크로싱의 종류로 옳지 않은 것은?** (12산업)

가. 고정 크로싱 나. 스프링 크로싱

다. 가동 크로싱 라. 용접 크로싱

해설 크로싱의 종류에는 고정 크로싱, 가동 크로싱, 고망간 크로싱 등이 있다.

29. **삼선식 분기기에 대한 설명으로 옳은 것은?** (10기사)

가. 직선기준선을 중심으로 동일개소에서 좌우대칭 3선으로 분기시키기 위하여 2개 틀의 분기기를 중합시킨 구조의 특수분기기이다.

나. 궤간이 다른 두 궤도가 병용되는 궤도에 사용된다.

다. 하나의 궤도에서 3 또는 2 이상의 궤도로 분기한 것이다.

라. 직선궤도로부터 좌우 등각으로 분기한 것으로써 사용빈도가 기준선 측과 분기측이 서로 비슷한 단선 구간에 사용한다.

해설 삼선식 분기기는 궤간이 다른 두 궤도가 병용되는 궤도에 사용된다.

30. **특수용 분기기의 일종인 승월분기기에 대한 설명으로 옳지 않은 것은?** (15기사)

가. 분기선이 본선에 비해 중요하지 않거나 사용횟수가 적은 경우에 사용한다.

나. 두 선로가 평면교차하는 개소에 사용하며, 직각 또는 사각으로 교차한다.

다. 기준선에는 텅레일과 크로싱이 없고, 보통 주행 레일로 구성된 분기기이다.

라. 분기선 외궤륜은 결선이 없는 주행레일 위로 넘어가게 된다.

해설 두 선로가 평면교차하는 개소에 직각 또는 사각으로 교차하도록 부설된 분기기는 다이아몬드 크로싱이다.

31. **대향 및 배향분기기에 대한 설명으로 옳은 것은?** (17기사)

가. 분기기에 열차 진입 시 열차의 운전속도에 따라 정해진다.

나. 차량이 크로싱 쪽에서 포인트 쪽으로 향하여 진입하는 경우 배향분기기가 된다.

다. 차량이 포인트 쪽에서 크로싱 쪽으로 향하여 진입하는 경우 배향분기기가 된다.

라. 운전보안상 안전도로서는 대향분기기가 배향분기기보다 안전하고 위험성도 적다.

해설 열차가 분기를 통과할 때 분기기 전단(포인트)으로부터 후단(크로싱)으로 진입할 경우를 대향(facing)이라 한다.

32. **50kgNS 분기의 크로싱각이 $\theta = 3°49'05''$일 때 분기기 번호는?** (19기사)

가. 10 나. 12

다. 15 라. 18

해설 $N = \frac{1}{2}\cot\frac{\theta}{2}$

정답 1. 라 2. 가 3. 나 4. 나 5. 나 6. 가 7. 나 8. 가 9. 나 10. 나 11. 가 12. 나 13. 가 14. 나 15. 가 16. 다 17. 다 18. 라 19. 라 20. 다 21. 다 22. 가 23. 다 24. 나 25. 가 26. 라 27. 라 28. 나 29. 나 30. 나 31. 나 32. 다

3-2 장대레일

3-2-1 개요

1. 개요 (11,12기사, 05산업)

궤도의 최대취약부인 레일 이음매를 없애기 위하여 레일이음부를 연속적으로 용접하여 1개의 레일(200m 이상)로 설치한 것을 장대레일이라 하며 고속선에서의 1개의 레일길이가 300m 이상인 레일을 말한다.

1) 부동구간 : 도상저항력과 레일의 유동 방지에 의하여 레일의 신축을 제한하는 경우, 레일이 어느 길이 이상되면 중앙부에 신축이 생기지 않는 구간(일반철도 양단부 각 80~100m, 고속선의 경우 각 150m 정도 제외 구간)
2) 설정온도 : 장대레일을 부설할 때의 레일 온도로, 장대레일 전 길이에 대한 평균온도로 표시한다. 레일 저부 상면 전 구간 여러 곳을 측정하여 산출평균
3) 중위온도 : 장대레일을 부설한 후 일어날 수 있는 최저, 최고온도의 중간온도로 연간평균온도와는 다름
4) 재설정 : 한번 설정한 장대레일 체결장치를 모두 풀어서 레일의 신축을 자유롭게 한 다음 다시 체결하는 것
5) 최저좌굴축압(最抵挫屈軸壓) : 국부틀림이 좌굴을 일으킬 수 있는 충분한 조건이 되었을 때 이론상 좌굴을 일으킬 수 있다고 생각되는 최저의 축압력 (02,03,04,08기사)

2. 장대레일 가능조건

1) 장대레일 양끝단에서 레일의 신축처리 가능
2) 레일이 절손되지 않을 것, 절손된 경우 개구량이 운전보안상의 한도 내로 할 것
3) 궤도가 좌굴을 일으키지 않을 것
4) 충분한 체결력과 도상저항력을 확보할 것

3. 장대레일의 장점 (04기사)

1) 궤도보수주기 연장
2) 소음·진동의 발생 감소
3) 궤도재료의 손상 감소
4) 차륜동요가 적어 승차감 양호
5) 기계화 작업 용이(MTT 작업 용이)
6) 열차의 고속화 및 수송력 강화

3-2-2 장대레일의 이론

1. 개요

레일은 계절별로 온도가 높고 낮음의 변화에 따라 신축하므로 선팽창 계수에 비례하여 신축하나, 장대레일에서는 레일의 중앙부에서 신축하려는 힘들이 서로 균형을 이루어 이동을 상쇄시키므로 부동구간이 형성된다.

시험결과 레일의 양끝 80~100m 정도(일반철도), 150m(고속선)만 신축이 일어나고 중간 부분은 신축되지 않는 것으로 밝혀졌다.

2. 레일의 신축과 축력 (06,07,09,18,19기사, 03,07,12산업)

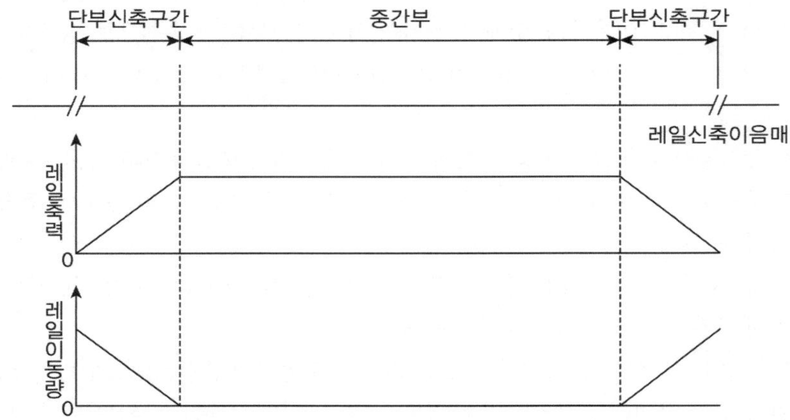

1) 레일의 자유신축량

$$e = L\beta(t - t_0)$$

e : 자유신축량(mm)

β : 레일의 선팽창 계수(1.14×10^{-5})

t : 현재온도

t_o : 부설 또는 재설정 시의 레일온도(℃)

L : 레일길이(m)

2) 레일의 축력 (06,07,11,15기사, 03,07,10,13산업)

$$P = EA\beta(t - t_0)$$

P : 축력(kgf/cm²)

E : 레일강의 탄성계수(2.1×10^6kgf/cm²)

A : 레일단면적(cm²)(50kgN레일 : 64cm²)

3) 신축구간의 길이 (09,10,13기사, 09산업)

$$L = \frac{P}{r_0} = \frac{EA\beta\Delta t}{r_0}$$

r_0 : 종방향 저항력(kgf/cm)

3. 개구량 허용한도 (02산업)

장대레일 온도가 낮아져서 축인장력이 작용하고 있을 때 레일이 끊어지게 되면 레일 단부는 급격하게 수축하는 현상을 나타내며 중앙부의 벌어질 구간, 즉 장대레일의 개구량은 단부 신축량의 2배가 된다.

1) 이론 신축량(이동량)

$$\Delta l = \frac{EA\beta^2\Delta t^2}{2r_0} = \frac{X\beta\Delta t}{2} = \frac{rX^2}{2EA} \left(\text{개구량} : \frac{E\,A\,\beta^2\,\Delta t^2}{2r} \times 2\right)$$

여기서, X : 축응력과 침목저항이 동등하게 되는 점까지의 거리

3-2-3 장대레일의 부설조건

1. 선로조건 (02,09,14기사, 05산업)

1) 곡선반경 : 600m 이상, 반향곡선 1,500m 이상

2) 종곡선반경 : 3,000m 이상

3) 복진이 심하지 않을 것

4) 노반이 양호할 것

2. 궤도조건 (13산업)

1) 레일 : 50~60kg 신품으로 초음파 검사한 양질의 레일

2) 침목 : PC침목을 원칙(종저항력 500kg 이상)

3) 도상자갈 : 쇄석을 원칙(저항력 500kg 이상)

3. 온도조건

1) 설정온도의 최고, 최저가 40℃ 이상 높거나 낮지 않을 것

2) 설정온도는 레일의 좌굴 및 파단이 생기지 않는 범위

4. 터널조건 (04산업)

1) 터널 내의 설정온도는 최고, 최저가 20℃ 이상 높거나 낮지 않을 것

2) 터널의 갱문부근에서 외부온도와의 영향이 큰 곳은 피할 것

3) 연약노반을 피할 것

4) 누수 등으로 국부적 레일부식 개소는 피할 것

5. 교량조건

1) 거더의 온도와 비슷한 온도에서 부설할 것

2) 연속보의 상간에 교량용 신축이음매를 사용할 것

3) 교대 및 교각은 장대레일로 인하여 발생되는 힘에 견딜 수 있는 구조일 것

4) 부상(浮上) 방지 구조일 것

5) 거더의 가동단에서 신축량이 장대레일에 이상응력을 일으키지 않을 것

6) 무도상 교량 25m 이상은 부설금지

6. 고속철도선로의 장대레일 부설

1) 설정온도

① 레일의 최고온도 및 최저온도는 -20~60℃, 중위온도는 20℃를 기준으로 한다.

② 자갈도상의 경우 5℃를 더하여 25℃로 하며 이때 레일온도는 중위온도 20℃를 그대로 적용한다.

③ 토공구간은 자연온도에서 자갈도상 25±3℃, 콘크리트도상 25±3℃, 인장기 사용 시 자갈도상 0～22℃, 콘크리트도상 0～17℃의 온도조건을 적용한다.

④ 터널구간(터널 입구에서 100m 이상 구간)에서는 자연온도에서 자갈도상 및 콘크리트도상 15±5℃, 인장기 사용 시 자갈도상 및 콘크리트도상에서 0～10℃를 적용한다.

⑤ 교량구간에서는 자연온도에서 시행을 원칙으로 하며, 콘크리트 궤도에서 레일 20±3℃(17～23℃), 교량거더 중위온도 ±5℃를 적용한다.

2) 신축이음매장치의 부설제한

① 종곡선, 완화곡선구간

② 반경 1,000m 미만의 곡선구간

③ 구조물 신축이음으로부터 5m 이내

3) 신축이음매장치의 설치기준 (14**기사**)

① 신축이음매장치 상호 간의 최소거리는 300m 이상으로 한다.

② 분기기로부터 100m 이상 이격되어 설치하여야 한다.

③ 완화곡선 시·종점으로부터 100m 이상 이격되어 설치하여야 한다.

④ 종곡선 시·종점으로부터 100m 이상 이격되어 설치하여야 한다.

⑤ 부득이 교량상에 설치하는 경우 단순 경간상에 설치하여야 한다.

4) 도상 더돋기

본선의 다음 개소에서는 도상어깨 상면에서 10cm 이상 더돋기를 시행한다.

① 장대레일 신축이음매 전후 100m 이상의 구간

② 교량전후 50m 이상의 구간

③ 분기기 전후 50m 이상의 구간

④ 터널 입구로부터 바깥쪽으로 50m 이상의 구간

⑤ 곡선 및 곡선 전후 50m 이상의 구간

⑥ 기타 선로 유지관리상 필요로 하는 구간

5) 레일절단 총길이(레일긴장기 사용) (02**기사**)

레일 자유신축 길이와 용접소요길이(간격), 고정부의 미끄러짐길이를 합한 값을 말한다(단, 현재의 유간이 있을 시 고려).

7. 장대레일 부설시 주의사항

1) 상차, 운반, 하화 등의 취급 시는 레일의 휨 또는 손상이 되지 않도록 유의한다.

2) 바꿀 때까지 축압의 증가 방지 및 레일버릇이 생기지 않도록 보관을 철저히 한다.

3) 부설 시 계획 설정온도에 가깝고 온도변화가 적은 시간을 택해야 한다.

4) 설정에 있어서 레일전장에 이르는 설정은 레일에 축압이 남지 않도록 한다.

5) 설정온도는 설정시간 등을 통하여 가능한 한 정확하게 측정하여 평균설정온도를 기록함과 동시에 재설정의 필요유무를 기록하여야 한다.

3-2-4 장대레일의 좌굴

1. 장대레일 좌굴 (03기사)

양단부의 100m 정도를 제외한 중앙부 부동구간에서는 설정온도에 대한 온도차에 비례한 레일축압력이 발생한다. 특히, 여름철 온도 상승에 의한 온도축압력이 과대해지면 레일 내부에 저장된 저항응력에 불균형이 돌발하여 궤도는 좌우 어느 쪽이든 좌굴하게 된다.

2. 장대레일 좌굴 시의 응급복구조치

1) 그대로 밀어 넣어 원상으로 하거나 적당한 곡선을 삽입하여 응급조치
   ① 좌굴된 부분이 많아서 구부러지지 않았을 때
   ② 레일의 손상이 없을 때
2) 레일을 절단하여 응급조치 (05,09,11**기사**, 07**산업**)
   ① 응급복구 후 신속히 본복구 시행
   ② 절단 제거하는 범위 : 레일이 현저히 휜 부분 및 손상이 있는 부분
   ③ 절단방법 : 레일 절단기 또는 가스로 절단
   ④ 바꾸어 넣는 레일 : 본래 같은 정도의 단면
   ⑤ 이음매 : 바꾸어 넣은 레일의 양단에 유간을 두어 응급조치할 때 이음매볼트는 기름칠을 하여 조이고 이때 유간 복구 시까지 예상되는 온도 상승 또는 강하에 대하여 다음 표에 의한 크기 이상 또는 이하로 함

온도 상승(°C)			온도 강하(°C)		
30	20	10	30	20	10
10mm	5mm	0mm	0mm	5mm	10mm

3) 용접에 의한 복구
   ① 용접 전에 초음파탐상기 등으로 검사하여 사용
   ② 용접방법 : 테르밋 또는 엔크로즈드 아크 용접
4) 복구 완료한 장대레일 : 조속한 시일 내에 재설정 시행

3-2-5 장대레일의 보수

1. 유의사항

장대레일은 부설초기에 정확하고 양호한 상태로 보수하여 안정될 수 있도록 하고 다음 사항에 유의하여야 한다.

1) 좌굴방지
2) 과다신축 및 복진 방지
3) 레일의 부분적 손상 방지(흑열흠, 공전흠 등)
4) 도상자갈의 정비
   ① 침목측면을 노출시키지 않을 것

② 도상어깨폭은 400mm 이상 확보할 것

③ 표면 자갈은 충분하게 다짐할 것

④ 도상저항력이 부족한 경우는 도상어깨폭에 자갈을 보충할 것

2. 장대레일 재설정 (02,09기사, 02,03,10산업)

부설된 장대레일의 체결장치를 풀어서 응력을 제거한 후 다시 체결함을 말한다. 장대레일은 다음과 같은 경우에 되도록 조기에 재설정하여야 한다.

1) 장대레일의 설정을 소정의 범위 밖에서 시행한 경우

2) 장대레일이 복진 또는 과대 신축하여 신축이음매로 처리할 수 없는 우려가 있는 경우

3) 좌굴 또는 손상된 장대레일을 본 복구한 경우

4) 장대레일에 불규칙한 축압이 생겼다고 인지되는 경우

3-2 기출문제

1. 장대레일이라 함은 레일 1개의 길이가 몇 미터 이상을 의미하는가? (05산업)

가. 50m　　나. 150m

다. 200m　　라. 250m

해설 장대레일은 정척 25m 레일을 연속적으로 용접하여 200m 이상 1개 레일로 제작한 것을 말하며 궤도의 취약부인 이음매를 없애기 위함이다.

2. 궤도틀림이 좌굴을 일으킬 수 있는 충분한 조건이 되었을 때 이론상 좌굴을 일으킬 수 있다고 생각되는 최저의 축압력은? (03기사)

가. 최저 좌굴축압　　나. 도상종저항력

다. 도상횡저항력　　라. 좌굴저항

해설 이론상 좌굴은 일으킬 수 있다고 생각되는 최저 축압력을 최저 좌굴축압이라 한다.

3. 장대레일의 장점이 아닌 것은? (04기사)

가. 소음·진동이 적다.　　나. 궤도의 보수주기가 길어진다.

다. 궤도재료의 손상이 적어진다.　　라. 배수가 양호하여 동상이 없다.

해설 궤도의 취약부인 이음매를 없애므로 소음, 진동이 적고, 이음매부 레일 충격이 없어 재료손상이 없으며, 궤도틀림이 적어 보수주기도 길어진다.

4. 장대레일에 좌굴이 발생하였을 때 시행하는 응급조치 사항으로 옳지 않은 것은? (05,11기사)

가. 신축이음매를 설치한다.　　나. 적당한 곡선을 삽입한다.

다. 레일을 절단한다.　　라. 그대로 밀어 넣어 원상으로 한다.

해설 신축이음매는 장대레일의 신축량을 흡수하기 위해 부설하는 것을 말한다.

5. 장대레일에 좌굴이 발생하였을 경우의 응급조치 방법으로 적당하지 않은 것은? (05산업)

가. 그대로 밀어 넣어 원상으로 한다.　　나. 적당한 곡선을 삽입한다.

다. 레일을 절단하여 응급조치한다.　　라. 물을 뿌려주고 다지기 작업을 한다.

해설 좌굴은 온도 상승에 따른 온도축압력이 과대해져 궤도가 좌우 어느 쪽이든 튀어나가는 현상이다. 응급조치 후 재설정 시행하며 다지기 작업은 하면 안 된다.

6. 장대레일을 부설하려면 궤도는 큰 축압력에 견딜 수 있고 충분한 용접강도가 확보될 수 있는 선로조건이어야 한다. 다음 중 장대레일의 부설이 가능한 선로조건은? (04기사)

가. 종곡선 반경이 3,000m인 구배변환점

나. 복진현상이 심한 구간

다. 반경 500m의 곡선구간

라. 교량전장이 50m인 무도상 교량

해설 장대레일의 부설이 가능한 선로조건은 종곡선 반경이 3,000m인 구배변환점이다.

7. **장대레일의 부설조건이 아닌 것은?** (09,14기사, 05산업)

가. 일반적으로 반경 300m 미만의 곡선에는 부설치 않는다.

나. 반경 1,500m 미만의 반향곡선에는 1개의 장대레일로 연속해서 설치하여야 한다.

다. 구배변환점에는 반경 3,000m 이상의 종곡선을 삽입하여야 한다.

라. 일반적으로 전장 25m 이상의 교량은 피하여야 한다.

해설 반경 1,500m 미만의 반향곡선은 연속해서 1개의 장대레일로 하지 않아야 한다.

8. **터널 내 장대레일을 부설할 때 고려할 사항 중 옳지 않은 것은?** (04산업)

가. 연약노반을 피할 것

나. 누수 등으로 국부적인 레일부식이 심한 개소는 피할 것

다. 터널의 입구에서 외부온도와의 영향이 큰 곳은 피할 것

라. 온도변화의 범위가 설정온도의 ±40°C 이내인 터널을 선택할 것

해설 온도변화의 범위가 설정온도의 ±20°C 이내인 터널을 선택한다. 라항의 조건은 일반구간의 온도 조건이다.

9. **한번 설정한 장대레일 체결장치를 모두 풀어서 레일의 신축을 자유롭게 한 다음 다시 체결하는 것은?** (02,03산업)

가. 재설정 나. 신축체결

다. 부동체결 라. 이중탄성체결

해설 장대레일은 온도와 계절에 따라 늘어나거나 줄어들기 때문에 설치한 시점에 따라 평균온도 시점에 맞추어 다시 체결하는 것을 장대레일 재설정이라 한다.

10. **장대레일의 재설정을 시행하여야 하는 경우가 아닌 것은?** (09기사)

가. 장대레일의 당초 부설(설정)온도가 중위온도(20도)에서 심하게 차이가 날 때

나. 장대레일의 중간에 손상레일이 있어 이를 절단 교환한 뒤

다. 장대레일 구간에 레일밀림이 심할 때

라. 장대레일 구간에 1종 장비작업을 시행한 후

해설 1종 장비작업은 궤도의 궤간정정, 면·줄맞춤, 다지기, 자갈정리작업이다.

11. **선로 관리에 대한 용어 설명으로 옳지 않은 것은?** (04,08기사)

가. 장대레일의 체결장치의 체결을 풀어서 재구속하는 것을 재설정이라 한다.

나. 도상자갈 중 궤광을 궤도와 직각방향으로 수평 이동하려 할 때 침목과 자갈 사이에 생기는 최대 저항력을 도상종저항력이라 한다.

다. 장대레일 재설정 시 체결구를 체결하기 시작할 때부터 완료할 때까지의 장대레일 전체에 대한 평균온도를 설정온도라 한다.

라. 궤도의 국부틀림이 좌굴을 일으킬 수 있는 충분한 조건이 되었을 때 이론상 좌굴을 일으킬 수 있다고 생각되는 최저의 축압력을 최저 좌굴축압이라 한다.

해설 궤도와 직각방향의 최대 저항력을 도상횡저항력이라 하고, 도상종저항력은 궤도방향의 최대 저항력을 말한다.

12. 전체 1,200m 구간을 설정온도 25°C로 설정하고자 한다. 현재 레일온도 10°C 선팽창계수 0.000012/°C 현재 유간 10mm 테르밋 용접을 위한 유간 24mm이다. 긴장 사용 전 절단해야 하는 레일의 길이는? (02기사)

가. 200mm　　나. 210mm

다. 220mm　　라. 230mm

해설 1) 레일 자유 신축 길이 = 선팽창계수×재설정길이×온도차 = (0.000012×1200×(25−10)) = 216mm
2) 레일 절단 길이 = 레일신장량(216+24) − 10mm(현재유간) = 230mm

13. 장대레일 단부(端部) 신축량의 합계 Y를 산출하는 공식이 아닌 것은? (단, X는 축응력과 침목저항이 동등하게 되는 점까지의 거리, β는 레일의 선팽창계수, t는 온도변화, r은 저항, E는 레일의 탄성계수, A는 레일의 단면적) (02산업)

가. $\frac{X\beta\Delta t}{2}$　　나. $\frac{\beta X}{2EA}$

다. $\frac{rX^2}{2EA}$　　라. $\frac{EA\beta^2\Delta t^2}{2r_0}$

해설 신축량 $\Delta l = \frac{EA\beta^2\Delta t^2}{2r_0} = \frac{X\beta\Delta t}{2} = \frac{rX^2}{2EA}$ 이다.

14. 고속철도 궤도를 장대화하여 부설하였다. 설정온도를 25°C로 하였는데 현재 기온이 35°C라면 이때 작용하는 축력은? (07산업)

- 레일의 단면적 : 100cm²
- 레일의 탄성계수 : 2,000,000kg/cm²
- 레일의 선팽창계수 : 0.000012/°C

가. 24,000kg 인장　　나. 24,000kg 압축

다. 30,000kg 인장　　라. 30,000kg 압축

해설 축력 $P = EA\beta(t-t_o)$이므로 2,000,000×100×0.000012×(35−25) = 24,000kg, 설정온도보다 높아 레일은 늘어나므로 인장력이 발생한다.

15. 장대레일에서 설정온도 20°C인 구간에 레일온도 −20°C일 때 부동구간의 레일축력은? (단, A = 65cm², β = 0.000012/°C, E = 2,000,000kg/cm²) (06,07기사, 03,12산업)

가. 62.4ton　　나. 52.4ton

다. 64.4ton　　라. 54.4ton

해설 축력 $P = EA\beta(t-t_0)$이므로 2,000,000×65×0.000012×(20−(−20)) = 62,400kg

16. 장대레일 설정온도로부터 상승 또는 하강하는 온도변화량을 40°C, 침목의 도상저항력 600kg/m , 50kg 레일이라 하면 신축이 일어나는 단부의 길이는 약 얼마인가? (단, 레일의 단면적＝64.2cm², 레일의 탄성계수＝2.1×10^6kg/cm², 레일의 선팽창계수＝1.14×10^{-5}/°C) (09기사, 09산업)

가. 75m
나. 100m
다. 125m
라. 150m

해설 신축구간의 길이 $L=\frac{EA\beta\Delta t}{r_0}=\frac{2,100,000\times64.2\times0.0000114\times40}{600}=102\text{m}\fallingdotseq100\text{m}$

17. 장대레일의 레일절단에 의한 응급조치 방법에 대한 설명 중 옳지 않은 것은? (07,09산업)

가. 레일이 현저하게 굽은 것은 절단 제거해야 한다.
나. 레일 절단은 절단기 또는 가스로 절단한다.
다. 바꾸어 넣는 레일은 절단레일과 같은 단면이어야 한다.
라. 응급조치할 때에 10℃ 정도의 온도 상승이 예상될 때는 최소 20mm 이상의 간격을 유지해야 한다.

해설 온도 상승이 10°C일 경우 0mm, 20°C일 경우 5mm, 30°C일 경우 10mm이다.

18. 레일에 대한 설명으로 옳은 것은? (10산업)

가. 1,000m 이상의 레일을 장대레일이라고 한다.
나. 25m보다 길고 200m 미만 레일을 장척레일이라 한다.
다. 우리나라에서는 30m를 정척레일이라 한다.
라. 레일의 무게는 100m 길이의 무게를 말한다.

해설 장대레일은 200mm 이상, 장척레일은 25m, 레일무게는 1m 길이의 무게로 한다.

19. 일반철도 장대레일 궤도구조의 재료로서 부적합한 것은? (13산업)

가. 레일은 50kg 또는 60kg 신품레일 사용
나. 일반구간의 장대레일 양단에는 원칙적으로 신축이음매 사용
다. 침목은 원칙상 PC침목 사용
라. 도상은 친자갈 사용

해설 도상자갈은 쇄석을 원칙(저항력 500kg 이상)

20. 장대레일 설정온도로부터 상승 또는 하강하는 온도변화량을 30°C, 침목의 도상저항력 600kg/m, 50kg 레일이라 하면 신축이 일어나는 단부의 길이는? (단, 레일의 단면적＝64.2cm², 레일의 탄성계수＝2.1×10^6kg/cm², 레일의 선팽창계수＝1.14×10^{-5}/°C) (13기사)

가. 약 73m
나. 약 77m
다. 약 82m
라. 약 85m

해설 신축구간의 길이 $L=\frac{EA\beta\Delta t}{r_0}=\frac{2,100,000\times64.2\times0.0000114\times30}{600}=76.8\text{m}\fallingdotseq77\text{m}$

21. 장대레일 궤도에서 설정온도보다 40°C의 온도 상승이 생기면 부품구간에 생기는 축압력은? (단, 레일의 단면적 = 64cm^2, 레일의 탄성계수 = 2.1×10^6kg/cm^2, 레일의 선팽창계수 = 1.14×10^{-5}/°C) (10,13산업)

가. 38.1ton 나. 53.8ton

다. 61.3ton 라. 95.7ton

해설 $P = EA\beta(t - t_o) = 2.1 \times 10^6 \text{kg/cm}^2 \times 1.14 \times 10^{-5}/°\text{C}) \times 64\text{cm}^2 \times (40°\text{C}) = 61.3\text{ton}$

22. 장대레일 구간에서 레일과 침목을 탄성체결하면 도상저항과 마찰저항으로 레일의 자유신축을 구속하여 중앙부는 신축하지 않는 구간이 형성되는 데 이를 무엇이라 하는가? (11,12기사)

가. 제한구간 나. 탄성구간

다. 부동구간 라. 탄성체결 구속구간

해설 부동구간 : 도상저항력과 레일의 유동방지에 의하여 레일의 신축을 제한하는 경우, 레일이 어느 길이 이상 되면 중앙부에 신축이 생기지 않는 구간

23. 장대레일에서 다음과 같은 조건에 대한 가동구간(L)은? (10,18기사)

- 종방향 저항력 r = 500kg/m/레일
- 레일단면적 A = 75cm^2
- 선팽창계수 β = 0.000012/°C
- E = 2000000kg/cm^2
- 설정온도 20°C
- 최저레일온도 −10°C

가. 89m 나. 92m

다. 100m 라. 108m

해설 $L = \dfrac{EA\beta\Delta t}{r_0} = \dfrac{2,000,000 \times 75 \times 0.000012 \times (20-(-10))}{500} = 108\text{m}$

24. 장대레일 부동구간에서 설정온도 15°C, 레일온도 -20°C일 때 부동구간의 레일응력은? (단, A = 75cm^2 선팽창계수 β = 0.000012/°C, E = 2,000,000kg/cm^2) (11,19기사)

가. 630kg/cm^2 나. 720kg/cm^2

다. 840kg/cm^2 라. 960kg/cm^2

해설 $\sigma = E\beta(t - t_0) = 2,000,000\text{kg/cm}^2 \times 0.000012/°\text{C}) \times (15-(-20)°\text{C}) = 840\text{kg/cm}^2$

25. 50kgN 레일을 부설한 장대레일 구간에서 부설 시의 온도와의 차이 1°C에 대한 레일의 축력은? (단, 레일의 단면적 = 64.2cm^2, 레일의 탄성계수 = 2.1×10^6kg/cm^2, 레일의 선팽창계수 = 1.14×10^{-5}/°C) (15기사)

가. 18.4ton 나. 15.4ton

다. 1.84ton 라. 1.54ton

해설 $P = EA\beta(t - t_0) = 2.1 \times 10^6 \text{kg/cm}^2 \times 1.14 \times 10^{-5}/°\text{C}) \times 64.2\text{cm}^2 \times (1°\text{C}) = 1.54\text{ton}$

26. 고속철도 신축이음매장치의 설치기준으로 옳지 않은 것은? (14기사)

가. 신축이음매장치 상호 간의 최소거리는 300m 이상으로 한다.

나. 분기기로부터 200m 이상 이격되어 설치하여야 한다.

다. 완화곡선 시·종점으로부터 100m 이상 이격되어 설치하여야 한다.

라. 부득이 교량상에 설치하는 경우 1개 상판 위에 설치하여야 한다.

해설 분기기로부터 100m 이상 이격되어 설치하여야 한다.

27. 장대레일의 도상저항력 확보 작업에 관한 설명으로 틀린 것은? (17기사)

가. 도상 표면은 충분히 달고 다짐을 하여야 한다.

나. 도상저항력은 시험을 하여 수치적으로 확보하여야 한다.

다. 하향기울기 변환점에 대하여는 특히 도상저항력 유지에 유의하여야 한다.

라. 도상 보충상태에 따라 도상어깨폭 및 도상어깨높이 확보에 유의하여야 한다.

해설 교량, 건널목 전후 등 궤도틀림이 발생하기 쉬운 장소와 상향 기울기변환점에 대하여는 도상저항력 유지에 유의하여야 한다.

정답 1. 다 2. 가 3. 라 4. 가 5. 라 6. 가 7. 나 8. 라 9. 가 10. 라 11. 나 12. 라 13. 나 14. 가 15. 가 16. 나 17. 라 18. 나 19. 라 20. 나 21. 다 22. 다 23. 라 24. 다 25. 라 26. 나 27. 다

3-3 신축이음매

3-3-1 개요 및 종류

1. 개요

신축이음매는 장대레일 끝에 설치하여 신축량을 흡수하는 것을 말한다. 프랑스 국철에서 처음 사용하기 시작하였으며, 현재 우리 철도의 신축이음매장치는 입사각이 없는 텅레일과 비슷하다. 장대레일 끝에 신축이음매를 사용하여 궤간의 변화와 충격을 주지 않으면서 전 신축량을 흡수하게 하고 있다.

1) 신축이음매의 동정(stroke) : 250mm는 레일의 신축은 온도에 의한 신축과 레일의 복진 그리고 다음 장대레일과 연속 부설할 경우를 감안하여 정했다.
2) 스트로크 설정 (04,05**기사**) : 일어나는 최고온도와 중위온도로 설정할 때에는 스트로크의 중위에 맞추는 것으로 하고 중위온도에서 5°C 이상의 온도차이로 설정할 때에는 1°C에 대하여 1.5mm 비례로 정한다.
3) 신축이음매 부설 : 침목은 일정한 간격으로 레일과 직각으로 부설하고 특히 텅레일과 받침레일의 중복 부분의 특수상판의 간격과 방향이 소정의 보수가 되도록 이 부분의 침목에 대하여는 주의를 하며, 구조상 궤간 및 줄맞춤의 치수가 일반선로와 다르므로 도면에 의거 정밀하게 부설하여야 한다.

고속철도용 신축이음매(편측첨단형)

2. 종류 (03,07,15**산업**)

1) 양측둔단중복형 : 프랑스
2) 결선사이드 레일(side rail)형 : 벨기에
3) 편측첨단형 : 한국, 이탈리아, 일본
4) 양측첨단형 : 네덜란드, 스위스
5) 양측둔단 맞붙이기형 : 스페인

3-3-2 신축이음매 관리

1. 보수방법

1) 선로순회 시 정밀검사를 하여 이상을 발견하였을 때는 즉시 보수하여야 한다.
2) 궤도보수는 신중히 하고 침목은 견고히 다져야 한다.
3) 궤간 및 줄맞춤의 치수가 일반선로와 다르므로 보수 시의 검측은 표준도면과 대조하여 정확히 하여야 한다.
4) 곡선 중의 신축이음매는 신축이동에 의하여 곡률이 나빠지지 않도록 정정작업을 철저히 하여야 한다.
5) 신축이음매와 장대레일 간의 이음매보수에 대하여도 이음매처짐이 생기지 않도록 보수하여야 한다.

3-3-3 완충레일

1. 정의

장대레일의 신축을 흡수하는 방법으로 신축이음매를 설치하지 않고 3~5개 정도의 정척레일과 고탄소강의 이음매판 및 볼트를 사용한다.

2. 설치방법 (02산업)

1) 레일의 연결은 보통이음매 구조로서 유간변화를 이용하여 장대레일 단부의 신축량을 배분하기 위하여 장대레일 상간에 정척레일을 부설한다.
2) 완충레일 자체의 유간 변화량만 가지고는 온도변화에 따른 장대레일의 신축량을 처리하지 못하므로 이음매판의 특수신축에서 얻어지는 마찰저항력, 이음매판 볼트의 휨에 대한 맹유간으로 다시 계속하여 이음매부에 걸리는 압력 등에 의하여 온도변화의 일부를 압축력으로 부담하고 잔여 신축량만 완충레일이 처리하도록 한다.

3-3 기출문제

1. 신축이음매의 조절량은 궤도상태에 따라 다르나 일반적으로 차이온도 1°C에 대하여 얼마를 표준으로 하는가? (05기사)

가. 0.1mm　　나. 1.5mm

다. 5.0mm　　라. 15.5mm

해설 중위온도에서 5°C 이상의 온도 차이로 설정할 때 1°C에 대하여 1.5mm 비례로 정한다.

2. 장대레일 이음매 방법 중 신축이음매의 종류가 아닌 것은? (03,07,15산업)

가. 양측둔단중복형　　나. 편측첨단형

다. 이형레일형　　라. 양측첨단형

해설 신축이음매는 결선사이드 레일형과 양측둔단 맞붙이기형도 있으며, 이형레일형은 종류가 다른 레일을 연결할 때 사용하는 이음매판의 종류가 있다.

3. 장대레일의 신축대비로서 유간변화를 이용하여 장대레일단부의 신축량을 배분하는 방법으로 장대레일 상간에 부설하는 정척레일은? (02산업)

가. 신축이음매　　나. 완충레일

다. 장척레일　　라. 접착절연레일

해설 완충레일이 정척레일(3~5개)과 고탄소강 이음매판, 볼트를 사용하여 신축량 배분한다.

4. 열차의 주행과 기온변화의 영향으로 레일이 전후 방향으로 이동하는 현상은? (07기사)

가. 신축　　나. 복진

다. 레일경좌　　라. 궤도변형

해설 온도에 의한 레일의 전후방향 밀림이므로 신축이다. 복진은 차륜과 레일과의 마찰에 의한 밀림, 한쪽 방향으로 계속 운행으로 인한 밀림, 제동에 의한 밀림 등이다.

5. 장대레일을 중위온도보다 10°C 높은 온도에서 설정하였을 때 신축이음매의 동정(stroke)은 중위에서 얼마나 조정하여 설치하여야 하는가? (04기사)

가. 10mm　　나. 15mm

다. 20mm　　라. 25mm

해설 중위온도에서 5°C 이상의 온도 차이로 설정할 때 1°C에 대하여 1.5mm 비례로 정하므로 $10\times1.5\text{mm}=15\text{mm}$이다.

6. **장대레일 신축이음매의 요구조건 중 틀린 것은?** (15,19기사)

가. 장대레일의 온도 상승 또는 하강에 따른 레일의 신축량을 충분히 수용할 수 있어야 한다.

나. 탄성, 내충격성, 완충성, 내구성 등이 풍부하여 레일로부터 전달되는 열차의 충격, 진동을 완충할 수 있어야 한다.

다. 레일파단 시 개구량이 허용량을 초과하는 개소에 설치하는 장치로서 레일은 가능한 한 길이를 짧게 하는 것이 이상적이다.

라. 열차가 신축이음매를 통과 시 구조적 안전을 보장하고, 통과충격이 적어 신축이음매의 손상을 최소화하고 승차감을 향상시킬 수 있어야 한다.

해설 레일은 가능한 한 길게 하는 것이 이상적이다.

정답 1. 나 2. 다 3. 나 4. 가 5. 나 6. 다

3-4 레일용접

3-4-1 개요(정비관련규정(레일용접관련지침) 참조) (04산업)

온도에 의해 장대레일에 발생하는 큰 인장력이나 열차의 하중 작용 시에도 파괴되지 않는 용접강도가 확보될 수 있었기 때문에 장대레일이 이론적으로 가능하게 한 하나의 근거가 되었다.
장대레일을 만들기 위한 레일의 연결용접은 공장에서는 전기후레쉬버트 용접이 있고, 현장에서는 가스 압접법 및 테르밋 용접, 아크 용접이 주로 사용된다.

3-4-2 용접방법 (18기사)

1. 전기후레쉬버트(Flash Butt Welding) (16기사)

용접할 레일을 적당한 거리에 놓고 전기를 가하면서 서서히 접근시키면 돌출된 부분부터 접촉하면서 이 부분에 전류가 집중하여 스파크가 발생하고 가열되어 용융상태로 된다. 적당한 고온이 되었을 때 양쪽에서 강한 압력을 가해 접합시킨다.

2. 가스압접 용접

용접하려는 재료(레일)를 맞대어 놓고 특수형상의 산소, 아세틸렌 토치를 이용 화염을 발생시켜 용접온도까지 가열시키고 적정한 온도에서 레일의 접촉면을 강하게 압축하면 완전한 접합이 된다.

3. 테르밋 용접(Thermit Cast Welding) (02,03,12,15,17기사)

용제를 사용한 용접압접과 융접법이 있으며, 압접법은 강관 등의 맞댄 접합(butt joint)에 용접법은 레일 용접 등에 이용되며, 특히 장대레일의 현장(궤도상) 용접 방법으로 이용된다.

4. 엔크로즈드아크 용접(Enclosed Arc Welding)

아크 용접은 용접봉으로 레일사이의 간극을 채워 용접하는 방법으로 레일 모재의 강도에 이르는 저수소계 용접봉의 개발로 레일용접이 가능해졌다.
엔크로즈드아크 용접 방법으로 시행할 수 있는 용접은 이음용접, 레일끝닳음 용접 및 크로싱 살부치기 용접, 레일두부표면 살부치기 용접 등이다.

3-4-3 시험 및 검사 (19기사)

1. 외관검사 (02,06,12기사)

1) 요철(凹凸), 균열
2) 굽힘, 비틀림
3) Undercut, Blow Hole

2. 침투검사

3. 초음파 탐상

4. 경도시험

1) 브리넬 경도(Hb) : 240~340(단, 표준구 d=10mm, 하중 3,000kg 사용)

2) 쇼어 경도(Hs) : 36～50

5. 굴곡시험 (02산업)

용접부를 중심으로 지점간 거리 1.0m로 하여 레일두부와 저부를 상면으로 가압시험을 한다.

6. 낙중시험

용접부를 중심으로 914mm를 지지하고 중량 907kg의 추를 0.5m 높이에서 시작하여 0.5m씩 높이면서 반복낙하 하였을 때 파단 시의 낙하높이로 용접부를 검사한다.

7. 줄맞춤 및 면맞춤 검사

용접 후의 줄맞춤 및 면맞춤의 틀림은 용접부를 중심으로 1m 직각자에 대하여 신품레일, 중고레일을 구분하여 검사한다.

8. 이음매 효율비교 (17기사)

1) 모재 100%

2) 후레쉬버트 : 97%, 가스압접 : 94%, 테르밋 : 92%

3-4 기출문제

1. 다음 용접방법 중 공장에서 가장 대규모로 작업하기에 적절한 방법은? (04산업)

가. 엔크로즈드아크 용접 나. 가스압접 용점
다. 후레쉬버트 용접 라. 테르밋 용접

해설 용접방법 중 공장용접은 후레쉬버트 용접뿐이다.

2. 레일용접에서 용접부 검사 중 외관검사의 종목이 아닌 것은? (02,06기사)

가. 요철, 균열검사 나. 언더커트검사
다. 굽힘, 비틀림검사 라. 탐상시험

해설 외관검사 : 요철, 균열검사, 언더커트검사, 굽힘, 비틀림검사

3. 레일 용접부 검사 시 휨(bending)시험을 위한 지점간 거리는? (02산업)

가. 914mm 나. 907mm
다. 1,000mm 라. 1,435mm

해설 휨(굴곡)시험과 면, 줄맞춤 검사 시 용접부 중심으로 지점 간 1m에 대하여 시험 · 검사한다.

4. 레일용접법에서 산화철과 알루미늄 간에 일어나는 화학반응으로 하는 용접은? (02,03,12,15,17기사)

가. 후레쉬버트 용접 나. 가스압점 용접
다. 테르밋 용접 라. 엔크로즈드아크 용접

해설 테르밋 용접으로 장대레일의 현장(궤도상) 용접 방법으로 이용된다.

5. 전기저항을 이용하여 용접부에 고열을 발생시켜 레일을 압착시키는 용접방법은? (10,16기사)

가. 후레쉬버트 용접 나. 엔크로즈아크 용접
다. 가스압접 용접 라. 테르밋 용접

해설 전기저항을 이용하는 용접을 후레쉬버트 용접이라 한다.

6. 레일 용접부의 검사종목이 아닌 것은? (12,19기사)

가. 외관검사 나. 경도시험
다. 굴곡시험 라. 절연시험

해설 레일 용접부 검사종목 : 외관검사, 침투검사, 경도시험, 굴곡시험, 낙중시험, 줄맞춤 및 면맞춤검사

7. 장대레일 용접방법 중 모재와 각종 용접 결과와의 비교로서 이음매 효율이 높은 순서대로 배열된 것은? (17기사)

가. 모재 – 테르미트 – 가스압접 – 플래시버트
나. 모재 – 가스압접 – 테르미트 – 플래시버트
다. 모재 – 플래시버트 – 테르미트 – 가스압접
라. 모재 – 플래시버트 – 가스압접 – 테르미트

해설 효율 : 모재 100%, 후래쉬벗트 : 97%, 가스압접 : 94%, 테르미트 : 92%

8. **레일용접의 종류에 해당하지 않는 것은?** (18기사)

가. 가스압접　　나. 테르미트용접

다. 레이저용접　　라. 플래시버트용접

해설 레일용접의 종류에는 가스압접, 테르미트용접, 플래시버트용접이 있다.

정답 1. 다 2. 라 3. 다 4. 다 5. 가 6. 라 7. 라 8. 다

CHAPTER 04

선로설비 및 정거장 설비

4-1 선로설비 및 제표

4-1-1 선로방비

1. 경계설비

담장(울타리)을 설치하는 것, 목조, 철제, 철근콘크리트, 생울타리 등이 있다.

2. 비탈면보호 (15산업)

깎기와 돋기의 비탈면은 우수(雨水)와 유수로 토사가 붕괴되는 것을 보호·방지하기 위하여 비탈에 줄떼, 평떼 등을 심거나 몰탈보호공, 비탈하수 등을 설치한다.

3. 낙석방지

산 위에서 또는 깎기 비탈면의 암석이 선로에 굴러 떨어져 열차운전에 위험을 주는 것으로 그에 대한 대책은 다음과 같다.

1) 시멘트 모르터에 의한 암석의 고정
2) 낙석방지 옹벽과 철책
3) 낙석덮개
4) 고강도텐션 테코네트
5) 링네트
6) 피암 터널

4-1-2 방설설비 (08기사)

선로는 적설, 눈사태, 눈날림에 의해 피해를 입기 때문에 이와 같은 설해를 방지하기 위하여 방지설비를 하는데 이를 방설설비라 한다.

1. 제설방법

1) 인력제설 : 주로 분기기, 역구내 등 기계 능력을 충분히 발휘할 수 없는 곳에 사용
2) 기계제설 : 럿셀식 제설차, 로타리식 제설차, 광폭식 제설차, 긁어모으기식 제설차

2. 눈 날림 방지설비 (16기사)

눈지붕, 방설책, 방설제, 방설림

3. 눈사태 방호설비

1) 예방설비 : 눈사태 방지 말뚝, 눈사태 방지책, 계단공, 눈사태 방지림

2) 방호설비 : 눈사태 지붕, 눈사태 방지 옹벽, 눈사태 파괴, 눈사태 넘기기

4. 분기기 동결방지장치

전기온풍식 방지장치, 온수분사식 방지장치, 레일가열식 방지장치

4-1-3 선로제표(선로유지관리지침 제13절 참조)

1. 정의

열차운전 및 선로보수상의 편의제공 또는 일반 공중에게 주의를 환기시키기 위하여 선로상 또는 선로 연변에 세우는 표지를 말한다.

2. 종류 (15산업)

1) 거리표(distance post)

2) 기울기표(grade post)

3) 곡선표(curve post)

4) 수준표

5) 용지경계표

6) 하수표, 구교표, 교량표, 터널표

7) 양수표

8) 양설표

9) 영림표

10) 기적표

11) 선로작업표

12) 속도제한표

13) 건널목경계표

14) 낙석주의표

15) 정거장중심표

16) 정거장구역표

17) 차량접촉한계표(car limit post)

18) 건축한계축소표

19) 담당구역표(시설관리사무소경계표, 시설관리반경계표)

4-1-4 차막이 및 차륜막이

1. 차막이(buffer stop, car stopper)

1) 정의 : 선로의 종점에 있어 차량의 일주(逸走)를 방지하기 위해서 설치하는 설비이다.

2) 설치형태

① 충격완화를 위한 완충기능과 차량을 강제로 정지시킬 수 있는 강도를 갖춘 구조여야 한다.

② 일반적으로는 레일을 만곡(灣曲)하여 설치하거나, 흙으로 둑 모양을 만드는 방식으로 사용한다.

③ 안전측선, 피난측선에서 사용하는 경우에는 자갈을 덮은 형태를 사용한다.

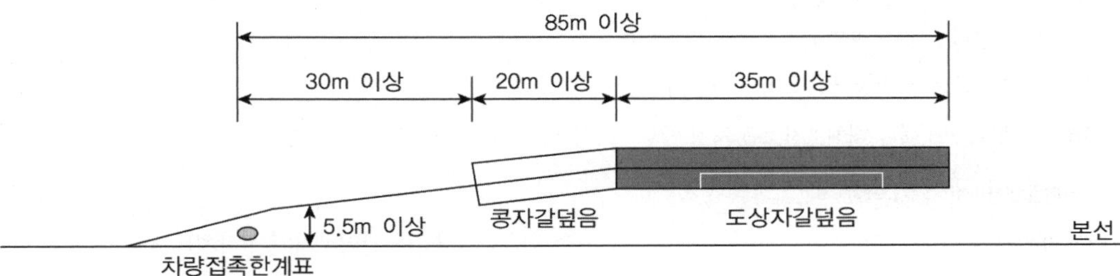

2. 차륜막이(scotch block)

측선에서 유치 중인 차량이 스스로 굴러 타 선로와 차량에 지장을 줄 우려가 있을 때 레일 위에 설치하여 차량의 움직임을 방지하기 위해 사용하는 막이를 말한다. 설치형태는 레일상에 설치하는 방식(반전식)과 차륜 밑에 고이는 방식(쐐기식)이 있다.

4-1 기출문제

1. 진동원에 대한 방책으로 잘못된 것은? (07,13,18기사)

가. 차량 : 운행속도 저감, 탄성차륜 사용

나. 궤도 : 방진재 삽입, 레일 장대화

다. 터널 : 경량 구조물, RC화

라. 교량 : 구조물내 진동차단 또는 완충기구 설치

해설 차량소음에 대한 대책 : 저소음 차량개발, 차음설비 및 진동 완충설비 차량 도입

2. 설해대책이 아닌 것은? (08기사)

가. 제설차 나. 분기기상판 전열장치(융설장치)

다. 방설림 라. 지진계 설치

해설 지진계 설치는 지진에 대비하여 운행선에 지진계측기를 설치한 것을 말한다.

3. 선로방비 설비 중 비탈면 보호방법에 해당되지 않는 것은? (15산업)

가. 몰탈보호공 나. 돌깔기

다. 철제울타리 라. 비탈하수

해설 비탈면 보호방법에는 몰탈보호공, 비탈하수, 돌깔기, 줄떼, 평떼 등이 있다.

4. 선로제표 중 수준표는 선로외방(우측)에 얼마의 거리마다 설치하는가? (13산업)

가. 약 4km 나. 약 3km

다. 약 2km 라. 약 1km

해설 선로제표 중 수준표는 선로외방에 약 1km마다 설치한다.

5. 다음 중 선로방비 설비에 해당되지 않는 것은? (13산업)

가. 담장(울타리) 나. 차막이

다. 토사방지림 라. 낙석방지책

해설 차막이는 선로의 종점에 있어 차량의 일주(逸走)를 방지하기 위해서 설치하는 설비이다.

6. 선로제표 중 곡선표에 기입되는 내용이 아닌 것은? (13기사)

가. 곡선반경 나. 곡선연장

다. 캔트량 라. 슬랙량

해설 곡선표에 곡선반경, 캔트량, 슬랙량이 기입된다.

7. 눈날림(비설) 방지설비에 해당하지 않는 것은? (16기사)

가. 방진구 나. 방설책

다. 방설제 라. 눈지붕

해설 눈날림 방지설비는 눈지붕, 방설책, 방설제, 방설림이 있다.

정답 1. 가 2. 라 3. 다 4. 라 5. 나 6. 나 7. 가

4-2 건널목 설비

4-2-1 건널목 개요 및 종류

1. 개요(건널목설치 및 설비기준 규정 참조)

철도와 도로법에 정한 도로(사도를 포함한다)가 평면교차하는 곳으로 정거장 구내에서 직원 또는 여객의 통행과 화물의 운반만을 목적으로 사용되는 구내통로는 제외한다.

철도건널목

2. 종류 (05,10기사, 05,09,13산업)

1) 1종 건널목 : 차단기, 경보기 및 건널목교통안전표지를 설치, 지정된 시간 동안 건널목안내원이 근무하는 건널목
2) 2종 건널목 : 경보기와 건널목교통안전표지만 설치하는 건널목, 필요시 건널목안내원 근무하는 건널목
3) 3종 건널목 : 건널목교통안전표지만 설치하는 건널목

4-2-2 건널목 보안설비 (18,19기사)

1. 건널목 보안설비

1) 차단기 (08,14기사) : 차단기의 설치위치는 건축한계 외방, 도로 우측에 설치한다. 다만, 지형상 부득이한 경우에는 그러하지 아니한다.
2) 경보기
3) 장애물감지장치
4) 건널목방호스위치

2. 건널목 위험도 조사와 판단 시 검토사항 (05,11,12,15기사)

1) 열차횟수
2) 도로교통량
3) 건널목 투시거리
4) 건널목 길이

5) 건널목 폭
6) 건널목의 선로 수
7) 건널목 전후 지형

4-2-3 건널목 포장과 입체교차

1. 건널목 포장

1) 자동차통행 편리도모
2) 가드레일 부설(윤연로 확보)
3) 도로면과 레일면을 같게 포장(포장의 철거와 복구의 용이성)

2. 건널목 보안설비의 발전방향

1) 열차운행 관리센터에서 집중 감시하는 종합시스템으로 구축 필요
2) 철도와 도로의 평면교차를 입체교차로 대체

4-2 기출문제

1. 국철의 건널목 설치 및 설비기준지침에서 정한 건널목 종류 중 경보기와 건널목 교통안전 표지만 설치하는 건널목은? (05,10기사)

가. 1종 건널목　　나. 2종 건널목
다. 3종 건널목　　라. 4종 건널목

해설 1종 건널목은 안내원이 근무하는 건널목이며, 3종 건널목은 건널목 안전표지판만 설치한다. 4종 건널목은 없다.

2. 차단기, 경보기, 표지를 설치하고 주야간 계속 작동하거나 또는 지정된 시간 동안 안내원이 근무하는 건널목은? (08기사)

가. 1종　　나. 2종
다. 3종　　라. 4종

해설 안내원이 근무하는 건널목은 1종 건널목이라 한다.

3. 건널목은 안전설비 및 관리원 근무에 따라 종별을 구분하고 있다. 다음 중 건널목의 종별로 틀린 것은? (05,13산업)

가. 1종 건널목　　나. 2종 건널목
다. 3종 건널목　　라. 4종 건널목

해설 건널목의 종류는 1, 2, 3종이 있으며, 현재 4종 건널목은 없다.

4. 건널목의 위험도에 따라 설치되는 건널목 보안설비를 위한 건널목 위험도의 조사 판단 기준이 아닌 것은? (05기사)

가. 열차횟수　　나. 도로교통량
다. 건널목 보판종류　　라. 건널목 길이

해설 위험도 조사 판단 기준 : 열차횟수, 도로교통량, 건널목 투시거리, 건널목 길이, 건널목 폭, 건널목의 선로수, 건널목 전후 지형

5. 건널목 차단기의 설치위치는? (08기사)

가. 건축한계 내방, 도로우측　　나. 건축한계 외방, 도로우측
다. 건축한계 내방, 도로좌측　　라. 건축한계 외방, 도로좌측

해설 자동차의 진행을 막기 위한 차단기이므로 도로우측에 설치한다.

6. 건널목 경보시간이 30초, 열차 최고속도가 150km/h일 때 경보 작동을 위한 경보제어 구간의 길이는? (08,10기사, 09산업)

가. 1,250m　　나. 1,300m
다. 1,350m　　라. 1,400m

해설 150km/60분 = 2.5km/분이므로 30초에 대한 제어길이는 1,250m이다.

7. **건널목의 종류(1종, 2종, 3종)에 관계없이 설치하여야 하는 건널목 설비는?** (09산업)

가. 건널목 안전원 초소 나. 건널목 경보기

다. 건널목 차단기 라. 건널목 교통안전 표지

해설 건널목 교통안전 표지는 3종 건널목에만 설치하는 설비이다.

8. **건널목 보안설비의 개량 시 고려할 사항으로 맞지 않는 것은?** (11기사)

가. 사각인식·전망이 좋지 않은 건널목에 대하여는 오버행형의 경보기를 설치한다.

나. 도로 폭이 넓은 곳은 2단 차단으로 하여 진출 측을 먼저 차단한 후 진입 측을 차단한다.

다. 건널목을 멀리에서 시각인식이 쉽도록 차단 간에 늘어뜨린 막, 늘어뜨린 벨트를 설치한다.

라. 한쪽만 설치되어 있는 건널목 지장 통지장치(비상버튼)는 양측에 설치한다.

해설 진입 측 차단 후 진출 측을 차단한다.

9. **건널목 보안설비의 개량 시 고려하여야 하는 사항으로 옳지 않은 것은?** (12,17기사)

가. 시각이 불량한 곳은 오버행형의 경보기를 설치한다.

나. 건널목 지장 통지장치(비상버튼)를 양측에 설치한다.

다. 건널목 차단간은 진출입이 불가능도록 자재 굴절이 되지 않는 재질을 사용한다.

라. 열차진행 방향 표시기를 복선구간에 증설한다.

해설 차단간의 목적은 도로차량을 정지시키는 것이므로 비상시 진출입이 가능한 재질이 필요하다.

10. **다음 중 철도건널목에 일반적으로 설치하는 보안장치로 가장 관계가 없는 것은?** (14기사)

가. 교통안전 표지 나. 차단기

다. 경보기 라. 반사경

해설 철도 건널목 보안설비 : 차단기, 경보기, 장애물 감지장치, 건널목 방호스 위치

11. **운행되는 열차의 최고속도가 90km/h이고, 경보시간이 30sec일 때, 경보제어구간 길이(L)와 이 구간을 저속도 열차가 54km/h로 주행할 경우 경보시간(T)은?** (15산업)

가. L=750m, T=50sec 나. L=750m, T=40sec

다. L=900m, T=50sec 라. L=900m, T=40sec

해설 90km : 1h ⇒ 90,000m : 3,600 = L : 30이므로, L = 750m

54km : 1h ⇒ 54,000m : 3,600 = 750 : T이므로, T = 50sec

12. **건널목 보안설비 설치를 위한 건널목 위험도의 조사 판단 기준이 아닌 것은?** (15기사)

가. 열차횟수 나. 도로교통량

다. 횡단보도의 길이 라. 건널목의 선로 수

해설 위험도 조사 판단 기준 : 열차횟수, 교통량, 건널목 투시거리, 건널목 길이, 건널목 폭, 건널목의 선로 수, 건널목 전후 지형

13. 철길에 설치된 건널목은 고속으로 주행하는 열차에 대한 안전확보를 위해 일정 시간 경보가 울려야 한다. 건널목 경보시간이 30초이고 열차 최고속도가 150km/h일 때 경보 작동을 위한 경보 제어 구간의 최소 길이는? (14기사)

가. 1,250m　　나. 1,300m

다. 1,350m　　라. 1,400m

해설 150km : 1h ⇒ 150,000m : 3,600 = L : 30이므로, L = 1,250m

14. 건널목의 안전설비가 아닌 것은? (19기사)

가. 건널목 차막이　　나. 건널목 경보기

다. 건널목 차단기　　라. 건널목 지장물 검지기

해설 건널목 안전설비에는 경보기, 차단기, 지장물 검지기가 있다.

15. 건널목에 자동차가 엔진정지, 정체 등으로 선로에 지장을 주고 있을 때 긴급하게 열차에 통지하는 장치는? (18기사)

가. 건널목 경보기　　나. 건널목 제어자

다. 건널목 지장통지장치　　라. 건널목 장애물 검지장치

해설 건널목 지장통지(통보)장치는 건널목상의 지장을 열차에 통보하는 장치를 말한다.

정답 1. 나 2. 가 3. 라 4. 다 5. 나 6. 가 7. 라 8. 나 9. 다 10. 라 11. 가 12. 다 13. 가 14. 가 15. 다

4-3 정거장 설비

4-3-1 정거장 설비 개요

철도정거장은 철도 영업의 거점으로 여객·화물을 취급, 열차조성, 입환, 유치, 교행 및 대피가 이루어지는 운전·운수상의 업무를 수행하는 장소를 말한다.

1. 정거장의 종류

1) 역(station) : 열차를 정차하고 여객 또는 화물을 취급하기 위하여 설치한 장소로서 여객 또는 화물 취급량이 특히 많을 때는 여객역과 화물역을 별도 설치한다. 여객역, 화물역, 일반역으로 구분된다.
2) 조차장(shunting yard) : 열차의 조성, 유치, 입환을 위하여 설치한 장소
   ① 객차조차장
   ② 화차조차장 : 평면조차장, Hump조차장, 중력조차장
   ③ 차량기지 : 여객차량기지/기관차기지(전기, 디젤)/화차기지/통합차량기지
3) 신호장(signal station) : 열차의 교행 또는 대피를 위하여 설치한 장소
4) 신호소(signal box) : 상치신호기를 취급하기 위한 장소로서 정거장은 아님

2. 사용목적에 의한 정거장 분류

1) 여객정거장(passenger station) : 여객 또는 도착된 소화물만을 취급하는 역으로 도시에서 여객과 화물의 취급량이 특히 많을 경우에는 여객역과 화물역을 분리하여 설치
2) 화물정거장(freight station) : 화물만을 취급하는 역
3) 일반정거장(ordinary station) : 여객과 화물을 동시에 취급하는 역
4) 객차조차장(coach yard) : 여객열차의 유치, 재편성, 세차, 점검 및 수리를 하는 정거장으로 대도시의 역 또는 종단역 부근에 설치하는 것이 보통
5) 화차조차장(shunting yard) : 화물열차의 조성, 화차의 해방, 입환 및 수리를 하는 정거장
6) 임항(수륙연락) 정거장(marine terminal) : 열차와 배 사이에 여객 및 화물의 직접 연결 및 화물의 연락수송을 하는 정거장

4-3-2 정거장의 설비 및 배선

1. 구성설비

1) 여객 및 화물취급 설비
2) 운전 및 선로 설비
3) 전기, 신호, 통신설비
4) 영업, 운전, 보수 등의 종사원을 위한 설비

2. 선로설비 : 열차 착발, 통과에 필요한 설비

1) 본선 (04,07,11**기사**) : 주본선(상하), 부본선(출발, 도착, 착발, 통과, 대피, 교행선)
2) 측선 (04**산업**) : 수용선, 일상선, 인상선, 안전측선, 입출고선, 기회선, 기대선, 해방선, 유치선

3. 정거장 배선에 의한 분류 (10산업)

1) 두단식 정거장 : 착발 본선이 막힌 정거장 (04,09기사)
2) 섬식 정거장 : 승강장을 가운데 두고 양측으로 배선한 정거장
   ① 용지비가 적게 들고 공사비가 저렴
   ② 여객이 이용하기에 불편하고 확장 개량이 곤란하며, 상하선 열차가 동시에 진입하였을 때 혼잡함
3) 상대식(관통식) 정거장 : 착발본선이 정거장을 관통하도록 배선한 정거장으로 장단점은 섬식 정거장과 반대
4) 쐐기식 정거장 : 쐐기형으로 된 정거장 (07,14,18기사)

4. 정거장의 선로상 위치에 따른 분류 (17기사)

1) 중간정거장 : 차량의 선로변경 없이 차량진입이 이루어지는 역(대부분의 정거장이 해당)
   ① 여객승강장 : 섬식과 상대식
   ② 화물적하장 : 차급화물을 적하하기 위해 승강장과 별도로 설치(역본체 좌측)
   ③ 대피선 설치
      - 후속열차가 선행열차를 추월할 필요가 있을 때 설치
      - 열차밀도가 높아서 선행열차가 출발하기 전에 후속열차 진입 필요시 설치
      - 화물열차의 조성과 정리로 장시간 역에 정차시킬 필요가 있을 때 설치
2) 종단정거장 : 시·종점역으로 선로의 종단에 위치하는 정거장) (03,12산업)
   ① 관통식 종단역
      - 기대선을 설치하여 직통하는 열차에 대하여 기관차를 바꿀 수 있어야 함
      - 기회선과 기관차가 왕래할 수 있는 배선이라야 함
   ② 두단식 종단역
      - 열차를 비교적 장시간 유치할 필요가 있을 때 설치
      - 관통식 정거장에 비해 과선교, 지하도가 불필요하고 여객의 흐름이 원활함
3) 연락정거장 : 2개 이상의 선로가 집합하여 연락운송을 하는 정거장
   ① 일반연락정거장 : 본선과 지선 간에 열차의 통과운전을 하지 않는 정거장
   ② 분기정거장 : 본선과 지선 간에 열차의 통과운전을 하는 정거장
   ③ 접촉정거장 : 2개 이상의 선로가 근접한 지점에 공동으로 설치된 정거장
   ④ 교차정거장 : 2개 이상의 선로가 교차하는 지점에 설치된 정거장

5. 정거장 배선 시 고려사항 (04,06,08,10,12,13,16,19기사)

속도 및 수송효율 향상, 안전 및 구내작업 용이, 장래확장 대비를 고려하여 배선하여야 하며 세부적인 내용은 다음과 같다.

1) 본선과 본선의 평면교차는 피할 것
2) 본선은 직선 또는 반경이 큰 곡선일 것
3) 기관차의 주행, 차량의 입환 시 본선을 횡단치 않도록 계획
4) 측선은 본선 한쪽에 배치하여 본선을 횡단치 않도록 계획

5) 본선상 분기기 수를 최소화하고, 배향(背向)분기로 계획
6) 정거장 구내 투시가 양호할 것
7) 열차 상호 간 안전하게 착발하도록 충분한 선로간격 확보
8) 두 종류 이상의 작업이 동시 시행 가능하도록 배선
9) 장래 역세권 확장에 대비할 것
10) 분기기는 구내에 산재시키지 말고 가능한 한 집중 배치

6. 정거장 위치 선정 (02,03,06기사, 03,09산업)

1) 여객, 화물의 집산 중심에 가깝고, 도로 등 교통기관과의 연락이 편리한 위치
2) 장래 확장의 여지가 있는 지점
3) 건설 시에 큰 토공의 필요가 적은 지점
4) 구내가 되도록 수평이고 직선으로 되는 지점
5) 정거장 사이 거리는 보통 4~8km, 대도시 전철역은 1km 전후에 설치
6) 정거장 전후의 본선로에 급구배, 급곡선이 삽입되지 않는 장소, 정거장 전후의 구배는 도착 열차에 대하여 상구배, 출발 열차에 대하여는 하구배로 되는 지형이 좋고 또한 배수가 양호한 지점이 좋음
7) 차량기지는 종단 역 또는 분기 역에 가깝고 열차의 출입고 시에 본선 지장이 되도록 적은 곳에 설치

4-3-3 여객설비

여객수송에 따른 여객의 승강에 필요한 여객에 부대한 수소하물, 우편물의 취급 등에 관한 일체의 설비를 말한다. 여객취급설비는 다음과 같다.

1) 역사(main building) : 직접 여객의 이용에 제공되는 건물 및 여객관계의 사무실을 설치한 건물
2) 역전광장
3) 승강장, 여객통로(지하도, 과선교)
4) 여객에 대한 설비 : 맞이방, 개집표소, 자동차의 편의, 화장실
5) 종사원에 대한 설비 : 역무실, 전산실, 휴게실, 방송실

4-3-4 화물설비

각 역에 집결되는 다종다양한 화물을 화차로 집결 수송할 수 있도록 한 설비를 말하며 중장거리 대량 수송을 감당할 수 있도록 적하설비를 개량하고 화물역을 거점화할 필요가 있다.

1. 화물취급설비

1) 화물취급소 : 수송화물의 수수와 운임계산 등을 하는 장소
2) 화물적하장 : 철도화차의 중간에서 화물의 적하와 일시 유치하는 장소
3) 화물창고
4) 통운업자설비

2. 하역기계

1) 크레인, 콘베이어, 호크 리후트(지게차), 토오베이어(twoveyor)

2) 피기백(piggy back) : 화물을 적재한 트레일러를 그대로 화차에 적재시켜 수송하는 방법

3) 후렉시 반(flexi yan) : 트레일러 자체만이 화물을 적재한 채로 화차 또는 선박에 이적될 수 있는 것으로 자동차 1대분의 대형 컨테이너로 생각할 수 있다.

4-3-5 객차조차장

여객열차가 운행을 종료하고 종착역에 도착하면 그 열차는 타선으로 입환시켜 착발선의 능력을 향상시키고 소수리와 보급과 검사, 세척, 청소, 편성차량의 증감 등을 작업하는 장소를 말한다.

1. 객차조차장의 위치

1) 객차조차장, 여객역, 기관차승무사업소 등 상호 간 편의가 좋을 것

2) 공장 또는 기타 시설과의 출입이 편리할 것

3) 객차조차장에 적당한 지형이어야 하고, 건설비가 소액일 것

4) 객차조차장과 여객역간의 거리는 공차회송의 경우 원거리열차는 10km, 근거리열차는 5km 이내일 것

5) 구내가 평탄하여 투시가 양호할 것

2. 객차조차장의 선군 (02산업)

1) 도착선 및 출발선

2) 조체선 : 객차의 연결순서를 변경하거나, 객차의 증결과 해방하는 선

3) 세차선, 소독선, 검사선, 수선선, 유치선, 출발선

4-3-6 화차조차장

전국의 각역에서 각 방면으로 유통되는 화물을 가장 신속하고 능률적으로 수송하기 위해 행선지가 다른 다수의 화차로 편성되어 있는 화물열차를 재편성하는 작업 장소를 말하며, 각 역에서 발생하는 화차는 일단 가까운 조차장에서 방향별, 역별로 재편성하여 운송함으로써 수송효율을 증대시킨다.

1. 화차조차장의 위치 선정 (09,14,15기사, 05,08산업)

1) 화물이 대량 집산되는 대도시 주변 또는 공업단지 주변

2) 주요 선로의 시·종점 또는 분기점 및 중간점

3) 항만지구, 석탄생산 등의 중심지 등

4) 장거리 간선의 중간 지점

2. 화차조차법 (16기사)

1) 화차 분별 분류

① 방향별 분류 : 각 방향별 무리를 정하는 작업(대분별)

② 역별 분류 : 다음 조차장까지의 중간 각 역의 순위를 화차를 정리(소분별)

2) 화차 분해 작업방법

① 돌방입환 : 평면조차장

② 포링입환 : 화차의 연결을 사전에 풀어놓아 포링선을 부설 순차적 밀어넣기, 구식입환법으로 미국

에서 사용됨

③ 중력입환 : 자연지형 이외 8~10‰ 경사선택 곤란으로 토공량 확대

④ 험프입환 : 구내의 적당한 위치에 험프라는 소기울기면(높이 2~4m) 구축하고 입환기관차로 압상하여 화차연결기를 풀어 화차 자체의 중력으로 자주시켜 분별 (05**기사**, 10,15**산업**)

⑤ 제어방법

- 라이드 시스템(Ride System) : 화차 조차원이 화차에 탑승하여 브레이크 수동 조작
- 리타더 시스템(Retarder System) : 자동 브레이크 시스템으로 선로에 설치된 Retarder가 자동 작동하여 제동

3. 선군

도착선, 출발선, 압상선, 분리선, 인상선, 접수선, 완급차선 등이 있다.

1) 압상선 (02**산업**) : 험프조차장에서 분해작업을 할 경우에는 인상선에 상당하는 것이 험프에 향하여 오르막으로 된 화차조차장의 선군 중 하나이다.

2) 압상기울기 : 입환기관차의 능력에 의하여 최장편성의 1개 압상할 수 있는 정도의 기울기여야 하며 보통 5/1,000~25/1,000 정도로 한다.

4-3-7 기타 및 측선

1. 유효장(철도의 건설기준에 관한 규정 제21조 참조) (12기사, 08산업)

인접 선로의 열차 및 차량 출입에 지장을 주지 아니하고 열차를 수용할 수 있는 해당 선로의 최대 길이를 말하며, 일반적으로 선로의 유효장은 차량접촉 한계표 간의 거리를 말한다.

1) 선로의 양단에 차량접촉한계표가 있을 때는 양 차량접촉한계표의 사이

2) 출발신호기가 있는 경우 그 선로의 차량접촉한계표에서 출발신호기의 위치까지

3) 차막이가 있는 경우는 차량접촉한계표 또는 출발신호기에서 차막이의 연결기받이 전면 위치까지

2. 피난측선(catch siding)

정거장에 근접하여 급기울기가 있을 경우 차량고장, 운전부주의 등으로 일주하거나 연결기 절단 등으로 역행하여 정거장의 다른 열차나 차량과 충돌하는 사고를 방지하기 위하여 설치하는 측선이다.

3. 안전측선(safety siding) (06기사)

정거장 구내에서 2 이상의 열차 혹은 차량이 동시에 진입하거나 진출할 때에 과주하여 충돌 등의 사고 발생을 방지하기 위하여 설치하는 측선이다.

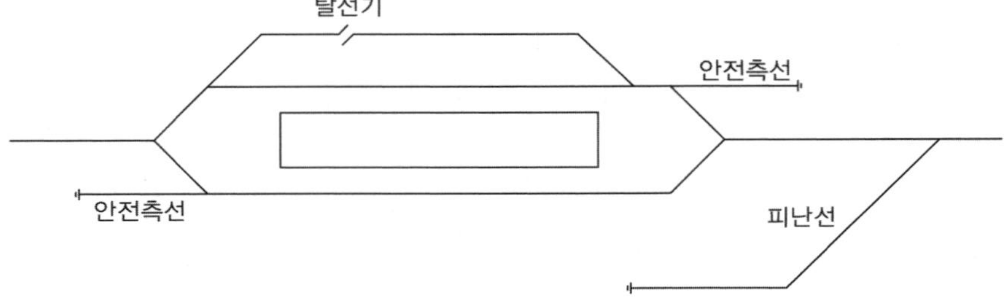

4. 유치선(storage track)

차량을 일시 유치하는 선로로서 객차, 화차, 기관차, 전차 유치선 등이 있다.

5. 입환선(shunting track)

여러 대의 차량을 서로 연결하여 열차를 조성하거나, 조성된 열차를 분리하기 위한 입환작업을 하는 측선으로 여러 개의 선로가 나란히 부설된다.

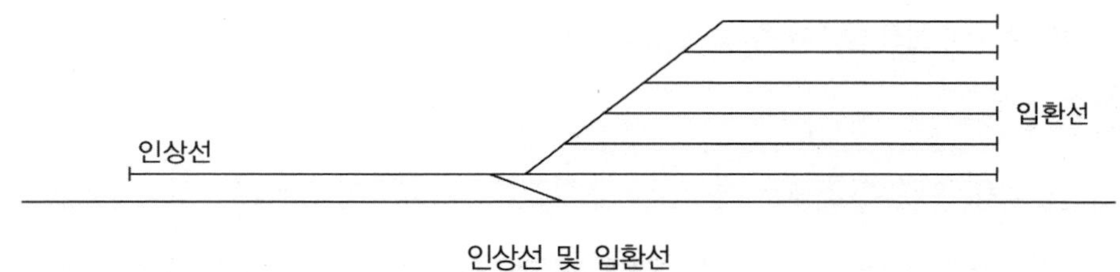

인상선 및 입환선

6. 인상선(drill track)

입환선을 사용하여 차량입환을 할 경우 이들 차량을 인상하기 위한 측선으로 인출선이라고도 한다. 입환선의 일단을 분기기에 결속시켜 차량군을 임시로 이 선로에 수용한다.

4-3 기출문제

1. **정거장 구내 선로 중 본선은?** (04,07,11기사)

가. 유치선　　나. 대피선

다. 수선선　　라. 입환선

해설 본선은 주본선(상하), 부본선(출발, 도착, 착발, 통과, 대피, 교행선)이다.

2. **다음의 정거장 구내 선로 중에서 측선으로 보기가 어려운 것은?** (04산업)

가. 대피선　　나. 유치선

다. 입환선　　라. 인상선

해설 대피선은 정거장에 본선으로 고속열차 등을 앞서 보내기 위하여 열차가 대피하는 선을 말한다.

3. **승강장 홈이 선로를 사이에 두고 상대로 설치된 홈으로 홈의 한쪽에 열차를 발착시킬 수 있는 본선로를 설치한 승강장 방식은?** (07산업)

가. 대향식 홈　　나. 섬식 홈

다. 빗형 홈　　라. 쐐기형 홈

해설 섬식은 승강장을 가운데 두고 양쪽으로 배선, 대향식(상대식)은 착발본선이 정거장을 관통함으로 승강장 한쪽에 열차를 발착시킬 수 있다.

4. **착발본선이 막힌 종단형으로 된 정거장으로 주요 구조물이 선로의 종단 쪽에 설치되는 정거장은?** (04,09기사)

가. 두단식 정거장　　나. 관통식 정거장

다. 절선식 정거장　　라. 반환식 정거장

해설 종단정거장은 관통식과 두단식 종단역이 있으나 두단식이 착발선이 막힌 정거장이며 과선교, 지하도가 불필요하며 여객의 흐름이 원활하다.

5. **정거장을 본선로의 구내배선에 의해 분류할 때 다음 그림과 같은 정거장은?** (07,14,18기사)

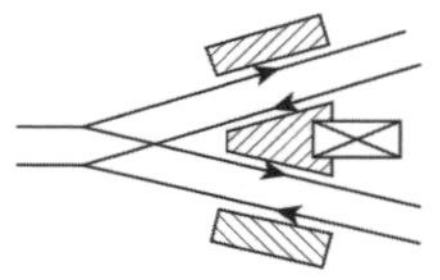

가. 섬식 정거장　　나. 쐐기식 정거장

다. 관통식 정거장　　라. 반환식 정거장

해설 정거장 배선에 의한 분류 : 두단식, 섬식, 상대식, 쐐기식 정거장이 있다.

6. **정거장 설비에 있어서 두단식 외에 종단역의 배선으로 볼 수 있는 것은?** (03,12산업)

가. 단식　　나. 섬식

다. 상대식　　라. 관통식

해설 종단역의 배선은 두단식과 관통식이 있다.

7. **정거장의 배선계획 시 고려해야 할 사항 중 옳지 않은 것은?** (06,08,12,16,19기사)

가. 정거장 구내의 투시가 양호하도록 할 것

나. 분기기는 가능한 분산배치 되도록 할 것

다. 본선상에 설치하는 분기기는 가능한 한 배향분기기로 할 것

라. 본선과 본선의 평면교차는 피하도록 할 것

해설 분기기는 가능한 한 산재시키지 말고 가능하면 집중 배치한다.

8. **정거장 구내의 배선을 결정할 때 고려해야 할 일반 원칙 중 가장 거리가 먼 것은?** (04기사)

가. 정거장 구내는 사용 효율이 같을 때에는 가능하면 길이가 짧고 넓이가 좁도록 할 것

나. 정거장 구내의 투시가 양호하도록 할 것

다. 정거장 구내의 용지는 넓고 평탄할 것

라. 통과열차가 통과하는 본선은 직선 또는 반경이 큰 곡선일 것

해설 열차 상호 간 안전하게 착발토록 충분한 선로간격확보가 필요하며, 장래 역세권 확장에 대비하여야 한다.

9. **정거장 위치 선정 시 옳지 않은 것은?** (03산업)

가. 여객과 화물이 집산되는 곳

나. 장래확장 및 개량이 용이한 곳

다. 정거장에 인접해서 급구배, 급곡선이 없을 것

라. 정거장 간 거리는 일반철도에서 10~20km 정도에 설치

해설 정거장 간 거리는 일반철도에서 4~8km 정도, 도시철도는 1km 전후 설치한다.

10. **지상 정거장 위치 선정과 가장 거리가 먼 것은?** (02,03,06기사)

가. 구내는 가능한 수평이고 직선이어야 한다.

나. 해당 도시의 발전을 위하여 도시 중앙에 위치하도록 해야 한다.

다. 열차운전 효율 향상을 위하여 출발 시에는 하향 기울기, 도착 시에는 상향 기울기가 되는 것이 좋다.

라. 구내는 가능한 구조물이 없는 위치로 해야 한다.

해설 정거장이 도시중앙에 위치하면 도시의 양쪽의 교통이 불편하므로 그 도시의 도시계획과 잘 맞도록 정거장의 위치를 정하여야 한다.

11. **정거장 위치 선정 시 고려할 조건에 대한 설명으로 옳지 않은 것은?** (09산업)

가. 정거장 간 거리는 일반적으로 4~8km, 대도시 전철역은 1km 전후에 설치하는 것이 좋다.

나. 장래 철도 발전에 확장 및 개량이 용이한 지역으로 하는 것이 좋다.

다. 용지 매수가 용이하고 토공량과 구조물이 적은 지역으로 하는 것이 좋다.

라. 정거장 전후 기울기는 도착 시 하향 기울기, 출발 시 상향 기울기가 되는 지형이 좋다.

해설 정거장 전후 기울기에서 출발 시 출발저항을 줄이기 위해 하향 기울기 지형, 도착 시는 상향 기울기 지형이 적당하다.

12. 화차조차장의 위치로서 가장 적합하지 않은 곳은? (15기사, 05,08산업)

가. 화차가 대량 집산되는 대도시 주변
나. 공업단지 부근
다. 철도선로의 분기점
라. 장거리 간선의 시·종점 부근

해설 화차조차장의 원래의 목적인 화물의 유통, 재편성을 위해서는 장거리 간선의 시·종점보다는 중간 지점이 좋다.

13. 화차의 분해작업 방법 중 입환작업 능률을 향상시키기 위하여 구내의 적당한 위치에 소구배면을 구축하고 입환기관차로 압상하여 화차 자체의 중력으로 자주시켜 분별선 중에 전주(轉走)시키는 조차법은? (05,16기사, 10,15산업)

가. 돌방입환
나. 포링입환
다. 중력입환
라. 험프입환

해설 1) 포링입환 : 화차의 연결을 사전에 모두 풀어놓고 화차의 인상선에 병행하여 설치된 입환전용의 폴링선에서 폴링차가 횡방향에 돌출한 pole을 사용하여 순차적으로 밀어 입환시키는 입환 방법
2) 돌방입환 : 기관차 앞에 화차를 연결하여 뒤에서 밀면서 차량을 떼어내는 입환 방법
3) 중력입환 : 화차를 높은 곳에서 낮은 곳으로 굴려 입환시키는 방법

14. 험프조차장에서 분해작업을 할 경우에는 인상선에 상당하는 것이 험프에 향하여 오르막으로 된 화차조차장의 선군(線群)은? (02산업)

가. 도착선
나. 분별선
다. 압상선
라. 수수선

해설 압상선은 화차조차장의 선군의 하나이며 압상기울기는 5/1,000~25/1,000 정도로 하여야 한다.

15. 객차조차장에 존재하는 선들이다. 해당 없는 선은? (02산업)

가. 계중대선
나. 도착선
다. 유치선
라. 검사선

해설 계중대선은 화물 열차의 무게를 재는 설비를 갖춘 선로를 말한다.

16. 정거장 구내에서 2개 이상의 열차를 동시에 진입시킬 때 만일 열차가 정지위치에서 과주하더라도 열차가 접촉 또는 충돌하는 사고의 발생을 방지하기 위하여 설치하는 설비는 다음 중 어느 것인가? (06기사)

가. 피난측선
나. 인상선(인출선)
다. 대피선
라. 안전측선

해설 대피선은 부본선이며 피난측선은 정거장 근접하여 급기울기가 있을 경우 차량고장 등으로 다른 열차나 차량과의 충돌을 방지하기 위해 설치하는 측선이다.

17. 화차조차장 위치 선정 시 적합한 장소가 아닌 것은? (14기사)

가. 시·종점역 부근
나. 철도선로의 분기점
다. 장거리 간선의 중간 지점
라. 화물이 집산되는 대도시 주변

해설 주요 선로의 시·종점 또는 분기점 및 중간 지점

18. **지하역의 방재상 특징에 해당 되지 않는 것은?** (08산업)

가. 외부로의 피난이 계단으로 한정되며, 지상과 같이 창으로 탈출할 수 없다.

나. 구조대 등의 외부에서 접근 및 진입이 극히 곤란하다.

다. 정전 시는 외부의 빛을 얻을 수 없으므로 완전히 암흑으로 된다.

라. 간단한 설비를 갖추면 자연 배연이 가능하다.

해설 지하역 특성상 환기시설, 방재 시 배연시설, 조명등, 유도등에 대한 설비에 만전을 기하여야 한다.

19. **정거장 구내의 배선을 계획할 때 고려해야 할 사항으로 옳지 않은 것은?** (10,13기사)

가. 본선상에 설치하는 분기기는 가능한 한 그 수를 늘리고 대향분기기로 할 것

나. 정거장 구내의 투시가 양호토록 할 것

다. 측선은 될 수 있는 한 본선의 한쪽에 배선하여 본선횡단을 적게 할 것

라. 통과열차가 통과하는 본선은 직선 또는 반경이 큰 곡선일 것

해설 본선상 분기기를 최소화하고 배향분기기로 계획

20. **전동차 전용선로에서 유효장을 산정하려고 한다. 최소 유효장은 얼마인가? (단, 1량의 길이는 20m, 열차 정지위치 전후 여유는 각 10m, 출발신호기의 주시거리는 10m, 선로이용연결 편성종류는 6량 편성, 8량 편성, 10량 편성 공동 사용함)** (15산업)

가. 150m　　나. 190m

다. 210m　　라. 230m

해설 도시철도 유효장＝차량의 편성 수×차량길이＋여유길이(전후 여유길이＋신호주시거리)
＝10량×20m＋10m×2(전, 후)＋10(신호주시거리)
＝230m

21. **정거장의 선로 유효장에 대한 설명으로 옳지 않은 것은?** (12기사)

가. 선로 유효장은 인접한 타 선로의 열차취급에 지장을 주지 않는 길이를 말한다.

나. 일반적으로 인접 선로 사이에 있는 신호주간 거리로 표시한다.

다. 본선의 유효장은 착발하는 열차의 최대 연결량 수에 의하여 결정된다.

라. 여객 화물 공용의 본선 유효장은 일반적으로 화물열차장을 기준으로 산출한다.

해설 유효장 : 인접 선로의 열차 및 차량 출입에 지장을 주지 아니하고 열차를 수용할 수 있는 해당 선로의 최대길이를 말하며, 일반적으로 선로의 유효장은 차량접촉한계표 간의 거리를 말한다.

22. **8량 편성 전동열차에 대한 지상 승강장의 최소 길이는 얼마인가? (단, 전동차 1량의 길이는 20m, 여유길이는 20m)** (13기사)

가. 160m　　나. 170m

다. 180m　　라. 190m

해설 20×8＋20＝180m

23. **정거장 선로의 수량과 길이는 취급하는 열차와 정차하는 열차의 길이에 의하여 결정한다. 정거장 배선 시 열차의 유치 용량을 나타내는 선로의 일반적인 유효장은?** (08산업)

가. 정거장의 승강장 연장

나. 정거장 구역표 간의 거리

다. 인접선로 사이에 있는 분기기 사이의 거리

라. 인접선로 사이에 있는 차량접촉 한계 간의 거리

해설 일반적으로 양단에 분기기가 있는 경우는 전후의 차량접촉한계표의 사이를 말하며, 차량접촉한계표 내에 신호기와 절연이음매가 있을 경우에는 적용이 달라진다.

24. **정거장을 본선로의 구내배선에 의해 분류한 것에 대한 설명으로 옳지 않은 것은?** (10산업)

가. 두단식 정거장(stub station)은 착발본선이 막힌 종단형으로 된 정거장을 말하며 정거장의 주요 건조물은 선로의 종단 쪽에 설치된다.

나. 관통식 정거장(through station)은 착발본선이 정거장을 관통한 것으로 주요 건조물은 선로의 측방향에 설치되며 고가선구간에서는 선로의 하부 측에 또 깎기 구간에서는 선로상부 측에 설치하는 경우도 있다.

다. 절선식 정거장(switch back station)은 산악 등 급기울기선이 연속되어 정거장을 설치할만한 완만한 기울기를 얻지 못할 때에는 수평 또는 완만한 기울기의 선로를 본선에서 분기시켜 정거장을 설치한다.

라. 반환식 정거장(reverse station)은 본선로의 사이에 승강장과 정거장 본건물을 설치하여 지하도 또는 과선교에 의해 외부와 연결하는 것이 있으나 직통정거장의 변경에는 좋지 않다.

해설 반환(반복)식 정거장은 시가지 등을 위하여 반복(반환)배선이 되는 역을 말한다.

25. **정거장 설비를 대별하여 4가지로 분류할 때 이에 속하지 않는 것은?** (10기사)

가. 여객설비 나. 궤도설비

다. 운전설비 라. 검수설비

해설 검수설비는 차량기지에 설치되는 설비를 말한다.

26. **리타더 시스템(retarder system)에 대한 설명으로 옳은 것은?** (11기사)

가. 차량이 자전할 때 제동 취급요원이 승차하여 브레이크 조작하여 제동을 걸어주는 시스템

나. 차량이 자전할 때 궤도에 설치된 제동장치에 의하여 제동을 걸어주는 시스템

다. 자동폐색구간에서 신호고장 시 대용하는 시스템

라. 중력 조차장에서 차량을 밀어 올리는 시스템

해설 리타더 시스템은 차량이 자전할 때 궤도에 설치된 제동장치에 의하여 제동을 걸어주는 시스템이다. 가항은 라이드 시스템에 대한 설명이다.

27. **연락 정거장의 종류가 아닌 것은?** (17기사)

가. 교차 정거장 나. 분기 정거장

다. 관통식 정거장 라. 일반연락 정거장

해설 관통식(상대식) 정거장은 착발본선이 정거장을 관통하도록 배선한 정거장이며 연락 정거장은 2개 이상의 선로가 집합하여 연락운송을 하는 정거장으로 일반연락 정거장, 분기 정거장, 접촉 정거장, 교차 정거장이 있다.

정답 1. 나 2. 가 3. 가 4. 가 5. 나 6. 라 7. 나 8. 가 9. 라 10. 나 11. 라 12. 라 13. 라 14. 다 15. 가 16. 라 17. 가 18. 라 19. 가 20. 라 21. 나 22. 다 23. 라 24. 라 25. 라 26. 나 27. 다

4-4 운전설비

4-4-1 운전설비 개요 및 종류

1. 개요

열차운전에 있어 선로의 구배나 신호기의 위치, 기타 운전에 있어 열차를 안전하고 경제적으로 운전할 수 있도록 운전설비들을 합리적으로 조정하고 배치하는 것이 필요하다.

2. 종류

1) 선로설비
   ① 궤도구조 : 레일, 침목, 도상, 분기기 등 구조
   ② 차량과 궤도 : 차륜이 궤도에 미치는 힘 등
   ③ 궤도보수 : 궤도의 유지보수작업 등
2) 정거장 설비 : 정거장 구내배선은 그 유효장을 포함하여 열차운전, 구내작업, 안전확보에 적합하여야 한다. 정거장 설비의 종류에는 여객역, 화물역, 조차장, 신호장, 평면교차 등의 설비가 있다.
3) 운전보안설비 : 폐색장치, 신호장치, 전철장치, 연동장치, 쇄정, 열차자동 정지장치(ATS) 등에 대한 설비를 말한다.
4) 기관차 승무사업소 : 기관차의 청소, 점검, 수선, 급유, 급수 등의 제정비작업을 하는 제작업과 기관차의 운행을 담당한다.
5) 동력차고
   ① 기관차차고
   ② 전차고와 동차고

4-4-2 전향설비 (19기사)

기관차와 기타 차량의 방향을 전환하거나 한선에서 다른 선으로 전환시키는 설비로 종류는 다음과 같다.

1) 전차대(turn table) : 기관차의 앞뒤 방향을 바꾸는 장치를 말한다.
   ① 전차대의 길이는 27m 이상으로 한다.
   ② 전차대는 철도차량의 진출입이 원활하여야 하며, 전차대를 선로 끝단에 설치할 때에는 대항선과 차막이 설비를 할 수 있다.
   ③ 전차대 구조물에는 배수계획이 포함되어야 한다.
2) 천차대(traveser) : 병행 부설되어 있는 선군의 중간에 대차를 설치하여 차량을 적재하고 한 선에서 타선으로 평행방향 전선이 가능한 전향설비로써 협소한 구내 또는 공장 내에 주로 사용한다.
3) 델타선과 루프선(Delta track, Loop track) (**09기사, 08기사**) : 전차대는 차량을 1량씩 전향시키지만 델타선과 루프선은 1개 열차의 편성을 그대로 전향시킴으로써 차량의 순번이 바뀌지 않는다. 열차의 고정편성에는 없어서 안 될 시설이나 시설장소가 제한되므로 분기역 부근에 분기선으로 사용하는 경우가 많다. 루프선에 비해 델타선은 공사비가 저렴하다.

4-4 기출문제

1. 열차 1개 편성 그대로 방향전환하기에 가장 효율적인 설비는? (08,09기사)

가. 전차대
나. 천차대
다. 루프선
라. 조차선

해설 열차 1개 편성 그대로 방향전환하는 설비는 루프선과 델타선이 있으며, 분기역 부근의 분기선을 이용하는 예가 있으며 시설장소가 제한된다.

2. 병행 부설되어 있는 선군의 중간에 대차를 설치하여 차량을 적재하고 한선에서 타선으로 평행방향 전선이 가능한 전향설비로서 협소한 구내 또는 공장 내에 주로 사용되는 설비는? (19기사)

가. 전차대
나. 천차대
다. 루프선
라. 조차선

해설 1) 전차대 : 차량의 방향을 회전을 통해 전후면을 변경
2) 루프선 : 루프 모양으로 열차의 편성 순서를 바꾸지 않고 진행방향을 바꾸는 설비
3) 조차선 : 화차를 행선지별로 분별하고 열차를 조성하기 위하여 설치한 선

3. 기관차와 기타 차량의 방향을 전환하거나 한선에서 다른 선으로 전환시키는 설비를 무엇이라 하는가?

가. 전향설비
나. 운전설비
다. 차량설비
라. 동력설비

해설 전향설비의 종류로는 전차대, 천차대, 루프선, 델타선이 있다.

4. 열차 1개 편성 그대로 방향전환하기에 가장 효율적인 설비로만 짝지어진 것은?

가. 전차대, 천차대
나. 전차대, 루프선
다. 델타선, 루프선
라. 델타선, 천차대

해설 열차 1개 편성 그대로 방향전환하는 설비는 루프선과 델타선이다.

정답 1. 다 2. 나 3. 가 4. 다

CHAPTER 05 선로보수

5-1 선로관리

5-1-1 선로보수계획

철도선로는 도로와 달리 밀리미터 단위까지 정교하게 설치되어 차량주행 및 기상작용 등에 의하여 변형 및 파손의 위험을 받는다. 따라서 열차의 안전한 운행과 승차감 향상을 위하여 선로순회 및 유지보수를 시행하여 항상 정비기준 이내로 유지관리하여야 한다.

5-1-2 보수방법

열차하중 및 회수의 대소 노동력의 유급상황 등에 따라 다르나 정기수선방식과 수시수선방식으로 대별되며, 현재 수시와 정기수선방식을 혼용하고 있다.

1) 수시수선방식 : 궤도의 불량개소 발생 시마다 그때그때 수선하는 방식으로 소규모 보수에 적합하며 재래선에서 보수방법으로 사용된다. 장점으로는 수시로 불량개소를 적기에 보수하여 균등한 선로상태를 유지할 수 있다는 장점이 있지만 보수주기가 짧아진다는 단점을 지닌다.
2) 정기수선방식 (08,14,19**기사**, 07,15**산업**) : 대단위작업반을 편성하며 대형 장비를 사용하고 사전에 계획된 스케줄에 의하여 전 구간에 걸쳐 정기적으로 집중 수선하는 방식이다. 작업이 확실하고 보수주기가 길며 경제적이나 선로조건에 따라 선로상태가 균등하게 유지되지 않는 단점도 있다.
3) 심야보수방법 : 열차횟수가 많아지고 지하철과 같이 열차시격이 짧은 경우에는 열차상간의 작업시간도 짧아지므로 보수작업이 곤란하게 된다. 그러므로 주간보수작업이 가능한 한계는 단선구간에서는 65~80회, 복선구간에서는 80~95회라 하며 이 이상에서는 주간작업이 불가하므로 열차운행이 적은 시간을 선택하여 심야작업을 하게 된다.

5-1-3 궤도틀림

궤도 각부의 재료가 차량운행 및 기상작용에 의하여 마모, 훼손, 부식 등을 일으킴과 동시에 도상침하, 레일변형 등 소성변형을 일으키는 현상으로 탈선현상에 가장 큰 원인이 되며, 열차주행 안전성, 승차감에 커다란 영향을 미친다.

궤도를 보수관리하기 위해서는 궤도의 변형 상태를 정확하게 파악하여야 한다.

1. 종류

1) 궤간틀림(track gauge) : 좌우레일의 간격틀림, 즉 궤간에 대한 틀림으로 레일두부면에서 14mm 이내

의 레일 내측면간의 거리로 표시로 궤간틀림이 큰 경우는 주행차량이 사행동을 일으키며 궤간이 크게 확대되었을 때는 차륜이 궤간 내로 탈락하게 된다.

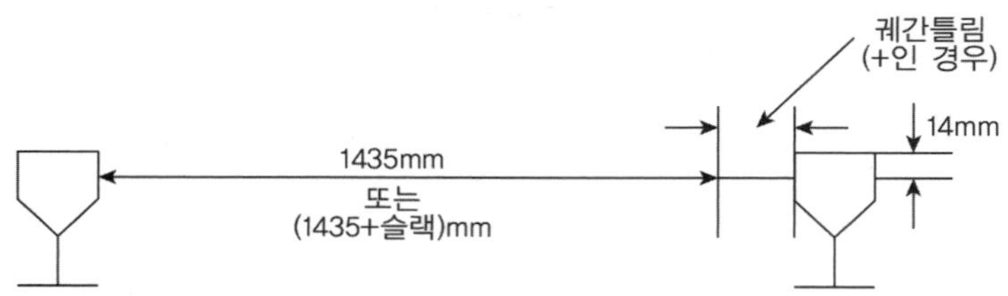

2) 수평틀림(수준틀림, cross level) : 좌우레일답면의 수평틀림을 말하며 고저차로 표시로서 수평틀림은 차량에 좌우동을 일으킨다. 직선부는 좌측 레일, 곡선부는 내측 레일을 기준으로 상대편 레일이 높은 것(+), 낮은 것(−)으로 표시한다.

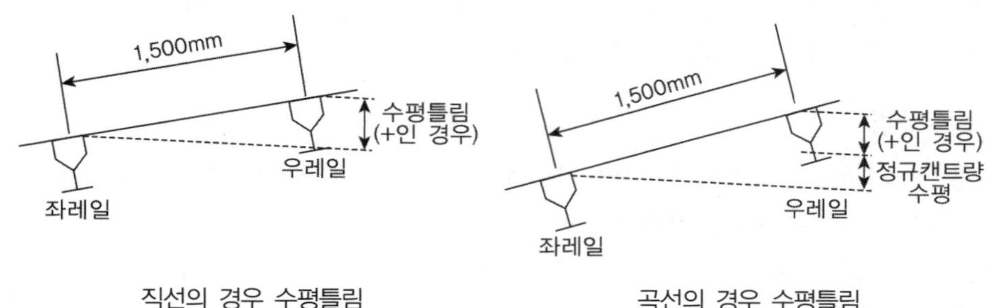

직선의 경우 수평틀림　　　　곡선의 경우 수평틀림

3) 면틀림(고저틀림, longitudinal level) (09산업) : 한쪽 레일의 길이방향(궤도의 길이방향)의 높이 차를 말하며, 면틀림은 주행차륜의 플랜지가 레일을 올라타서 탈선의 원인이 된다. 직선부는 좌측 레일, 곡선부는 내측 레일을 측정하며 높이 솟은 틀림량(+), 낮게 처진 틀림량(−)이다.

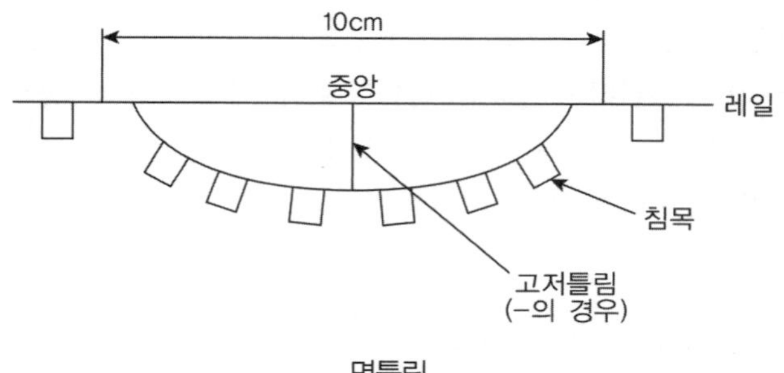

면틀림

4) 줄틀림(선형틀림, alignment) (17기사) : 한쪽 레일의 좌우방향의 들락날락한 방향의 틀림을 말하며 주행차량 사행동을 일으키는 원인이 된다. 직선부는 좌측 레일, 곡선부는 외측 레일 기준으로 측정, 궤간 외방으로 틀림량(+), 내방으로 틀림량(−)이다.

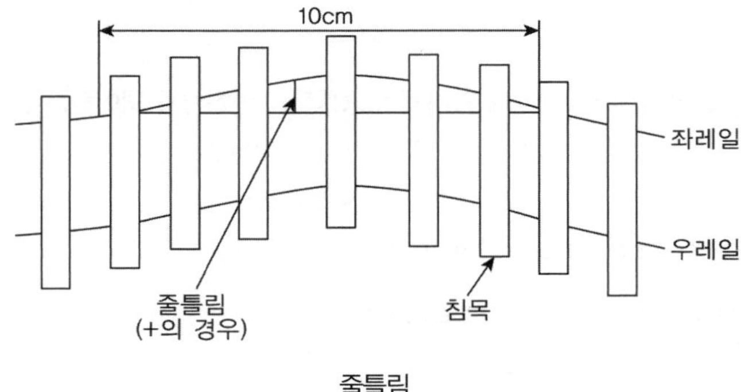

줄틀림

5) 뒤틀림(twist) (05,12,13,17**기사**, 05**산업**) : 궤도의 3m 간격에 있어서 수평틀림의 변화량을 말하며 주행 차륜의 플랜지가 레일을 올라타서 탈선의 원인이 된다.

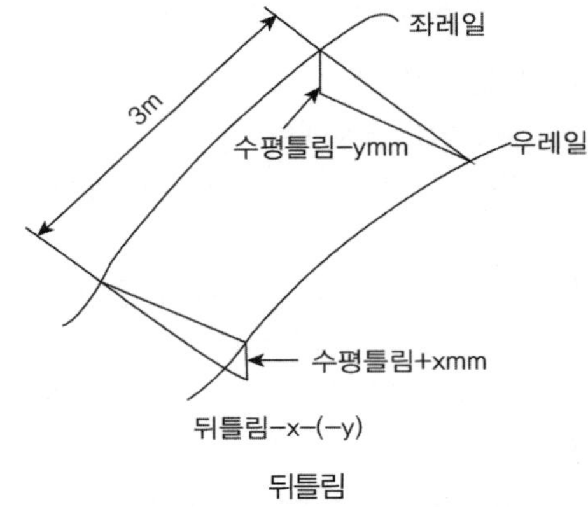

뒤틀림

2. 궤도틀림의 측정

1) 동적틀림 : 실제 열차주행 시의 틀림상태를 말하며, 안전 및 여건상 측정의 어려움이 있다.
2) 정적틀림 : 주행열차가 없을 때 측정하는 것으로 열차운행에 따른 동적거동에 대한 측정과 체결장치 이완 및 도상과 침목의 변화 등은 측정이 불가능하다.
3) 검측차에 의한 동적틀림 측정

5-1 기출문제

1. 궤도틀림 중 일반철도 궤도의 5m 간격에 있어서 수평틀림의 변화량을 의미하는 것은? (13기사)

가. 궤간틀림 나. 수평틀림

다. 고저틀림 라. 뒤틀림

해설 궤도 전체 3m의 수평틀림 변화량의 틀림 의미는 뒤틀림을 말한다.

2. 다음 중 궤도의 뒤틀림에 대한 설명으로 옳은 것은? (12,17기사, 05산업)

가. 곡선부 내측 레일을 기준으로 한 수평틀림

나. 기준레일의 줄 및 면틀림이 중복된 틀림

다. 궤도의 10m 간격에 있어서 길이 방향에 대한 높이 차

라. 궤도의 3m 간격에 있어서 수평틀림의 변화량

해설 뒤틀림은 주행차륜의 플랜지가 레일을 올라타서 탈선의 원인이 된다.

3. 궤도보수검사에 대한 설명 중 옳지 않은 것은? (05산업)

가. 궤간은 확대틀림량을 (+), 축소틀림량을 (−)로 한다.

나. 수평은 직선부는 좌측 레일, 곡선부는 내측 레일을 기준으로 하여 상대편 레일이 높은 것은 (+), 낮은 것은 (−)로 한다.

다. 면맞춤은 직선부는 좌측 레일, 곡선부는 내측 레일을 기준으로 측정하며, 높이 솟은 틀림량을 (+), 낮게 처진 틀림량을 (−)로 한다.

라. 줄맞춤은 직선부는 좌측 레일, 곡선부는 내측 레일을 기준으로 측정하며, 궤간 내방으로 틀림량을 (+), 궤간 외방으로 틀림량을 (−)로 한다.

해설 줄틀림의 곡선부는 외측 레일 기준 외방 틀림량을 (+), 내방 틀림량을 (-)로 한다.

4. 선로보수방식 중 정기수선방식의 장점이 아닌 것은? (08,14기사, 07산업)

가. 수시수선방식보다 보수주기가 길다.

나. 고정된 상주요원을 줄일 수 있다.

다. 선로상태가 선로조건에 따라 균등하게 유지된다.

라. 작업이 확실하고 경제적이다.

해설 불량개소 발생 시 그때그때 수선을 하지 못하므로 선로상태가 균등하지 못하다.

5. 면틀림에 대한 설명 중 옳은 것은? (09산업)

가. 실제 열차주행 시의 선로틀림을 의미한다.

나. 열차하중이 없는 상태의 측정틀림을 의미한다.

다. 한쪽 레일의 방향틀림으로 주행차량의 사행동이 일어나는 원인이 되는 틀림을 의미한다.

라. 한쪽 레일의 길이방향의 높이 차로 탈선의 원인이 되는 틀림을 의미한다.

해설 면틀림에 따른 주행차륜의 플랜지가 레일을 올라타서 탈선의 원인이 된다.

6. 고속철도에서 선로의 보수가 필요하지 않으나 관찰이 필요하고 보수작업의 계획에 따라 예방보수를 시행할 수 있는 선형관리단계는? (15산업)

가. 목표기준　　나. 주의기준

다. 보수기준　　라. 속도제한기준

해설 선로유지관리지침 제7조 내용 참조

7. 선로보수방식 중 정기수선방식에 대한 설명으로 옳지 않은 것은? (19기사, 15산업)

가. 대단위 작업반을 편성하고 대형 장비를 사용하여 일정한 주기로 보수하는 방식이다.

나. 매주기 상간에는 거의 보수작업을 시행하지 않고 소수의 작업요원만 상주시켜 순회점검과 응급조치 등의 소보수작업만 시행하는 방법이다.

다. 수시수선방식보다 작업이 확실하고 보수주기가 길며 경제적으로 유리하다.

라. 정기적인 보수로 선로조건에 따라 선로상태가 균등하게 유지되는 장점을 가지고 있다.

해설 정기적으로 집중 수선하는 방식으로 장점으로는 작업이 확실하고 보수주기가 길며 경제적이나 선로조건에 따라 선로상태가 균등하게 유지되지 않는 단점도 있다.

8. 궤도보수작업 중 도상저항력의 부족으로 인하여 레일길이 방향의 좌우 굴곡차 궤도틀림이 발생할 경우 보수하는 작업은? (17기사)

가. 줄맞춤 작업　　나. 레일버릇 정정작업

다. 면맞춤과 다지기작업　　라. 이음매처짐 정정작업

해설 레일 길이방향의 좌우 굴곡차가 발생할 경우 레일 줄맞춤 작업을 시행한다.

정답 1. 라 2. 라 3. 라 4. 다 5. 라 6. 나 7. 라 8. 가

5-2 선로 점검

5-2-1 선로 점검 개요 및 종류(선로유지관리지침 제1장 참조)

1. 선로 점검 개요

궤도의 열화 및 궤도틀림을 정확하게 발견, 정량화하는 작업을 검사업무라 칭하고, 보선작업은 이것을 기준자료로 해서 재료 및 보수노력을 투입하여 열차주행 시 안전하고 열차동요를 적게 하여 승차감이 좋고 경제적으로 선로를 유지할 수 있는 보수를 해야 한다.

2. 선로 점검의 종류

1) 궤도보수 점검 : 궤도전반에 대한 보수상태를 점검
2) 궤도재료 점검 : 궤도구성 재료의 노후, 마모, 손상 및 보수상태를 점검
3) 선로구조물 점검 : 선로구조물[교량, 구교, 터널, 토공, 방토설비, 하수, 정거장 설비(기기는 제외)]의 변상 및 안전성을 점검하는 것을 말한다. 여기서 구조물 변상이란 구조물의 파손, 부식, 풍화, 마모, 누수, 침하, 경사, 이동 및 기초지반의 세굴 등으로 열차운전에 지장을 주거나 여객 및 공중의 안전에 지장할 우려가 있는 상태를 말한다.
4) 선로순회 점검 : 담당선로를 일상적으로 순회, 선로 전반에 대하여 순시(巡視) 및 안전감시(安全監視)를 하는 것을 말한다.
5) 신설 또는 개량선로의 점검 : 신설 또는 개량선로에 대한 열차운행의 안전성을 점검하는 것을 말한다.

5-2-2 궤도재료 검사(선로유지관리지침 제3장 선로 점검기준 제3절 궤도재료 점검 참조)

궤도재료 점검 종류는 다음과 같다(**11기사, 03,04산업**).

1) 레일 점검
2) 분기기 점검
3) 신축이음장치 점검
4) 레일 체결장치 점검
5) 레일 이음매부 점검
6) 침목 점검(목침목, 콘크리트침목)
7) 도상 점검(자갈도상, 콘크리트도상)
8) 기타 궤도재료의 점검

5-2-3 선로구조물 점검

1. 선로구조물의 구분

1) 1종 시설물 : 고속철도교량, 도시철도의 교량 및 고가교, 상부구조형식이 트러스교 및 아치교인 교량 등 연장 500m 이상 교량과 고속철도터널, 도시철도터널, 도시철도터널, 연장 1,000m 이상 터널
2) 2종 시설물 : 1종 시설물에 해당하지 않는 연장 100m 이상의 교량, 1종 시설물에 해당하지 않는 터널로서 특별시 또는 광역시에 있는 터널, 지면으로부터 노출된 높이가 5m 이상인 부분의 합이 100m 이상인 옹벽, 지면으로부터 연직높이(옹벽이 있는 경우 옹벽 상단으로부터의 높이) 30m 이상을 포함한

절토부로서 단일 수평연장 100m 이상인 절토사면

3) 제3종 시설물 : 제1종 시설물 및 제2종 시설물 외에 안전관리가 필요한 소규모 시설물로서 「시설물의 안전 및 유지관리에 관한 특별법」(이하 시설물안전법)에 따라 지정 · 고시된 시설물
4) 기타시설물 : 제1, 2, 3종 시설물을 제외한 선로구조물

2. 안전점검 등의 수준

1) 제1종 시설물 : 정기안전점검, 정밀안전점검, 정밀안전진단, 성능평가
2) 제2종 시설물 : 정기안전점검, 정밀안전점검, 성능평가
3) 제3종 시설물 및 기타시설물 : 정기안전점검
4) 소속부서의 장은 시설물의 붕괴 · 전도 등이 발생할 위험이 있다고 판단하는 경우 긴급안전점검을 시행할 수 있다.

3. 선로구조물의 점검시기

안전등급	정기안전점검	정밀안전점검	정밀안전진단	성능평가
A등급	반기에 1회 이상	3년에 1회 이상	6년에 1회 이상	5년에 1회 이상
B · C등급		2년에 1회 이상	5년에 1회 이상	
D · E등급	1년에 3회 이상	1년에 1회 이상	4년에 1회 이상	

5-2-4 순회 점검(선로유지관리지침 제3장 선로 점검기준 제5절 선로순회 점검 참조)

일상 선로순회를 통하여 전반에 대한 안전성을 확인 · 감시하는 점검

1) 일상 순회 점검
2) 악천후 시 점검
3) 열차기관사나 승무원의 요구에 의한 점검
4) 기타 소관부서의 장이 필요하다고 인정한 경우의 점검

5-2 기출문제

1. **선로점검 중 궤도재료 점검 시 불량 판정의 기준으로 옳은 것은?** (03산업)

   가. 목침목 : 박힘의 삭정량이 10mm 이상인 것

   나. 스파이크 : 부식으로 15% 이상 중량이 감소된 것

   다. 타이 플레이트 : 바닥턱이 3mm 이상 마모된 것

   라. 이음매판의 볼트 및 너트 : 부식으로 5% 이상 중량이 감소된 것

   해설 1) 목침목 : 박힘의 삭정량이 20mm 이상인 것
   2) 스파이크 : 부식으로 10% 이상 중량이 감소된 것
   3) 이음매판의 볼트 및 너트 : 부식으로 10% 이상 중량이 감소된 것

2. **궤도재료 점검의 종류 중 도상 점검 시 시행하여야 할 사항으로 가장 거리가 먼 것은?** (04산업)

   가. 단면 부족　　나. 자갈의 입도

   다. 도상보충 또는 정리 상태　　라. 도상저항력 유지 상태

   해설 도상 점검사항으로 토사혼입의 정도도 포함되며 자갈입도는 부설 시 해당된다.

3. **궤도재료 점검의 종류가 아닌 것은?** (11기사)

   가. 노반 점검　　나. 분기기 점검

   다. 레일 점검　　라. 도상 점검

   해설 궤도재료 점검 : 레일 점검, 분기기 점검, 신축이음장치 점검, 레일 체결장치 점검, 레일 이음매부 점검, 침목 점검(목침목, 콘크리트침목), 도상 점검(자갈도상, 콘크리트도상), 기타 궤도재료의 점검

정답 1. 다 2. 나 3. 가

5-3 보선작업

5-3-1 보선작업계획 (08기사, 07산업)

1. 보선작업계획 (08기사, 07산업)

보선작업계획은 선로의 안전도를 향상하는 데 절대적인 영향을 미치는 것으로 현실적 계획으로 실제작업이 가능한 범위 내의 계획이 되어야 한다.

2. 보선작업계획의 구분

연간을 통하여 작업의 시행시기 순서, 작업인원 재료입수, 선로상태 계절별 기후상태 등을 고려하여 기간별로 다음과 같이 구분한다.

1) 연간계획 : 연간 작업계획은 연간 총 작업량과 이를 작업할 수 있는 보유인력, 재료, 장비예산 등의 보수 능력과 균형이 유지되도록 계획하여야 한다.
2) 월간계획 : 연간작업을 기준으로 하여 월간작업계획 수립하고 도보순회검사 등에 따라 궤도틀림상태 궤도재료 투입사항 등을 검토하여 월간계획 수립한다.
3) 주간계획 : 실행계획으로서 작업구간, 작업방법, 작업인원 등을 명확하게 수립한다.
4) 일일계획 : 선별, 역간위치, 작업종류, 작업연장, 작업방법, 지시사항 등을 기입하여 작업계획을 수립한다.

5-3-2 보선작업종류

1. 작업성질에 따라 분류

1) 선로유지 작업 : 궤도의 틀림, 도상다지기, 체결장치 보수, 이음매 보울트 작업을 하여 선로 상태를 양호한 상태로 유지하는 작업을 말한다.
2) 재료교환 작업 : 레일, 침목, 도상 및 부속품의 교환하는 작업을 말한다.
3) 선로보강 작업 : 레일 중량화, 구조물을 보강, 도상의 생력화 등 개량하는 작업 등으로 궤도강도를 높이기 위한 작업을 말한다.

2. 보수대상이 되는 선로재료에 의한 분류(보선작업지침 참조)

1) 궤도보수작업 (05,09,11,14,18기사, 03,07산업) : 궤간정정, 수평, 면맞춤, 줄맞춤, 유간정정, 침목위치정정, 총다지기 작업
2) 궤도재료보수작업
   ① 레일보수작업 (04,16기사) : 곡선부에 레일 도유로 마모방지 및 레일 플로우(flow)를 삭정하는 작업 또는 가드레일 보수작업 등
   ② 레일체결장치 보수작업
   ③ 침목보수작업
   ④ 교량침목부속품 보수작업
   ⑤ 도상자갈치기
3) 재료교환작업 : 레일, 침목, 도상 교환작업

4) 분기기작업

5) 노반작업, 동상작업, 제설작업

5-3-3 동상 및 분니

1. 동상 (04산업)

1) 정의 : 토사가 동결하게 되면 공극에 있는 물이 얼면서 체적이 팽창하게 된다. 따라서 선로에서 노반토가 결빙되면 체적이 팽창하면서 궤도를 밀어 올리는 현상이 발생하는 데 이를 동상이라 한다.

2) 동상 발생개소 및 문제점

① 분니개소, 터널갱구부

② 깍기부, 복토구간, 암거상부 되메우기 구간

③ 궤도틀림 발생 및 승차감 저하, 열차 안전운행 저하

④ 유지보수 증대

2. 분니(Mod Pumping) (16기사)

열차주행 시 분말가루(니토)가 물에 섞여 궤도 표면에 올라오는 현상을 말한다.

1) 종류

① 도상분니 : 도상재료의 마모에 기인하여 도상을 고결시켜 탄성력을 잃게 됨

② 노반분니 : 연약화된 노반흙이 도상 표면에 분출하는 것

2) 문제점 : 도상의 탄성력 저하 및 침하 발생, 도상입자 간 마찰감소, 궤도의 보수량 증가

분니

5-3 기출문제

1. 다음 중 유간정정 작업의 종류가 아닌 것은? (03,07산업)

가. 간이정리 나. 소정리
다. 중정리 라. 대정리

해설 유간정정 작업의 종류는 간이정리, 소정리, 대정리가 있다.

2. 철도에서 PC침목 부설방법에 대한 설명 중 맞는 것은? (02기사)

가. PC침목의 운반은 응력이완이 일어나도록 모터카로 한다.
나. 반경 600m 미만의 곡선에 부설할 경우에는 침목의 횡저항력 강화에 유의하고 도상을 보강하여야 한다.
다. PC침목 운반 시 철재 받침재를 사용한다.
라. 파손된 PC침목은 모르터로 보수하여 사용한다.

해설 PC침목의 운반은 응력이완이 일어나지 않도록 하고, 목재 받침재를 사용하며 파손된 PC침목은 사용하지 않는다.

3. 보선작업을 분류할 때 곡선부에 레일 도유로 마모방지 및 레일 플로우(flow)를 삭정하는 작업 또는 가드레일 보수작업 등은 어떤 작업에 해당되는가? (04,16기사)

가. 레일보수작업 나. 레일버릇 정정
다. 레일체결장치 보수작업 라. 레일 진체작업

해설 레일보수작업은 레일체결장치 보수, 침목보수, 교량침목부속품 보수, 도상자갈치기 작업과 함께 궤도재료 보수작업에 포함된다.

4. 보선작업을 보수의 대상이 되는 선로재료에 의하여 분류할 때 궤도보수작업에 속하는 것은? (05,09,18기사)

가. 유간정정작업 나. 레일보수작업
다. 침목교환 라. 궤도갱신

해설 궤도보수작업에는 궤간정정, 수평, 면맞춤, 줄맞춤, 유간정정, 침목위치정정, 총다지기 작업 등이 있다.

5. 냉한지에서 노반 내의 물이 얼어 팽창하여 궤도를 들어 올려 궤도면의 고저틀림을 발생시키는 현상은? (04산업)

가. 워터 포켓 나. 분니
다. 동상 라. 도상침하

해설 동상이 발생하면 궤도틀림 발생으로 승차감 저하, 열차 안전운행을 저하시킨다.

6. 궤도보수작업 중 도상저항력의 부족으로 인하여 레일 길이방향의 좌우 굴곡차 궤도틀림이 발생할 경우 보수하는 작업은? (11,14기사)

가. 면맞춤과 다지기작업 나. 줄맞춤 작업
다. 이음매처짐 정정작업 라. 레일버릇 정정작업

해설 줄맞춤 작업에 대한 설명이다.

7. 노반 분니의 발생 원인으로 틀린 것은? (16기사)

가. 도상 고결에 의한 탄성력 회복

나. 반복응력에 의한 노반 흙의 반죽

다. 침목의 상하운동에 의한 펌핑작용

라. 노반 흙의 강도 부족 때문에 자갈이 노반으로 박힘

해설 분니는 도상재료의 마모에 기인하여 도상을 고결시켜 탄성력을 잃게 된다.

정답 1. 다 2. 나 3. 가 4. 가 5. 다 6. 나 7. 가

5-4 기계보선

5-4-1 기계보선작업계획

1. 필요성

열차운행 횟수와 통과 톤수가 급증하고 있어 궤도 파손의 진행은 가속화되고 있으며, 상대적으로 보수요원 및 실제 보선작업시간은 줄어들고 궤도연장은 매년 증가하고 있어 못 미치는 실정에 있다.

2. 기대효과 (15기사)

1) 열차주행안전성 향상
2) 승차감 향상
3) 도상강도 증대
4) 궤도보수 주기 연장
5) 유지보수 노력 감소
6) 보선조직의 첨단화로 인적·물적 비용 감소
7) 철도 종합유지관리시스템 구축에 기여

3. 기계화 추진을 위한 고려사항 (05,10산업)

1) 보수시간의 확보
2) 보수기지, 보수통로의 정비
3) 기계 검사 수리체제의 정비

5-4-2 보선장비 종류 및 특성

1. 도상 작업용 기계 (04,05,06,07,08,10,11,13,16,18,19기사, 09,07,10,12,13,15산업)

선로 보수작업 중 가장 비용이 큰 것이 도상작업으로 약 40~50%이며 면, 수평, 줄맞춤과 동시에 도상다짐기계 및 자갈치기 기계 등이 사용된다.

자갈치기 기계작업은 다수의 대형 기계가 동시에 참가하는데, 그 순서와 사용기계는 다음과 같다.

1) 자갈치기 : 밸러스트 클리너(작업능률 : 400m/h)
2) 자갈보충 : Hoper Car
3) 밸러스트 레귤레이터(작업능률 1000m/h) (06,07기사) : 살포한 자갈을 자주하면서 정리하고 소운반도 가능하며 브러시를 사용하여 침목 상면의 청소까지 시행할 수 있는 장비

밸러스트 레귤레이터(Ballast Regulator)

4) 멀티플 타이탬퍼(작업능률 200~500m/h) : 면, 수평, 줄맞춤 및 다지기

멀티플 타이탬퍼(Multiple Tie-Tamper)

5) 밸러스트 콤팩터(작업능률 700~800m/h) : 도상작업 장비 중 침목 사이 및 도상어깨의 표면을 달고 다지기를 하여 침목을 도상 내에 고정시키고 도상저항력을 증대시키는 장비

밸러스트 콤팩터(Ballast Compactor)

6) 스위치 타이탬퍼(Switch Tie－Tamper) : 분기부 다지기(70～90m/h)
7) 궤도동적안정기(DTS : Dynamic Track Stabilizer) : 도상의 안정화를 위하여 MTT의 결점을 보완하여 궤도침하를 억제하며 다짐 후 감소된 도상횡저항력을 조기에 회복시킴

2. 레일 작업용 기계 (09,12,17기사)

1) 레일 연마기 : 레일면을 평활하게 하여 좋은 주행조건을 유지하게 하는 레일 작업용 기계
2) 레일 교환기 : 신구레일의 교체가 동시에 될 수 있도록 한 기계
3) 레일 절단기 : Frame 일단을 Hinge로 하여 절단하는 방법과 고속회전하는 그라인더를 사용한 절단기가 있음
4) 레일 천공기 : 레일 이음매의 볼트구멍을 뚫는 데 사용
5) 레일 절곡 : 레일의 휨 또는 버릇 교정, 분기기의 간격 붙임 등에 사용됨
6) 가열기 : 장대레일 설정 및 재설정 시 작업 현장에서 레일을 가열하는 기계

3. 기계화 작업의 분류

1) MTT를 이용한 제1종 기계 작업
2) Ballast를 이용한 제2종 기계 작업
3) 기계화 작업 후 또는 긴 구간의 PC침목교환 작업 후에 열차 서행시간을 최소화하기 위하여 DTS를 이용한 궤도 동적안정화 작업
4) 최적의 레일 단면형상을 유지하기 위한 레일연마작업(레일연마차) (02산업) : 레일 표면 결함제거로 사용수명 연장 및 레일답면의 형상유지(profile)하며 소음 및 진동저감, 승차감을 향상시킴
   ① 수정연마(corrective grinding)
   ② 유지보수연마(maintenance grinding)
   ③ 예방연마(preventive grinding)

5-4-3 기계보선작업(기계화 및 현대화 방안)

1. 궤도관리체계의 전산화 구축

1) 궤도틀림 관리 기술 및 유지보수 등급 수립
2) 네트워크망 구축
3) 고성능 궤도검측시스템의 도입
4) 궤도 품질평가 기준 설정

2. 유지보수 비용절감을 위한 궤도 구성품 및 고효율 보수장비 도입

1) 중보선장비의 최적 활용체계 구축 및 적정장비 확보
2) 경보선작업의 기계화 및 자동화

3. 작업계획의 자동화 및 차별화

1) 궤도 보수 기준의 차별화
2) 궤도 설비의 강화 및 생력화 궤도

4. 기계화 보수에 적합한 유지보수체제 전환

1) 정기수선방식으로 전환

2) 궤도유지관리시스템 구축

5-4 기출문제

1. 보선작업의 기계화를 추진하기 위하여 고려해야 할 사항에 해당되지 않는 것은? (05산업)

   가. 열차운행의 고밀화, 영업시간의 증가　　나. 보수시간의 확보
   다. 보수기지, 보수통로의 정비　　라. 기계 검사 수리체제의 정비

   해설 열차운행의 고밀화와 영업시간의 증가는 보선작업 시간의 확보가 어려워진다.

2. 다음 장비 중 침목과 침목 사이 및 도상 어깨의 표면을 달고 다지기를 통하여 침목을 도상 내에 고정시키고 도상 저항력을 증대시키기 위하여 사용하는 장비는? (04,05,06,07,08,11,13,16,18기사, 09산업)

   가. 멀티플 타이탬퍼(Multiple tie tamper)　　나. 밸러스트 레귤레이터(Ballast regulator)
   다. 밸러스트 콤팩터(Ballast compactor)　　라. 밸러스트 클리너(Ballast cleaner)

   해설 멀티플 타이탬퍼는 면, 수평, 줄맞춤 및 다지기 작업 장비, 밸러스트 레귤레이터는 자갈정리, 밸러스트 클리너는 자갈치기 장비이다.

3. 침목과 침목 사이 및 도상어깨의 표면다지기에 적합한 장비는? (07산업)

   가. 밸러스트 콤팩터　　나. 스위치 타이탬퍼
   다. 핸드 타이탬퍼　　라. 밸러스트 클리너

   해설 스위치 타이탬퍼는 분기기 작업용, 밸러스트 클리너는 자갈치기 작업용, 도상어깨 표면다지기는 밸러스트 콤팩터이다.

4. 도상작업용 기계 중 분기부를 다지는 장비로 가장 알맞은 것은? (06,15기사, 12산업)

   가. 호퍼카　　나. 밸러스트 클리너
   다. 밸러스트 레귤레이터　　라. 스위치 타이탬퍼

   해설 스위치 타이탬퍼는 분기기 다지기 작업이 가능하도록 만든 장비이다.

5. 살포한 자갈을 자주하면서 정리하고 소운반도 가능하며 브러쉬를 사용하여 침목 상면의 청소까지 시행할 수 있는 장비는? (06,10,19기사, 12산업)

   가. 멀티플 타이탬퍼　　나. 밸러스트 클리너
   다. 밸러스트 콤팩터　　라. 밸러스트 레귤레이터

   해설 자갈정리를 하는 장비는 밸러스트 레귤레이터이다.

6. 다음 선로보수기계 장비 중 레일사용수명 연장을 도모하는 장비는? (02산업)

   가. 밸러스트 클리너　　나. 레일탐상차
   다. 레일연마차　　라. 궤도검측차

   해설 레일연마차는 레일 표면 결함제거로 사용수명 연장 및 소음, 진동을 저감시킨다.

7. 보선기계 중 도상다지기 작업기계에 속하지 않는 것은? (07기사)

   가. 멀티플 타이탬퍼　　나. 4두 타이탬퍼
   다. 핸드헬드 타이탬퍼　　라. 밸러스트 레귤레이터

   해설 밸러스트 레귤레이터는 살포한 자갈의 정리, 소운반, 침면상면 청소 작업을 한다.

8. 다음 중 레일 작업용 보선장비는? (09기사)

가. 레일연마차
나. 다이내믹 트랙 스태빌라이저
다. 스위치 타이탬퍼
라. 밸러스트 도자

해설 레일 작업용 장비로는 레일연마차, 레일교환기, 레일절단기, 레일천공기 등이 있다.

9. 일반적인 도상용 자갈치기 기계작업 순서로서 알맞게 나열되어 있는 것은? (10,13산업)

① 모터카+호퍼카	② 밸러스트 레귤레이터
③ 밸러스트 콤팩터	④ 멀티플 타이탬퍼
⑤ 밸러스트 클리너	

가. ① − ② − ③ − ④ − ⑤
나. ① − ② − ④ − ③ − ⑤
다. ⑤ − ① − ② − ④ − ③
라. ⑤ − ① − ② − ③ − ④

해설 클리너(구도상 제거), 호퍼카(자갈 살포), 레귤레이터(자갈정리), 타이탬퍼(궤도 들기 등), 콤팩터(자갈 다지기)

10. 보선작업의 기계화를 추진하기 위하여 배려하여야 할 사항과 거리가 먼 것은? (10산업)

가. 보수시간의 확보
나. 경제성 확보를 위한 보선 주기의 장기화
다. 보수기지, 보수통로의 정비
라. 보수작업조건에 적합한 기계의 개량, 개발

해설 보선 주기의 장기화는 기계화 추진과 거리가 멀다.

11. 선로보수의 기계화작업에 대한 장점으로 가장 거리가 먼 것은? (15기사)

가. 보수인력과 작업비의 절감
나. 궤도파괴의 감소
다. 균질작업이 가능
라. 작업능률의 향상

해설 기계화작업 장점 : 보수인력과 작업비의 절감, 균질작업 가능, 작업능률 향상

12. 다음 보선기계 중 도상작업용 기계에 속하지 않는 것은? (15산업)

가. 밸러스트 클리너
나. 밸러스트 레귤레이터
다. 멀티플 파워렌치
라. 스위치 타이탬퍼

해설 멀티플 파워렌치는 레일작업용 기계이다.

13. 현존의 도상면에 콩자갈을 추가 삽입하는 보선장비는? (10기사)

가. 동적 궤도 안전기
나. 자갈송풍기
다. 밸러스트 클리너
라. 자갈흡입기

해설 콩자갈의 입도는 도상자갈보다 작아서 자갈송풍기로 삽입할 수 있다.

14. **보선장비의 발전 경향으로 옳지 않은 것은?** (14기사)

가. 자동화 및 시스템화로 조작자 수의 최소화

나. 기지 정치식에서 현장 자주식으로 변화

다. 컴퓨터가 설치된 첨단 장비로 정밀하고 완벽한 시스템 구축

라. 자주식에서 견인식으로, 소형에서 대형으로 점진적인 규모 변화

해설 견인식에서 자주식으로 소형에서 대형으로 변화하는 경향을 보인다.

15. **레일면을 평활하게 하여 좋은 주행조건을 유지하게 하는 레일 작업용 기계는?** (12, 17기사)

가. 레일 교환기 나. 레일 절단기

다. 레일 천공기 라. 레일 연마기

해설 레일 연마기는 레일 표면 결함제거로 사용수명 연장 및 레일답면 형상유지(profile)하며 소음 및 진동저감, 승차감을 향상시킨다.

16. **멀티플 타이탬퍼 작업효과의 파악방법으로 틀린 것은?** (16기사)

가. 궤도틀림의 파형을 비교하는 방법

나. 궤도틀림의 통계량을 비교하는 방법

다. 궤도틀림의 최대치를 비교하는 방법

라. 궤도틀림 파형의 성장을 분석하는 방법

해설 멀티플 타이탬퍼 작업효과는 궤도틀림 파형, 통계량, 최대치를 비교하여 파악한다.

17. **운행 중인 선로의 도상에 깬 자갈을 보충 살포하는 데 사용하는 장비는?** (19기사)

가. 자갈화차 나. 자갈흡입기

다. 밸러스트 클리너 라. 동적 궤도 안정기

해설 자갈화차는 도상에 자갈을 보충하는 장비이다.

정답 1. 가 2. 다 3. 가 4. 라 5. 라 6. 다 7. 라 8. 가 9. 다 10. 나 11. 나 12. 다 13. 나 14. 라 15. 라 16. 라 17. 가

PART 02 철도보선 관계법규 (철도건설 및 정비에 관한 규정)

CHAPTER 01 건설관련규정

1-1 철도건설규칙

제1장 총칙

제1조(목적)

이 규칙은 「철도의 건설 및 철도시설 유지관리에 관한 법률」 제19조에 따라 철도의 건설기준에 관하여 필요한 사항을 정함을 목적으로 한다.

【철도의 건설기준에 관한 규정】 제1조(목적)

이 규정은 「철도건설규칙」 제4조에 따라 철도 건설기준의 시행에 필요한 세부기준을 정함을 목적으로 한다.

제2조(정의) (05,06,10,12,13,14**기사**, 02,12,13,15**산업**)

이 규칙에서 사용하는 용어의 뜻은 다음과 같다.

【철도의 건설기준에 관한 규정】 제2조(정의)

1. "차량"이란 선로를 운행할 목적으로 제작된 동력차·객차·화차 및 특수차를 말한다.
2. "열차"란 동력차에 객차 또는 화차 등을 연결하여 본선을 운행할 목적으로 조성한 차량을 말한다.
3. "본선"이란 열차운행에 상용할 목적으로 설치한 선로를 말한다.
4. "부본선(정차본선)"이란 정거장 내에서 동일방향의 열차를 운전하는 본선으로서, 여객 및 화물열차 취급, 대피 등을 목적으로 계획한 선로를 말한다.
5. "측선"이란 본선 외의 선로를 말한다.
6. "설계속도"란 해당 선로를 설계할 때 기준이 되는 상한속도를 말한다. (12,17**기사**)
7. "선로"란 차량을 운행하기 위한 궤도와 이를 받치는 노반 또는 인공구조물로 구성된 시설을 말한다.
8. "궤간"이란 양쪽 레일 안쪽 간의 거리 중 가장 짧은 거리를 말하며, 레일의 윗면으로부터 14mm 아래 지점을 기준으로 한다.
9. "캔트(cant)"란 차량이 곡선구간을 원활하게 운행할 수 있도록 안쪽 레일을 기준으로 바깥쪽 레일을 높게 부설하는 것을 말한다.
10. "정거장"이란 여객 또는 화물의 취급을 위한 철도시설 등을 설치한 장소[조차장(열차의 조성 또는 차량의 입환을 위하여 철도시설 등이 설치된 장소를 말한다) 및 신호장(열차의 교차 통행 또는 대피를 위하여 철도시설 등이 설치된 장소를 말한다)을 포함한다]를 말한다. (05,10**기사**, 02**산업**)
11. "선로전환기"란 차량 또는 열차 등의 운행 선로를 변경시키기 위한 기기를 말한다.

12. "종곡선"이란 차량이 선로기울기의 변경지점을 원활하게 운행할 수 있도록 종단면에 두는 곡선을 말한다.
13. "궤도"란 레일·침목 및 도상과 이들의 부속품으로 구성된 시설을 말한다. (13**산업**)
14. "도상"이란 레일 및 침목으로부터 전달되는 차량 하중을 노반에 넓게 분산시키고 침목을 일정한 위치에 고정시키는 기능을 하는 자갈 또는 콘크리트 등의 재료로 구성된 구조부분을 말한다. (15**산업**)
15. "시공기면"이란 노반을 조성하는 기준이 되는 면을 말한다.
16. "슬랙(slack)"이란 차량이 곡선구간의 선로를 원활하게 통과하도록 바깥쪽 레일을 기준으로 안쪽 레일을 조정하여 궤간을 넓히는 것을 말한다.
17. "건축한계"란 차량이 안전하게 운행될 수 있도록 궤도상에 설정한 일정한 공간을 말한다.
18. "차량한계"란 철도차량의 안전을 확보하기 위하여 궤도 위에 정지된 상태에서 측정한 철도차량의 길이·너비 및 높이의 한계를 말한다.
19. "유효장"이란 인접 선로의 열차 및 차량 출입에 지장을 주지 아니하고 열차를 수용할 수 있는 해당 선로의 최대 길이를 말한다. (19**기사**)
20. "전차대"란 기관차의 앞뒤 방향을 바꾸거나, 한 선로에서 다른 선로로 차량의 위치를 이동시키는 장치를 말한다.
21. "전차선로"란 동력차에 전기에너지를 공급하기 위하여 선로를 따라 설치한 시설물로서 전선, 지지물 및 관련 부속 설비를 총괄하여 말한다. (14,19**기사**)
22. "기지"란 화물의 취급 또는 차량의 유치 등을 목적으로 시설한 장소로서 화물기지, 차량기지, 주박기지, 보수기지 및 궤도기지 등을 말한다.
23. "심플 커티너리(simple catenary)"란 전차선로 종류의 하나로서, 단일 조가선과 단일 전차선만으로 전차선로를 가공 현수하는 구조를 갖는 가선 형태를 말하며, 헤비 심플 커티너리(heavy simple catenary)를 포함한다.
24. "운전시격"이란 선행열차와 후속열차간의 운전을 위한 배차시간 간격을 말하며, 운전시격의 최솟값을 최소운전시격이라 한다.
25. "신호소"란 열차의 교차 통행 및 대피를 위한 시설이 없이 열차의 운행에만 필요한 상치신호기(열차제어시스템을 포함한다)를 취급하기 위하여 시설한 장소를 말한다.
26. "건널목안전설비"란 도로와 철도가 평면교차하는 건널목에 열차, 자동차 및 사람 등의 통행에 안전을 확보하기 위하여 설치하는 각종 안전설비를 말한다.
27. "열차제어시스템"이란 열차운행을 직접적으로 제어하기 위하여 연동장치 및 열차자동제어장치 등을 유기적으로 결합하여 하나의 시스템을 구성하는 것을 말한다.
28. "궤도회로"란 열차 등의 궤도점유 유무를 감지하기 위하여 전기적으로 구성한 회로를 말한다.
29. "신호기"란 폐색구간의 경계지점 및 측선의 시점 등 필요한 곳에 설치하여 열차운행의 가능 여부 등을 지시하는 신호기 및 신호표지 등의 장치를 말한다.
30. "절대신호기"란 신호기에 정지신호가 현시된 경우 반드시 열차를 정차한 후 관계자의 승인을 얻어야만 진입할 수 있는 신호기를 말한다.
31. "허용신호기"란 신호기에 정지신호가 현시된 경우 열차를 정차한 후 승인 없이도 제한속도 이하로

진입할 수 있는 신호기를 말한다.

32. "폐색구간"이란 선로를 여러 개의 구간으로 나누어 반드시 하나의 열차만 점유하도록 정한 구간을 말한다.
33. "연동장치"란 신호기 · 선로전환기 · 궤도회로 등의 제어 또는 조작이 일정한 순서에 따라 연쇄적으로 동작되는 장치를 말한다.
34. "통신설비"란 열차운행 및 철도운영에 관한 정보(음성, 부호, 문자 및 영상 등)를 송수신하거나 표출하기 위한 통신선로 등의 통신설비와 이에 부속되는 설비 등을 말한다.
35. "철도교통관제설비"(이하 "관제설비"라 한다)란 열차 및 차량의 운행을 집중 제어 · 통제 · 감시하는 설비로 열차집중제어장치(CTC), 열차무선설비, 관제전화설비 및 영상감시장치(CCTV) 등을 말한다.
36. "전기동차전용선"이란 도시교통 처리를 주목적으로 전기동차가 운행되는 선로로서 디젤기관 등에 따른 여객열차 · 화물열차 및 간선형 전기동차 운행에는 적합하지 않게 건설되는 선로를 말한다.
37. "고속철도전용선"이란 고속철도 구간의 선로를 말한다.
38. "고속화"란 기존 선로의 선형, 노반, 궤도, 신호체계 등을 개량하여 열차 운행속도를 향상시키는 것을 말한다.

제3조(다른 법령과의 관계)~제4조(세부기준) 생략

제2장 선로

제5조(설계속도) (09기사)

선로의 설계속도는 해당 선로의 경제적 · 사회적 여건, 건설비, 선로의 기능 및 앞으로의 교통수요 등을 고려하여 정하여야 한다. 다만, 철도운행의 안정성 등이 확보된다고 인정되는 경우에는 철도건설의 경제성 또는 지형적 여건을 고려하여 해당 선로의 구간별로 설계속도를 다르게 정할 수 있다.

【철도의 건설기준에 관한 규정】 제4조(설계속도)

① 신설 및 개량노선의 설계속도를 정하기 위해서는 다음 각 호의 사항을 고려하여 속도별 비용 및 효과분석을 실시하여야 한다.
1. 초기 건설비, 운영비, 유지보수비용 및 차량구입비 등의 총비용 대비 효과 분석
2. 역간 거리
3. 해당 노선의 기능
4. 장래 교통수요 등

② 도심지 통과구간, 시 · 종점부, 정거장 전후 및 시가화 구간 등 노선 내 타 구간과 동일한 설계속도를 유지하기 어렵거나, 동일한 설계속도 유지에 따르는 경제적 효용성이 낮은 경우에는 구간별로 설계속도를 다르게 정할 수 있다.

제6조(궤간)

궤간의 표준치수는 1,435mm로 한다.

【철도의 건설기준에 관한 규정】 제5조(궤간)

궤간의 표준치수는 1,435mm로 한다.

제7조(곡선반경) (05,07,09,10,12,15,17**기사**, 08,09,13,15**산업**)

곡선반경은 열차운행의 안전성 및 승차감을 확보할 수 있도록 설계속도 등을 고려하여 정하여야 한다. 다만, 정거장 전후 구간 및 측선과 분기기(分岐器)에 연속되는 경우에는 곡선반경을 축소할 수 있다.

【철도의 건설기준에 관한 규정】 제6조(곡선반경)

① 본선의 곡선반경은 설계속도에 따라 다음 표의 값 이상으로 하여야 한다.

설계속도 V(km/h)	최소 곡선반경(m)	
	자갈도상 궤도	콘크리트도상 궤도
400	–*	6,100
350	6,100	4,700
300	4,500	3,500
250	3,100	2,400
200	1,900	1,600
150	1,100	900
120	700	600
$V \leq 70$	400	400

* 설계속도 350 < $V \leq$ 400km/h 구간에서는 콘크리트도상 궤도를 적용하는 것을 원칙으로 하고, 자갈도상 궤도 적용 시에는 별도로 검토하여 정한다.

注) 이외의 값은 제7조의 최대 설정캔트와 최대 부족캔트를 적용하여 다음 공식에 의해 산출

$$R \geq \frac{11.8\,V^2}{C_{max} + C_{d,max}}$$

R : 곡선반경(m)

V : 설계속도(km/h)

C_{max} : 최대 설정캔트(mm)

$C_{d,max}$: 최대 부족캔트(mm)

② 제1항에도 불구하고 다음 각 호와 같은 경우에는 다음 각 호에서 정하는 크기까지 곡선반경을 축소할 수 있다.

1. 정거장의 전후구간 등 부득이한 경우 (07,09,15**기사**, 09**산업**)

설계속도 V(km/h)	최소 곡선반경(m)
200 < $V \leq$ 400	운영속도 고려 조정
150 < $V \leq$ 200	600
120 < $V \leq$ 150	400
70 < $V \leq$ 120	300
$V \leq 70$	250

2. 전기동차전용선의 경우 : 설계속도에 관계없이 250m (08,09**산업**)

③ 부본선, 측선 및 분기기에 연속되는 경우에는 곡선반경을 200m까지 축소할 수 있다. 다만, 고속철도 전용선의 경우에는 다음 표와 같이 축소할 수 있다.

구분	최소 곡선반경(m)
주본선 및 부본선	1,000(부득이한 경우 500)
회송선 및 착발선	500(부득이한 경우 200)

제8조(캔트) (04,18기사)

① 곡선구간에는 열차운행의 안전성 및 승차감을 확보하고 궤도에 주는 압력을 균등하게 하기 위하여 곡선반경 및 운행속도 등에 대응한 캔트를 두어야 하며, 일정 길이 이상에서 점차적으로 늘리거나 줄여야 한다.

② 제1항에도 불구하고 분기기 내의 곡선, 그 전후의 곡선, 측선 내의 곡선 등 캔트를 부설하기 곤란한 곳에는 캔트를 설치하지 아니할 수 있다.

【철도의 건설기준에 관한 규정】 제7조(캔트)

① 곡선구간의 궤도에는 열차의 운행 안정성 및 승차감을 확보하고 궤도에 주는 압력을 균등하게 하기 위하여 다음 공식에 의하여 산출된 캔트를 두어야 하며, 이때 설정캔트 및 부족캔트는 다음 표의 값 이하로 하여야 한다.

$$C = 11.8\frac{V^2}{R} - C_d$$

C : 설정캔트(mm)

V : 설계속도(km/h)

R : 곡선반경(m)

C_d : 부족캔트(mm)

설계속도 V(km/h)	자갈도상 궤도		콘크리트도상 궤도	
	최대 설정캔트(mm)	최대 부족캔트(mm)*	최대 설정캔트(mm)	최대 부족캔트(mm)*
$350 < V \leq 400$	-**	-**	180	130
$200 < V \leq 350$	160	80	180	130
$V \leq 200$	160	100***	180	130

* 최대 부족캔트는 완화곡선이 있는 경우, 즉 부족캔트가 점진적으로 증가하는 경우에 한한다.

** 설계속도 $350 < V \leq 400$km/h 구간에서는 콘크리트도상 궤도를 적용하는 것을 원칙으로 하고, 자갈도상궤도 적용 시에는 별도로 검토하여 정한다.

*** 선로를 고속화하는 경우에는 최대 부족캔트를 120mm까지 할 수 있다.

② 열차의 실제 운행속도와 설계속도의 차이가 큰 경우에는 다음 공식에 의해 초과캔트를 검토하여야 하며, 이때 초과캔트는 110mm를 초과하지 않도록 하여야 한다.

$$C_e = C - 11.8\frac{V_o^2}{R}$$

C_e : 초과캔트(mm)

C : 설정캔트(mm)

V_o : 열차의 운행속도(km/h)

R : 곡선반경(m)

③ 생략

④ 제1항에 따른 캔트는 다음 각 호의 구분에 따른 길이 내에서 체감하여야 한다. (04**기사**)

1. 완화곡선이 있는 경우 : 완화곡선 전체 길이
2. 완화곡선이 없는 경우 : 최소 체감길이(m)는 $0.6\Delta C$보다 작아서는 아니 된다. 여기서 ΔC는 캔트 변화량(mm)이다.

구분	체감 위치
곡선과 직선	곡선의 시·종점에서 직선구간으로 체감*
복심곡선	곡선반경이 큰 곡선에서 체감

* 직선구간에서 체감을 원칙으로 한다. 다만, 선로의 개량 등으로 부득이한 경우에는 곡선부에서 체감할 수 있다.

제9조(완화곡선의 삽입) (05,06,07,10,11,13,14**기사**, 04,09,10**산업**)

본선의 직선과 원곡선 사이 또는 두 개의 원곡선의 사이에는 열차운행의 안전성 및 승차감을 확보하기 위하여 완화곡선을 두되, 곡선반경이 큰 곡선 또는 분기기에 연속되는 경우에는 그러하지 아니하며, 그 밖에 완화곡선을 두기 곤란한 구간에서는 필요한 조치를 마련하여야 한다.

【철도의 건설기준에 관한 규정】 제8조(완화곡선의 삽입)

① 본선의 경우 설계속도에 따라 다음 표의 값 미만의 곡선반경을 지닌 곡선과 직선이 접속하는 곳에는 완화곡선을 두어야 한다. 다만, 분기기에 연속되는 경우이거나 기존선을 고속화하는 구간에서는 제2항의 부족캔트 변화량 한계값을 적용할 수 있다.

설계속도 V(km/h)	곡선반경(m)
250	24,000
200	12,000
150	5,000
120	2,500
100	1,500
$V \leq 70$	600

주) 이외의 값은 다음의 공식에 의해 산출한다.

$$R = \frac{11.8\,V^2}{\Delta C_{d,lim}}$$

R : 곡선반경(m)

V : 설계속도(km/h)

$\Delta C_{d,lim}$: 부족캔트 변화량 한계값(mm)

부족캔트 변화량은 인접한 선형 간 균형캔트 차이를 의미하며, 이외의 한계값은 다음과 같고 이외의 값은 선형 보간에 의해 산출한다.

설계속도 V(km/h)	부족캔트 변화량 한계값(mm)
400	20
350	23
300	27
250	32
200	40
150	57
120	69
100	83
$V \leq 70$	100

② 생략

③ 본선의 경우 두 원곡선이 접속하는 곳에서는 완화곡선을 두어야 하며, 이때 양쪽의 완화곡선을 직접 연결할 수 있다. 다만 부득이한 경우에는 완화곡선을 두지 않고 두 원곡선을 직접 연결하거나 중간 직선을 두어 연결할 수 있으며, 이때 아래 각 호에서 정하는 바에 따라 산정된 부족캔트 변화량은 제1항 표의 값 이하로 하여야 한다.

1. 중간직선이 없는 경우

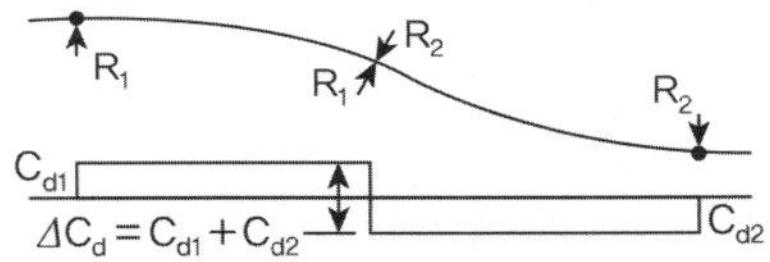

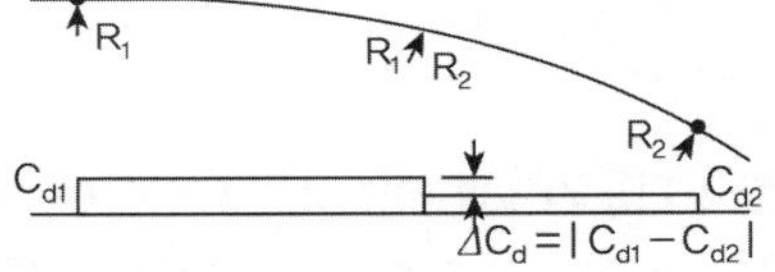

2. 중간직선이 있는 경우로서 중간직선의 길이가 기준값보다 작은 경우

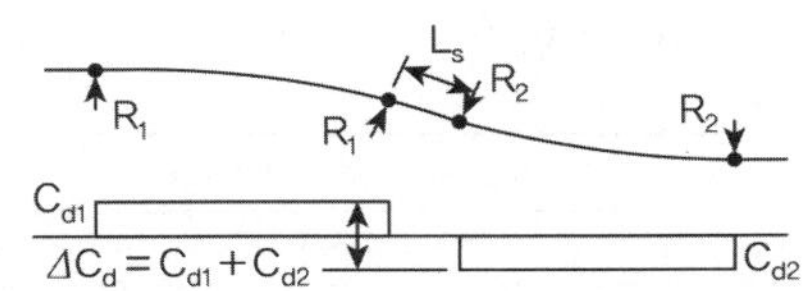

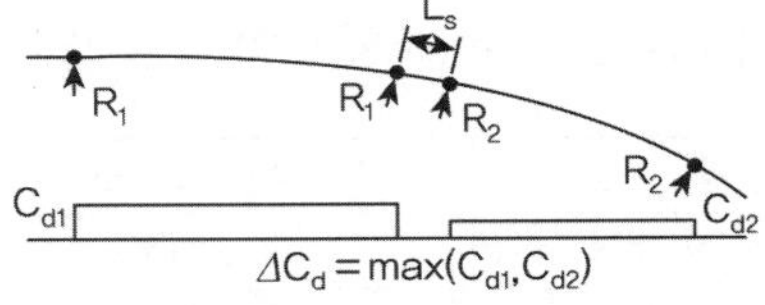

중간직선이 있는 경우, 중간직선 길이의 기준값($L_{s,\,\mathrm{lim}}$)은 설계속도에 따라 다음 표와 같다. (10,19**산업**)

설계속도 V(km/h)	중간직선 길이 기준값(m)
$200 < V \leq 400$	$0.5V$
$100 < V \leq 200$	$0.3V$
$70 < V \leq 100$	$0.25V$
$V \leq 70$	$0.2V$

3. 중간직선이 있는 경우로서 중간직선의 길이가 제2호에서 규정한 기준값보다 크거나 같은 경우는 직선과 원곡선이 접하는 경우로 보아 제1항에 따른 기준에 따른다.

④ 생략

⑤ 완화곡선의 형상은 3차 포물선으로 하여야 한다. (14**기사**)

제10조(직선 및 원곡선의 최소 길이) (03,05,06,07,11**기사**, 03,09**산업**)

본선의 경우 직선과 원곡선의 최소 길이는 설계속도를 고려하여 일정 길이 이상으로 하여야 한다.

【철도의 건설기준에 관한 규정】 제9조(직선 및 원곡선의 최소 길이)

본선의 직선 및 원곡선의 최소 길이는 설계속도에 따라 다음 표의 값 이상으로 하여야 한다. 다만 부본선, 측선 및 분기기에 연속되는 경우에는 직선 및 원곡선의 최소 길이를 다르게 정할 수 있다.

설계속도 V(km/h)	직선 및 원곡선 최소 길이(m)
400	200
350	180
300	150
250	130
200	100
150	80
120	60
$V \leq 70$	40

주) 이외의 값은 다음의 공식에 의해 산출한다.

$$L = 0.5V$$

L : 직선 및 원곡선의 최소 길이(m)
V : 설계속도(km/h)

제11조(선로의 기울기) (09,10,11,13,16**기사**, 05,08**산업**)

선로의 기울기는 해당 선로의 성격과 기능 및 운행 차량의 특성 등을 고려하여 정하여야 한다.

【철도의 건설기준에 관한 규정】 제10조(선로의 기울기)

① 본선의 기울기는 설계속도에 따라 다음 표의 값 이하로 하여야 한다.

구분	설계속도 V(km/h)	최대 기울기(천분율)
여객전용선	$V \leq 400$	35*, **
여객화물 혼용선	$200 < V \leq 250$	25
	$150 < V \leq 200$	10
	$120 < V \leq 150$	12.5
	$70 < V \leq 120$	15
	$V \leq 70$	25
전기동차전용선		35

* 연속한 선로 10km에 대해 평균기울기는 1,000분의 25 이하여야 한다.
** 기울기가 1,000분의 35인 구간은 연속하여 6km를 초과할 수 없다.
주) 단, 선로를 고속화하는 경우에는 운행차량의 특성 등을 고려하여 열차운행의 안전성이 확보되는 경우에는 그에 상응하는 기울기를 적용할 수 있다.

② 제1항에도 불구하고 부득이한 경우 최대 기울기 값을 다음에서 정하는 크기까지 다르게 적용할 수 있다.

설계속도 V(km/h)	최대 기울기(천분율)
$200 < V \leq 250$	30
$150 < V \leq 200$	15
$120 < V \leq 150$	15
$70 < V \leq 120$	20
$V \leq 70$	30

주) 단, 선로를 고속화하는 경우에는 운행차량의 특성을 고려하여 그에 상응하는 기울기를 적용할 수 있다.

③ 본선의 기울기 중에 곡선이 있을 경우에는 제1항 및 제2항에 따른 기울기에서 다음 공식에 의하여 산출된 환산기울기의 값을 뺀 기울기 이하로 하여야 한다.

$$G_c = \frac{700}{R}$$

G_c : 환산기울기(천분율)

R : 곡선반경(m)

④ 정거장의 승강장 구간의 본선 및 그 외의 열차정차구간 내에서의 선로의 기울기는 제1항부터 제3항까지의 규정에도 불구하고 1,000분의 2 이하로 하여야 한다. 다만, 열차를 분리 또는 연결을 하지 않는 본선으로서 전기동차전용선인 경우에는 1,000분의 10까지, 그 외의 선로인 경우에는 1,000분의 8까지 할 수 있으며, 열차를 유치하지 아니하는 측선은 1,000분의 35까지 할 수 있다.

⑤ 종곡선 간 직선 선로의 최소 길이는 설계속도에 따라 다음 값 이상으로 하여야 한다.

$$L = 1.5\,V/3.6$$

L : 종곡선 간 같은 기울기의 선로길이(m)

V : 설계속도(km/h)

⑥ 생략

제12조(종곡선) (06,09,11,13,15,17,19**기사**, 05,09,12,13,15**산업**)

선로의 기울기가 변화하는 곳에는 열차의 운행속도 및 차량의 구조 등을 고려하여 열차운행의 안전성 및 승차감에 지장을 주지 않도록 종곡선을 설치하여야 한다. 다만, 열차운행의 안전에 지장을 줄 우려가 없는 경우에는 그러하지 아니하다.

【철도의 건설기준에 관한 규정】 제11조(종곡선)

① 선로의 기울기가 변화하는 개소의 기울기 차이가 설계속도에 따라 다음 표의 값 이상인 경우에는 종곡선을 설치하여야 한다.

설계속도 V(km/h)	기울기 차(천분율)
$200 < V \leq 400$	1
$70 < V \leq 200$	4
$V \leq 70$	5

② 최소 종곡선 반경은 설계속도에 따라 다음 표의 값 이상으로 하여야 한다.

설계속도 V(km/h)	최소 종곡선 반경(m)
$335 \leq V$	40,000
300	32,000
250	22,000
200	14,000
150	8,000
120	5,000
$V \leq 70$	1,800

주) 이외의 값은 다음의 공식에 의해 산출한다.

$$R_v = 0.35\,V^2$$

R_v : 최소 종곡선 반경(m)
V : 설계속도(km/h)
다만 종곡선 반경은 자갈도성 궤도는 25,000m, 콘크리트도상 궤도는 40,000m 이하로 하여야 한다.

③ 제2항에도 불구하고 도심지 통과구간 및 시가화 구간 등 부득이한 경우에는 설계속도에 따라 다음 표의 값과 같이 최소 종곡선 반경을 축소할 수 있다.

설계속도 V(km/h)	최소 종곡선 반경(m)
200	10,000
150	6,000
120	4,000
70	1,300

주) 이외의 값은 다음의 공식에 의해 산출한다.

$$R_v = 0.25\,V^2$$

R_v : 최소 종곡선 반경(m)
V : 설계속도(km/h)
다만 종곡선 반경은 500m 이상으로 하여야 한다.

④ 생략

⑤ 종곡선은 직선 또는 원의 중심이 1개인 곡선구간에 부설해야 한다. 다만, 부득이한 경우에는 콘크리트도상 궤도에 한하여 완화곡선 또는 직선에서 완화곡선과 원의 중심이 1개인 곡선구간까지 걸쳐서 둘 수 있다.

제13조(슬랙) (02,11,14,1519**기사**, 03,04,05,10**산업**)

원곡선에는 선로의 곡선반경 및 차량의 고정축거(固定軸距) 등을 고려하여 궤도에 과도한 횡압(橫壓)이 가해지는 것을 방지할 수 있도록 슬랙을 두어야 한다. 다만, 궤도에 과도한 횡압이 발생할 우려가 없는 경우는 그러하지 아니하다.

【철도의 건설기준에 관한 규정】 제12조(슬랙)

① 곡선반경 300m 이하인 곡선구간의 궤도에는 궤간에 다음의 공식에 의하여 산출된 슬랙을 두어야 한

다. 다만, 슬랙은 30mm 이하로 한다.

$$S = \frac{2,400}{R} - S'$$

S : 슬랙(mm)

R : 곡선반경(m)

S' : 조정치(0~15mm)

② 제1항에 따른 슬랙은 제7조 제4항에 따른 캔트의 체감과 같은 길이 내에서 체감하여야 한다.

제14조(건축한계) (02,04,06,12기사, 05산업)

① 직선구간의 건축한계의 범위는 별표 1과 같다.

② 건축한계 내에는 건물이나 그 밖의 구조물을 설치해서는 아니 된다. 다만, 가공전차선(架空電車線) 및 그 현수장치(懸垂裝置)와 선로 보수 등의 작업에 필요한 일시적인 시설로서 열차 및 차량운행에 지장이 없는 경우에는 그러하지 아니하다.

③ 곡선구간의 건축한계는 캔트 및 슬랙 등을 고려하여 확대하여야 하며, 캔트의 크기에 따라 경사시켜야 한다.

【철도의 건설기준에 관한 규정】 제13조(건축한계) (18기사)

① 직선구간의 건축한계는 「철도건설규칙」(이하 "규칙"이라 한다) 제14조 제1항에 정한 건축한계로 한다.

② 건축한계 내에는 건물이나 그 밖의 구조물을 설치해서는 아니 된다. 다만, 가공전차선 및 그 현수장치와 선로 보수 등의 작업에 필요한 일시적인 시설로서 열차 및 차량운행에 지장이 없는 경우에는 그러하지 아니하다.

③ 곡선구간의 건축한계는 직선구간의 건축한계에 다음 각 호의 값을 더하여 확대하여야 한다. 다만, 가공전차선 및 그 현수장치를 제외한 상부에 대한 건축한계는 이에 따르지 아니한다.

1. 곡선에 따른 확대량

$$W = \frac{50,000}{R} \left(\text{전기동차전용선인 경우 } W = \frac{24,000}{R} \right)$$

W : 선로 중심에서 좌우측으로의 확대량(mm)

R : 곡선반경(m)

2. 캔트 및 슬랙에 따른 편기량

곡선 내측 편기량 $A = 2.4C + S$

곡선 외측 편기량 $B = 0.8C$

A : 곡선 내측 편기량(mm)

B : 곡선 외측 편기량(mm)

C : 설정캔트(mm)

S : 슬랙(mm)

④ 제3항에 따른 건축한계 확대량은 다음 각 호의 구분에 따른 길이 내에서 체감하여야 한다.

1. 완화곡선의 길이가 26m 이상인 경우 : 완화곡선 전체의 길이
2. 완화곡선의 길이가 26m 미만인 경우 : 완화곡선구간 및 직선구간을 포함하여 26m 이상의 길이
3. 완화곡선이 없는 경우 : 곡선의 시·종점으로부터 직선구간으로 26m 이상의 길이
4. 복심곡선의 경우 : 26m 이상의 길이(이 경우 체감은 곡선반경이 큰 곡선에서 행함)

제15조(궤도의 중심간격) (05기사, 13산업)

① 직선구간의 경우 궤도의 중심간격은 차량한계(철도차량의 안전을 확보하기 위하여 궤도 위에 정지된 상태에서 측정한 철도차량의 길이·너비 및 높이의 한계를 말함)의 최대 폭과 차량의 안전운행 및 유지보수 편의성 등을 고려하여 정하여야 한다.

② 곡선구간의 경우 궤도 중심간격은 곡선반경에 따라 건축한계 확대량에 상당하는 값을 추가하여 정하여야 한다.

【철도의 건설기준에 관한 규정】 제14조(궤도의 중심간격)

① 정거장 외의 구간에서 2개의 선로를 나란히 설치하는 경우에 궤도의 중심간격은 설계속도에 따라 다음 표의 값 이상으로 하여야 하며, 고속철도전용선의 경우에는 다음 각 호를 고려하여 궤도의 중심간격을 다르게 적용할 수 있다. 다만, 궤도의 중심간격이 4.3m 미만인 구간에 3개 이상의 선로를 나란히 설치하는 경우에는 서로 인접하는 궤도의 중심간격 중 하나는 4.3m 이상으로 하여야 한다.

설계속도 V(km/h)	궤도의 최소 중심간격(m)
$350 < V \le 400$	4.8
$250 < V \le 350$	4.5
$150 < V \le 250$	4.3
$70 < V \le 150$	4.0
$V \le 70$	3.8

1. 차량교행 시의 압력
2. 열차풍에 따른 유지보수요원의 안전(선로 사이에 대피소가 있는 경우에 한함)
3. 궤도부설 오차
4. 직선 및 곡선부에서 최대 운행속도로 교행하는 차량 및 측풍 등에 따른 탈선 안전도
5. 유지보수의 편의성 등

② 정거장(기지를 포함) 안에 나란히 설치하는 궤도의 중심간격은 4.3m 이상으로 하고, 6개 이상의 선로를 나란히 설치하는 경우에는 5개 선로마다 궤도의 중심간격을 6.0m 이상 확보하여야 한다. 다만, 고속철도전용선의 경우에는 통과선과 부본선 간의 궤도의 중심간격은 6.5m로 하되 방풍벽 등을 설치하는 경우에는 이를 축소할 수 있다.

③ 제1항 및 제2항에 따른 경우 선로 사이에 전차선로 지지주 및 신호기 등을 설치하여야 하는 때에는 궤도의 중심간격을 그 부분만큼 확대하여야 한다.

④ 곡선구간 궤도의 중심간격은 제1항부터 제3항까지의 규정에 따른 궤도의 중심간격에 제13조 제3항에 따른 건축한계 확대량을 더하여 확대하여야 한다. 다만, 곡선반경이 2,500m 이상의 경우는 확대

량을 생략할 수 있다.

⑤ 생략

제16조(시공기면의 폭) (03,06,09,13,16,17**기사**, 04**산업**)

직선구간의 경우 시공기면(노반을 조성하는 기준이 되는 면을 말한다)의 폭은 궤도구조의 기능을 유지하고, 전철주 및 공동관로 등의 설치와 유지보수요원의 안전한 대피공간 확보가 가능하도록 정하여야 하며, 곡선구간의 경우 캔트의 영향을 고려하여 정하여야 한다.

【철도의 건설기준에 관한 규정】 제15조(시공기면의 폭)

① 토공구간에서의 궤도 중심으로부터 시공기면의 한쪽 비탈머리까지의 거리(이하 "시공기면의 폭"이라 함)는 다음 각 호에 따른다.

1. 직선구간 : 설계속도에 따라 다음 표의 값 이상(다만, 설계속도가 150km/h 이하인 전철화 구간의 시공기면 폭은 4.0m 이상으로 함)

설계속도 V(km/h)	최소 시공기면의 폭(m)	
	전철	비전철
$350 < V \leq 400$	4.5	–
$250 < V \leq 350$	4.25	–
$200 < V \leq 250$	4.0	–
$150 < V \leq 200$	4.0	3.7
$70 < V \leq 150$	4.0	3.3
$V \leq 70$	4.0	3.0

2. 곡선구간 : 제1호에 따른 폭에 도상의 경사면이 캔트에 의하여 늘어난 폭만큼 더하여 확대(다만, 콘크리트도상의 경우에는 확대하지 않음)

② 제1항에도 불구하고 선로를 고속화하는 경우에는 유지보수요원의 안전 및 열차안전운행이 확보되는 범위 내에서 시공기면의 폭을 다르게 적용할 수 있다.

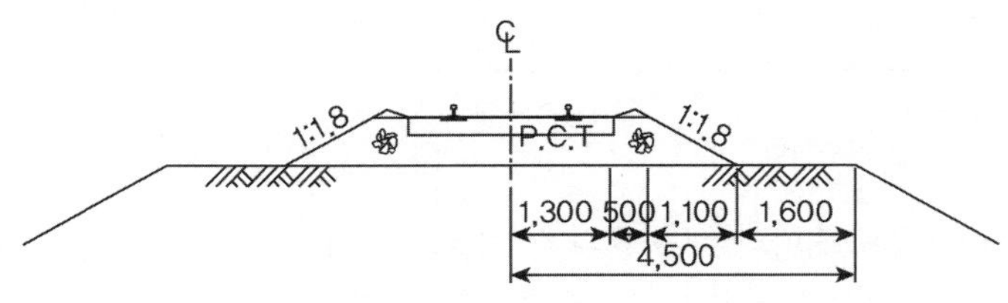

고속선 시공기면의 폭(자갈도상)

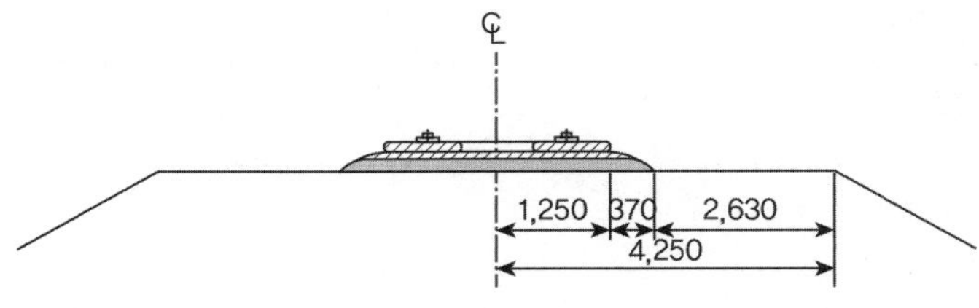

고속선 시공기면의 폭(콘크리트도상)

제17조(선로 설계 시 유의사항)

① 선로구조물은 표준 열차하중을 고려하는 등 열차운행의 안전성이 확보되도록 설계하여야 한다.

② 도상의 종류 및 두께와 레일의 중량 등 궤도구조는 해당 선로의 설계속도와 열차의 통과 톤수에 따라 정하여야 한다.

③ 선로구조물을 설계할 때에는 생애주기(生涯週期) 비용을 고려하여야 한다.

④ 교량, 터널 등의 선로구조물에는 안전설비 및 재난대비설비를 설치하여야 하고, 열차 안전에 지장을 줄 우려가 있는 장소에는 방호설비를 설치하여야 한다.

⑤ 선로를 설계할 때에는 향후 인접 선로(계획 중인 선로를 포함)와 원활한 열차운행이 가능하도록 인접 선로와 연결되는 구조, 차량의 동력방식, 승강장의 형식 및 신호방식 등을 고려하여야 한다.

【철도의 건설기준에 관한 규정】 제16조(선로 설계 시 유의사항)

① 선로구조물 설계 시 여객/화물 혼용선은 KRL2012 표준활하중, 여객전용선은 KRL2012 표준활하중의 75%를 적용한 KRL2012 여객전용 표준활하중, 전기동차전용선은 EL 표준활하중을 적용하여야 한다. 다만, 필요한 경우에는 실제 운행될 열차의 하중 및 향후 운행될 가능성이 있는 열차의 하중에 대하여 안전성이 확보되는 열차하중을 적용할 수 있다.

② 도상의 종류 및 두께와 레일의 중량 등의 궤도구조를 설계할 때에는 다음 각 호에 따라 구조적 안전성 및 열차의 운행 안전성이 확보되도록 하여야 한다.

1. 도상의 종류는 해당 선로의 설계속도, 열차의 통과 톤수, 열차의 운행 안전성 및 경제성을 고려하여 정하여야 한다.
2. 자갈도상의 두께는 설계속도에 따라 다음 표의 값 이상으로 하여야 한다. 다만, 자갈도상이 아닌 경우의 도상의 두께는 부설되는 도상의 특성 등을 고려하여 다르게 적용할 수 있다.

설계속도 V(km/h)	최소 도상두께(mm)
$230 < V \leq 350$	350
$120 < V \leq 230$	300
$70 < V \leq 120$	270*
$V \leq 70$	250*

* 장대레일인 경우 300mm로 한다.
주) 최소 도상두께는 도상매트를 포함한다.

3. 레일의 중량은 설계속도에 따라 다음 표의 값 이상으로 하는 것을 원칙으로 하되, 열차의 통과 톤수, 축중 및 운행속도 등을 고려하여 다르게 조정할 수 있다.

설계속도 V(km/h)	레일의 중량(kg/m)	
	본선	측선
$V > 120$	60	50
$V \leq 120$	50	50

③~⑤ 생략

[참고] 표준활하중(제16조 제1항 관련)

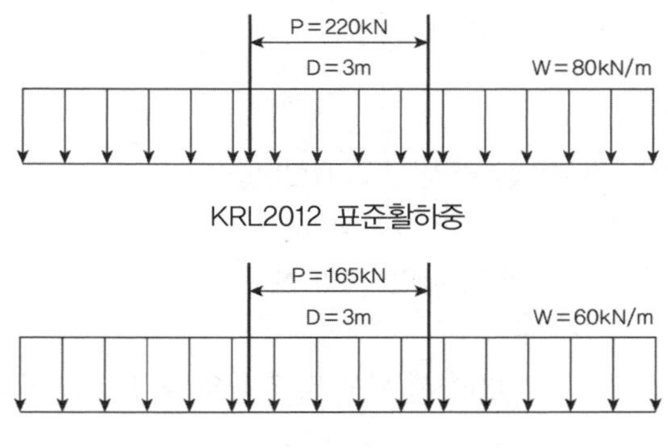

KRL2012 표준활하중

KRL2012 여객전용 표준활하중

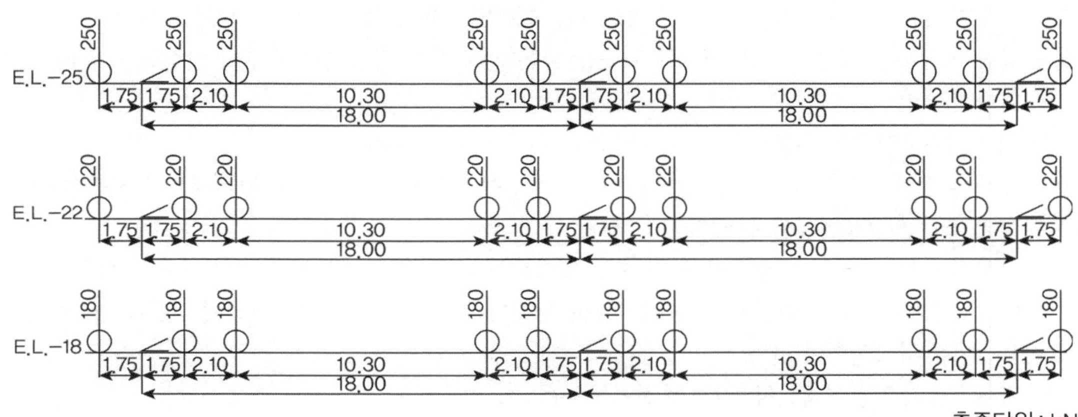

EL 표준활하중

제18조(철도 횡단시설) 생략

제19조(선로표지) (05산업)

선로에는 선로의 유지관리 및 열차의 안전운행에 필요한 선로표지를 설치하여야 한다.

【철도의 건설기준에 관한 규정】 제18조(선로표지)

선로에는 선로의 유지관리 및 열차의 안전운행에 필요한 다음 각 호의 표지를 설치하여야 한다.

1. 매 200m 및 매 km마다 그 거리를 표시하는 표지
2. 선로의 기울기가 변경되는 장소에는 그 기울기를 표시하는 표지
3. 열차속도를 제한하거나 그 밖에 운전상 특히 주의하여야 할 곳에는 이를 표시하는 표지
4. 선로가 분기하는 곳에는 차량의 접촉한계를 표시하는 표지
5. 장내신호기가 설치되지 않아 정거장 내외의 경계를 표시하기 곤란한 정거장에는 그 한계를 표시하는 표지
6. 건널목에는 필요에 따라 통행인에게 주의를 환기시키는 표지

7. 전차선로 구간 중 감전에 대한 주의가 필요한 곳에 전기위험 표지
8. 정거장 중심표 등 철도운영상 필요한 표지

제3장 정거장 및 기지

제20조(정거장의 설치)~제22조(정거장 안의 선로 배선) 생략

제23조(승강장) (04,09,14,15**기사**, 03,07,08,12,13,15**산업**)

① 승강장은 직선구간에 설치하여야 한다. 다만, 지형 여건 등으로 부득이한 경우에는 곡선구간에도 설치할 수 있다.

② 승강장의 수 및 길이는 수송수요, 열차운행 횟수 및 열차의 종류 등을 고려하여 산출한 규모로 설치하여야 한다.

③ 승강장의 높이는 정차하는 차량의 종류 등을 고려하여 정하여야 한다.

④ 승강장의 폭은 수송수요, 승강장 내에 세우는 구조물 및 설비 등을 고려하여 설치하여야 한다.

⑤ 승강장에 세우는 각종 기둥과 벽체로 된 구조물은 선로 쪽 승강장 끝으로부터 일정한 거리를 두어 설치하여야 한다.

【철도의 건설기준에 관한 규정】 제22조(승강장) (14,16,17**기사**, 12**산업**)

① 승강장은 직선구간에 설치하여야 한다. 다만, 지형 여건 등으로 부득이한 경우에는 곡선반경 600m 이상의 곡선구간에 설치할 수 있다.

② 승강장의 수는 수송수요, 열차운행 횟수 및 열차의 종류 등을 고려하여 산출한 규모로 설치하여야 하며, 승강장 길이는 여객열차 최대 편성길이(일반여객열차는 기관차를 포함)에 다음 각 호에 따른 여유길이를 확보하여야 한다.

1. 지상구간의 일반여객열차·간선형 전기동차는 10m
2. 지하구간의 일반여객열차·간선형 전기동차는 5m
3. 지상구간의 전기동차는 5m
4. 지하구간의 전기동차는 1m

③ 승강장의 높이는 다음 각 호에 따른다.

1. 일반여객열차로 객차에 승강계단이 있는 열차가 정차하는 구간의 승강장의 높이는 레일면에서 500mm
2. 화물 적하장의 높이는 레일면에서 1,100mm (14**기사**)
3. 전기동차전용선 등 객차에 승강계단이 없는 열차가 정차하는 구간의 승강장(이하 "고상 승강장"이라 한다)의 높이는 레일면에서 1,135mm 다만, 자갈도상인 경우 1,150mm
4. 곡선구간에 설치하는 고상 승강장의 높이는 캔트에 따른 차량 경사량을 고려

④ 승강장의 폭은 수송수요, 승강장 내에 세우는 구조물 및 설비 등을 고려하여 설치하여야 한다.

⑤ 승강장에 세우는 조명전주·전차선전주 등 각종 기둥은 선로쪽 승강장 끝으로부터 1.5m 이상, 승강장에 있는 역사·지하도·출입구·통신기기실 등 벽으로 된 구조물은 선로쪽 승강장 끝으로부터 2.0m 이상의 통로 유효폭을 확보하여 설치하여야 한다. 다만, 여객이 이용하지 않는 개소 내 구조물은 1.0m 이상의 유효폭을 확보하여 설치할 수 있다.

⑥ 직선구간에서 선로 중심으로부터 승강장 또는 적하장 끝까지의 거리는 콘크리트도상인 경우 1,675mm, 자갈도상인 경우 1,700mm로 하여야 하며, 곡선구간에서는 곡선에 따른 확대량과 캔트에 따른 차량 경사량 및 슬랙량을 더한 만큼 확대하여야 한다.

⑦ 전기동차전용선의 콘크리트도상 궤도에 대해서는 선로 중심으로부터 승강장 끝까지의 거리를 1,610mm로 하여야 한다(차량 끝단으로부터 승강장연단까지의 거리는 50mm를 초과할 수 없다). 다만, 자갈도상인 경우 1,700mm로 하여야 한다.

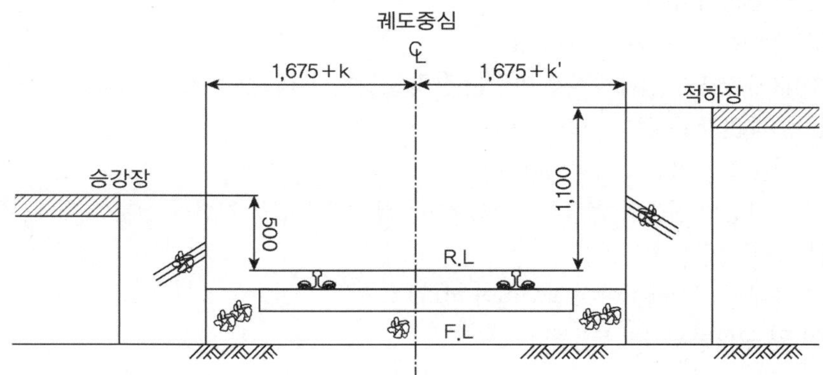

승강장 적하장의 높이 및 승강장과 선로 중심과의 이격거리

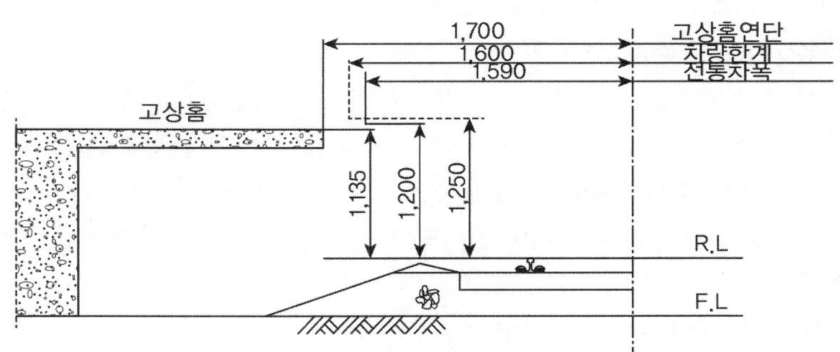

고상 승강장의 높이

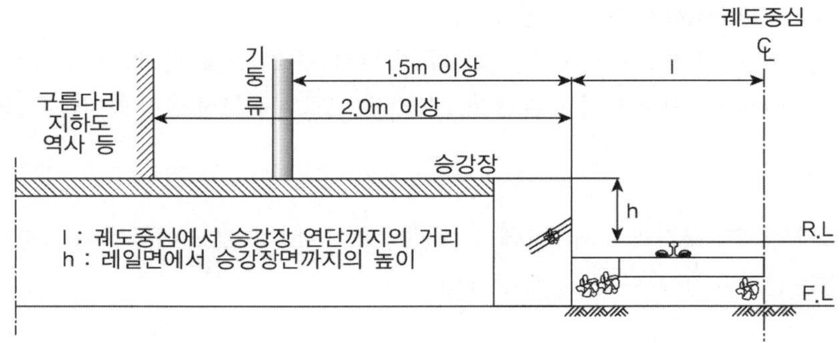

주류 및 벽류의 선로 중심으로부터의 이격거리

[참고] 승강장의 폭

(1) 보통 철도(고속선은 제외) 및 특수 철도의 승강장의 폭은 양측을 사용하는 경우에는 중앙부를 3m 이상, 단부를 2m 이상, 한쪽을 사용하는 경우에는 중앙부를 2m 이상, 단부를 1.5m 이상으로 한다.

(2) 고속선의 승강장의 폭은 양측을 사용하는 경우에는 9m 이상, 한쪽을 사용하는 경우에는 5m 이상으로 한다. 단, 곡선인 플랫폼 단부에서는 양쪽을 사용하는 경우에는 5m 이상, 한쪽을 사용하는 경우에는 4m 이상으로 할 수 있다.

제24조(승강장의 편의 · 안전설비) 생략

제25조(전차대) (12,16**기사**, 03,05,10,13**산업**)

동력차용 전차대(기관차의 앞뒤 방향을 바꾸는 장치를 말한다)의 길이는 27m 이상으로 한다.

【철도의 건설기준에 관한 규정】 제25조(전차대)

① 전차대의 길이는 27m 이상으로 하여야 한다.

② 전차대는 철도차량의 진출입이 원활하여야 하며, 전차대를 선로 끝단에 설치할 때에는 대항선과 차막이 설비를 할 수 있다.

③ 전차대 구조물에는 배수계획이 포함되어야 한다.

제26조(차막이 및 구름방지설비 등) 생략

제4장 전철 전력

제27조(수전전압)~제36조(전차선로의 설비 표준화) 생략

제37조(전차선의 높이) (03,04,05,06,11,18**기사**)

전차선의 공칭 높이(곡선당김금구가 설치되는 지점의 레일의 상부면으로부터 전차선까지의 높이)는 모든 온도 조건에서 5,000mm 이상 5,400mm 이하의 범위에 있어야 하며, 해당 선로의 공칭 높이는 차량한계 및 화물 높이, 안전성, 경제성 등과 집전 성능을 고려하여 정하여야 한다. 다만, 기존 운행선의 경우 터널, 구름다리, 교량 등의 구조물이 이미 설치되어 있는 구간 또는 이에 인접한 구간에서는 전차선의 높이를 축소할 수 있다.

【철도의 건설기준에 관한 규정】 제38조(전차선의 높이)

① 가공 전차선로의 전차선 공칭 높이는 전차선로 속도 등급에 따라 5,000mm에서 5,200mm를 표준으로 한다. 다만, 전차선로 속도 등급 200킬로급 이하에 대하여 해당 노선의 특수 화물 적재 높이를 고려하여 전 구간을 5,400mm까지 높일 수 있다.

② 제1항에도 불구하고 선로를 고속화하는 경우나 컨테이너를 2단으로 적재하여 운송하는 선로 등의 경우에는 열차 안전운행이 확보되는 범위 내에서 해당 선로의 전차선 공칭 높이를 다르게 적용할 수 있다.

③~④ 생략

⑤ 전차선 기울기는 해당 구간의 설계속도에 따라 다음 표의 값 이내로 하여야 한다. 다만 에어섹션, 에어조인트 또는 분기 구간에는 기울기를 주지 않는다.

설계속도 V(km/h)	기울기(천분율)
$V > 250$	0
250	1
200	2
150	3
120	4
$V \leq 70$	10

제38조(전차선의 편위) (09산업)

전차선의 편위(偏位, 곡선당김금구 또는 지지물이 설치되는 지점의 레일 윗면에 수직인 궤도 중심으로부터 좌우로 벗어난 거리)는 열차 정지 및 운행 시 최악의 운영환경에서도 전차선이 팬터그래프 집전판의 집전 범위를 벗어나지 않도록 하되, 팬터그래프 집전판이 최대한 고르게 마모되도록 시설하여야 한다.

【철도의 건설기준에 관한 규정】 제39조(전차선의 편위)

① 전차선의 편위는 오버랩이나 분기 구간 등 특수 구간을 제외하고 좌우 200mm 이내로 하여야 한다. (09산업)

② 팬터그래프 집전판의 고른 마모를 위하여 선로의 곡선반경 및 궤도 조건, 열차 속도, 차량의 편위량, 바람과 온도의 영향, 전차선로 시공 오차 등의 영향을 반영하여 경간 길이별로 최적의 편위 기준을 마련하여 시설하여야 한다.

③ 분기 구간 등 특수 구간의 편위 기준은 별도로 마련할 수 있으며, 최악의 운영환경에서도 전차선이 팬터그래프 집전판의 집전 범위를 벗어나지 않도록 시설하여야 한다.

제39조(접지시설) 생략

제40조(절연 이격거리) (04산업)

전차선로에서 상시 전압이 인가되는 가압부는 대지, 구조물, 다른 전선 또는 식물 등과 최악의 조건에서도 전압 레벨 및 오염지구 여부에 따른 최소 절연 이격거리가 확보되도록 하여야 한다.

【철도의 건설기준에 관한 규정】 제41조(절연 이격거리)

25,000볼트 또는 50,000볼트 공칭 전압이 인가되는 부분에 적용하는 최소 절연 이격거리는 다음 표의 값과 같다.

구분	최소 이격거리(mm)	
	25,000볼트	50,000볼트
일반 지구	250	500
오염 지구	300	550

주) 오염지구 : 염해의 영향이 예상되는 해안 지역 및 분진 농도가 높은 터널 지역 또는 산업화 등으로 인해 오염이 심한 지역을 말한다.

제41조(가공 급전선의 높이)~제42조(가공 전차선로 설비의 강도) 생략

제43조(전기적 구분 장치) (15기사)

전차선로는 이상 발생 시 급전 정지 구간의 한정과 보수작업을 위하여 일정 거리마다 또는 운영상 필요한 곳에 전기적으로 구분할 수 있는 구분 장치를 두어야 하며, 전기적으로 구분되는 설비 사이에는 적

절한 이격거리를 두어야 한다.

【철도의 건설기준에 관한 규정】 제44조(전기적 구분 장치)

① 전기적 구분 장치인 에어섹션은 두 개의 평행한 합성 전차선 사이에 300mm 이상의 정적 수평 이격거리를 두어야 한다. (15,10**기사**)

② 전기적으로 구분할 수 있는 개폐기를 설치하여야 하며, 절연 구간에서 열차가 정지하였을 때 자력으로 나올 수 있도록 절연 구간에 전원을 투입할 수 있는 개폐 설비를 하여야 한다.

③ 절연 구간의 길이는 운행될 열차의 최대 길이와 그 열차의 팬터그래프 사이 거리(동일 회로로 연결되는 팬터그래프 간 거리) 등을 고려하여 급전 구분 구간 사이를 전기적으로 단락시키지 않을 길이 이상으로 설치하여야 한다.

④ 전기 차량이 상시 정차하는 곳이나 열차 제어 또는 신호기 운용을 위하여 피해야 하는 곳에는 구분 장치를 두지 않는다.

제44조(가공 송배전 전선과의 교차) 생략

제45조(건널목 및 과선교의 안전시설) 생략

제46조(터널조명)

철도의 안전운행 및 비상시 승객의 안전을 위하여 일정 길이 이상의 터널 내에는 조명 설비와 유도등 설비를 시설하여야 한다. 다만, 건축 또는 소방 관련 법령 등에서 방재기준을 따로 정한 경우에는 그에 따른다.

【철도의 건설기준에 관한 규정】 제48조(터널조명) (15**산업**)

① 다음 각 호에 해당되는 터널에는 조명 설비를 갖추어야 한다.

1. 직선구간 : 단선철도 120m 이상, 복선철도 150m 이상, 고속철도전용선 200m 이상
2. 곡선반경 600m 이상 구간 : 단선철도 100m 이상, 복선철도 130m 이상
3. 곡선반경 600m 미만 구간 : 단선철도 80m 이상, 복선철도 110m 이상

② 정전된 경우 60분 이상 계속하여 켜질 수 있는 유도등을 설치하여야 한다. (15**산업**)

제5장 신호 및 통신

제47조(신호기장치)

① 철도신호의 현시장치(現示裝置) 및 표시장치의 구조와 형상은 오인될 우려가 없도록 하여야 한다.

② 신호방식은 지상신호 또는 차내 신호방식 등으로 하되, 열차운행 간격, 선로용량(선로상에서 운행할 수 있는 1일 최대 열차 횟수) 등과 열차운행의 안전성 및 효율성을 고려하여 최적의 방식을 선정하여야 한다.

③ 차내 신호방식 및 통신기반열차제어시스템을 채택한 구간에서는 열차운행에 필요한 각종 신호정보를 기관사에게 전달하는 설비를 설치하여야 한다.

【철도의 건설기준에 관한 규정】 제49조(신호기장치) (18**기사**, 15**산업**)

신호기는 소속선의 바로 위 또는 왼쪽에 세우며, 2개 이상의 진입선에 대해서는 같은 종류의 신호기를 같은 지점에 세우는 경우 각 신호기의 배열방법은 진입선로의 배열과 같게 한다. 다만, 지형 또는 그밖에 특별한 사유가 있을 때는 예외로 한다.

제50조(장내신호기 및 절대신호표지)

① 정거장으로 열차를 진입시키는 선로에는 장내신호기 또는 절대신호표지를 설치하여야 한다. 다만, 폐색구간의 중간에 있는 정거장에 있어서는 그러하지 아니하다.

② 장내신호기는 1주에 1기로 하고, 진로표시기를 설치한다, 다만, 선로전환기를 설치한 장소 등 부득이한 경우에는 진입선을 구분하여 장내신호기를 2기 이상 설치할 수 있다.

제51조(출발신호기 및 절대신호표지)

① 정거장에서 열차를 진출시키는 선로에는 출발신호기 또는 절대신호표지를 설치하여야 한다. 다만, 선로전환기가 설치되어 있지 아니한 정거장에는 그러하지 아니하다.

② 동일 출발선에서 진출하는 선로가 2 이상 있는 경우 출발신호기는 1기로 하고 진로표시기를 설치한다. 다만, 선로전환기의 설치장소 등 부득이한 경우에는 예외로 할 수 있다.

③ 정거장의 서로 다른 출발선이 2 이상 있는 경우에는 선로의 배열순에 따라 각각 별도로 설치한다. 다만, 주본선에 해당하는 신호기는 부본선에 해당하는 신호기보다 높게 설치한다.

제52조(입환신호기 및 유도신호기)

정거장에는 입환 및 열차가 있는 선로에 다른 열차를 진입시키는 등의 필요에 따라 입환신호기 또는 유도신호기를 설치하여야 한다.

제53조(폐색신호기)

폐색구간의 시점에는 폐색신호기를 설치하여야 한다. 다만, 다음 각 호의 어느 하나에 해당하는 경우에는 그러하지 아니하다.

1. 출발신호기 또는 장내신호기를 설치한 경우
2. 절대신호표지를 설치한 경우
3. 그 밖의 열차운행 횟수가 극히 적은 구간 등 폐색신호기를 설치할 필요가 없다고 인정되는 경우

제54조(엄호신호기) (15산업)

정거장 또는 폐색구간 도중의 평면교차분기를 하는 지점 그 밖의 특수한 시설로 인하여 열차의 방호를 요하는 지점에는 엄호신호기를 설치하여야 한다.

제55조(원방신호기 및 중계신호기) 생략

제56조(신호기의 확인거리)

신호기는 다음 각 호의 확인거리를 확보할 수 있도록 설치하여야 한다.

1. 장내신호기·출발신호기·엄호신호기 : 600m 이상. 다만, 해당 폐색구간이 600m 이하인 경우에는 그 길이 이상으로 할 수 있다.
2. 수신호등 : 400m 이상
3. 원방신호기·입환신호기·중계신호기 : 200m 이상
4. 유도신호기 : 100m 이상
5. 진로표시기 : 주신호용 200m 이상, 입환신호용 100m 이상

제48조(선로전환기장치)

선로가 분기되는 본선 및 주요 측선에는 열차의 안전을 확보하기 위하여 전기 선로전환기를 설치하여야 한다. 다만, 중요하지 않은 측선에는 수동식 기계 선로전환기를 설치할 수 있다.

【철도의 건설기준에 관한 규정】 제57조(선로전환기장치)

① 선로전환기의 종류 및 설치장소는 다음 각 호의 기준에 따른다.

1. 전기선로전환기 : 본선 및 측선
2. 기계선로전환기(표지 포함) : 중요하지 않은 측선
3. 차상선로전환기 : 정거장 측선 또는 각 기지 내의 빈번한 입환작업 장소

② 주요 전기선로전환기의 분기부에는 다음 각 호의 안전장치를 설치할 수 있다.

1. 첨단 끝이 정하여진 값 이상으로 벌어졌을 경우 이를 검지하는 장치
2. 유지보수요원 이외의 자가 쉽게 밀착조절 간의 너트를 풀 수 없도록 하는 장치

제49조(궤도회로의 설치)

① 신호기, 선로전환기를 포함한 연동장치와 그 밖의 신호설비를 제어하기 위하여 열차 또는 차량의 점유 유무를 감지하는 궤도회로를 설치하여야 한다. 다만, 통신기반열차제어장치의 경우에는 그에 적합한 설비로 대체할 수 있다.

② 궤도회로는 폐전로식(廢電路式) 궤도회로 구성방식으로 하여야 한다. 다만, 필요에 따라 개전로식(開電路式) 궤도회로를 조합하여 설비할 수 있다.

【철도의 건설기준에 관한 규정】 제58조(궤도회로의 설치)

궤도회로는 해당 선로에 적합하도록 다음 각 호에 따라 설치한다.

1. 직류 전철구간 : 가청주파수 궤도회로, 고전압임펄스 궤도회로, 상용주파수 궤도회로
2. 교류 전철구간 : 가청주파수 궤도회로, 고전압임펄스 궤도회로, 직류바이어스 궤도회로
3. 비전철구간 : 가청주파수 궤도회로, 직류바이어스 궤도회로

제50조(연동장치)

열차운행과 차량의 입환을 능률적이고 안전하게 하기 위하여 신호기와 선로전환기가 있는 정거장, 신호소 및 기지에는 그에 적합한 연동장치를 설치하여야 한다.

【철도의 건설기준에 관한 규정】 제59조(연동장치)

열차운행과 차량의 입환을 능률적이고 안전하게 하기 위하여 신호기와 선로전환기가 있는 정거장, 신호소 및 기지에는 그에 적합한 연동장치를 설치하여야 하며 연동장치는 다음 각 호와 같다.

1. 마이크로프로세서에 의해 소프트웨어 로직으로 상호조건을 쇄정시킨 전자연동장치
2. 계전기 조건을 회로별로 조합하여 상호조건을 쇄정시킨 전기연동장치

제51조(열차제어시스템)

열차운행의 안전도를 높이고 열차의 속도를 향상시켜 선로용량을 증대시키기 위하여 연동장치와 여러 제어장치로 구성된 열차제어시스템을 설치하여야 한다.

【철도의 건설기준에 관한 규정】 제60조(열차제어시스템)

열차제어시스템은 연동장치와 다음 각 호의 장치를 유기적으로 구성하여야 한다.

1. 열차집중제어장치(CTC : Centralized Traffic Control)
2. 열차자동제어장치(ATC : Automatic Train Control)
3. 열차자동방호장치(ATP : Automatic Train Protection)
4. 열차자동운전장치(ATO : Automatic Train Operation)

5. 통신기반열차제어장치(CBTC : Communication Based Train Control)

6. 기타 제어장치

제52조(열차 자동 정지장치) 생략

제53조(폐색장치)

폐색을 확보하는 장치는 진로상의 폐색구간의 조건에 따른 신호를 나타내거나 폐색을 보증할 수 있는 것이어야 한다.

【철도의 건설기준에 관한 규정】 제62조(폐색장치)

폐색구간을 설정하는 경우 다음 각 호의 방식 중에서 선로의 운전조건에 적합하도록 설치하여야 한다.

1. 자동폐색식
2. 연동폐색식
3. 차내신호폐색식

제54조(열차집중제어장치 등)

① 일정 구간 단위로 신호설비의 취급과 열차운행의 통제를 집중하여 시행하는 것이 유리한 구간에는 열차집중제어장치를 설치한다.

② 한 역에서 다른 역의 신호설비를 취급하는 것이 유리한 경우에는 신호원격제어장치를 설비할 수 있다.

【철도의 건설기준에 관한 규정】 제63조(열차집중제어장치와 신호원격제어장치)

① 열차집중제어장치는 중앙장치, 역장치, 통신네트워크 등으로 구성한다.

② 열차집중제어장치의 예비관제설비를 구축하여 비상시 열차운용에 대비하여야 한다.

③ 신호원격제어장치는 1개역에서 1개 또는 여러 역을 제어할 수 있도록 설치한다.

제55조(건널목 보안장치)~제62조(통신설비의 보호) 생략

1-1 기출문제

1. **다음 용어의 설명 중 옳지 않은 것은?** (05,10기사, 12산업)

가. 신호소 : 정거장으로서 수동 또는 반자동의 상치신호기를 취급하기 위해 시설한 장소

나. 역 : 열차를 정지하고 여객 또는 화물을 취급하기 위하여 시설한 장소

다. 조차장 : 열차의 조성 또는 차량의 입환을 위하여 시설한 장소

라. 신호장 : 열차의 교행 또는 대피를 위하여 시설한 장소

해설 신호소는 열차의 교행 및 대피 없이 운행에만 필요한 상치(常置)신호기(열차제어시스템을 포함)를 취급하기 위하여 시설한 장소를 말한다.

2. **용어의 대한 정의로 틀린 것은?** (06기사)

가. 궤간 : 레일면에서 레일 윗면의 중심에서 상대편 레일의 중심을 말한다.

나. 수평 : 레일의 직각방향에 있어서의 좌우 레일면의 높이 차를 말한다.

다. 면맞춤 : 한쪽 레일의 레일 길이방향에 대한 레일면의 높이 차를 말한다.

라. 줄맞춤 : 궤간 측정선에 있어서의 레일 길이방향의 좌우 굴곡 차를 말한다.

해설 궤간은 양쪽 레일 안쪽 간의 거리 중 가장 짧은 거리를 말한다.

3. **다음 용어 설명 중 옳지 않은 것은?** (02산업)

가. 궤간이라 함은 레일면에서 하방 12mm 지점의 상대편 레일두부 내측 간 최단거리를 말한다.

나. 본선이라 함은 열차운전에 상용할 목적으로 설치한 선로를 말한다.

다. 역이라 함은 여객 또는 화물을 취급하기 위하여 시설한 장소를 말한다.

라. 신호장이라 함은 열차의 교행 또는 대피를 위하여 시설한 장소를 말한다.

해설 궤간은 양쪽 레일 안쪽 간의 거리 중 가장 짧은 거리를 말하며, 레일의 윗면으로부터 14mm 아래 지점을 기준으로 한다.

4. **승강장에 대한 설치기준으로 옳은 것은?** (14,15,16기사, 07,13,15산업)

가. 승강장은 직선구간에 설치하여야 한다. 다만, 지형 여건 등으로 인하여 부득이한 경우에는 곡선반경 500m 이내의 곡선구간에 설치할 수 있다.

나. 승강장의 높이는 레일 윗면으로부터 1,000mm로 하여야 한다.

다. 승강장에 세우는 조명전주, 전차선전주 등 각종 기둥은 선로 쪽 승강장 끝으로부터 1m 이상의 거리를 두어야 한다.

라. 전동차전용선 구간의 승강장의 높이는 레일 윗면으로부터 1,500mm로 한다.

해설 부득이한 경우 곡선반경 600m 이상의 곡선구간에 설치할 수 있다. 높이는 레일 윗면으로부터 500m, 전동차전용선 구간의 승강장의 높이는 레일 윗면으로부터 1,135mm로 한다.

5. 승강장에 세우는 조명전주, 전차선전주 등 각종 기둥은 선로쪽 승강장 끝으로부터 몇 미터 이상의 거리를 두어야 하나? (04기사)

가. 1.0m 나. 1.5m

다. 2.0m 라. 5.0m

해설 승강장에 세우는 조명전주·전차선전주 등 각종 기둥은 선로쪽 승강장 끝으로부터 1.5m 이상, 승강장에 있는 역사·지하도·출입구·통신기기실 등 벽으로 된 구조물은 선로쪽 승강장 끝으로부터 2.0m 이상의 통로 유효폭을 확보하여 설치하여야 한다. 다만, 여객이 이용하지 않는 개소 내 구조물은 1.0m 이상의 유효폭을 확보하여 설치할 수 있다〈철도의 건설기준에 관한 규정 제22조 제5항〉.

6. 국유철도에서 기관차용 전차대 길이의 기준으로 옳은 것은? (16기사, 05산업, 03산업)

가. 17m 이상 나. 23m 이상

다. 27m 이상 라. 32m 이상

해설 기관차용 전차대 길이의 기준은 27m 이상으로 하여야 한다〈철도의 건설기준에 관한 규정 제25조 제1항〉.

7. 다음 중 확인거리가 가장 크게 확보되어야 하는 신호기는? (07산업)

가. 유도신호기 나. 출발신호기

다. 원방신호기 라. 중계신호기

해설
- 장내신호기·출발신호기·엄호신호기 : 600m 이상의 거리에서 설치
- 원방신호기·입환신호기·중계신호기 : 200m 이상의 거리에서 설치
- 유도신호기 : 100m 이상의 거리에서 설치

8. 직선구간에서 설계속도가 150km/h 이하인 전철화 구간의 시공기면의 폭은 얼마 이상으로 하여야 하는가? (13,17기사, 04산업)

가. 2.5m 나. 3.0m

다. 3.5m 라. 4.0m

해설 최소 시공기면의 폭〈철도의 건설기준에 관한 규정 제15조〉

설계속도 V(km/h)	최소 시공기면의 폭(m)	
	전철	비전철
$350 < V \leq 400$	4.5	−
$250 < V \leq 350$	4.25	−
$200 < V \leq 250$	4.0	−
$150 < V \leq 200$	4.0	3.7
$70 < V \leq 150$	4.0	3.3
$V \leq 70$	4.0	3.0

9. 일반철도의 토공구간에서 노반을 조성하는 기준이 되는 면의 폭은 설계속도 150~200km/h의 경우 직선 구간에서 궤도 중심으로부터 몇 미터 이상으로 하여야 하는가? (09기사)

가. 4.5m　　나. 4.0m

다. 3.5m　　라. 3.0m

해설 최소 시공기면의 폭은 설계속도가 250~350km/h인 경우 4.25m, 250km/h 이하인 경우는 4m이다.

10. 곡선반경이 300m 곡선구간의 궤도에서 슬랙량은 얼마인가? (02,11기사)

가. 4mm　　나. 5mm

다. 6mm　　라. 8mm

해설 $S=\frac{2400}{R}-S'$ 에서 $\frac{2400}{300}-0=8\text{mm}$

11. 다음 중 철도의 슬랙에 관한 설명으로 틀린 것은? (14기사, 04산업)

가. 슬랙의 최대치는 30mm이다.

나. 슬랙조정치가 최대일 때 슬랙값도 최대가 된다.

다. 슬랙의 크기는 곡선반경에 반비례 한다.

라. 완화곡선이 없는 경우 슬랙체감은 캔트의 체감길이와 같다.

해설 $S=\frac{2400}{R}-S'$ 에서 슬랙조정치(S')가 최대일 때 슬랙값은 최소가 된다.

12. 슬랙에 관한 설명 중 옳지 않은 것은? (03,05산업)

가. 반경 600m 이하의 곡선구간에 붙인다.

나. 슬랙은 20mm를 초과하지 못한다.

다. 완화곡선에서 슬랙의 체감은 그 전연장에서 한다.

라. 완화곡선이 없는 경우에는 캔트의 체감길이와 같은 길이로 체감하여야 한다.

해설 슬랙의 최대치는 30mm이다.

13. 정거장 또는 폐색구간 도중의 평면교차분기를 하는 지점 그 밖의 특수한 시설로 인하여 열차의 방호를 요하는 지점에 설치하는 신호기는? (15산업)

가. 엄호신호기　　나. 원방신호기

다. 중계신호기　　라. 유도신호기

해설 정거장에는 입환 및 열차가 있는 선로에 다른 열차를 진입시키는 등의 필요에 따라 입환신호기 또는 유도신호기를 설치하여야 한다. 주신호기의 신호를 중계할 필요가 있는 경우에는 그 바깥쪽 상당한 거리에 원방신호기 또는 중계신호기를 설치하여야 한다.

14. 다음 중 설계속도 120km/h에서 R=400m 구간을 계획할 때 취할 수 있는 최대 기울기는? (16기사, 05산업)

가. 15‰　　나. 16.75‰

다. 13.25‰　　라. 12.55‰

해설 본선의 기울기 중에 곡선이 있을 경우 최대기울기에서 환산기울기 값을 뺀 기울기 이하로 하여야 한다. 환산기울기는 700/R에 의해 700/400=1.75‰이므로 15−1.75=13.25‰이다.

15. 다음 중 곡선구간의 건축한계 확대량에 대한 체감방법으로 옳지 않은 것은? (14,18기사)

가. 완화곡선 길이가 26m 이상인 경우 : 완화곡선 전체의 길이

나. 완화곡선 길이가 26m 미만인 경우 : 완화곡선구간 및 직선구간을 포함하여 26m 이상의 길이

다. 완화곡선이 없는 경우 : 곡선의 시·종점으로부터 직선구간으로 26m 이상의 길이

라. 복심곡선의 경우 : 26m 이상의 길이 이 경우 체감은 곡선반경이 작은 곡선에서 행한다.

해설 건축한계 확대량은 다음의 구분에 따른 길이 내에서 체감하여야 한다.

1. 완화곡선의 길이가 26m 이상인 경우 : 완화곡선 전체의 길이
2. 완화곡선의 길이가 26m 미만인 경우 : 완화곡선구간 및 직선구간을 포함하여 26m 이상의 길이
3. 완화곡선이 없는 경우 : 곡선의 시·종점으로부터 직선구간으로 26m 이상의 길이
4. 복심곡선의 경우 : 26m 이상의 길이(체감은 곡선반경이 큰 곡선에서 행함)

16. 철도를 횡단하는 시설물이 설치되는 구간의 건축한계의 높이는 7,010mm 이상 확보하도록 규정하고 있는 이유로 옳은 것은? (05산업)

가. 터널에 저촉하지 않기 위해서

나. 교량구조물에 저촉하지 않기 위하여

다. 전차선의 가설높이에 지장이 없도록 하기 위해서

라. 장래 복선화를 위하여 여유분을 확보하기 위해서

해설 전차선의 가설 높이에 지장이 없도록 하기 위해 철도를 횡단하는 시설물이 설치되는 구간의 건축한계는 7,010mm 이상 확보하도록 규정하고 있다.

17. 곡선구간의 건축한계 산출량에 포함되지 않는 것은? (02,04,06기사)

가. 슬랙량 나. 좌우레일 간 거리오차

다. 캔트에 의한 차량경사량 라. 확폭량(W=50,000/R)

해설 곡선에 따른 확대량 $W=\frac{50,000}{R}$, 곡선 내측 편기량 $A=2.4C+S$, 곡선 외측 편기량 $B=0.8C$에서 확폭량, 곡선반경, 캔트, 슬랙에 의한 영향이 있다.

18. 완화곡선이 없는 경우 캔트 체감 길이는? (04,19기사)

가. 완화곡선 전체 길이

나. 체감은 곡선반경이 큰 곡선에서 행함

다. 곡선과 직선에서는 곡선의 시종점에서 직선구간으로 체감

라. 두 곡선 사이의 캔트 차이의 600배 이상의 길이

해설 최소 체감 길이(m)는 $0.6\Delta C$보다 작아서는 안 된다. 여기서 ΔC는 캔트 변화량(mm)이다.

곡선과 직선 : 곡선의 시종점에서 직선구간으로 체감

복심곡선 : 곡선반경이 큰 곡선에서 체감

19. 본선의 설계속도에 따른 최소 곡선반경이 옳지 않은 것은? (단, 콘크리트도상 궤도인 경우) (05,15,17기사)

가. $V \leq 70$km/h, R=400m　　나. $V = 200$km/h, R=1,600m

다. $V = 250$km/h, R=2,400m　　라. $V = 300$km/h, R=4,500m

해설 설계속도 V가 300km/h인 경우 콘크리트도상 궤도 최소 곡선반경 R은 3,500m이다.

20. 철도의 건설기준에 관한 규정에서 정하는 장대레일 부설구간의 자갈도상 두께에 대한 기준은? (07기사)

가. 250mm 이상　　나. 270mm 이상

다. 300mm 이상　　라. 350mm 이상

해설 장대구간은 300mm로 한다(철도의 건설기준에 관한 규정 제16조 선로설계 시 유의사항 참조).

21. 정거장 외의 구간에서 2개의 선로를 나란히 설치하는 경우 궤도의 중심간격은 얼마 이상이어야 하는가? (단, 설계속도는 120km/h) (05기사)

가. 5.5m　　나. 5m

다. 4.5m　　라. 4.0m

해설 궤도의 중심간격 〈철도의 건설기준에 관한 규정 제14조〉

설계속도 V(km/h)	궤도의 최소 중심간격(m)	설계속도 V(km/h)	궤도의 최소 중심간격(m)
$350 < V \leq 400$	4.8	$70 < V \leq 150$	4.0
$250 < V \leq 350$	4.5	$V \leq 70$	3.8
$150 < V \leq 250$	4.3		

22. 철도의 건설기준에 관한 규정에 따라 본선에서 설계속도에 따른 직선 및 원곡선의 최소 길이가 바르게 연결된 것은? (03,11기사)

가. 설계속도 200km/h, 직선 및 원곡선의 최소 길이 120m

나. 설계속도 150km/h, 직선 및 원곡선의 최소 길이 80m

다. 설계속도 120km/h, 직선 및 원곡선의 최소 길이 50m

라. 설계속도 70km/h, 직선 및 원곡선의 최소 길이 20m

해설 직선 및 원곡선의 최소 길이 〈철도의 건설기준에 관한 규정 제9조〉

설계속도 V(km/h)	직선 및 원곡선 최소 길이(m)
400	200
350	180
300	150
250	130
200	100
150	80
120	60
$V \leq 70$	40

주) 이외의 값은 다음의 공식에 의해 산출한다.

$$L = 0.5V$$

L: 직선 및 원곡선의 최소 길이(m)
V: 설계속도(km/h)

23. 전차선의 높이는 레일 윗면으로부터 몇 미터를 표준으로 하는가? (03기사)

가. 5.2m　　나. 6.5m

다. 3.5m　　라. 5.8m

해설 전차선 공칭 높이는 전차선로 속도 등급에 따라 5~5.2m를 표준으로 한다.

24. 다음 중 동력차에 전기에너지를 공급하기 위하여 선로를 따라 설치한 시설물로서 전선, 지지물 및 관련 부속 설비를 총괄하여 말하는 것은? (14기사)

가. 조가선　　나. 가공전차선

다. 폐색구간　　라. 전차선로

해설 전차선로란 동력차에 전기에너지를 공급하기 위하여 선로를 따라 설치한 시설물로서 전선, 지지물 및 관련 부속 설비를 총괄하여 말한다.

25. 콘크리트도상인 경우 직선구간에서 선로 중심으로부터 승강장 또는 적하장 끝까지의 거리는 얼마로 하여야 하는가? (08산업)

가. 1,650mm　　나. 1,675mm

다. 1,700mm　　라. 1,725mm

해설 직선구간에서 선로 중심으로부터 승강장 또는 적하장 끝까지의 거리는 콘크리트도상인 경우 1,675mm, 자갈도상인 경우 1,700mm로 하여야 하며, 곡선구간에서는 곡선에 따른 확대량과 캔트에 따른 차량 경사량 및 슬랙량을 더한 만큼 확대하여야 한다〈철도의 건설기준에 대한 규정 제22조 제6항〉.

26. 20mm의 슬랙을 지닌 차량은 반경 몇 미터의 곡선구간의 선로를 통과할 수 있는 구조로 하여야 하는가? (02산업)

가. 150m　　나. 120m

다. 90m　　라. 80m

해설 $S = \frac{2,400}{R}$ 이므로 $20 = \frac{2,400}{R}$ 에서 $R = 120$m이다.

27. 철도의 건설기준에 관한 규정에 따라 설계속도 180km/h인 선로에 종곡선을 설치할 때, 최소 종곡선 반경은? (11,13기사, 09,12,13,15산업)

가. 11,340m　　나. 13,180mm

다. 14,000m　　라. 18,000m

해설 최소 종곡선 반경은 다음의 공식에 의해 산출한다. 다만 종곡선 반경은 자갈도상 궤도는 25,000m, 콘크리트도상 궤도는 40,000m 이하로 하여야 한다.

$$R_v = 0.35V^2$$

R_v : 최소 종곡선 반경(m)

V : 설계속도(km/h)

28. **전기동차전용선의 최소 곡선반경은?** (08산업)

가. 200m　　　　나. 250m

다. 300m　　　　라. 400m

해설 전기동차전용선의 최소 곡선반경은 설계속도에 관계없이 250m이다.

29. **다음 괄호 안에 들어갈 내용으로 적절한 것은? (단, 도시철도 건설규칙을 따른다)** (17기사)

선로의 기울기가 변하는 경우로서 인접기울기의 변화가 (㉠)을(를) 초과하는 경우에는 반경 (㉡) 이상의 종곡선(從曲線)을 삽입하여야 한다.

가. ㉠ 3/1,000, ㉡ 3,000m　　　　나. ㉠ 3/1,000, ㉡ 5,000m

다. ㉠ 5/1,000, ㉡ 3,000m　　　　라. ㉠ 5/1,000, ㉡ 5,000m

해설 선로의 기울기가 변하는 경우로서 인접 기울기의 변화가 5/1,000를 초과하는 경우에는 반경 3,000m 이상의 종곡선(從曲線)을 삽입하여야 한다〈도시철도 건설규칙 제18조〉.

30. **설계속도 150km/h인 선로에서 기울기가 서로 다른 두 개의 선로를 접속할 경우 종곡선을 삽입해야 하는 것은? (단, 보기항은 두 개 선로의 기울기를 나타낸 것이며, +는 상향기울기, −는 하향기울기이다)** (19기사)

가. +2‰, +4‰　　　　나. +3‰, −2‰

다. +10‰, +13‰　　　　라. +1‰, −2‰

해설 $70 < V \leq 200$인 경우 기울기 차가 4‰ 이상일 때 설치한다. 따라서 −2‰−(−4‰)=2‰ 차이므로 해당되지 않는다(철도건설규칙 제12조 종곡선 내용 참조).

31. **일반철도 전차선의 편위는 레일 윗면에서 수직한 궤도 중심으로부터 좌우 얼마 이내여야 하는가?** (09산업)

가. 200mm 이내　　　　나. 220mm 이내

다. 250mm 이내　　　　라. 270mm 이내

해설 전차선의 편위는 오버랩이나 분기 구간 등 특수 구간을 제외하고는 좌우 200mm 이내로 한다〈철도의 건설기준에 관한 규정 제39조 제1항〉.

32. **다음 ( ) 안에 들어갈 알맞은 수치가 순서대로 짝지어진 것은?** (09,14,17기사)

일반여객 열차로 객차에 승강계단이 있는 열차가 정차하는 구간의 승강장의 높이는 레일면에서 ( )mm로 한다. 다만, 전기동차전용선의 높이는 ( )mm로 한다.

가. 400, 1,610　　　　나. 400, 1,200

다. 500, 1,700　　　　라. 500, 1,135

해설 승강장의 높이〈철도의 건설기준에 관한 규정 제22조 제3항〉

1. 일반여객 열차로 객차에 승강계단이 있는 열차가 정차하는 구간의 승강장의 높이는 레일면에서 500mm
2. 화물 적하장의 높이는 레일면에서 1,100mm
3. 전기동차전용선 등 객차에 승강계단이 없는 열차가 정차하는 구간의 승강장(이하 고상 승강장)의 높이는 레일면에서 1,135mm. 다만, 자갈도상인 경우 1,150mm
4. 곡선구간에 설치하는 고상 승강장의 높이는 캔트에 따른 차량 경사량을 고려

33. 본선의 인접한 두 원곡선이 접속하는 곳에서는 완화곡선을 두어야 하나 완화곡선을 두지 않고 두 원곡선을 직접 연결하거나 중간직선을 두어 연결할 수 있다. 이때 중간직선이 있는 경우, 설계속도 V가 $100 < V \le 200$인 경우의 중간직선 길이의 기준값(m)은? (10,19산업)

가. $0.1V$
나. $0.2V$
다. $0.25V$
라. $0.3V$

해설 중간직선이 있는 경우, 중간직선 길이의 기준값($L_{s,\lim}$)은 설계속도에 따라 다음 표와 같다.

설계속도 V(km/h)	중간직선 길이 기준값(m)
$200 < V \le 400$	$0.5V$
$100 < V \le 200$	$0.3V$
$70 < V \le 100$	$0.25V$
$V \le 70$	$0.2V$

34. 에어섹션은 두 개의 평행한 합성 전차선 사이에 최소 얼마 이상의 정적 수평 이격거리를 두어야 하는가? (10,15기사)

가. 200mm
나. 300mm
다. 500mm
라. 1,000mm

해설 전기적 구분 장치인 에어섹션은 두 개의 평행한 합성 전차선 사이에 300mm 이상의 정적 수평 이격거리를 두어야 한다〈철도의 건설기준에 관한 규정 제44조 제1항〉.

35. 철도의 건설기준에 관한 규정상 특수한 경우를 제외한 본선 선로의 기울기 한도로 옳지 않은 것은? (11기사)

가. $150 < V \le 200$인 경우 8/1,000
나. $120 < V \le 150$인 경우 12.5/1,000
다. $70 < V \le 120$인 경우 15/1,000
라. $V \le 70$인 경우 25/1,000

해설 본선의 기울기는 설계속도에 따라 다음 표의 값 이하로 하여야 한다.

구분	설계속도 V(km/h)	최대 기울기(천분율)
여객전용선	$V \le 400$	35
여객화물 혼용선	$200 < V \le 250$	25
	$150 < V \le 200$	10
	$120 < V \le 150$	12.5
	$70 < V \le 120$	15
	$V \le 70$	25
전기동차전용선		35

36. 다음 용어의 정의 중 옳지 않은 것은? (12,13기사, 15산업)

가. 궤도란 레일·침목 및 도상과 이들의 부속품으로 구성된 시설을 말한다.

나. 슬랙이란 차량이 곡선구간의 선로를 원활하게 통과하도록 바깥쪽 레일을 기준으로 안쪽 레일을 조정하여 궤간을 넓히는 것을 말한다.

다. 설계속도란 해당 선로를 설계할 때 기준이 되는 하한속도를 말한다.

라. 전차선로란 동력차에 전기에너지를 공급하기 위하여 선로를 따라 설치한 시설물로서 전선, 지지물 및 관련 부속 설비를 총괄하여 말한다.

해설 설계속도란 해당 선로를 설계할 때 기준이 되는 상한속도를 말한다.

37. 정거장 외의 구간에서 2개의 선로를 나란히 설치하는 경우 궤도의 최소 중심간격은? (단, 설계속도는 $70 < V \leq 150$) (13산업)

가. 3.8m　　나. 4.0m

다. 4.3m　　라. 4.5m

해설 궤도 최소 중심간격은 다음의 표에 따른다.

설계속도 V(km/h)	궤도의 최소 중심간격(m)
$350 < V \leq 400$	4.8
$250 < V \leq 350$	4.5
$150 < V \leq 250$	4.3
$70 < V \leq 150$	4.0
$V \leq 70$	3.8

38. 철도의 건설기준에 관한 규정에서 정하는 완화곡선의 길이는 설계속도에 따라 설정된 캔트 변화량과 부족캔트 변화량의 일정 배수 이상으로 하여야 한다. 다음 중 설계속도에 따른 캔트 변화량에 대한 배수가 맞지 않는 것은? (단, 설계속도 : 캔트 변화량에 대한 배수) (14기사)

가. 200km/h : 1.50　　나. 150km/h : 1.10

다. 120km/h : 1.00　　라. 70km/h : 0.60

해설 설계속도에 따른 캔트 변화량에 대한 배수는 다음 표와 같다.

설계속도 V(km/h)	캔트 변화량에 대한 배수	부족캔트 변화량에 대한 배수
400	2.95	2.50
350	2.50	2.20
300	2.20	1.85
250	1.85	1.55
200	1.50	1.30
150	1.10	1.00
120	0.90	0.75
$V \leq 70$	0.60	0.45

39. 철도 본선에서 설계속도에 따라 일정한 크기 미만의 반경을 지닌 곡선과 직선이 접속하는 곳에 두는 완화 곡선의 형상은 어떤 것인가? (14기사)

가. 클로소이드 곡선 나. 4차 포물선

다. 사인 곡선 라. 3차 포물선

해설 완화곡선의 형상은 3차 포물선으로 하여야 한다.

40. 설계속도 200km/h인 본선의 경우에 대한 설명으로 옳은 것은? (단, 자갈도상 구간) (16기사)

가. 종곡선반경 R = 6000m 이상

나. 최소곡선반경 R = 1200m 이상

다. 원곡선 최소길이 L = 80m 이상

라. 완화곡선 삽입 곡선반경 R = 1200m 미만

해설 200km/h 본선일 경우
종곡선 반경 R = 14,000m 이상
최고곡선반경 R = 1,900m 이상
원곡선 최소길이 L = 100m 이상

41. 다음 설명 중 틀린 것은? (단 철도의 건설기준에 관한 규정에 따른다) (16기사)

가. 장대레일구간의 자갈도상 두께는 300mm로 한다.

나. 설계속도 150km/h인 본선의 경우 전차선의 기울기는 3/1000 이내로 하여야 한다.

다. 선로구조물 설계 시 여객/화물 혼용선은 KRL2012 표준활하중을 적용하여야 한다.

라. 전철화 구간의 직선구간에서 시공기면의 폭은 설계속도에 관계없이 4.0m 이상으로 하여야 한다.

해설 기본 4.0m 이상으로 하여야 하나 열차의 안전운행이 확보되는 범위 내에서는 다르게 적용이 가능하다.

42. 선로의 기울기를 정할 때 고려할 사항이 아닌 것은?

가. 해당 선로의 성격 나. 해당 선로의 기능

다. 운행차량의 특성 라. 구조물 시공의 편의성

해설 선로의 기울기와 구조물 시공의 편의성은 관련이 없다.

43. 철도의 건설기준에 관한 규정상 일반철도 설계속도 130km/h 선로에 대한 설명 중 틀린 것은? (17기사)

가. 종곡선 반경은 8000m 이상이어야 한다.

나. 선로의 기울기는 12.5/1000 이하로 하여야 한다.

다. 자갈도상 궤도의 최대 부족캔트는 100mm이다.

라. 정거장의 전후구간 등 부득이한 경우 곡선반경은 400m까지 축소할 수 있다.

해설 120km/h 이상일 때 4,000m 이상, 150km/h일 때 6,000m 이상이어야 한다.

44. **철도건설규칙상 용어의 정의로 틀린 것은?** (17기사)

가. '설계속도'란 해당 선로를 설계할 때 기준이 되는 하한속도를 말한다.

나. '궤도'란 레일·침목 및 도상과 이들의 부속품으로 구성된 시설을 말한다.

다. '슬랙'이란 차량이 곡선구간의 선로를 원활하게 통과하도록 바깥쪽 레일을 기준으로 궤간을 넓히는 것을 말한다.

라. '전차선로'란 동력차에 전기에너지를 공급하기 위하여 선로를 따라 설치한 시설물로서 전선, 지지물 및 관련 부속설비를 총괄하여 말한다.

해설 설계속도랑 선로를 설계할 때 기준이 되는 상한 속도를 말한다.

45. **철도건설규칙상 전차선의 공칭높이(곡선당김금구가 설치되는 지점의 레일의 상부면으로부터 전차선까지의 높이)의 범위로 옳은 것은? (단, 부득이한 경우는 제외)** (18기사)

가. 4,000~4,400mm   나. 5,000~5,400mm

다. 5,400~6,000mm   라. 6,000~6,400mm

해설 전차선의 공칭 높이(곡선당김금구가 설치되는 지점의 레일의 상부면으로부터 전차선까지의 높이)는 모든 온도 조건에서 5,000mm 이상 5,400mm 이하의 범위에 있어야 하며, 해당 선로의 공칭 높이는 차량한계 및 화물 높이, 안전성, 경제성 등과 집전 성능을 고려하여 정하여야 한다. 다만, 기존 운행선의 경우 터널, 구름다리, 교량 등의 구조물이 이미 설치되어 있는 구간 또는 이에 인접한 구간에서는 전차선의 높이를 축소할 수 있다〈철도건설규칙 제37조〉.

46. **곡선반경(R)이 400m이고 캔트가 160mm인 선로에서 필요에 따라 슬랙(slack)을 4mm 두었을 경우 곡선 내측의 건축한계는?** (18기사)

가. 2503mm   나. 2513mm

다. 2603mm   라. 2613mm

해설 2,100mm(직선구간 건축한계)+확대량 125mm(50,000/400)+내측편기량 388mm(2.4×160mm+4mm) = 2,613mm

47. **곡선을 통과하는 최고속도가 100km/h, 곡선반경(R)이 100m, 부족캔트(C_d)가 38mm인 경우 이 곡선의 캔트는?** (18기사)

가. 60mm   나. 80mm

다. 85mm   라. 100mm

해설 {11.8×100^{2}*(km/h)/1000m}−38mm = 80mm

48. **철도의 건설기준에 관한 규정상 600m 이상의 확인거리를 확보하여야 하는 신호기는?**

가. 원방신호기   나. 입환신호기

다. 장내신호기   라. 진로표시기

해설 장내신호기에 대한 설명이다.

49. 정거장 안의 선로에서 인접 선로의 열차 및 차량 출입에 지장을 주지 아니하고 열차를 수용할 수 있는 해당 선로의 최대길이를 무엇이라 하는가? (19기사)

가. 절연구간　　나. 인상선

다. 유효장　　라. 정차길이

해설 유효장에 대한 설명이다.

50. 다음 중 동력차에 전기에너지를 공급하기 위하여 선로를 따라 설치한 시설물로서 전선, 지지물 및 관련 부속 설비를 총괄하여 말하는 것은? (19기사)

가. 조가선　　나. 가공전차선

다. 폐색구간　　라. 전차선로

해설 전차선로에 대한 설명이다.

정답 1. 가 2. 가 3. 가 4. 다 5. 나 6. 다 7. 나 8. 라 9. 나 10. 다 11. 나 12. 나 13. 가 14. 다 15. 라 16. 다 17. 나 18. 다 19. 라 20. 다 21. 라 22. 나 23. 가 24. 라 25. 나 26. 나 27. 가 28. 나 29. 다 30. 나 31. 가 32. 라 33. 라 34. 나 35. 가 36. 다 37. 나 38. 다 39. 라 40. 라 41. 라 42. 라 43. 라 44. 가 45. 가 46. 라 47. 나 48. 다 49. 다 50. 라

1-2 도시철도건설규칙

제1장 총칙

제1조(목적)

이 규칙은 「도시철도법」 제18조에 따라 도시교통권역에 건설하는 도시철도의 건설기준 등에 관하여 필요한 사항을 규정함을 목적으로 한다.

제2조(정의) 일부 생략

5. "차량기지"란 차량을 유치·검수 및 정비 등을 하기 위하여 설치한 시설을 말한다. (**12산업**)

제3조(선로의 형식)

본선은 복선(複線)으로 한다. 다만, 「도시철도법」 제6조에 따른 노선별 도시철도기본계획에서 정하는 특수한 구간에 대해서는 단선(單線)으로 할 수 있다.

제4조~제5조(열차의 운전 진로) 생략

제2장 선로

제1절 궤간

제6조(궤간)

궤간의 치수는 1,435mm로 한다.

제7조(확대궤간) (**02기사**)

① 선로가 곡선인 구간(이하 "곡선구간"이라 한다)의 궤간에는 제6조의 규정에 불구하고 확대궤간을 두어야 한다.

② 제1항의 규정에 따른 확대궤간은 곡선부분의 안쪽 레일에 두어야 하며, 그 치수는 25mm를 초과하지 아니하는 범위에서 해당 곡선의 반경 등을 고려하여 특별시장·광역시장·도지사·특별자치도지사·시장 또는 군수(이하 "시·도지사 등"이라 한다)가 정한다.

제8조(확대궤간의 체감거리)

① 제7조에 따른 확대궤간은 선로가 나누어지는 지점(이하 "분기부"라 한다)의 경우를 제외하고는 다음 각 호의 거리에서 체감(遞減)시켜야 한다.

1. 완화곡선이 있는 경우 : 그 곡선 전체의 거리
2. 완화곡선이 없는 경우 : 제12조에 따른 캔트의 체감거리(遞減距離)와 같게 하되, 캔트를 두지 아니하는 경우에는 원곡선의 시작점·끝점으로부터 5m 이상의 거리

② 반경이 다른 같은 방향의 곡선이 접속하는 경우에는 반경이 큰 곡선 안에서 확대궤간의 차를 제1항 제1호 및 제2호에 준하여 체감하여야 한다.

제9조(궤간의 공차) (**12기사, 08,10,12산업**)

① 궤간에는 다음 각 호에서 정하는 공차(公差)를 허용한다.

1. 크로싱의 경우 : 증(增) 3mm, 감(減) 2mm
2. 그 밖의 경우 : 증 10mm, 감 2mm

② 제1항에 따른 허용치에 확대궤간을 더한 치수는 30mm를 초과해서는 아니 된다.

제2절 곡선

제10조(선로의 곡선반경 등) 생략

제11조(캔트) (09산업)

① 곡선구간의 바깥쪽 레일에는 열차의 안전운행을 위하여 캔트(열차의 원심력에 의한 탈선이나 전복을 막기 위하여 바깥쪽 레일을 안쪽 레일보다 높게 부설하는 것을 말한다. 이하 같다)를 두어야 한다. 다만, 분기부에 연속되는 곡선의 경우에는 그러하지 아니하다.

② 제1항에 따른 캔트의 크기는 해당 곡선의 반경, 열차의 운행속도 등을 고려하여 시·도지사 등이 정하되, 최대 160mm를 초과할 수 없다.

제12조(캔트의 체감거리) (19기사, 09산업)

캔트의 체감거리는 다음 각 호와 같다.

1. 완화곡선이 있는 경우 : 그 곡선 전체의 거리
2. 완화곡선이 없는 경우 : 제11조 제2항에 따른 캔트(이하 "표준캔트"로 한다)의 600배 이상의 거리
3. 복심(複心)곡선이 있는 경우 : 반경이 큰 곡선상에서의 캔트 차의 600배 이상의 거리
4. 제1호부터 제3호까지의 경우로서 시·도지사 등이 정하는 부득이한 경우 : 표준캔트의 450배 이상의 거리

제13조(완화곡선)

① 본선의 경우에 곡선반경이 800m 이하인 곡선과 직선이 접속하는 곳에는 적절한 완화곡선을 삽입하여야 한다. 다만, 분기부에 연속되는 곡선인 경우에는 그러하지 아니하다.

② 제1항에 따른 완화곡선의 길이는 표준캔트의 600배 이상으로 한다. 다만, 부득이한 경우에는 표준캔트의 450배까지 줄일 수 있다.

제14조(직선의 삽입 등)

① 본선의 경우에 인접하여 두 개의 곡선이 있는 선로에는 캔트 체감 후에 20m 이상의 직선을 삽입하여야 한다.

② 제1항의 경우에 반대방향의 두 개의 곡선인 선로가 인접되어 있는 경우로서 지형상 직선을 삽입할 수 없는 부득이한 때에는 직선을 삽입하지 아니할 수 있으며, 같은 방향의 두 개의 곡선인 선로가 인접되어 있는 경우에는 시·도지사 등이 정하는 범위에서 복심곡선으로 할 수 있다.

③ 제1항 및 제2항에도 불구하고 분기부에 연속하는 경우와 측선의 경우로서 안전에 지장이 없는 경우에는 직선을 삽입하지 아니하거나 제2항의 기준과 다른 복심곡선으로 할 수 있다.

제3절 기울기

제15조(정거장 밖의 기울기 한도) (07,16기사)

① 정거장 밖의 지역에 있는 본선의 기울기는 1,000분의 35를 초과하여서는 아니 된다.

② 곡선인 선로에 기울기를 두는 경우에는 제1항의 규정에 따른 한도에 적절한 곡선보정을 한 기울기를 그 한도로 한다.

제16조(정거장 안의 기울기 한도) (18기사)

정거장 안에 있는 본선의 기울기는 다음 각 호의 구분에 따른 한도를 초과해서는 아니 된다.

1. 본선이 차량을 분리·연결 또는 유치하는 용도로 사용되는 경우 : 1,000분의 3

2. 제1호 외의 경우 : 1,000분의 8(부득이한 경우에는 1,000분의 10)

제17조(측선의 기울기)

측선의 기울기는 1,000분의 3을 초과하여서는 아니 된다. 다만, 차량을 유치하지 아니하는 측선에 있어서는 1,000분의 45까지로 할 수 있다.

제18조(종곡선)

선로의 기울기가 변하는 경우로서 인접 기울기의 변화가 1,000분의 5를 초과하는 경우에는 반경 3,000m 이상의 종곡선을 삽입하여야 한다.

제4절 건축한계

제19조(건축한계)

도시철도에는 차량의 흔들림이나 선로의 비틀림 등을 고려하여 차량의 안전운행에 필요한 공간(이하 "건축한계"라 한다)을 두고 이에 건물이나 그 밖의 시설을 설치해서는 아니 된다. 다만, 가공전차선(架空電車線) 및 그 현수장치(懸垂裝置)와 선로 보수 등의 작업에 필요한 일시적인 시설로서 열차의 안전운행에 지장이 없는 경우에는 그러하지 아니하다.

제20조(직선구간의 건축한계)

선로가 직선인 구간(이하 "직선구간"이라 한다)의 건축한계는 시·도지사 등이 정한다.

제21조(곡선구간의 건축한계) (12,18**기사**, 07**산업**)

① 곡선구간의 건축한계는 제11조 제2항에 따른 캔트의 크기에 따라 기울게 하여야 한다.

② 제1항에 따른 곡선구간의 건축한계는 직선구간의 건축한계를 궤도 중심의 각 측(側)에 일정한 치수 이상으로 확대한 것으로 하되, 그 범위는 곡선반경 등을 고려하여 시·도지사 등이 정한다. 다만, 가공전차선 및 그 현수장치를 제외한 상부의 건축한계는 이에 따르지 아니할 수 있다.

③ 제2항에 따른 확대치수는 완화곡선에 따라 체감하여야 한다. 다만, 완화곡선의 길이가 20m 이하인 경우 또는 완화곡선이 없는 경우에는 원곡선 끝으로부터 20m 이상의 거리에서 체감하여야 하며, 원곡선이 복심곡선인 경우 확대치수의 차는 반경이 큰 곡선으로부터 20m 이상의 거리에서 체감하여야 한다. (07**산업**)

제5절 궤도

제22조(궤도의 중심간격)

① 열차가 서로 반대방향으로 운행되는 본선 궤도의 경우에는 열차 및 승객 등의 안전을 위하여 궤도간의 간격을 충분히 두어야 한다.

② 생략

제23조(곡선인 궤도의 중심간격)

곡선인 궤도의 중심간격은 제21조 제2항에 따른 치수의 두 배 이상으로 확대하여야 한다.

제24조(레일) (02**기사**)

레일의 중량은 열차의 종류, 설계하중 및 통과 톤수 등에 따라 시·도지사 등이 정한다.

제25조(도상의 두께 등) 생략

제6절 구조물~제7절 분기 생략

제3장 정거장

제30조(정거장의 시설·설비)

정거장에는 승강장·대합실·화장실 및 통로 등 승객의 도시철도 이용에 필요한 시설과 전기·통신설비 등을 설치하여야 하며, 이에 필요한 세부적인 사항은 국토교통부장관이 정하여 고시한다.

제30조의2(승강장의 안전시설) (09기사)

① 승강장에는 승객의 안전사고를 방지하기 위하여 다음 각 호의 어느 하나에 해당하는 안전시설을 설치하여야 한다.

1. 안전펜스
2. 전동차 출입문과 연동되어 열리고 닫히는 승하차용 출입문 설비(이하 "스크린도어"라 한다)

② 스크린도어는 다음 각 호의 기준에 적합하게 설치하여야 한다.

1. 승객이 전동차와 스크린도어 사이에 끼는 것을 방지할 수 있도록 승강장의 연단으로부터 스크린도어의 출입문까지의 거리를 최소로 할 것
2. 제1호에 따른 조치에도 불구하고 승객이 전동차와 스크린도어 사이에 끼는 경우에 대비할 수 있도록 승객의 끼임을 감지하여 승무원과 역무원에게 인지시킬 수 있는 경보장치를 설치할 것
3. 스크린도어의 재질은 「도시철도차량 안전기준에 관한 규칙」 제10조 제1항에 따른 불연재료 또는 같은 조 제3항에 따른 재료를 사용할 것
4. 화재 발생 등 비상 상황이 발생하는 경우 손으로 출입문을 열 수 있도록 할 것
5. 승강장의 구조와 승강장의 바닥구조물의 강도를 고려하여 설치할 것

③ 차량과 승강장 연단의 간격이 10cm가 넘는 부분에는 안전발판 등 승객의 실족사고를 방지하는 설비를 설치하여야 한다.

제30조의3(정거장 간의 거리) (17기사)

도시철도의 정거장 간 거리는 1km 이상으로 하되, 교통수요·경제성·지형여건 및 다른 교통수단과의 연계성 등을 종합적으로 고려하여 이를 조정할 수 있다.

제31조(승강장의 너비) (18기사)

① 승강장의 너비는 다음 각 호의 기준에 따른다. 다만, 승객의 이용이 적은 승강장의 양끝지역에서는 다음 각 호의 기준보다 좁게 할 수 있다.

1. 본선과 본선 사이에 설치된 승강장의 경우 : 8m 이상
2. 본선의 양옆에 설치된 승강장의 경우 : 4m 이상

② 승강장의 연단으로부터 너비 1.5m, 높이 2m 이내의 공간에는 승객의 실족·추락 방지시설, 대피시설 등 안전시설 외에는 기둥·계단 등 어떠한 시설도 설치해서는 아니 된다.

③ 시·도지사 등은 해당 지역의 여건상 불가피하다고 인정되는 경우에는 제1항 및 제2항에도 불구하고 승강장의 너비를 기준 이하로 하거나 승강장의 주위에 기둥이나 계단을 설치하게 할 수 있다.

제32조(승강장 연단의 높이) (10,14,17,19기사)

승강장의 연단은 레일의 윗면으로부터 1.135m 높이에 설치하는 것을 표준으로 한다.

제33조(승강장 연단과 차량한계와의 간격)

① 승강장의 연단은 제51조에 따른 차량한계로부터 50mm의 간격을 두고 설치하여야 한다.

② 선로가 곡선으로 되어 있는 승강장은 제1항에 따른 간격에 제21조 제2항에 따른 치수를 더하여 설치하여야 한다.

제34조(승강장의 길이 및 통로의 폭) 생략

제35조(노면 출입구 및 지상보행로) (11,15기사, 08산업)

노면 출입구를 지상보도에 설치하는 경우에는 해당 출입구를 제외한 지상보행로의 폭이 2m 이상이 되도록 하여야 한다.

제35조의2(특별피난계단)

① 지하 3층 이하의 승강장에는 비상시 승객이 쉽게 대피할 수 있도록 승강장과 지상을 계단으로 직접 연결한 별도의 비상계단(이하 "특별피난계단"이라 한다)을 설치하되, 본선과 본선 사이에 설치된 승강장에는 한 군데 이상, 본선의 양옆에 설치된 승강장에는 승강장별로 한 군데 이상을 설치하여야 한다.

② 제1항에 따라 특별피난계단을 설치하는 경우 제69조에 따른 유도등과 제70조에 따른 비상조명등을 각각 설치하여야 한다.

제35조의3(정거장의 구조물 등의 마감재료) 생략

제4장 설비

제1절 전기설비

제36조(전기방식)

선로에 공급하는 전압 및 전기방식은 다음 각 호에서 정하는 바에 따르되, 전력은 해당 도시철도를 관할하는 도시철도 변전소로부터 공급받는 것을 원칙으로 한다.

1. 전차선로 : 직류 1,500볼트 가공선식
2. 고압배전선 : 교류 3상 6,600볼트, 22,000볼트 또는 22,900볼트
3. 선로 안의 조명 및 동력시설 : 교류 단상(單相) 220볼트 또는 3상 380볼트
4. 신호용 배전선 : 교류 100볼트 이상 400볼트 이하

제37조(전선로) 생략

제38조(전식방지대책)

주행레일을 귀선(歸線)으로 이용하는 경우에는 누설전류에 의하여 케이블, 금속제 지중관로 및 선로구조물 등에 미칠 장애를 방지하기 위한 적절한 시설을 설치하여야 한다.

제39조 삭제

제40조(급전선의 차단)~제42조(전차선로) 생략

제43조(전차선의 기울기)

가공전차선의 레일면에 대한 기울기는 본선의 경우에는 1,000분의 3 이하로, 측선의 경우에는 1,000분의 10 이하로 하여야 한다. 다만, 지형상 부득이한 경우 본선의 경우에는 1,000분의 5 이하로, 측선의 경우에는 1,000분의 15 이하로 할 수 있다.

제2절 환기·배수 및 통신설비~제3절 신호·보안설비 등 생략

제5장 삭제

제6장 선로표지 등의 안전설비

제61조(선로의 표지) (15기사)

선로에는 다음 각 호의 표지를 설치하여야 한다.

1. 100m 구간마다 그 거리를 표시하는 표지
2. 기울기가 변경되는 장소에는 그 기울기를 표시하는 표지
3. 분기부에는 차량의 접속한계를 표시하는 표지
4. 곡선의 반경 및 시작점·끝점과 완화곡선의 시작점·끝점을 표시하는 표지
5. 열차속도를 제한하거나 그 밖에 전기 및 열차의 운행상 특히 주의하여야 할 곳에는 이를 표시하는 표지
6. 정거장의 중심을 표시하는 표지

제62조(차막이시설)~제66조(환기구 내부의 설비) 생략

제67조(제연설비) (10,15산업)

① 정거장 및 터널 안에는 화재가 발생할 경우 승객이 쉽게 대피할 수 있도록 화재 발생 장소를 고려하여 유독가스 배출방향을 조절할 수 있는 제연(制煙)설비를 설치하여야 한다.

② 제연설비 중 전동기·배풍기·배출풍도 및 배풍막(배풍기와 배출풍도를 연결하는 막을 말한다)은 섭씨 250도에서 1시간 이상 정상적으로 기능을 유지할 수 있어야 한다. 다만, 배풍기와 분리 설치되어 배출가스의 영향을 받지 아니하는 전동기의 경우에는 그러하지 아니하다. (10,15산업)

③ 터널 안에 설치하는 제연설비는 승객이 대피하는 반대방향으로 연기가 배출될 수 있도록 연기의 배출방향을 조절할 수 있는 성능을 갖추어야 하며, 비상시 배출되는 연기의 기류속도는 초속 2.5m 이상이 되도록 하여야 한다.

④ 특별피난계단의 승강장 쪽 입구와 승강장에서 대합실로 통하는 계단 또는 에스컬레이터의 입구에는 제연 경계벽 등 유독가스의 확산을 지연시키거나 방지하는 설비를 각각 설치하여야 한다.

제68조(물을 사용하는 소화설비) 생략

제69조(유도등) (15산업)

① 정거장의 승강장·대합실·통로·계단 등에는 평상시에는 항상 켜져 있고, 정전되었을 경우 60분 이상 계속하여 켜질 수 있는 유도등을 설치하여야 한다.

② 정거장 안의 주요 대피로에는 비상시 청각장애인이 쉽게 대피할 수 있도록 점멸기능을 갖춘 유도등을 설치하거나 유도등의 인근에 시각경보기를 설치하여야 한다.

제70조(비상조명등) (13기사)

① 정거장이나 터널에는 정전되었을 경우 60분 이상 계속하여 켜질 수 있는 비상조명등을 설치하여야 한다.

② 정거장 안의 주요 대피로에 설치하는 비상조명등은 바닥의 평균조명도(照明度)가 5럭스(lux) 이상이

되도록 하여야 한다.

③ 터널 안의 비상조명등은 바닥으로부터 1m 이상 1.5m 이하의 높이에 설치하고, 바닥의 평균조명도가 1럭스 이상이 되도록 하여야 한다.

제71조(터널 안의 연결송수관설비 등)

① 터널 안에는 비상시 소화용으로 활용할 수 있도록 연결송수관설비를 설치하여야 하며, 방수구는 터널의 동일 선로 연결방향으로 50m 이내의 간격으로 설치하여야 한다.

② 생략

제72조(터널로 통하는 진입로)

승강장에서 터널로 통하는 진입로는 너비가 90cm 이상이 되어야 하며, 비상시 승객이 쉽게 대피할 수 있도록 계단 등 안전시설을 설치하여야 한다.

제73조(내진설계기준) 생략

제7장 경량전철에 관한 특례 생략

1-2 기출문제

1. **도시철도에서 곡선구간의 건축한계 확대치수 체감방법 중 완화곡선이 없는 경우의 체감방법으로 옳은 것은?** (12기사, 07산업)

가. 원곡선 끝으로부터 20m 이상의 거리에서 체감한다.
나. 원곡선과 직선 각각 10m 이상씩 체감한다.
다. 원곡선 내에서 20m 이상 체감한다.
라. 지형 형태에 따라 직선과 곡선 중 편리한 개소에서 체감한다.

해설 완화곡선의 길이가 20m 이하인 경우 또는 완화곡선이 없는 경우에는 원곡선 끝으로부터 20m 이상의 거리에서 이를 체감하여야 한다.

2. **도시철도건설규칙에서 레일 중량 결정 시 고려하여야 할 사항과 거리가 먼 것은?** (02기사)

가. 열차의 종류　　나. 선로의 등급
다. 설계하중　　라. 통과 톤수

해설 레일의 중량은 열차의 종류, 설계하중 및 통과 톤수 등에 따라 시 · 도지사 등이 정한다.

3. **도시철도건설규칙에서 정하는 확대궤간에 대한 설명으로 틀린 것은?** (02,12기사, 10산업)

가. 확대궤간은 곡선 부분의 안쪽 레일에 두어야 한다.
나. 확대궤간의 치수는 30mm를 초과하지 않는 범위에서 결정한다.
다. 궤간의 허용 공차에 확대궤간을 가산한 치수는 30mm를 초과할 수 없다.
라. 완화곡선이 없는 경우 확대궤간의 체감거리는 표준캔트의 600배 이상으로 한다.

해설 확대궤간은 곡선부분의 안쪽 레일에 두어야 하며, 그 치수는 25mm를 초과하지 아니하는 범위에서 해당 곡선의 반경 등을 고려하여 특별시장 · 광역시장 · 도지사 · 특별자치도지사 · 시장 또는 군수가 정한다.

4. **도시철도건설규칙에서 정한 기울기 한도에 대한 설명으로 틀린 것은?** (07,16,18기사)

가. 정거장 밖의 본선 기울기 한도 : 1,000분의 35
나. 차량 유치 용도로 사용하는 정거장 안 본선의 기울기 한도 : 1,000분의 3
다. 차량을 유치하는 측선의 기울기 한도 : 1,000분의 3
라. 차량을 유치하지 아니하는 측선의 기울기 한도 : 1,000분의 50

해설 차량을 유치하지 아니하는 측선에 있어서는 1,000분의 45까지로 할 수 있다.

5. **도시철도건설규칙에서 정하는 캔트에 대한 설명으로 틀린 것은?** (19기사, 09산업)

가. 캔트의 크기는 시 · 도지사가 정하되 그 최대의 크기는 160mm를 초과할 수 없다.
나. 완화곡선이 없는 경우 캔트의 체감거리는 캔트의 600배 이상의 거리로 한다.
다. 복심곡선이 있는 경우 캔트의 체감거리는 반경이 작은 곡선상에서 캔트 차의 600배 이상의 거리로 한다.
라. 본선의 경우에 곡선반경이 800m 이하의 곡선과 직선이 접속하는 곳에는 적절한 완화곡선을 삽입하여야 한다.

해설 복심곡선의 경우에는 체감거리는 반경이 큰 곡선상에서의 캔트 차의 600배 이상의 거리

6. **도시철도에서 승강장에 설치하는 스크린도어와 승강장 연단까지의 거리 기준으로 옳은 것은?** (09기사)

가. 5cm 이내　　나. 7.5cm 이내

다. 10cm 이내　　라. 15cm 이내

해설 승강장의 연단으로부터 스크린도어의 출입문까지의 거리는 10cm 이내로 하며 승객이 전동차와 스크린도어 사이에 끼는 것을 방지하는 것이 목적이다.

7. **도시철도건설규칙에서 정하는 궤간의 허용 공차는?** (14기사, 08,12산업)

가. 크로싱 : 증 3mm, 감 2mm, 그 밖의 경우 : 증 10mm, 감 2mm

나. 크로싱 : 증 3mm, 감 2mm, 그 밖의 경우 : 증 10mm, 감 5mm

다. 크로싱 : 증 2mm, 감 3mm, 그 밖의 경우 : 증 10mm, 감 2mm

라. 크로싱 : 증 2mm, 감 3mm, 그 밖의 경우 : 증 10mm, 감 5mm

해설 크로싱 : 증 3mm, 감 2mm, 그 밖의 경우 : 증 10mm, 감 2mm이며, 허용치에 확대궤간을 가산한 치수는 30mm를 초과하지 못한다.

8. **도시철도에서 노면 출입구를 지상보도에 설치하는 경우에는 노면 출입구를 제외한 지상보행로의 폭이 얼마 이상 되도록 하여야 하는가?** (11,15기사, 08산업)

가. 2m 이상　　나. 3m 이상

다. 5m 이상　　라. 7m 이상

해설 노면 출입구를 제외하고, 2m 이상 지상보행로를 확보하여야 한다.

9. **도시철도에 설치하는 제연설비 중 전동기, 배풍기, 배출풍도, 배풍막이 정상으로 기능을 발하여야 하는 기준은?** (10,15산업)

가. 섭씨 250도에서 30분 이상 기능 유지　　나. 섭씨 250도에서 1시간 이상 기능 유지

다. 섭씨 500도에서 30분 이상 기능 유지　　라. 섭씨 500도에서 1시간 이상 기능 유지

해설 섭씨 250도에서 1시간 이상 기능을 유지하여야 하며, 배풍기와 분리 설치되어 배출가스의 영향을 받지 아니하는 전동기의 경우에는 그러하지 아니하다.

10. **도시철도건설규칙에 규정되어 있는 차량기지의 기능과 거리가 먼 것은?** (12산업)

가. 차량의 제작　　나. 차량의 유치

다. 차량의 검수　　라. 차량의 정비

해설 차량기지는 차량을 유치, 검수, 정비 등을 하기 위하여 설치한 시설을 말한다.

11. **도시철도 터널 안의 비상조명등 설치기준으로 옳은 것은?** (13기사)

가. 바닥으로부터 1m 이상 1.5m 이하의 높이에 설치하고, 바닥의 평균조명도가 1럭스 이상이 되도록 하여야 한다.

나. 바닥으로부터 1.5m 이상 2m 이하의 높이에 설치하고, 바닥의 평균조명도가 1럭스 이상이 되도록 하여야 한다.

다. 바닥으로부터 1m 이상 1.5m 이하의 높이에 설치하고, 바닥의 평균조명도가 2럭스 이상이 되도록 하여야 한다.

라. 바닥으로부터 1.5m 이상 2, 이하의 높이에 설치하고, 바닥의 평균조명도가 2럭스 이상이 되도록 하여야 한다.

해설 터널 안의 비상조명등은 바닥으로부터 1m 이상 1.5m 이하의 높이에 설치하고, 바닥의 평균조명도가 1럭스 이상이 되도록 하여야 한다.

12. **도시철도에서 설치하여야 하는 선로의 표지에 해당되지 않는 것은?** (15기사)

가. 기울기가 변경되는 장소에는 그 기울기를 표시하는 표지

나. 분기부에는 차량의 접속한계를 표시하는 표지

다. 정거장의 면적을 표시하는 표지

라. 100m 구간마다 그 거리를 표시하는 표지

해설 선로의 표지〈도시철도건설규칙 제61조〉

1. 100m 구간마다 그 거리를 표시하는 표지
2. 기울기가 변경되는 장소에는 그 기울기를 표시하는 표지
3. 분기부에는 차량의 접속한계를 표시하는 표지
4. 곡선의 반경 및 시작점·끝점과 완화곡선의 시작점·끝점을 표시하는 표지
5. 열차속도를 제한하거나 그 밖에 전기 및 열차의 운행상 특히 주의하여야 할 곳에는 이를 표시하는 표지
6. 정거장의 중심을 표시하는 표지

13. **도시철도건설규칙에 의하여 승강장을 설치할 때 승강장의 연단은 레일의 윗면으로부터 얼마 높이에 설치하는 것을 표준으로 하는가?** (19기사)

가. 0.735m　　나. 1.000m

다. 1.135m　　라. 2.000m

해설 승강장의 연단은 레일의 윗면으로부터 1.135m 높이에 설치하는 것을 표준으로 한다.

14. **도시철도에서 종곡선을 설치하여야 하는 경우로 맞는 것은?** (15기사, 13산업)

가. 선로의 기울기가 변하는 경우로서 인접 기울기의 변화가 2/1,000를 초과하는 경우

나. 선로의 기울기가 변하는 경우로서 인접 기울기의 변화가 3/1,000을 초과하는 경우

다. 선로의 기울기가 변하는 경우로서 인접 기울기의 변화가 4/1,000를 초과하는 경우

라. 선로의 기울기가 변하는 경우로서 인접 기울기의 변화가 5/1,000를 초과하는 경우

해설 선로의 기울기가 변하는 경우로서 인접 기울기의 변화가 1,000분의 5를 초과하는 경우에는 반경 3,000m 이상의 종곡선을 삽입하여야 한다.

15. **도시철도에서 정거장의 승강장, 대합실, 통로, 계단 등에 설치하는 유도등은 정전 시 몇 분 이상 계속 켜질 수 있어야 하는가?** (15산업)

가. 100분 이상　　나. 60분 이상

다. 30분 이상　　라. 20분 이상

해설 정전된 경우 60분 이상 계속하여 켜질 수 있는 유도등을 설치하여야 한다.

16. **도시철도건설규칙에서 규정된 정거장 간의 거리는?** (17기사)

가. 500m 이상　　나. 800m 이상

다. 1,000m 이상　　라. 2,000m 이상

해설 도시철도의 정거장 간 거리는 1km 이상으로 하되, 교통수요·경제성·지형여건 및 다른 교통수단과의 연계성 등을 종합적으로 고려하여 조정할 수 있다〈도시철도건설규칙 제30조의3〉.

17. 도시철도건설규칙상 도시철도의 승강장의 너비 기준으로 맞는 것은? (18기사)

가. 섬식 : 8m 이상, 상대식 : 4m 이상
나. 섬식 : 8m 이상, 상대식 : 5m 이상
다. 섬식 : 10m 이상, 상대식 : 4m 이상
라. 섬식 : 10m 이상, 상대식 : 5m 이상

해설 승강장의 너비 〈도시철도건설규칙 제31조〉

1. 승강장의 너비는 다음 각 호의 기준에 따른다. 다만, 승객의 이용이 적은 승강장의 양끝지역에서는 다음 각 호의 기준보다 좁게 할 수 있다.
 - 본선과 본선 사이에 설치된 승강장의 경우: 8m 이상
 - 본선의 양옆에 설치된 승강장의 경우: 4m 이상
2. 승강장의 연단으로부터 너비 1.5m, 높이 2m 이내의 공간에는 승객의 실족·추락 방지시설, 대피시설 등 안전시설 외에는 기둥·계단 등 어떠한 시설도 설치해서는 아니 된다.
3. 시·도지사 등은 해당 지역의 여건상 불가피하다고 인정되는 경우에는 제1항 및 제2항에도 불구하고 승강장의 너비를 기준 이하로 하거나 승강장의 주위에 기둥이나 계단을 설치하게 할 수 있다.

18. 철도의 건설기준에 관한 규정상 전기동차 전용선에서 곡선반경이 500m인 곡선구간의 건축한계 확대량은 선로 중심에서 좌우측으로 얼마인가? (18기사)

가. 48mm
나. 50mm
다. 96mm
라. 100mm

해설 건축한계의 확대량은 500m일 경우 48mm이다.

정답 1. 가 2. 나 3. 나 4. 라 5. 다 6. 다 7. 가 8. 가 9. 나 10. 가 11. 가 12. 다 13. 다 14. 라 15. 나 16. 다 17. 가 18. 가

CHAPTER 02

정비 및 기타 관련규정

2-1 선로유지관리지침(한국철도시설공단사규)

제1장 총칙

제1조(목적)

이 지침은 한국철도시설공단이 「철도안전법」 제25조 및 「철도시설의 기술기준」 제112조에 따라 철도 선로 및 선로에 부대하는 시설물의 정비와 보수, 선로점검에 관한 필요한 사항을 규정함을 목적으로 한다.

제2조(적용범위)

고속철도 및 일반철도의 열차안전운행 확보를 위한 선로기능 유지 및 선로에 부대하는 시설물의 정비, 선로점검에 관한 사항은 법령 및 내규에서 특별히 정한 것을 제외하고는 이 지침에 따른다. 다만, 특수한 시설로 된 선로는 이 지침에 의하지 아니할 수 있다.

제3조(정의) (03,06,12**기사**, 05,09,10**산업**)

이 지침에서 사용하는 용어의 뜻은 다음과 같다.

1. "일반철도"란 「철도건설법」 제2조 제4호에 따라 고속철도와 「도시철도법」에 따른 도시철도를 제외한 철도를 말한다.
2. "고속철도"란 「철도건설법」 제2조 제2호에 따라 열차가 주요 구간을 200km/h 이상으로 주행하는 철도로서 국토교통부장관이 그 노선을 지정·고시하는 철도를 말한다.
3. "궤간"이란 양쪽 레일 안쪽 간의 거리 중 가장 짧은 거리를 말하며, 레일의 윗면으로부터 14mm 아래 지점을 기준으로 한다. (06**기사**, 05**산업**)
4. "수평"이란 레일의 직각방향에 있어서의 좌우레일면의 높이차를 말한다. (06,16**기사**, 05**산업**)
5. "면맞춤"이란 한쪽 레일의 레일길이 방향에 대한 레일면의 높이차를 말한다. (06**기사**)
6. "줄맞춤"이란 궤간 측정선에 있어서의 레일길이 방향의 좌우 굴곡차를 말한다. (06**기사**, 05**산업**)
7. "뒤틀림"이란 궤도의 평면에 대한 뒤틀림 상태를 말하며 일정한 거리(3m)의 2점에 대한 수평틀림의 차이를 말한다.
8. "백게이지(back gauge)"란 크로싱의 노스레일과 가드레일 간의 간격으로서 노스레일 선단의 원호부와 답면(踏面)과 접점(接點)에서 가드레일의 후렌지웨이 내측 간의 가장 짧은 거리를 말한다. (18**기사**)
9. "궤광"이란 침목과 레일을 체결장치로 완전히 체결한 것을 말한다.
10. "궤도"란 도상(자갈, 콘크리트 등)에 궤광을 부설한 것을 말한다.
11. "주본선"이란 정거장 내에 있어 동일방향의 열차를 운전하는 본선이 2개 이상 있을 경우 그 가운데

에서 가장 중요한 본선을 말한다. (05**산업**)

12. "부본선"이란 정거장 내에 있어 주본선 이외의 본선을 말한다.
13. "복심곡선"이란 원의 중심이 2개인 같은 방향으로 연속된 곡선을 말한다.
14. "분기기"란 열차 및 차량이 한 궤도에서 다른 궤도로 전환하기 위해 궤도상에 설치한 설비로서 포인트부, 리드부, 크로싱부로 구성된 것을 말한다.
15. "고속분기기"란 노스가동크로싱을 사용한 철차번호 F18.5번 이상의 분기기를 말한다. (09**산업**)
16. "분기부대곡선"이란 분기 내의 곡선과 분기로 인하여 그 뒤쪽에 설치한 곡선을 말한다.
17. "분기기의 전단"이란 분기기의 기본 레일의 앞부분을 말한다.
18. "분기기의 후단"이란 크로싱의 끝부분을 말한다.
19. "포인트의 전단"이란 텅레일의 선단 위치를 말한다.
20. "선로의 좌측"이란 노선별 선로의 시점 쪽에서 종점 쪽을 향하여 왼쪽을 말한다.
21. "선로의 우측"이란 노선별 선로의 시점 쪽에서 종점 쪽을 향하여 오른쪽을 말한다.
22. "지접법(支接法)"이란 레일 이음매 바로 아래에 침목을 배치하여 이음매부를 지지하는 방식을 말한다. (12**기사**)
23. "현접법(懸接法)"이란 레일 이음매를 중심으로 하여 좌우로 일정한 간격을 띄어 침목을 배치하여 이음매부를 지지하는 방식을 말한다.
24. "이중탄성체결"이란 레일과 침목을 체결함에 있어 탄성이 있는 재료를 두 가지 이상 사용하여 체결하는 것을 말한다.
25. "장대레일"이란 50kg 레일의 경우 한 개의 레일길이가 200m 이상, 60kg 레일의 경우 한 개의 레일길이가 300m 이상인 레일을 말한다.
26. "장척레일"이란 한 개의 길이가 25m보다 길고 200m(고속철도는 300m) 미만인 레일을 말한다.
27. "장대레일의 설정"이란 장대레일을 부설하여 체결장치를 완전히 체결한 것을 말한다.
28. "설정온도"란 장대레일 설정 또는 재설정 시 체결구를 체결하기 시작할 때부터 완료할 때까지의 장대레일 전체에 대한 평균온도를 말한다. (10**산업**)
29. "중위온도"란 최고, 최저온도의 중간치 온도를 말한다.
30. "재설정"이란 부설된 장대레일의 체결장치를 풀어서 응력을 제거한 후 다시 체결함을 말한다.
31. "최저좌굴축압(最抵挫屈軸壓)"이란 국부틀림이 좌굴을 일으킬 수 있는 충분한 조건이 되었을 때 이론상 좌굴을 일으킬 수 있다고 생각되는 최저의 축압력을 말한다.
32. "좌굴저항"이란 궤도의 좌굴에 저항하는 도상횡저항력, 도상종저항력 및 궤광강성의 총칭을 말한다. (16**기사**)
33. "도상횡저항력"이란 도상자갈중의 궤광을 궤도와 직각방향으로 수평이동 하려할 때 침목과 도상자갈사이에 생기는 1m당의 최대저항력(kgf/m)으로서, 침목이 2mm 이동 시 측정되는 저항력(kgf/m)을 말한다.
34. "도상종저항력"이란 도상자갈중의 궤광을 궤도와 평행방향으로 수평이동하려 할 때 침목과 도상자갈 사이에 생기는 1m당의 최대저항력(kgf/m)으로서, 침목이 2mm 이동 시 측정되는 저항력(kgf/m)을 말한다.

35. "장대레일 부동구간"이란 장대레일의 온도변화 시 거의 신축하지 않고 축력만이 변화하는 장대레일의 중앙부로서 50kg 레일은 양단부 각 100m 정도를 제외한 구간을 말하며, 60kg 레일은 양단부 150m 정도를 제외한 구간을 말한다.
36. "궤도보수점검"이란 궤도전반에 대한 보수상태를 점검하는 것을 말한다.
37. "궤도재료점검"이란 궤도구성재료의 노후, 마모, 손상 및 보수상태를 점검하는 것을 말한다.
38. "선로구조물 점검"이란 선로구조물[교량, 구교, 터널, 토공, 방토설비, 하수, 정거장설비(기기는 제외)]의 변상 및 안전성을 점검하는 것을 말하며 여기서 "구조물 변상"이란 구조물의 파손, 부식, 풍화, 마모, 누수, 침하, 경사, 이동 및 기초지반의 세굴 등으로 열차운전에 지장을 주거나 여객 및 공중의 안전에 지장할 우려가 있는 상태를 말한다.
39. "선로순회점검"이란 담당선로를 일상적으로 순회, 선로 전반에 대하여 순시(巡視) 및 안전감시(安全監視)를 하는 것을 말한다.
40. "신설 또는 개량선로의 점검"이란 신설 또는 개량선로에 대한 열차운행의 안전성을 점검하는 것을 말한다.
41. "전용철도(전용선)"란 다른 사람의 수요에 따른 영업을 목적으로 하지 아니하고 자신의 수요에 따라 특수 목적을 수행하기 위하여 설치하거나 운영하는 철도를 말한다.
42. "주관부서의 장"이란 선로 및 선로에 부대하는 시설물의 설치·정비 및 보수에 관한 책임과 권한이 있는 자로서 시설본부장(시설기술단장)을 말한다.
43. "소관부서의 장"이란 선로 및 선로에 부대하는 시설물의 설치·정비 및 보수에 관한 현업업무를 담당하도록 지정받은 자로서 지역본부장(시설처장, 시설사무소장, 시설사업소장)을 말한다.

제4조(보수업무분담)~제6조(도표류의 정비) 생략

제2장 선로정비기준

제1절 궤도정비의 기준

제7조(궤도틀림의 관리기준)

궤도틀림 관리는 경제성, 내구연한, 안전성 등을 고려하여 다음 각 호와 같이 관리단계를 구분하고 종류별 관리단계 기준치는 별표 5와 같다.

1. 준공기준(CV) : 신선 건설 시 준공기준으로 유지보수 시는 적용하지 않는다.
2. 목표기준(TV) : 궤도유지보수 작업에 대한 허용기준으로 유지보수 작업이 시행된 경우 이 허용치 내로 작업이 완료되어야 한다.
3. 주의기준(WV) : 이 단계에서는 선로의 보수가 필요하지 않으나 관찰이 필요하고 보수작업의 계획에 따라 예방보수를 시행할 수 있다.
4. 보수기준(AV) : 유지보수작업이 필요한 단계로 별표 5의 기준에 제시된 기간 이내에 작업이 시행되어야 한다.
5. 속도제한기준(SV) : 이 단계에서는 열차의 주행속도를 제한하여야 한다.
6. 측선 이하 착발선, 차량기지, 보수기지 등 궤도검측차에 따른 검측이 불가능할 경우에는 인력측정에 따른 검측을 시행하고 일반철도 규정을 준용할 수 있다.

【별표 5 가.】 일반철도 궤도틀림 관리기준(제7조 제1항 관련)

1) 고저틀림(또는 면맞춤)

관리단계	고저틀림(mm)					고저틀림 표준편차(mm)	비고
	$V \leq 40$	$40 < V \leq 80$	$80 < V \leq 120$	$120 < V \leq 160$	$160 < V \leq 230$	$160 < V \leq 230$	
준공기준(CV)	≤ 4	≤ 4 [2]	≤ 4 [2]	≤ 4 [2]	≤ 3 [2]	–	
보수기준(AV)	21 ≤	19 ≤	15 ≤	13 ≤	11 ≤	–	3개월 내 보수

주) 1. [ ] : 콘크리트 궤도 기준
2. 상기 수치는 10m 대칭현 고저틀림 검측값에 적용함
3. 현 방식 고저틀림의 값은 200m 이동평균을 기준선으로 설정하여 보정함
4. 고저틀림 표준편차는 총 200m 구간의 표준편차를 의미함

2) 방향틀림(또는 줄맞춤)

관리단계	방향틀림(mm)					방향틀림 표준편차(mm)	비고
	$V \leq 40$	$40 < V \leq 80$	$80 < V \leq 120$	$120 < V \leq 160$	$160 < V \leq 230$	$160 < V \leq 230$	
준공기준(CV)	≤ 4	≤ 4 [3]	≤ 4 [3]	≤ 4 [3]	≤ 3 [3]	–	
보수기준(AV)	18 ≤	16 ≤	12 ≤	9 ≤	8 ≤	–	2개월 내 보수

주) 1. [ ] : 콘크리트 궤도 기준
2. 상기 수치는 10m 대칭현 방향틀림 검측값에 적용함
3. 현 방식 방향틀림의 값은 50m 이동평균을 기준선으로 설정하여 보정함. 다만, 곡선 사이의 직선구간이 200m 이상이고 곡선반경이 1,000m 이상인 경우에는 기준선 설정을 위한 이동평균 구간거리를 100m로 할 수 있음
4. 방향틀림 표준편차는 총 200m 구간의 표준편차를 의미함

3) 뒤틀림

관리단계	뒤틀림(mm)					비고
	$V \leq 40$	$40 < V \leq 80$	$80 < V \leq 120$	$120 < V \leq 160$	$160 < V \leq 230$	
준공기준(CV)	≤ 3	≤ 3	≤ 3	≤ 3	≤ 3	
보수기준(AV)	18 ≤	15 ≤	12 ≤	10 ≤	9 ≤	1개월 내 보수

주) 1. 뒤틀림 계산을 위한 기준거리는 3m로 함
2. 준공기준과 목표기준의 값은 캔트체감량을 제외한 값을 기준으로 하며, 다른 기준값은 캔트체감에 의한 뒤틀림값을 포함한 값을 의미함

4) 수평틀림

관리단계	수평틀림(mm)					비고
	$V \leq 40$	$40 < V \leq 80$	$80 < V \leq 120$	$120 < V \leq 160$	$160 < V \leq 230$	
준공기준(CV)	≤ 3	≤ 3	≤ 3	≤ 3	≤ 3	
보수기준(AV)	20 ≤	20 ≤	20 ≤	20 ≤	20 ≤	3개월 내 보수

5) 궤간틀림

관리단계	궤간틀림(mm)										비고
	$V \leq 40$		$40 < V \leq 80$		$80 < V \leq 120$		$120 < V \leq 160$		$160 < V \leq 230$		
	최소	최대	최소	최대	최소	최대	최소	최대	최소	최대	
준공기준(CV)	$-2 \leq$	≤ 5	$-2 \leq$	≤ 5	$-2 \leq$	≤ 5	$-2 \leq$	≤ 5	$-2 \leq$	≤ 5	
보수기준(AV)	≤ -5	$30 \leq$	≤ -5	$30 \leq$	≤ -5	$20 \leq$	≤ -5	$20 \leq$	≤ -5	$15 \leq$	3개월 내 보수

제8조(슬랙의 설치) (15기사, 09,12산업)

① 원곡선에는 선로의 곡선반경 및 차량의 고정축거(固定軸距) 등을 고려하여 궤도에 과도한 횡압(橫壓)이 가해지는 것을 방지할 수 있도록 슬랙을 두어야 한다. 다만, 궤도에 과도한 횡압이 발생할 우려가 없는 경우는 슬랙을 두지 않을 수 있다.

② 슬랙량, 체감방법 등 슬랙의 설치는 「철도의 건설기준에 관한 규정」 제12조(슬랙)에 의한다. 다만, 기존 재래선 등 「철도의 건설기준에 관한 규정」에 부합되지 않은 선로의 경우 달리 정할 수 있다.

[참고] 슬랙의 계산식

$$S = \frac{2,400}{R} - S' \,(S' = 0 \sim 15)$$

S : 슬랙(mm)

R : 곡선반경(m)

S' : 조정치(mm)

제9조(캔트의 설치)

① 곡선구간에는 열차운행의 안전성 및 승차감을 확보하고 궤도에 주는 압력을 균등하게 하기 위하여 곡선반경 및 운행속도 등에 대응한 캔트를 두어야 하며, 일정 길이 이상에서 점차적으로 늘리거나 줄여야 한다.

② 제1항에도 불구하고 분기기 내의 곡선, 그 전후의 곡선, 측선 내의 곡선 등 캔트를 부설하기 곤란한 곳에는 캔트를 설치하지 아니할 수 있다.

③ 캔트량, 체감방법 등 캔트의 설치는 「철도의 건설기준에 관한 규정」 제7조(캔트)에 의한다. 다만, 기존 재래선 등 「철도의 건설기준에 관한 규정」에 부합되지 않은 선로의 경우 달리 정할 수 있다.

[참고] 캔트의 계산식

$$C = 11.8\frac{V^2}{R} - C_d$$

C : 설정캔트(mm)

V : 설계속도(km/h)

R : 곡선반경(m)

C_d : 부족캔트(mm)

설계속도 V (km/h)	자갈도상 궤도		콘크리트도상 궤도	
	최대 설정캔트(mm)	최대 부족캔트(mm)*	최대 설정캔트(mm)	최대 부족캔트(mm)*
$350 < V \leq 400$	–	–	180	130
$200 < V \leq 350$	160	80	180	130
$V \leq 200$	160	100**	180	130

* 최대 부족캔트는 완화곡선이 있는 경우, 즉 부족캔트가 점진적으로 증가하는 경우에 한한다.

** 설계속도 $350 < V \leq 400$km/h 구간에서는 콘크리트도상 궤도를 적용하는 것을 원칙으로 하고, 자갈도상궤도 적용 시에는 별도로 검토하여 정한다.

*** 선로를 고속화하는 경우에는 최대 부족캔트를 120mm까지 할 수 있다.

제10조(레일밀림 측정말뚝) 생략

제11조(궤도 중심간격)

① 직선구간의 경우 궤도의 중심간격은 차량한계(철도차량의 안전을 확보하기 위하여 궤도 위에 정지된 상태에서 측정한 철도차량의 길이·너비 및 높이의 한계를 말한다)의 최대 폭과 차량의 안전운행 및 유지보수 편의성 등을 고려하여 정한다.

[참고] 궤도의 중심간격

정거장 외의 구간에서 2개의 선로를 나란히 설치하는 경우에 궤도의 중심간격은 설계속도에 따라 다음 표의 값 이상으로 하여야 하며, 고속철도전용선의 경우에는 다음 각 호를 고려하여 궤도의 중심간격을 다르게 적용할 수 있다. 다만, 궤도의 중심간격이 4.3m 미만인 구간에 3개 이상의 선로를 나란히 설치하는 경우에는 서로 인접하는 궤도의 중심간격 중 하나는 4.3m 이상으로 하여야 한다.

1. 차량교행 시의 압력
2. 열차풍에 따른 유지보수요원의 안전(선로사이에 대피소가 있는 경우에 한한다)
3. 궤도부설 오차
4. 직선 및 곡선부에서 최대 운행속도로 교행하는 차량 및 측풍 등에 따른 탈선 안전도
5. 유지보수의 편의성 등

설계속도 V(km/h)	궤도의 최소 중심간격(m)
$350 < V \leq 400$	4.8
$250 < V \leq 350$	4.5
$150 < V \leq 250$	4.3
$70 < V \leq 150$	4.0
$V \leq 70$	3.8

② 곡선구간의 경우 궤도 중심간격은 곡선반경에 따라 건축한계 확대량에 상당하는 값을 추가하여 정한다.

③ 궤도의 중심간격은 「철도의 건설기준에 관한 규정」 제14조(궤도의 중심간격)에 의한다. 다만, 기존 재래선 등 「철도의 건설기준에 관한 규정」에 부합되지 않은 선로의 경우 달리 정할 수 있다.

제2절 레일

제12조(정척레일)

정척레일의 길이는 25m를 기준으로 한다.

제13조(레일중량)

레일의 중량은 「철도의 건설기준에 관한 규정」 제16조(선로 설계 시 유의사항)에 의한다. 다만, 열차의 운행속도, 통과 톤수, 축중 등을 고려하여 다르게 사용할 수 있다.

제14조(최단레일) (12**기사**)

본선에 사용되는 레일의 용접 간 최소거리는 10m보다 작아서는 안 된다. 다만, 분기부, 절연레일 등 특별한 경우에는 예외로 할 수 있다.

제15조(레일의 바꿔놓기 또는 돌려놓기)~제16조(레일 관리기준) 생략

제17조(레일 교환기준) (03,07,08**산업**)

본선의 레일은 특별한 경우를 제외하고 다음 각 호의 상태에 이르기 전에 교환하여야 하며, 교환내역을 시설관리시스템에 등록 관리하여야 한다.

1. 레일두부의 최대마모높이(마모면에서 측정한다)가 다음 한도에 이르기 전에 교환하여야 한다(괄호 안은 편마모의 경우임).
   가. 60kg : 13mm(15mm)
   나. 50kgN, 50kgPS : 12mm(13mm)
   다. 50kg ARA-A : 9mm(13mm)
   라. 37kg ASCE : 7mm(12mm)
2. 균열, 심한 파상마모, 레일변형, 손상 등으로 열차운전상 위험하다고 인정되는 것

제18조(레일의 절단) (10**기사**)

레일을 절단할 때에는 레일절단기를 사용하여 직각되게 수직으로 절단하여야 한다. 다만, 사고 발생 및 예방 등 긴급한 경우에는 산소절단기 등을 이용하여 절단할 수 있다.

제19조(레일쌓기) (09,14,19**기사**, 02,12**산업**)

레일은 다음 표에 따라 선별, 단면에 도색하여 일정한 장소에 쌓되 한쪽 단면을 일직선으로 되게 쌓고 레일종별, 길이 및 수량을 표시한 표찰을 세워야 한다.

구분		단면도색	선별 기준
신품	보통	백색	신품으로 본선사용이 가능한 것
	열처리	황색	
중고품	보통	청색	일단 사용했다가 발생한 것으로 마모상태, 길이 등이 다시 사용가능한 것
	열처리	황색(두부) 청색(복부, 저부)	
불용품		적색	훼손, 마모한도 초과, 단척기타레일 종류상 불용조치하여 다시 사용할 수 없는 것
기타			상기 이외의 것은 파쇠붙이로 취급

제20조(중계레일의 사용) (09기사, 15산업)

① 종류가 서로 다른 레일을 접속하여 사용하는 경우에는 중계레일을 사용하여야 한다.

② 중계레일을 본선에 장기간에 걸쳐 사용하는 경우에는 10m 이상의 것을 사용하여야 한다.

제21조(직선상의 레일수명) (04,09,12,13,17,18기사)

① 본선 직선구간에서의 레일수명은 레일 종류별 누적 통과 톤수에 따라 다음 각 호와 같이 정한다.

1. 60kg 레일 : 6억 톤
2. 50kg 레일 : 5억 톤

② 다만 레일 부설초기부터 주기적인 레일 연마를 시행할 경우에는 레일수명을 연장할 수 있다.

제22조(열처리레일 사용표준) (11,17,18기사)

다음의 곡선구간에는 열처리레일 수급범위 내에서 선구의 중요도, 누적 통과 톤수, 마모주기 등을 감안하여 열처리레일을 우선 사용하여야 한다. 다만, 내측 레일에도 필요성, 경제성을 검토하여 사용할 수 있다.

경도기준	사용개소
HH370	반경 500m 이하의 외측 레일, 분기기용 레일
HH340	반경 500m 초과, 800m 이하의 외측 레일

제23조(레일연마)~제28조(몹시 더울 때의 레일교환) 생략

제3절 부속품

제29조(이음매판의 교환)~제33조(스파이크 박기) 생략

제34조(나사스파이크 박기) (02기사, 03산업)

① 나사스파이크를 박을 때에는 직경 16mm의 침목천공용 드릴로 110mm 정도 깊이의 구멍을 뚫은 다음 파워렌치 또는 토오크렌치로 박아야 한다.

② 나사스파이크는 베이스 플레이트와 같이 사용하여야 한다.

제35조(레일 체결장치 설치)~제37조(체결장치의 보관) 생략

제38조(레일 앵카 설치) (05, 12,16기사)

① 본선 중 다음 각 호에 해당하는 구간에는 레일 앵카를 설치하여야 한다. 다만, PC침목 및 이중탄성체결(종방향저항력이 9kN 이상)구간에는 설치하지 않는 것을 원칙으로 한다.

1. 복선에 있어서 전 구간
2. 단선에 있어서 연간 밀림량 25mm 이상 되는 구간
3. 기타 밀림이 심한 구간

② 레일 앵카는 궤도 10m당 8개를 표준으로 하며 밀림량의 정도에 따라 그 수량을 증감하되 최대 16개로 한다.

③ 레일 앵카는 머리 부분을 궤간 안쪽으로 향하도록 하고 침목과 밀착되도록 설치하여야 한다.

④ 레일 앵카의 설치방법은 산설식(사용레일 전장에 걸쳐 고루 배치하는 방식)을 원칙으로 하고 경우에 따라서는 집설식(부분적으로 모둠으로 설치하는 방식)으로도 할 수 있다. 다만, 단선구간에 있어서

레일밀림이 상하행 양방향으로 일어나는 경우에는 각 방향에 대한 앵카를 붙이는 침목을 따로 정하여야 한다.

제39조(재료의 선로변 임시쌓기) 생략

제4절 침목

제40조(침목의 종류)

고속철도 본선 자갈궤도에 사용되는 침목은 콘크리트 침목을 사용하여야 하며 레일 좌면 경사는 1/20 또는 1/40이어야 한다.

제41조(침목의 배치) (05,13기사, 03,04,07산업)

① 자갈궤도의 침목 배치정수는 다음 표에 따른다. 다만, 설계속도 120km/h 이하 본선의 PC침목 부설의 경우 장척 및 장대레일 부설 시에는 10m당 17정으로 할 수 있다.

침목종별	본선		측선	비고
	V>120km/h	V≤120km/h		
PC침목	17	16	15	10m당
목침목	17	16	15	10m당
교량침목	25	25	18	10m당

② 반경 600m 미만의 곡선, 20‰ 이상의 기울기, 중요한 측선, 기타 노반연약 등 열차의 안전운행에 필요하다고 인정되는 구간에는 제1항의 배치수를 증가할 수 있다.

③ 콘크리트도상 궤도에서의 침목 배치정수는 10m당 16정을 표준으로 한다.

④ 침목의 배치 간격은 제1항 내지 3항에 따라 균등한 간격으로 배치하여야 한다. 다만, 콘크리트도상 궤도의 경우 침목 배치 간격을 62.5cm를 표준으로 하되 구조물의 신축이음매 위치 등과 중복될 경우 ±2.5cm 범위 내에서 침목을 조정할 수 있다.

⑤ 생략

제42조(목침목의 부설) (14기사, 04산업)

목침목을 부설할 때에는 다음 각 호에 따른다.

1. 침목은 수심 쪽을 밑으로 향하게 하고 둥그레한 것은 폭이 넓은 쪽을 밑으로 하여 부설하여야 한다.
2. 레일, 타이 플레이트 및 베이스 플레이트와 접착하는 면은 밀착이 잘 되도록 하고 필요에 따라 접착면을 깎아서 부설하여야 한다.
3. 갈라졌거나 갈라질 우려가 있는 침목은 이에 대한 필요한 조치를 하여야 한다.
4. 특수한 경우를 제외하고는 선로좌측을 기준으로 줄을 맞추고 궤도에 직각이 되도록 부설하여야 한다.
5. 침목을 배치할 때에는 배치 간격을 정확히 하고 보수 또는 감시가 편리하도록 좌측레일의 안쪽 복부에 백색 페인트로 소정의 침목 위치표시를 하여야 한다.
6. 교대 또는 하수, 개거상에 직접 침목을 부설할 때에는 침목 밑이 밀착되게 하고 움직이지 않도록 앞뒤 침목 2개에 걸쳐 연결재를 붙여 이동하지 않도록 하여야 한다.
7. 연속되는 분기기에서 분기기 전후 침목은 분기침목과 동일재질의 침목으로 부설하여야 한다.

제43조(침목교환) 생략

제44조(PC침목의 부설) (05기사)

PC침목의 부설은 다음 각 호에 따른다.

1. 본선에서 PC침목을 부설할 때는 목침목과 섞어서 부설하여서는 안 된다.
2. 반경 300m 미만의 급곡선부에는 별도 설계제작된 급곡선용 침목을 사용하여야 한다.
3. 연속되는 분기기에서 분기기 전후 침목은 분기침목과 동일재질의 침목으로 부설하여야 한다.

제45조(교량침목의 부설)~제47조(침목위치의 정정) 생략

제48조(침목의 취급) (05산업)

침목의 쌓는 방법 및 취급에 관한 사항은 다음 각 호에 따른다.

1. 침목을 쌓아 놓을 때에는 다음 각 호에 따른다.
   가. 침목을 쌓아 놓는 곳은 배수와 미관 등을 고려하고 붕괴, 도난, 화재 등에 대비하고 목침목은 수심을 밑으로 가게 쌓되 최상단을 토사 등으로 덮어 방부제의 발산을 방지하여야 한다.
   나. 목침목의 쌓기는 1무더기당 100개씩 쌓아야 하며 매무더기 앞에는 침목종별, 수량을 표시한 현품표를 붙여야 한다.
   다. PC침목은 지반침하가 없는 수평한 바닥에 종류별로 구분하여 15단 이상 쌓아서는 안 되며 단과 단 사이에는 75×75mm 각재를 레일이 놓이는 곳에 받쳐야 한다.
2. 침목의 취급은 다음 각 호에 따른다.
   가. PC침목을 취급할 때에는 콘크리트가 파손되거나 응력이완이 일어나지 않도록 주의하고 1m 이상의 높은 곳에서 떨어뜨려서는 안 된다.
   나. PC침목을 운송할 때에는 침목 중앙부가 지점이 되지 않도록 하며, 상당한 크기의 목재 받침목을 사용하여 손상, 편압과 이상응력이 발생되지 않도록 하여야 한다.

제5절 도상자갈

제49조(도상의 단면 및 보수기준) (03기사)

본선의 자갈도상은 별표 9를 기본단면으로 하며, 다음 각 호에 따라 정비하여야 한다. 다만, 콘크리트도상 및 본선 이외의 경우는 달리 할 수 있다.

1. 설계속도 $V \leq 200$km/h 이하의 자갈궤도 표준단면은 다음 각 목을 표준으로 한다.
   가. 도상 어깨폭의 기울기는 직선 및 곡선을 포함하여 장대화와 관계없이 1 : 1.6을 표준으로 한다.
   나. 최소 도상 어깨폭은 다음을 표준으로 한다.
      1) 장대 및 장척레일 구간 : 450mm 이상
      2) 정척레일 구간 : 350mm 이상
   다. 장대 및 장척레일 구간은 도상 어깨 상면에서 100mm 이상 더돋기를 한다. 다만, 현장여건을 감안하여 제외할 수 있다.
2. 설계속도 $200 < V \leq 350$km/h 구간의 자갈궤도 표준단면은 다음 각 목을 표준으로 한다.
   가. 도상 어깨폭의 기울기는 직선 및 곡선을 포함하여 장대화와 관계없이 1 : 1.8을 표준으로 한다.
   나. 장대 및 장척레일 구간의 최소 도상 어깨폭은 500mm 이상으로 한다.

다. 본선의 자갈도상은 도상자갈 비산을 방지하기 위하여 궤도 중심으로부터 침목양단 끝부분까지는 침목상면보다 50mm 낮게 부설한다.

라. 본선의 일반구간은 더돋기를 하지 않는 것으로 하며, 다만, 본선의 다음 개소에서는 도상 어깨 상면에서 100mm 이상 더돋기를 한다.

1) 장대레일 신축이음매 전후 100m 이상의 구간
2) 교량 전후 50m 이상의 구간
3) 분기기 전후 50m 이상의 구간
4) 터널입구로부터 바깥쪽으로 50m 이상의 구간
5) 곡선 및 곡선 전후 50m 이상의 구간
6) 기타 선로 유지관리상 필요로 하는 구간

제50조(도상자갈의 두께)

① 자갈도상의 두께는 열차속도와 통과 톤수에 따라 정하여야 한다. 다만, 자갈도상이 아닌 경우의 도상의 두께는 부설되는 도상의 특성 등을 고려하여 다르게 적용할 수 있다.

설계속도 V(km/h)	최소 도상두께(mm)
$230 < V \leq 350$	350
$120 < V \leq 230$	300
$70 < V \leq 120$	270*
$V \leq 70$	250*

* 장대레일인 경우 300mm로 한다.
주) 최소 도상두께는 도상매트를 포함한다.

② 자갈도상의 두께는 「철도의 건설기준에 관한 규정」 제16조(선로 설계 시 유의사항)에 의한다. 다만, 기존 재래선 등 「철도의 건설기준에 관한 규정」에 부합되지 않은 선로의 경우 달리 정할 수 있다.

제51조(도상의 보충) (13산업)

① 일반철도의 도상보충 기준은 도상이 다음 표의 기준치 이상으로 침목이 노출되거나 도상폭이 좁아지거나 궤도 횡압방지용 도상단면이 감소되지 않도록 하여야 한다. 이때 도상폭이라 함은 침목상면 끝에서 한쪽 도상 어깨폭을 말한다.

본·측선별	침목노출(cm)	어깨폭 감소(cm)	횡압방지용 도상 어깨 돋기 감소(cm)
본선	1	2	5
측선	3	5	

② 고속철도 도상자갈의 보충기준은 제46조의 기본단면에서 다음 각 호의 기준치 이상으로 침목이 노출되거나 도상폭이 좁아지지 않는 것을 기본으로 한다.

1. 1개 침목의 평균 노출 : 2cm
2. 도상 어깨폭 감소 : 5cm
3. 어깨 더돋기 높이 : 5cm

제52조(도상의 높이조정)~제54조(자갈치기) 생략

제55조(도상자갈살포) (07, 18**기사**, 02,03,04,07,08,09,12,15**산업**)

① 도상자갈 살포 전 소관부서의 장은 다음 각 호를 지정하여야 한다.

1. 시행연월일
2. 살포구간 및 위치
3. 작업열차
4. 열차 최초 정지위치는 제4항 제4호의 운전속도(10km/h)를 조절할 수 있는 거리이어야 한다.
5. 작업책임자

② 작업책임자와 작업원이 도상자갈 살포 시 주의하여야 할 사항은 다음 각 호와 같다.

1. 궤간 안쪽에 살포할 때 좌우 양쪽 문을 동시에 과대하게 열지 않는다.
2. 같은 차량에서는 궤간 안쪽과 바깥쪽 살포를 동시에 시행하지 않는다.
3. 궤간 안쪽 살포 시 화차 2량 이상 동시에 살포하지 않는다.
4. 궤간 바깥쪽 살포 시 화차 3량 이상 동시에 살포하지 않는다.
5. 궤간 안쪽과 바깥쪽 살포 시 화차 3량 이상 동시에 살포하지 않는다.
6. 한쪽 문만 열지 않는다.
7. 곡선에서의 살포 시 차량상태에 주의하여야 한다.
8. 주행살포 중 열차정지 시에는 즉시 문을 닫아야 한다.
9. 자갈살포 후 화차내외의 잔여 자갈상태를 확인 정리하여 주행 시 자갈이 떨어지거나 차량이 전도되지 않도록 하여야 한다.
10. 살포 중 열차운전은 견인운전을 원칙으로 한다.

③ 작업책임자와 작업원은 다음 각 호의 개소에는 도상자갈을 살포하여서는 안 된다.

1. 분기부
2. 보안장치 장애 우려 개소
3. 건널목
4. 궤간 바깥쪽 살포 시 운전지장 또는 자갈 유실 우려 개소
5. 곡선반경 249m 이하의 곡선
6. 기타 열차의 운전에 지장을 줄 우려 개소

④ 도상자갈 주행살포에 사용하는 열차, 화차와 운전사항은 다음 각 호와 같이 한다.

1. 도상자갈 살포열차는 임시공사열차로 시행하는 것을 원칙으로 한다.
2. 도상자갈 전용화차에 따른 살포를 원칙으로 한다. 다만, 부득이한 경우 전용화차 이외의 화차를 사용할 수 있다.
3. 도상자갈 살포화차를 다른 화차와 같이 연결운행할 때에는 될 수 있으면 열차의 앞쪽에 연결하여야 한다.
4. 살포 시 운전속도는 10km/h를 초과하여서는 안 된다.

⑤ 작업책임자는 살포 전 작업협의, 작업 시 정지, 전호(傳呼) 및 확인사항은 다음 각 호와 같이 한다.

1. 기관사(열차승무원)와 작업내용을 협의하여야 한다.

2. 공사열차의 최초정지 위치를 기관사에게 전호(傳呼)하여 정지시켜야 한다.
3. 도상자갈 살포 시 열차의 운전은 차장 또는 작업책임자의 지시에 따라야 한다. 다만, 작업 완료 후 되돌아올 경우에는 차장 또는 작업책임자의 전호(傳呼)에 따라야 한다.
4. 살포된 도상자갈이 열차운전에 지장이 있다고 인정될 때에는 즉시 열차를 정지 수배함과 동시에 살포를 중지하고 지장된 부분은 제거하여야 한다.
5. 도상자갈 살포개시 전에는 다음 각 호를 확인하여야 한다.
   가. 작업원이 소정의 위치에 배치되어 있는지 여부
   나. 선로와 그 부근(분기부 선로전환기 간류 포함)의 상태가 살포에 지장이 없는지의 여부
   다. 작업화차의 문 조작에 지장이 없는지의 여부
6. 도상자갈 살포작업을 완료하였을 때는 선로(분기부 선로전환기 간류 포함)의 상태가 열차운전에 지장이 없는가를 확인하여야 한다.

제56조(도상자갈의 규격 등)~제58조(콘크리트도상의 보수) 생략

제6절 분기기

제59조(분기기의 배선) 생략

제60조(분기기 설치기준) (13,15기사)

고속철도의 분기기 설치는 다음 각 호에 따른다.

1. 기울기 구간은 15/1,000 이하 개소에 부설하여야 한다.
2. 분기기는 기울기 변환 개소에는 설치할 수 없다.
3. 교량상판길이가 30m 미만일 경우는 20m 이상 이격, 교량상판길이가 30m 이상 80m 미만일 경우는 50m 이상 이격, 교량상판길이가 80m 이상일 경우는 100m 이상 이격되어야 한다.
4. 노반강도가 균질한 구간에 설치한다.
5. 고속분기기는 종곡선, 완화곡선 및 장대레일의 신축이음의 시·종점으로부터 100m 이상 이격하여야 한다.
6. 분기기 설치구간 내에는 구조물의 신축이음이 없어야 한다. 다만, 라멘구조형식은 제외한다.
7. 고속분기기의 연속분기기 시·종점간 거리(m)는 V/2 이상(V는 분기선에 대한 허용속도)과 최소 50m 이상 이격되어야 한다.
8. 유치열차의 본선 일주 방지를 위하여 부본선 및 측선 등 차량유치선은 양방향에 안전측선(분기기)을 설치하여야 한다.

제61조(추 붙은 선로전환기의 사용제한) 생략

제62조(상대하는 분기기의 간격) (05기사)

일반철도 구간에 고속열차를 운행하는 본선에 있어서 분기기를 상대하여 부설하는 경우 그 열차가 분기곡선을 통과하는 배선에 있어서는 양분기기의 포인트 전단사이가 10m 이상 간격을 두어야 한다. 다만, 기타본선과 주요한 측선에 분기기를 상대하여 부설할 때 또는 분기기를 연속하여 부설할 때에는 5m 이상으로 하여야 한다.

제63조(분기기 번호의 부여)~제65조(분기부의 슬랙) 생략

제66조(분기기의 캔트) (11,17기사)

열차를 운전하는 분기부대 곡선에는 부득이한 경우를 제외하고는 다음 각 호에 따라 캔트를 붙여야 한다.

1. 내방분기기에 있어서의 분기곡선에는 본선곡선과 같은 캔트를 붙인다.
2. 제1호 이외의 분기기에 있어서의 분기곡선에는 포인트와 크로싱부와의 접속관계를 고려하여 적당한 캔트를 붙여야 한다.
3. 분기기 외 곡선에 있어서는 캔트는 일반 곡선의 캔트에 준하여 붙여야 한다.
4. 제1호 내지 제2호에 있어서의 캔트의 체감거리는 캔트량의 300배 이상으로 하여야 한다.
5. 분기곡선과 이에 접속하는 곡선의 방향이 서로 반대될 때에는 캔트의 체감끝부터 5m 이상의 직선을 삽입하여야 한다.

제67조(분기기의 보조재료) (07,18기사, 03산업)

분기기에는 다음 각 호의 시설을 하여야 한다.

1. 본선의 주요 대향분기기와 궤간유지가 곤란한 분기기에는 텅레일 전방 소정위치에 게이지 타이롯드를 붙일 수 있다.
2. 크로싱에는 필요에 따라 게이지 스트랏트를 붙인다.
3. 본선과 주요한 측선의 분기기에는 분기베이스 플레이트를 부설하여야 한다.
4. 텅레일 끝이 심하게 마모되거나 곡선으로부터 분기하는 곡선의 분기기에는 포인트 가드레일을 붙여야 한다.

제68조(분기기의 정비) (09,14,16,17기사, 13산업)

① 분기기는 항상 양호한 상태로 정비하여야 하며 허용한도는 다음 각 호와 같다.

1. 일반구간(분기기의 도면에 별도 표기된 것은 예외로 한다)

종별	정비한도	비고
크로싱부 궤간	+3 −2	
백게이지	1,390~1,396	백게이지를 측정할 때에는 노스레일의 후로우는 제외한다.
분기 가드레일 후렌지웨이 폭	42±3mm	백게이지 1,390일 때 45mm 백게이지 1,396일 때 39mm

2. 노스가동크로싱(8-15번)

종별	정비한도	비고
백게이지	직 1,368~1,372 곡 1,391~1,395	
분기가드레일	직 65±2mm	백게이지 1,368일 때 67mm 백게이지 1,372일 때 63mm
후렌지웨이폭	곡 42±2mm	백게이지 1,391일 때 44mm 백게이지 1,395일 때 40mm

② 고속분기기의 선형보수를 위하여 보선장비로 분기기 다짐 시에는 최소한 분기기 양단부 50m에 걸쳐

시행하여야 하며 안정화의 기울기조정은 이 구간 밖에서 하여야 한다.

③ 고속분기기의 선형보수 후에는 작업 종료시간 전에 분기기 작동점검을 하여야 한다.

제69조(분기기의 교환)~제72조(탈선포인트의 설치) 생략

제73조(탈선포인트의 설치방법) (03,12**기사**, 04**산업**)

탈선포인트의 설치방법은 다음 각 호에 따른다.

1. 탈선포인트는 해당 본선로에 속하는 출발신호기 바깥쪽에 인접 본선로와의 간격이 4.25m 이상 되는 지점에 설치하여야 한다. (03**기사**, 04**산업**)
2. 탈선포인트는 해당 본선로에 속하는 출발신호기와 연동하고 진로가 탈선시키는 방향으로 되었을 때 정지신호가 보이도록 설비하여야 한다.
3. 제78조 제1호의 경우에 있어 탈선포인트는 제79조 제1호 및 제2호 이외 대향열차에 대하여는 장내신호기와 연동하고 이를 탈선시키는 방향으로 되었을 때 정지신호가 보이도록 하여야 한다.
4. 제78조 제2호의 경우에 있어 탈선포인트는 제79조 제1호 및 제2호 이외 교차열차에 대하여는 장내신호기와 출발신호기와 연동하고 이를 탈선시키는 방향으로 되었을 때 정지신호가 보이도록 설비하여야 하며 이 지침에서 대향열차라 함은 과주하였을 경우 탈선시킬 열차의 운전방향에 대향하여 운전하는 열차를 말한다.

제74조(정거장 외 본선상에 분기기의 설치와 취급방법) (03**기사**)

정거장 외 본선상에서 선로가 분기하는 도중 분기기의 선로전환기 설치와 취급은 다음 각 호에 따른다.

1. 분기기의 전기선로전환기와 통표쇄정기는 전철 표지를 붙이고 텅레일(노스가동의 경우 크로싱 포함) 키볼트로서 쇄정하여야 한다.
2. 키볼트의 쇄정은 철도운영자(해당 역장)가 담당하고 분기기 표지 등의 점화 소등은 소관부서의 장(신호제어)이 담당한다.
3. 분기기는 되도록 직선부에 설치하도록 하되 부득이 곡선 중에 설치할 경우에는 본선에 적당한 캔트와 슬랙을 붙이도록 하여야 한다.

제7절 가드레일

제75조(탈선 방지 가드레일 설치) (05,12**산업**, 17**기사**)

① 본선으로서 다음 각 호에 해당하는 개소는 탈선방지 가드레일을 부설하여야 한다.

1. 반경 300m 미만의 곡선
2. 별표 11의 부설기준에서 정한 기울기변화와 곡선이 중복되는 개소 또는 연속 하향 기울기 개소와 곡선이 중복되는 개소

② 위 제1항에 불구하고 PC침목이나 탄성체결구로 궤도구조가 개량된 개소는 소관부서의 장이 검토한 후 부설을 생략할 수 있다.

③ 탈선 방지 가드레일의 설치방법은 다음 각 호에 따른다.

1. 위험이 큰 쪽의 반대쪽 레일 궤간 안쪽에 부설한다.
2. 가드레일은 특수한 경우를 제외하고는 본선 레일과 같은 레일을 사용하여야 한다.
3. 후렌지웨이의 폭은 80~100mm로 부설하고 그 양단은 2m 이상의 길이를 깔때기 형으로 구부려서

종단은 본선 레일에 대하여 200mm 이상의 간격이 되도록 하여야 한다.

4. 탈선 방지 가드레일의 이음부는 특수한 경우를 제외하고는 이음매판을 사용하고 이음매판 볼트는 후렌지웨이 바깥쪽에서 조여야 한다. 다만, 특수한 구조의 가드레일 이음부는 신축이 가능한 구조로 하여야 한다.

제76조(교상 가드레일 설치) (03,04,06,07,11,15,17,19**기사**, 10,12,13**산업**)

① 교량침목을 사용하는 교량으로서 다음 각 호에 해당하는 경우에는 교상가드레일을 부설하여야 한다.

1. 트러스교, 프레이트거더교와 전장 18m 이상의 교량
2. 곡선 중에 있는 교량
3. 10‰ 이상 기울기 중 또는 종곡선 중에 있는 교량
4. 열차가 진입하는 쪽에 반경 600m 미만의 곡선이 인접되어 있는 교량
5. 기타 필요하다고 인정되는 교량

② 교상 가드레일의 부설방법은 다음 각 호에 따른다.

1. 본선 레일 양측의 궤간 안쪽에 부설하고 특수한 경우를 제외하고는 50kg/m 이상의 레일을 사용하여야 한다.
2. 교상 가드레일의 이음부는 특수한 경우를 제외하고는 이음매판을 사용하고 이음매판 볼트는 후렌지웨이 바깥쪽에서 조여야 한다. 다만, 특수한 구조의 가드레일 이음부는 신축이 가능한 구조로 하여야 한다.
3. 교상 가드레일은 교대 끝에서 복선구간에 있어서 열차 진입방향은 15m 이상 다른 한쪽은 5m 이상을 연장 부설하여야 하며 단선구간에 있어서는 교량 시·종점부의 교대 끝에서 각각 15m 이상 연장 부설하여야 한다.
4. 후렌지웨이 간격은 200~250mm로 하며 양측레일의 끝은 2m 이상의 길이에서 깔때기형으로 구부려서 두 가드레일을 이어 붙여야 한다.
5. 자동신호구간에 있어서는 양쪽 접합부에 전기절연장치를 하여야 한다.

제77조(건널목 가드레일 설치) 생략

제78조(안전 가드레일 설치) (15**산업**)

① 탈선 방지 가드레일이 필요한 개소로서 이를 설치하기가 곤란하거나 낙석 또는 강설이 많은 개소에 있어서는 안전가드레일을 부설하여야 한다.

② 안전 가드레일의 부설 방법은 PC침목 부설구간 등 특별한 경우를 제외하고는 다음 각 호에 따른다.

1. 위험이 큰 쪽의 반대측 레일의 궤간 안쪽에 부설하여야 한다. 다만, 낙석, 강설이 많은 개소는 위험이 큰 쪽 레일의 궤간 바깥쪽에 부설하여야 한다.
2. 안전가드레일은 본선 레일과 같은 종류의 헌 레일을 사용하는 것을 원칙으로 한다.
3. 안전가드레일의 부설간격은 본선 레일에 대하여 200~250mm의 간격으로 부설하고 그 양단부에서는 본선 레일에 대하여 300mm 이상의 간격으로 하여 2m 이상의 길이에서 깔때기형으로 구부려야 한다.
4. 안전가드레일의 이음매는 이음매판을 사용하고 이음매판 볼트는 안전가드레일을 궤간 안쪽에 부설하는 경우에는 후렌지웨이 바깥쪽에서, 궤간 바깥쪽에 부설하는 경우에는 안전가드레일 바깥

쪽에서 조이도록 하고 스파이크는 침목을 1개 걸러 박을 수 있다.

제79조(포인트 가드레일 설치) 생략

제8절 패킹

제80조(패킹의 종류) (19기사, 05산업)

패킹의 종류와 치수는 다음과 같다.

1. 일반

종류		치수(mm)		
		두께	폭	길이
세로패킹		15 이하	레일바닥폭	침목폭 이상
가로패킹	소	10 이상 50 미만	240	300 이상
	대	50 이상 100 미만	240	450 이상
건너패킹		100 이상	240	2000 이상

2. 콘크리트도상의 패킹 종류

체결장치	구분	규격
SFC체결장치(일반구간)	레일패드	2, 4mm
	플라스틱조정판	1, 2, 5, 10, 20mm
ERA체결장치(BWG분기기)	플라스틱조정판	2, 3, 6, 10mm
	강철조정판	25mm
System300-1	플라스틱조정판	6, 10mm
	강철조정판	20mm
	레일패드	2~12mm

제81조(패킹제작 삽입작업 등) (04산업)

① 다음 각 호에 해당하는 경우로서 레일면에 높고 낮음이 생겼을 때 도상으로 정정할 수 없는 경우에는 레일과 침목 사이 또는 구조물과 침목 사이에 패킹을 삽입하여 정정하여야 한다.

1. 교량거더상에서의 면맞춤 또는 캔트 설치
2. 도상보수
3. 교대의 파라페트 또는 개거의 콘크리트면상에 직접 침목을 부설할 때
4. 기타 필요하다고 인정되는 경우

② 패킹의 제작, 삽입, 보수방법 등에 대하여는 다음 각 호에 따른다.

1. 교량패킹은 되도록 침목과 같은 재질 또는 그 이상의 좋은 재질의 소재를 사용하여 특별한 경우를 제외하고는 두께는 30mm 이상으로 하되 침목에다 못을 박고 침목에 홈을 파지 않도록 하여야 한다. 다만, 거더 덮판이 2장 이상일 때는 20mm 이내의 홈을 팔 수 있다.
2. 패킹을 삽입할 때의 전후 접속기울기는 설계속도에 따라 다음 각 목의 거리 이상에 걸쳐 체감하여야 한다.

가. $V \geq$ 120km/h : 패킹두께의 300배 이상

나. $V <$ 120km/h, 측선 : 패킹두께의 200배 이상

3~8 생략

제9절 장대레일

제82조(장대레일 부설을 위한 선로조건) (06,17,18**기사**, 12,13**산업**)

① 본선에는 장대레일을 부설하여야 한다.

② 장대레일을 부설하는 장소는 다음 각 호에 따라 충분히 검토 결정하여야 한다.

1. 반경 300m 미만의 곡선에는 부설치 않는다. 다만, 600m 미만의 곡선에 설치 시에는 충분한 도상횡저항력을 확보할 수 있는 조치를 강구해야 한다.
2. 기울기변환점에는 어느 것이나 반경 3,000m 이상의 종곡선을 삽입하여야 한다.
3. 반경 1,500m 미만의 반향곡선은 연속해서 1개의 장대레일로 하지 않아야 한다.
4. 불량 노반개소는 피하여야 한다.
5. 전장 25m 이상의 무도상교량은 피하여야 한다. 그러나 25m 미만의 무도상교량에 있어서도 거더, 교대와 교각의 강도에 대하여 검토하고 강도가 부족한 경우에는 보강하지 않으면 안 된다.
6. 터널 내만을 장대레일화 할 경우에는 별도로 시행하는 터널 내 장대레일로서 부설 및 보수하여야 한다. 그러나 일반 노천 장대레일 구간에 짧은 터널이 있을 시에는 이 기준에 따라 1개의 장대레일로 할 수 있다.
7. 밀림이 심한 구간은 피하여야 한다.
8. 흑열홈, 공전홈 등 레일이 부분적으로 손상되는 구간은 피하여야 한다.

제83조(궤도구조 등) (16**기사**, 02,08,10,15**산업**)

① 일반철도 장대레일의 궤도구조는 주로 좌굴방지와 과대 신축방지의 목적을 위하여 다음 각 호의 조건을 구비하여야 한다.

1. 일반구간의 장대레일 양단에는 원칙적으로 신축이음매를 사용하는 것으로 하되 경우에 따라 완충레일을 부설할 수 있다.
2. 레일은 50kg 또는 60kg의 신품레일로 하되 정밀검사를 한 후 사용하여야 한다.
3. 침목은 원칙상 PC침목으로 하고 도상횡저항력 500kgf/m 이상, 도상종저항력 500kgf/m 이상이 되도록 침목을 배치하여야 한다.
4. 도상은 깬 자갈로 하고 도상저항력이 500kgf/m이 되도록 도상폭 및 두께를 확보하여야 하며 필요시 장대레일 설정 전에 도상저항치를 확인하여야 한다.
5. 교량 위 레일체결부 및 침목과 거더와의 체결부는 횡방향의 저항력을 가질 뿐 아니라 부상을 충분히 방지할 수 있는 구조이어야 한다. 그러나 무도상교량과 5m 이상의 유도상교량에 있어서는 전후방향의 종저항력을 주지 않도록 하여야 한다. 또 교대와 교각은 장대레일로 인하여 발생하는 힘에 대하여 충분히 견딜 수 있는 구조이어야 한다.
6. 장대레일을 곡선상에 부설할 때에 양쪽 신축이음매의 위치는 가능한 한 곡선 시·종점 부근의 직선상에 설치하여야 한다.

② 고속철도의 경우 궤도가 안정된 후의 도상횡저항력은 900kgf/m 이상이 되도록 한다.

제84조(설정온도) (02,04,14기사, 12산업)

① 장대레일의 설정온도에 대하여 다음 각 호의 조건을 지켜야 한다.

1. 장대레일을 처음 설정(부설)할 때는 대기온도와 레일온도를 측정 기록 유지하여야 한다.
2. 장대레일을 중위온도에서 설정하지 않을 경우에는 제89조의 지침에 따라 신축이음매의 스트로크를 조정하여야 한다.
3. 장대레일을 중위온도에서 설정(부설)하지 아니하였거나 설정한 후에 축력의 분포가 고르지 못하다고 판단될 때는 적절한 시기에 재설정을 하여야 한다.
4. 장대레일을 재설정할 때의 설정온도는 중위온도에서 +5℃를 기본으로 하고 중위온도 이하이거나 또는 30℃ 이상에서 재설정하는 것을 피하여야 한다.

② 장대레일의 설정온도는 다음 각 호에 따른다.

1. 레일의 최고온도 및 최저온도는 -20～60℃, 중위온도는 20℃를 기준으로 한다.
2. 자갈도상의 경우 5℃를 더하여 25℃로 하며 이때 레일온도는 중위온도 20℃를 그대로 적용한다.
3. 토공구간 장대레일 설정 시 자연온도에서 설정 시 자갈도상 25±3℃, 콘크리트도상 20±3℃, 인장기 사용 시 자갈도상 0～22℃, 콘크리트도상 0～17℃의 온도조건을 적용한다.
4. 터널구간(터널 입구에서 100m 이상 구간)에서는 자연온도에서 자갈도상 및 콘크리트도상 15±5℃, 인장기 사용 시, 자갈도상 및 콘크리트도상에서 0～10℃를 적용한다.
5. 교량구간에서는 자연온도에서 시행을 원칙으로 하며, 콘크리트 궤도에서 레일 20±3℃(17～23℃), 교량거더 중위온도 ±5℃를 적용한다.

제85조(장대레일의 설정)～제88조(장대레일의 부설) 생략

제89조(스트로크 설정) (02,03기사)

① 신축이음매의 스트로크는 일어나는 최고온도와 중위온도로 설정할 때에는 스트로크의 중위에 맞추는 것으로 하고 중위온도에서 5℃ 이상의 온도 차이로 설정할 때에는 1℃에 대하여 1.5mm 비율로 정하여야 한다.

② 재설정을 예정하여 일시적으로 설정할 때에는 재설정 때의 온도로 축압을 해방하였을 때 소정의 위치가 되도록 조정하여야 한다.

제90조(신축이음매장치의 부설 및 제한) (10,13기사)

① 신축이음매의 부설에 대하여는 다음 각 호에 따른다.

1. 침목은 일정한 간격으로 레일과 직각으로 부설하고 특히 텅레일과 받침레일의 중복부분의 특수상판의 간격과 방향이 소정의 보수가 되도록 이 부분의 침목에 대하여는 주의를 하여야 한다.
2. 신축이음매는 구조상 궤간 및 줄맞춤의 치수가 일반선로와 다르므로 도면에 따라 정밀하게 부설하여야 한다.

② 신축이음매장치의 설치기준은 다음 각 호에 따른다.

1. 신축이음장치 상호 간의 최소거리는 300m 이상으로 한다.
2. 분기기로부터 100m 이상 이격되어 설치하여야 한다.
3. 완화곡선 시·종점으로부터 100m 이상 이격되어 설치하여야 한다.

4. 종곡선 시·종점으로부터 100m 이상 이격되어 설치하여야 한다.
5. 부득이 교량상에 설치하는 경우 1개 상판 위에 설치하여야 한다.

③ 신축이음매장치는 장대레일구간에 과대 축압이 발생할 우려가 있는 개소에 설치하며 다음 각 호에 해당되는 구간에는 부설하여서는 안 된다.
1. 종곡선구간
2. 반경 1,000m 미만의 곡선구간
3. 완화곡선구간
4. 구조물 신축이음으로부터 5m 이내
5. 기타 노반강성 변이 구간

제91조(신축이음매장치의 관리)~제100조(작업제한) 생략

제101조(좌굴 시의 응급조치) (10,14기사)

장대레일이 좌굴하였을 때에는 각 호에 따라 응급조치를 하여야 한다.

1. 그대로 밀어 넣어 원상복구하거나 적당한 곡선을 삽입하여 응급조치 하여야 한다.
2. 레일을 절단하여 응급조치 하여야 한다.

제102조(밀어넣기 또는 곡선삽입에 따른 응급조치)

다음 각 호에 따라 조건이 부합되었을 때에는 될 수 있는 대로 레일을 절단치 않고 밀어 넣어 응급조치를 하거나 곡선을 삽입하여 응급복구를 하여야 한다. 다만, 레일의 손상에 대하여 운전상 지장이 없다고 판단되었을 때에는 응급조치 후 본 복구를 하는 것으로 한다.

1. 좌굴된 부분이 많아서 구부러지지 않았을 때
2. 레일의 손상이 없을 때

제103조(레일절단에 따른 응급조치)

밀어넣기가 곤란할 때 다음 방법으로 손상 부분을 절단하고 다른 레일을 넣어 응급조치를 하여야 한다.

1. 절단 제거하는 범위 : 절단 제거하는 범위는 레일이 현저하게 휜 부분 및 손상이 있는 부분을 절단한다.
2. 절단방법 : 레일의 절단은 레일의 축력 또는 구부러짐 등을 고려하여 레일절단기 또는 가스로 절단한다.
3. 바꾸어 넣는 레일 : 바꾸어 넣는 레일은 절단된 레일과 같은 정도의 단면이어야 한다.
4. 이음매 : 바꾸어 넣은 레일의 양단에 유간을 두어 응급조치할 때 이음매 볼트는 제28조와 같이 조이고 이때 유간을 복구까지 예상되는 온도상승 또는 강하에 대하여 다음 표에 따른 크기 이상 또는 이하로 하여야 한다.

온도 상승(°C)			온도 강하(°C)		
30	20	10	30	20	10
10mm	5mm	0mm	0mm	5mm	10mm

제104조(용접에 따른 복구)~제105조(신축저항력의 확보) 생략

제10절 장척레일

제106조(장척레일 부설을 위한 선로조건)

장척레일을 부설할 수 없는 경우의 선로조건은 다음 각 호와 같다.

1. 반경 300m 미만의 곡선에는 부설치 않는다. 다만, 600m 미만의 곡선에는 충분한 도상횡저항력을 확보할 수 있는 조치를 강구해야 한다.
2. 레일의 밀림이 현저한 구간은 피한다.
3. 흑열흠, 공전흠 등 레일이 부분적으로 손상되는 구간은 피한다.

제107조(궤도구조의 구비 조건) (14기사)

장척레일을 부설할 경우의 궤도구조는 다음 각 호의 조건을 구비하여야 한다.

1. 레일의 체결은 PC침목체결 또는 목침목탄성체결을 원칙으로 하되 스파이크체결의 경우는 레일 앵카를 10m당 10개 이상 설치하여야 한다.
2. 도상저항력은 400kgf/m 이상이어야 한다.

제108조(레일 용접방법)~제111조(유간 및 유간정정) 생략

제11절 노반 및 비탈면

제112조(노반의 형상 유지)~제118조(노반침하계측 기간) 생략

제12절 선로구조물

제119조(교상보판 설치)

무도상 교량 위에는 필요에 따라 궤간 안 또는 궤간 바깥쪽에 보판을 설치하여야 한다. 다만, 연장 100m 이상의 무도상 교량이나 투시가 불량한 무도상 교량에는 1.2m 이상의 교측보도를 설치하여야 한다.

제120조(교량거더의 도장)~제122조(선로구조물의 보수)

제123조(교량대피소 설치) (19기사)

교측보도가 설치되지 않은 무도상 교량대피소의 설치는 30m 전후 교각상에 설치하는 것을 원칙으로 한다.

제13절 선로제표 (19기사)

제124조(선로제표의 종류)

선로제표의 종류는 건식표와 부착표 및 기록표로 나누며 특별한 경우를 제외하고는 다음 각 호에 따른다.

1. 건식표 및 부착표는 거리표, 기울기표, 곡선표, 종곡선표, 선로작업표, 용지경계표, 차량접촉한계표, 담당구역표, 수준표, 낙석표, 서행예고 신호기, 기적표, 속도제한표, 속도제한 해제표, 서행 신호기, 서행해제신호기, 서행구역통과측정표 등을 말하며 해당 위치에 설치하여야 한다.
2. 기록표는 교량, 구교, 터널, 정거장중심, 분기기번호, 양수표, 레일번호, 곡선종거와 캔트량 등을 건조물 기타 위치에 필요사항을 직접 표기하여야 한다. 다만, 그 위치에 표기할 적당한 건조물이 없는 경우에는 설치할 수 있다.

제125조(선로제표의 제작)~제126조(거리표의 종류와 설치) 생략

제127조(기울기표의 설치)

① 기울기표는 특별한 경우를 제외하고는 선로 외방(좌측) 기울기변경점에 설치하여야 한다. 다만, 복선구간은 양방향에 설치하여야 한다.

② 터널 내, 교량 내, 호설지구, 기타 제1항에 의하기 곤란한 경우에는 적절한 구조로 하거나 또는 측벽에 기입할 수 있다.

제128조(곡선표의 종류와 설치)

곡선표는 선로 외방(좌측)에 설치하여야 한다. 다만, 복선구간은 양방향에 설치하여야 한다.

제129조(담당구역표의 설치)

담당구역표는 관할경계점의 선로 좌우측에 설치하여야 한다. (10산업)

제130조(차량접촉한계표 설치)

차량접촉한계표는 서로 인접한 궤도에서 차량의 접촉을 피하기 위하여 세우는 표지로서 분기부 뒤쪽의 궤도 중심간격 중앙에 설치하여야 한다.

제131조(용지경계표 설치)

① 용지경계표는 경계선이 직선일 때에는 40m 이내의 거리마다 경계선상에 정확히 설치하며 경계선이 굴곡되어 있을 때에는 굴곡점마다 설치하여야 한다. 다만, 건식표가 많아 건식이 곤란할 때에는 생략할 수 있다.

② 용지경계표가 도로상에 있는 것은 노면까지 묻어놓고 그 위치를 표시하는 표를 그 부근 적당한 위치에 따로 설치하여야 한다.

제132조(속도제한표 설치)

속도제한표는 속도제한구역 시작지점의 선로 좌측(우측 선로를 운행하는 구간은 우측)에 설치하여야 하고, 진행 중인 열차로부터 400m 외방에서 확인하기 곤란한 때는 적절한 위치에 설치하여야 한다.

제133조(기적표 설치)

기적표는 건널목, 교량, 급곡선 등 기적을 울릴 필요가 있는 곳에 열차진행 방향으로 400m 이상 앞쪽 좌측에 열차로부터 볼 수 있는 위치에 설치하여야 한다.

제134조(수준표 설치)

수준표는 약 1km마다 선로 외방(우측)에 세우되 교대, 천연석 등을 이용하는 것이 좋으며, 설치할 경우에는 동상, 진동 등으로 변동되지 않도록 주의하여야 한다.

제135조(정거장 경계표 설치)

① 신호기와 보안기기를 생략한 보통정거장과 간이정거장에 있어서는 구내경계표를 표시하기 위하여 정거장 경계표를 설치하여야 한다.

② 정거장 경계표의 설치는 다음 각 호에 따른다.

1. 정거장 경계표의 설치위치는 장내신호기 설치에 준하여야 한다. 다만, 단선에 있어서는 승강장 뒤쪽에서 각 상하행 쪽으로 일정 거리 이상(경부선 및 호남선 460m, 기타선 370m)에 설치하여야 한다.
2. 정거장 사이가 단거리여서 위 호에 의하기 곤란하거나 측선 연장이 짧은 경우 등에는 소관부서의 장이 검토한 후 적절하게 정할 수 있다.

제136조(설치위치의 좌우별)

① 거리표, 기울기표는 선로 좌측에 설치하는 것을 원칙으로 한다. 다만 좌측에 설치하기가 곤란한 경우에는 설치위치를 반대쪽으로 변경할 수 있다.

② 복선 이상 구간에서의 건식표는 선로 좌우에 나란하도록 세워야 한다. 다만 각선이 기울기, 곡선반경을 달리하거나 또는 다음 각 호에 해당할 때에는 각 선별로 세워야 한다.

가. 상하 본선이 1km 이상에 걸쳐 나란하지 않을 때

나. 상하 본선이 나란한 경우일지라도 그 중심간격이 1km 이상 연속하여 10m 이상 또는 시공기면의 차가 1m 이상에 달하였을 때

제137조(교량구교표 설치)~제140조(양수표 설치) 생략

제141조(선로작업표 설치) (10기사, 04산업)

선로작업개소에는 별표 13에 따라 제작한 선로작업표를 열차진행 방향에 대향으로 다음 기준 이상의 거리에 세워야 한다.

1. 선로작업표 (04산업)

이 작업표를 지형 여건상 기관사가 400m 이상 거리에서 알아보기 어려운 때에는 이 거리 이상의 알아보기 쉬운 적당한 위치에 세워야 한다.

가. 130km/h 이상 선구 : 400m

나. 130km/h 미만~100km/h까지 : 300m

다. 100km/h 미만 선구 : 200m

〈건식방법〉

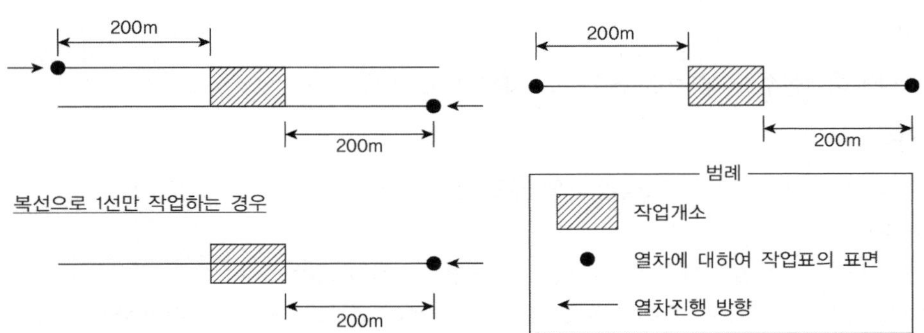

2. 공사알림판

선로인접공사개소에는 별표 14에 따라 제작한 공사알림판을 열차진행 방향에 대향방향으로 200m와 500m 이상 거리에 공사 시행업체에서 세워야 한다. 다만, 지형여건상 기관사가 알아보기 어려울 때에는 위 거리 이상의 알아보기 쉬운 적당한 위치에 세워야 한다.

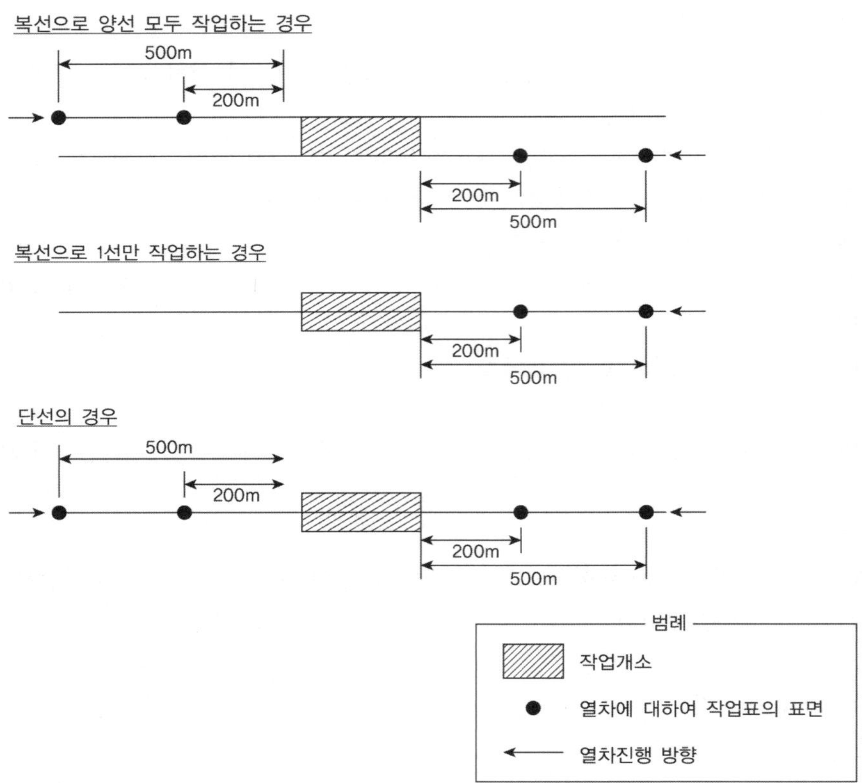

제142조(지하매설물 표시)~제143조(선로제표의 유지보수)

제14절 장비 및 기구

제144조(기구, 기타 상비정수)~제145조(공기구의 사용과 보관) 생략

제15절 선로작업

제146조(선로작업 보고절차)~제154조(작업 후의 궤도 안정화) 생략

제155조(선로제초)

① 궤도상의 잡초제거는 적기에 시행하여 배수와 미관을 양호하게 하여야 한다.

② 시공기면 및 시공기면 끝에서 1m까지는 풀깎기를 철저히 하여 배수가 잘 되도록 하여야 한다.

제156조(제설)

① 선로상의 제설은 레일면이 보이도록 제설하여야 한다.

② 분기부, 이음매부 등 주요한 곳은 주의하여 완전히 노출되도록 제설하여야 한다.

제157조(이음매의 배치)

① 레일 이음매는 상대식으로 배치하여야 한다. 다만, 반경이 작은 곡선부 등 특별한 경우에는 상호식으로 부설할 수 있다.

② 레일 이음매를 상대식으로 배치할 경우 직선부에 있어서의 양측 레일의 이음매부의 위치는 궤도 중심선에 직각이 되도록 하고 곡선부에 있어서는 곡선반경에 따라 단척레일을 사용하여 양측 레일의

이음매는 원심선에 일치하도록 부설하여야 하며 허용한도는 다음과 같다.

1. 직선부 40mm
2. 곡선부 100mm(다만, 단척레일을 2개 연접했을 때에는 150mm)

③ 레일 이음매를 상호식으로 부설할 경우의 이음매 위치는 상대측 레일의 중앙으로부터 레일길이의 4분의 1 이내에 있도록 부설하여야 한다.

제158조(이음매의 지지방법) (12**기사**)

① 레일 이음매는 지접법에 따라야 한다. 다만, 특별한 경우에는 현접법에 따를 수 있다.

② 지접법에 의할 경우에는 이음매침목을 사용하여야 한다.

제159조(구조물상의 이음매배치) 생략

제160조(레일의 유간) (04,12,13,16**기사**, 15**산업**)

① 레일을 부설하거나 유간을 정정할 때의 레일 이음매는 다음 표준에 따라 유간을 두어야 한다.

〈레일길이별 유간표〉 (단위 : mm)

레일온도(°C) / 레일길이(m)	−20 이하	−15	−10	−5	0	5	10	15	20	25	30	35	40	45 이상
20	15	14	13	11	10	9	8	7	6	5	3	2	1	0
25	16	16	15	14	12	11	9	9	7	5	4	2	1	0
40	16	16	16	16	14	11	9	7	5	2	0	0	0	0
50	16	16	16	16	15	13	10	7	4	1	0	0	0	0

② 온도변화가 적은 터널 내에서는 갱구로부터 각 100m 이상은 제1항의 표준치에 관계없이 2mm의 유간을 두어야 한다. (04**기사**)

③ 유간의 정정 여부는 레일온도가 올라갈 때 유간이 축소되기 시작할 때와 레일온도가 내려갈 때 유간이 확대되기 시작할 때의 양측 측정치의 평균치에 따라 판정하는 것으로 한다.

④ 유간은 여름철 또는 겨울철에 접어들기 전에 정정하는 것을 원칙으로 한다.

제161조(선로의 위험지역)~제163조(선로의 보행 및 횡단) 생략

제13절 궤도개량 등

제164조(궤도공사 검사) 생략

제165조(안전측선 및 피난선의 설치) (15**기사**)

안전측선과 피난선을 설치하는 경우는 다음 각 호에 따른다.

1. 안전측선을 부설하는 경우 위치 선정 등
   가. 상하행 열차를 동시에 진입시키는 정거장에 있어서의 상하 양 본선의 선단
   나. 연락정거장에 있어 지선이 주요선에 접속하는 경우에는 지선의 종점
   다. 정거장 가까이 하향 기울기가 있어 열차가 정지위치를 잃을 우려가 있는 경우에 있어서의 본선로의 선단
   라. 안전측선은 수평 또는 상기울기로 하고 그 종점에는 제동설비를 하여야 함
2. 피난선은 긴 하향 기울기의 종단에 정거장이 있는 경우에는 정거장 전체를 방호하기 위하여 본선으

로부터 분기시키는 경우에 설치한다. (15기사)

3. 안전측선과 피난선은 인접 본선로와의 간격이 되도록 크게 하여야 한다.

4. 안전측선 또는 피난선이 분기하는 분기기는 신호기와 연동시키고 필요에 따라 쌍동기를 붙여야 한다.

제166조(서행개소의 설치방법)~제167조(본측선의 종별과 연장의 측정방법) 생략

제168조(고승강장 건축한계 축소) (12기사)

① 고승강장의 연단과 차량한계와의 최단거리를 건축한계와 관계없이 자갈도상일 경우에는 100mm 이상, 직결도상일 경우에는 50mm 이상 유지하여 선로를 보수할 수 있다. (12기사)

② 곡선 승강장 건축한계를 축소하여 보수할 경우에는 다음 산식에 따라 궤도 중심에서 고승강장 연단까지의 거리를 유지하여야 한다.

가. 곡선 외측 고승강장

$$S = \frac{B}{2} + \frac{L^2 - I^2}{8R} + S'$$

나. 곡선 내측 고승강장

$$S = \frac{B}{2} + \frac{I^2}{8R} + S'$$

S = 궤도 중심에서 고승강장 연단까지의 거리

S' = 고승강장 연단과 차량한계와의 최단거리

B = 차량한계(전동차 전용선인 경우 전동차 폭)

L = 최대 확폭량을 갖는 통과차량길이(연결기 제외)

I = 최대 확폭량을 갖는 통과차량의 전후 대차 간 중심거리

R = 곡선반경

제3장 선로점검기준

제1절 궤도보수 점검

제169조(궤도보수 점검종류) (16기사, 07,13산업)

궤도보수 점검의 종류는 다음 각 호와 같다. 다만, 일반철도에서는 제3호 및 제4호의 점검을 생략할 수 있다.

1. 궤도틀림 점검
   가. 궤도검측차 점검
   나. 인력 점검
2. 선로점검차 점검
3. 차상진동가속도 측정 점검
4. 하절기 점검

제170조(궤도검측차 점검) (12,16기사, 03,05산업)

궤도검측차 점검은 다음 각 호에 따른다.

1. 점검대상 : 본선
2. 점검시기 : 다음 각 목에 따라 시행하되, 필요에 따라 추가 시행할 수 있다.

가. 고속철도 : 월 1회
나. 일반철도 : 분기 1회
다. 보통여객열차 또는 화물열차만 운행하는 선로에 대하여 “나”목의 기준에 불구하고 이를 생략할 수 있다.

3. 점검항목 : 궤도의 선형상태(궤간, 수평, 줄맞춤, 면맞춤, 뒤틀림 등)
4. 점검결과관리

가. 소관부서의 장은 본 점검 기록지를 검토하여 불량개소를 도출하고 원인분석 및 대책을 수립하여 필요한 조치를 하여야 하며, 결과를 주관부서의 장에게 보고하여야 한다.
나. 본 점검 기록지는 선로관리도로 활용할 수 있다.

제171조(인력점검) (02,04,05,09,10**기사**, 02,04,09,10,12**산업**)

① 일반철도의 선로에 대한 궤간, 수평, 면맞춤, 줄맞춤, 유간적정 여부 및 분기기 틀림 점검을 다음 각 호에 의하여 시행하여야 한다.

1. 점검시기

가. 본선 및 측선 건널선 분기기 : 반기 1회 이상
나. 궤도검측차 점검 결과 불량개소에 대하여는 보수 전 및 보수 후에 본 점검을 시행하여야 한다.
다. 특별히 궤도보수상태 파악이 필요한 경우

2. 시행방법

각 종목의 틀림량 표시는 mm 단위로 측정하며 곡선부에 있어서는 슬랙, 캔트 및 종거량(종곡선 포함)을 차인한 것으로 한다.

가. 궤간 : 확대틀림량을 (+), 축소틀림량을 (−)로 한다.
나. 수평 : 직선부는 좌측 레일, 곡선부는 내측 레일을 기준하며 상대편 레일이 높은 것은 (+), 낮은 것은 (−)로 한다.
다. 면맞춤

1) 직선부는 좌측 레일, 곡선부는 내측 레일을 측정하며, 높이 솟은 틀림량을 (+), 낮게 처진 틀림량을 (−)로 한다.
2) 실 길이는 직선부 10m, 곡선부 2m를 인장력 2kg 정도로 당겨 실 처짐 1mm를 보정한 틀림량으로 한다.

라. 줄맞춤

1) 직선부는 좌측 레일, 곡선부는 외측 레일을 측정하며, 궤간 외방으로 틀림량을 (+), 궤간 내방으로 틀림량을 (−)로 한다.
2) 실 길이는 10m로 한다.

마. 유간점검

1) 과대유간의 유무
2) 맹유간 연속 3개소 이상인 것
3) 신축이음매의 적정 스트로크 유지 여부

바. 분기기 틀림점검 : 본 점검은 다음에 의하여 시행하며, 측정치의 틀림량이 보수한도를 초과하였는가를 점검하여야 한다.

1) 측정위치

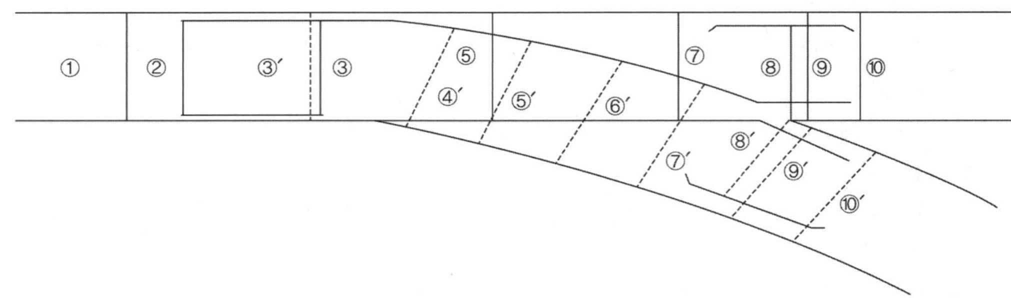

2) 측정종별

위치		기호	궤간	수평	면맞춤	줄맞춤	백게이지
포인트부	이음매	①	○	○			
	첨단	②	○	○	○	○	
	힐이음매	③③′	○	○			
리드부	곡선 1/4	④′	○			○	
	직·곡선 1/2	⑤⑤′	○	○	○	○	
	곡선 3/4	⑥′	○			○	
크로싱부	전단	⑦⑦′	○	○			
	노스와 가드레일	⑧⑧′					○
	노스부	⑨⑨′		○	○	○	
	후단	⑩⑩′	○	○			

② 고속철도의 인력점검은 다음 각 호에 따른다.

1. 점검시기
   가. 궤도검측차 점검, 차량가속도점검 운행결과 불량개소에 대한 보수 확인이 필요한 경우
   나. 특별히 궤도보수상태 파악이 필요한 경우
2. 점검대상별 점검항목
   가. 일반궤도 : 궤간, 수평, 고저, 줄맞춤
   나. 분기기(건널선 분기기 포함), 신축장치 : 고속철도궤도재료점검의 일반점검 항목에 따름

③ 점검 시행 및 결과관리 : 소관부서의 장은 본 점검을 시행하고 기록·관리하여야 하며, 불량개소에 대한 원인을 분석하여 작업계획을 수립하여야 한다.

제172조(선로점검차 점검)~제173조(차상진동가속도 측정점검) 생략

제2절 장대레일 점검

제174조(하절기 점검 종류 등)~제175조(운행 적합성 점검) 생략

제176조(특정지점 및 취약개소 점검) (15산업)

특정지점 및 취약개소 점검은 다음 각 호에 따른다.

1. 점검시기 : 레일온도가 45°C까지 오를 것으로 예상되는 날
2. 점검 시간대 : 기온이 가장 높은 시간대
3. 점검방법 : 도보점검
4. 특정지점은 주변여건상 장대레일 관리가 곤란한 다음 각 개소를 말한다.
   가. 장대레일을 변경한 후 10개월이 되지 않은 지역
   나. 레일신축 이음매 없이 장대레일이 부설된 터널 인접 지역
   다. 소관부서의 장이 필요하다고 인정되는 지점
      1) 빈번한 궤도틀림 보수작업이 필요한 지점
      2) 체결장치에 대해 특별한 주의가 필요한 지점
   라. 성토 및 절토 구간의 연결부와 같이 일조량에 차이가 있는 장대레일 지점
   마. 궤도틀림 결함이 있는 장대레일 지점
5. 취약개소는 좌굴이 발생하기 쉬운 다음 각 개소를 말한다.
   가. 궤도의 안정화에 영향을 미치는 유지보수 작업(도상굴착, 분기기 양로 및 선형조정, 레일절단 등) 작업금지기간이 시작되기 전에 궤도 안정화가 이루어지지 않은 지역
   나. 도상 프로파일이 기준에 부합되지 않는 지역
   다. 장대레일을 완전하게 재설정하지 않은 구역
   라. 1개 이상의 용접부에서 기준을 초과하는 결함이 발견된 후 보수가 실시되지 않은 지역
   마. 레일과 침목의 이동 흔적이 있는 지역
   바. 침목과 레일이 직각을 이루지 않는 지역
6. 원인이 제거되면 특정지점 및 취약개소 지정을 해소한다.

제177조(궤도전장에 대한 열차순회 점검) 생략

제3절 궤도재료 점검

제178조(궤도재료 점검의 종류) (18기사, 03,09산업)

궤도재료 점검의 종류는 다음 각 호와 같다.

1. 일반철도 및 고속철도 구간
   가. 레일 점검
   나. 분기기 점검
   다. 신축이음장치 점검
   라. 레일 체결장치 점검
   마. 레일 이음매부 점검
   바. 침목 점검(목침목, 콘크리트침목)
   사. 도상 점검(자갈도상, 콘크리트도상)
   아. 기타 궤도재료의 점검

제179조(궤도재료 점검방법) 생략

제180조(레일 점검) (07,14,15**기사**, 02,03,10,15**산업**)

레일 점검은 다음 각 호에 따른다.

1. 점검 종류 및 시기
   가. 외관 점검 : 일반철도 부설레일은 연 1회 이상 손상, 마모 및 부식 등의 상태와 제작연도별로 점검하여야 한다. 다만, 궤도검측차 및 선로점검차 불량개소는 추가로 점검하여 확인하여야 한다.
   나. 해체 점검 : 일반철도 본선부설레일 이음매는 연 1회 이상 해체하여 훼손유무 및 그 상태를 세밀히 점검하여야 한다. 장대터널 및 레일의 피로가 심한 구간으로서 소관부서의 장이 지정한 구간은 연 2회 이상 점검하여야 한다.
   다. 초음파 탐상 점검
      1) 레일탐상차 점검 : 본선에 대하여 고속철도는 분기별 1회, 일반철도는 연 1회 시행한다. 다만, 중요한 본선은 필요에 따라 추가 시행할 수 있다.
      2) 레일탐상기 점검 : 레일탐상차 불량개소 및 역구내 부본선, 분기기 부근, 장대레일의 신축이음매 부근, 접착식 절연레일, 용접지역 등 필요개소에 대하여 시행한다.
2. 점검사항
   가. 레일의 마모 측정
   나. 레일표면상태(흑점, 파상마모, 표면박리 여부, 부식의 정도 등)
   다. 레일의 연마상태
   라. 선형상태(고속철도에 한함)
   마. 돌려놓기 또는 바꿔놓기 필요의 유무
   바. 불량레일에 대한 점검표시 유무
   사. 가공레일의 가공상태 적부

제181조(분기기 점검) 생략

제182조(신축이음장치점검) 신축이음장치점검은 다음 각 호에 따른다. (19**기사**)

1. 점검종류
   가. 일반점검 : 선형, 텅레일 상태, 체결상태 및 각종 안전수치 등을 점검 시행하여야 한다.
   나. 정밀점검 : 안전치수 및 부품 점검, 궤간 특별 할인
2. 점검대상 및 주기
   가. 일반점검 : 전 개소에 대해 월 1회 이상 점검을 시행하여야 한다.
   나. 정밀점검 : 전 개소에 대해 연 1회 이상 점검을 시행하여야 한다.
3. 일반점검 항목
   가. 선형상태(궤도보수점검 결과 필요할 경우 특수 궤간측정기를 사용하여 궤간 측정)
   나. 텅레일 상태(이빠짐, 직각틀림, 밀착도)
   다. 자갈단면
   라. 침목 상태
   마. 레일버팀쇠 및 체결상태
   바. 절연 및 도유 상태

사. 신축이음장치 검측값 : 텅레일 직각, 장대레일 신축량 측정
아. 신축이음장치 거리 검측값 : 궤도보수점검 결과 필요할 경우 시행
자. 재료검사 : 자갈도상단면, 체결장치, 도유, 체결장치 조임, 부속품 상태 확인

4. 정밀점검 항목
   가. 텅레일의 직각틀림
   나. 텅레일과 기본레일의 밀착상태
   다. 코드a값 측정
   라. 도상단면상태
   마. 체결상태
   바. 도유상태
   사. 궤간 측정
   아. 온도변화에 의한 기본레일과 텅레일 사이의 이동상태
   자. 기타점검 값 : 각종 안전수치

183조(레일체결장치점검)~제185조(PC침목 점검) 생략

제186조(목침목 점검) (12산업)

목침목의 점검은 다음 각 호의 사항을 연 1회 이상 점검하여야 한다.

1. 점검사항
   가. 침목의 부패, 절손 여부
   나. 레일박힘, 할열 등의 상태와 정도
   다. 교량침목 고정장치의 이완상태
2. 불량판정
   가. 스파이크 인발 저항력이 현저히 약화된 것
   나. 부식된 단면이 1/3 이상인 것(겉과 속)
   다. 박힘의 삭정량이 20mm 이상인 것
   라. 갈라져서 스파이크 지지력이 없고 갈라짐 방지가공을 할 수 없는 것
   마. 절손된 것

제187조(도상 점검) (02,05,07,09,10,13,14,15기사)

① 자갈도상의 점검은 다음 각 호에 따른다.
   1. 점검대상 및 주기 : 본선 도상자갈에 대하여 연 1회 이상 시행하여야 한다.
   2. 점검항목
      가. 단면부족 상태
      나. 도상보충 또는 정리 상태
      다. 도상저항력 유지 상태
      라. 토사혼입 상태(도상치환 필요개소)
   3. 점검방법 : 2인 1조로 점검하고 200m마다 1단면을 검사하여 기록하고, 도상저항력 측정은 토사혼입이 과다한 구간, 궤도안정화에 영향을 미치는 작업(2종 작업, 침목연속교환작업 등)구간에 대하

여 측정한다.

4. 기록집계 : 매 1km마다 집계한다.

② 콘크리트도상의 점검은 다음 각 호에 따른다. (15기사)

1. 점검대상 및 주기 : 전수에 대하여 연 1회 이상 점검을 시행하여야 한다.
2. 점검항목
   가. 구체의 손상 여부
   나. 균열
   다. 도상분리 상태

제188조(기타 궤도재료 점검) (13,17기사)

부설 궤도재료 중 제180조부터 제187조까지의 규정을 제외한 재료에 대하여 연 1회 이상 다음 각 호의 사항을 점검하여야 한다.

1. 이음매판
   가. 이음매판의 흠 유무
   나. 불량 이음매판 유무
2. 이음매판의 볼트 및 기타 볼트, 너트류
   가. 점검사항
      1) 조임 정도의 불량 유무
      2) 손상, 마모의 정도
      3) 기름치기 또는 기름바르기의 적정 여부
   나. 불량기준
      1) 나사 부분이 부식 또는 손상되어 체결기능을 상실한 것
      2) 굴곡되어 교정이 곤란한 것
      3) 볼트직경이 3mm 이상 마모된 것
      4) 부식되어 10% 이상 중량이 감소된 것
3. 스파이크
   가. 점검사항
      1) 굴곡 등으로 지지력 상실 유무
      2) 3mm 이상 솟아올랐는지 여부
      3) 손상마모의 정도
   나. 불량기준
      1) 길이가 15mm 이상 짧아진 것
      2) 굴곡되어 교정이 곤란한 것
      3) 두부가 훼손되어 빠루 등으로 뽑을 수 없는 것
      4) 부식되어 10% 이상 중량이 감소된 것
      5) 나사 스파이크는 나사 부분이 부식 마모되어 기능이 상실된 것

4. 스프링크립

가. 점검사항

1) 체결력 상실 유무

2) 손상마모의 정도

나. 불량기준

1) 크립의 균열 및 손상으로 체결기능이 상실된 것

2) 부식되어 15% 이상 중량이 감소된 것

5. 타이 플레이트 및 베이스 플레이트

가. 점검사항

1) 훼손마모, 부식의 정도

2) 취부 상태의 불량 유무

나. 불량기준

1) 바닥턱이 3mm 이상 마모된 것

2) 5mm 이상 굽어 평평치 않은 것

3) 부식되어 15% 이상 중량이 감소된 것

6~9 생략

제189조(궤도재료 점검 집계·관리) 생략

제4절 구조물 점검

제190조(선로구조물 구분 및 점검시기 등) (03,12,15**기사**, 12,13**산업**)

① 선로구조물의 구분은 다음 각 호와 같다.

1. 1종 시설물 : 고속철도교량, 고속철도터널, 도시철도의 교량 및 고가교, 상부구조 형식이 트러스교 및 아치교인 교량, 연장 500m 이상 교량, 연장 1,000m 이상 터널
2. 2종 시설물 : 1종 시설물에 해당하지 않는 연장 100m 이상의 교량, 1종 시설물에 해당하지 않는 터널로서 특별시 또는 광역시에 있는 터널, 지면으로부터 노출된 높이가 5m 이상인 부분의 합이 100m 이상인 옹벽, 지면으로부터 연직높이(옹벽이 있는 경우 옹벽 상단으로부터의 높이) 30m 이상을 포함한 절토부로서 단일 수평연장 100m 이상인 절토사면
3. 특정 관리대상 시설물 : 준공 후 10년이 경과된 터널 및 교량 중 연장 100m 미만 교량(1, 2종 시설물 제외)
4. 기타 시설물 : 1, 2종 시설물 및 특정 관리대상 시설물을 제외한 선로구조물

② 점검시기 및 대상은 다음 각 호와 같다. (03,15**기사**, 12,13**산업**)

1. 정기점검 : 반기별 1회(기타 시설물에 한하여 연 1회) 이상. 다만, 정밀점검, 긴급점검 및 정밀안전진단과 중복되는 경우에는 생략할 수 있으며, 하수, 승강장은 연간 1회 이상 시행하여야 한다.
2. 정밀점검 : 「시설물 안전관리에 관한 특별법」에 의한 선로구조물은 안전등급에 따라 다음 각 목과 같이 시행한다. 다만 1, 2종 시설물이 아닌 선로구조물은 소속부서의 장이 필요하다고 판단한 때에 시행한다.

가. A등급 : 3년에 1회 이상
나. B·C등급 : 2년에 1회 이상
다. D·E등급 : 1년에 1회 이상

3. 긴급점검 : 소관부서의 장이 필요하다고 판단한 때 또는 관계행정기관의 장이 필요하다고 판단하여 소관부서의 장에게 요청한 때 다음 각 목과 같이 시행한다.
   가. 손상점검 : 재해나 사고에 의해 비롯된 구조적 손상 등에 긴급히 시행하는 점검
   나. 특별점검 : 기초침하 또는 세굴과 같은 결함이 의심되는 경우나, 사용제한 중인 시설물의 사용여부 등을 판단하기 위해 실시하는 점검

③ 점검대상은 다음 각 호와 같다.
1. 정기점검 : 전 노반구조물
2. 정밀점검 : 전 노반구조물
3. 긴급점검 : 소관부서의 장 또는 관계 행정기관의 장이 필요하다고 판단한 선로구조물

④ 점검방법은 다음 각 호와 같다.
1. 정기점검 : 육안 및 망원경, 거울 등의 보조기구를 사용하여 전반적인 외관 상태를 세심히 관찰
2. 정밀점검 : 면밀한 외관조사와 간단한 측정·시험장비로 필요한 측정 및 시험을 실시
3. 긴급점검 : 정밀점검 수준으로 시행

⑤ 점검 계획 및 시행 : 소관부서의 장은 본 점검계획을 수립하여 점검을 시행하여야 한다.

제191조(선로구조물 점검계획 등)~제195조(노반 점검) 생략

제196조(구조물의 상태 평가) (12산업)

점검자는 점검결과 각 부재로부터 발견된 결함을 근거로 하여 결함의 범위 및 정도에 따라 다음과 같은 상태등급을 평가 관리하고 필요한 조치를 취하여야 한다.

1. A급 : 문제점이 없는 최상의 상태
2. B급 : 보조부재에 경미한 결함이 발생하였으나 기능발휘에는 지장이 없으며 내구성 증진을 위하여 일부의 보수가 필요한 상태
3. C급 : 주요 부재에 경미한 결함 또는 보조부재에 광범위한 결함이 발생하였으나 전체적인 시설물의 안전에는 지장이 없으며, 주요 부재에 내구성, 기능성 저하 방지를 위한 보수가 필요하거나 보조부재에 간단한 보강이 필요한 상태
4. D급 : 주요 부재에 결함이 발생하여 긴급한 보수·보강이 필요하며 사용제한 여부를 결정하여야 하는 상태
5. E급 : 주요 부재에 심각한 결함으로 인하여 시설물의 안전에 위험이 있어 즉각 사용을 금지하고 보강 또는 개축이 필요한 상태

제197조(긴급보고)~제198조(도표 및 대장) 생략

제5절 선로순회점검

제199조(순회점검 종류)~제200조(일상 순회점검) 생략

제201조(악천후 시 점검) (15기사)

① 소관부서의 장은 폭우, 폭풍, 홍수, 폭설, 결빙, 심한 서리 등의 악천후의 발생으로 열차가 서행 운행될 경우 고속철도 상태를 확인하기 위해 도보 점검을 시행하도록 하여야 한다.

② 특별히 위험한 다음 개소에 대해 점검하여야 한다.

1. 사면활동으로 배수에 방해가 될 수 있는 구간
2. 다량의 빗물로 인해 궤도재료가 분리될 수 있는 급경사 배수로
3. 폭우나 홍수로 지반이 약해질 수 있는 토공시설
4. 입구가 막히거나 침수가 될 수 있는 터널
5. 폭설 시 적설이 발생할 수 있는 지역

제202조(열차기관사나 승무원의 요구 시 점검)~제203조(이상 발견 시 조치사항) 생략

제6절 신설 또는 개량선로의 점검 생략

제7절 점검의 시행 및 보고 생략

2-1 기출문제

1. 다음 중 용어의 정의가 옳지 않은 것은? (16기사, 05산업)

가. 궤간 : 레일의 윗면으로부터 14mm 아래 지점에서 양쪽 레일 안쪽 간의 가장 짧은 거리

나. 수평 : 한쪽 레일의 레일 길이방향에 대한 레일면의 고저차

다. 줄맞춤 : 궤간 측정선에 있어서의 레일 길이방향의 좌우 굴곡차

라. 부본선 : 정거장 내에 있어 주본선 이외의 본선로

해설 수평은 레일의 직각방향에 있어서의 좌우레일면의 높이차를 말한다.

2. 60kg 레일두부는 최대 편마모높이가 얼마에 이르기 전에 교환하여야 하는가? (07산업)

가. 9mm 나. 13mm

다. 15mm 라. 18mm

해설 레일두부의 최대 마모높이(마모면에서 측정)가 다음 한도에 이르기 전에 교환하여야 한다(괄호 안은 편마모의 경우).

- 60kg : 13mm(15mm)
- 50kgN, 50kg PS : 12mm(13mm)
- 50kg ARA-A : 9mm(13mm)
- 37kg ASCE : 7mm(12mm)

3. 국철의 경우 50kgN 레일의 경우 레일두부의 마모한도(직마모)는 얼마인가? (03산업)

가. 7mm 나. 9mm

다. 12mm 라. 15mm

해설 50kgN 레일의 직마모 한도는 12mm, 편마모 한도는 13mm이다.

4. 온도변화가 적은 터널 내에서 갱구로부터 각 100m 이상 구간에 정척레일을 부설할 때는 몇 mm의 유간을 두어야 하는가? (04기사)

가. 0mm 나. 2mm

다. 3mm 라. 5mm

해설 온도변화가 적은 터널 내에서는 갱구로부터 각 100m 이상은 레일길이별 유간 표준치에 관계없이 2mm의 유간을 두어야 한다 〈선로유지관리지침 제160조 제2항〉.

5. 레일의 쌓기에서 보통 중고품 레일의 단면도색은 무슨 색인가? (14,19기사, 02,12산업)

가. 백색 나. 적색

다. 청색 라. 흑색

해설 신품 보통(백색), 신품 열처리(황색), 중고품 보통(청색), 중고품 열처리(황색 또는 청색), 불용품(적색)으로 표시한다.

6. 일반 직선구간에서 50kg 레일은 누적 통과 톤수가 얼마일 때 교환하여야 하는가? (12,13,18기사, 04기사)

가. 6억 톤　　나. 5억 톤

다. 2억 톤　　라. 1.5억 톤

해설 60kg 레일 : 6억 톤, 50kg 레일 : 5억 톤

7. 다음 중 레일교환을 하지 않아도 되는 경우는? (08산업)

가. 60kg 레일 : 최대 마모높이 14mm일 때　　나. 50kgN 레일 : 편마모 13mm일 때

다. 60kg 레일 : 편마모 13mm일 때　　라. 50kgN 레일 : 최대 마모높이 12mm일 때

해설 레일두부의 최대 마모높이(마모면에서 측정)가 다음 한도에 이르기 전에 교환하여야 한다(괄호 안은 편마모).

- 60kg : 13mm(15mm)
- 50kgN, 50kgPS : 12mm(13mm)
- 50kg ARA-A : 9mm(13mm)
- 37kg ASCE : 7mm(12mm)

8. 자갈궤도의 본선에서 10m당 PC침목의 배치정수로 옳은 것은? (단, 설계속도는 $V > 120$km/h)

(13기사, 07산업)

가. 15정　　나. 16정

다. 17정　　라. 18정

해설 침목의 배치정수는 다음의 표에 따른다.

침목종별	본선		측선	비고
	$V > 120$km/h	$V \leq 120$km/h		
PC침목	17	16	15	10m당
목침목	17	16	15	10m당
교량침목	25	25	18	10m당

9. 긴 하향 기울기의 종단에 정거장이 있는 경우 정거장 전체를 방호하기 위하여 본선으로부터 분기시키는 경우에 설치하는 선로는? (15기사)

가. 안전측선　　나. 피난선

다. 시운전선　　라. 발착선

해설 피난선은 긴 하향 기울기의 종단에 정거장이 있는 경우에는 정거장 전체를 방호하기 위하여 본선으로부터 분기시키는 경우에 설치한다.

10. PC침목을 쌓을 수 있는 최대 높이와 단과 단 사이에 놓는 각재의 규격으로 옳은 것은? (05산업)

가. 5단, 50×50mm　　나. 10단, 50×50mm

다. 15단, 75×75mm　　라. 15단, 100×100mm

해설 침목쌓기에서 PC침목은 15단 이상 쌓으면 안 되고, 단과 단 사이에 75×75mm 각재를 레일이 놓이는 곳에 받친다.

11. 다음 중 목침목 부설방법으로 옳지 않은 것은? (14기사, 04산업)

가. 연호정이 박힌 쪽을 위로하여 부설한다. 나. 수심이 위로 가게 하여 부설한다.

다. 선로 좌측을 기준으로 줄을 맞춘다. 라. 궤도에 직각되도록 부설한다.

해설 수심 쪽을 밑으로 향하게 하여 부설해야 한다.

12. 선로의 급곡선, 급구배, 노반연약 등 열차 안전운행이 필요한 구간에는 침목 배치정수를 증가할 수 있다. 곡선의 경우 반경 몇 미터 미만부터 해당되는가? (03산업)

가. 600m 나. 500m

다. 400m 라. 300m

해설 반경 600m 미만의 곡선, 20‰ 이상의 기울기, 중요한 측선, 기타 노반연약 등 열차의 안전운행에 필요하다고 인정되는 구간에는 배치수를 증가할 수 있다〈선로유지관리지침 제41조 제2항〉.

13. 일반철도의 경우 교량침목을 사용하는 교량으로서 교상 가드레일을 부설하여야 하는 경우가 아닌 것은? (06,15,17,19기사, 10,13산업)

가. 반경 800m의 곡선과 인접한 교량 나. 곡선 중에 있는 교량

다. 10‰ 이상 기울기 중에 있는 교량 라. 종곡선 중에 있는 교량

해설 교상 가드레일 설치〈선로유지관리지침 제76조 제1항〉

교량침목을 사용하는 교량으로서 다음 각 호에 해당하는 경우에는 교상 가드레일을 부설하여야 한다.

1. 트러스교, 프레이트거더교와 전장 18m 이상의 교량
2. 곡선 중에 있는 교량
3. 10‰ 이상 기울기 중 또는 종곡선 중에 있는 교량
4. 열차가 진입하는 쪽에 반경 600m 미만의 곡선이 인접되어 있는 교량
5. 기타 필요하다고 인정되는 교량

14. 교량침목을 사용하는 교량으로서 교상 가드레일을 부설하여야 할 내용 중 옳지 않은 것은? (03기사)

가. 열차가 진입하는 쪽에 반경 800m 미만의 곡선이 인접되어 있는 교량

나. 곡선 중에 있는 교량

다. 트러스교, 프레이트거더교와 전장 18m 이상의 교량

라. 10‰ 이상 구배 중인 교량

해설 열차가 진입하는 쪽에 반경 600m 미만의 곡선이 인접되어 있는 교량에 부설한다.

15. 선로유지관리지침에서 정하고 있는 교상 가드레일 부설장소로 적합하지 않는 곳은? (04,07,11기사, 13산업)

가. 트러스교, 프레이트거더교와 전장 5m 이상의 교량

나. 곡선 중에 있는 교량

다. 10‰ 이상 구배 중 또는 종곡선 중에 있는 교량

라. 열차가 진입하는 쪽에 반경 600m 미만의 곡선이 인접되어 있는 교량

해설 전장 18m 이상 교량에 설치한다.

16. 탈선포인트는 인접 본선로와의 간격이 최소 몇 미터 이상이 되는 지점에 설치하여야 하는가?

(03,12기사, 04산업)

가. 4.0m　　　나. 4.25m

다. 4.30m　　　라. 4.50m

해설 출발신호기 바깥쪽에 인접 본선로와의 간격이 4.25m 이상 되는 지점에 설치한다.

17. 분기기에서 포인트 가드레일을 붙여야 하는 것은? (07기사)

가. 궤간이 넓어질 우려가 있는 분기기　　　나. 궤간이 좁아질 우려가 있는 분기기

다. 크로싱 전후　　　라. 곡선으로부터 분기하는 곡선의 분기기

해설 레일마모가 심한 곡선분기기에 부설하며 포인트 가드레일의 후렌지웨이 폭은 '42mm+슬랙'이다.

18. 정거장 외 본선상에서 선로가 분기하는 도중분기에서 키볼트의 쇄정 담당자는? (03기사)

가. 시설관리사무소장　　　나. 전기사무소장

다. 철도운영자　　　라. 신호제어사무소장

해설 키볼트 쇄정은 철도운영자(해당 역장)가 담당한다.

19. 분기기의 보조재료로서 시설하는 것이 아닌 것은? (03산업)

가. 게이지 타이롯드(gauge tierod)

나. 게이지 스트랏트(gauge strut)

다. 포인트 가드레일

라. 자동연결기 넉클

해설 자동연결기 넉클은 차량 분야의 차량 간 연결기 관련이다.

20. 고속열차를 운행하는 본선에서 분기기를 상대하여 부설할 경우 양 분기기의 포인트 전단 사이 간격의 기준은? (05기사)

가. 25m 이상　　　나. 20m 이상

다. 10m 이상　　　라. 5m 이상

해설 상대하는 분기기의 간격

- 고속열차 운행 본선 : 10m 이상
- 기타 본선, 주요 측선, 연속 부설 : 5m 이상

21. 탈선 방지 가드레일의 부설에 대한 설명으로 옳지 않은 것은? (17기사, 05,12산업)

가. 반경 300m 미만의 곡선에 부설한다.

나. 후렌지웨이의 폭은 80~100mm로 부설한다.

다. 위험이 큰 쪽의 레일에 부설한다.

라. 본선 레일과 같은 레일을 사용한다.

해설 위험이 큰 쪽의 반대쪽 레일 궤간 안쪽에 부설한다.

22. 선로정비에 쓰이는 패킹(packing)의 종류가 아닌 것은? (19기사, 05산업)

가. 세로패킹 나. 가로패킹
다. 수직패킹 라. 건너패킹

해설 패킹의 종류에는 세로패킹, 가로패킹, 건너패킹이 있다.

23. 콘크리트도상의 점검항목에 해당하지 않는 것은? (15기사)

가. 도상저항력 유지 상태 나. 도상분리 상태
다. 구체의 손상 여부 라. 균열

해설 콘크리트도상의 점검항목

1) 점검대상 및 주기 : 전수에 대하여 연 1회 이상 점검을 시행하여야 한다.
2) 점검항목
- 구체의 손상 여부
- 균열
- 도상분리 상태

24. 장대레일 부설을 위한 선로조건에 대한 설명으로 잘못된 것은? (06,17,18기사, 12,13산업)

가. 반경 300m 미만의 곡선에는 부설하지 않는다.
나. 전장 25m 이상의 무도상교량은 피하여야 한다.
다. 기울기 변환점에는 어느 것이나 반경 3,000m 이상의 종곡선을 삽입하여야 한다.
라. 반경 1,500m 이상의 반향곡선은 연속해서 1개의 장대레일로 하지 않아야 한다.

해설 반경 1,500m 미만의 반향곡선은 연속해서 1개의 장대레일로 하지 않으며, 불량 노반개소와 밀림이 심한 구간은 피한다.

25. 국철의 경우 장대레일 재설정 시 중위온도를 23°C라 할 때 재설정 온도로 가장 좋은 온도는? (01,02,12기사)

가. 23°C 나. 28°C
다. 30°C 라. 23±5°C

해설 재설정 온도는 중위온도에서 +5°C를 기본으로 하고 중위온도 이하이거나 또는 30°C 이상에서 재설정하는 것을 피하는 것이 좋다.

26. 신축이음매의 스트로크는 최고온도와 최저온도와의 중위온도로 설정할 때는 스트로크의 중위에 맞추는 것으로 하는데, 중위온도에서 10°C 차이가 나면 몇 mm 조정하여야 하는가? (03기사, 08산업)

가. 조정하지 않음 나. 7.5mm
다. 15mm 라. 30mm

해설 중위온도에서 5°C 이상의 온도 차이로 설정할 때에는 1°C에 대하여 1.5mm 비율로 정하므로 1.5×10=15mm이다.

27. 장대레일 부설구간의 도상저항력은? (02산업)

가. 500kgf/m 이상　　나. 600kgf/m 이상

다. 700kgf/m 이상　　라. 1,000kgf/m 이상

해설 일반철도 도상저항력 500kgf/m 이상, 고속철도 도상횡저항력 900kgf/m 이상

28. 정거장 외 본선 6km와 구내본선 3km 및 측선 6km에 대한 환산궤도 총연장은 몇 km인가? (05기사)

가. 9km　　나. 10.5km

다. 11km　　라. 12km

해설 환산궤도연장 = 본선 + 측선×1/3이므로 (6+3)×1+(6×1/3) = 11

29. 도상자갈치기는 도상 내에 토사혼입률이 최소 몇 % 이상일 때 시행하는가? (03기사)

가. 15%　　나. 20%

다. 25%　　라. 30%

해설 도상자갈치기 기준

1) 일반철도 도상 내에 토사혼입률이 25% 이상
2) 고속철도 도상의 자갈을 22.4mm 체로 체가름 시 통과율이 20% 이상
3) 배수가 불량한 분니개소
4) 도상자갈이 마모되어 도상자갈로서의 기능이 감소되었다고 판단될 경우

30. 다음 중 화차에 의한 도상자갈 주행살포 작업을 할 수 없는 개소는? (07기사)

가. 유도상 교량 구간　　나. 분기기 및 그 부근

다. 터널 구간　　라. 곡선반경 300m 이상 곡선구간

해설 도상자갈 주행살포 작업제한 개소

1) 분기부　　2) 보안장치 장애 우려 개소
3) 건널목　　4) 궤간 바깥쪽 살포 시 운전지장 또는 자갈 유실 우려 개소
5) 곡선반경 249m 이하의 곡선　　6) 기타 열차의 운전에 지장을 줄 우려 개소

31. 일반철도의 도상자갈 주행살포 금지 개소로 옳지 않는 것은? (09산업)

가. 분기부　　나. 건널목

다. 곡선반경 300m 이하의 곡선　　라. 보안장치 장애 우려 개소

해설 곡선반경 249m 이하 곡선은 살포금지 개소이다.

32. 다음 중 화차에 의한 도상자갈의 주행살포 시 작업제한 개소에 대한 기준으로 틀린 것은? (07기사, 04,07산업)

가. 분기기 및 그 부근　　나. 건널목

다. 교량(유도상 구간 포함)　　라. 곡선반경 249m 이하의 곡선

해설 유도상 교량은 도상자갈 주행살포가 가능하다.

33. 도상자갈 살포 시 운전속도는 몇 km/h 이하로 하여야 하는가? (18기사, 03,15산업)

가. 25km/h
나. 20km/h
다. 15km/h
라. 10km/h

해설 살포 시 운전속도는 10km/h를 초과하여서는 안 된다.

34. 도상자갈 살포 시 주의사항으로 옳지 않은 것은? (18기사, 08산업)

가. 같은 차량에서는 궤간 안쪽과 바깥쪽 살포를 동시에 시행하지 않는다.
나. 궤간 안쪽 살포 시 화차 2량 이상 동시에 살포하지 않는다.
다. 궤간 바깥쪽 살포 시 화차 3량 이상 동시에 살포하지 않는다.
라. 분기부는 살포 시 차량상태에 주의하여야 한다.

해설 분기부는 도상자갈을 주행살포하지 않는다.

35. PC침목에 코일스프링형 레일체결구를 붙일 때는 어떻게 하는가? (03기사)

가. 레일에 적합한 절연블록을 사용하고 체결부위에 불순물이 없도록 체결하여야 한다.
나. 베이스 플레이트를 사용하여 체결변위가 15mm를 초과하여야 한다.
다. 타이 플레이트를 사용하여 3000kg·cm의 힘으로 꼭 조인다.
라. 가능한 한 힘껏 조여서 튼튼하게 한다.

해설 베이스 플레이트와 타이 플레이트는 목침목(이음매침목) 체결구이며, 체결장치의 체결 및 해체 시 무리한 힘을 가하지 않아야 한다.

36. 선로정비지침상 나사스파이크는 침목천공용 드릴로 어느 정도의 깊이로 구멍을 뚫은 후 박아야 하는가? (02기사, 03산업)

가. 60mm
나. 110mm
다. 150mm
라. 200mm

해설 나사스파이크를 박을 때에는 직경 16mm의 침목천공용 드릴로 110mm 정도 깊이의 구멍을 뚫은 다음 파워렌치 또는 토오크렌치로 박는다.

37. 레일 앵카의 설치에 대한 설명이 맞지 않는 것은? (05,12,13기사)

가. 복선에 있어서는 전 구간에 설치한다.
나. PCT 구간에는 궤도 10m당 10개를 표준으로 한다.
다. 단선에 있어서는 연간 밀림량이 25mm 이상 되는 구간에 설치한다.
라. 레일 앵카는 산설식을 원칙으로 한다.

해설 PCT 구간에는 레일 앵카를 설치할 필요가 없다.

38. 국철에서 선로작업개소에는 선로작업표를 열차진행 방향에 대향으로 일정 기준 이상의 거리에 세워야 한다. 이때 열차속도가 120km/h인 선구에서의 거리는? (10기사, 04산업)

가. 200m 이상 나. 300m 이상
다. 400m 이상 라. 500m 이상

해설 선로작업표
1) 130km/h 이상 선구 : 400m
2) 130km/h 미만~100km/h까지 : 300m
3) 100km/h 미만 선구 : 200m

39. 복선구간에서 서행구역통과 측정표는 서행해제 신호기로부터 얼마의 거리에 설치하는가? (06기사)

가. 차장률 10량 및 20량의 거리 나. 차장률 15량 및 30량의 거리
다. 차장률 20량 및 40량의 거리 라. 차장률 25량 및 50량의 거리

해설 운전취급규정에 차장률 15량 및 30량의 거리에 설치, 단선에는 설치하지 않을 수 있다.

40. 선로정비지침에서 곡선반경 300m인 선로의 최소 및 최대 슬랙량으로 맞는 것은? (09,10,12산업)

가. 최소 5mm, 최대 20mm 나. 최소 0mm, 최대 14mm
다. 최소 0mm, 최대 8mm 라. 최소 0mm, 최대 6mm

해설 슬랙 $S=\frac{2,400}{R}-S'$ 이므로 2,400/300＝8mm(최대), S' ＝15mm이면 최소 0mm이다.

41. 다음 레일에 관련된 설명 중 옳은 것은? (09기사)

가. 본선 직선구간에서 50kg 레일 경우 누적 통과 톤수 5억 톤으로 레일수명을 정한다.
나. 레일을 쌓을 때 신품레일은 청색으로 단면도색한다.
다. 본선에는 보통 5m 레일을 사용한다.
라. 레일 앵카의 설치는 집설식이 원칙이다.

해설 신품레일은 백색 또는 황색, 본선은 보통 10m 레일 이상 사용, 앵카는 산설식이 원칙이다.

42. 크로싱의 노스레일과 가드레일 간의 간격을 말하며, 노스레일 선단의 원호부와 답면의 접점에서 가드레일의 후렌지웨이 내측 간의 가장 짧은 거리를 측정하여 정하는 것은? (09,18기사)

가. 윙 레일 나. 분기기 탐상
다. 크로싱 간격 라. 백게이지

해설 백게이지에 대한 설명으로, 윙 레일은 크로싱을 구성하는 앞·끝쪽이 구부러진 날개 모양의 레일을 말한다. 분기기 탐상과 크로싱 간격은 관련이 없다.

43. 토공구간의 장대레일 설정온도는 얼마를 표준으로 하는가? (07,10산업)

가. 20~26℃ 나. 22~28℃
다. 25~31℃ 라. 28~34℃

해설 토공구간의 자연온도에서 장대레일설정 시 설정온도는 25±3℃를 표준으로 한다.

44. 궤도재료 점검에서 레일 점검의 종류에 해당되지 않는 것은? (10,15산업)

가. 외관 점검 나. 해체 점검

다. 초음파 탐상 점검 라. 궤도검측차 점검

해설 레일 점검 점검종류 및 시기

1) 외관 점검 : 일반철도 부설레일은 연 1회 이상 손상, 마모 및 부식 등의 상태와 제작연도별로 점검하여야 한다. 다만, 궤도검측차 및 선로점검차 불량개소는 추가로 점검하여 확인하여야 한다.

2) 해체 점검 : 일반철도 본선부설 레일 이음매는 년1회 이상 해체하여 훼손유무 및 그 상태를 세밀히 점검하여야 한다. 장대터널 및 레일의 피로가 심한 구간으로서 소관부서의 장이 지정한 구간은 연 2회 이상 점검하여야 한다.

3) 초음파 탐상 점검

- 레일탐상차 점검 : 본선에 대하여 고속철도는 분기별 1회, 일반철도는 연 1회 시행한다. 다만, 중요한 본선은 필요에 따라 추가 시행할 수 있다.
- 레일탐상기 점검 : 레일탐상차 불량개소 및 역구내 부본선, 분기기 부근, 장대레일의 신축이음매 부근, 접착식 절연레일, 용접지역 등 필요개소에 대하여 시행한다.

45. 선로유지관리지침에서 정한 터널 입구에서 100m 이상 지점의 자연온도에서 자갈도상 및 콘크리트도상의 장대레일 설정온도로 맞는 것은?

(07,09기사)

가. 15±3°C 나. 15±5°C

다. 25±3°C 라. 25±3°C

해설 터널 시·종점으로부터 100m 구간은 15±5°C이다.

46. 본선 직선구간에서 레일의 누적 통과 톤수에 따른 레일수명이 옳은 것은? (02,17기사)

가. 60kg 레일 : 6억 톤 나. 60kg 레일 : 4억 톤

다. 50kg 레일 : 4억 톤 라. 50kg 레일 : 6억 톤

해설 고속철도의 레일 누적 통과 톤수 60kg 레일(6억 톤), 50kg 레일(5억 톤)이다.

47. 고속철도의 선로 유지보수 작업 시 안전대책 기준에 대한 설명으로 잘못된 것은? (09,16기사)

가. 선로작업을 할 때에는 반드시 작업 승인을 받은 후 작업을 착수한다.

나. 인접선로의 열차속도는 150km/h 이하로 감속시킨 후 시행하여야 한다.

다. 반대측 선로의 열차를 운행하면서 시행하는 작업 시 선로 열차진행 방향에 열차감시원을 배치하여야 한다.

라. 열차감시원은 휴대무전기를 소지하고 작업원에게 열차접근을 알릴 수 있는 확성기 또는 호각 등 적절한 경보장치를 휴대하여야 한다.

해설 인접선로의 열차속도는 170km/h 이하로 감속시킨 후 시행한다.

48. 고속분기기는 UIC 규격에 의하여 제작된 노스가동크로싱을 사용한 철차번호 몇 번 이상의 분기기로 정의되는가? (09산업)

가. 철차번호 F15.5번 나. 철차번호 F18.5번

다. 철차번호 F26번 라. 철차번호 F46번

해설 고속분기기는 노스가동크로싱을 사용한 철차번호 F18.5번 이상의 분기기를 말한다.

49. **다음 중 신축이음매장치를 부설할 수 있는 구간은?** (07,10기사)

가. 종곡선구간　　나. 완화곡선구간

다. 반경 800m의 곡선구간　　라. 구조물 신축이음으로부터 10m 지점

해설 신축이음매장치의 설치 기준

1) 신축이음장치 상호 간의 최소거리는 300m 이상으로 한다.
2) 분기기로부터 100m 이상 이격되어 설치하여야 한다.
3) 완화곡선 시·종점으로부터 100m 이상 이격되어 설치하여야 한다.
4) 종곡선 시·종점으로부터 100m 이상 이격되어 설치하여야 한다.
5) 부득이 교량상에 설치하는 경우 1개 상판 위에 설치하여야 한다.

50. **고속철도의 장대레일에서 신축이음매장치에 대한 설치기준으로 틀린 것은?** (08,13산업)

가. 신축이음장치 상호 간 최소거리는 300m 이상으로 한다.

나. 분기기로부터 100m 이상 이격되어 설치하여야 한다.

다. 종곡선 시·종점으로부터 100m 이상 이격되어 설치하여야 한다.

라. 부득이 교량상에 설치하는 경우 2개 상판 위에 설치하여야 한다.

해설 부득이 교량상에 설치하는 경우 1개 상판 위에 설치하여야 한다.

51. **고속철도 선로에서 궤도가 안정된 후에 확보하여야 할 도상횡저항력의 기준은?** (16기사, 10,15산업)

가. 500kgf/m 이상　　나. 700kgf/m 이상

다. 800kgf/m 이상　　라. 900kgf/m 이상

해설 고속철도의 경우 궤도가 안정된 후의 도상횡저항력은 900kgf/m 이상이 되도록 한다.

52. **곡선 반지름이 300m인 곡선선로의 궤간이 1,445mm라면 궤간틀림량은 얼마인가? (단, 슬랙의 조정치는 3mm)** (12산업)

가. +2mm　　나. −2mm

다. +4mm　　라. +5mm

해설 곡선반경 300m의 슬랙량은 $\frac{2,400}{R} - S'$ 이므로

$\frac{2,400}{300} = 8$mm에서 조정치 3mm 빼면 결정 슬랙량 5mm가 된다.

표준궤관 1,435+5 = 1,440mm 이므로 궤간틀림량은 +5mm이다.

53. **선로구조물 점검에 대한 설명으로 옳지 않은 것은?** (12,13산업)

가. 정기점검은 1년에 1회 이상 실시한다.

나. B, C등급 정밀점검은 2년에 1회 이상 실시한다.

다. 정기점검과 정밀점검이 중복되는 경우 정기점검을 생략할 수 있다.

라. 긴급점검은 손상점검과 특별점검으로 구분할 수 있다.

해설 정기점검은 반기별 1회 이상으로 정밀점검, 긴급점검 및 정밀안전진단과 중복되는 경우에는 생략할 수 있다.

54. 선로구조물의 상태 평가를 위한 점검 결과 주요 부재에 결함이 발생하여 긴급한 보수·보강을 필요로 하며 사용제한 여부를 결정하여야 하는 상태 등급은? (12산업)

가. A급　　나. B급
다. C급　　라. D급

해설 구조물의 상태 평가
1) A급 : 문제점이 없는 최상의 상태
2) B급 : 보조부재에 경미한 결함이 발생하였으나 기능발휘에는 지장이 없으며 내구성 증진을 위하여 일부의 보수가 필요한 상태
3) C급 : 주요 부재에 경미한 결함 또는 보조부재에 광범위한 결함이 발생하였으나 전체적인 시설물의 안전에는 지장이 없으며, 주요 부재에 내구성, 기능성 저하방지를 위한 보수가 필요하거나 보조부재에 간단한 보강이 필요한 상태
4) D급 : 주요 부재에 결함이 발생하여 긴급한 보수·보강이 필요하며 사용제한 여부를 결정하여야 하는 상태
5) E급 : 주요 부재에 심각한 결함으로 인하여 시설물의 안전에 위험이 있어 즉각 사용을 금지하고 보강 또는 개축이 필요한 상태

55. 고승강장의 연단과 차량한계와의 최단거리에 대한 설명으로 옳은 것은? (12기사)

가. 고승강장의 연단과 차량한계와의 최단거리는 자갈도상일 경우에는 75mm 이상(선로 중심에서 연단까지의 거리 1675mm 기준), 직결도상일 경우에는 50mm 이상 유지하여 선로를 보수할 수 있다.
나. 고승강장의 연단과 차량한계와의 최단거리는 자갈도상일 경우에는 100mm 이상, 직결도상일 경우에는 50mm 이상 유지하여 선로를 보수할 수 있다.
다. 고승강장의 연단과 차량한계와의 최단거리는 자갈도상일 경우에는 100mm 이상, 직결도상일 경우에는 75mm 이상 유지하여 선로를 보수할 수 있다.
라. 고승강장의 연단과 차량한계와의 최단거리는 75mm 이상 유지하여 선로를 보수할 수 있다.

해설 고승강장의 연단과 차량한계와의 최단거리를 건축한계와 관계없이 자갈도상일 경우에는 100mm 이상, 직결도상일 경우에는 50mm 이상 유지하여 선로를 보수할 수 있다.

56. 용접 시 사용하는 레일의 길이는 몇 미터 이상의 것을 원칙으로 하는가? (12기사)

가. 10m 이상　　나. 25m 이상
다. 50m 이상　　라. 100m 이상

해설 본선에 사용되는 레일의 용접 간 최소거리는 10m보다 작아서는 안 된다. 다만, 분기부, 절연레일 등 특별한 경우에는 예외로 할 수 있다.

57. 고속철도의 분기기 설치기준을 옳지 않은 것은? (13,15기사)

가. 기울기 구간은 20/1,000 미만 개소에 부설하여야 한다.
나. 분기기는 기울기 변환개소에는 설치할 수 없다.
다. 고속분기기는 종곡선, 완화곡선 및 장대레일의 신축이음의 시·종점으로부터 100m 이상 이격하여야 한다.
라. 분기기 설치구간 내에는 구조물의 신축이음이 없어야 한다(라멘구조형식은 제외).

해설 기울기구간은 15/1,000 이하 개소에 부설하여야 한다.

58. **교측보도가 설치되지 않은 무도상 교량대피소의 설치기준으로 옳은 것은?** (15,19기사)

가. 10m 전후 교각상에 설치　　나. 30m 전후 교각상에 설치

다. 50m 전후 교각상에 설치　　라. 100m 전후 교각상에 설치

해설 교측보도가 설치되지 않은 무도상 교량대피소의 설치는 30m 전후 교각상에 설치하는 것을 원칙으로 한다.

59. **선로순회점검 중 악천후 시 점검을 필요로 하는 특별히 위험한 개소에 해당하지 않는 것은?** (15기사)

가. 사면활동으로 배수에 방해가 될 수 있는 구간

나. 폭설 시 적설이 발생할 수 있는 지역

다. 하천통과 교량구간

라. 입구가 막히거나 침수가 될 수 있는 터널

해설 이외에 다량의 빗물로 인해 궤도재료가 분리될 수 있는 급경사 배수로, 폭우나 홍수로 지반이 약해질 수 있는 토공시설이 있다.

60. **레일의 가공에 있어서 준수하여야 할 사항에 대한 설명으로 옳지 않은 것은?** (10기사)

가. 레일의 절단은 열을 충분히 가하여 레일절단기를 사용 절단하며 절단면은 직각이 되도록 한다.

나. 레일에 볼트 구멍을 뚫을 때에는 레일 천공기를 사용한다.

다. 절단한 레일의 단면 및 천공한 구멍의 가장자리는 약 2mm의 모따기를 한다.

라. 레일의 가열, 절단 및 용접 등 가공할 경우는 미리 감독자의 승낙을 받는다.

해설 레일의 절단은 열을 충분히 가하여 레일절단기를 사용 절단하며 절단면은 수직이 되도록 한다.

61. **고속철도의 특정지점 및 취약개소 점검에 대한 설명으로 옳지 않은 것은?** (15산업)

가. 레일온도가 45°C까지 오를 것으로 예상되는 날 점검한다.

나. 기온이 가장 높은 시간대에 도보점검을 시행한다.

다. 장대레일을 변경한 후 10개월이 되지 않은 지역을 점검한다.

라. 취약개소는 주변여건상 장대레일 관리가 곤란한 개소를 말한다.

해설 취약개소는 좌굴이 발생하기 쉬운 개소를 말한다.

62. **장대레일 좌굴 시 응급조치 방법으로 옳지 않은 것은?** (10,14기사)

가. 레일을 교환한다.　　나. 그대로 밀어 넣어 원상으로 한다.

다. 적당한 곡선을 삽입한다.　　라. 레일을 절단하여 응급조치한다.

해설 레일 교환은 응급조치에 해당하지 않는다.

63. **선로점검지침상 인력 궤도틀림검사에 대한 설명으로 옳지 않은 것은?** (10기사)

가. 궤간의 경우 축소틀림량은 (−)로 표시한다.

나. 수평의 경우 곡선부는 내측 레일을 기준으로 한다.

다. 면맞춤의 경우 곡선부는 내측 레일을 측정한다.

라. 줄맞춤의 경우 곡선부는 내측 레일을 측정한다.

해설 줄맞춤의 곡선부는 외측 레일을 측정한다.

64. 인력에 의한 분기기틀림 점검 시 궤간, 수평, 면맞춤, 줄맞춤 모두를 측정하여야 하는 위치로 옳게 짝지어 진 것은?

가. 포인트 이음매, 가드부 직곡선 1/2
나. 포인트 첨단, 리드부 직·곡선 1/2
다. 리드부 직·곡선 1/2 크로싱 노스부
라. 크로싱 전단, 포인트 이음매

해설 분기기틀림점검은 다음에 의하여 시행하며, 측정치의 틀림량이 보수한도를 초과하였는가를 점검하여야 한다.

측정종별

위치		궤간	수평	면맞춤	줄맞춤	백게이지
포인트부	이음매	○	○			
	첨단	○	○	○	○	
	힐이음매	○	○			
리드부	곡선 1/4	○			○	
	직·곡선 1/2	○	○	○	○	
	곡선 3/4	○			○	
크로싱부	전단	○	○			
	노스와가드레일					○
	노스부		○	○	○	
	후단	○	○			

65. 고속열차를 운전하는 분기부대 곡선에 캔트를 붙일 때, 내방분기기에 있어서의 분기곡선에 캔트를 붙이는 방법으로 옳은 것은?

가. 본선곡선과 같은 캔트를 붙인다.
나. 30mm의 캔트를 붙인다.
다. 45mm의 캔트를 붙인다.
라. 캔트를 붙이지 않는다.

해설 내방분기기에 있어서의 분기곡선에는 본선곡선과 같은 캔트를 붙인다.

66. 레일에 대한 설명 중 옳지 않은 것은? (11,17,18기사)

가. 분기기용 레일은 HH340용 열처리 레일을 사용한다.
나. 본선 직선구간에서 60kg 레일수명은 누적 통과 톤수 6억 톤이다.
다. 일반철도에서 사용하는 정척레일의 길이는 25m를 기준으로 한다.
라. 본선에서 장기간 사용하는 중계레일은 10m 이상의 것으로 사용하여야 한다.

해설 열처리레일 사용표준

경도기준	사용개소
HH370	반경 500m 이하의 외측 레일, 분기기용 레일
HH340	반경 500m 초과 800m 이하의 외측 레일

67. 궤도재료 점검에서 도상점검 항목에 속하지 않는 것은? (13,14기사)

가. 단면부족의 유무 나. 토사혼입의 정도

다. 도상저항력 유지 상태 라. 침목구체의 손상 여부

해설 점검항목

1) 단면부족 상태
2) 도상보충 또는 정리 상태
3) 도상저항력 유지 상태
4) 토사혼입 상태(도상치환 필요개소)

68. 일반철도의 침목에 대한 설명으로 옳지 않은 것은? (12기사)

가. 교량침목은 본선의 경우 10m당 25정을 부설한다.

나. PC침목을 취급할 때에는 1m 이상의 높은 곳에서 떨어드려서는 안 된다.

다. 이음매침목은 현접법으로 부설함을 원칙으로 한다.

라. 무도상교량에 있어서는 드와프거더교량을 제외하고는 교량침목을 부설하여야 한다.

해설 이음매침목은 되도록 지접법으로 설치한다.

69. 일반철도의 궤도검측차 점검의 점검시기는 연 몇 회인가? (16기사)

가. 12회 나. 6회

다. 4회 라. 2회

해설 궤도검측차 점검의 점검시기

1) 고속철도 : 월 1회
2) 일반철도 : 분기 1회
3) 보통여객열차 또는 화물열차만 운행하는 선로는 2)의 기준에 불구하고 이를 생략할 수 있음

70. 도상자갈 주행살포에 사용하는 열차의 살포 시 운전속도에 대한 기준은?

가. 10km/h 이하 나. 20km/h 이하

다. 30km/h 이하 라. 40km/h 이하

해설 도상자갈 주행살포 시 운전속도는 10km/h를 초과하여서는 안 된다〈선로유지관리지침 제55조 제4항 제4호〉.

71. 다음 중 목침목 점검 시 불량판정 사항으로 옳지 않은 것은? (12산업)

가. 스파이크 인발 저항력이 600kg 미만인 것 나. 절손된 것

다. 박힘의 삭정량이 20mm 이상인 것 라. 부식된 단면이 1/4 이상인 것(결과 속)

해설 목침목 불량판정

1) 스파이크 인발 저항력이 현저히 약화된 것
2) 부식된 단면이 1/3 이상인 것(결과 속)
3) 박힘의 삭정량이 20mm 이상인 것
4) 갈라져서 스파이크 지지력이 없고 갈라짐 방지가공을 할 수 없는 것
5) 절손된 것

72. 일반철도 구간의 궤도재료 점검 중 스파이크 점검 시 불량기준으로 옳지 않은 것은? (13,17기사)

가. 길이가 20mm 이상 짧아진 것

나. 두부가 훼손되어 빠루 등으로 뽑을 수 없는 것

다. 부식되어 10% 이상 중량이 감소된 것

라. 굴곡되어 교정이 곤란한 것

해설 스파이크 불량기준

1) 길이가 15mm 이상 짧아진 것
2) 굴곡되어 교정이 곤란한 것
3) 두부가 훼손되어 빠루 등으로 뽑을 수 없는 것
4) 부식되어 10% 이상 중량이 감소된 것
5) 나사 스파이크는 나사 부분이 부식·마모되어 기능이 상실된 것

73. 일반구간에서 분기기의 백게이지를 측정한 결과값이 보기와 같을 때 정비하지 않아도 되는 것은? (17기사)

가. 1,380mm 나. 1,393mm

다. 1,441mm 라. 1,435mm

해설 백게이지 정비허용한도는 1,390~1,396으로 백게이지를 측정할 때에는 노스레일의 후로우는 제외한다.

74. 다음 중 궤도보수 점검 종류에 해당하지 않은 것은? (16기사, 13산업)

가. 궤도틀림 점검 나. 선로점검차 점검

다. 차상진동가속도 측정 점검 라. 동절기 점검

해설 하절기 점검이 궤도보수 점검에 속한다.

75. 다음 중 레일, 침목 및 도상과 이들의 부속품으로 구성된 시설을 무엇이라 하는가? (13산업)

가. 선로 나. 궤도

다. 궤간 라. 시공기면

해설 궤도는 레일, 침목 및 도상과 이들의 부속품으로 구성된 시설을 말한다.

76. 다음 중 선로제표에 대한 설명으로 옳지 않은 것은? (13,15산업)

가. 거리표는 km와 m표로 하고, 특별한 경우를 제외하고는 선로 좌측에 설치하여야 한다.

나. 기울기표는 특별한 경우를 제외하고는 선로 외방(좌측) 기울기변경점에 설치하여야 한다.

다. 곡선표는 선로 내방(우측)에 설치하여야 한다.

라. 차량접촉한계표는 분기부 뒤쪽의 궤도 중심간격 중앙에 설치하여야 한다.

해설 곡선표는 선로 외방(좌측)에 설치하여야 한다. 다만, 복선구간은 양방향에 설치하여야 한다.

77. 다음은 일반철도의 도상자갈 보충의 기준표이다. 빈칸의 기준치 값으로 옳은 것은?

선별	침목노출(cm)	어깨폭 감소(cm)
측선	①	②

가. ①1 ②2　　　　나. ①5 ②3

다. ①2 ②1　　　　라. ①3 ②5

해설 도상자갈 보충 기준표는 다음과 같다.

본·측선별	침목노출(cm)	어깨폭 감소(cm)	횡압방지용 도상어깨 돋기 감소(cm)
본선	1	2	5
측선	3	5	

78. 다음 중 일반철도 구간의 레일점검 사항으로 옳지 않은 것은? (14,15기사)

가. 레일의 연마상태　　　　나. 분기기 및 PC침목 점검

다. 돌려놓기 또는 바꿔놓기 필요의 유무　　　　라. 가공레일의 가공상태 적부

해설 레일의 점검사항

1) 레일의 마모 측정
2) 레일표면상태(흑점, 파상마모, 표면박리 여부, 부식의 정도 등)
3) 레일의 연마상태
4) 선형상태(고속철도에 한함)
5) 돌려놓기 또는 바꿔놓기 필요의 유무
6) 불량레일에 대한 점검표시 유무
7) 가공레일의 가공상태 적부

79. 레일길이 25m, 레일온도 30°C일 때 레일 이음매의 적정유간은 몇 mm인가? (16기사, 15산업)

가. 1mm　　　　나. 5mm

다. 4mm　　　　라. 2mm

해설 레일길이별 유간표

(단위 : mm)

레일온도(°C) / 레일길이(m)	−20 이하	−15	−10	−5	0	5	10	15	20	25	30	35	40	45 이상
20	15	14	13	11	10	9	8	7	6	5	3	2	1	0
25	16	16	15	14	12	11	9	9	7	5	4	2	1	0
40	16	16	16	16	14	11	9	7	5	2	0	0	0	0
50	16	16	16	16	15	13	10	7	4	1	0	0	0	0

80. 종류가 서로 다른 레일을 접속하여 사용하는 경우에 사용하는 레일은? (15산업)

가. 중계레일　　　　나. 단부레일

다. 단척레일　　　　라. 리드레일

해설 종류가 서로 다른 레일을 접속하여 사용하는 경우에는 중계레일을 사용하여야 한다.

81. 안전가드레일의 부설방법으로 옳지 않은 것은? (15산업)

가. 낙석, 강설이 많은 개소를 제외하고는 위험이 큰 쪽의 반대측 레일의 궤간 안쪽에 부설하여야 한다.

나. 안전가드레일은 본선 레일보다 치수가 작은 신품레일을 사용하여야 한다.

다. 안전가드레일의 부설간격은 본선 레일에 대하여 200~250mm 간격으로 부설하여야 한다.

라. 안전가드레일의 이음매는 이음매판을 사용한다.

해설 안전가드레일은 본선 레일과 같은 종류의 헌 레일을 사용하는 것을 원칙으로 한다〈선로유지관리지침 제78조 제2항 제2호〉.

82. 안전등급이 A등급인 고속철도교량의 경우 정밀점검의 시행 주기는? (15기사)

가. 6개월에 1회 이상 나. 1년에 1회 이상

다. 2년에 1회 이상 라. 3년에 1회 이상

해설 정밀점검의 시행 주기

1) A등급 : 3년에 1회 이상

2) B · C등급 : 2년에 1회 이상

3) D · E등급 : 1년에 1회 이상

83. 레일앵카의 설치방법으로 옳은 것은? (16기사)

가. 머리 부분을 궤간 안쪽으로 향하도록 하고 침목과 밀착되도록 설치한다.

나. 머리 부분을 궤간 안쪽으로 향하도록 하고 침목과 2~3m 떨어지도록 설치한다.

다. 머리 부분을 궤간 바깥쪽으로 향하도록 하고 침목과 2~3m 떨어지도록 설치한다.

라. 머리 부분을 궤간 바깥쪽으로 향하도록 하고 절연블럭을 사용하여 변위가 13mm가 되도록 설치한다.

해설 머리 부분을 궤간 안쪽으로 향하도록 하고 침목과 밀착되도록 설치한다.

84. 레일밀림 방지를 위해 활용되는 레일앵카의 부설에 대한 설명으로 옳은 것은? (16기사)

가. 레일앵카는 되도록 유간정리 직전에 붙인다.

나. 레일앵카의 붙이기 작업은 보통 1인이 한다.

다. 레일앵카는 좌우측 모두 궤간 외측에서 때려 넣어 붙인다.

라. 레일 1개에 대한 레일앵카의 붙이는 위치는 산설식(띄엄띄엄 붙이기)을 원칙으로 한다.

해설 레일앵카는 산설식을 원칙으로 한다.

85. 선로유지관리지침에서 정하는 분기기에 관한 설명으로 틀린 것은? (16기사)

가. 본선에 있어서 분기기를 상대하여 부설하는 경우, 양 분기기의 포인트 전단 사이는 10m 이상 간격을 두어야 한다.

나. 분기기의 각 부와 분기기 앞, 뒤에는 동일한 종류의 레일을 사용하여야 하며, 크로싱부 궤간의 정비한도는 +3, −3mm이다.

다. 본선의 주요 대향 분기기와 궤간 유지가 곤란한 분기기에는 텅레일 전방소정위치에 게이지 타이롯드를 붙일 수 있다.

라. 텅레일 끝이 심하게 마모되거나 곡선으로부터 분기하는 곡선의 분기기에는 포인트 가드레일 또는 포인트 프로텍터를 붙여야 한다.

해설 +3, −2mm이다.

86.선로유지관리지침에서 궤도의 좌굴저항이 아닌 것은? (16기사)

가. 궤광강성 나. 도상압축력

다. 도상횡저항력 라. 도상종저항력

해설 도상압축력은 궤도의 좌굴저항이 아니다.

87. 분기기의 캔트에서 분기곡선과 이에 접속하는 곡선의 방향이 서로 반대될 때에는 캔트의 체감 끝에서 얼마 이상의 직선을 삽입하여야 하는가? (17기사)

가. 5m 나. 10m

다. 12m 라. 15m

해설 분기곡선과 이에 접속하는 곡선의 방향이 서로 반대될 때에는 캔트의 체감끝부터 5m 이상의 직선을 삽입하여야 한다.

88. 선로유지관리지침상 레일마모가 심한 곡선분기기 등의 포인트부에 텅레일 마모방지용으로 설치하는 것은? (18기사)

가. 경두레일 나. 레일도유기

다. 무도유상판 라. 포인트 가드레일

해설 포인트 가드레일에 대한 설명이다.

89. 선로유지관리지침상 선로구조물 점검의 종류에 속하지 않는 것은? (18기사)

가. 터널 점검 나. 분기기 점검

다. 교량 및 구교 점검 라. 기타 구조물의 점검

해설 분기기 점검은 선로구조물 점검이 아니다.

90. 일반철도에서 선로제표의 건식방법 중 옳지 않은 것은? (19기사)

가. 거리표 중 킬로미터표는 1km마다 선로좌측에 설치한다.

나. 거리표 중 미터표는 300m마다 선로좌측에 설치한다.

다. 기울기표는 선로좌측 기울기 변경점에 설치한다.

라. 기적표는 기적을 울릴 필요가 있는 곳에 열차 진행방향으로 400m 이상 앞쪽 좌측에 설치한다.

해설 미터표는 200m마다 선로좌측에 설치한다.

91. 궤도재료 점검 중 신축이음장치의 일반점검 항목에 해당하지 않는 것은? (19기사)

가. 선형 상태 나. 자갈 단면

다. 텅레일 상태 라. 텅레일의 직각틀림

해설 텅레일 직각틀림은 분기기 점검 항목이다.

정답 1. 나 2. 다 3. 다 4. 나 5. 다 6. 나 7. 다 8. 다 9. 나 10. 다 11. 나 12. 가 13. 가 14. 가 15. 가 16. 나 17. 라 18. 다 19. 라 20. 다 21. 다 22. 다 23. 가 24. 라 25. 나 26. 다 27. 가 28. 다 29. 다 30. 나 31. 다 32. 다 33. 라 34. 라 35. 가 36. 나 37. 나 38. 나 39. 나 40. 다 41. 가 42. 라 43. 나 44. 라 45. 가 46. 가 47. 나 48. 나 49. 라 50. 라 51. 라 52. 라 53. 가 54. 라 55. 나 56. 가 57. 가 58. 나 59. 다 60. 가 61. 라 62. 가 63. 라 64. 나 65. 가 66. 가 67. 라 68. 다 69. 다 70. 가 71. 라 72. 가 73. 나 74. 라 75. 나 76. 다 77. 라 78. 나 79. 다 80. 가 81. 나 82. 라 83. 가 84. 라 85. 나 86. 나 87. 가 88. 라 89. 나 90. 나 91. 라

2-2 보선작업지침(국가철도공단)

제1장 총칙

제1조(적용범위) (16기사)

국가철도공단(이하 "공단"이라 한다)은 선로보수작업을 안전하고 능률적으로 시행하기 위해 작업방법 및 순서에 관하여는 이 지침에 따른다.

제2조(병행작업) 생략

제3조(정의)

선로정비지침에서 정한 용어의 정의 외 이 표준에서 사용하는 용어의 정의는 다음과 같다.

1. 선로보수작업 : 철도선로를 철도건설규칙 및 선로정비지침에서 정한 기준에 맞도록 보수하는 작업
2. 기준 : '이렇게 하여야 한다'라는 준수(遵守)의 의무성과 강제성을 갖는 것
3. 표준 : '이렇게 하는 것이 좋다'라는 정도로서 의무성이나 강제성 없이 다만 그 작업의 기본틀을 제시한 것
4. 요령 : '이러한 방법으로 하면 된다'라는 '하는 방법'을 제시한 것(예) 레일밀림방지 방법
5. 선로순회 : 담당선로를 일상적으로 순회, 선로 전반에 대하여 순시(巡視) 및 안전감시(安全監視)를 하는 것

제2장 선로순회요령

제4조(순회원)~제7조(순회원의 안전) 생략

제8조(순회원의 휴대장구)

순회원이 휴대하여야 하는 기본장구는 다음과 같다.

품명	수량	비고
수신호기(야간에는 신호등)	적청 1쌍(1개)	유사시 기관사와의 신호현시용
무전기	1개	휴대용 전화기
임시조치용 공기구와 재료	약간	함마, 스파나, 팬플러 등

제9조(순회요령)~제10조(확인) 생략

제3장 레일교환작업(정척/인력)

제11조(적용범위)

정척레일을 인력에 의하여 레일을 외측(궤간 밖)에서 내측으로 넘겨 교환하는 경우의 작업은 이 표준에 따른다.

제12조(준비작업) (03,06,10,16,17,18,19기사, 10산업)

준비작업은 다음 순서에 따라 시행한다.

1. 신 레일의 흠검사 : 신 레일과 이에 따르는 부속품은 사전에 충분한 검사를 하며 굽었거나 흠이 있는 것은 필요한 조치를 한다.

2. 도상면(道床面)고르기 : 궤도상에서 신·구 레일의 이동을 원활히 하기 위하여 궤간 외측 도상면의 자갈을 침목면 이하로 골라 놓는다.
3. 레일 밀림방지장치 철거 : 레일 밀림방지장치(레일 앵카 등)는 사전에 철거하여 부근 적당한 장소에 정돈해둔다.
4. 침목면 삭정 : 부설되어 있는 침목이 목침목 구간일 때에는 레일의 배열 및 교환에 지장 없도록 하기 위하여 궤간 외측 침목면이 고르지 못한 것은 삭정하고 주약제를 칠해둔다.
5. 체결장치 풀어놓기 : 스파이크는 일단 뽑아 올렸다가 다시 박아둔다. 이때, 불량 스파이크는 교환한다.
6. 이음매볼트 풀었다 다시 채우기 : 구 레일의 해체·철거를 신속하게 하기 위하여 이음매볼트를 일단 풀었다 주유(注油)를 한 후 다시 채워둔다.
7. 이음매부 침목 위치 바로잡기 : 이음매부가 이동하게 되는 개소의 침목위치를 이음매 구조에 맞춰 미리 바로 잡아둔다.
8. 신 레일의 배열 : 교환하는 전 구간에 걸쳐 미리 신 레일에 소정의 유간을 두어 단선구간을 제외하고는 레일의 압연방향이 열차진행 방향과 일치하도록 접속배열하고 임시 이음매판볼트를 채워 이것을 구 레일의 양외측 적당한 간격(보통 450mm 정도로 하되 건축한계를 지장하는 경우에는 750mm 정도로 띄운다)을 유지하여 헌 침목대상에 놓고 스파이크를 몇 군데 박아둔다. 이때의 헌 침목대의 간격은 5~7m 정도로 하고 헌 침목은 재래침목 사이에 삽입시키되 그 상면은 재래침목 상면보다 10mm, 타이 플레이트가 있는 경우에는 약 30mm 높게 한다.
9. 레일 구부리기 : 곡선부에서는 필요에 따라 레일을 구부린다. 그 기준은 50kg 레일 이상의 경우에는 반경 400m 이하, 소정 종거의 2/3 정도로 구부리고 너무 과도하게 되지 않도록 유의한다.
10. 팩킹준비 : 신·구 레일 단면이 상이할 경우에는 교환 시·종점 접속부의 구배 완화용의 팩킹을 준비한다.

제13조(본 작업) (17기사, 02산업)

본 작업은 다음 순서에 따라 시행한다.

1. 이음매판의 해체 : 교환구간 양단의 이음매판을 해체하여 다음 작업에 지장되지 않을 위치에 정돈해 둔다.
2. 레일체결장치의 해체 : 구 레일의 궤간 외측 체결장치와 신 레일 임시고정 스파이크를 해체하여 소정의 위치에 둔다. 이때 궤간 내측의 스파이크는 레일을 밀어내기 및 밀어넣기를 하는데 지장되지 않도록 약간 뽑아 올려 놓는다. 코일스프링크립의 경우에는 일시 철거한다. 신·구 이음매부는 궤간 내외측 모두 해체 철거하여 일정한 장소에 정돈해 놓는다.
3. 구 레일 밀어내기 : 스파이크 뽑기 또는 레일체결장치의 해체작업 진척에 따라 구 레일의 밀어내기를 하되 크로바를 이용하여 배열해놓은 신 레일의 위를 타고 넘겨 그 외측으로 밀어낸다.
4. 침목면 삭정 및 매목 박기 : 레일이 놓일 침목면이 평평치 못한 침목은 면다듬기를 하고 그 자리에는 방부제를 칠하며 모든 스파이크 박았던 구멍에는 반드시 매목(埋木)을 삽입한다.
5. 신 레일 밀어넣기 : 신 레일을 구 레일이 있던 자리로 밀어 넣는다. 이때 레일 저부가 앞서 남겨두었던 내측 스파이크 또는 숄더에 충분히 밀착되도록 밀어 넣으면서 전진한다.

6. 양단 레일 이음매의 접속 : 교환구간 양단의 이음매를 신·구 레일 사이가 어긋나지 않도록 접속시켜 잘 맞추고 곧바로 이음매볼트를 체결한다.
7. 신 레일 이동방지용 체결 : 우선적으로 신 레일의 이동을 방지하기 위하여 신 레일의 궤간을 확인해가면서 직선의 경우에는 10m당 2개, 곡선부에서는 10m당 5개 정도의 스파이크를 박거나 또는 PC침목의 경우 체결장치를 채운다.
8. 신 레일의 완전체결 : 기준측 및 상대측의 궤간 내·외측 스파이크 또는 체결장치를 모두 완전히 채운다.
9. 점검 : 이상의 본 작업이 모두 끝나게 되면 작업책임자는 즉시 전반적 궤도상태를 점검한다.

제14조(뒷작업) (03,07,09,15**기사**, 02**산업**)

본 작업 시행 후 다음 사항을 시행한다.

1. 침목 위치정정 : 신 레일의 이음매 위치가 이동되었을 때에는 먼저 이음매부의 침목 위치를 정정한 후 다른 침목의 위치를 정정한다. (03,09**기사**)
2. 궤간정정 : 궤간을 측정하고 필요한 때에는 정정한다.
3. 줄맞춤정정 : 필요한 때에는 줄맞춤정정을 한다.
4. 레일 밀림방지장치 등의 복구 : 레일교환을 위하여 일시 철거해두었던 레일 밀림방지장치(레일 앵카 등) 및 건널목 보판 등을 복구한다.
5. 검측 : 필요한대로 일반적 궤도보수를 한 다음 궤도를 검측한다.

제4장 침목교환작업

제1절 보통침목(목침목) 교환작업(인력)

제15조(적용범위)

보통침목(목침목)을 인력에 의하여 교환하는 경우의 작업방법에 관하여는 이 표준에 의한다.

제16조(준비작업)

준비작업은 다음 순서에 따라 시행한다.

1. 교환할 침목 상면에 석필 등으로 표시를 한다.
2. 신 침목의 운반 및 배열

제17조(본 작업) (02,03,10,14,15**기사**, 02,13**산업**)

본 작업은 다음 순서에 따라 시행한다.

1. 도상 긁어내기 : 침목 사이의 도상자갈 긁어내기는 침목을 끌어내기에 적당할 정도로 하며 좌우로 한 사람씩 나누어 침목 단부로부터 중앙으로 전진하면서 긁어낸다. 도상자갈 긁어내기는 레일밀림이 있는 개소에서는 밀림이 오는 쪽을 즉 열차가 들어오는 방향을 긁어내고 도상의 상태에 따라 전부를 궤간 밖으로 긁어내거나 또는 일부는 궤간 내에 둔다. 이때 긁어낸 자갈더미가 차량한계에 저촉되지 않도록 주의하여야 한다.
2. 스파이크 뽑기, 체결장치 해체 : 스파이크 등 체결장치 해체는 한사람이 맡되 그 뽑는(해체하는) 순서는 외측 → 상대편 레일 내측 → 상대편 레일 외측 → 최초 시작 쪽 레일의 내측 순으로 한다.
3. 헌 침목 끌어내기 : 교환할 침목은 비타로 자갈을 긁어낸 쪽에 떨어뜨린 다음 곡괭이 끝으로 침목을

찍어서 도상 밖으로 끌어낸다.

4. 바닥자갈 고르기 : 신 침목의 삽입이 용이하도록 바닥자갈을 고른다.
5. 신 침목의 삽입 : 2인 공동으로 신 침목을 밀어 넣는다. 이때 유의해야 할 사항은 다음과 같다.
   가. 수심부를 밑으로 표피부를 상면으로 한다.
   나. 측면이 수직이 아닌 것은 이 측면을 열차의 진입(進入)방향으로, 그리고 구배 구간에서는 이 측면을 구배의 높은 쪽으로 향하도록 한다.
   다. 침목상면이 평면이 아닌 것은 폭이 넓은 쪽을 밑으로 가도록 부설한다.
   라. 타이 플레이트 또는 베이스 플레이트를 부설하는 경우에는 침목을 밀어놓은 직후에 부설한다.
6. 도상자갈 쳐 넣기 : 한 사람이 크로바로 받쳐주면서 다른 한 사람이 삽으로 침목상면이 레일저부에 밀착될 때까지 자갈을 쳐 넣는다.
7. 스파이크 박기(체결장치 채우기) : 스파이크 박기는 한 사람이 크로바로 침목 밑을 받쳐주면서 다른 한 사람이 궤간(軌間)을 측정해가면서 스파이크를 박는다. 탄성 체결장치는 렌치 또는 스패너로 나사스파이크와 체결볼트를 조인다.
8. 도상자갈 긁어 넣기 : 궤간 내에 도상자갈을 긁어 넣을 때에는 양질의 것을 긁어 넣어야 한다.
9. 도상다지기 : 도상을 다질 때에는 긁어냈던 쪽을 먼저 다진 후에 양쪽을 뒷다짐한다.
10. 도상자갈정리 : 도상자갈을 채워 넣은 다음 도상어깨 비탈정리 및 도상면 달고다짐을 한다.

제18조(작업상 주의사항) 생략

제2절 PC침목 교환작업(인력)

제19조(적용범위)

인력에 의하여 보통침목(목침목)을 PC침목으로 또는 PC침목을 PC침목으로 교환하는 작업은 이 표준에 따른다.

제20조(일반사항) **(05,19기사, 03산업)**

PC침목 교환작업 시 일반사항은 다음과 같다.

1. 보통침목(목침목)과 PC침목을 섞어서 부설하여서는 안 된다.
2. 침목교환은 열차서행운전 조치로 작업한다. 다만, 연속 교환 시(많은 양을 계속적으로 몰아서 교환할 때)는 침목교환기를 투입하거나 교환 후 보선장비로 궤도정정 작업을 하는 경우에는 선로일시 사용중지 조치를 하고 작업하여야 한다.
3. 침목교환 구간은 반드시 도상다지기를 하여야 하며 되도록 인력다지기와 기계다지기를 병행한다.
4. 곡선반경 $R=600$ 미만의 급곡선부에는 일반 PC침목을 부설하지 못한다. 단, 급곡선부에는 이에 대하여 별도 설계 제작된 침목만을 부설한다.
5. 이음매부에는 이음매침목(광폭침목)을 부설하여야 한다.
6. 혹서기 또는 기온이 높을 때에는 도상작업에 관한 작업제한규정을 엄수한다.

제21조(준비작업) **(05기사)**

1. 유간측정 및 정리 : 교환구간 외 유간을 측정하여 부적정한 개소는 미리 유간정리를 한다.
2. 침목교환위치 표시 : 침목교환위치를 레일복부에 백색페인트로 표시를 한다.

3. 레일 밀림방지장치 철거 : 레일 밀림방지장치(레일 앵카 등)는 그날의 작업예정 구간의 것만을 미리 철거한다.

4. 신 침목의 운반 및 배열

가. PC침목을 운반할 때에는 반드시 각재(75×75mm 이상) 받침목을 사용하고 편적 · 편압이 발생하지 않도록 적재 운반한다.

나. 트로리 또는 화차에서 내릴 때는 폐타이어나 각재의 깔판을 깐 후 그 위에 내리되 1m 이상 높이에서 떨어뜨려서는 안 된다.

다. 침목을 내릴 때는 신호시설기둥, 전철전주, 케이블설치 등 안전시설에 손상이 없도록 하고 노반에 내려놓은 침목이 건축한계를 저촉하지 않도록 주의한다.

라. 앞서 내려놓은 침목 위에 각재 없이 겹쳐서 쌓아 놓아서는 안 되며 비탈 밑으로 떨어지지 않도록 주의한다.

마. 터널 내에는 미리 터널 밖에 운반 적치하여 놓고 매일 교환할 수 있는 양만 그날그날 운반 사용한다.

제22조(본 작업) (02,10,15**기사**, 10**산업**)

1. 작업인원표준 : PC침목 교환은 4인 1조 작업을 표준으로 한다.
2. 작업진행방향 : 레일밀림이 있으면 밀림이 오는 방향으로 교환작업을 진행한다.
3. 용접부 위치주의 : PC침목을 교환할 때는 레일용접부가 침목 상면에 놓이지 않도록 주의하여 부설한다.
4. 도상자갈 긁어내기 : 구 침목을 빼내는데 필요한 만큼만, 침목 양측 및 단부의 자갈을 긁어낸다. 이때 긁어내는 작업은 2인이 침목 양쪽으로 나뉘어 중앙으로 진행하고 다음 작업 및 건축한계에 지장되지 않도록 한다.
5. 체결장치 해체철거 : 레일체결장치 또는 스파이크의 해체철거 순서는 좌측 레일 외측 → 우측 레일 내측 → 좌측 레일 내측의 순서로 하고 철거한 체결장치는 작업에 지장을 주지 않는 위치에 둔다.
6. 궤광들기 : 인접의 구 침목 부근의 궤간 밖에, 양측으로부터 재크를 삽입하여 궤광을 서서히 구 침목을 빼낼 수 있는 정도까지만 든다.
7. 구 침목 빼내기 : 구 침목은 빼내어 시공기면상에 놓아둔다. 구 침목은 자갈을 긁어낸 쪽으로 밀어낸 다음 침목 캣치를 사용하여 도상 밖으로 끌어낸다. 이때 곡선부에서는 곡선 내측으로 끌어낸다.
8. 침목위치 바닥 고르기 : 침목이 놓일 자리의 도상자갈 바닥 고르기는 신 · 구 침목의 높이의 차, 타이패드의 두께, 신 침목 삽입에 사용하는 공기구, 삽채움 작업의 여유 등을 고려하여 결정한다.
9. 신 침목의 삽입 : 교환침목은 침목캣치 등을 사용하여 교환 위치에 삽입한다.
10. 궤광 내리기 : 재크를 철거하면서 궤광을 내려놓는다.
11. 신 침목의 체결 : 침목 위에 레일패드를 놓고 빠루로 침목 끝을 받쳐 올려 레일저부에 밀착시킨 상태에서 절연블럭 등을 넣고 궤간을 확인해가면서 코일스프링크립을 체결한다.
12. 침목 직각틀림 정정
13. 레일면의 정정 : 도상 자갈을 제 위치에 다시 쳐 넣으면서 수평이 좌우 균등하도록 삽채움을 한다.
14. 도상다지기 : 본 작업이 10m 정도 진행되면 뒤따라가면서 도상다지기를 한다. 이때의 도상다지기는 인력다짐과 기계다짐을 병행하는 것이 바람직하다.

15. 구 침목 빼내기와 신 침목의 삽입은 한 개 한 개 완료하면서 진행하도록 한다.
16. 작업 책임자는 레일체결장치가 연속 3개 이상 해체된 상태에서 열차를 통과시키는 일이 없도록 열차통과 시마다 궤도상태를 사전 확인하여야 한다.

제23조(뒷작업)

본 작업 시행 후 다음 사항을 시행한다.

1. 궤도의 전반적 보수 : 궤도의 안정을 기다려 궤간, 수평, 줄맞춤, 면맞춤, 체결장치 상태 등 궤도를 전반적으로 점검하여 보수한다.
2. 도상자갈 면고르기 및 정리
3. 철거된 침목은 운반하여 일정한 장소에 정리한다.

제3절 침목교환작업(침목교환기) 생략

제4절 교량침목 교환작업

제29조(일반사항) 생략

제30조(준비작업) (13기사)

준비작업은 다음 순서에 따라 시행한다.

1. 교량상 및 교량전후의 레일 유간상태를 점검하고 필요한 때에는 미리 유간정리를 한다.
2. 부설할 침목위치를 레일복부에 백색페인트로 표시를 한다.
3. 교환할 구 침목과 신 침목에 각각 일련번호를 표시하고 깍기량 또는 팩킹량을 검측하여 미리 가공(마름질)을 한다. 이때 직선구간의 동일 침목에 마름질 잘못으로 팩킹이 한쪽에만 삽입되는 일이 없도록 유의한다.
4. 팩킹은 2중으로 겹쳐 사용해서는 안 되며 못을 단단히 박아 탈락 유동되지 않도록 한다.
5. 침목 하면이 교량 거더의 브레이싱에 접촉되지 않도록 가공하고 가공부분에는 방부제를 도포한다.
6. 곡선부 침목은 캔트량에 맞게 정밀 가공한다.
7. 불량 훅크 볼트는 교환한다.
8. 신 침목에 베이스 플레이트를 역구내에서 미리 장착할 때에는 적정 궤간확보에 유의하여 기준틀을 설치한 후 나사스파이크를 정확하게 박는다.
9. 장대교량의 침목교환을 야간에 시행할 때에는 침목 끝의 줄맞춤을 위한 검측 측점을 설정 정밀하게 시공하여야 한다.
10. 교상 가드레일의 일시 철거는 본 작업의 진도에 맞추어 철거, 부설한다.
11. 야간작업 시에는 조명 설비를 준비한다.

제31조(본작업)

본작업은 다음 순서에 따라 시행한다.

1. 교환에 사용할 침목은 매일의 작업에 필요한 수량 만큼씩을 침목번호 순서대로 운반하여 교환한다. 그러나 교량 전후에 침목을 적치해 둘 수 있는 장소가 있는 경우에는 전량을 미리 운반해 두었다가 교환할 수 있다.

2. 기계로 교환하는 경우에는 기계를 트로리에 태워 작업하게 되므로 트로리 위에서 작업이 용이한 장비를 선택한다.
3. 교환작업은 복선구간에서는 열차진행 방향을 향하여 그리고 단선구간에서는 레일밀림이 오는 방향으로 교환해 나간다.
4. 교량 훅크볼트는 당일 교환작업 구간만 철거하고 교환한 신 침목에 바로 설치한다.
5. 궤도회로가 구성된 선구에서는 훅크볼트가 베이스 플레이트에 접촉되지 않도록 한다.
6. 코일스프링크립을 철거할 때와 설치할 때에는 팬플러를 사용하고 코일스프링크립을 잘못 취급하여 교량 밑으로 떨어지지 않도록 주의한다.
7. 침목교환 시에는 레일체결장치를 과대한 연장에서 걸쳐 철거하지 않도록 하고 레일들기는 침목삽입에 지장 없는 범위 내에서 최소화하여 궤도의 변형이 확대되지 않도록 유의한다.
8. 신 침목의 교환작업은 번호순대로 적재된 트로리에서 운반 교환한다.
9. 철거된 구 침목은 되도록 당일 중에 역구내로 운반 적치하여야 한다. 특별한 경우 당일 반입이 어려울 때에는 교량입구 공터에 우선 적치하고 철사줄로 동여 매둔다.
10. 침목의 철거 및 신침목의 삽입을 장비로 하는 경우에 장비 운전공은 반드시 작업책임자의 신호에 따라 안전하게 조작하도록 한다.
11. 교량상의 작업에 있어서는 특히 작업원의 추락사고 또는 재료나 공기구의 낙하로 인한 망실 등의 사례가 많으므로 이점을 특히 주의한다.
12. 침목교환이 완료된 구간은 곧 이어서 교상 가드레일과 침목이동 방지용 계재를 설치한다.

제5절 터널 내 침목교환 작업(인력) 생략

제5장 도상다지기 작업(인력)

제35조(적용범위)

레일면이 높거나 또는 낮아서 균등하지 못한 궤도면을 정정하거나 또는 궤도면의 면틀림은 그렇게 심하지는 않으나 도상이 낮거나 또는 노반이 연약한 선로를 인력 비타다지기로 정정하는 작업은 이 표준에 따른다.

제36조(준비작업)

준비작업은 다음과 같다.

1. 작업구역의 결정 : 궤도검측차 기록지 또는 궤도상태로부터 정정범위, 정정량, 1회의 작업구역 등을 결정한다.
2. 체결장치의 보수 : 체결장치의 불량 또는 이완상태를 조사하여 교환하거나 보수한다.

제37조(본 작업) (04,06,10,13,17,18,19**기사**, 03,04,12,15**산업**)

본 작업은 다음 순서에 따라 시행한다.

1. 도상의 긁어낼 부분 표시 : 도상을 긁어낼 필요가 있는 부분은 작업책임자가 이를 정하여 그 양쪽에 적당한 표시를 해둔다.
2. 긁어내기 작업방법 : 도상을 긁어낼 때에는 인접한 몇 개소를 동시 시행한다. 그러나 그 연장이 너무

긴 경우에는 운전상태와 선로상태를 감안하여 수 개소씩 분할하여 시행한다.

3. 긁어내기 깊이 : 도상을 긁어내는 깊이는 특히 필요한 경우를 제외하고는 다짐에 지장되지 않는 범위로 한다. 그러나 레일 밑의 도상은 반드시 긁어낸다.
4. 궤간 내 도상의 긁어내기 : 궤간 내 도상을 긁어낼 때에는 다음 방법 중의 어느 한 방법에 의한다.
   가. 제1법 : 다지기를 할 부분의 도상은 미리 궤간 외에 긁어낸다.
   나. 제2법 : 다지기를 할 부분의 도상은 지장이 없는 한 상대레일 편에 긁어 올린다.
   다. 제3법 : 다지기를 할 부분의 도상은 지장이 없는 한 인접 침목 쪽에 긁어 올린다.
   라. 제4법 : 다지기를 할 부분의 도상은 지장이 없는 한 궤간 중앙에 긁어 올린다.
5. 작업기준레일 : 레일의 수평정정을 하기 위하여는 한편쪽 레일을 기준레일로 한다.
6. 레일면의 정정 : 레일면의 정정은 기준 쪽 레일의 면을 정정한 후 상대편 레일을 정정한다. 이때 기준레일면의 정정은 주로 전후 레일면의 관측에 의하고 상대 레일면을 정정할 때에는 수평기를 사용하여 양레일의 수평을 관측해가면서 시행한다.
7. 레일의 들기 : 다지기에 따라 레일을 들 필요가 있을 때에는 크로바 또는 트랙잭크를 사용하여 들고 내려앉지 않도록 침목 밑에 삽으로 자갈 쳐 넣기를 한다. 이때 특히 궤도회로(軌道回路)구간에서 레일들기를 할 때에는 양측 레일을 단락(短絡)시키는 일이 없도록 주의하여야 한다.
8. 다지기의 순서와 방법은 다음과 같다.
   가. 다지기의 순서 : 8자형 다지기를 원칙으로 하되 다만 선로상태 등에 따라 줄다지기 또는 2자형 다지기를 할 수 있다.

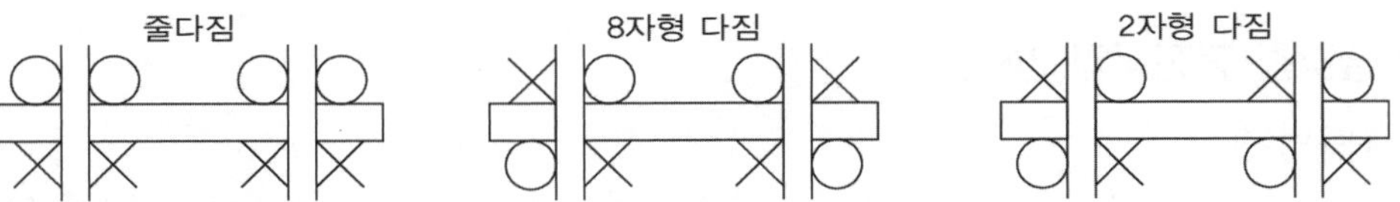

주) ○은 첫다짐을 표시함 ×는 뒷다짐을 표시함

   나. 다지기의 방법 : 다지기는 1개의 침목에 대하여 8개소 다지기로 한다. 다만 선로상태, 작업조건, 작업시간 등에 따라서 6개소 다지기 또는 4개소 다지기로 할 수 있다.

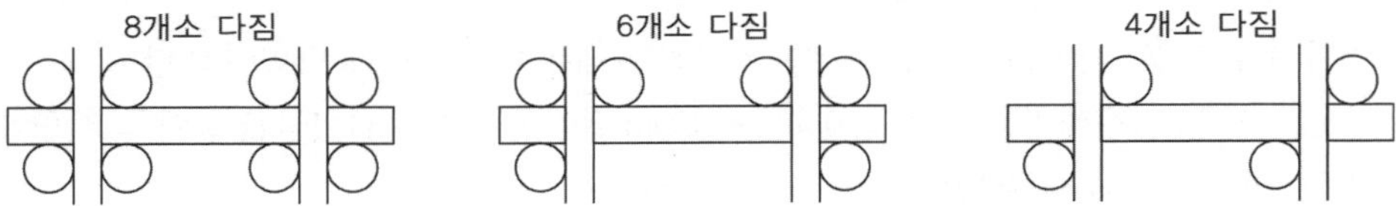

   다. 좌우레일 밑을 모두 다질 때 한쪽 레일씩을 다질 때라도 먼저 양측 레일면을 정정한 후 다진다.
   라. 궤간 내 다지기의 넓이는 레일 중심에서 좌우 각 30cm 내지 40cm로 한다.
   마. 다지기는 다짐의 지지력이 균등하게 그리고 되도록 고저부가 생기지 않도록 다진다.
   바. 다지기는 레일 밑 위치에서 시작하고 또한 레일 밑 위치에서 끝내도록 한다.
   사. 다지기를 마친 후 도상자갈 되메우기 작업은 다지기를 끝낸 침목마다 또는 인접한 몇 개소를 몰아서 시행하되 밸러스트포크 또는 토사용 갈퀴를 사용하고 레일면 및 침목 상면의 자갈을 청소한다.
   아. 도상자갈 되메우기를 할 때 궤간 내에는 되도록 양질의 자갈로 되메우기하여야 한다.

자. 궤도의 줄맞춤이 불량한 개소에 대하여는 그 정도에 따라 레일을 들기 전 또는 다지기 직후에 정정한다.

차. 침목 다지기가 끝난 곳은 그때마다 또는 작업구간을 몰아서 마무리 다지기를 한다. 그리고 침목 사이사이와 도상면 및 도상비탈면을 삽 등으로 면다지기를 달고 다짐을 한다.

카. 침목위치 또는 직각틀림이 있는 것은 다지기 작업 전에 정정한다.

타. 스파이크 또는 탄성 체결장치 등의 이완, 탈락 등이 없도록 고쳐 박기 되조이기 등을 한다.

9. 작업인원 : 작업인원은 3인 이상 통상 5인 협동작업을 표준으로 한다. 그러나 열차운전 상황, 작업여건 등에 따라 증감할 수 있다.

10. 작업요령 생략

11. 다지기의 동작(動作)

가. 비타를 쳐들었을 때의 몸자세는 허리 위를 곧게 하고 전면을 주시한다.

나. 비타는 그 끝에 서로 접촉 또는 충돌되지 않도록 쳐들며 높이는 비타자루 한가운데를 잡은 팔이 다소 여유 있는 정도로 쳐든다.

다. 비타를 쳐들었을 때 자루는 안면의 중앙에서 좌우 어느 쪽이든지 한쪽에 돌려 쳐든다.

라. 비타를 내려다질 때에는 잡은 팔 및 신체를 충분히 앞으로 굽히며 또한 내려다진 순간에 있어서 비타가 동요하지 않도록 주의하여야 한다.

마. 비타를 내려 다질 곳을 주시한다.

바. 비타는 도상이 다지어질수록 그 다질 곳과 다질 각도를 적당히 변화한다.

제6장 줄맞춤 정정작업(인력)

제38조(적용범위)

일반적 궤도보수에 따르는 이동량이 그다지 크지 않을 때의 인력에 의하여 정정하는 줄맞춤 및 곡선정정에 의한 줄맞춤 작업은 다음 표준에 따른다.

제39조(준비작업) (13,18기사)

준비작업은 다음 순서에 따라 시행한다.

1. 줄맞춤의 정부 측정 : 줄맞춤의 정정 여부를 가름하는 데는 대체로 아래 방법에 의한다.

가. 직선의 경우 : 기준레일을 걸타고 30m 내지 100m 떨어진 전방의 줄맞춤을 보아 그 불량개소의 방향 및 틀림량을 목측(目測)한다.

나. 곡선(曲線) 및 완화곡선(緩和曲線)의 경우

1) 적당한 간격으로 기준말뚝을 설치하였을 때에는 기준말뚝으로부터 이동 틀림 여부를 교차법으로 점검한 후 기준말뚝과 외측 레일과의 거리를 측정한다.

2) 기준말뚝이 없는 경우에는 외측 레일을 일정한 간격으로 분할 등분하여 교차법으로 분할점을 종거로 측정한다.

3) 기준말뚝 간격이 큰 경우에는 앞의 1), 2)를 겸용하여 측정한 것으로 틀림량을 측정한다.

2. 체결장치 바로잡기 : 체결장치의 이완 여부를 점검하여 필요한 것은 바로 잡는다.

3. 침목단부 도상 파헤치기 : 도상이 고결(固結)상태의 개소로서 이동량(궤광 밀기량)이 상당할 것으로

보이는 개소는 침목 단부의 도상을 파헤쳐서 이동이 용이하도록 한다. 이때 파헤치는 것만으로는 불충분한 경우에는 침목 단부 자갈을 긁어낸다.

4. 기준말뚝의 설치 : 기준말뚝의 간격, 위치, 높이 등에 대하여는 기준말뚝이 다른 작업에 미치는 영향, 말뚝의 이동 및 침하의 우려 여부, 이후 궤도 밀기의 난이 등을 감안하여 설치하되 다음에 의한다.
   가. 원곡선 및 완화곡선에 있어서는 부설레일이 정척(25m)인 경우 이음매부 및 중간부에 설치한다.
   나. 기준말뚝을 트랜싯(Transit)에 의하여 설치할 때에는 완화곡선 길이에 따라 10m 전후로 하되 열차운전이 빈번한 개소에 있어서는 5m 내외로 한다.
   다. 곡선의 시·종점에는 반드시 기준말뚝을 설치하고 직선부 쪽으로도 같은 간격의 말뚝을 2개 내지 3개 설치한다.
   라. 기준말뚝의 설치위치는 곡선외방 도상 비탈머리 부근 약 70cm 위치 레일과 병행하여 설치하는 것을 원칙으로 한다. 그러나 통로 등으로 이 치수의 확보가 어려운 특수한 개소에 있어서는 궤간 중심부에 설치할 수 있다.
   마. 기준말뚝의 높이는 침목면 높이보다 5cm 정도 높게 한다.
   바. 기준말뚝의 치수는 일반적으로 10×10×100cm 정도로 한다. 동상(凍上)이 심한 개소는 적당한 길이로 하고 말뚝의 주위는 직경 1.0m 정도로 동상심도(深度)까지 모래로 치환하여 동상으로 인한 말뚝의 틀림을 방지한다.

제40조(본 작업) (04,19기사)

본작업은 다음과 같다.

1. 궤광밀기 : 중심말뚝에 맞춰 또는 목측에 따라 궤광밀기를 한다. 이때 목측에 의하는 경우에는 작업반장은 정정개소로부터 30m 내지 50m 정도 떨어진 위치에서 기준측 레일을 걸타고 레일의 두부 내측선(頭部 內側線)을 따라 보면서 밀기의 위치와 방향을 손동작으로 지시한다. 밀기의 순서는 아래 그림과 같이 하되 일반적으로 틀림이 큰 부분(밀기량이 많은 개소)부터 순차적으로 밀고 그 좌우를 따라 민다. 그러나 밀기량이 크지 않을 때는 편압방식(片押方式 : 한쪽부터 계속적으로 밀어가는 방식)으로 하는 것이 더 편리하다.

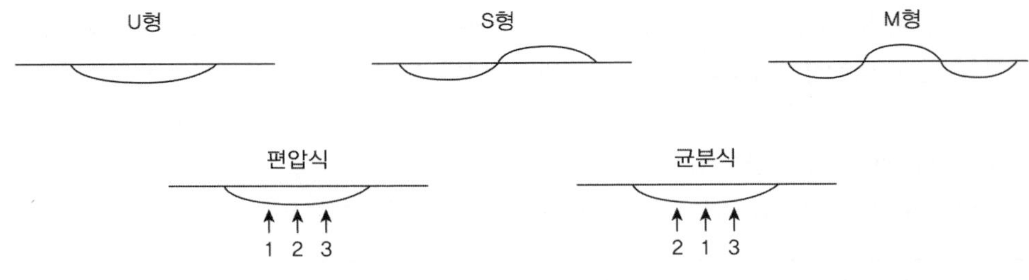

궤광밀기의 방식과 순서

2. 밀기의 요령 : 밀기는 아래 요령에 의하되 작업인원은 될수록 좌우 동수(인원이 홀수인 때에는 미는 쪽에 1인을 더 배치)로 나누어 지휘자의 지시에 따라 밀기를 한다.
   가. 직선의 경우에는 지휘자는 틀림량 측정의 요령에 준해서 목측에 의하여 밀기의 개소 및 방향을 지시한다.

나. 곡선 및 완화곡선의 경우

1) 적당한 간격으로 기준말뚝이 설치되어 있는 경우 지휘자는 말뚝과 레일과의 거리가 계산된 소정의 치수에 일치하도록 밀기를 반복한다.

2) 말뚝 간의 정정은 1작업구간 기준 말뚝개소의 밀기 완료 후 중앙점 또는 필요한 경우는 2, 3등분점을 종거법에 의하여 정정한다.

3) 말뚝 간의 정정을 목측에 의하여 정정할 경우 지휘자는 곡선반경에 따라 20m 내지 30m 정도 떨어진 곡선외측 침목 단부 부근에서 내다보아서 정정한다.

4) 기준말뚝이 없는 경우 또는 말뚝간격이 큰 경우에는 교차법에 의하여 이동량을 계산하여 위 1) 및 2)에 따라 정정한다.

제41조(뒷작업)~제42조(작업상의 주의사항) 생략

제43조(곡선 정정법) (17**기사**, 07,13**산업**)

곡선 정정은 다음 각 호의 방법으로 시행한다.

1. 사장법(絲張法) : 곡선부 측량 2점 간에 실을 띄어 현(弦)을 만들고 그 현의 중앙종거(中央縱距)를 재어 일반 측량학에서의 곡선 종거 계산법으로 정정하는 방법이다.

$$V = \frac{L^2}{8R}$$

R : 곡선반경(m)

L : 현의 길이(m)

V : 중앙종거(m)

2. 교차법(交叉法) : 생략

제7장 1종 기계작업

제44조(적용범위)

멀티플 타이탬퍼(Multiple Tie Tamper, 이하 "멀티플"이라 함)를 사용하여 선로를 차단하고 궤도들기, 면맞춤, 줄맞춤 및 다지기 등을 동시 다기능적으로 시행하며, 밸러스트 콤팩터(Ballast Compactor, 이하 "콤팩터"라 함) 또는 궤도안정기(Dynamic Track Stabilizer, 이하 "DTS"라 함)을 사용하여 도상면을 달고다지기를 하는 일식의 작업, 즉 1종 기계작업에 대하여는 이 지침에 따른다.

제45조(편성장비, 인원 및 기능) (11,13,14,15**기사**, 07**산업**)

1종 기계작업단의 편성장비, 소요인원 및 각 기능은 다음과 같다. (07**산업**)

장비명	인원	주요 기능
멀티플 타이탬퍼	2인	궤도들기, 면맞춤, 줄맞춤, 다지기
밸러스트 콤팩터 또는 궤도안정기(DTS)	1인 2인	도상면 및 도상어깨면 달고 다지기, 침목상면 체결장치 청소
밸러스트 레귤레이터	2인	자갈정리, 자갈소운반 보충

제46조(상대기준에 의한 멀티플 작업)~제49조(안전확보) 생략

제8장 2종 기계작업

제50조(적용범위)

이 작업은 밸러스트 클리너(Ballast Cleaner, 이하 "클리너"라 함)에 의하여 도상자갈을 전체적으로 치고(전체치기), 친 개소에 새 자갈을 보충하여 밸러스트 레귤레이터(Ballast Regulator, 이하 "레귤레이터"라 함)로 정리하여 멀티플로 다지고 도상면을 콤팩터 또는 궤도안정기(DTS)를 달고다지기를 하는 일식의 작업, 즉 2종 기계작업에 대하여 적용한다.

제51조(2종 기계작업단의 편성) (02,11기사)

2종 기계작업단의 편성 장비, 소요인원 및 각 주요 기능은 다음과 같다.

장비명	인원	주요 기능
밸러스트 클리너	6인	자갈치기
견인용 기관차 또는 모터카 및 자갈화차	1인(2)	도상자갈 운반 및 하화
밸러스트 레귤레이터	2인	도상자갈 정리 및 침목· 레일면 청소
멀티플 타이탬퍼	2인	양로, 다지기, 면맞춤, 줄맞춤(다목적 다기능 장비)
밸러스트 콤팩터 또는 궤도안정기(DTS)	1인 2인	도상면 달고다지기 및 침목· 레일면 청소

제52조(주행안전확보)~제59조(작업상 주의사항) 생략

제9장 분기기 교환작업(인력)

제60조(적용범위)

선로를 차단하고 인력작업으로 보통분기기를 전 교환(全更換)하는 작업의 경우에는 이 표준에 따른다. 특수 분기기의 경우에는 이 표준을 준용한다.

제61조(분기기 교환 작업방법) (09산업)

① 분기기 전체를 갱환하는 방법은 다음과 같다.

1. 밀어넣기 방법 : 교환할 분기기의 부근에 분기기를 조립할 수 있는 부지를 조성하고 헌 침목 또는 H빔 등으로 받침대를 만들고 그 위치에서 분기기를 조립한 다음 레일 등을 이용한 미끄럼대 또는 롤러에 의하여 구 분기기를 철거한 자리에 밀어 넣어 정지시키는 방법이다.
2. 들어놓기 방법 : 위 1호 밀어넣기와 같이 교환할 분기기의 부근에서 조립한 분기기를 밀어 넣는 대신 적당한 크레인 등으로 들어 올려서 교환할 위치에 앉히는 방법과 분기기 공장 또는 분기기 조립기지에서 조립한 분기기를 리프팅 유니트 장비로 화차에 적재, 교환장소까지 운반하여 구 분기기를 철거한 자리에 정확히 앉히는 방법이다.
3. 원 위치 조립부설 방법 : 구 분기기를 해체 철거한 자리의 현 위치에서 신 분기기를 포인트, 주레일, 크로싱, 리드레일, 가드레일 등의 부재를 조립하면서 부설하는 방법이다.

② 제1항 제3호 방법은 하급선구나 또는 부득이한 경우에 사용할 수 있는 방법이며 원칙적으로 위의 밀

어넣기 또는 들어놓기 방법으로 하여야 한다.

③ 본 지침에서는 표준적 작업방법인 밀어넣기 방법에 대하여만 기술한다.

제62조(밀어넣기 방법) (09,13**산업**)

밀어넣기 작업방법은 다음과 같다.

1. 준비작업
   가. 신·구 분기기의 길이의 측정 : 신·구 분기기의 길이 및 전후 이음매의 직각틀림을 측정하고 필요에 따라 유간정리 등의 사전 조치를 한다.
   나. 레일 마모량의 측정
   다. 각종 볼트류 및 레일 체결장치 해체 준비
   라. 레일밀림방지 장치의 철거
   마. 도상자갈 긁어내기 : 침목사이의 자갈을 긁어낸다.
   바. 신 분기기 밀어넣기의 준비 : 신 분기기를 미끄럼 레일과 로라(roller)를 삽입할 수 있는 정도를 들어 올리고 가받침대로 가받침한다. 미끄럼 레일은 다음 개소 수로 설치하고 그 구배는 1/20 내지 1/30 정도의 하구배(분기기가 놓일 자리 방향으로)로 한다.
      1) 8#분기기 : 3개소
      2) 10#분기기 : 3개소
      3) 12#분기기 : 4개소
      4) 15#분기기 : 5개소
   사. 기구 및 재료의 준비 : 작업에 필요한 기구와 재료의 수량과 기능을 확인한다.
   아. 부속품의 해체 철거 : 전철봉, 지지봉, 포인트리버, 게이지 타이롯드 등은 해체 철거한다.
   자. 레일류, 크로싱의 철거 : 순서에 맞게 해체 철거하여 소정 위치로 운반한다.
   차. 침목의 철거
   카. 도상자갈 고르기 : 신 분기기를 놓았을 때 분기기의 레일면이 전후의 레일면보다 약간 낮은 상태가 되도록 도상자갈면을 고른다.
2. 본 작업(신 분기기의 삽입)
   가. 미끄럼대 레일 및 로라의 삽입 : 미끄럼 레일 받침대를 놓은 다음 미끄럼대 레일과 로라를 삽입한다.
   나. 임시 받침틀의 해체 철거 : 분기기를 약간 들고 임시 받침대를 철거한 후 다시 내려놓는다. 이때 분기기가 전동(轉動)하지 않도록 후방에서 로프로 지지하는 것이 좋다.
   다. 양단 침목의 배치 : 분기부 양단의 이음매부 침목을 소정의 위치에 배치한다.
   라. 분기기의 밀어넣기 : 분기기의 양단(兩端)이 어긋지지 않도록 하면서 소정의 위치(분기기 자리)까지 서서히 밀어넣는다.
   마. 밀어넣기 장치 철거 : 분기기를 약간 들고 팩킹으로 받친 다음 로라, 미끄럼대레일 및 받침대를 철거한 후 분기기를 다시 내린다.
   바. 분기기의 세팅(자리 맞춤)
   사. 침목의 체결 : 분기기 양단의 침목을 체결한다.

아. 도상자갈 쳐 넣기 : 긁어냈던 도상자갈을 다지기에 적당한 만큼 다시 쳐 넣는다.

자. 레일면의 정정 및 도상다지기 : 분기기 전후의 레일면의 면맞춤 및 수평맞춤을 정정하고 필요에 따라 삽채우기를 한 후 분기부 총다지기를 한다.

차. 줄맞춤 정정

카. 부속품 붙이기 : 교환을 위하여 일시 해체 철거해놓았던 분기기의 부속(포인트리버 등)을 다시 붙인다.

타. 보안장치의 다시 붙이기 및 상태 확인

파. 점검 : 교환한 분기기 전반에 걸쳐 점검 확인한다.

제63조(뒷작업)~제64조(작업상의 주의사항) 생략

제10장 장대레일 재설정 작업

제65조(적용범위)

장대레일(무한장(無限長) 장대레일 포함)을 재설정하는 경우의 작업방법은 이 표준에 따른다.

제66조(재설정 시행조건) (07기사)

장대레일의 재설정은 다음과 같은 경우에 시행한다.

1. 장대레일의 당초 부설(설정)온도가 중위온도(20℃)에서 심하게 차이가 날 때
2. 장대레일의 중간에 손상레일이 있어 이를 절단 교환한 뒤
3. 열차사고 및 이의복구 등으로 장대레일 구간의 레일, 레일체결장치, 침목 및 도상의 이완을 가져왔을 때
4. 장대레일 구간에 레일밀림이 심할 때
5. 장대레일 구간에 연속적 침목교환, 도상자갈치기, 도상교환 등을 하였을 때

제67조(재설정 작업을 위한 공통사항) (12기사, 08산업)

재설정 작업을 위한 공통사항은 다음과 같다.

1. 재설정 온도는 일반구간에서 25±3℃, 즉 22℃ 내지 28℃(이상적 온도는 25℃)이다. 다만 터널에 있어서의 재설정 온도는 터널 시·종점으로부터 100m 구간은 일반구간과 같이 하고 그 내방에서는 10℃ 내지 20℃(이상적 온도 15℃)이다.

   주) 선로정비지침 제78조 제4항(현재 제84조 제4항)에는 재설정온도를 중위온도에서 +5℃를 기본으로 하되 중위온도 이하이거나 또는 30℃ 이상에서는 피하도록 규정하고 있으므로 선로정비지침 상에서의 재설정 온도는 20℃ 내지 30℃이다.
2. 어떠한 방법을 택하든 또는 장대레일의 길이가 얼마이든 간에 한 번에 재설정하는 길이는 1,200m 내외를 원칙으로 한다.
3. 장대레일이 일반(토공)구간과 터널구간에 걸쳐 있는 경우의 재설정은 일반 구간을 먼저 시행한 후에 터널구간을 시행한다.
4. 재설정 계획구간에 대하여는 궤도강도의 강화와 균질화를 위하여 되도록 사전에 1종 기계작업을 시행토록 한다.
5. 재설정 계획구간은 불량침목이나 불량체결장치를 교환 정비한다.

6. 분니개소, 뜬침목, 직각틀림이 있는 침목은 사전에 조치한다.
7. 재설정 계획구간 내의 건널목, 구교 등은 미리 보수 정비한다.
8. 재설정 구간의 전후에 정척(定尺)레일이 인접하고 있는 경우에는 그 유간 상태를 조사하여 필요할 경우 유간정리를 한다.
9. 재설정 작업 시 레일이 늘어남을 돕기 위하여 레일과 침목 사이에 삽입하는 로라는 직경 15mm 이상 20mm 이내의 강관을 길이 120mm로 절단하여 다듬은 것으로 한다.
10. 로라의 삽입간격은 침목 6개 내지 10개마다로 하고 삽입할 침목에는 미리 백색페인트로 표시를 해 둔다.

제68조(재설정 시행 방법) (15산업)

장대레일을 재설정하는 데는 다음과 같은 방법이 있다.

1. 대기 온도법 : 기온(氣溫)이 장대레일의 재설정 온도(25°C 내지 28°C)에 이르렀을 때를 택하여 재설정을 계획한 구간의 레일체결장치를 해체하고 떡메 등으로 레일을 타격·충격을 주므로 자유 신축으로 내부 축응력을 해소하는 방법이다.
2. 레일 가열법 : 이 방법은 재설정용으로 특수 제작된 프로판가스 또는 아세틸렌가스를 사용하는 레일 가열기를 모터카로 서행 견인하면서 레일을 재설정 온도로 가열하면서 자유 신축시켜 레일의 내부 축응력을 해소하는 방법이다. 이 방법은 레일을 인위적으로 가열하는 것만 다를 뿐 나머지 그 전후 순서와 방법은 위의 대기 온도법과 동일하게 진행된다. 그러나 이 방법은 장대레일의 길이가 길 경우 이미 가열하고 지나온 부분의 냉각으로 축응력 분포가 불균등하게 되며 또한 많은 작업원이 소요되는 등의 단점 때문에 근래에는 다음의 레일 인장법의 등장으로 사용빈도가 줄어든다.
3. 레일 인장법 : 재설정할 레일을 중간부에서 절단하고(장대레일의 길이가 대략 1,500m 이내로서 양단에 신축이음매(EJ)가 설치되어 있는 경우에는 중간절단 없이 한 번의 재설정으로 한다) 레일 인장기(rail tensor)로 재설정 시의 레일온도와 설정(부설) 시의 온도와의 차만큼의 힘으로 레일을 강제 인장하여 축응력을 재설정 온도 범위로 해소시키는 방법이다. 이 방법은 가열법에서와 같은 축응력의 불균형이나 작업원의 과다소요 등의 단점을 해소하고 특히 근대 철도에서의 무한장(無限長) 장대레일의 재설정에 적합한 방법으로 알려져 있다.

제69조(대기 온도법의 작업방법)~제71조(레일 인장법의 작업방법) 생략

제72조(장대레일 재설정 시의 유의사항) (06기사)

장대레일 재설정 시의 유의사항은 다음과 같다.

1. 재설정 작업 시 레일을 절단하게 되는 경우에는 되도록 용접개소를 절단하도록 한다.
2. 접착식 절연레일을 설치할 필요가 있는 경우에는 재설정 작업 후에 설치한다.
3. 절연레일 설치 시 절연이음매는 궤도 중심에서 직각이 되게 설치한다.
4. 장대레일이 길어서 1,000m 내외로 구분하여 재설정하는 경우에 레일인장기를 사용할 때의 고정위치(체결장치를 풀지 않고 오히려 단단히 체결하는 지점부)의 체결장치 체결상태와 측점 O와 O′의 움직임을 확인해야 한다.

제11장 레일유간 정리작업

제73조(적용범위)

보통침목(목침목) 부설구간 또는 PC침목 부설구간의 유간정리 작업은 이 표준에 따른다.

제74조(유간정리의 기준) (09,11,16**기사**)

1. 선로정비지침 제145조(현재 제160조)의 유간표에 대하여 과대유간(過大遊間) 또는 3개소 이상의 이음매가 연속하여 유간이 없을 때(맹유간(盲遊間))는 서둘러서 유간정정을 하여야 한다.
2. 유간의 적정 여부는 레일온도가 올라갈 때, 즉 유간이 좁혀지기 시작할 때의 유간과 레일온도가 내려갈 때, 즉 유간이 벌어지기 시작할 때의 유간을 평균한 것으로 판단한다.
3. 이음매 유간의 정정시기는 현장상태에 따라 결정하되 되도록 하기와 동기를 피하여 춘추에 시행하도록 한다.

제75조(유간정리의 구분) (09**기사**, 03,07,10**산업**)

유간정리는 그 시행범위, 작업요령 등에 따라 다음 3종으로 구분하여 현장상태에 따라 적절한 방법을 택한다.

1. 간이정리(簡易整理) : 상례보수 작업으로 맹유간 또는 과대유간을 정리하는 정도의 경우로서 수시로 시행할 수 있으나 혹서·혹한에서는 주의하여 시행한다.
2. 소정리(小整理) : 레일은 크게 이동시키지 않으면서 상당한 연장에 걸쳐 유간을 정리하는 경우로서 유간을 균등하게 배분함을 원칙으로 하되 다음을 고려한다.
   가. 레일밀림이 있는 구간에서 밀림의 기점 쪽은 적게, 종점 쪽은 크게 한다.
   나. 레일의 신축량을 고려한다.
   다. 작업구간을 소구간으로 구분하여 구간 내의 유간의 과부족을 가감한다.
3. 대정리(大整理) : 상당한 연장에 걸쳐 레일을 대이동하여 유간을 근본적으로 정리하는 경우로 유간정리 시행구간 전반을 표준유간으로 정리하되 위의 소정리 때의 각 사항을 고려한다.

제76조(대정리 작업) (13,17,18**기사**)

대정리 작업은 다음과 같이 시행한다.

1. 준비작업
   가. 신 유간의 설정과 작업계획 : 시행구간 전장에 걸쳐 재래 레일유간과 레일온도를 측정하여 유간을 계산 설정(設定)하고 열차 상간에 있어서의 작업연장 및 레일의 이동량을 산정(算定)한다.
   나. 침목의 삭정 : 침목에 레일 박힘이 있는 것은 삭정하고 방부제를 도포해둔다.
   다. 이음매판 보수 : 이음매판이 훼손된 것은 보수하거나 교환한다.
   라. 이음매판볼트 풀었다가 조이기 : 이음매판 볼트는 일단 너트를 풀어서 주유(注油)를 한 다음 다시 조여 둔다.
   마. 스파이크 뽑았다가 다시 박기 : 스파이크는 일단 뽑았다가 다시 박아 놓는다.
   바. 레일 밀림방지장치 철거 : 레일 밀림방지장치(레일 앵카 등)는 일단 철거하여 작업에 지장되지 않는 곳에 정돈해둔다.
   사. 점검 : 레일유간정정기 또는 받침쇠 및 준비상태를 점검한다.

2. 본 작업

가. 스파이크 또는 레일체결장치 풀기 : 스파이크는 반쯤 뽑아 올리고 레일체결장치(코일스프링크립 등)는 일단 해체한다.

나. 이음매판볼트 풀기 또는 해체 : 이음매판 볼트를 푼다. 이때 레일유간이 클 때에는 이음매판을 해체한다.

다. 레일의 이동 : 레일 이음매 게이지를 사용하여 각 레일의 이음매부에 소정의 유간이 되도록 하면서 미리 표시해둔 이동량을 레일 1개씩 또는 2개씩을 묶어 이동시킨다. 이때 레일이동은 레일유간정정기 또는 받침쇠에 의한 충격식으로 한다.

라. 가격법(加擊法)

1) 받침쇠는 레일에 물리는 힘이 강하고 레일에 붙이고 떼기가 쉬운 구조라야 한다.

2) 가격은 헌 레일을 부설레일 위로 구르는 로라에 태워 받침쇠를 가격한다.

3) 받침쇠는 이동시키고자 하는 부설레일의 중간 부분에 장착한다.

4) 레일 보내기(이동)는 반드시 받침쇠 방법에 의하고 이음매판을 가격하는 방법은 피하여야 한다.

마. 이음매판 체결 : 소정의 유간으로 된 이음매부에는 곧바로 이음매판을 체결하고 볼트를 조인다.

바. 레일체결장치의 체결 : 이음매판 체결이 끝난 레일에 대하여는 레일체결장치(스파이크 또는 코일스프링크립)를 체결한다.

사. 레일 밀림방지장치 등의 복구 : 유간정리를 위하여 일시 철거하였던 레일 밀림방지장치 등은 다시 붙인다.

아. 정리한 유간의 측정 : 정리된 유간을 측정한다. 이때의 측정 위치는 직선구간은 궤간내측 이음매판 위, 곡선부에서는 내외측 모두 곡선내방 이음매판 위에서 측정한다.

자. 점검 : 현재까지의 모든 작업 완료상태를 확인한다.

3. 뒷작업

가. 침목위치에 틀림이 발생한 것은 위치정정을 하고 그 침목의 도상다지기 작업을 한다.

나. 작업개소 전반에 대하여 검측을 한다.

제77조(소정리 및 간이정리작업) 생략

제12장 레일밀림방지 작업

제78조(적용기준)

목침목 또는 PC침목 부설구간에 있어서의 레일밀림을 방지하기 위하여 레일 밀림방지장치 등을 설치하는 작업은 이 표준에 따른다.

제79조(레일밀림이 궤도에 미치는 영향)

레일밀림이 궤도에 미치는 영향은 다음과 같다.

1. 레일 장출(張出)의 원인
2. 이음매 유간 틀림 유발
3. 침목 간격 교란

4. 도상의 불안정
5. 포인트부에서는 전철기의 전환을 지장하여 불밀착으로 인한 열차의 탈선사고 원인

제80조(레일밀림이 일어나기 쉬운 개소)

레일밀림이 일어나기 쉬운 개소는 다음과 같다.

1. 하구배 구간에서는 하구배 방향
2. 복선구간에서는 열차의 진행방향
3. 단선에서는 곡선부
4. 교량상 및 그 전후
5. 상습적 열차 제동구간
6. 기관차의 공전 구간

제81조(레일밀림방지의 기준) (12,14,15,19**기사**)

연간 레일밀림량이 25mm를 초과하는 개소에는 밀림방지장치를 한다.

제82조(밀림방지법의 종류)

레일밀림방지법으로 활용되는 방법은 다음 각 호와 같으나 그중에서도 레일 앵카법이 가장 원칙적이며 보편적으로 사용되고 있다.

1. 레일 앵카법 : 밀림이 오는 방향의 침목 바로 위의 레일저부에 레일 앵카(Anti-creeper)를 견착(堅着)시켜 레일이 앵카와 침목 측면의 밀착력으로 밀림을 방지하도록 하는 방법
2. 말뚝박기법 : 밀림이 가는 방향의 침목 측면에 몇 개씩 걸러서 밀착시켜 노반까지 말뚝을 박는다. 이 방법은 불용침목을 절반으로 절단하여 한쪽 끝을 깍아낸 것으로서 침목 1개에 대하여 1개 또는 2개를 박는다.
3. 개재법 : 부설 침목 5개 이내에 걸쳐 외궤쪽에 목재(10cm 내지 15cm각재) 또는 철재의 개재(介材)를 설치하는 방법
4. 스파이크 증타법 : 목침목 부설구간으로서 스파이크 박기로 되어 있는 선로에서는 침목이 쪼개지지 아니하는 정도에서 스파이크를 증타(침목 1개당 양쪽에 2개씩)하면 밀림방지에도 효과가 있다.

제83조(레일 앵카의 설치개수 표준) (13,14**기사**, 03**산업**)

레일 앵카 설치개수의 표준은 다음과 같다.

1. 레일 앵카를 붙이는 개수는 목침목 구간으로서 연간 밀림량이 25mm 이상 되는 구간에 대하여 궤도 10m당 다음 표를 표준으로 하되 밀림량, 구배구간 등 선로조건에 따라 증감한다. (03**산업**)

〈궤도 10m당 레일 앵카 설치 개수 표준〉

급선	구배 10‰ 이내의 보통구간	비고
1급선	10	산설식의 경우 침목 3개당 2개씩(좌우 레일에 각1개씩)
2급선	8	침목 4개당 2개씩
3급선	8	침목 4개당 2개씩
4급선	4	침목 8개당 2개씩

2. 앵카 붙이는 방법 : 레일 1개에 대한 레일 앵카의 붙이는 위치는 산설식(散設式, 띄엄띄엄 붙이기)을

원칙으로 하되 집설식(集設式)으로 할 수 있다.

3. 레일 앵카의 붙이는 시기 : 레일 앵카는 되도록 유간정리를 한 직후에 붙이되 혹서 엄동을 피하고 기온의 변화가 적은 때에 붙인다.
4. 작업인원과 공기구 : 붙이는 작업은 보통 2인 또는 3인 협동으로 하며 스파이크햄머 또는 핸드햄머를 사용한다.
5. 작업요령
   가. 레일 앵카 붙이기 작업을 하기 전에 붙일 부근의 도상자갈을 작업에 지장되지 않도록 일시 긁어낸다.
   나. 레일 앵카는 좌·우측 모두 궤간 내측에서 때려 넣어 붙이되 레일 저부가 앵카턱에 완전히 물리며 또한 앵카면이 침목 측면에 밀착되도록 붙여야 한다. 레일 앵카를 붙이는 침목은 각이 지며 부패되지 않고 견고한 것이어야 한다.
   다. 앵카 붙이기가 끝나면 곧바로 긁어낸 자갈을 다시 메운다.

제84조(레일 앵카와 침목이동방지장치의 병용)~제86조(PC침목 및 2종 탄성 체결장치 설치 구간의 경우) 생략

제13장 레일끝처짐·끝닳음의 방지 및 정정작업

제87조(적용범위)

차량통과에 의하여 레일 끝부분(레일 이음매부)의 처짐 또는 닳음을 방지하거나 처짐이나 닳음을 정정하는 작업은 이 표준에 따른다.

제88조(레일 이음매부의 처짐 또는 닳음의 방지) 생략

제89조(레일 끝처짐 정정의 기준) (05산업)

레일의 끝처짐 또는 끝닳음이 다음 한도를 초과하는 경우에는 이를 정정하여야 한다. 이때 처짐 또는 닳음량의 측정은 이음매부를 중심으로 좌우로 1m의 직선자를 대고 그 레일 끝점에서의 뜬 량을 수직으로 측정한다.

1. 1~3급선 : 3mm
2. 4급선 : 4mm

제90조(도상다지기에 의한 정정)

도상다지기에 의한 정정작업은 다음과 같이 시행한다.

1. 이음매부 침목은 되도록 흠이 없고 질이 좋은 신 침목을 부설한다.
2. 이음매부 침목의 도상다지기는 레일 중간부 침목보다 다지기 타수를 증대한다. 이음매부 첫째 침목을 제1침목, 그다음 침목을 제2침목, 그다음을 순차적으로 제3침목이라 할 때 각 침목에 대한 다지기 증대 비율은 다음과 같다.
   가. 제3침목 1.0
   나. 제2침목 1.2
   다. 제1침목 1.5
3. 침목의 다지기 순서는 제3침목 → 제2침목 → 제1침목의 순으로 한다.

제91조(레일 끝닳음 살붙이기 용접) 생략

제14장 도상자갈치기(인력)

제92조(적용범위)~제94조(자갈치기의 오염기준) 생략

제95조(체) (13산업)

자갈치기의 체는 작업장소의 여건에 따라 손체 또는 세움체를 사용한다. 체의 치수는 아래와 같다.

구분	체의 크기	그물의 눈	그물의 사용철사
손체	• 원형체 : 내경 430mm 깊이 65mm	• 정4각 눈 : 10mm(순눈) • 6각형 눈 : 12mm(순눈)	• 정4각눈 : 아연도 파상철사∮1.6mm • 6각형 눈 : 아연도 보통철사∮1.6mm
세움체	• 내측폭 : 600mm 내외 • 깊이 : 90mm 내외 • 그물깊이 : 1,200mm 내외 • 전체길이 : 1,600mm 내외	• 정4각 눈 : 10mm(순눈) • 6각형 눈 : 12×15mm(순눈)	• 정4각눈 : 아연도 파상철사∮1.8mm • 6각형 눈 : 아연도 보통철사∮1.8mm

제96조(작업순서) 자갈치기 작업은 다음 각 호에 따라 시행한다.

1. 스파이크, 체결장치 등이 이완되어 레일과 침목 사이가 틈이 있는 것은 이를 밀착되도록 바로 잡는다.
2. 표면자갈 긁어모으기 : 도상의 표면층에 자갈치기의 필요가 없는 깨끗한 자갈은 오염자갈을 파내는 데 지장이 안 되는 장소에 긁어모은다. 이때 최초로 시작하게 되는 1칸째(침목 사이)분은 다음 작업에 지장되지 아니하는 장소에 모아두고 2칸째분부터는 앞의 긁어낸 칸에 쌓는다.
3. 굳게 엉킨 자갈, 엉겨 붙은 자갈은 표면자갈 긁어모으기 뒤에 비타로 파 일으킨다.
4. 자갈치기 : 침목 1칸씩 반복하면서 쳐 나간다. 이때 위치불량 침목은 정정한다. 친자갈은 인접의 먼저 긁어모으기 한 더미 위에 붓고 다시 오염된 자갈을 파내어 친다. 파내어진 상태로 있는 침목 칸은 다음 칸의 자갈로 매워가면서 이를 순차적으로 반복해 나간다.
5. 침목 칸을 침목하면(下面) 이하까지 치는 경우에는 필요에 따라 치기작업 전에 다시 파 일으킨다.
6. 자갈을 친 후 메우기에 자갈이 부족한 때에는 그 부근에 있는 자갈을 끌어와 도상면이 되도록 고르게 유지한다.
7. 자갈 되메우기가 끝나면 표면을 고르고 면(面)달고 다지기를 한다. 이때 주의할 점은 그날 작업개소는 그날 중에 도상정리를 하여야 한다는 것이다.
8. 빠져 나온 찌꺼기는 부근의 노반 돋기 또는 비탈보호용으로 사용한다.

제97조(작업상 주의사항)

작업상 주의사항은 다음과 같다.

1. 혹서기를 피한다.
2. 도상자갈이 건조한 때를 택한다.
3. 도상보충의 시기를 감안한다.
4. 되도록 잡초(雜草) 번성기 전에 시행한다.
5. 기구류 등은 건축한계(建築限界)를 지장하지 않도록 주의한다.

6. 자갈치기를 한 뒤에는 도상이 이완(弛緩)되어 궤도틀림이 발생하기 쉬우므로 이에 대하여 주의를 한다.

제15장 목침목 탄성 체결장치 설치작업 생략

제16장 콩자갈 채우기 작업 생략

2-2 기출문제

1. **선로차단작업 시행책임자의 휴대품이 아닌 것은?** (04산업)

가. 운전지조서　　나. 휴대무전기 또는 휴대전화기

다. 수신호기　　라. 시계

해설 운전지조서는 역의 운전담당자와 차단시간 확보를 위해 필요한 것이다.

2. **레일교환작업 시 신 레일의 배열을 위해 사용하는 헌 침목대의 간격은?** (03기사)

가. 5~7m　　나. 7~10m

다. 10~12m　　라. 12~15m

해설 헌 침목대의 간격은 5~7m 정도, 헌 침목은 재래침목 사이에 삽입시키되 그 상면은 재래침목 상면보다 10mm, 타이 플레이트가 있는 경우에는 약 30mm 높게 한다.

3. **철도청 보선작업 표준에서 정하고 있는 레일교환작업을 완료한 후 이음매 위치가 이동되었을 경우 제일 먼저 시행하여야 할 작업은?** (03,09,15기사)

가. 레일 앵카 붙이기　　나. 레일 브레이스 설치

다. 유간정정　　라. 침목 위치 정정

해설 먼저 이음매부의 침목 위치를 정정한 후 다른 침목의 위치를 정정한다.

4. **보선작업지침상 레일교환작업 후에 제일 먼저 시행하여야 할 작업은?** (07기사)

가. 침목 위치 정정　　나. 궤간 정정

다. 레일 앵카 붙이기　　라. 검측

해설 순서로는 침목위치 정정, 궤간정정, 줄맞춤정정, 앵카설치, 검측 순이다.

5. **레일교환작업을 준비작업, 본 작업, 뒷작업으로 구분할 때 준비작업에 속하지 않는 것은?** (06,13,17기사)

가. 신 레일의 흠검사　　나. 도상면 고르기

다. 레일체결장치 해체　　라. 침목면 삭정

해설 레일체결장치, 이음매판 해체작업은 본 작업에 속한다.

6. **레일교환 작업 시 작업종류에 해당되지 않는 것은?** (02산업)

가. 도상면 고르기　　나. 레일밀림 방지장치 철거

다. 이음매부 침목위치 바로잡기　　라. 도상자갈 다지기

해설 침목교환 시 도상자갈 긁어내기, 도상자갈 쳐 넣기, 도상다지기, 자갈정리 작업이 있다.

7. **철도에서 PC침목의 부설 시 잘못된 것은?** (05,12,19기사)

가. 목침목과 섞어서 부설하는 것이 좋다.

나. 1m 이상의 높은 곳에서 떨어뜨려서는 안 된다.

다. 반경 600m 미만의 급곡선에는 급곡선용 침목을 사용하여야 한다.

라. PC침목을 운송할 때에는 목재받침목을 사용한다.

해설 보통침목(목침목)과 PC침목은 섞어서 부설하면 안 된다.

8. **PC침목 교환작업에 대한 설명 중 옳지 않은 것은?** (15기사, 03,10,15산업)

가. 목침목과 PC침목을 섞어서 부설하여서는 안 된다.

나. 침목교환구간은 도상다지기를 하여야 한다.

다. 이음매부에는 현접법으로 목침목을 부설한다.

라. 혹서기에는 작업제한 규정을 엄수한다.

해설 이음매부는 지접법으로 하고 이음매침목을 부설하여야 한다.

9. **보선작업지침상 침목교환작업(인력) 시 도상자갈 긁어내기에 대한 설명 중 틀린 사항은?** (02,10,14기사)

가. 침목을 끌어내기에 적당한 정도로 한다.

나. 2인 합동으로 중앙에서 좌우로 전진한다.

다. 레일밀림이 있는 장소에는 밀림이 오는 쪽을 판다.

라. 긁어낸 자갈은 차량한계에 저촉되지 않도록 한다.

해설 2인 합동으로 침목 양쪽으로 나뉘어 중앙으로 전진하여야 한다.

10. **침목교환 작업 시 스파이크 뽑는 순서로 옳은 것은?** (02,13산업)

가. 한쪽 레일의 외측 → 상대편 레일 내측 → 상대편 레일 외측 → 최초 시작 쪽 레일의 내측

나. 한쪽 레일의 외측 → 상대편 레일 외측 → 상대편 레일 내측 → 최초 시작 쪽 레일의 내측

다. 한쪽 레일의 내측 → 상대편 레일 외측 → 상대편 레일 내측 → 최초 시작 쪽 레일의 외측

라. 한쪽 레일의 외측 → 상대편 레일 내측 → 최초 시작 쪽 레일의 내측 → 상대편 레일 외측

해설 스파이크 등 체결장치 해체는 한 사람이 맡되 그 뽑는(해체하는) 순서는 외측 → 상대편 레일 내측 → 상대편 레일 외측 → 최초 시작 쪽 레일의 내측 순으로 한다.

11. **보선작업 표준의 보통침목 교환작업(인력)에 대한 설명 중 옳지 않은 것은?** (03,15기사)

가. 신 침목은 2인 공동으로 밀어넣는다.

나. 스파이크 등 체결구는 한 사람이 해체한다.

다. 도상다짐은 도상 긁어낸 쪽을 먼저 한다.

라. 신 침목 삽입은 수심부를 상면으로 가게 한다.

해설 수심부를 밑으로 표피부를 상면으로 한다.

12. **도상다짐에서 궤간 내 다지기의 넓이는 레일 중심에서 좌우 각 얼마를 표준으로 하는가?** (06,13,19기사, 04산업)

가. 20~30cm

나. 30~40cm

다. 40~50cm

라. 50~60cm

해설 궤간 내 다지기의 넓이는 레일 중심에서 좌우 각 30cm 내지 40cm로 한다.

13. **인력으로 도상다지기 작업을 시행하는 경우 다지기의 방법으로 적합하지 않은 방법은?** (04,17,19기사, 12,15산업)

가. 8개소 다짐

나. 6개소 다짐

다. 4개소 다짐

라. 2개소 다짐

해설 1개의 침목에 대하여 8개소 다지기로 한다. 다만 선로상태, 작업조건, 작업시간 등에 따라서 6개소 다지기 또는 4개소 다지기로 할 수 있다.

14. 다음에서 도상다짐으로 틀린 것은? (03,08산업)

가. 도상을 긁어낼 깊이는 특히 필요한 경우를 제외하고는 다짐에 지장되지 않는 범위로 한다.

나. 다짐 넓이는 레일 중심에서 좌우 각 300~400mm로 한다.

다. 침목위치가 불량한 것은 다짐 후에 정정한다.

라. 작업인원은 3인 이상 보통 5인 협동작업을 표준으로 한다.

해설 침목위치가 불량한 것은 다지기 작업 전에 정정한다.

15. 사장법에 의하여 곡선정정을 할 때 현의 길이 $L=12$m이고, 곡선반경 $R=500$m인 경우 중앙종거 V는? (17기사, 07,13산업)

가. 42mm　　나. 40mm

다. 38mm　　라. 36mm

해설 $V=\frac{L^2}{8R}$에서 $\frac{12^2}{8\times500}=0.036\text{m}=36\text{mm}$

16. 보선작업지침상 줄맞춤 작업 시 궤광밀기는 일반적으로 어느 개소부터 시행하는가? (04,19기사)

가. 지휘자와 먼 곳　　나. 지휘자가 가까운 곳

다. 이동량이 작은 곳　　라. 이동량이 큰 곳

해설 이동량이 큰 곳(밀기량이 많은 개소)부터 순차적으로 밀고 좌우를 따라 민다.

17. 다음 중 제1종 기계작업단의 편성장비가 아닌 것은? (11,15기사, 07,15산업)

가. 멀티플 타이탬퍼　　나. 밸러스트 콤팩터

다. 밸러스트 레귤레이터　　라. 밸러스트 클리너

해설 밸러스트 클리너는 2종 장비이다.

18. 다음 장비 중 보선작업지침상 중보선 장비에 해당되지 않는 것은? (03기사)

가. 밸러스트 클리너　　나. 모터카

다. 밸러스트 도져　　라. 밸러스트 콤팩터

해설 궤도 보선장비에 밸러스트 도져는 사용하지 않는다.

19. 자주식 장비에 속하지 않는 것은? (06기사)

가. 구조물 점검차　　나. 모터카

다. 멀티플 타이탬퍼　　라. 핸드카

해설 핸드카는 작업원이 직접 손으로 밀고 다니는 장비로 소량의 작업기구 등을 운반한다.

20. 다음 중 자갈정리, 자갈 소운반·보충을 하기 위하여 사용되는 기계장비는? (02,11기사)

가. 밸러스트 레귤레이터　　나. 밸러스트 콤팩터

다. 멀티플 타이탬퍼　　라. 호니카

해설 1) 멀티플 타이탬퍼 : 궤도들기, 면맞춤, 줄맞춤, 다지기 등

2) 밸러스 터콤팩터 : 도상면 및 도상어깨면 달고 다지기, 침목상면 체결구 청소

21. 과업구간 내에 신 분기기 10#, 15# 각 1틀의 밀어넣기 작업을 시행하기 위한 미끄럼 레일의 설치 총 개소는? (09,13산업)

가. 6개소　　　　나. 7개소
다. 8개소　　　　라. 9개소

해설 8#분기기(3개소), 12#(4개소), 10#(3개소), 15#(5개소)

22. 인력분기기 교환 작업 중 분기기 전체를 교환하는 방법으로 사용되지 않는 것은? (09산업)

가. 문형크레인 이동 방법　　　　나. 밀어넣기 방법
다. 들어놓기 방법　　　　라. 원위치 조립부설 방법

해설 밀어넣기, 들어놓기, 원위치 조립부설 방법이 있다.

23. 장대레일 재설정 시의 유의사항에 해당하지 않는 것은? (06기사, 12산업)

가. 재설정 작업 시 레일을 절단하게 되는 경우 되도록 용접개소를 절단한다.
나. 접착식 절연레일을 설치할 필요가 있는 경우는 재설정 작업 전에 설치한다.
다. 절연레일 설치 시 절연이음매는 궤도 중심에서 직각이 되게 설치한다.
라. 장대레일이 길어서 1,000m 내외로 구분하여 재설정하는 경우에 레일 인장기를 사용할 때의 고정위치의 체결구 상태와 측점 0과 0′의 움직임을 확인해야 한다.

해설 접착식 절연레일은 재설정 작업 후에 설치한다.

24. 장대레일 재설정 작업의 시행조건에 해당되지 않는 것은? (07기사)

가. 설정온도가 중위온도(20℃)에서 심하게 차이가 날 때
나. 중간에 손상레일이 있어 이를 절단 교환한 뒤
다. 레일의 장기 사용으로 마모가 심할 때
라. 장대레일 구간에 레일밀림이 심할 때

해설 레일의 장기 사용으로 마모가 기준치 이상일 때에는 레일 교환을 해야 한다.

25. 선로장애에 해당되지 않는 것은? (단, 국철의 경우임) (03산업)

가. 선로 내 긴 말뚝을 박을 경우
나. 선로를 횡단하여 높고 무거운 물건을 이동하는 경우
다. 암석, 토사를 선로 부근에서 무너뜨리는 경우
라. 선로를 무단 보행하는 것

해설 선로장애는 열차운행에 큰 지장을 초래하는 경우를 말한다.

26. 유간정리 작업시행에 대한 설명 중 옳지 않은 것은? (09,11,16,18기사, 10,12산업)

가. 과대유간 또는 3개소 이상 맹유간이 있을 경우에는 서둘러 유간정정을 시행한다.
나. 대정리 시 유간정리 시행구간 전반을 표준유간으로 정리하여야 한다.
다. 간이정리는 수시로 시행할 수 있으나 혹서·혹한에서는 주의하여 시행하여야 한다.
라. 소정리 작업 시 밀림이 있는 곳은 밀림 기점 쪽은 유간을 크게, 종점 쪽은 작게 하여야 한다.

해설 소정리 작업 시 밀림 기점 쪽을 유간을 작게, 종점 쪽을 크게 한다.

27. **레일 앵카 작업 설명 중 틀린 것은? (단, 국철의 경우임)** (03산업)

가. 연간 밀림량이 15mm를 초과하는 개소에 시행

나. 설치방법은 산설식을 원칙

다. 부설은 가급적 유간정리 직후 시행

라. 붙이는 작업은 보통 2인 또는 3인 협동으로 시행

해설 연간 밀림량이 25mm를 초과하는 개소에 시행한다.

28. **레일의 끝닳음 측정량이 어느 한도를 초과하는 경우에 끝닳음 정정을 하여야 하는가? (단, 1급선 내지 3급선의 경우)** (05산업)

가. 1mm　　나. 3mm

다. 5mm　　라. 7mm

해설 1～3급선 : 3mm, 4급선 : 4mm

29. **교량침목 교환작업의 준비작업으로 옳지 않은 것은?** (13,16기사)

가. 교량상 및 교량전후의 레일 유간상태를 점검하고 필요한 때에는 미리 유간정리를 한다.

나. 부설할 침목위치를 레일복부에 백색페인트로 표시한다.

다. 패킹은 2중으로 겹쳐 사용하여야 하며 못을 단단히 박아 탈락 유동되지 않도록 한다.

라. 곡선부 침목은 캔트량에 맞게 정밀 가공한다.

해설 팩킹은 2중으로 겹쳐 사용해서는 안 되며 못을 단단히 박아 탈락 유동되지 않도록 한다.

30. **유간정리 방법 중 대정리 작업의 준비작업에 해당하지 않는 것은?** (13,17기사)

가. 침목의 삭정　　나. 레일의 이동

다. 이음매판 보수　　라. 스파이크 뽑았다가 다시 박기

해설 레일의 이동은 본 작업이다.

31. **줄마춤 정정작업(인력)에서 기준말뚝의 설치 시 높이의 기준으로 옳은 것은?** (13,18기사)

가. 침목면 높이보다 5cm 정도 낮게 한다.　　나. 침목면 높이보다 5cm 정도 높게 한다.

다. 레일면 높이보다 5cm 정도 낮게 한다.　　라. 레일면 높이보다 5cm 정도 높게 한다.

해설 기준말뚝의 높이는 침목면 높이보다 5cm 정도 높게 한다.

32. **1종 기계작업(멀티플 타이탬퍼, 밸러스트 콤팩터, 밸러스트 레귤레이터) 시 소요되는 소요인원 수는?** (14기사)

가. 3인　　나. 5인

다. 7인　　라. 9인

해설 1종 기계작업단의 편성장비, 인원 및 기능

장비명	인원	주요 기능
멀티플 타이탬퍼	2인	궤도들기, 면맞춤, 줄맞춤, 다지기
밸러스트 콤팩터 또는 궤도안정기(DTS)	1인 2인	도상면 및 도상어깨면 달고 다지기, 침목상면 체결장치청소
밸러스트 레귤레이터	2인	자갈정리, 자갈소운반 보충

33. 도상자갈치기(인력)에는 작업장소의 여건에 따라 손체 또는 세움체를 사용한다. 다음 중 세움체의 크기 치수로 옳지 않은 것은? (13산업)

가. 내측 폭 800mm 내외　　나. 깊이 90mm 내외
다. 그물깊이 1200mm 내외　　라. 전체길이 1600mm 내외

해설 내측 폭은 600mm 내외이다.

34. 인력에 의하여 PC침목 교환작업 중 본 작업에 해당 되지 않는 것은? (10기사)

가. 침목의 직각틀림 정정　　나. 도상자갈 긁어내기
다. 침목위치 바닥 고르기　　라. 레일 밀림방지장치 철거

해설 레일 밀림방지장치 철거는 준비작업이다.

35. 정척레일을 인력으로 교환할 때에 대한 설명으로 옳지 않은 것은? (12기사,10산업)

가. 레일 밀림방지장치는 사전에 철거하여야 한다.
나. 스파이크는 일단 뽑아 올렸다가 다시 박아 놓는다.
다. 곡선부에서 필요에 따라 레일을 구부린다.
라. 신·구 레일 단면이 상이할 경우 다지기를 철저히 하여 단차가 발생치 안도록하여야 한다.

해설 라.항은 관계없는 설명이다.

36. 레일 이름매의 바로 아래에 침목을 배치하여 이음매부를 지지하는 방식은?

가. 현접법　　나. 2정이음매법
다. 3정이음매법　　라. 지접법

해설 지접법(支接法)이란 레일 이음매 바로 아래에 침목을 배치하여 이음매부를 지지하는 방식을 말한다.

37. 2급선 보통구간에서 레일밀림량이 연간 30mm인 경우 보선작업지침에서 정하고 있는 궤도 10m당 레일 앵카의 표준부설수는?

가. 4개　　나. 6개
다. 8개　　라. 10개

해설 궤도 10m당 레일 앵카 설치 개수표준

급선	구배 10‰ 이내의 보통 구간	비고
1급선	10	산설식의 경우 침목 3개당 2개씩(좌우 레일에 각1개씩)
2급선	8	침목 4개당 2개씩
3급선	8	침목 4개당 2개씩
4급선	4	침목 8개당 2개씩

38. 다음은 레일밀림에 관한 설명이다. 옳지 않은 것은? (14,19기사, 15산업)

가. 레일밀림은 레일 장출의 원인, 이음매 유간 틀림 유발, 침목 간격 교란과 도상의 안정을 해친다.

나. 레일밀림이 일어나기 쉬운 개소는 하구배 구간에서는 하구배방향, 교량상 및 그 전후, 상습적 열차 제동구간, 기관차의 공전구간 등이다.

다. 연간 레일밀림량이 20mm를 초과하는 개소에는 밀림방지 장치를 하여야 한다.

라. 레일밀림방지법의 종류는 레일 앵카법, 말뚝박기법, 개재법, 스파이크 중타법 등이 있다.

해설 연간 레일밀림량이 25mm를 초과하는 개소에는 밀림방지장치를 한다.

39. 장대레일의 재설정 방법이 아닌 것은? (15산업)

가. 대기 온도법　　나. 레일 가열법

다. 레일 타격법　　라. 레일 인장법

해설 장대레일 재설정 방법에는 대기 온도법, 레일 가열법, 레일 인장법이 있다.

40. 레일 끝닳음 발생 우려 개소를 도상다지기에 의한 정정을 할 때 이음매부 첫째 침목(제1침목)의 도상다지기 타수는? (단, 제3침목의 도상다지기 타수＝100일 때) (15,19기사)

가. 150　　나. 130

다. 120　　라. 100

해설 도상다지기에 의한 정정작업은 다음과 같이 시행한다.

1. 이음매부 침목은 되도록 흠이 없고 질이 좋은 신침목을 부설한다.
2. 이음매부 침목의 도상다지기는 레일 중간부 침목보다 다지기 타수를 증대한다. 이음매부 첫째 침목을 제1침목, 그다음 침목을 제2침목, 그다음을 순차적으로 제3침목이라 할 때 각 침목에 대한 다지기 증대 비율은 다음과 같다.
   가. 제3침목 1.0
   나. 제2침목 1.2
   다. 제1침목 1.5
3. 침목의 다지기 순서는 제3침목 → 제2침목 → 제1침목의 순으로 한다.

41. 선로보수작업을 안전하고 능률적으로 시행하기 위한 작업방법 및 순서에 관하여 정한 것은 무엇인가? (16기사)

가. 선로검사지침　　나. 선로정비지침

다. 보선작업지침　　라. 철도건설규칙

해설 보선작업지침은 선로보수작업을 안전하고 능률적으로 시행하기 위한 작업방법 및 순서에 관하여 정한 것을 말한다.

42. 레일교환작업 시 신레일을 구레일이 있던 자리로 밀어 넣은 직후 실시할 작업으로 알맞은 것은? (17기사)

가. 이음매판의 해체　　나. 신레일의 완전체결

다. 양단 레일이음매의 접속　　라. 신레일 이동방지용 체결장치 체결

해설 신레일 밀어 넣은 후는 양단 레일 이음매의 접속을 실시한다.

43. 보선작업지침상 도상다지기 작업(인력) 사 궤간 내 도상의 긁어내기 방법의 설명으로 옳은 것은? (18기사)

가. 제1법 : 다지기를 할 부분의 도상은 지장이 없는 한 인접 침목 쪽에 긁어 올린다.

나. 제2법 : 다지기를 할 부분의 도상은 미리 궤간 외에 긁어낸다.

다. 제3법 : 다지기를 할 부분의 도상은 지장이 없는 한 상대레일 편에 긁어 올린다.

라. 제4법 : 다지기를 할 부분의 도상은 지장이 없는 한 궤간 중앙에 긁어 올린다.

해설 제1법 : 다지기를 할 부분의 도상은 미리 궤간 외에 긁어낸다.
제2법 : 다지기를 할 부분의 도상은 지장이 없는 한 상대레일 편에 긁어 올린다.
제3법 : 다지기를 할 부분의 도상은 지장이 없는 한 인접 침목 쪽에 긁어 올린다.

44. 보선작업지침상 정척레일을 인력에 의하여 레일을 외측(궤간 밖)에서 내측으로 넘겨 교환하는 레일교환 작업의 본작업에 해당하지 않는 것은? (18기사)

가. 레일구부리기

나. 이음매판의 해체

다. 레일체결장치의 해체

라. 침목면 상정 및 메목 박기

해설 레일구부리기는 준비작업이다.

45. 보선작업지침상 레일교환작업 시 준비작업에 관한 내용으로 틀린 것은 (19기사)

가. 신레일의 흠검사를 한다.

나. 레일밀림방지장치를 철거한다.

다. 스파이크를 적당히 빼어 올려둔다.

라. 이음매볼트를 일단 풀었다 주유(注油)를 한 후 다시 채워둔다.

해설 준비작업 시 스파이크는 일단 뽑아 올렸다가 다시 박아둔다.

정답 1. 가 2. 가 3. 라 4. 가 5. 다 6. 라 7. 가 8. 다 9. 나 10. 가 11. 라 12. 나 13. 라 14. 다 15. 라 16. 라 17. 라 18. 다 19. 라 20. 가 21. 다 22. 가 23. 나 24. 다 25. 라 26. 라 27. 가 28. 나 29. 다 30. 나 31. 나 32. 나 33. 가 34. 라 35. 라 36. 라 37. 다 38. 다 39. 다 40. 가 41. 다 42. 다 43. 라 44. 가 45. 다

PART 01 철도보선설계 및 시공실무

CHAPTER 01 철도계획 및 조사

1-1 수송량 산정 및 설계기준 수립하기

1-1-1 철도 정의

1. 정의

1) 철도법에서 정의 : 철도라 함은 철로된 궤도를 부설하고 그 위에 차량을 운전하여 여객과 화물을 운송하는 설비를 말한다.
2) 광의의 철도 : 레일 또는 일정한 가이드웨이에 유도되어 여객, 화물운송용 차량을 운전하는 설비로서, 점착철도, 강색철도, 가공삭도, 모노레일, 신교통시스템, 자기부상열차 등이 있다.
3) 협의의 철도 : 레일을 부설한 노선 위에 동력을 이용한 차량을 운행하여 사람과 물건을 운반하는 교통시설을 말한다.

2. 목적

다량의 여객과 화물을 장거리에 걸쳐 안전, 신속, 정확하게 경제적으로 수송하여 공공의 편리, 국토의 균형발전, 산업발전을 도모한다.

3. 특징 (15기사)

1) 거대자본 고정성 : 철도자산은 토지 위에 철도를 설치하기 때문에 고정자산이 대부분을 차지하고, 유동자산은 극히 적은 특성을 갖고 있다.
2) 독점성 : 철도는 독점성이 제일 높은 교통기관이다.
3) 공공성 : 공공성이 강한 국가 기간교통수단으로서 공익성을 추구하는 교통사업이다.
4) 통일성 : 철도의 장점인 안전성, 신속성, 요금의 저렴성 등의 요건을 충족시키고, 타 교통수단과 비교하여 경쟁우위를 확보하기 위해서는 철로의 선로, 차량규격, 신호통신방식, 운송조건 등의 통일성이 확보되어야 한다.

4. 철도의 장점

1) 대량 수송성을 지닌다.
   ① 적은 에너지로 많은 차량을 일시에 수송 가능
   ② 일일열차의 수송단위가 큼
   ③ 정해진 운전 시격으로 고속운전 가능
2) 안전성 : 각종 보안설비를 통하여 수송을 위한 일정한 부지를 점유하고 레일에 의하여 그 주행을 유

도하여 귀중한 인명과 재화를 안전하게 수송 가능하다.

3) 에너지효율성 : 레일 위로 철의 차륜을 갖는 차량이 주행하기 때문에 주행저항이 대단히 적어 타 교통수단에 비해 에너지 효율성이 우수하다.
4) 전기 운전성 : 동력이 외부로부터 공급되기 때문에 효율적인 전기운전이 가능하다.
5) 고속성 : 철도는 전용선로를 갖고 보안장치에 의한 안전한 운행이 가능하여 고속운전이 가능하다.
6) 정확성 : 천후의 영향이나 기상변화의 영향을 거의 받지 않는다.
7) 쾌적성 : 차량공간이 넓으며, 좌석의 폭이 넓고, 승차감이 좋으며 차내의 소음이 작아 타 교통수단에 비해 우수하다.
8) 저렴성 : 대량운송이 가능하고 운송능력이 높으므로 저렴한 운송을 제공할 수 있다.
9) 장거리성 : 전국에 일관된 운행설비나 영업시스템이 확립되어 있어 장거리에 걸쳐 양질의 서비스를 제공 가능하다.
10) 저공해성 : 배기가스에 의한 대기오염, 소음·진동 피해, 자연환경 파괴 등이 타 교통수단에 비해 현저히 적다.

5. 철도의 단점

1) 소량의 사람이나 물건의 수송에 적합하지 않다.
2) 도로교통(승용차)에 비해 문전접근성이 좋지 않다.
3) 프라이버시 확보가 곤란하여 시간적 공간적으로 자유로운 여행이 되지 못한다.
4) 화물운송처럼 고급 소량물품의 다방면 분산집배수송 등에 적합하지 못하다.

6. 고속철도 건설의 구비 요건 (10산업)

1) 고속 운전에 제약을 받지 않을 정도로 곡선 반경이 커야 한다.
2) 1개 열차의 견인력에 제약을 받지 않을 정도로 종단 기울기가 급하지 않아야 한다.
3) 고속 운전을 효율적으로 운행하기 위해서는 충분한 역간 거리가 필요하다.
4) 안전 운행을 100% 신뢰할 수 있는 2~3중의 보안 장치를 확보하여야 한다.

1-1-2 철도의 종류, 분류

1. 기술상 분류 (07,13,20기사)

1) 동력에 의한 분류 : 증기, 전기, 내연기
2) 궤간에 의한 분류 : 표준궤간, 광궤, 협궤
3) 궤도의 수에 의한 분류 : 단선, 복선, 다선
4) 구동방식에 의한 분류 : 점착, 치차, 강색, 리니어모터, 자기부상, 공기부상
5) 부설지역에 의한 구분 : 평지, 산악, 해안, 시가, 교외
6) 시공기면의 위치에 의한 분류 : 지표, 고가, 지하
7) 운전속도에 의한 분류 : 완속, 고속, 초고속
8) 선로등급에 의한 분류 : 고속선, 1, 2, 3, 4급선
9) 궤도형태에 의한 분류 : 두 가닥, 모노레일, 안내궤도, 부상식, 케이블카

2. 법제상 분류

1) 철도건설법 : 고속철도, 일반철도, 광역철도
2) 도시철도법 : 도시철도

3. 경제상 분류

1) 운송상의 중요도에 의한 구별 : 초고속, 간선, 지방, 도시, 상업, 보존
2) 운송대상에 의한 구별 : 일반, 여객전용, 화물전용, 특수물자운송철도
3) 운송목적에 의한 구별 : 도시간철도, 도시고속철도, 개척, 관광, 군용, 산림, 임항, 산업철도

4. 경영주체에 의한 분류

1) 국영철도 : 국가가 경영하는 철도
2) 그룹 철도 : 일본(북해도, 동일본, 동해, 서일본, 사국, 구주), 일본화물
3) 공영철도 : 지방공영단체나 공적출자의 공단·공사 등이 경영하는 철도
4) 민영철도 : 민간업체에서 경영하는 철도
5) 제3섹터 : 국가, 지방자치단체, 민간인 등이 참여하여 지분을 정하고 운영하는 철도

1-1-3 철도계획

1. 특징

1) 장기간에 걸친 라이프사이클을 지님
2) 많은 사람들과 직간접적인 이해관계
3) 대규모의 투자가 필요함
4) 지역사회에 광범위하고 복잡한 효과와 영향

2. 내용

1) 목표 설정
2) 세력권의 설정
3) 경제조사 및 현황 분석
4) 수송수요 예측
5) 설비기준 책정
6) 운전계획 및 수송능력 검토
7) 투자비 소요판단
8) 투자평가
9) 효과분석
10) 종합판단

3. 철도계획의 분류

1) 철도투자계획
   ① 수송력 증강 : 차량의 신조 및 개조, 복선화, 배선변경, 전산화 등

② 기존 설비 근대화 : 노후설비 개량으로 안전운행 확보
③ 수송서비스 개량 : 차량 및 역의 냉난방화, 역시설의 편의화 등
④ 신선 건설 : 수요 증대 시 신선 건설계획

2) 철도영업계획

4. 경제 조사 (09,14기사, 09산업)

경제성 분석은 평가대상 사업이나 비교대안에 대한 사회적 편익과 사회적 비용을 비교하여 투자 여부를 판단하고 정책결정자의 의사결정을 지원하는 기법을 말한다.

1) 순현재가치 방법(NPV : Net Present Value) : 평가기간의 모든 비용과 편익을 현재가치로 환산하여, 총편익에서 총비용을 뺀 값을 바탕으로 하며 사업의 경제적 타당성을 평가하는 기법
2) 편익/비용 비율 방법(B/C ratio) : 평가기간 동안에 발생하는 총편익을 총비용으로 나눈 비율 중 가장 큰 대안을 최적대안으로 선택하는 방법
3) 내부수익률 방법(I.R.R : Internal Rate of Return) : 투자사업이 원만히 진행될 경우 기대되는 총편익의 현재가치와 총비용의 현재가치가 같아지는 할인율
4) 초기년도 수익률 방법(FYRR : First-Year Rate of Return) : 첫 편익이 발생한 연도까지 소요된 총비용
5) 할인율 환산방법 : 각기 다른 시기에 발생하는 비용과 편익을 현재가치로 환산하여 비교

5. 수송수요 예측의 방법 (02,05,20기사)

1) 시계열 분석법 : 통계량이 시간적 경과에 따른 과거의 변동을 통계적으로 재구성 요소로 분석하여 장래의 수요를 예측하는 방법
2) 요인분석법 : 현상과 몇 개의 요인변수와의 관계를 분석하여 장래의 수요를 예측하는 방법
3) 원단위법 : 어느 대상지역을 여러 개의 교통구역으로 분할하여 분할된 각 구역의 교통발생력을 판단하여 각 구역의 장래에 있어서의 각 시설의 원단위를 추정하여 발생교통량을 추정하는 방법
4) 중력모델법 : 두 지역 상호 간의 교통량이 두 지역의 수송수요발생량 크기의 제곱에 비례하고, 양 지역 간의 거리에 반비례하는 예측모델법
5) OD표 작성법(Original Destination) : 각 지역의 여객 또는 화물의 수송경로를 몇 개의 구역으로 분할하여 각 구역 상호 간의 교통량을 출발, 도착의 양면에서 작성하는 OD표를 작성하는 방법

6. 수송수요의 요인 (06산업)

1) 자연요인 : 인구, 생산, 소득, 소비 등의 사회·경제적 요인
2) 유발요인 : 열차횟수, 속도, 차량 수, 운임 등의 철도자체의 수송서비스
3) 전가요인 : 자동차, 선박, 항공기 등의 철도 이외의 교통기관의 수송서비스

1-1-4 선로용량

1. 정의

철도의 수송능력(transport capacity)은 1일 최대 운행 가능한 열차횟수를 나타내며, 선로용량(track capacity)은 '어떤 선구에 하루 동안 몇 개의 열차를 운행할 수 있는가?' 하는 것, 즉 특정 선구의 열차설정능력을

표시하는 수치를 선로용량이라 한다.

대도시의 전차선구에서는 러시아워의 열차설정능력이 중요하기 때문에 피크 1시간당 몇 회로 표시된다.

2. 일반적인 선로용량

1) 단선 : 70～100회/일

2) 복선

① 일반열차 전용선 : 120～140회/일

② 전동차와 일반열차 혼용 : 200～280회/일

③ 전동차전용선 : 340～430회/일

3. 선로용량 산정식 (00,01,03,05,07기사, 01산업)

1) 단선구간의 선로용량 (03,12,14기사, 01산업)

$$N = \frac{1,440}{t+s} \times d$$

d : 선로이용률(보통 0.6)

t : 역간 평균 운전시분

s : 열차 취급시간(자동·연동폐색식 : 1.5분, 기타 : 2분, 통표식 : 2.5분)

2) 복선구간의 선로용량

① 통근선구, 동일속도 열차설정구간 : 단선구간의 2배

② 고속열차와 저속열차가 설정된 구간

$$N = \frac{1,440}{hv + (r+u+1)v'} \times d$$

h : 고속열차 상호 간의 최소 운전시격(6분)

v : 편도열차에 대한 고속열차의 비율

r : 저속열차 선착과 고속열차와의 필요한 최소 운전시격(4분)

u : 고속열차 통과 후 저속열차 발차까지 필요한 최소 시격(2.5분)

v' : 편도열차에 대한 저속열차의 비율

d : 선로이용률

4. 선로용량의 종류

1) 한계용량

① 특정 선구의 최대 수용 가능한 열차횟수

② 기존선 구간 수송능력 한계를 판단

2) 실용용량

① 일반적인 선로용량

② (한계용량×선로이용률)을 나타냄

3) 경제용량

① 수송력 증강 대책 마련 및 착공시기에 대한 지표

② 최저의 수송원가가 되는 열차횟수

5. 열차 이용 가능 횟수 산정

1) 열차운전은 수요특성 및 선로보수 등에 따라 유효운전시간대가 제약되기 때문에 실제 이용 가능한 총 열차횟수와 계산상 가능한 총 열차횟수는 차이가 있다.

2) 따라서 선로별 특성에 따라 선로이용률을 결정, 이용 가능한 열차횟수를 산정하여 사용하여야 한다.

3) 국철에서 복선은 산악식, 단선 및 전동차의 전용선은 간이식을 주로 사용한다.

4) 개념식

$$\text{선로이용률} = \frac{\text{임의선로의 이용 가능한 열차 총횟수}}{\text{임의선로의 계산상 가능한 열차 총횟수}}$$

6. 선로용량 산정 시 고려사항(영향요인) (08,09기사)

1) 선로이용률

2) 열차속도(표준운전시분)

3) 열차의 속도차

4) 열차의 운전시분

5) 운전여유시분

6) 열차의 유효시간대

7) 선로보수시간

8) 열차간격 및 구내배선

9) 신호·폐색장치

10) 열차종별 순서와 배열

7. 선로용량 부족 시 영향

1) 열차의 표정속도가 늦어짐

2) 열차의 지연회복이 곤란

3) 수송서비스가 저하됨

4) 열차운행의 자유도가 적게 됨

5) 선로 보수작업이 곤란

8. 선로용량 증가방법 (01,03,04,07,20기사)

1) 열차운행방식 개선

① 열차의 고밀도운전 : 열차운행 횟수 증가

② 열차의 고속화 : 열차의 속도 향상

③ 선로용량의 증대열차(예를 들어, 2층 열차 듀플렉스(duplex) 가격은 1.2배, 수요는 2배)

④ 1개 열차의 수송단위 증대(중련운전, 다방향 복합열차)

2) 신호개량

① 신호장치의 현대화(자동화) : CTC, ABS를 설치하여 역간에 수개의 열차운행

② 폐색구간(역간 거리) 단축

- 단선구간 중 역간 거리가 긴 곳은 중간에 신호장이나 교행역을 두어 대피선을 설치 열차를 교행
- 복선구간은 자동폐색장치 ABS를 설치하여 역간에 수 개(1개 이상)의 열차를 운행

3) 차량의 개량

① 고 견인력의 기관차를 도입

② 대차의 경량화

③ 틸팅카 도입

4) 정거장 개량

① 유효장 연장(화물수송량 증가)

② 승강장의 연장

③ 대피선 추가설치

5) 선로개량

① 궤도구조 강화 : 레일중량화, 레일장대화, 2중탄성체결, PC침목화, 도상후층화, Slab 궤도도입, 강화노반, 분기기고번화

② 선형개량 : 곡선반경확대, 완화곡선 신장, 캔트 재설정, 기울기 등 선형개량

③ 건널목 입체화

④ 궤도(레일) 구조강화 장점 (03,07**기사**)

- 선로강도 및 선로용량 증대
- 열차 안전운행의 확보
- 선로보수비용의 절감
- 레일수명의 연장

6) 전철화로 견인력 향상 : 전기기관차를 사용하여 견인력 향상

7) 선로의 복선화·2복선화로 선로용량 증대 : 복선화·2복선화는 방향선별 운전이 가능하여 열차횟수가 증가되고 선로용량이 증가하는 가장 효과적인 방법이나 투자비가 많이 소요

9. 선로이용률 영향요인 (14**기사**, 09**산업**)

1) 선로 물동량의 종류에 따른 성격

2) 주요 도시로부터의 시간과 거리

3) 인접 역간 운전시분의 차

4) 운전 여유시분

5) 시간별 집중도

6) 보수시간

7) 여객 열차와 화물 열차의 횟수비

8) 열차횟수

1-1 기출문제

1. **철도의 수송수요 예측방법 5가지를 쓰시오.** (02,05,20기사)

해설 1) 시계열 분석법
2) 요인분석법
3) 원단위법
4) 중력모델법
5) OD표 작성법(Original Destination)

2. **지지방식 및 구동방식에 따른 철도의 분류를 4가지 이상 쓰시오.** (07,13,20기사)

해설 1) 점착철도
2) 치차철도
3) 강색철도
4) 리니어모터
5) 자기부상철도
6) 공기부상철도

3. **경제성 분석기법에 대한 설명이다. 알맞은 답을 적으시오.** (09,14기사)

1) 평가 대상기간의 모든 비용과 편익을 현재가치로 환산하여, 총편익에서 총비용을 뺀 값을 바탕으로 하며 사업의 경제적 타당성을 평가하는 기법
2) 평가기간 동안에 발생하는 총편익을 총비용으로 나눈 비율 중 가장 큰 대안을 최적대안으로 선택하는 방법
3) 투자사업이 원만히 진행될 경우 기대되는 총편익의 현재가치와 총비용의 현재가치가 같아지는 할인율
4) 첫 편익이 발생한 연도까지 소요된 총비용
5) 각기 다른 시기에 발생하는 비용과 편익을 현재가치로 환산하여 비교

해설 1) 순현재가치 방법
2) 편익/비용 비율방법
3) 내부수익률 방법
4) 초기년도 수익률 방법
5) 할인율 환산 방법

4. **단선, 자동폐색구간에서의 선로용량을 계산하시오. (단, 역간 총운전시분 657분, 설정열차횟수 90회, 선로이용률 60%)** (00,03,05,12,14기사, 01산업)

해설 선로용량 $N=\frac{1,440}{t+s}\times d$에서 $=\frac{1,440}{7.3+1.5}\times 0.6=98.18 ≒ 98$회

- 역간 평균 운전시분 $t=657/90=7.3$분
- 관계 취급시분 $s=$자동 · 연동폐색식 구간에 1종 전기 1.5분

5. 단선 구간에서의 선로용량을 계산하시오. (단, 역간 운전시분 2.5, 6.0, 4.5, 6.5, 5, 2.5분, 관계 취급시분 2.5분, 선로이용률 60%)

해설 선로용량 $N = \dfrac{1,440}{t+s} \times d$이므로 $N = \dfrac{1,440}{4.5+2.5} \times 0.6 = 123.42 ≒ 123$회

역간 평균 운전시분 $t = (2.5+6.0+4.5+6.5+5+2.5)/6 = 4.5$분

6. 철도 계획을 위한 수송 수요의 요인 3가지를 쓰시오.

해설 1) 자연 요인
2) 유발 요인
3) 전가 요인

7. 선로이용률에 영향을 주는 인자 5가지를 쓰시오. (14기사, 09산업)

해설 1) 선구 물동량의 종류에 따른 성격
2) 주요 도시로부터의 시간과 거리
3) 여객열차와 화물열차의 횟수비
4) 열차의 시간별 집중도
5) 인접 역간 운전시분의 차
6) 열차횟수
7) 인위적 및 기계적 보수시간
8) 열차운전의 여유시분

8. 선로용량을 증가시킬 수 있는 방법을 5가지를 쓰시오. (01,04기사)

해설 1) 역간 거리를 짧고 균일하게 함
2) 열차의 고밀도 운전
3) 선로의 복선화, 2복선화
4) 열차의 속도를 높임(고 견인력의 기관차 도입)
5) 신호장치의 현대화

9. 선로용량 변화요인에 대하여 쓰시오. (08,09기사)

해설 1) 열차설정을 크게 변경하였을 경우
2) 열차속도를 크게 변경시켰을 경우
3) 폐색 방식이 변경되었을 경우
4) 선로조건이 근본적으로 변경되었을 경우
5) A.B.S 및 C.T.C 구간 폐색 신호기 거리가 변경되었을 경우

10. 300km/h 이상인 고속철도의 구비 요건 4가지를 쓰시오. (10산업)

해설 1) 고속 운전에 제약을 받지 않도록 곡선 반경이 커야 한다.
2) 1개 열차의 견인력에 제약을 받지 않을 정도로 종단 기울기가 급하지 않아야 한다.
3) 충분한 역간 거리를 확보하여야 한다.
4) 안전 운행을 100% 신뢰할 수 있는 2～3중의 보안 장치를 확보하여야 한다.

11. 철도가 타 교통수단과 다른 특징 4가지를 쓰시오. (15기사)

해설 1) 거대자본 고정성 : 고정자산(토지)이 대부분을 차지하고, 유동자산은 극히 적은 특성을 갖는다.

2) 독점성 : 철도 시스템은 독점성이 높은 교통기관이다.

3) 공공성 : 국가 기간교통수단으로서 공익성을 추구하는 교통사업이다.

4) 통일성 : 철로의 선로, 차량, 신호방식, 운송조건 등의 통일성이 확보되어야 한다.

12. 기존 선로의 선로, 신호 등등 개량하여 열차운행 속도를 향상 시키는 것을 무엇이라 하는가? (20기사)

해설 고속화

1-2 노선 선정하기

1-2-1 노선 선정

1. 개요

1) 철도노선 선정은 투자비(건설비)와 운영비(영업비)가 최소화되면서 사업목적을 충분히 만족시킬 수 있는 노선을 선정
2) 경제발전 및 장래성 등을 감안한 최적의 노선 선정
3) 건설비와 운영비가 서로 상반되는 경우가 많으므로 충분한 검토
4) 철도이용자의 교통편의를 증진(빠른 시간 내에 안전하게 목적지에 도착) 및 지역사회 발전에 기여하고 그 선구의 사명과 목적에 부합하도록 최적의 노선을 선정

2. 노선 선정 순서

GPS, 전산기술, 항공사진측량, 위성기술의 발달로 컴퓨터를 이용한 노선 선정이 이루어지고 있으나 일반적으로 '도상 선정 → 답사 → 예측 → 실측 → 설계보고서 작성' 순으로 시행

3. 노선 선정 세부사항

1) 도상 선정(paper location)
   ① 1/25,000～1/50,000 축척의 지형도상에서 시·종점 및 예정경유지를 연결하는 예정노선을 찾음
   ② 정해진 선로등급의 제반조건(곡선, 기울기)을 만족하도록 함
   ③ 선로종단면도 작성(축척이 1/10, 종방향을 정밀하게 도시)
   ④ 토공의 절·성토를 비교
   ⑤ 교량, 터널, 입체교차 체크
   ⑥ 몇 개의 비교 노선을 작성
2) 답사(reconnaissance)
   ① 몇 개의 비교 노선을 가지고 현지답사 및 조사
   ② 정거장 위치, 교량 위치, 터널 입·출구 적합 여부 조사
   ③ 문화재, 광구(폐광, 동굴), 고압송전선, 아파트 등 이설이 곤란한 지장물 조사
   ④ 지형, 지물, 노두 조사, 지질상태 조사
   ⑤ 경제성 및 시공성을 검토하여 적정안 채택
3) 예측(preliminary surveying)
   ① 채택된 비교 노선에 대해 개략 측정
   ② 중심선 양쪽 100～300m 범위의 선로평면도$\left(\frac{1}{5,000}\right)$와 선로종단면도$\left(\text{가로 } \frac{1}{5,000},\ \text{세로 } \frac{1}{1,000}\right)$, 선로 중심선 50～100m마다 선로횡단면도$\left(\frac{1}{100}\right)$를 작성
   ③ 주요 구조물의 개략 설계도 작성
   ④ 건설비와 운영비를 산출하여 예산 편성자료로 활용

4) 실측(actual surveying)

① 위에서 최종 선택된 노선을 기준으로 정확하게 실측

② 선로평면도$\left(\frac{1}{1,200}\right)$, 선로종단면도$\left(\frac{1}{1,200}, \frac{1}{400}\right)$, 20m마다 선로횡단면도$\left(\frac{1}{100}\right)$, 정거장평면도$\left(\frac{1}{1,000}\right)$를 작성

③ 시공기면확정, 정거장배선, 세부구조물 설계도 작성

④ 실측 후라도 좋은 선형이 발견되면 개측(改測)하여 재검토

5) 설계보고서 작성

① 구조물도면, 구조계산서, 수리수문보고서, 토질조사보고서 등 설계도서 작성

② 설계내역서, 도시계획시설결정변경서류 등 발주 및 인허가서류 작성

1-2-2 기술적인 측면에서의 노선 선정

1. 노선(route)

1) 기점-경유지-종점을 가능한 직선, 평탄하게 연결한다(최단거리 연결원칙).

2) 해당 선로등급에 따른 제반조건(곡선, 기울기)을 만족시킨다.

3) 연약지반지대(단층, 습곡, 탄층대 등)는 피한다.

4) 문화재, 군부대, 폐광, 고압송전선, 아파트 등 이설이 곤란한 지장물은 피한다.

2. 정거장 위치

1) 위치 선정 과정

① 철도수송의 기지로서 철도영업자는 수송량, 수송형태(여객위주, 화물위주, 혼용, 근거리철도, 장거리철도)에 따라 위치와 설비규모 결정

② 철도이용자는 이용편리성, 도시발전 등을 감안하여 위치변경을 요구

2) 위치 선정 고려사항

① 가능한 수평, 직선으로 계획

② 정거장에 인접하여 급곡선, 급기울기는 피할 것

③ 정거장기울기는 출발 시 하기울기, 도착 시 상기울기가 이상적

④ 역간 거리 : 고속 50km 이상, 일반 10~15km, 광역 2~3km, 도시철도 1km 전후

⑤ 소요기능을 발휘할 수 있는 충분한 면적일 것(장래확장 대비)

⑥ 용지매수가 용이한 지역 : 토공량 및 구조물이 적은 지역일 것

⑦ 연약지반개소 제외 : 공사비 과다 및 침하 우려

⑧ 객차조차장이나 차량기지는 본선 지장이 최소화될 수 있는 위치일 것

⑨ 여객과 화물 밀집 지역에 근접하고, 타 교통기관과 연계수송이 원활할 것

3. 기울기(grade)

1) 제한기울기는 전 구간에 일관되게 선정 : 선로등급별 기울기 조건 만족

2) 제한기울기 선정 시 곡선저항, 터널저항 등을 고려
3) 제한기울기 길이 제한 : 약 3km 이내(부득이한 경우 5km 이내)
4) 기울기 변화와 길이 : 1개 열차 길이 이상
5) 터널 내에는 터널저항, 습기에 의한 레일 점착력 감소 등을 감안하여 제한기울기보다 1‰ 정도 완화
6) 터널 내 기울기 : 배수를 위하여 3‰ 이상
7) 교량상에는 가능한 기울기 변환점을 두지 않도록 고려(종곡선 설치 곤란)
8) 교량상 하급기울기를 피한다.

4. 곡선(curve)

1) 곡선은 속도 제한, 전복 및 탈선위험, 승차감저하, 궤도파괴 등 3대(大) 취약부로서 열차운행 저해요인이 집중되는 곳이므로 가능한 한 직선화가 바람직
2) 곡선반경은 가능한 한 크게
3) 곡선길이는 최소곡선길이 이상을 확보하여 짧게
4) 곡선부에는 장대터널, 장대교량 설치는 피함
5) 곡선설치는 등급별 기준 만족
6) 최소곡선길이(원곡선) 이상 삽입
7) 곡선과 곡선 사이 직선 삽입
8) 등급별 캔트 체감
9) 반경 600m 미만 곡선 슬랙 체감
10) 완화곡선 체감

5. 선로 중심선 및 시공기면의 높이

1) 중심선(구조물의 중심선≠궤도 중심선)
   ① 건물, 문화재, 묘지, 공장 등 지장물이 많은 개소는 피함
   ② 저수지, 급경사지, 홍수범람지 등 자연재해 우려 개소는 피함
   ③ 하천 횡단지점은 가능한 수직횡단하고 기초세굴 우려 개소는 피함
2) 시공기면(종단계획)
   ① 도로와 교차점은 가능한 입체교차화하고 충분한 형하공간 확보
   ② 하천횡단구간은 최대홍수위 또는 계획홍수위보다 1m 이상 높게 설치
   ③ 정거장 계획고는 주변도로와 연결이 쉽게 설치
   ④ 성토, 절토는 균형이 되도록 계획
   ⑤ 용지면적은 최소화되도록 계획

6. 교량

1) 상하부구조의 비용을 종합 고려하여 최소공사비로 결정
2) 교량은 형고, 지형조건, 경제성 등을 고려하여 Span 길이 결정
3) Span 길이에 따라 RC-slab → T-Beam → P.C Beam → P.F Beam → P.C Box → FCM → Suspention → 사

장교 등을 검토

4) 미관 및 주변 경관과 조화되도록 계획

7. 터널

1) 터널은 경제성 및 승차감을 고려하여 가능한 짧게
2) 갱구부는 충분히 빼주는 것이 좋음(damper 설치)
3) 단층부, 습곡부 등은 피하고 등고선에 직각 방향으로 계획
4) 지질이 양호한 곳 선정
5) 용수가 적은 곳으로 계획
6) 건축한계 외 승차감, 이명현상, 터널미기압파, 작업원 안전통로 등을 고려하여 단면 선정

[참고] 최적노선 선정을 위한 후보대안

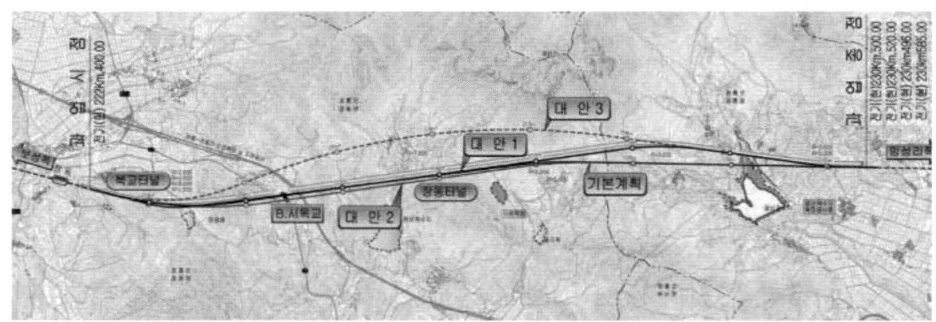

기본계획	대안 1	대안 2	대안 3
• 전후 공구의 조건에 의해 변경된 노선 • 국도 및 하천 횡단선 분리 • 지질, 지형 등의 여건 미반영	• 지역 특성, 지형 지질 조건 반영 노선 • 국도 및 하천 횡단 최적노선 • 재해 및 환기·방재 고려	• 대반경 곡선 부설을 중점으로 한 노선 • 터널 토피고의 최소선형	• 전 구간 연속 터널 노선 • 환기·방재·배수성 불량 • 지질·지형 등의 여건 반영 미흡

1-3 관련 분야 조사하기

1-3-1

1. 전향설비 (03,12기사)

기관차와 기타 차량의 방향을 전환하거나 한선에서 다른 선으로 전환시키는 설비를 말한다.

1) 전차대(turn table) : 원형 피트 내에 강판형을 설치하고 그 중심에 회전축을 설치하여 강판형상에 적재된 차량이 180° 회전하여 전향할 수 있는 설비로서, 근래에는 증기기관차가 사용되지 않아 전차대의 필요성이 없어졌으나, 모터카 등 소형장비의 전향설비로 사용되고 있다(전차대 길이는 27m로 철도건설규칙 제25조 참조).
2) 천차대(traverser) : 병행 부설되어 있는 선군의 중간에 대차를 설치하여 차량을 적재하고 한선에서 타선으로 평행방향 전선이 가능한 전향설비로서 협소한 구내 또는 공장 내에 주로 사용된다.
3) 델타선과 루프선(delta track, loop track) (03기사) : 1개 열차의 편성을 그대로 전향시킴으로써 차량의 순번이 바뀌지 않는다. 시설이나 시설장소가 제한되므로 분기역 부근에 분기선으로 사용한다.

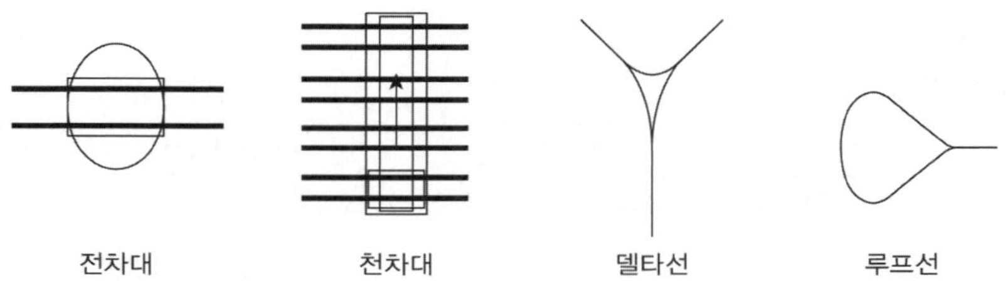

[참고] 차량한계 (15기사)

(단위 : mm)

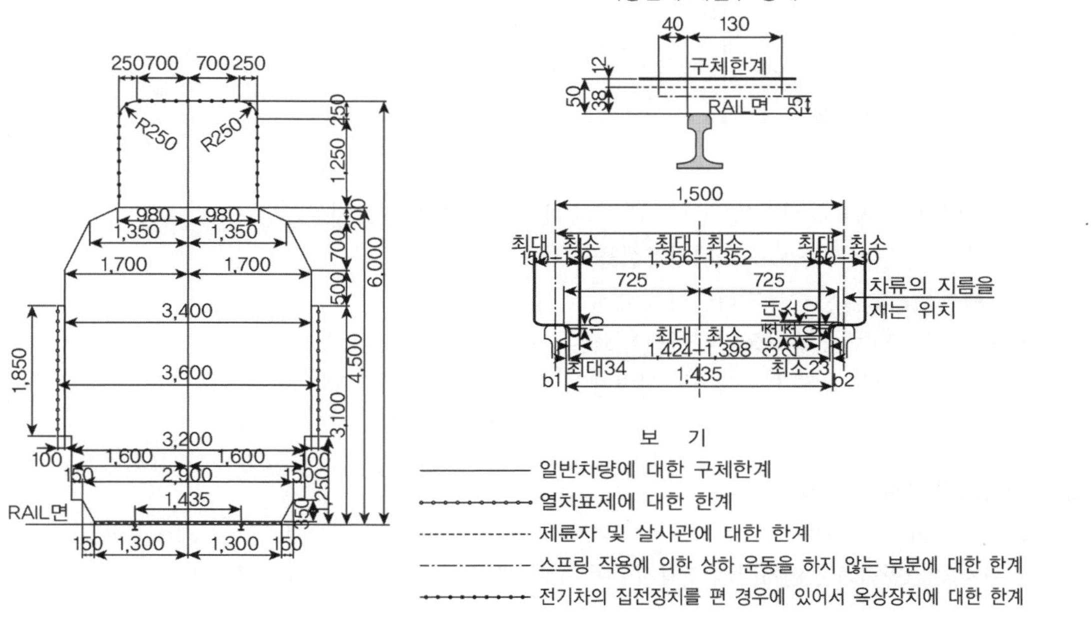

1-3-2 운전

1. 운전곡선도(run-curve)

열차의 운전상태, 운전속도, 운전시분, 주행거리, 에너지소비량 등의 상호관계를 역학적인 도표로 나타낸 것으로 계획단계에서부터 시뮬레이션되어 실제 열차운전 계획수립 및 보조자료로 활용한다.

1) 열차운전계획 수립에 사용

① 신선 건설

② 전철화

③ 차종변경

④ 노선의 개량

2) 보조자료로 활용

① 동력차의 성능 비교

② 견인정수(tractive car) 비교

③ 운전시격 검토

④ 신호기 위치 결정

3) 거리기준 운전선도의 예

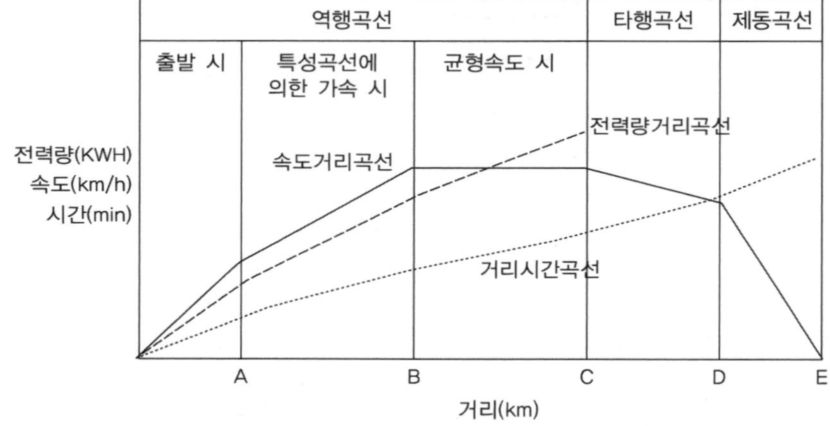

① 속도거리곡선(속도곡선) : 열차의 위치(거리)에 대하여 속도를 표시

- 역행곡선 : 열차가속 시 속도거리곡선을 표시
- 타행곡선 : 타행 시 속도거리곡선을 표시
- 제동곡선 : 제동 중의 속도거리곡선을 표시

② 전력량거리곡선 : 운전에 소요되는 전력량 표시

③ 거리시곡선(시간곡선) : 주행거리와 운전시분의 관계를 표시

2. 운전속도의 종류 (06기사)

1) 균형속도(balance speed)

① 기관차의 견인력과 견인차량의 열차저항이 서로 같아서 등속운전을 할 때 속도(견인력 = 열차저항)

② 가속도가 발생하지 않고, 동일 속도를 유지
③ 견인력이 열차저항보다 클 때 가속되고, 적을 때는 감속됨
④ 최고운전속도는 바로 균형속도에 의해서 결정됨
⑤ 제한 기울기 결정 시 고려하여야 함
⑥ 열차저항은 기울기저항, 곡선저항을 포함하므로 선로상태에 따라 균형속도는 달라짐

2) 표정속도(commercial speed)
① 전체 운전거리를 정차시간 및 제한속도 운전시간 등을 포함한 운전시분으로 나눈 값
② 열차속도 향상은 표정속도 향상을 의미
③ 각 속도의 크기 : 최고속도 > 평균속도 > 표정속도
④ 개념식

$$\text{표정속도} = \frac{\text{운전거리}}{\text{순수운전시분} + \text{도중정차시분}}$$

3) 평균속도(average speed)
① 역간 운전거리를 정차시분을 제외한 운전시분으로 나눈 값
② 주로 기울기 상태의 영향을 받음
③ 개념식

$$\text{평균속도} = \frac{\text{운전거리}}{\text{정차시간을 제외한 순수운전시분}}$$

4) 최고속도(maximum speed)
① 운전 중 낼 수 있는 최고속도(5초 이상 지속)
② 교통기관의 이미지 제고상 상징적으로 중요
③ 기관차의 성능, 선로조건의 영향을 받음
④ 열차종별, 궤도구조에 의해 제약을 받음
⑤ 프랑스 TGV와 일본의 신간선열차가 최고운전속도 경쟁을 벌임
⑥ 현재 영업 중인 열차의 최고속도는 350km/h
⑦ maglev(독일, 일본 자기부상열차)의 경우 최고속도 500km/h 이상 주행

5) 제한속도(limit speed, control speed) : 선로조건(곡선부, 분기부) 및 운행선 인접공사, 유지보수 등 여건에 따라 속도를 제한하는 경우 속도

6) 설계속도 : 새로운 철도를 건설하거나 기존 철도를 개량할 때 시설물의 설계기준이 되는 최고속도(고속선 350km/h 이상, 1급선 200km/h, 2급선 150km/h, 3급선 120km/h, 4급선 70km/h)

7) 열차속도 계산식(자승평균법) (06,12**기사**) : 열차의 속도가 열차의 종별로 속도가 각각 다음과 같을 때 V_1, V_2, V_3, V_4의 자승평균법에 의한 열차속도(V_d)

$$V_d = \sqrt{\frac{V_1^2 + V_2^2 + V_3^2 + V_4^2}{4}}$$

3. 열차저항 (04,08기사, 01,02,08,09산업)

1) 영향 인자

① 선로상태 : 기울기, 곡선반경, 궤도구조, 선로보수상태, 터널단면적(내공단면적)

② 차량상태 : 차량의 구조, 보수상태, 윤활유의 종류, 기온에 따른 감마유의 점도 변화 등

2) 열차저항의 표시 : 통상 열차중량 ton당 kg으로 표시하며, 차량중량에 비례(kg/ton)

3) 열차저항의 종류

① 출발저항(starting resistance) : 열차가 출발할 때 열차진행 방향과 반대방향으로 열차주행을 방해하는 저항으로 출발 시 큰 견인력 필요하며, 출발 시 최대치를 이루다가 급격히 감소하여 열차속도 3km/h에서 최소가 됨

② 주행저항(running resistance) : 열차가 주행할 때 열차 주행방향과 반대방향으로 작용하는 모든 저항, 기계저항, 속도저항(공기, 차량동요에 의한 저항), 터널저항이 있음

③ 기울기저항(grade resistance) (04,08기사 계산식) : 열차가 기울기 구간을 주행할 때 주행방향 반대방향으로 발생하는 주행저항을 제외한 저항을 말하며, 중력에 의해 발생하므로 그 크기는 열차의 중량과 기울기경사에 정비례하여 증감(기울기량 g(‰) → 기울기저항(kg/ton))

④ 곡선저항(curve resistance) : 차량이 곡선부 통과 시 원심력에 의해서 차륜플랜지가 레일에 횡압을 가하게 되고 이때 차륜답면과 레일과의 접촉면에서 회전마찰 발생

⑤ 가속도저항(acceleration resistance) (01산업) : 각종 열차저항과 견인력이 일치하여 등속도 운전상태에서 더욱더 속도를 증가시키기 위하여 필요한 저항

4) 열차저항을 최소화하는 방안

① 계획단계 : 완만한 기울기, 곡선반경 크게, 착발지역은 수평, 터널단면적 확대

② 운행단계 : 균형속도(견인력＝열차저항)운행, 궤도틀림, 차륜 flow 등 불량개소 보수

5) 곡선보정 : 구배 중에 곡선이 있을 때 열차의 저항은 구배저항 외에 곡선저항이 가산되므로 곡선저항과 동등한 구배량만큼 최급구배를 완화시켜야 한다.

① 곡선보정 : 곡선을 구배로 환산하여 구배를 보정하는 것

② 환산구배 : 곡선저항을 선로구배로 환산한 것

③ 보정구배 : 실제의 구배에서 환산구배값만큼을 감안한 것

6) 곡선보정식 (11기사, 02,08,09산업)

$$G_c = \frac{700}{R}$$

G_c : 보정량(‰)

R : 곡선반경(m)

이때 기울기가 5‰일 때 기울기저항은 5kg/ton이다.

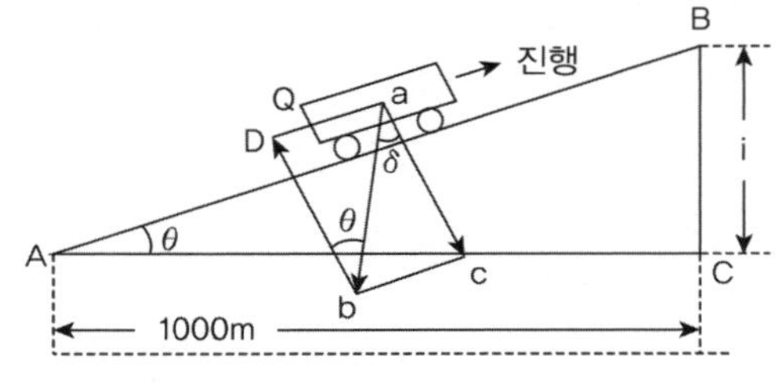

기울기 저항

4. 열차집중제어장치

1) 열차집중제어장치(CTC : Centralized Traffic Control)

① 한 곳에서 광범위한 구간의 많은 신호설비를 원격제어하여 운행취급을 직접 지령할 수 있는 장치

② 선로용량 증대, 평균 운행속도 향상, 운전비, 인건비 등 절감, 보안도의 향상 등의 효과

2) 열차자동제어장치 (11,20**기사**)

① 열차자동정지장치(ATS : Automatic Train Stop) : 위험지역에 열차 접근 시 경보 울림, 그 구역에 진입 시 열차를 자동적으로 비상 제동이 걸리게 하여 정지시키는 장치

② 열차자동제어장치(ATC : Automatic Train Control) : 열차속도를 연속적으로 감시, 체크하여 속도 제한구역에서 제한속도 이상으로 운행 시 자동적으로 제동이 작용하여 감속, 열차속도를 제어하는 장치

③ 열차자동운전장치(ATO : Automatic Train Operation) : 열차가 정거장을 출발하여 다음 정거장에 정차할 때까지 가속, 감속 및 정거장 도착 시 정위치 정차하는 일을 자동적으로 수행하는 장치

④ 자동폐색장치(ABS : Automatic Block System) : 궤도회로를 이용하여 폐색 및 신호 자동동작

⑤ 열차운행종합제어장치(TTC : Total Traffic Control) : 종합제어실의 메인 컴퓨터에서 운행제어 및 감시를 수행하는 자동제어방식이며 이에 반해 CTC는 사령원이 수동으로 제어반에서 제어하는 수동제어 방식

5. 최소 운전시격

1) 정의 : 열차와 열차의 간격, 즉 어느 지점을 열차가 통과한 후에 다음 열차가 통과하기까지 안전을 확보할 수 있는 최소시간을 말하며, 후속열차가 상시 브레이크를 필요로 하지 않고 신호현시에 의해 원활히 운전할 수 있는 시격이 되어야 한다('2~3 폐색구간 + 열차길이'를 주행하는 시간).

2) 산출공식

$$H_w = 3.6 \times \frac{L_x + \text{열차길이}}{V_n},\ V = \frac{L}{T} \rightarrow T = \frac{L}{V}$$

H_w : 최소 운전시격(sec)

V_n : 역간 열차속도

L_x : 열차간격(공주거리 + 실제동거리 + 열차장)

3) 각 선별 최소운전시격

① 가감속이 빠른 10량 편성 통근열차 : 2분
② 기타 여객열차 : 3분
③ 고속열차 : 4분
④ 화물열차 등 장편성 열차 : 6분

4) 최소 운전시격 단축방안
① 승차가 많은 역
- 플랫폼의 양 측선으로 서로교차 발착
- 양면 플랫폼에 의한 승하차별 사용
- 긴 플랫폼에서 속행 2열차의 발착

② 최근 경향
- 승하차 도어의 증설(예 : 한쪽 4도어 →5~6도어)
- 도어폭 확대(예 : 1.3m →1.6m)

1-3-3 신호보안설비

1. 정의

열차의 안전운행 확보와 수송능력을 증감시키고 운행열차를 모든 위험으로부터 보호하는 설비를 총칭한다.

2. 설비의 종류 (05, 06, 08, 15기사, 02, 06산업)

1) 신호장치 : 철도신호는 기관사에게 운행조건을 지시하는 신호 종사원의 의사를 표시하는 전호, 장소의 상태를 나타내는 표식으로 분류하며 부호, 형상, 색, 음성으로 전달한다. 또한 신호방식은 진로표시와 속도표시방법이 있다.

① 신호

- 상치신호기
  - 주신호기(장내, 출발, 폐색, 유도, 입환)
  - 종속신호기(원방, 통과, 중계)
  - 신호부속기(진로표시기)
- 임시신호기 : 서행, 서행예고, 서행해제
- 수신호기 : 대용수, 통과, 임시
- 특수신호기 : 발유, 발광, 발보, 화재, 폭음

② 전호 : 출발, 입환, 전철, 비상, 제동시험, 대용 수신호 현시
③ 표식 : 자동식별, 서행허용, 출발, 입환, 열차정지, 전철기, 속도제한, 속도제한해제, 차량접촉한계 이외에 구조상 분류에 기계식, 색등식, 등열식이 있으며, 조작에 의한 분류에서 수동신호기, 자동신호기, 반자동신호기 신호 현 시방서에서 2위식, 3위식 등으로 구분될 수 있음

2) 상치신호기 등 설명 (09산업)
① 장내신호기 : 정거장의 진입가부를 결정하는 신호기
② 출발신호기 : 정거장 외부로 진출 가부를 결정하는 신호기

③ 폐색신호기 : 폐색구간의 진입가부를 결정하는 신호기(폐색 시발점에 설치)
④ 유도신호기 : 장내신호기 정지 시 열차유도진입 가부를 결정하는 신호기
⑤ 엄호신호기 : 방호개소의 통과여부를 결정하는 신호기
⑥ 입환신호기 : 정거장에서 입환 및 열차가 있는 선로에 다른 열차를 진입시키는 등의 필요에 따라 설치하는 신호기
⑦ 원방신호기 : 기계신호구간의 장내신호기에 종속되어 장내신호의 현시 여부를 예고하는 신호기
⑧ 통과신호기 : 기계신호구간의 출발신호기에 종속되어 정거장 통과 여부를 예고하는 신호기
⑨ 중계신호기 : 전기신호구간의 장내, 출발, 폐색신호기에 종속되어 주체 신호기의 운행조건을 중계
⑩ 임시신호기 (06,08**기사**, 02,06**산업**) : 서행(50m전방), 서행예고(400m전방), 서행해제신호기를 말하며, 공사구간 또는 사고구간에 임시로 설치

2) 전철장치(선로전환기) : 정거장의 분기기를 전환하여 분기의 방향을 변화시키는 것을 전철이라 한다. 전철기는 진로를 전환시키는 전철장치와 열차가 통과 중이거나 잘못 조작으로 인하여 전환하지 못하게 하는 쇄정장치로 구성되어 있다.

전기선로전환기(NS형)

3) 연동장치 : 정거장 구내에 열차의 운행과 차량의 입환을 안전하고 쾌속하게 하기 위하여 신호기, 전철기 등의 상호 간을 전기적 또는 기계적으로 연관시켜 동작하도록 만든 장치를 연동장치라 한다.

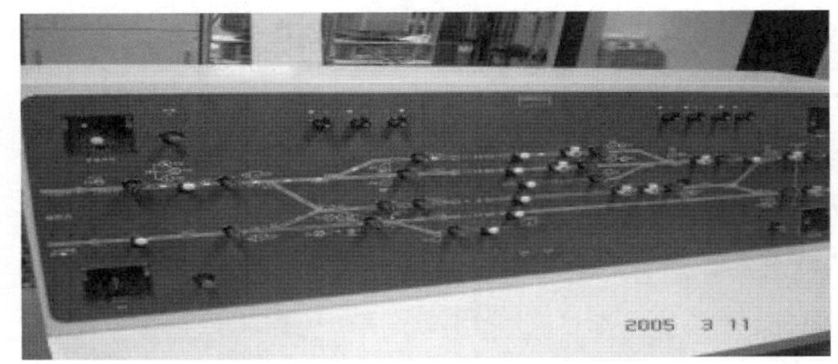

단족정자식 조작반

4) 폐색장치 : 정거장과 정거장 사이 또는 일정 구간을 정하고 그 구간에는 1개 열차만을 운행할 수 있도록 한 구간을 폐색구간이라 한다.

① 공간 간격법 : 일정 공간 거리를 두고, 일정 구역에는 1개 열차만 운행
② 시간 간격법 : 일정 시간 간격을 두고 열차를 출발시켜 운행

1-5-4 전차선로

1. 정의

집전장치를 통하여 전기차량에 전력을 공급하기 위해 선로연변에 설치한 전선로 및 전선로를 지지하기 위한 공작물을 말한다.

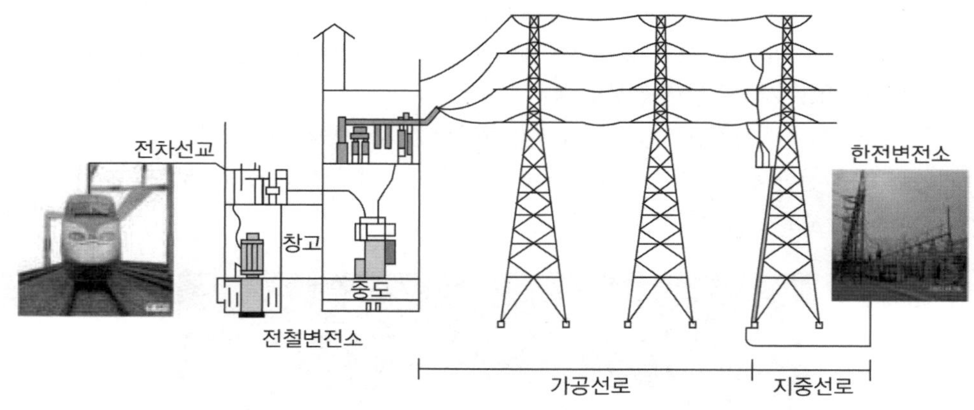

전기철도 전력공급 개략도

2. 종류

1) 가공선 방식 : 궤도면상의 일정한 높이에 가선한 전선에 전력을 공급하고 전기차는 팬타그래프로 집전하여 기동하고 궤도를 귀선으로 하는 가공단선식과 전원의 양단을 2개의 가공전차선에 연결하는 가공복선식이 있음
2) 제3레일식 : 열차주행용 궤도와 별개의 도전용 레일을 부설하여 전기차에 전력을 공급하는 방식으로 저전압의 산악 협궤열차나 지하철에 사용

3. 전철화 필요성 (14기사)

1) 철도 주요 간선 수송능력 증강 및 물류비 절감
2) 국제유가 변동에 따른 유류의존 동력비 부담 증가
3) 환경친화적인 대중교통수단의 확보 필요
   대기오염 비교(전기철도 1일 경우) : 자동차(8.3), 트럭(30), 해운(3.3)
4) 노후 디젤기관차 대체소요분 기관차종 변경검토 시점
5) 남북 및 대륙연계 철도망 구축을 위한 사전대비
6) 운용효율 향상 및 수송서비스 개선 : 전기기관차 내구연한이 디젤기관차의 2배, 급유·급수가 필요 없어 회차율이 높고 유지·보수가 필요 없음

4. 전차선의 높이 및 기울기(철도건설규칙 제37조, 철도의 건설기준에 관한 규정 제38조 참조)

1) 가공 전차선로의 전차선 공칭 높이는 전차선로 속도 등급에 따라 5,000mm에서 5,200mm를 표준으로 한다. 다만, 전차선로 속도 등급 200k급 이하에 대하여 해당 노선의 특수 화물 적재 높이를 고려하여 전 구간을 5,400mm까지 높일 수 있다.
2) 전차선의 기울기 (08산업) : 해당 구간의 설계속도에 따라 다음 표의 값 이내로 하여야 한다. 다만 에어섹션, 에어조인트 또는 분기 구간에는 기울기를 주지 않는다.

설계속도 V(km/h)	기울기(‰)
$V > 250$	0
250	1
200	2
150	3
120	4
$V \leq 70$	10

3) 기존선(수도권 전철 및 지하구간을 제외)의 경우 이미 설치된 터널의 눈 덮개·구름다리·교량 그 밖의 이와 유사한 구조물이 설치되어 있는 장소 또는 이에 인접한 장소는 최저 4,850mm까지로 할 수 있다.

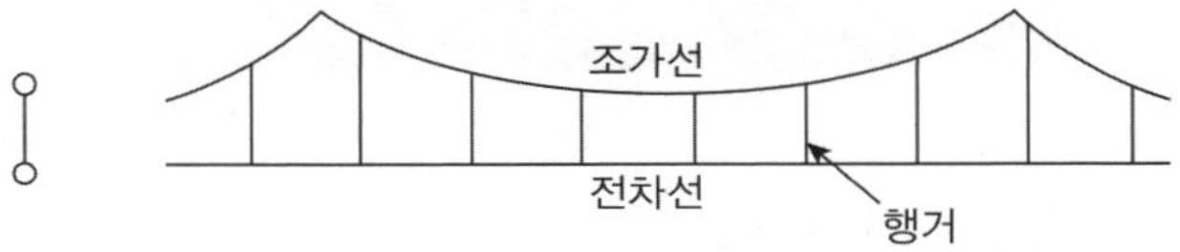

심플 커티너리(simple catenary) 조가방식

5. 전차선의 편위 (08산업)

전차선의 편위는 오버랩이나 분기 구간 등 특수 구간을 제외하고 좌우 200mm 이내로 하여야 한다.

1-5-5 건널목 안전설비(철도건설규칙 제55조, 철도의 건설기준에 관한 규정 제64조 참조)

1. 정의

철도와 도로가 평면교차하는 곳에 설치하여 건널목을 통과하기 전에 열차의 접근을 알려주어 건널목 사고를 사전에 방지하기 위한 설비이다.

2. 건널목의 종류(구분기준) (08,20기사, 05,08산업)

1) 1종 건널목 : 차단기, 경보기, 건널목 교통안전표지를 설치하고 그 차단기를 주야 계속 작동하거나 건널목 안내원이 근무하는 건널목
2) 2종 건널목 : 경보기와 건널목 교통안전표지만 설치한 건널목
3) 3종 건널목 : 건널목 교통안전표지만 설치한 건널목

3. 건널목 위험도의 조사 및 판단 항목 (05기사)

1) 열차횟수
2) 도로교통량
3) 건널목의 투시거리
4) 건널목의 폭
5) 건널목의 길이
6) 건널목의 선로 수
7) 건널목의 전후 지형

4. 건널목 설치기준

1) 인접 건널목과의 거리는 1,000m 이상으로 한다.
2) 열차투시거리는 해당 선로의 최고 열차속도로 운행할 때 제동거리 이상 되는 경우로서 시속 100km 이상은 700m 이상, 시속 90km 이상은 500m 이상, 기타는 400m 이상을 확보하여야 한다.
3) 건널목의 최소 폭은 3m 이상으로 한다.
4) 철도선로와 접속도로와의 교차각은 45° 이상으로 한다.
5) 양쪽 접속도로는 선로 중심(복선 이상인 경우 최외방 선로)으로부터 30m까지의 구간을 직선으로 하고 그 구간의 종단구배는 3% 이하로 한다.

1-5 기출문제

1. **철도정거장의 구내배선 시 분기선을 이용하여 1개 열차의 편성을 그대로 방향을 정반대로 전환시키려면 어떤 전향설비가 필요한지 쓰시오.** (03기사)

해설 1) 델타선
2) 루프선

2. **25‰상 기울기 중에 반경 350m의 곡선을 둘 경우 곡선 부분의 열차저항을 직선구간과 동일하게 하려면 기울기를 몇 ‰로 해야 하는지 쓰시오.** (02,08,09산업)

해설 곡선저항 $R_c = 700/R = 700/350 = 2\text{kg/ton}$
곡선저항 2kg/ton의 환산기울기는 2‰이므로 곡선구간의 보정기울기는 25−2=23‰로 해야 한다.

3. **구배율 33‰, 총열차 중량 560ton 전동차의 기울기저항은 얼마인지 구하시오.** (01,04,08기사)

해설 기울기저항 $R_g = W \times \tan\theta = W \times i/1000$
단, R_g : 기울기저항(kg) W: 열차중량(ton)
θ : 구배의 각도(°) I: 구배의 분자
$\therefore R_g = 560\text{ton} \times 33/1000 = 18.48(\text{kg/ton})$

4. **1량당 차량중량 60t, 전동차 10량 정거장에서 출발 후 1분에 30km/h일 때 가속도, 가속도저항, 주행거리를 구하시오. (단, 전동차 가속도저항은 30A(kg/ton) $f_c = 4.17(V_2^2 - V_1^2)/S$임)** (02기사, 01,05산업)

해설 열차의 가속도는 km/h/sec로 나타내며, 60초간에 30km/h의 속도를 냈으므로
- 가속도 A는 30/60=0.5km/h/sec
- 1개 차량의 가속도저항 $f_c = 30A = 30 \times 0.5 = 15\text{kg/ton}$
  전 열차의 가속도저항 $F_c = 15 \times 600\text{ton} = 9{,}000\text{kg}$

$$f_c = \frac{4.17(v_2^2 - v_1^2)}{s} \text{ 에서}$$

- 주행거리 $S = \dfrac{4.17(v_2^2 - v_1^2)}{f_c} = \dfrac{4.17(30^2 - 0)}{15} = 250\text{m}$

5. **신호기의 이름을 쓰시오(흰바탕에 녹색원 표시임).** (02,06산업)

해설 서행해제신호기

6. **임시신호기의 종류 3가지 쓰시오.** (06,08기사, 02,06산업)

해설 1) 서행신호기(50m 전방) 2) 서행예고신호기(400m 전방)
3) 서행해제신호기

7. 자승평균법에 의한 열차속도 구하시오. (단, 특급열차 평균속도 50km/h, 통과여객열차 150km/h, 정차여객열차 120km/h, 통과화물열차 80km/h) (06,12기사)

해설 $V_d = \sqrt{\dfrac{V_1^2 + V_2^2 + V_3^2 + V_4^2}{4}}$ 에서 $\sqrt{\dfrac{50^2 + 150^2 + 120^2 + 80^2}{4}} = 107\text{km/h}$

8. 주신호기 종류 5가지를 쓰시오. (05기사)

해설 1) 장내신호기 2) 출발신호기
3) 폐색신호기 4) 유도신호기
5) 입환신호기

9. 신호기의 종류에 대한 설명으로 각 항목별로 해당하는 신호기의 명칭을 쓰시오. (09산업)

1) 정거장에서 입환 및 열차가 있는 선로에 다른 열차를 진입시키는 등의 필요에 따라 설치하는 신호기
2) 폐색구간의 시발점에 설치하는 신호기
3) 정거장 또는 폐색구간 도중의 평면교차 분기를 하는 지점 그 밖의 특수한 시설로 인하여 열차의 방호를 요하는 시점에 설치하는 신호기
4) 주 신호기의 신호를 중계할 필요가 있는 경우에 설치하는 신호기

해설 1) 입환신호기 : 정거장에서 입환 및 열차가 있는 선로에 다른 열차를 진입시키는 등의 필요에 따라 설치하는 신호기
2) 폐색신호기 : 폐색구간의 시발점에 설치하는 신호기
3) 엄호신호기 : 정거장 또는 폐색구간 도중의 평면교차 분기를 하는 지점 그 밖의 특수한 시설로 인하여 열차의 방호를 요하는 시점에 설치하는 신호기
4) 중계신호기 : 주 신호기의 신호를 중계할 필요가 있는 경우에 설치하는 신호기

10. 가공전차선 기울기 및 집전장치 편위에 대한 내용으로 다음 괄호 안에 맞게 알맞은 숫자를 기입하시오. (08산업)

1) 일반철도의 가공전차선 본선의 기울기(　)
측선의 기울기(　)
2) 일반철도의 집전장치 편위량(　mm)

해설 1) 일반철도의 가공전차선 본선의 기울기(3/1,000)
측선의 기울기(15/1,000)
2) 일반철도의 집전장치 편위량(250mm)

11. V = 120km/h일 때 건널목에 열차 진입 시 경보시간 30초를 울리려면 제어구간의 길이는 얼마인가? (14기사, 02,06산업)

해설 $L = T$(경보시간)× V(최고속도) = 30×(12,000/3,600) = 1,000m

12. 건널목 구분기준에 대하여 쓰시오(1, 2, 3종 건널목). (05,08산업)

해설 1) 1종 건널목 : 차단기, 경보기, 건널목 교통안전표지를 설치하고 그 차단기를 주야 계속 작동하거나 건널목 안내원이 근무하는 건널목
2) 2종 건널목 : 경보기와 건널목 교통안전표지만 설치한 건널목
3) 3종 건널목 : 건널목 교통안전표지만 설치한 건널목

13. 건널목 종류에 따른 설비기준에 맞도록 필요한 항목에 ○를 하시오. (08,20기사)

종류	차단기	경보기	교통안전 표지
1종 건널목			
2종 건널목			
3종 건널목			

해설 건널목 종류에 따른 설비기준과 필요 항목

종류	차단기	경보기	교통안전 표지
1종 건널목	(○)	(○)	(○)
2종 건널목	( )	(○)	(○)
3종 건널목	( )	( )	(○)

14. 운전사고 시 장애복구 우선순위대로 쓰시오. (산업)

해설 1) 인명의 구조 및 보호
2) 사상자가 발생한 경우 응급처치, 의료기관에의 긴급이송
3) 철도차량 운행이 곤란한 경우에는 비상대응절차에 따라 대체교통수단을 마련하는 등 필요한 조치를 할 것

15. 건널목 위험도 조사와 판단 시 검토사항을 5가지 쓰시오. (05기사)

해설 1) 열차횟수
2) 도로교통량
3) 건널목 투시거리
4) 건널목 길이
5) 건널목 폭
6) 건널목의 선로 수
7) 건널목 전후 지형

16. 최급 기울기 15‰인 구간에 R-350m의 곡선이 포함되어 곡선 보정을 하려고 한다. (11기사, 09산업)
1) 환산기울기는?
2) 보정기울기는?

해설 1) 2‰
2) 25－2＝23‰
곡선저항 $R_c = 700/R = 700/350 = 2\text{kg/ton}$

17. 기존 철도를 전철화할 때의 장점 3가지를 쓰시오. (14기사)

해설 • 철도 주요 간선 수송 능력 증강 및 물류비가 절감
• 국제 유가 변동에 따른 유류 의존 동력비 부담이 증가
• 환경 친화적인 대중교통 수단

18. ATS, ATC, CTC 등 열차자동장치에 대해 설명하시오. (11,20기사)

1) ATS

2) ATC

3) CTC

해설 1) 열차자동정지장치(ATS : Automatic Train Stop) : 위험지역에 열차 접근 시 경보 울림, 그 구역에 진입 시 열차를 자동적으로 비상제동이 걸리게 하여 정지시키는 장치

2) 열차자동제어장치(ATC : Automatic Train Control) : 열차 속도를 연속적으로 감시, 체크하여 속도 제한 구역에서 제한속도 이상으로 운행 시 자동적으로 제동이 작동하여 속도를 제어하는 장치

3) 열차집중제어장치(CTC : Centralized Traffic Control) : 한곳에서 광범위한 구간의 많은 신호 설비를 원격 제어하여 운행 취급을 직접 지령할 수 있는 장치

19. 선로 전향설비 4가지를 쓰시오. (12기사)

해설 1) 전차대(turn table) : 기관차의 앞뒤 방향을 바꾸는 장치

2) 천차대(traverser) : 병행 부설되어 있는 선군의 중간에 대차를 설치하여 차량을 적재하고 한선에서 타선으로 평행방향 전선이 가능한 한 전향설비로서 협소한 구내 또는 공장 내에 주로 사용된다.

3) 델타선과 루프선(Delta track, Loop track) : 전차대는 차량을 1량씩 전향시키지만 델타선과 루프선은 1개 열차의 편성을 그대로 전향시킴으로써 차량의 순번이 바뀌지 않는다. 열차의 고정편성에는 없어서 안 될 시설이나 시설장소가 제한되므로 분기역 부근에 분기선으로 사용하는 예가 많다. 루프선에 비해 델타선이 공사비가 저렴하다.

20. 다음 용어의 정의를 쓰시오. (15기사)

1) 부본선 2) 차량한계

3) 신호장치

해설 1) 부본선은 선로설비 중 본선의 종류로 출발, 도착, 착발, 통과, 대피, 교행선으로 나눈다.

2) 차량의 크기를 결정하기 위해 규제해놓은 것으로 차량의 어떤 부위도 이 한계에 저촉되는 것을 허용하지 않는 것으로 건축한계보다 좁다.

3) 철도신호는 기관사에게 운행조건을 지시하는 신호, 종사원의 의사를 표시하는 전호, 장소의 상태를 나타내는 표식으로 분류하며 부호, 형상, 색, 음성으로 전달하며 종류는 상치신호기, 임시신호기, 수신호기, 특수신호기가 있다.

CHAPTER 02 선로시설물 설계

2-1 설계기준작성 및 선형설계하기

2-1-1 철도선로

1. 철도선로의 정의

열차 또는 차량을 운행시키기 위한 전용선로의 총칭이며 궤도와 이것을 지지하는 데 필요한 노반과 이에 부속된 선로구조물로 구성된다.

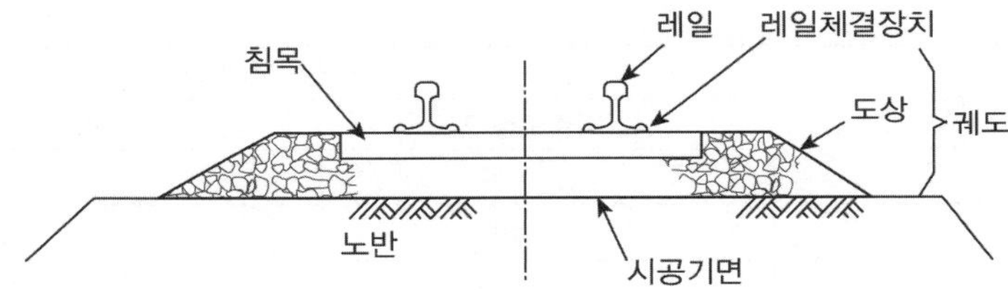

2. 궤간 (05산업)

궤간이란 레일두부면 하방 14mm 점에서 상대편 레일두부 동일점까지 내측간의 최단 거리를 말하며 표준궤간은 1,435mm이며 표준궤간보다 넓은 것은 광궤라 하며, 좁은 것을 협궤라 한다. 궤간은 수송량, 속도, 지형, 안전성 등을 고려하며 결정하며, 철도의 건설비, 유지보수비, 수송력 등에 영향을 준다.

1) 실제 궤간 : 1,435＋슬랙±공차
2) 종류
   ① 표준궤간(standard gauge) : 치수(1,435mm)
   ② 광궤(broad gauge) : 표준궤간보다 넓은 궤간(러시아, 스페인 등에서 사용)
   ③ 협궤(narrow gauge) : 표준궤간보다 좁은 궤간, 일본 국철에서 일부 사용
   ④ 이중궤간(double gauge) : 레일을 3개 이상 설치하여 궤간이 다른 2종의 차량이 운전할 수 있는 궤간

3. 광궤의 장점

1) 높은 속도를 낼 수 있다.
2) 수송력을 증대시킬 수 있다.
3) 열차의 주행안전성을 증대시키고 동요를 감소시킨다.
4) 차량의 폭이 넓어 용적이 크므로 수송효율이 향상된다.
5) 기관차에 직경이 큰 동륜을 사용할 수 있어 고속에 유리, 차륜의 마모가 적다.

4. 협궤의 장점

1) 차량의 폭이 좁아 시설물의 규모가 작아지므로 건설비, 유지보수비가 적다.
2) 급곡선을 채택하여도 광궤에 비하여 곡선저항이 작아 산악지대에 유리하다.

2-1-2 최소 곡선반경

1. 고려사항 (05산업)

곡선반경은 운전 및 유지보수상 가능한 큰 것이 유리하나 지형여건 및 선형계획상 부득이하게 작은 반경을 설치해야 할 경우가 있다.
최소 곡선반경은 궤간, 열차속도, 차량이 고정축거 등에 따라 결정되며 승객의 승차감과 차량의 안전을 고려하여 최소 곡선반경 크기를 정한다.

2. 최소 곡선반경의 결정

1) 곡선반경은 열차운행의 안전성 및 승차감을 확보할 수 있도록 설계속도 등을 고려하여 정하여야 한다. 다만, 정거장 전후 구간 및 측선과 분기기(分岐器)에 연속되는 경우에는 곡선반경을 축소할 수 있다.

설계속도 V(km/h)	최소 곡선반경(m)	
	자갈도상 궤도	콘크리트도상 궤도
400	–*	6,100
350	6,100	4,700
300	4,500	3,500
250	3,100	2,400
200	1,900	1,600
150	1,100	1,000
120	700	600
$V \leq 70$	400	400

* 설계속도 $350 < V \leq 400$km/h 구간에서는 콘크리트도상 궤도를 적용하는 것을 원칙으로 하고, 자갈도상 궤도 적용 시에는 별도로 검토하여 정한다.

2) 정거장의 전후구간 등 부득이한 경우

설계속도 V(km/h)	최소 곡선반경(m)
$200 < V \leq 400$	운영속도 고려 조정
$150 < V \leq 200$	600
$120 < V \leq 150$	400
$70 < V \leq 120$	300
$V \leq 70$	250

3) 전기동차전용선의 경우 : 설계속도에 관계없이 250m이다.
4) 부본선, 측선 및 분기기에 연속되는 경우에는 곡선반경을 200m까지 축소할 수 있다. 다만, 고속철도

전용선의 경우에는 다음 표와 같이 축소할 수 있다.

구분	최소 곡선반경(m)
주본선 및 부본선	1,000(부득이한 경우 500)
회송선 및 착발선	500(부득이한 경우 200)

3. 평면곡선의 종류 (02산업)

2-1-3 직선 및 원곡선의 최소 길이

1. 정의 (08기사)

차량이 직선에서 곡선으로 또는 곡선에서 직선으로 주행할 때 그 방향이 급변하여 차량에 동요가 발생하므로 차량의 고유진동주기를 고려한 최소 길이를 확보하여 주행차량의 불규칙한 동요를 감소시켜 준다.

본선의 직선 및 원곡선의 최소 길이는 설계속도에 따라 정하여야 하며, 부본선, 측선 및 분기기에 연속되는 경우에는 직선 및 원곡선의 최소 길이를 다르게 정할 수 있다.

설계속도 V(km/h)	직선 및 원곡선 최소 길이(m)
400	200
350	180
300	150
250	130
200	100
150	80
120	60
$V \leq 70$	40

주) 이 외의 값은 다음의 공식에 의해 산출한다.

$$L = 0.5V$$

L : 직선 및 원곡선의 최소 길이(m)
V : 설계속도(km/h)

2. 복심곡선의 설치 (02,03,07기사, 02,05산업)

배향곡선은 곡선과 곡선 사이에는 최소 직선길이를 반드시 두어야 하나 방향이 서로 같은 복심곡선인 경우 부득이하게 최소 직선길이를 확보할 수 없을 경우에는 4급선에 한하여 다음의 조건식이 성립하는 경우에 직선을 두지 않고 복심곡선으로 설치할 수 있다. 복심곡선의 성립조건은 다음과 같다.

$$\left| \frac{R_1 \times R_2}{R_1 - R_2} \right| \le 1,200$$

※ 건설규칙 개정(13.3)에 따라 고속선, 1~4급선 구분은 없어지고 설계속도에 따른 곡선설치를 하게 되어 복심곡선 설치는 규정내용에서 삭제됨.

2-1-4 완화곡선(transition curve)

1. 완화곡선의 종류 (02산업)

1) 3차 포물선(cubic parabola) : ($y = ax^3$: 일반철도, 고속철도 사용)
2) 클로소이드 곡선(지하철과 도로에서 사용) : 곡률이 곡선에 비례하여 체감
3) 렘니스케이트 곡선 : 곡률이 장현에 비례하여 직선체감
4) 사인 반파장 곡선
5) 4차 포물선

2. 완화곡선을 삽입해야 하는 최소 곡선반경 (15기사)

본선의 직선과 원곡선 사이 또는 두 개의 원곡선의 사이에는 열차운행의 안전성 및 승차감을 확보하기 위하여 완화곡선을 두되, 곡선반경이 큰 곡선 또는 분기기에 연속되는 경우에는 그러하지 아니하며, 그 밖에 완화곡선을 두기 곤란한 구간에서는 필요한 조치를 마련하여야 한다.

설계속도 V(km/h)	곡선반경(m)
250	24,000
200	12,000
150	5,000
120	2,500
100	1,500
$V \le 70$	600

주) 이 외의 값은 다음의 공식에 의해 산출한다.

$$R = \frac{11.8\,V^2}{\Delta C_{d,lim}}$$

여기서, R : 곡선반경(m)
V : 설계속도(km/h)
$\Delta C_{d,lim}$: 부족캔트 변화량 한계값(mm)

부족캔트 변화량은 인접한 선형 간 균형캔트 차이를 의미하며, 이의 한계값은 다음과 같고, 이외의 값은 선형 보간에 의해 산출한다.

설계속도 V(km/h)	부족 캔트 변화량 한계값(mm)
400	20
350	23
300	27
250	32
200	40
150	57
120	69
100	83
$V \leq 70$	100

3. 완화곡선 길이 (06기사, 02,05,06,08산업)

완화곡선의 길이(m)는 다음 공식에 의하여 산출된 값 중 큰 값 이상으로 하여야 한다.

$$L_{T1} = C_1 \Delta C \qquad\qquad L_{T2} = C_2 \Delta C_d$$

L_{T1} : 캔트 변화량에 대한 완화곡선 길이(m)

C_1 : 캔트 변화량에 대한 배수

ΔC : 캔트 변화량(mm)

L_{T2} : 부족 캔트 변화량에 대한 완화곡선 길이(m)

C_2 : 부족 캔트 변화량에 대한 배수

ΔC_d : 부족 캔트 변화량(mm)

설계속도 V(km/h)	캔트 변화량에 대한 배수	부족 캔트 변화량에 대한 배수
400	2.95	2.50
350	2.50	2.20
300	2.20	1.85
250	1.85	1.55
200	1.50	1.30
150	1.10	1.00
120	0.90	0.75
$V \leq 70$	0.60	0.45

주) 이 외의 값은 다음의 공식에 의해 산출한다.

캔트 변화량에 대한 배수 : $C_1 = \dfrac{7.31\,V}{1000}$

부족 캔트 변화량에 대한 배수 : $C_2 = \dfrac{6.18\,V}{1000}$

여기서, V : 설계속도(km/h)

4. 완화곡선의 표시방법 (01산업)

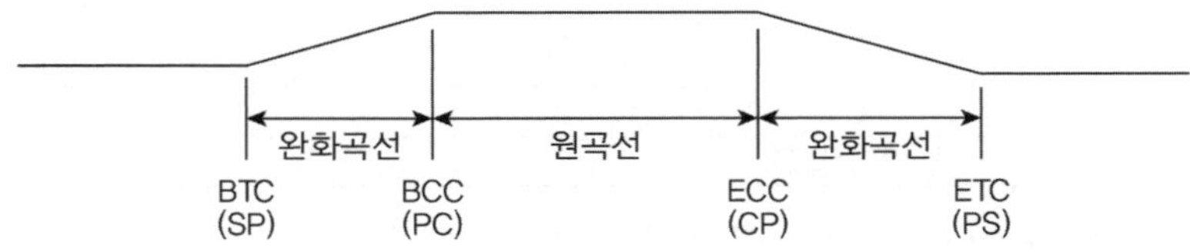

- BTC(Begining Transition Curve), SP(Straight Parabola)
- BCC(Begining Circular Curve), PC(Parabola Curve)

- ECC(Ending Circular Curve), CP(Curve Parabola)
- ETC(Ending Transition Curve), PS(Parabola Straight)
- TL(tangent length) : 접선길이
- CL(curve length) : 곡선길이
- TCL : 완화곡선장

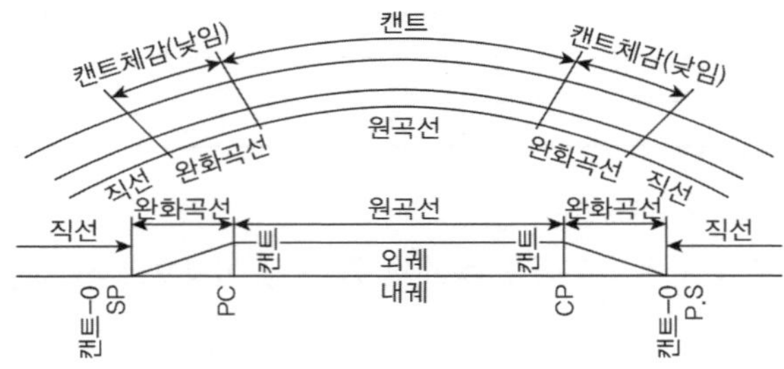

완화곡선과 캔트체감

2-1-5 기울기(구배) (01,06,09,12기사, 06산업)

1. 종류

1) 최급기울기 : 열차운전구간 중 가장 경사가 심한 기울기
2) 제한기울기 : 기관차의 견인정수를 제한하는 기울기로서 반드시 최급기울기와 일치하는 것은 아님
3) 타력기울기 : 제한기울기보다 심한 기울기라도 연장이 짧을 경우 열차의 타력에 의하여 통과할 수 있는 기울기
4) 표준기울기 : 열차운전계획상 정거장 사이마다 산정된 기울기로서 역간 임의거리 1km의 연장 중 가장 심한 기울기로 산정
5) 가상기울기 : 기울기선을 운전하는 열차의 속도선도(velocity head)의 변화를 기울기로 환산하여 실제 기울기에 대수적으로 가산한 것으로 열차운전 시·분에 적용된다.

2. 선로의 기울기

1) 본선의 기울기는 설계속도에 따라 다음 표의 값 이하로 하여야 한다.

설계속도 V(km/h)		최대기울기(‰)
여객전용선	$V \leq 400$	35[1),2)]
여객화물혼용선	$200 < V \leq 250$	25
	$150 < V \leq 200$	10
	$120 < V \leq 150$	12.5
	$70 < V \leq 120$	15
	$V \leq 70$	25
전기동차전용선		35

1) 연속한 선로 10km에 대해 평균기울기는 1,000분의 25 이하여야 한다.
2) 기울기가 1,000분의 35인 구간은 연속하여 6km를 초과할 수 없다.
주) 단, 선로를 고속화하는 경우에는 운행차량의 특성 등을 고려하여 열차운행의 안전성이 확보되는 경우에는 그에 상응하는 기울기를 적용할 수 있다.

2) 부득이한 경우 최대 기울기 값을 다음에서 정하는 크기까지 다르게 적용할 수 있다.

설계속도 V(km/h)	최대기울기(‰)
$200 < V \leq 250$	30
$150 < V \leq 200$	15
$120 < V \leq 150$	15
$70 < V \leq 120$	20
$V \leq 70$	30

주) 단, 선로를 고속화하는 경우에는 운행차량의 특성을 고려하여 그에 상응하는 기울기를 적용할 수 있다.

3) 본선의 기울기 중에 곡선이 있을 경우에는 제1항 및 제2항에 따른 기울기에서 다음 공식에 의하여 산출된 환산기울기의 값을 뺀 기울기 이하로 하여야 한다.

$$G_c = \frac{700}{R}$$

G_c : 환산기울기(‰)

R : 곡선반경(m)

4) 정거장의 승강장 구간의 본선 및 그 외의 열차정차구간 내에서의 선로의 기울기는 1,000분의 2 이하로 하여야 한다. 다만, 열차를 분리 또는 연결을 하지 않는 본선으로서 전기동차전용선인 경우에는 1,000분의 10까지, 그 외의 선로인 경우에는 1,000분의 8까지 할 수 있으며, 열차를 유치하지 아니하는 측선은 1,000분의 35까지 할 수 있다.

5) 종곡선 간 직선 선로의 최소 길이는 설계속도에 따라 다음 값 이상으로 하여야 한다.

$$L = 1.5\,V/3.6$$

L : 종곡선 간 같은 기울기의 선로길이(m)

V : 설계속도(km/h)

6) 운행할 열차의 특성을 고려하여 정지 후 재기동 및 설계속도로의 연속주행 가능성과 비상 제동 시 제동거리 확보 등 열차운행의 안전성이 확보되는 경우에는 본선 또는 기존 전기동차전용선에 정거장을 설치 시 기울기를 다르게 적용할 수 있다.

2-1-6 종곡선

1. 개요

선로의 기울기의 변화점에는 열차가 주행할 때 열차 전후방향으로 인장력과 압축력이 크게 작용하여 연결기의 파손 위험이 발생될 뿐만 아니라 차량이 부상되어 궤도방향으로 인장력과 횡압 등이 작용하여 탈선위험과 선로의 손상을 주게 되고 상하 동요가 증대되어 승차감을 악화시키고 있으며, 건축한계와 차량한계에 영향이 있으므로 이러한 악영향을 완화시키기 위하여 기울기 변화점에는 종곡선을 설치한다.

2. 종곡선 설치

선로의 기울기가 변화하는 곳에는 열차의 운행속도 및 차량의 구조 등을 고려하여 열차운행의 안전성 및 승차감에 지장을 주지 않도록 종곡선을 설치하여야 한다. 다만, 열차운행의 안전에 지장을 줄 우려가 없는 경우에는 그러하지 아니하다.

설계속도 V(km/h)	기울기 차(‰)
$200 < V \leq 400$	1
$70 < V \leq 200$	4
$V \leq 70$	5

1) 최소 종곡선 반경 (14기사)

설계속도 V(km/h)	최소 종곡선 반경(m)
$335 \leq V$	40,000
300	32,000
250	22,000
200	14,000
150	8,000
120	5,000
70	1,800

주) 이 외의 값은 다음의 공식에 의해 산출한다.

$$R_v = 0.35\,V^2$$

R_v : 최소 종곡선 반경(m)
V : 설계속도(km/h)
다만 종곡선 반경은 자갈도상 궤도는 25,000m, 콘크리트도상 궤도는 40,000m 이하로 하여야 한다.

2) 종곡선 연장은 20미터 이상으로 하여야 한다.

3) 종곡선은 직선 또는 원의 중심이 1개인 곡선구간에 부설해야 한다. 다만, 부득이한 경우에는 콘크리트도상 궤도에 한하여 완화곡선 또는 직선에서 완화곡선과 원의 중심이 1개인 곡선구간까지 걸쳐서 둘 수 있다.

3. 종곡선 부설식 (02,11기사)

종곡선 시·종점에서 기울기 변환점까지의 거리 l(m)과 종거 y(m)

$$l = \frac{R}{2,000}(m \pm n)$$

m, n : 인접기울기(‰)
$m+n$: 인접기울기의 변화방향이 다를 경우
$m-n$: 인접기울기의 변화방향이 같을 경우

$$y = \frac{x^2}{2R}$$

R : 종곡선의 반경(m)

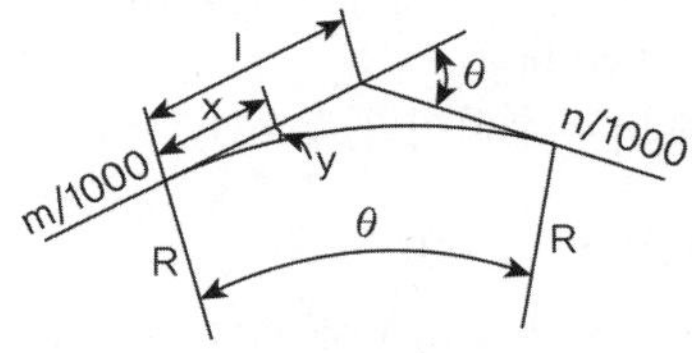

2-1-7 건축한계

1. 정의

건축한계란 열차 및 차량이 선로를 운행할 때 주위에 인접한 건조물 등이 접촉하는 위험성을 방지하기 위하여 일정한 공간으로 설정한 한계를 말한다.

1) 직선구간 : 2,100mm

2) 곡선구간의 확폭 : $W = \dfrac{50,000}{R}$ (mm)$\left(\text{전동차 전용선의 경우 } W = \dfrac{24,000}{R} \right)$

2. 캔트(차량 경사)에 의한 확폭

곡선에서는 캔트가 설치되며 내측 레일을 기준으로 외측 레일을 상승시키게 되므로 내측 레일 정점부를 기준하여 내측으로 경사된다. 이때 곡선구간의 건축한계는 차량의 경사에 따라 캔트량만큼 경사되어야 하나, 실제 구조물의 시공은 경사시킬 수 없으므로 편기되는 양만큼 확대하여 주되 선로 중심에서 구조물까지의 이격거리는 차량의 상부와 하부가 달라진다.

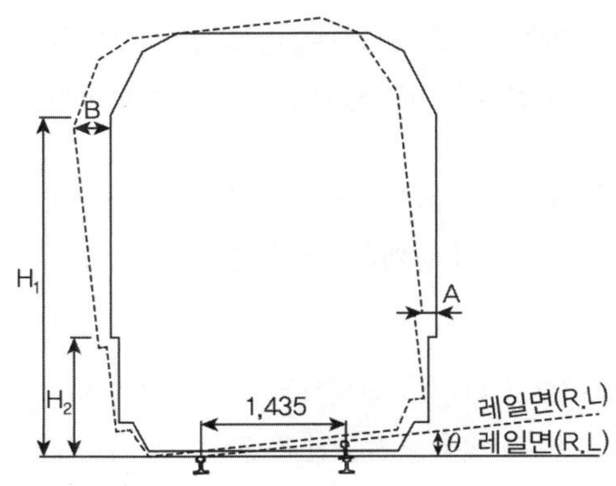

캔트에 의한 차량의 경사

상기 그림과 같이 캔트에 의해 차량이 θ만큼 경사되었다고 하면,

$\tan\theta = \frac{C}{G} = \frac{B}{H_1} = \frac{A}{H_2}$ 에 의해서,

① 내측편기량 $B = C \times \frac{H_1}{G} = C \times \frac{3,600}{1,500} = 2.4 \times C$

② 외측편기량 $A = C \times \frac{H_2}{G} = C \times \frac{1,250}{1,500} = 0.8 \times C$가 되며

내측으로는 확대, 외측으로는 축소가 되는 수치이다.

3. 슬랙에 의한 건축한계 확대 (03,20기사, 06산업)

1) 정의 : 슬랙은 R=600m 이하의 곡선에 설치하여야 하고 최대 30mm로 제한되어 있으며 곡선의 내측 레일을 확대하여야 한다. 따라서 슬랙에 의한 건축한계의 확대는 곡선의 내궤측에만 적용한다.

2) 건축한계의 설정 (03기사, 06산업) : 곡선부의 건축한계는 다음과 같다.

① 내궤 : $W_i = 2,100 + \frac{50,000}{R} + 2.4 \times C + S$

② 외궤 : $W_o = 2,100 + \frac{50,000}{R} - 0.8 \times C$

4. 건축한계의 체감

1) 완화곡선의 길이가 26m 이상인 경우 : 완화곡선 전체의 길이
2) 완화곡선의 길이가 26m 미만인 경우 : 완화곡선구간 및 직선구간을 포함하여 26m 이상의 길이
3) 완화곡선이 없는 경우 : 곡선의 시점·종점으로부터 직선구간으로 26m 이상의 길이
4) 복심곡선안의 경우 : 26m 이상의 길이, 이 경우 체감은 곡선반경이 큰 곡선에서 행함

2-1-8 궤도 중심간격

1. 정의

궤도가 2선 이상 부설되어 있을 경우 열차교행에 지장이 없고, 선로입환, 차량정비 등에 필요한 작업공간(safety zone)을 확보하며, 열차 내의 승객이나 승무원의 위험이 없도록 궤도 간에 일정한 거리를 두는 것을 말한다.

궤도 사이에 가공전차선 지주, 신호기, 급수주 등을 설치하는 경우 해당 부분만큼 확대하며, 선로 중심간격이 너무 넓게 되면 용지비와 건설비가 증대하므로 일정 한도를 정하여 설치한다.

2. 궤도 중심간격

1) 정거장 외의 구간에서 2개의 선로를 나란히 설치하는 경우에 궤도의 중심간격은 설계속도에 따라 다음 표의 값 이상으로 하여야 하며, 고속철도전용선의 경우에는 다음 각 호를 고려하여 궤도의 중심간격을 다르게 적용할 수 있다. 다만, 궤도의 중심간격이 4.3m 미만인 구간에 3개 이상의 선로를 나란히 설치하는 경우에는 서로 인접하는 궤도의 중심간격 중 하나는 4.3m 이상으로 하여야 한다.

설계속도 V(km/h)	궤도의 최소 중심간격(m)
$350 < V \leq 400$	4.8
$250 < V \leq 350$	4.5
$150 < V \leq 250$	4.3
$70 < V \leq 150$	4.0
$V \leq 70$	3.8

① 차량교행 시의 압력
② 열차풍에 따른 유지보수요원의 안전(선로 사이에 대피소가 있는 경우에 한함)
③ 궤도부설 오차
④ 직선 및 곡선부에서 최대 운행속도로 교행하는 차량 및 측풍 등에 따른 탈선 안전도
⑤ 유지보수의 편의성 등

2) 정거장(기지를 포함) 안에 나란히 설치하는 궤도의 중심간격은 4.3m 이상으로 하고, 6개 이상의 선로를 나란히 설치하는 경우에는 5개 선로마다 궤도의 중심간격을 6.0m 이상 확보하여야 한다. 다만, 고속철도전용선의 경우에는 통과선과 부본선간의 궤도의 중심간격은 6.5m로 하되 방풍벽 등을 설치하는 경우에는 이를 축소할 수 있다. (12기사)
3) 제1항 및 제2항에 따른 경우 선로 사이에 전차선로 지지주 및 신호기 등을 설치하여야 하는 때에는 궤도의 중심간격을 그 부분만큼 확대하여야 한다.
4) 곡선구간 궤도의 중심간격은 제1항부터 제3항까지의 규정에 따른 궤도의 중심간격에 건축한계 확대량을 더하여 확대하여야 한다. 다만, 궤도의 중심간격이 4.3m 이상인 경우에는 그러하지 아니하다.
5) 선로를 고속화하는 경우의 궤도의 중심간격은 설계속도 및 제1항 각호에서 정한 사항을 고려하여 다르게 적용할 수 있다.

3. 곡선구간 확대

곡선구간은 차량이 편기하므로 선로의 중심간격도 이에 따라 확대된다.

[참고] 일반적인 선로에서 선로 중심간격이 4.0m일 경우

$$A = 4.0 + \left(\frac{50,000}{R} + 2.4C + S\right) + \left(\frac{50,000}{R} - 0.8C\right)$$
$$= 4.0 + \frac{100,000}{R} + 1.6C + S$$

2-1-9 선로부담력

1. 정의

선로구조물을 설계할 때의 활하중으로 차량은 그 종류가 많아 차축 수, 축중, 축거 등이 각각의 차량마다 모두 달라 이들을 감안하여 설계할 수 없으므로 궤도와 노반에 미치는 응력을 구하는 설계표준활하중을 정하였다.

2. 표준활하중 (11,12기사, 10산업)

당초 표준활하중은 1·2급선에서 L－22, 3·4급선에서 L－18로 구분하였으나, 선로의 등급에 따라 운행할 차량을 별도로 제작할 수 없을 뿐만 아니라 각 선구간 연계운행을 하여야 하므로 다음과 같이 정한다(철도건설규칙 개정에 따라 급선별 규정은 삭제되었다).

1) 여객/화물 혼용인 일반철도 LS－22 표준활하중
2) 전기동차전용선은 EL 표준활하중
3) 고속철도전용선은 HL－25 표준활하중 또는 HL－25 여객전용 표준활하중

2-1-10 시공기면 폭

토공구간에서의 궤도 중심으로부터 시공기면의 한쪽 비탈머리까지의 거리를 시공기면의 폭이라 한다. 시공기면의 폭은 열차풍에 대한 유지보수요원의 안전거리 확보와 안전지대 및 통로 확보를 기준으로 가능한 한 넓게 하는 것이 바람직하나 너무 넓게 하면 용지폭의 증대는 물론 건설비가 증가하고 배수면적이 크게 불리하다.

1. 직선구간

설계속도에 따라 다음 표의 값 이상

설계속도 V(km/h)	최소 시공기면의 폭(m)	
	전철	비전철
$350 < V \le 400$	4.5	－
$250 < V \le 350$	4.25	－
$200 < V \le 250$	4.0	－
$150 < V \le 200$	4.0	3.7
$70 < V \le 150$	4.0	3.3
$V \le 70$	4.0	3.0

2. 곡선구간

곡선구간의 시공기면 폭은 도상의 경사면이 캔트에 의하여 늘어난 폭만큼 더하여 확대한다(다만, 콘크리트도상의 경우에는 확대하지 않음).

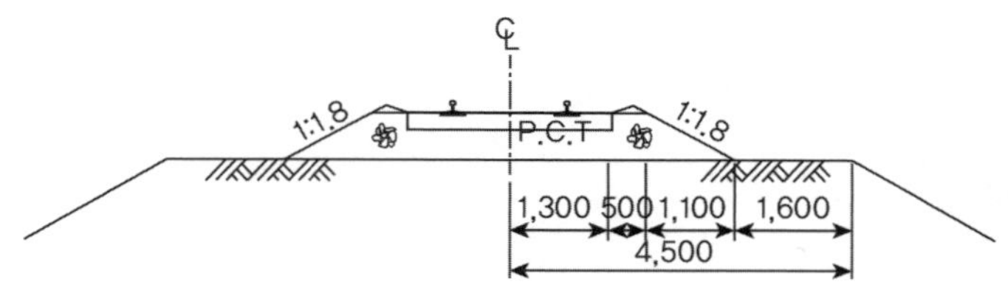

고속선 시공기면의 폭(자갈도상)

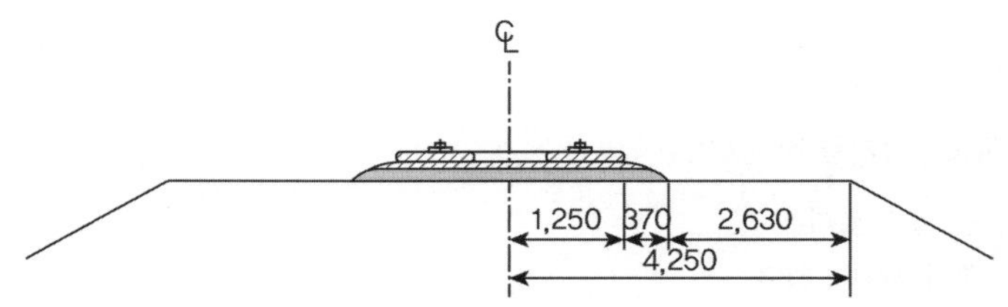

고속선 시공기면의 폭(콘크리트도상)

2-1-11 선로설계 시 유의사항

1) 선로 구조물 설계 시 여객/화물 혼용선은 KRL2012 표준활하중, 여객전용선은 KRL2012 표준활하중의 75%를 적용한 KRL2012 여객전표 표준활하중, 전기동차전용선은 EL 표준활하중을 적용하여야 한다. 다만, 필요한 경우에는 실제 운행될 열차의 하중 및 향후 운행될 가능성이 있는 열차의 하중에 대하여 안전성이 확보되는 열차하중을 적용할 수 있다.

2) 도상의 종류 및 두께와 레일의 중량 등의 궤도구조를 설계할 때에는 다음 각 호에 따라 구조적 안전성 및 열차의 운행 안전성이 확보되도록 하여야 한다. (20기사)

① 도상의 종류는 해당 선로의 설계속도, 열차의 통과 톤수, 열차의 운행 안전성 및 경제성을 고려하여 정하여야 한다.

② 자갈도상의 두께는 설계속도에 따라 다음 표의 값 이상으로 하여야 한다. 다만, 자갈도상이 아닌 경우의 도상의 두께는 부설되는 도상의 특성 등을 고려하여 다르게 적용할 수 있다.

설계속도 V(km/h)	최소 도상두께(m)
$230 < V \leq 350$	350
$120 < V \leq 230$	300
$50 < V \leq 120$	270*
$V \leq 70$	250*

* 장대레일인 경우 300mm로 한다.
* 최소 도상두께는 도상매트를 포함한다.

③ 레일의 중량은 설계속도에 따라 다음 표의 값 이상으로 하는 것을 원칙으로 하되, 열차의 통과 톤수, 축중 및 운행속도 등을 고려하여 다르게 조정할 수 있다.

설계속도 V(km/h)	레일의 중량(kg/m)	
	보선	측선
$V > 120$	60	50
$V \leq 120$	50	50

2-1 기출문제

1. 궤간 중 광궤의 장점 5가지를 적으시오. (10기사)

해설 1) 높은 속도를 낼 수 있다.
2) 수송력을 증대시킬 수 있다.
3) 열차의 주행 안전성을 증대시키고 동요를 감소시킨다.
4) 차량의 폭이 넓어 용적이 크므로 수송 효율이 향상된다.
5) 기관차에 직경이 큰 동륜을 사용할 수 있어 고속에 유리, 차륜의 마모가 적다.

2. 국철의 채택하고 있는 완화곡선의 형식은 무엇인가? (02산업)

해설 3차 포물선

3. 최소 곡선반경 결정 시 고려사항 3가지를 적으시오. (05산업)

해설 1) 궤간
2) 열차속도
3) 차량의 고정축거(4.75m)

4. 곡선의 다음 기호(SP, PC, CP, PS, TCL)를 설명하시오. (01산업)

해설 1) SP(BTC) : 완화곡선 시점
2) PC(BCC) : 원곡선 시점
3) CP(ECC) : 원곡선 종점
4) PS(ETC) : 완화곡선 종점

5. 평면곡선 종류를 기술하시오. (02산업)

해설 1) 원곡선 : 단곡선, 복심곡선, 반향곡선
2) 완화곡선

6. 다음 기울기의 종류에 대하여 설명하시오. (06,09,12기사)

해설 1) 최급기울기 : 열차운전구간 중 가장 경사가 심한 기울기
2) 제한기울기 : 기관차의 견인정수를 제한하는 기울기
3) 타력기울기 : 제한기울기보다 심한 기울기라도 연장이 짧을 경우 열차의 타력에 의하여 통과할 수 있는 기울기
4) 표준기울기 : 열차운전계획상 정거장 사이마다 산정된 기울기로서 역간 임의거리 1km의 연장 중 가장 심한 기울기로 산정
5) 가상기울기 : 기울기선을 운전하는 열차의 베로시티 헤드의 변화를 기울기로 환산하여 실제 기울기에 대수적으로 가산한 것으로 열차운전 시·분에 적용된다.

7. 종곡선을 삽입해야 하는 이유에 대하여 3가지를 쓰시오. (보선)

해설 1) 선로의 기울기의 변화점에는 열차가 주행할 때 열차 전후방향으로 인장력과 압축력이 크게 작용
2) 연결기의 파손 위험이 발생
3) 차량이 부상되어 궤도방향으로 인장력과 횡압 등이 작용하여 탈선위험
4) 상하 동요가 증대되어 승차감을 악화

8. A점의 지반고가 3m이고, B점의 지반고가 15m이며, 두 점 간의 수평거리가 1,000m일 때 기울기율을 천분율로 표시하면 얼마인가? (06산업)

해설 B지점과 A지점과의 지반고 차이는 12m, 수평거리 1,000m이므로 기울기율은 12‰이다.

9. 종곡선의 반경 $R=4{,}000$m, $x=20$m일 때 l과 y를 구하시오. (단, 기울기는 $+12‰$, $-8‰$) (02,11기사)

해설 $l=\dfrac{R}{2{,}000}(m\pm n)=\dfrac{4{,}000}{2{,}000}(12-(-8))=40\text{m}$

$y=\dfrac{x^2}{2R}=\dfrac{20^2}{2\times 4{,}000}=0.05\text{m}=50\text{mm}$

10. 종곡선은 원곡선으로 설계하고 있으며 그 반경의 크기를 결정(설치목적)하는 요인을 3가지 이상 기술하시오.

해설 1) 평면곡선과 경합에 의한 탈선방지
2) 건축한계 및 차량한계와의 관계
3) 차량부상에 대한 안전도

11. $R=500$m, $C=0$, $S'=0$일 때 곡선 내외 측 건축한계를 구하시오. (02,03기사, 06산업)

해설 1) 내궤의 건축한계

$$W_i=2{,}100+\frac{50{,}000}{R}+2.4C+S=2{,}100+\frac{50{,}000}{500}+2.4\times 100+0=2{,}440\text{mm}$$

2) 외궤의 건축한계

$$W_o=2{,}100+\frac{50{,}000}{R}-0.8C=2{,}100+\frac{50{,}000}{500}-0.8\times 100=2{,}120\text{mm}$$

12. 곡선반경 $R=600$, $C=150$mm, $S'=0$일 때 곡선의 건축한계 확폭량은 얼마인가? (01,03,20기사)

해설 1) 내궤의 건축한계 $W_i=2{,}100+\dfrac{50{,}000}{R}+2.4\times 150+8=2{,}551\text{mm}$

2) 외궤의 건축한계 $W_o=2{,}100+\dfrac{50{,}000}{R}-0.8\times 150=39\text{mm}$

13. 이론상 분기 교차점 옆에 기둥을 설치하려고 하는데, 장항선에서 건축한계는 2,100mm이며, 궤간은 1,435mm일 경우 기본선(축)으로부터 이격되어야 할 거리는? (03,11,12기사)

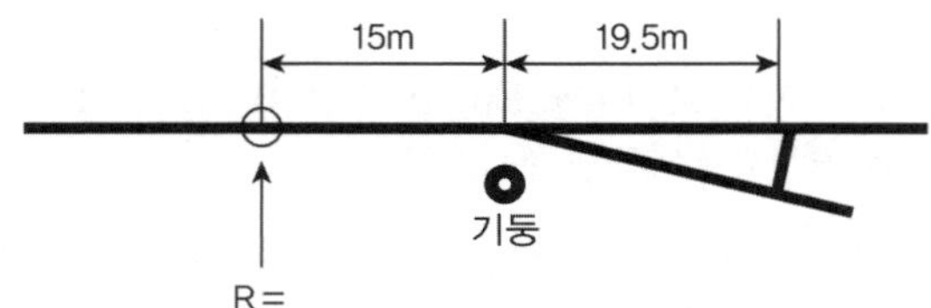

해설 분기기 이론교점 구간은 캔트와 슬랙에 의한 건축한계 확폭은 없으나 곡선반경에 의한 확폭과 선로가 분기하면서 발생한 곡선종거에 의한 확폭을 감안해야 한다.

1) 곡선반경에 의한 건축한계 확폭

$$W=\frac{50,000}{R}=\frac{50,000}{370}\fallingdotseq 135\text{mm}$$

2) 분기기 이론교점에서의 이격거리(곡선종거에 의한 확폭)

$$B=\frac{X^2}{2R}(\text{m})=\frac{15^2}{2\times 370}\fallingdotseq 305\text{mm}$$

$\therefore\ 2,100+W+B=2,100+135+305=2,540\text{mm}$

14. 궤도 중심간격 4m, 캔트 조정치 $C'=100$mm, $V=150$km/h, $R=1,000$m일 때 다음 물음에 답하시오. (단, 슬랙 무시) (12기사, 10산업)

1) 곡선에 따른 확대량
2) 내측 편기량
3) 외측 편기량
4) 궤도 중심 간격

해설 1) 곡선에 따른 확대량 : 50,000/R이므로 50mm

2) 내측 편기량 : $B=2.4\times C=2.4\times 165=396\text{mm}\left(C=11.8\frac{V^2}{R}-C'\fallingdotseq 165\right)$

3) 외측 편기량 : $A=0.8\times C=0.8\times 165=132\text{mm}$

4) 궤도 중심간격 : $4,000+\left(\frac{50,000}{R}+2.4C+S\right)+\left(\frac{50,000}{R}-0.8C\right)$

$=4,000+(50+396+0)+(50-132)=4,364\text{mm}$

15. 주요 속도별 최소 종곡선 반경을 쓰시오. (14,15기사)

설계속도 V(km/h)	최소 종곡선 반경(m)
$335\leq V$	
300	
250	
200	
150	
120	
70	

해설

설계속도 V(km/h)	최소 종곡선 반경(m)
$335 \leq V$	40,000
300	32,000
250	22,000
200	14,000
150	8,000
120	5,000
70	1,800

16. 수평 거리 5km, 높이 150m일 때 기울기와 빗변의 길이를 구하시오. (10산업)

해설 1) 기울기 : 30‰(철도는 천분율이므로 5,000 : 150 = 1,000 : x에서 기울기 x = 30‰)

2) 빗변의 길이 : 5,002m($L^2 = 5,000^2 + 150^2$에서 $L = 5,002.25 \fallingdotseq 5,002$m

17. 설계속도 150km/h인 경우, 도상의 두께와 본선과 측선에서 사용하는 레일의 중량을 쓰시오. (20기사)

해설 • 도상의 두께 : 300mm

• 본선 레일 중량 : 60kg

• 측선 레일중량 : 50kg

2-2 노반시설물 설계하기

2-2-1 토공

1. 토공노반의 기능

1) 열차가 안전하게 주행하기 위해 궤도를 견고하게 지지해야 한다.
2) 적당한 탄성을 가지고 궤도를 지지하여야 한다.
3) 기초지반의 연약화를 방지해야 한다.
4) 열차하중을 기초지반으로 분산전달하여야 한다.
5) 배수기울기를 두어 우기 시 신속하게 자연배수되도록 한다.

2. 토공노반의 구분

1) 토공노반은 깎기, 원지반 및 돋기노반으로 구분, 돋기노반은 상부노반 하부노반으로 구분한다.
2) 상부노반은 시공기면에서 1.5m 깊이에 있는 흙쌓기노반이며 하부노반은 상부노반 아랫부분부터 원지반까지 흙쌓기노반으로 구분한다.
3) 상부노반은 흙노반과 강화노반으로 구분한다.

3. 강화노반

1) 설치목적
   ① 궤도를 충분히 지지하고 궤도에 대하여 적당한 탄력을 줌
   ② 상부노반의 연약화를 방지
   ③ 간극수압 상승 및 노반 액상화 방지
   ④ 구조물 접속부와의 강도를 균일하게 유지

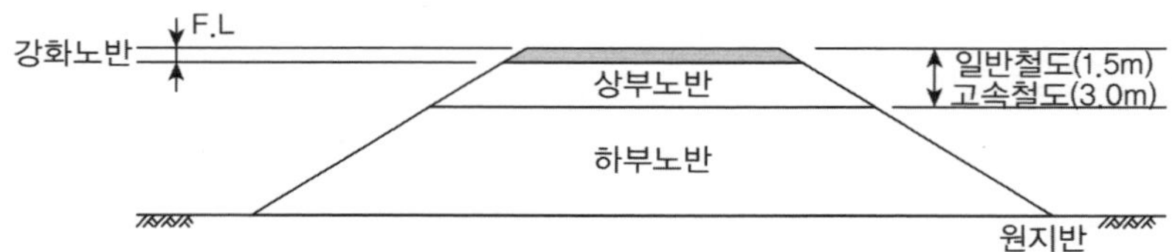

2) 종류
   ① 쇄석강화노반 : 쇄석, 슬래그, 아스콘 강화노반
   ② 흙강화노반
3) 강화노반 설치 기준
   ① 강화노반의 폭은 시공기면 전체에 설치할 필요는 없으며 열차하중을 받는 범위를 고려하여 정한다.
   ② 곡선구간은 캔트에 의해 도상하단이 넓어지므로 이를 고려하여 정한다.
   ③ 강화노반 표면에 배수구를 설치한 상태에서 궤도 중심으로부터 기면턱까지로 한다.

4) 강화노반의 두께

〈장대레일의 경우 노반조건별 강화노반의 두께〉 (단위 : mm)

구분 / 노반조건	입도조정 쇄석 또는 고로슬래그 쇄석(mm)	배수층	수경성 입도 조정 고로슬래그 쇄석(mm)	배수층
흙쌓기 K_{30}* ≥ 11×10⁴KN/m³	200	0	150	0
흙쌓기 7×10⁴ ≤ K_{30} ≤ 11×10⁴KN/m³	350	0	250	0
땅깎기, 평지 K_{30} ≥ 11×10⁴KN/m³	200	150	150	150
땅깎기, 평지 7×10⁴ ≤ K_{30} ≤ 11×10⁴KN/m³	350	150	250	150

* K_{30} : 재하판의 직경 30cm의 지지력 계수

4. 흙쌓기

1) 흙쌓기 두께 : 한 층의 마무리 두께는 다짐 규정을 만족하는 두께로 하여 300mm를 넘지 않는 것을 표준으로 한다.

2) 흙쌓기 높이 : 높이의 적용 한계는 지지지반, 지형 및 지반지질, 지반모양, 흙쌓기 재료, 주변 환경조건, 건설비 및 보수비 등을 고려하여 시행하며, 최대높이는 10m 전후로 하고 부득이한 경우는 더 높게 할 수 있다.

5. 땅깎기

1) 땅깎기의 기울기는 지반조사 및 시험성과, 시추조사 시 코아회수율(TCR) 및 암질지수(RQD), 불연속면의 특성, 풍화 정도 등을 고려하여 구간별 기울기 안정분석을 실시하고 결정하는 것을 원칙으로 한다.

2) 소단은 토사비탈면의 경우 폭 1.5m를 표준으로 하고 비탈높이가 10m 이상일 경우에는 매 5.0m마다 설치한다. 이때 5%의 횡단기울기를 둔다.

3) 땅깎기 높이가 20m 이상의 장대 비탈면 소단은 보수유지관리 작업 등을 위하여 20m마다 폭 3~4m 정도의 소단을 설치하는 것이 바람직하다.

6. 비탈면 보호공

우기시나 해빙기에 붕괴로 선로가 피해를 입어 열차운행에 지장을 주기 때문에 이를 방지하기 위해 비탈면 보호공 설계하며, 땅깎기 구간과 흙쌓기 구간으로 구분하여 비탈면 보호공을 설치한다.

1) 비탈면 보호공의 종류와 주목적

구분	보호공	주요 목적
식생공	seed spray, 녹생토, 줄떼, 평떼, 거적덮기	식생에 의한 비탈면 보호, 녹화, 구조물에 의한 보호공과의 병용
구조물에 의한 보호공	콘크리트 블록 격자공, 모르타르 뿜어붙이기공, 돌붙임공	비탈표면부의 풍화 침식 및 동상 등의 방지
	현장타설 콘크리트 격자공, 비탈면 앵커공	비탈표면부의 붕락방지, 약간의 토압을 받는 흙막이
	비탈면 돌망태공, 콘크리트 블록 정형공	용수가 많은 곳, 부등침하가 예상되는 곳
	블록쌓기, 석축쌓기	흙막이

2) 흙쌓기 비탈면 보호공

① 흙쌓기 비탈면 보호공은 식생공을 표준으로 한다.

② 비탈표면의 침식방지와 표층토의 강화를 위해 식생공, 돌붙여깔기공, 격자틀공, 블록붙임공 등의 비탈면 보호공을 설계한다.

7. 토공정규 및 토공유용곡선

1) 토공정규(roadway diagraph) : 시공기면을 포함한 철도선로의 도상, 깎기, 돋기의 비탈 등 노반 횡단형상과 시공기면 이상 부분의 주요 치수를 도시한 것을 말한다.

2) 토공유용곡선(earth work balancing curve) : 경제적인 토공은 토공량을 적게 하는 것은 물론, 깎기와 쌓기의 량이 유용될 수 있는 범위 내에서 균형을 이루어야 한다. 깎기량과 쌓기량의 균형을 위하여 선로 중심선과 기공기면 높이를 변경시킬 수 있으므로 시행법을 써서 결정한다. 이때 토공유용곡선이 이용된다.

2-2-2 교량

경간이 1m 이상이고 2경간 이상의 전장이 5m 미만일 때는 구교, 양교대면간이 5m 이상일 때는 교량이라 한다.

1. 설계 기본

1) 설계의 원칙

① 철도교량은 안전하고도 경제적이며 목적에 적합해야 한다.

② 일반적으로 교량 및 부재의 강도, 안정, 변형, 내구성 등에 대하여 검토

③ 지진의 영향을 고려하는 경우 구조물의 내진설계 시행

2) 설계계산

① 강철도교는 허용응력 설계법을 따른다.

② 콘크리트 철도교 구조물의 설계는 강도설계법으로 하는 것을 원칙으로 한다.

③ 구조물의 변형은 일반적으로 열차의 주행안전성을 고려한 허용변위량 이내여야 한다.

2. 설계하중

1) 하중의 종류

구분	하중의 종류
주하중(P)	고정하중, 활하중, 충격, 원심하중, 장대레일종하중, 프리스트레스, 크리프 및 건조수축, 토압
부하중(S)	차량횡하중, 시동하중 또는 제동하중, 풍하중
주하중에 해당하는 특수하중(PP)	설하중, 지반변동의 영향, 지점이동의 영향, 파압
부하중에 해당하는 특수하중(PA)	온도변화의 영향, 가설 시 하중, 충돌하중, 탈선하중, 지진의 영향

2) 장대레일 종하중

① 장대레일 종하중은 1궤도당 10kN/m로 하고 작용위치는 레일면상으로 한다.

② 궤도 및 교량의 구조형식, 거더길이, 장대레일 신축이음, 지점의 배치 등을 고려하여 1궤도당 2,000kN을 초과하지 않도록 한다.

3. 기초형식

1) 직접기초, CAISSON기초, 말뚝기초의 세 가지 형식으로 대별된다.

2) 기초형식의 선정기준

구분			선정 기준	기타
직접기초 (얕은기초)			• 지지층 심도 : 6.0m 이하 • 연직하중 : 제한 없음 • 터파기 영향권 내 장애물이 없고 시공 중 배수처리가 곤란하지 않을 것	• 터파기 영향권 내에 장애물이 있거나 시공 중 배수처리가 곤란한 경우 • 일부 구간 선단지지력 확보가 어려운 구간에서는 Mass기초로 적용
깊은기초	말뚝기초	항타공법	• 지지층 심도 : 6.0~60.0m • 연직하중 : 500t 이내 • 자갈, 호박돌, 전석층이 없고 소음, 진동에 무관한 지역	• 진동 및 소음에 영향이 없는 농경지 통과 구간 적용 • 지지층 6m 이상
		매입공법	• 지지층 심도 : 6.0~60.0m • 연직하중 : 500t 이내	지층 내에 자갈, 호박돌, 전석층 등이 존재하거나 소음, 진동이 문제가 되는 구간 적용
	현장타설 말뚝		• 지지층 심도 : 10.0~60.0m • 연직하중 : 1,500t 이내 • 인접 구조물에 대한 영향이 큰 지역	하천이 유심부 및 소음, 진동이 문제가 되는 구간 적용

2-2-3 터널공

1. 계획일반

1) 지역여건, 지형상태, 토지이용 현황 및 장래전망, 지반조건 등 사전조사 성과를 기초로 하여 계획한다.

2) 터널의 내공단면의 크기는 단선터널, 복선터널, 대단면터널로 구분하고 터널의 기능과 목적에 따라 계획한다.

3) 터널의 길이에 따라 1,000m 미만은 짧은 터널, 1,000~5,000m는 장대터널, 5,000m 이상은 초장대터널로 구분한다.

2. 설계의 기본요건

1) 기본사항

① 평면 및 종단선형

② 굴착 대상지반의 분석 및 분류

③ 터널단면의 형상

④ 굴착공법 및 굴착방법

⑤ 각종 지보재의 규격 및 시공순서

⑥ 필요한 보조공법

⑦ 방수 및 배수 공법

⑧ 콘크리트 라이닝 시공

⑨ 계측계획 및 수행방법

⑩ 환기, 방재 등을 비롯한 각종 부대시설

⑪ 터널시공에 따른 환경영향 분석

2) 안정성 확보를 우선으로 하고 지보재가 최적화되도록 설계

3) 신선한 암반을 통과하는 터널은 지보재의 내구성이 확보될 경우 콘크리트 라이닝의 역할을 분석하여 이의 미설치 여부를 검토
4) 터널시설에 사용하는 재료는 화재에 대한 내화성을 지닌 재료를 사용
5) 향후 운영 시의 유지관리에 필요한 사항을 고려

3. 터널 배수의 종류

1) 터널은 지하수의 처리방법에 따라 배수형과 비배수형으로 구분
2) 배수형 터널
   ① 완전 배수형 : 터널 내부의 전주면으로 배수
   ② 부분 배수형 : 쾌적한 공간을 제공할 목적으로 터널 천단과 측벽에만 방수막을 설치하여 유입수를 한곳으로 유도하여 배수
   ③ 외부 배수형 : 유해 지하수로부터 터널 내부 시설물이나 콘크리트 라이닝을 보호하기 위하여 콘크리트 라이닝 외부 전체를 방수막으로 둘러싸고 그 밖으로 배수로를 설치하여 배수
3) 비배수형 터널 : 지하수가 터널 내부로 유입될 수 없도록 완전히 차단하는 방수형식으로 콘크리트 라이닝에 지하수위 조건에 따른 수압이 작용

2-2-4 배수시설

1. 배수시설의 구분

철도노반의 배수시설은 표면배수, 지하배수, 선로횡단배수로 구분한다.

2. 표면배수

노반상의 표면수를 배수하기 위하여 강화노반의 경우 비탈어깨 부근에 배수를 저해하는 케이블 덕트 등이 있는 흙노반의 경우에는 선로 측구를 설치한다.

1) 노반상면배수 : 정거장 내 배수, 선로측구 배수, 선로간 배수
2) 비탈면 배수 : 산비탈어깨 배수, 성토끝 배수, 소단배수, 산비탈면 배수
3) 인접지 배수 : 선로측구 배수
4) 배수시설의 형식 및 설치개소 : 강화노반은 시간당 유출량이 많으므로 표면수를 직접 비탈면으로 유출시키면 비탈면이 침식되어 붕괴 우려가 있으므로 노반 양측에 선로 측구를 설계한다.

목적	형식	명칭	설치 개소
노반의 표면배수	배수구	선로 측구	• 강화노반 • 비탈어깨부근에 배수를 저해하는 케이블덕트 등이 있는 흙노반
		선로 간 배수구	• 2복선 이상의 구간 • 복선 이상에 시공기면에 단차가 있는 구간 • 노반표면의 횡단구배가 ⊔로 되는 구간
	배수관	선로 횡단 배수공	• 구배구간에 설치된 구조물의 상방 개소 • 종단 구배가 ⊔로 된 개소 • 선로 사이의 배수구와 선로 측구 연결개소 • 땅깎기 구간이 긴 경우 하류측의 땅깎기와 흙쌓기의 경계구역

3. 지하배수

1) 땅깎기부 지하배수

2) 흙쌓기부 지하배수

3) 땅깎기와 흙쌓기 경계부 지하배수

4. 선로횡단배수

1) 선로횡단 배수는 선로 간 배수구와 종단 배수로가 연결되는 개소에 설계한다.

2) 하향구배 구간에 설치된 구조물의 위쪽에 설계한다.

2-2 기출문제

1. **선로공사 시 총공사비는 무엇을 말하는지 쓰시오.** (06기사)

해설 건설사업에 소요되는 모든 경비를 말한다.

1) 공사비

2) 보상비 : 용지 보상비 등

3) 시설부대경비 : 감리비, 설계비, 시설부대비 등

2-3 궤도시설물 설계하기

2-3-1 궤도

1. 궤도의 구성

1) 철도선로는 열차 또는 차량을 운행하기 위한 전용통로의 총칭이며 궤도, 노반 및 선로구조물로 구성된다.
2) 궤도는 레일과 그 부속품, 침목과 도상으로 이루어지며 선로의 중심 부분이다.
3) 견고한 노반 위에 도상을 정해진 두께로 포설하고, 그 위에 침목을 일정한 간격으로 부설한 후 침목 위에 두 줄의 레일을 소정의 간격으로 평행하게 부설한 것이다.
4) 시공기면 아래의 노반과 함께 열차의 하중을 직접 지지하는 역할을 담당한다.

콘크리트 궤도(지하 승강장 구간)

도상자갈 궤도(PC침목 부설)

2. 궤도구조의 구비 조건 (01,02,04,06,12기사)

1) 차량의 동요와 진동이 적을 것
2) 승차감이 양호할 것
3) 차량의 원활한 주행과 안전이 확보될 것
4) 열차의 충격에 견딜 수 있는 강한 재료일 것

5) 열차하중을 시공기면 아래의 노반에 균등하고 광범위하게 전달할 것
6) 궤도틀림이 적고 열화 진행은 완만할 것
7) 보수작업이 용이하고, 구성 재료의 교환은 간편할 것
8) 궤도재료는 경제적일 것

3. 궤도의 구성요소 (04,09,12기사, 08산업)

1) 레일
   ① 열차하중을 침목과 도상을 통하여 광범위하게 노반에 전달
   ② 평활한 주행면을 제공하여 차량의 안전운행 유도
2) 레일 이음매 및 체결장치
   ① 이음매 이외의 부분과 강도와 강성이 동일
   ② 구조가 간단하고 설치와 철거가 용이
   ③ 열차하중과 진동을 흡수(완충)할 수 있는 탄성력을 가질 것
   ④ 레일의 이동, 부상, 경사를 억제할 수 있는 강도를 가질 것
   ⑤ 곡선부의 원심력 등에 의한 차륜의 횡압력에 저항할 수 있을 것
3) 침목
   ① 레일을 견고하게 체결하는 데 적당하고 열차하중 지지
   ② 강인하고 내충격성 및 완충성이 있어야 함
4) 도상
   ① 레일 및 침목 등에서 전달된 하중을 널리 노반에 전달
   ② 침목을 소정 위치에 고정
5) 레일 이음매
   ① 구비 조건
      - 이음매 이외의 부분과 강도와 강성이 동일할 것
      - 구조가 간단하고 설치와 철거가 용이할 것
      - 레일의 온도신축에 대하여 길이방향으로 이동할 수 있을 것
      - 연직하중뿐만 아니라 횡압력에 대해서도 충분히 견딜 수 있을 것
      - 가격이 저렴하고 보수에 편리할 것
   ② 구조상의 분류 (14기사)
      - 보통 이음매
      - 특수 이음매 : 절연이음매, 이형이음매, 신축이음매, 용접이음매 등
   ③ 배치상의 분류 (04,09,13기사)
      - 상대식 이음매 : 좌우 레일의 이음매가 동일위치에 있는 것으로 소음이 크고 노화도가 심하나 보수작업은 상호식보다 용이
      - 상호식 이음매 : 편측 레일의 이음매가 타측 레일의 중앙부에 있는 것으로 충격과 소음이 작으나 보수작업이 불리

④ 침목위치상의 분류
- 지접법 : 이음매부를 침목 직상부에 두는 것
- 현접법 : 이음매부를 침목 사이의 중앙부에 두는 것
- 2정 이음매법 : 지접법에서 지지력을 보강, 2개의 보통침목 체결 지지
- 3정 이음매법 : 현접법과 지접법을 병용한 것

4. 선로개량 (03,07,09기사, 05산업)

1) 궤도구조 강화 : 레일중량화, 레일장대화, 2중탄성체결, PC침목화, 도상두께 증가, Slab 궤도도입, 강화노반, 분기기고번화
2) 선형개량 : 곡선반경확대, 완화곡선 신장, 캔트 재설정, 기울기 등 선형개량
3) 건널목 입체화
4) 궤도(레일) 구조강화 장점 (03,07,09기사, 05산업)
   ① 선로강도가 증대
   ② 열차안전운행의 확보
   ③ 선로보수비용의 절감
   ④ 선로용량의 증대
   ⑤ 레일수명의 연장

2-3-2 궤도에 작용하는 힘

1. 정의(특징)

1) 궤도에 작용하는 힘의 발생원인은 열차하중과 온도변화이며, 종류로는 수직방향의 힘, 횡방향의 힘, 종방향의 힘이 있다.

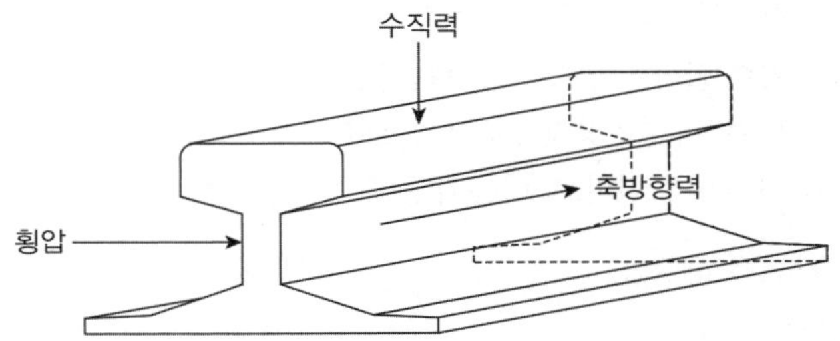

2) 특징
   ① 하중은 두개의 레일에 걸쳐 균등하게 분포되지 않으며 정량화하기가 매우 어렵다.
   ② 궤도에 작용되는 힘은 정하중과 동하중의 합이다.
   ③ 궤도에 발생되는 최대응력과 변형은 동하중하에서 발생하는 데 동하중은 정하중에 일정한 증가율을 곱하여 구한다.
   ④ 온도변화는 레일에 온도응력을 발생시키며 레일 내부에 압축력과 인장력을 발생시켜 좌굴의 원인이 된다.

2. 하중의 종류

1) 정적하중

① 차체중량

② 곡선과 분기기에서 원심력·구심력

③ 횡풍(橫風)

2) 동적 하중(열차운행된 영향)

① 궤도틀림(수평, 수직)

② 궤도강성

③ 침하

④ 용접부, 이음매

⑤ 분기기에서의 불연속

⑥ 불규칙한 레일 주행면

⑦ 고유진동 및 불규칙적인 차량운동

3. 수직방향의 힘(수직력 : 윤중 P) (14기사, 05산업)

1) 레일에 수직방향으로 작용하는 힘

2) 하중 종류

① 정적하중(정지 시)

- 정적윤중
- 캔트 부족량으로 인한 원심력의 수직하중
- 횡방향 바람에 기인한 수직하중

② 동적하중(주행 시)

- 곡선 통과 시의 전향횡압에 따른 윤중의 증감
- 곡선 통과 시의 불평형 원심력에 따른 윤중의 증감
- 차량 동요 관성력의 수직성분 : 정지차량의 약 20%
- 차륜 답면의 결함, 레일의 파상마모, 이음매 등에 의한 충격하중

4. 횡방향 힘(횡압 Q) (09기사, 09산업)

1) 레일에 평행하게 작용하는 힘

2) 동적하중은 사행동으로 인해 발생되며 산정이 매우 복잡

3) 종류

① 정적하중(정지 시)

- 차륜에 의해 곡선외측 레일에 발생하는 횡압
- 캔트 부족으로 인한 원심력에 의한 횡압
- 횡풍에 의한 풍력

② 동적하중(주행 시) (09산업)

- 곡선 통과 시의 전향횡압에 따른 횡압

- 곡선 통과 시의 불평형 원심력에 따른 좌우방향 성분
- 차량 동요에 따른 횡압
- 분기기 및 신축이음매 등 궤도의 특수개소에 있어서 충격력

5. 종방향 힘(축력)

1) 레일의 길이방향으로 작용하는 힘

2) 종류

   ① 레일의 온도하중

   ② 열차의 제동 및 시동 시 발생하는 마찰력

   ③ 차량이 레일 위를 고속으로 운행 시 발생하는 마찰력

   ④ 이음매 등 레일면 요철에 의한 충격으로 생기는 종방향 힘

   ⑤ 곡선부에서 내외측 레일에 차륜의 접촉으로 인하여 생기는 마찰력

6. 열차속도에 따른 상관관계

1) 기본적 접근방향

   ① 열차의 속도는 선로부담력과 함께 선로등급을 결정하는 제한요소가 되므로 열차속도에 따라 상급선으로 구분되며, 궤도구조는 열차속도에 대응하는 시설로 축조 필요

   ② 열차의 속도에 따라 궤도구조는 강성화, 중량화, 자갈두께 증가, 탄성화

   ③ 열차의 고속화, 고밀도, 중량화에 따라 보수체계는 유지·보수가 필요 없음

2) 궤도구조의 대응

   ① 레일 : 경량단척 → 정척연장 → 중량화 → 장대화 → 특수레일

   ② 침목 : 목침목 → RC침목 → PC침목 → 합성식 → 직결식 Slab 궤도

   ③ 도상 : 도상자갈 → 콘크리트도상 → Slab도상

   ④ 체결 : 일반체결 → 단탄성 → 이중탄성 → 완전탄성 → 다중탄성 → 방음완전형

   ⑤ 분기 : 일반분기 → 중량화 → 고번화 → 탄성분기 → 가동 Nose → 고속분기기

2-3-3 캔트

1. 정의

열차가 곡선구간을 통과할 때 차량에서 발생하는 원심력이 곡선 외측에 작용하여 차량이 외측으로 기울면서 승객의 몸이 외측으로 쏠리어 승차감을 해치고, 차량의 중량과 횡압이 외측 레일에 부담을 크게 주어 궤도의 보수량을 증가시키는 악영향이 발생한다. 이러한 악영향을 방지하기 위하여 외측 레일을 높여준다.

분기기 내의 곡선, 그 전후의 곡선, 측선 내의 곡선과 그 밖에 캔트를 부설하기 곤란한 개소에 있어서 열차의 주행 안전성을 확보한 경우에는 캔트를 두지 않을 수 있다.

2. 설정캔트 (03,04,05,20기사, 01,08,09산업)

곡선구간의 궤도에는 열차의 운행 안정성 및 승차감을 확보하고 궤도에 주는 압력을 균등하게 하기 위

하여 다음 공식에 의하여 산출된 캔트를 두어야 하며, 이때 설정캔트 및 부족캔트는 다음 표의 값 이하로 하여야 한다.

$$C = 11.8\frac{V^2}{R} - C_d$$

여기서, C : 설정캔트(mm)　　V : 설계속도(km/h)
R : 곡선반경(m)　　C_d : 부족캔트(mm)

설계속도 V(km/h)	자갈도상 궤도		콘크리트도상 궤도	
	최대 설정캔트(mm)	최대 부족캔트(mm)[1)]	최대 설정캔트(mm)	최대 부족캔트(mm)[1)]
$200 < V \leq 350$	160	80	180	130
$V \leq 200$	160	100[2)]	180	130[2)]

1) 최대 부족캔트는 완화곡선이 있는 경우, 즉 부족캔트가 점진적으로 증가하는 경우에 한한다.
2) 선로를 고속화하는 경우에는 최대 부족캔트를 120mm까지 할 수 있다.

3. 초과캔트

열차의 실제 운행속도와 설계속도의 차이가 큰 경우에는 다음 공식에 의해 초과캔트를 검토하여야 하며, 이때 초과캔트는 110mm를 초과하지 않도록 하여야 한다.

$$C_e = C - 11.8\frac{V_o^2}{R}$$

C_e : 초과캔트(mm)
C : 설정캔트(mm)
V_o : 열차의 운행속도(km/h)
R : 곡선반경(m)

4. 캔트의 체감 (02,05,12,14기사)

1) 완화곡선이 있는 경우 : 완화곡선 전체 길이
2) 완화곡선이 없는 경우 : 최소 체감길이(m)는 $0.6\Delta C$보다 작아서는 안 된다. 여기서 ΔC는 캔트변화량(mm)이다.

구분	체감 위치
곡선과 직선	곡선의 시·종점에서 직선구간으로 체감[1)]
복심곡선	곡선반경이 큰 곡선에서 체감

1) 직선구간에서 체감을 원칙으로 한다. 다만, 선로의 개량 등으로 부득이한 경우에는 곡선부에서 체감할 수 있다.

5. 캔트의 과다·과소 영향 (07,15기사)

1) 캔트 과다 : 열차하중은 내측 레일에 편기하여 내측 레일에 손상을 크게 주며, 레일의 경사 및 궤간의 확대가 생기는 등 궤도의 틀림을 조장하여 승차감을 나쁘게 한다.

2) 캔트 과소 : 열차하중이 원심력의 작용으로 외측 레일에 편기하여 외측 레일의 손상을 크게 하며 차량이 레일 위로 올라타서 탈선 위험을 초래하게 된다.

6. 교상에 캔트 붙이는 방법

1) 캔트를 붙이는 방법은 특별한 경우를 제외하고는 곡선의 안쪽 레일면을 기준으로 하여 바깥쪽 레일을 올려서 붙이되 무도상교량상에서의 캔트는 트러스거어더를 제외하고는 캔트량의 2분의 1은 거더의 보자리에 붙이고 나머지 2분의1은 패킹을 사용한다.
2) 트러스교량 및 교량 설계 시 특별히 캔트 설치방법을 명시한 경우에는 별도로 정할 수 있다.

2-3-4 슬랙

1. 정의 (02,03,07,08,15기사05,08산업)

철도차량은 2개 또는 3개의 차축을 대차에 강결시켜 고정된 프레임으로 차축이 구성되어 있어 곡선구간을 통과할 때, 전후 차축의 위치이동이 불가능할 뿐만 아니라 차륜에 플랜지(flange)가 있어 곡선부를 원활하게 통과하지 못한다. 그러므로 곡선부에서는 직선부보다 궤간을 확대시켜야 한다. 즉, 곡선의 외측 레일을 기준으로 내측 레일을 궤간 외측으로 확대하는 것을 슬랙이라 한다.

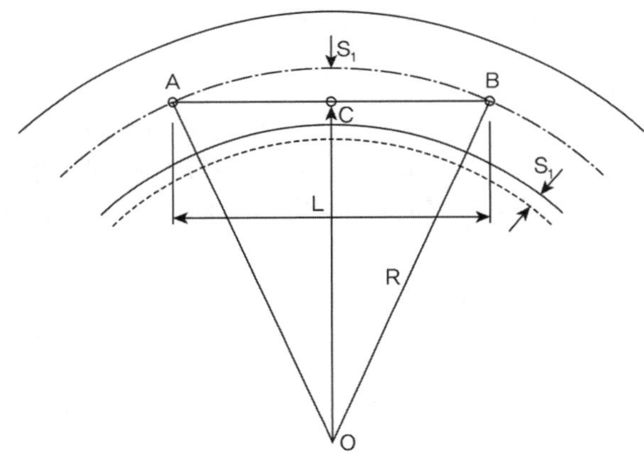

A, B : 고정축거의 중심점

C : 현의 중심점

L : 고정축거(m)

R : 곡선반경(m)

S_1 : 편기량

위의 그림과 같이 차량중심과 선로 중심과의 최대 편기는 A, B점의 중앙인 C점에서 발생한다. 이 편기량을 S_1 이라 하면,

$$\overline{AC}^2 = \overline{AO}^2 - \overline{CO}^2$$

여기서, $\overline{AC}=\dfrac{L}{2}$, $\overline{AO}=R$, $\overline{CO}=(R-S_1)$을 대입하면,

$$\left(\frac{L}{2}\right)^2 = R^2-(R-S_1)^2,\ \frac{L^2}{4}=2RS_1-S_1^2$$

여기서, S_1^2은 $2RS_1$에 비하여 극소하므로 무시하여도 차가 크지 않다.

즉, $\dfrac{L^2}{4}=2RS_1$, 따라서 $S_1=\dfrac{L^2}{8R}$ ---------①

①식은 이론적으로 구한 슬랙량이다. (02기사)

과거에는 실험상 고정축거 사이의 최대편기는 $\overline{AB}$의 중앙에서 생기지 않고, $\overline{AB}$의 3/4 위치에서 생긴다고 가정하여 고정축거를 더 길게 취하여 슬랙량을 크게 구하였다. 그러나 차량의 좌우선에 대한 정확한 수치 파악의 어려움을 해소하기 위한 수단이었기 때문에 이러한 가정은 실제로 슬랙량이 과다하여 레일의 마모를 크게 하였고, 차량의 사행운동이 발생하여 승객들에게 불쾌감을 증가시켰다. 그러므로 이러한 모순을 제거하기 위하여 슬랙량 산출식의 고정축거를 현재 운행 중인 디젤기관차 7,000대를 기준하여 3.75m로 축소하였다.

그러므로 고정축거 3.75m, 레일과 후렌지웨이 접촉거리 0.6을 고려하여 차륜과 레일의 접촉거리를 4.35m로 정하였다.

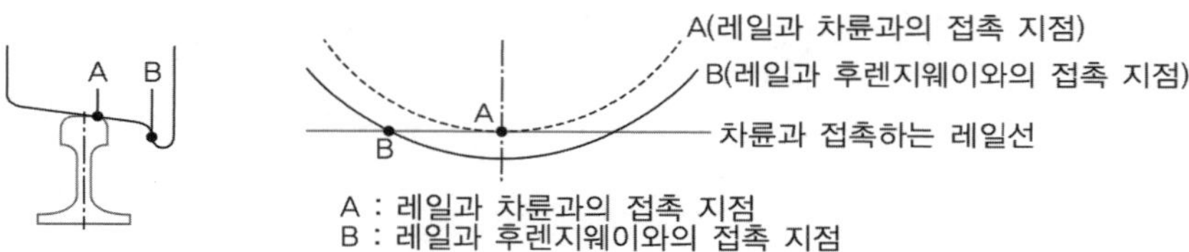

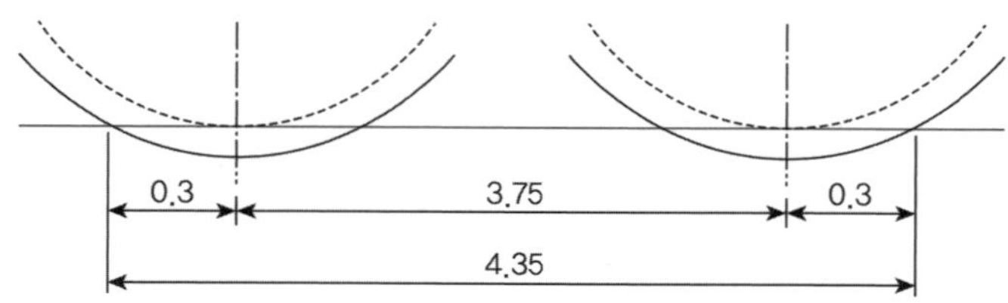

$L=3.75\text{m}+0.6\text{m}=4.35\text{m}$를 ①식에 대입하면,

$$S_1=\frac{L^2}{8R}=\frac{4.35^2}{8R}=\frac{2,365}{R}\fallingdotseq\frac{2,400}{R}$$

따라서 슬랙량의 기본공식 $S=\dfrac{2,400}{R}$ ---------②이 되고

선로유지보수상 현장실정을 고려하여

$$S = \frac{2,400}{R} - S'$$

여기서 S' : 조정치(0～15mm)

2. 슬랙의 최대치(30mm) 및 S' 값의 근거

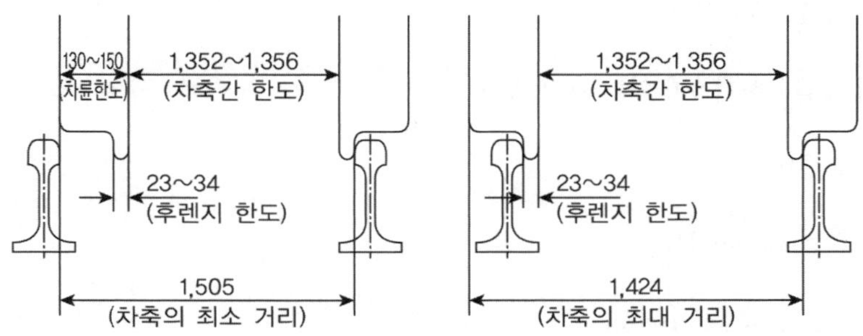

1) 슬랙의 최대치(30mm) : 슬랙량의 최대한도를 30mm로 한 것은 슬랙량이 너무 크면 차륜의 플랜지가 얇게 되었을 때, 탈선할 우려가 있기 때문이다.
   ① 차륜 두께 : 130mm, 차륜 간 거리 1,352～1,356mm, 플랜지 두께 : 23～34mm 차륜이 궤간 사이로 빠지지 않으려면,
   ② 차축의 최소거리 : 1,352＋130＋23＝1,505mm
   ③ 궤간의 최대거리 : 1,435(궤간)＋10(유지조수 정비한도)＝1,445mm. 따라서 1,505－1,445＝60mm이므로 30mm 정도의 가동여유를 감안하여 30mm로 제한한다.
2) 조정치(S')를 0～15mm로 한 사유
   ① 차륜 최대거리 : 1,356＋(34×2)＝1,424mm
   ② 궤간에서 여유 : 1,435－1,424＝11mm의 여유가 있다.

3. 슬랙의 체감

1) 완화곡선이 있는 경우 : 완화곡선 전체 길이
2) 완화곡선이 없는 경우 : 최소 체감길이(m)는 $0.6\Delta C$ 보다 작아서는 안 된다. 여기서 ΔC는 캔트변화량(mm)이다.

구분	체감 위치
곡선과 직선	곡선의 시·종점에서 직선구간으로 체감[1)]
복심곡선	곡선반경이 큰 곡선에서 체감

1) 직선구간에서 체감을 원칙으로 한다. 다만, 선로의 개량 등으로 부득이한 경우에는 곡선부에서 체감할 수 있다.

2-3-5 궤도응력(레일, 침목, 도상)

1. 레일 (00,01,02,04,06,07,08기사)

1) 차륜으로부터 모멘트가 0이 되는 거리(X_1)

$$X_1 = \frac{\pi}{4}\sqrt[4]{\frac{4EI}{U}}(\text{cm})$$

2) 차륜으로부터 레일침하가 0이 되는 거리(X_2)

$$X_2 = 3X_1(\text{cm})$$

3) 레일의 최대 침하량(y)(06기사)

$$y = \frac{P}{\sqrt[4]{64EIU^2}} \fallingdotseq 0.393 \ \frac{P}{U \ X_1}(\text{cm})$$

여기서, 약식은 50kgN 레일만 적용

4) 레일의 휨모멘트(약식은 50kgN 레일만 적용)

$$M_0 = P\sqrt[4]{\frac{EI}{64U}} \fallingdotseq 0.318 \ PX_1(\text{kg}\cdot\text{cm})$$

여기서, U : 궤도계수(kg/cm^2/cm)

5) 기관차가 정지 시 레일의 응력

$$\sigma = \frac{M_0}{Z}(\text{kg/cm}^2)$$

여기서, Z : 레일 단면계수(273.9cm^3)

6) 침목 1개가 받는 레일압력 (00,01,04,07,08,15기사)

$$P_R = a \cdot P = a \cdot u \cdot y(\text{kg})$$

여기서, a : 침목 중심간격(cm) u : 궤도계수(kg/cm^2/cm)
y : 레일의 최대 침하량(cm)

[참고] 궤도계수 (15기사)

단위길이의 궤도를 단위량만큼 침하시키는 데 필요한 힘, 즉 궤도 1cm를 1cm만큼 침하시키는 데 필요한 힘을 U(kg/cm^2/cm)로 표시한다.

$$U = \frac{p}{y}$$

U : 궤도계수(kg/cm^2/cm)

p : 임의점의 압력(kg/cm^2)

y : 침하량(cm)

일반적인 궤도계수는 150~200kg/cm^2/cm이며, 궤도계수의 윤중낙하시험을 통해 측정한다.

[참고] 궤도계수 증가 대책

- 양호한 도상재료 사용
- 도상두께 증가
- 레일의 중량화
- 강화노반 사용
- 탄성 체결장치 사용
- 침목의 중량화(PC침목)

2. 침목 (05,08산업)

1) 정지 시 침목 상면의 지압력(응력) 구하는 공식

$$\sigma_{bo} = \frac{P_R}{B \cdot L} \text{(kg/cm}^2\text{)}$$

여기서, P_R : 침목에 작용하는 레일압력

B : 침목의 폭(cm) L : 레일 저부폭

2) 주행 시 침목 상면의 지압력 구하는 공식

① 충격계수(I)를 고려하여 계산

$$\sigma_b = \sigma_{b0} \times (1 + I)$$

② 허용응력 24kg/cm^2

3) 침목 각부의 응력 : 침목의 반력은 선로보수 시 레일을 중심으로 좌우 40cm 정도만 다지므로 이 부분의 반력상태는 1로 보고 나머지 부분은 0.5로 가정하여 침목 각 부분의 응력을 구한다.

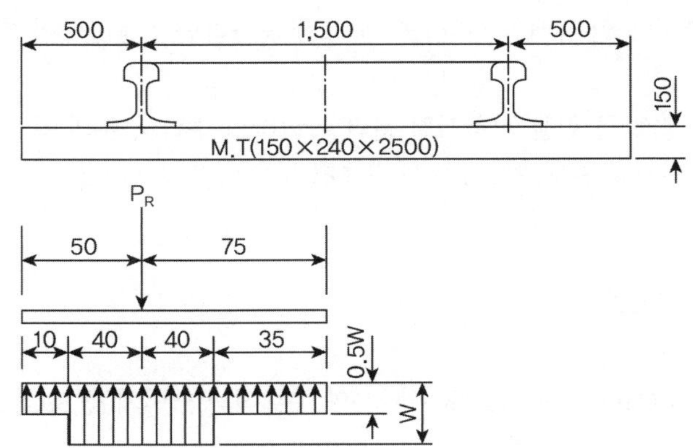

여기서, $P_R = (0.5W \times 10) + (W \times 80) + (0.5W \times 35) = 102.5W$

$$W = P_R / 102.5$$

① 레일 직하부의 휨모멘트

$$M_R = (W \times 10 \times 45) + (W \times 40 \times 20) = 73,125\,W(\text{kg} \cdot \text{cm})$$

② 레일 직하부의 휨응력 (06기사)

$$\sigma_r = \frac{M_R}{Z}\ (\text{kg/cm}^2)$$

여기서, 단면계수(Z) : $bh^2/6 = 24 \times 14^2/6 = 784\text{cm}^3$

3. 허용도상압력 : 4kg/cm²(자갈의 마찰각 30~45°, 도상두께 150mm일 때)

$$\text{도상압력}(P_m) = \frac{(0.025 \times P_R)}{10 + h^{1.35}}\ (\text{kg/cm}^2)$$ (06기사)

여기서, P_R : 침목에 작용하는 레일압력 kg($P_R = a \cdot u \cdot y$)

h : 도상두께(cm)

4. 노반의 허용지지력 : 2.5kg/cm²

$$\text{노반압력}(P_s) = P_o \times P_R (P_s) = P_o \times P_R (\text{kg/cm}^2)$$

여기서, P_o는 레일압력 1톤에 대한 최대노반압력도로서 보통 도상계수 5kg/cm³의 경우 도상두께가 27cm일 때 0.27, 30cm일 때 0.24kg/cm² 정도이다.

P_R은 침목에 작용하는 레일압력으로서 단위를 톤으로 환산하여 적용한다.

2-3-6 충격률

궤도에 열차가 주행하면 정적인 상태의 정하중이 속도가 증가하면서 동하중이 부가되어 발생하는 하중을 말한다.

1) 충격하중 : 궤도에 비교적 큰 힘을 작용시킬 뿐만 아니라 고주파 성분의 특성상 궤도구조에 진동을 유발, 이 진동은 궤도침하와 궤도재료의 노화를 촉진시키며, 도상분니를 유발한다.

2) 충격계수

$$\frac{(\text{정하중} + \text{동하중})}{\text{정하중}}$$

① AREA : 속도가 1마일(1.6km/h) 증가할 때 기관차의 차륜직경 33인치(83.82cm) 차륜직경으로 나누어 백분율로 환산한 값

$$i = 1 + \frac{0.513}{100} V$$

2-3-7 도상횡저항력, 도상종저항력

1. 정의 (05산업)

1) 도상저항력은 온도하중, 시/제동하중, 열차의 주행하중 등에 의하여 도상중의 침목이 종·횡방향으로 이동하려고 할 때의 저항력을 말한다.
2) 일반적으로 침목저면의 마찰저항과 침목단부의 도상 전단저항으로 구성되며 장대레일의 축력 및 좌굴 안정성에 중요한 요인으로 작용한다.
3) 궤도편측(레일) 1m당 kg으로 표시한다.

2. 횡저항력 (04,06기사, 01,02,05,09산업)

1) 횡방향 변위에 대한 궤도의 단위길이당 저항하는 힘으로서 좌굴안정성에 크게 영향을 준다. 장대레일의 구간에서는 좌굴을 방지하기 위하여 약 500kg/m(고속철도 900kg/m) 이상의 횡저항력을 확보하여야 한다.

[참고] 환산 예

침목 배치정수가 10m당 16개, 침목저항력 500kg인 경우의 계산은 다음과 같다.

500/2＝250kg, 16/10m＝1.6개/m

250×1.6＝400kg/m

2) 횡저항력 향상 방안
   ① PC침목 부설(목침목의 1.5배)
   ② 트윈블록 침목을 부설(모노블록보다 약 1.5배 증가)
   ③ 좌굴방지판을 침목 단부에 부착
   ④ 도상 어깨 더돋기 시행(약 1.2~1.3배 증가)
   ⑤ 철저한 도상관리 및 궤도안정기(DTS) 또는 밸러스트 콤팩터 장비작업 시행

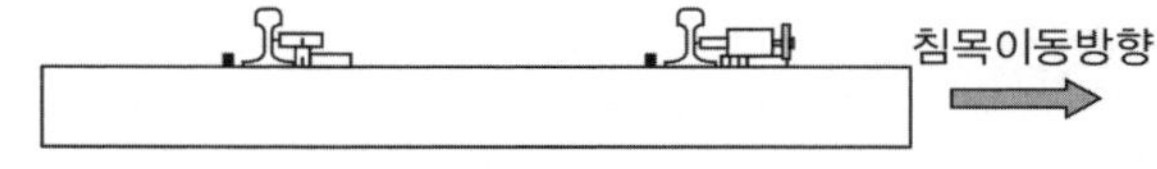

도상횡저항력 개념 및 측정 설치도

3. 종저항력 (02,06산업)

종방향 변위에 대한 궤도의 단위길이당 저항하는 힘으로서 장대레일의 축력 및 레일 파단 시 개구량, 장대레일신축량 등에 크게 영향을 주며, 종저항력은 보통 횡저항력의 1.4배 정도이다(800kg/m).

2-3-8 궤도의 변형 해석 모델(일반구간)

1. 유한간격지지 모델

1) 레일이 연속된 탄성기초상에 지지되어 있다고 가정하는 방법
2) 이론계산이 비교적 간편

2. 연속탄성지지 모델

1) 레일이 일정 간격의 탄성기초상에 지지되어 있다고 가정하는 방법
2) 실제 구조물에 가까운 가정

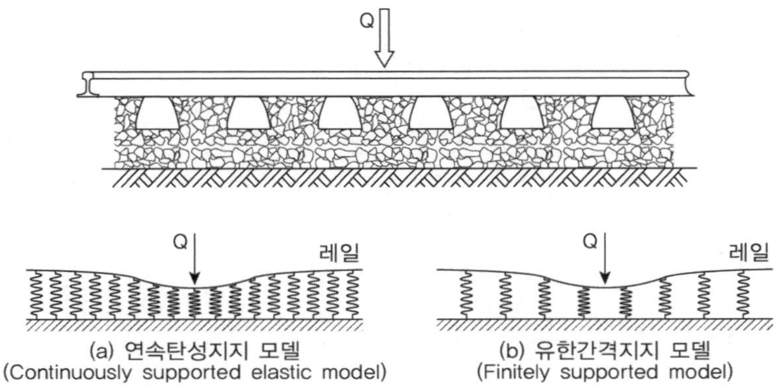

(a) 연속탄성지지 모델
(Continuously supported elastic model)

(b) 유한간격지지 모델
(Finitely supported model)

2-3-9 궤도계수

1. 정의

단위길이의 궤도를 단위량만큼 침하시키는 데 필요한 힘, 즉 궤도 1cm를 1cm만큼 침하시키는 데 필요한 힘을 말하며, U(kg/cm²/cm)로 표시한다.

2. 산정식

1) 개념식

$$U = \frac{p}{y}$$

U : 궤도계수(kg/cm²/cm)
p : 임의점의 압력(kg/cm²)
y : 침하량(cm)

2) 미국 일리노이대학 탈버트(A.N Talbot) 교수의 탄성곡선방정식 해석에서 "궤도를 구성하는 모든 요소는 탄성체, 레일은 연속적 탄성체상의 보(Beam)"라고 제시하였다.
3) 일반적인 궤도계수는 150～200kg/cm²/cm이다.
4) 궤도계수의 측정 : 윤중낙하시험을 통해 측정한다.

3. 궤도계수 증가 대책 (09기사)

1) 양호한 도상재료 사용
2) 도상두께 증가
3) 레일의 중량화
4) 강화노반 사용
5) 탄성 체결장치 사용
6) 침목의 중량화(PC침목)

2-3 기출문제

1. 궤도의 구비 조건을 4가지 이상 기술하시오. (01,02,04,12기사)

해설 1) 차량의 동요와 진동이 적을 것
2) 승차감이 양호할 것
3) 차량의 원활한 주행과 안전이 확보될 것
4) 열차의 충격에 견딜 수 있는 강한 재료일 것
5) 열차하중을 시공기면 아래의 노반에 균등하고 광범위하게 전달할 것
6) 궤도틀림이 적고 열화 진행은 완만할 것
7) 보수작업이 용이하고, 구성 재료의 갱환은 간편할 것
8) 궤도재료는 경제적일 것

2. 레일의 중량화 시 궤도에 미치는 영향을 4가지 이상 쓰시오. (03,07,09기사, 05산업)

해설 1) 선로강도 증대
2) 열차안전운행 확보
3) 선로보수비용 절감
4) 선로용량 증대
5) 레일수명 연장

3. 궤도의 구성 3요소를 간단하게 설명하시오. (08, 09산업)

해설 1) 레일
① 열차하중을 침목과 도상을 통하여 광범위하게 노반에 전달
② 평활한 주행면을 제공하여 차량의 안전운행 유도
2) 레일 이음매 및 체결장치
① 이음매 이외의 부분과 강도와 강성이 동일
② 구조가 간단하고 설치와 철거가 용이
3) 침목
① 레일을 견고하게 체결하는 데 적당하고 열차하중을 지지
② 강인하고 내충격성 및 완충성이 있어야 함

4. 횡압의 발생 원인을 쓰시오. (14기사, 09산업)

해설 1) 정지 시(정적하중)
- 차륜에 의해 곡선외측 레일에 발생하는 횡압
- 캔트 부족으로 인한 원심력에 의한 횡압
- 횡풍에 의한 풍력

2) 주행 시(동적하중)
- 곡선 통과 시의 전향횡압에 따른 횡압
- 곡선 통과 시의 불평형 원심력에 따른 좌우방향 성분
- 차량 동요에 따른 횡압
- 분기기 및 신축이음매 등 궤도의 특수개소에 있어서 충격력

5. 궤도에 작용하는 힘 3가지를 쓰시오.

해설 1) 수직방향의 힘(윤중)
2) 횡방향의 힘(횡압)
3) 종방향의 힘(축방향력)

6. 차량이 주행하는 경우 정지하고 있는 경우보다 윤중이 증가하는 요인에 대하여 쓰시오. (05산업)

해설 1) 충격하중 발생(차륜답면의 결함, 레일의 파상마모, 이음매 충격)
2) 곡선통과 시 전향횡압에 따른 증
3) 곡선통과 시 불평형 원심력에 따른 증

7. 캔트 과대, 과소 시 영향을 구분하여 쓰시오. (07,15기사)

해설 1) 캔트 과다 시
- 열차하중은 내측 레일에 편기하여 내측 레일에 손상을 크게 한다.
- 레일의 경사 및 궤간의 확대가 생기는 등 궤도의 틀림을 조장한다.
- 승차감을 나쁘게 한다.

2) 캔트 과소 시
- 열차하중이 원심력 작용으로 외측 레일에 편기, 외측 레일 손상을 크게 한다.
- 차량이 레일 위로 올라타서 탈선 위험을 초래하게 된다.

8. 캔트량을 산출하시오. (단, $V=100$km/h, $R=600$, $C'=50$) (01,05,08,09산업)

해설 $C=11.8\dfrac{V^2}{R}-C'=11.8\dfrac{100^2}{600}-50=197-50=147\text{mm}$

9. 곡선반경 $R=600$m, $V=100$km/h, $C'=100$일 때 최소 캔트 체감거리는 얼마 이상이어야 하는가? (단, 완화곡선이 없는 곡선임) (02,05,14기사)

해설 $C=11.8\dfrac{V^2}{R}-C'=11.8\dfrac{100^2}{600}-100=97\text{mm}$

캔트의 체감거리는 캔트의 600배 이상이므로 $97\times600=58\text{m}$

10. 복심곡선궤도에서 대반경 곡선은 $R=800$m, 소반경 곡선은 $R=400$m이다. 열차 운전속도가 90km/h이고 캔트 부족량이 50mm일 때 $R=800$m에서의 최소 캔트 체감거리를 구하시오.

해설 곡선 800m에서의 $C=11.8\dfrac{V^2}{R}-C'=11.8\dfrac{90^2}{800}-50=69\text{mm}$

최소 캔트 체감거리는 두 곡선의 캔트의 차이의 600배이므로

$(189-150\text{mm})\times600=23.4\text{m}$

11. 곡선반경 7,000m, 조정치 30mm, 캔트량은 130mm일 때 열차속도를 구하시오.

해설 $C=11.8\dfrac{V^2}{R}-C'$ 식에서 $130=11.8\dfrac{V^2}{7000}-30$에서 $V=308.1\text{km/h}$

12. 곡선반경 3,000m, C_m =180mm, C_d =30mm일 때 열차속도를 구하시오. (04기사)

해설 $R=11.8\frac{V^2}{C_m+C_d}$ 식에서 $3,000=11.8\frac{V^2}{180+30}$ 에서 $V=231.06\text{km/h}$

13. 선로등급 3급선, R=1000m, C' =38mm, V=100km/h일 때 다음 사항을 구하시오. (03기사)

1) 원곡선구간의 설정 캔트량은?

2) 완화곡선 길이는?

3) A, B, C 지점의 캔트량은?

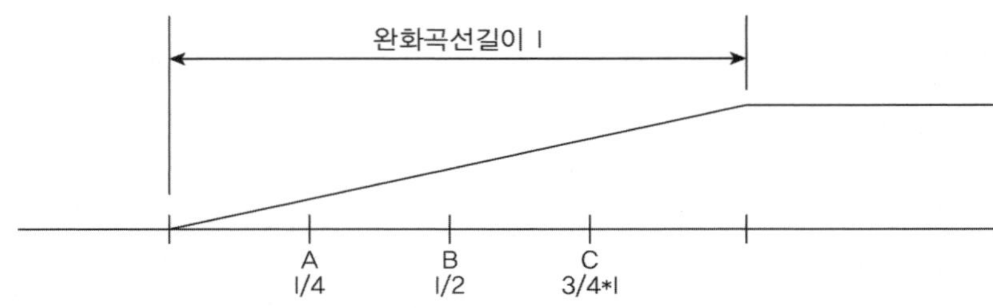

해설 1) 원곡선구간의 설정 캔트량

$$C=11.8\frac{V^2}{R}-C'=11.8\frac{100^2}{1,000}-38=118-38=80\text{mm}$$

2) 완화곡선 길이

$$L=1,000\times C=1,000\times 80=80,000\text{mm}=80\text{m}$$

3) A, B, C 지점의 캔트량

- A 지점 : $80:80=20:x$, $\therefore\ x=\frac{80\times 20}{80}=20\text{mm}$
- B 지점 : $80:80=40:x$, $\therefore\ x=\frac{80\times 40}{80}=40\text{mm}$
- C 지점 : $80:80=60:x$, $\therefore\ x=\frac{80\times 60}{80}=60\text{mm}$

14. 곡선구간에서 정차 시 기관차가 전복되는 캔트량과 C_m =160mm 안전율은 얼마인가? (00,01,03,20기사)

해설 1) 정차 중 차량의 전복한도 캔트(C_1)

$$C_1=\frac{G^2}{2\cdot H}=\frac{1,500^2}{2\times 2,000}=562\text{mm}$$

2) 안전율(S)

$$S=\frac{C_1}{C_m}=\frac{562}{160}≒3.5$$

∴ 설정최대 캔트량 C_m =160mm는 차량 정차 중 전복에 대한 안전율이 3.5 정도로서 안전하다.

15. R=600m, S' =2mm일 때 슬랙량을 구하시오. (08산업)

해설 $S=\frac{2,400}{R}-C'=\frac{2,400}{600}-2=2\text{mm}$

16. 곡선반경 R=600m, S'=0일 때 허용되는 궤간의 치수를 구하시오. (03기사)

해설 슬랙은 곡선반경 600m 미만에만 설치하므로 슬랙은 고려하지 않고 유지보수 정비기준만 고려하면 유지보수 허용한도 : +10, −2

∴ 허용되는 궤간은 (1,435−3)~(1,435+10), 즉 1,433~1,445mm

17. 열차주행 시 레일의 최대 침하량이 0.60cm로 측정될 때, 침목 1개에 대한 레일 압력은 얼마인가? (단, 궤도계수 U=180kg/cm^2, 침목부설 수 10m 16개, b_o=12cm) (00,01,04,08기사)

해설 $P_R = a \cdot P = a \cdot u \cdot y = \frac{1,000}{16} \times 180 \times 0.6 = 6,750\text{kg}$

18. 장대레일구간의 레일축압 60,000kg, 신축길이 100m 이내, 침목 1정이 확보할 최소저항력은? (침목10m×16개) (02산업)

해설 레일당 침목종저항력 : 60,000/100×0.5=300kg

미터당 침목개수 : 16개/10m=1.6개/m

미터당 도상종저항력 : 300kg×1.6=480kg/m

19. 침목 10m당 16개, 1개 침목의 저항력 500kg이다. 이때 도상횡저항력을 계산하시오. (04,06기사, 01,02,05,09산업)

해설 레일당 침목횡저항력 : 500kg×0.5=250kg

미터당 침목개수 : 16개/10m=1.6개/m

미터당 도상횡저항력 : 250kg×1.6=400kg/m

20. 레일 10m당 16개의 침목이 부설되어 있다. 침목 1개의 저항력이 800kg일 때 도상종저항력을 계산하시오. (06산업)

해설 레일당 침목 종저항력 : 800kg×0.5=400kg

미터당 침목개수 : 16개/10m=1.6개/m

미터당 도상종저항력 : 4,000kg×1.6=640kg/m

21. 도상허용압력 및 노반 허용지지력에 대하여 설명하시오. (05산업)

해설 1) 도상압력$(P_m) = \frac{(0.025 \times P_R)}{10 + h^{1.35}}(\text{kg/cm}^2)$

여기서 P_R : 침목에 작용하는 레일압력 kg($P_R = a \cdot u \cdot y$)

h : 도상두께(cm)

2) 노반의 허용지지력 : 2.5kg/cm^2

노반압력$(P_s) = P_o \times P_R(\text{kg/cm}^2)$

여기서 P_o는 레일압력 1톤에 대한 최대 노반압력도로서 보통 도상계수 5kg/cm^{3}의 경우 도상두께가 27cm일 때 0.27, 30cm일 때 0.24kg/cm^2 정도이다.

- P_R은 침목에 작용하는 레일압력으로서 단위를 톤으로 환산하여 적용한다.

22. 차륜 중에 따른 궤도의 변형을 해석하기 위한 모델 2가지를 쓰시오. (02기사)

해설 1) 유한간격지지 모델 2) 연속탄성지지 모델
3) 지지계수 변경 모델 4) 유한요소 모델

23. 교상 캔트 설치방법에 대하여 쓰시오.

해설 1) 캔트를 붙이는 방법은 특별한 경우를 제외하고는 곡선의 안쪽 레일면을 기준으로 하여 바깥쪽 레일을 올려서 붙이되
2) 무도상교량상에서의 캔트는 트러스거어더를 제외하고는 캔트량의 2분의 1은 거더의 보자리에 붙이고 나머지 2분의 1은 패킹을 사용한다.

24. 운행 중인 선로에서 궤도계수를 증가시킬 수 있는 방법 3가지를 쓰시오. (09기사)

해설 1) 강화노반 사용
2) 양호한 도상재료 사용 및 도상두께 증가
3) 레일 및 침목의 중량화

25. 차량이 곡선부를 원활히 주행하기 위해서는 직선부보다 궤간을 확대시켜야 한다. 고정축거가 3.75m이고 차륜후렌지가 레일면과의 접촉거리가 0.6m일 때 $R=600$m인 곡선에서의 필요한 이론상 슬랙량을 산출하시오. (15기사, 02산업)

해설 $L=3.75\text{m}+0.6\text{m}=4.35\text{m}$

$$S_1=\frac{L^2}{8R}=\frac{4.35^2}{8R}=\frac{2,365}{R}\fallingdotseq\frac{2,400}{R} \text{ 에서 } S_1=\frac{2,400}{600}=4\text{mm}$$

26. 열차주행 시 레일의 최대 침하량이 0.6cm로 측정되었다. 이때 침목 1개에 대한 레일의 압력을 구하시오. (단, 궤도계수 U=180kg/cm²/cm, 침목부설 수 10m/16개) (08기사)

해설 레일압력 $P_{ro}=a\times P=a\times U\times y=62.5\text{cm}\times 180\text{kg/cm}^2/\text{cm}\times 0.6\text{cm}=6,750\text{kg}$

27. 일반철도구간에서 50kgN 레일 목침목 부설선로에 열차가 100km/h의 속도로 주행할 때 궤도 각부의 응력을 구하라. 단, 궤도상태는 다음과 같다. (02,06,08기사)

- 차륜으로부터 모멘트 0이 되는 거리 x_1 =75cm
- 환산윤중(P1 : 모멘트 구할 때 적용) : 10,500kg
- 환산윤중(P2 : 레일침하량 구할 때 적용) : 13,500kg
- 단면계수 Z=273.9cm³
- 도상의 두께 h=25cm
- 궤도계수 U=150kg/cm²/cm
- 목침목의 치수 : 높이 12.7cm×폭 24cm×길이 250cm
- 침목의 중심간격 : 56cm

해설 1) 레일의 휨응력
- M(레일의 휨모멘트)

$$M_0=P\times\sqrt{(E\times I/64U)}\fallingdotseq 0.318\times P\times x_1$$

$$M_0 = 0.318 \times P \times x_1 = 0.318 \times 10,500\text{kg} \times 75\text{cm} = 250,425\text{kg}\cdot\text{cm}$$

- 기관차가 레일에 정지 시 응력

$$\sigma = M_0/Z = 250,425\text{kg}\cdot\text{cm}/273.9\text{cm}^3 = 914.3\text{kg/cm}^2$$

- 충격계수

$$i = \frac{0.513}{100} \times V = (0.513/100) \times 100 = 0.513$$

- 충격계수를 고려한 레일의 응력

$$\sigma_r = \sigma \times (1+i) = 914.3\text{kg/cm}^2 \times (1+0.513) = 1,383.34\text{kg/cm}^2$$

※ 레일의 허용응력 2,000kg/cm^{2}보다 작으므로 안전하다.

2) 레일의 최대침하량

- 정지 시

$$Y_0 = -0.393 \times P/(U \times x_1) = \frac{-0.393 \times 13,500\text{kg}}{150\text{kg/cm}^2/\text{cm} \times 75\text{cm}} = 0.47\text{m}$$

- 100km/h의 속도로 주행 시 침하량(충격계수를 고려)

$$y = Y_0 \times (1+i) = 0.47\text{cm} \times (1+0.513) = 0.71\text{cm}$$

3) 레일 압력

- 정지 시

$$P_{ro} = a \times P = a \times U \times y = 56\text{cm} \times 150\text{kg/cm}^2/\text{cm} \times 0.47\text{cm} = 3,948\text{kg}$$

- 주행 시

$$P_r = P_{ro} \times (1+i) = 3,948\text{kg} \times (1+0.513) = 5,973\text{kg}$$

4) 침목응력(지압력)

- 정지 시

$$\sigma_{b0} = \frac{P_{ro}}{b \times L} = \frac{3,948\text{kg}}{24\text{cm} \times 12.7\text{cm}} = 12.95\text{kg/cm}^2$$

- 주행 시

$$\sigma_b = \sigma_{b0} \times (1+i) = 12.95\text{kg/cm}^2 \times (1+0.513) = 19.6\text{kg/cm}^2$$

5) 도상압력

$$P_m = \frac{(0.025 \times P_R)}{10 + h^{1.35}}(\text{kg/cm}^2) = \frac{(0.025 \times 5,973)}{10 + 25^{1.35}} = 1.714\text{kg/cm}^2$$

※ 허용응력 4kg/cm^{2}보다 작으므로 안전하다.

28. 열차가 110km/h 주행 시 침목 상면의 지압력(응력)을 구하시오. (단, 레일압력 3,830kg, 침목폭 24cm, 레일저부폭 12.7cm) (05,08산업)

해설 1) 정지 시

$$\sigma_{b0} = \frac{P_{ro}}{b \times L} = \frac{3,830\text{kg}}{24\text{cm} \times 12.7\text{cm}} = 12.6\text{kg/cm}^2$$

2) 주행 시

$$\sigma_b = \sigma_{b0} \times (1+i) = 12.6\text{kg/cm}^2 \times (1+0.5643) = 19.7\text{kg/cm}^2$$

$$i = \frac{0.513}{100} \times V = (0.513/100) \times 110 = 0.5643$$

29. 일반선로에서 다음과 같이 목침목 부설구간에서의 레일 직하부의 휨모멘트와 휨응력을 구하시오.

(01,06기사, 02산업)

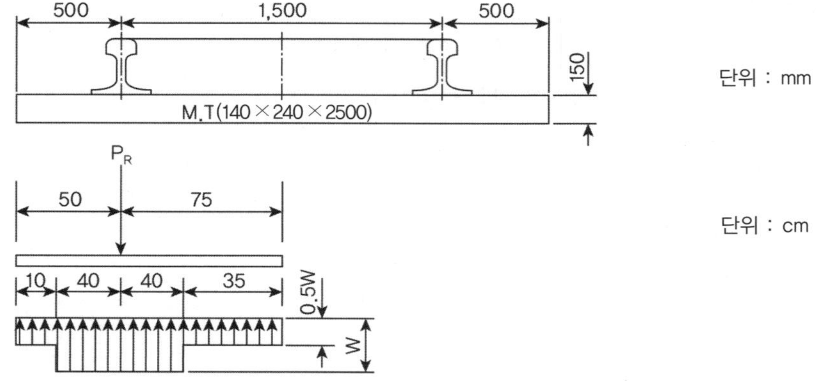

해설 침목의 반력은 선로보수 시 레일을 중심으로 좌우 40cm 정도만 다지므로 이 부분의 반력상태는 1로 보고 나머지 부분은 0.5로 가정하여 응력을 구한다.

여기서 $P_R = (0.5W \times 10) + (W \times 80) + (0.5W \times 35) = 102.5W$

$$W = P_R / 102.5$$

1) 레일 직하부의 휨모멘트

$$M_R = (0.5W \times 10 \times 45) + (W \times 40 \times 20) - (W \times 40 \times 20) - (0.5W \times 35 \times 57.5)$$

$$= 225W - 1{,}006.25W = -781.25W(\text{kg}\cdot\text{cm})$$

2) 레일 직하부의 휨응력

$$\sigma_r = \frac{M_R}{Z}(\text{kg/cm}^2)$$

$$= -781.25W/784 = -99.65W(\text{kg}\cdot\text{cm}^2)$$

여기서, $Z : bh^2/6 = 24 \times 14^2/6 = 784\text{cm}^3$

30. 열차속도 120km/h일 때 도상반력이 침목 전장에 걸쳐 지지하는 경우 침목 중앙부에서의 휨응력을 구하시오. (열차 정지 시 침목 1개가 받는 레일압력 P_R=4,000kg, 침목 140×240×2400) (01,07기사)

4,000kg

50cm　75cm

10cm	40cm	40cm	35cm

해설 열차속도 120km/h일 때 충격계수는 $i = 1 + \left(\frac{0.513}{100}V\right) = 1 + \frac{0.513 \times 120}{100} = 1.6156$

속도를 고려한 레일압력 $P_R=4{,}000\times1.6156=6{,}462$kg

도상반력이 침목전장에 걸쳐 지지하기 때문에 등분포 하중이 작용

1) $P_R = W(10+40+40+35)=125W$

$$W=6{,}462\text{kg}/125\text{cm}=51.7\text{kg/cm}$$

2) 침목 중앙부에서의 휨모멘트

$$M_c=51.7\times(10+40+40+35)\times(125/2)-6{,}426\times75)=-78{,}044\text{kg}\cdot\text{cm}$$

3) 침목 중앙부에서의 휨응력

$$\sigma_c=M_c/Z=-78{,}044\text{kg/cm}/784\text{cm}^3=-99.5\text{kg/cm}^2$$

여기서, $Z: bh^2/6=24\times14^2/6=784\text{cm}^4$

※ 침목의 허용응력 100kg/cm^{2}보다 작으므로 안전하다.

31. R=400m와 R=600m의 복심곡선이 있다. 운전속도가 80km/h이고, 캔트 부족량이 40mm이다. R=600m에서 최소 캔트 체감거리는? (12기사)

해설 R=400m에서 R=600m 캔트의 차이

$$11.8\frac{80^2}{400}-40=149\text{mm}$$

$$11.8\frac{80^2}{600}-40=86\text{mm}$$

캔트 체감거리 = (149−86)×600 = 37.80

32. 레일탄성 체결장치 구비 조건을 쓰시오. (12기사)

해설 1) 구조가 간단하고 설치와 철거가 용이할 것

2) 열차하중과 진동을 흡수(완충)할 수 있는 탄성력을 가질 것

3) 레일의 이동, 부상, 경사를 억제할 수 있는 강도를 가질 것

4) 곡선부의 원심력 등에 의한 차륜의 횡압력에 저항할 수 있을 것

33. 레일 이음매 중 특수이음매 종류 3가지를 쓰시오. (14기사)

해설 절연이음매, 이형이음매, 신축이음매, 용접이음매

34. 궤도계수 증가 대책을 쓰시오 (15기사)

해설 1) 양호한 도상재료 사용

2) 도상두께 증가

3) 레일의 중량화

4) 강화노반 사용

5) 탄성 체결장치 사용

6) 침목의 중량화(PC침목)

2-4 궤도재료 설계하기

2-4-1 궤도(재료)

1. 궤도의 정의

레일과 그 부속품, 침목, 도상으로 구성되어 견고한 노반위에 도상을 정해진 두께로 포설하고 그 위에 침목을 일정한 간격으로 부설하여 두 개의 레일을 소정간격으로 평행하게 체결한 것

2. 궤도의 구성요소 및 기능

1) 레일

① 차량을 직접 지지

② 차량의 주행을 유도

2) 침목

① 레일로부터 받은 하중을 도상에 전달

② 레일의 위치를 유지

3) 도상 (02**산업**)

① 침목으로부터 받은 하중을 분산시켜 노반에 전달

② 침목의 위치를 유지

③ 탄성에 의한 충격력을 완화

3. 궤도수량 산출 (01,05,06,08,09,13**기사**, 01,02,05,06,08**산업**)

1) 레일수량 산출 (01,06**기사**)

① 정척레일의 길이 : 25m

② 최단 레일 사용길이 : 9m(분기부, 응급복구구간은 예외)

③ 1km당 레일 수량(단선기준)

- 유간은 감안하지 않음
- 레일 수량(정척레일 25m 기준)

$$1,000 \times 2 \times \frac{1}{25} = 80\text{개}$$

④ 곡선부의 내측 레일 절단(상대식 이음매의 경우)

- 50kgN 레일의 경우 이음매 구멍을 감안 80mm 또는 130mm를 절단
- 곡선부는 외측 레일을 기준으로 하여 내측 레일을 절단
- 곡선부 내측 레일 절단량 산출

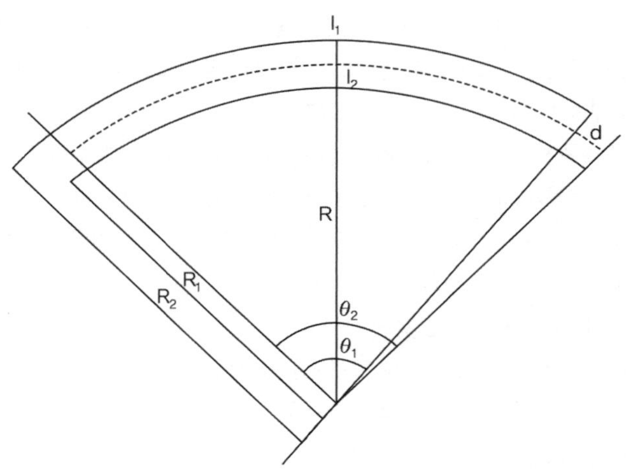

$$l_1 = 25\text{m}$$

$$d = l_1 - l_2$$

$$\theta_1 = \frac{25}{2\pi R_0} \times 360 \text{---------}①$$

$$l_2 = 2\pi R_1 \frac{\theta_1}{360} \text{---------}②$$

①식을 ②식에 대입하면

$$l_2 = \frac{5R_1}{R_0}$$

$$\therefore\ d = 25 - \frac{25R_1}{R_0} = 25 - \frac{R_1}{R_0}$$

2) 침목 수량 산출(침목 배치수) (01,02,06,11,20**기사**, 06**산업**)

침목종별	본선		측선	비고
	V>120km/h	V≤120km/h		
PC침목	17	16	15	10m당
목침목	17	16	15	10m당
교량침목	25	25	18	10m당

① 자갈궤도의 침목 배치정수는 위의 표에 따른다. 다만, 설계속도 120km/h 이하 본선의 PC침목 부설의 경우 장척 및 장대레일 부설 시에는 10m당 17정으로 할 수 있다.

② 반경 600m 미만의 곡선, 20‰ 이상의 기울기, 중요한 측선, 기타 노반연약 등 열차의 안전운행에 필요하다고 인정되는 구간에는 제1항의 배치수를 증가할 수 있다.

③ 콘크리트도상 궤도에서의 침목 배치정수는 10m당 16정을 표준으로 한다.

④ 침목의 배치 간격은 제1항 내지 3항에 따라 균등한 간격으로 배치하여야 한다. 다만, 콘크리트도상궤도의 경우 침목배치간격을 62.5cm를 표준으로 하되 구조물의 신축이음매 위치 등과 중복될 경우 ±2.5cm 범위 내에서 침목을 조정할 수 있다.

⑤ 교대 및 터널 등 구조물 앞뒤의 침목배치는 별도로 정한 기준에 따라 배치하고, 사교(斜橋)에 있어서는 특별한 구조로 설치하되 침목은 궤도에 직각이 되도록 설치하여야 한다.

3) 도상자갈 수량산출 (01,07,11**기사**) : 3급선의 경우 도상단면적은 2m^2, 침목 1개의 단면적은 0.09m^{3}이고 연장이 1km에 대한 자갈 수량 계산식은 다음과 같다.

① 1km에 대한 자갈수량 1,000m×2.3=2,300m^3

② 1km에 대한 침목이 차지하는 수량 1,000×16/10×0.09=144m^3

③ 1km에 대한 자갈 수량 계산식 2,300−144=2,156m^3

4) 체결장치 수량산출 (01,05,06,14,15**기사**, 05,06**산업**)

① 팬드롤 체결구 (05**산업**)

- 클립 : 침목 1개당 4개
- 절연 블록 : PC침목 1개당 4개
- 패드 : 침목 1개당 2개

② 베이스 플레이트(타이 플레이트) : 침목 1개당 2개

③ 이음매판 : 이음매침목 1개당 2조(볼트너트 : 1조당 4개씩)

④ 나사 스파이크(스파이크) : 침목 1개당 4개 또는 6개(외측에 2개를 박을 때는 6개)

⑤ 후크볼트 또는 T볼트 (06**산업**) : 교량침목 1개당 2개

2-4-2 레일

1. 레일의 역할

1) 열차하중을 침목과 도상을 통하여 광범위하게 노반에 전달한다.
2) 평활한 주행면을 제공하여 차량의 안전운행을 유도한다.
3) 충분한 강성으로 내구연한이 길어야 한다.

2. 레일의 구비 조건

1) 구조적으로 충분한 안전도를 확보할 것
2) 초기투자비와 유지보수비를 감안하여 경제적일 것
3) 유지보수가 용이하고 내구성이 길 것
4) 진동 및 소음저감에 유리할 것
5) 전기 흐름에 저항이 적을 것
6) 레일 및 부속품(체결구, 이음장치 등)의 수급이 용이할 것

3. 레일의 재질

1) 탄소 : 함유량이 1.0%까지는 증가할수록 결정이 미세해지고 항장력과 강도가 커지는 반면에 연성이 감퇴된다.

2) 규소 : 적량이 있으면 탄소강의 조직을 치밀하게 하고 항장력을 증가시키나, 지나치게 많으면 약해진다.
3) 망간 : 경도와 항장력을 증대시키나 연성이 감소된다. 유황과 인의 유해성을 제거하는 데 효과적이다. 1% 이상이면 특수강이 된다.
4) 인 : 탄소강을 취약하게 하여 충격에 대하여 저항력을 약화시키므로 가능한 제거해야 한다.
5) 유황 : 강재에 가장 유해로운 성분으로 적열상태에서 압연작업 중에 균열을 발생케 한다.

4. 레일검사 항목

1) 인장시험
2) 낙중시험
3) 휨시험
4) 경도시험
5) 파단시험
6) 피로시험

5. 레일의 종류

1) 일반레일
2) 고탄소강 레일 : 탄소강 레일의 탄소함유량을 증가시켜 내마모성을 증가시킨 레일로 탄소함유량을 0.85% 정도까지 쓰이고 있다.
3) 솔바이트레일(경두레일) : 레일두부면 약 20mm를 소입시켜 솔바이트 조직으로 만들어 강인하고 내마모성을 크게 한 것으로 이음매부의 끝닳음을 예방키 위하여 보통레일의 단부를 10~20cm 정도 표면을 소입하여 이것을 레일단부소입이라 한다.
4) 망간레일 : 망간을 10~14% 함유시켜 내마모성을 높인 레일로서 내구연한이 보통레일의 약 6배가 되므로 분기기, 곡선부, 기타 마모가 심한 개소에 사용한다.
5) 복합레일 : 레일두부에 내마모성이 큰 특수강을 사용한 것으로 두부에는 고탄소 크롬강을 복부 및 저부에는 저탄소강을 사용한다.

6. 레일의 길이 제한 사유 (00,02,04기사)

1) 온도신축에 따른 이음매 유간의 제한
2) 레일 구조상의 제한
3) 운반 및 보수작업상의 제한
4) 레일 길이와 차량의 고유진동주기와의 관계

7. 레일복부의 기록사항 (01,05,09기사, 05산업)

①	②③	④	⑤	⑥	⑦
→	50N	LD	NKK	1981	lllllll

① 강괴의 두부방향표시 또는 레일 압연 방향표시
②, ③ 레일 종류의 기호(레일중량(kg/m), 레일종별)

N＝New Section
A.R.A＝American Railway Association(미국철도협회)

P.S＝Pensylvania Standard

S＝Special Section

④ 전로의 기호 또는 제작공법(용광로) : OH(평로), LD(LD로), E(전기로), VT(탈수소)

⑤ 회사표 또는 레일 제작회사

⑥ 제조년 또는 제작연도

⑦ 제조월 또는 제작월(1월당 1로 표시)

8. 레일의 단면 명칭 (08기사)

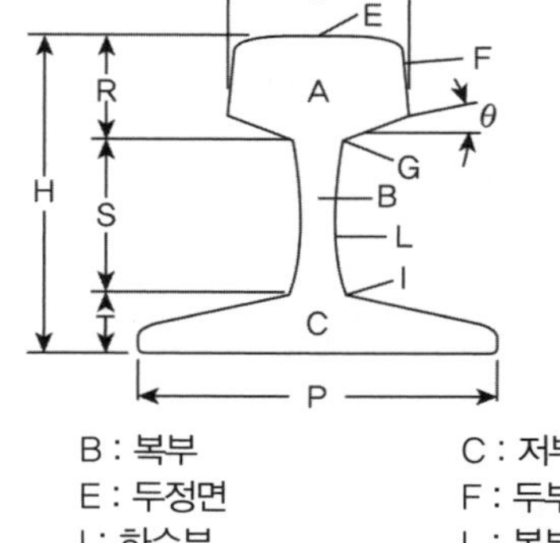

A : 두부	B : 복부	C : 저부
D : 두부폭	E : 두정면	F : 두부측면
G : 상수부	I : 하수부	L : 복부측변
P : 저부폭	R : 두부높이	S : 복부높이
T : 저부높이	θ : 계목(繼目)각도	

2-4-3 침목

1. 역할

1) 레일을 소정위치에 고정 및 지지한다.

2) 레일을 통해 전달되는 차량의 하중을 도상에 넓게 분포한다.

2. 구비 조건 (01산업)

1) 레일을 견고하게 체결하는 데 적당하고 열차하중지지가 되어야 한다.

2) 강인하고 내충격성 및 완충성이 있어야 한다.

3) 저부 면적이 넓고 도상다지기 작업 원활해야 한다.

4) 도상저항이 커야 한다.

5) 취급이 간편, 내구성, 전기절연성이 좋아야 한다.

6) 경제적이고 구입이 용이해야 한다.

3. 종류 및 비교표 (00,02,11기사, 산업)

1) 목침목의 방부처리 방법 (02,13기사)

① 베셀법(Bethell Process)

② 로오리법(Lowry Process)

③ 류우핑법(Rueping Process)

④ 블톤법(Boulton Process)

2) 각 침목의 장단점 (00,11**기사**, 00,11**산업**)

구분	장점	단점
목침목	• 레일체결이 용이, 가공이 편리하다. • 탄성이 풍부하다. • 보수와 교환작업이 용이하다. • 전기절연도가 높다.	• 내구연한이 짧다. • 하중에 의한 기계적 손상을 받는다. • 충해를 받기 쉬워 주약을 해야 한다.
콘크리트 침목	• 부식우려가 없고 내구연한이 길다. • 궤도틀림이 적다. • 보수비가 적어 경제적이다.	• 중량물로 취급이 곤란하다. • 탄성이 부족하다. • 전기절연성이 목침목보다 떨어진다.
철침목	• 내구연한이 길다. • 도상저항력이 크다. • 레일체결력이 좋다.	• 구매가가 고가이다. • 습지에서 부식하기 쉽다. • 전기절연을 요하는 개소에 부적합하다.
PC침목	• Con 침목에 부족한 인장력을 보강한다. • Con 침목보다 단면이 적어 자중이 적다. • 가격이 저렴하다(수입목침목과 비슷).	• 중량물로 취급이 곤란하다. • 탄성이 부족하다. • 전기절연성이 목침목보다 떨어진다.

3) 침목 배치 시 주의사항

① 침목의 배치표시는 직선구간은 선로좌측, 곡선구간은 궤간 내 외측 레일 복부에 백색 페인트로 점을 찍는다.

② 교대 전후의 침목 배치는 사교에 있어서는 특별한 구조로 설치하되 침목은 궤도에 직각이 되도록 설치한다.

③ 지접법(레일 이음매 직하부에 침목을 두는 방법)은 이음매침목을 사용하되 이음매침목을 보통침목의 배치정수에 포함시켜서는 안 된다.

④ 침목의 간격과 궤도에 대한 직각은 궤간 내 레일저면에서 측정하여 틀림이 없도록 유지하여야 한다. 다만, 다음 한도 내는 정정하지 않을 수 있다.

〈침목위치의 정점〉 (단위 : mm)

본·측선별	설계속도별	간격틀림	직각틀림
본선	$200 < V \leq 350$	40	40
	$120 < V \leq 200$	40	40(20)
	$70 < V \leq 120$	50	50(25)
측선	$V \leq 70$	60	60(30)

괄호 안은 분기부

2-4-4 도상

1. 정의

1) 자갈도상 (06,08,09,11,13,20**기사**, 08**산업**) : 노반 위에 도상에 깬 자갈을 설치하여 열차의 하중을 레일과 침목을 통하여 도상에서 노반에 광범위하게 전달하는 역할을 한다.

2) 구비 조건

① 경질로서 충격과 마찰에 강할 것

② 단위 중량이 크고 입자 간 마찰력이 클 것

③ 입도가 적정하고 도상작업이 용이할 것

④ 토사 혼입률이 적고 배수가 양호할 것

⑤ 동상, 풍화에 강하고 잡초가 자라지 않을 것

⑥ 양산이 가능하고 값이 저렴할 것

3) 콘크리트도상(3-1-4 상세 참조) : 도상 부분을 콘크리트로 대체한 것을 말하며, 목침목을 일정한 규격으로 절단하여 레일을 부설하는 경우(단침목식)와 콘크리트도상에 직접 레일을 체결하는 경우(직결식)가 있으며, 보수주기의 연장과 고강도의 장점이 있다.

2. 도상의 두께 (01,03,08기사)

1) 열차하중과 속도, 통과 톤수의 등급에 따라 다르다. (03,08기사)

2) 침목하면에서 시공기면까지 다음 두께 이상으로 하여야 하며, 장대레일 경우에는 급선과 상관없이 300mm 이상으로 한다.

① $230 < V \leq 350$km/h : 350mm(도상매트 포함)

② $120 < V \leq 230$km/h : 300mm

③ $70 < V \leq 120$km/h : 270mm

④ $V \leq 70$km/h : 250mm

3) 도상자갈의 기울기는 열차의 진동과 안식각을 고려하여 1 : 1.5～1 : 2.0으로 한다.

4) 다지기작업, 보수작업, 궤도강도 등을 고려하여 결정한다.

3. 도상의 강도 (03,06기사)

1) 도상계수

$$K = \frac{P}{r}\,(\text{kg/cm}^3)$$

P : 도상반력(kg/cm^2)

r : 측정지점의 탄성침하(cm)

2) 도상계수는 도상재료가 양호할수록, 다지기가 충분할수록, 노반이 견고할수록 큰 값이 된다.

① 불량노반 : K＝5kg/cm^3 이하

② 양호노반 : 5kg/cm^3 < K < 13kg/cm^3

③ 우량노반 : K＝13kg/cm^3 이상

3) 도상의 평가는 궤도의 안전도를 지배하며 궤도틀림발생량, 보수노력비, 진동가속도, 승차기분 등으로 평가된다.

2-4-5 체결장치

1. 정의

레일을 침목 위 소정위치에 고정시키는 것으로, 레일체결장치란 레일을 침목 또는 레일 지지구조물에 결속시키는 장치를 말한다.

2. 레일 이음매 (09기사)

1) 레일 이음매의 구비 조건
   ① 이음매 이외의 부분과 강도와 강성이 동일할 것
   ② 구조가 간단하고 설치와 철거가 용이할 것
   ③ 레일의 온도신축에 대하여 길이방향으로 이동할 수 있을 것
   ④ 연직하중뿐만 아니라 횡압력에 대해서도 충분히 견딜 수 있을 것
   ⑤ 가격이 저렴하고 보수에 편리할 것
2) 구조상의 분류
   ① 보통 이음매
   ② 특수 이음매 : 절연이음매, 이형이음매, 신축이음매, 용접이음매 등
3) 배치상의 분류 (09기사)
   ① 상대식 이음매 : 좌우 레일의 이음매가 동일 위치에 있는 것으로 소음이 크고 노화도가 심하나 보수작업은 상호식보다 용이
   ② 상호식 이음매 : 편측 레일의 이음매가 타측 레일의 중앙부에 있는 것으로 충격과 소음이 작으나 보수작업이 불리
4) 침목위치상의 분류
   ① 지접법 : 이음매부를 침목 직상부에 두는 것
   ② 현접법 : 이음매부를 침목 사이의 중앙부에 두는 것
   ③ 2정 이음매법 : 지접법에서 지지력을 보강하기 위하여 2개의 보통침목을 체결하여 지지
   ④ 3정 이음매법 : 현접법과 지접법을 병용한 것

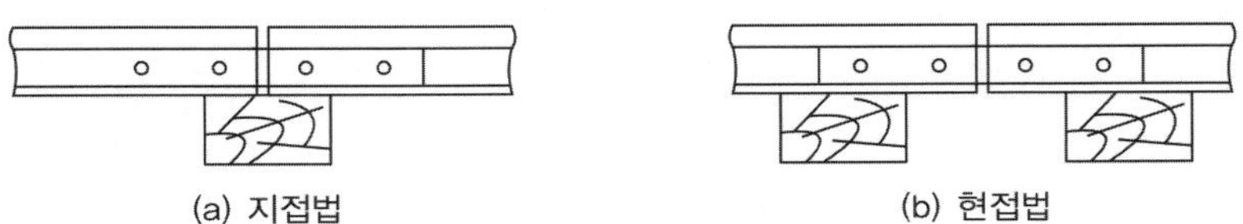

(a) 지접법 (b) 현접법

5) 궤도패드 역할 : 타이패드라고도 하며, 레일과 침목 사이, 타이 플레이트와 침목 사이, 레일과 플레이트 사이에 삽입하는 완충판으로 레일로부터의 진동감쇠 충격완화, 하중분산, 복진저항의 증가, 전기절연 등의 역할을 한다.

3. 이음매판 종류

1) 단책형 이음매판 : 구형단면의 강판으로 제작되어 레일두부에서 저부로 힘의 전달이 유효한 구조, 50kg 레일용을 사용한다.

2) I형 이음매판 : 레일두부의 하부와 레일저부 상부곡선의 2부분에서 밀착하여 쐐기작용을 한다.

3) L형(앵글형) 이음매판 : 단책형에 하부 플랜지를 붙여 단면증가를 시켜 강도를 높인 구조이다.

4) 두부자유형 이음매판 : 레일목에 집중응력이 발생하지 않고 이음매판의 마모와 절손이 적다.

4. 체결장치의 종류

1) 일반 체결 : 스파이 체결, 나사스파이크 체결, 타이 플레이트 체결

2) 탄성 체결 : 단순탄성 체결, 2중탄성 체결, 실전탄성 체결, 다중탄성 체결

영국 팬드롤형 레일체결장치

2-4 기출문제

1. 직선구간 2급선 선로에서 궤도조건이 다음과 같을 때 자갈량, 레일, 이음매침목, 베이스 플레이트, 스파이크, PC침목, 체결구(e-크립), 타이패드, 절연블록, 이음매판(세트) 수량을 계산하시오. (단, 궤도 연장 1km)

(04,06,08,14기사, 01,02,06,08산업)

- 도상단면적 : 2.3m^2(단선)
- 레일길이 : 25m
- 궤도형식 : PC침목 및 이음매 목침목, 체결구(e-클립)
- 침목 개당 부피 : 0.1m^3(단, 이음매침목에는 베이스 플레이트 2개, 나사스파이크 6개, 체결구(e-크립) 4개만 계산)

해설 1) 자갈량 : 2.3×1,000－(0.1×1,700)＝2,130m^3

2) 레일 : 1,000×2×1/25＝80개

3) 이음매침목 : 1,000×1/25＝40개

4) 이음매판 : 40×2＝80조, 이음매볼트 너트 : 80×4＝320개

팬드롤크립(목침목용) : 40×4＝160개

5) 베이스 플레이트 : 40×2＝80개

6) 나사스파이크 : 40×6＝240개

7) PC침목 : 1,000×17×1/10－(40)＝1,660개(10m당 17개)

8) 팬드롤크립 : 1,660×4＝6,640개

9) 타이패드 : 1,660×2＝3,320개

10) 절연블록 : 1,660×4＝6,640개

2. 3급선의 경우 도상단면적 2.3m^2, 선로에서 연장 1km의 재료교환 시 자갈량을 구하시오. (단, 침목 10m@16개, 침목규격 230×150×2500mm)

(01,07,11기사)

해설 침목 1개의 단면적은 230×150×2500mm＝0.086≒0.09m^3

1) 1km에 대한 자갈수량 1,000m×2.3＝2,300m^3

2) 1km에 대한 침목이 차지하는 수량 1,000×16/10×0.09＝144m^3

3) 1km에 대한 자갈수량 계산식 2,300－144＝2,156m^3

3. 장대레일 구간에서 2급선, 궤도형식이 PC침목, 팬드롤 체결방식일 때 km당 궤도자재 수량을 계산하시오.

(05산업)

해설 1) 레일 : 1,000×2×1/25＝80개

2) PC침목 : 1,000×17×1/10＝1,700개(10m당 17개)

3) 팬드롤크립 : 1,700×4＝6,800개

4) 타이패드 : 1,700×2＝3,400개

5) 절연블록 : 1,700×4＝6,800개

4. 다음 레일 단면을 결정하는 데 주된 요소이다. 각 부분의 명칭을 쓰시오.

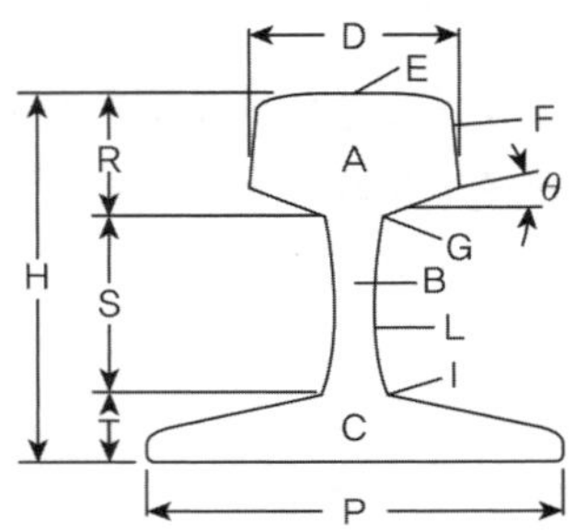

해설 ① A : 두부　② B : 복부　③ C : 저부
④ D : 두부폭　⑤ E : 두정면　⑥ F : 두부 측면
⑦ G : 상수부　⑧ I : 하수부　⑨ L : 복부측변
⑩ P : 저부폭　⑪ R : 두부높이　⑫ S : 복부높이
⑬ T : 저부높이　⑭ θ : 계목(繼目)각도

5. 경부선 한강철교(교량연장 $L=1125\text{m}$) 상하행선의 궤도재료를 교환하고자 한다. 소요재료를 산출하여 표를 완성하시오. (단, 레일은 50m씩 용접하여 사용하며 가드레일은 기설치분을 재사용) (09,13,15기사)

소요 재료	계산 과정	답
레일(25m)		
이음매판		
이음매볼트		
교량침목		
훅크볼트		
타이 플레이트		
팬드롤		

해설

소요재료	계산과정	답
레일(25m)	(1,125÷25＝45, 45×2(양쪽)＝90개)	(90)
이음매판	(레일 90개×1조＝90조)	(90)
이음매볼트	(이음매판 90조×4＝360개)	(360)
교량침목	(1,125m×25÷10＝2,812.5개)	(2,813)
훅크볼트	(2,813×2개＝5,626개)	(5,626)
타이 플레이트	(2,813×2개＝5,626개)	(5,626)
팬드롤	(5,626×2개＝11,252개)	(11,252)

6. 목침목의 방부처리 4가지 방법을 쓰시오. (02,13기사)

해설 1) 베셀법(bethell process)　2) 로오리법(lowry process)
3) 류우핑법(rueping process)　4) 블톤법(boulton process)

7. 레일복부 기입사항 5가지를 적으시오. (01,05,09기사, 05산업)

①	②③	④	⑤	⑥	⑦
→	50 N	LD	NKK	1981	lllllll

해설 ① 강괴의 두부방향표시 또는 레일 압연 방향표시
② 레일중량(kg/m)
③ 레일종별
④ 전로의 기호 또는 제작공법(용광로)
⑤ 회사표 또는 레일 제작회사
⑥⑦ 제작연도 및 제조월

8. 레일길이의 제한이유 3가지를 쓰시오. (00,02,04기사)

해설 1) 온도신축에 따른 이음매 유간의 제한
2) 레일구조상의 제한
3) 운반 및 보수작업상의 제한
4) 레일길이와 차량의 고유진동주기와의 관계

9. 보선교량 $L=450$m 시 교량침목 수와 소요재료 후크(T)볼트 신품은 10%와 구품 90% 사용수량을 계산하시오. (06산업)

해설 교량침목 수는 10m당 급선에 상관없이 25개이므로

1) 교량침목 수 : $\dfrac{450}{10}\times 25$개$=1{,}125$개

2) 훅크볼트 수 : $(1{,}125\times 2)\times 10\%=225$개

10. 복선 선로구간에서 연장 250m인 교량이 있다. 이 복선 교량의 교량침목을 교환할 때 침목 교환 수량은 얼마인가? (02,11,20기사)

해설 교량침목 수는 10m당 급선에 상관없이 25개이므로

교량침목 수$=\dfrac{250}{10}\times 25$개$=625$개

11. 10m당 침목 배치수를 등급별과 PC, 목침목, 교량침목으로 구분하여 쓰시오. (06산업)

해설 1) 1,2급선 PC침목 17개, 목침목 17개, 교량침목 25개
2) 3,4급선 PC침목 16개, 목침목 16개, 교량침목 25개

12. 침목의 구비 조건을 4가지 쓰시오. (01산업)

해설 1) 레일을 견고하게 체결하는 데 적당하고 열차하중지지가 되어야 한다.
2) 강인하고 내충격성 및 완충성이 있어야 한다.
3) 저부 면적이 넓고 도상다지기 작업이 원활해야 한다.
4) 도상저항 커야 한다.
5) 취급 간편, 내구성, 전기절연성이 좋아야 한다.
6) 경제적이고 구입이 용이해야 한다.

13. PC침목과 콘크리트 침목의 장단점을 설명하시오. (00,11기사)

해설

	장점	단점
목침목	• 레일의 체결이 용이하고 가공이 편리 • 탄성이 풍부하며 완충성이 큼 • 보수와 갱환작업이 용이 • 전기절연도가 큼 • 비교적 염가이며 입수하기 용이함	• 자연부식으로 내구연한이 짧음 • 하중에 의한 기계적 손상을 받기 쉬움 • 증기기관차의 경우 화상과 소상의 우려 • 충해를 받기 쉬우며 주약해서 사용해야 함 • 갈라지기 쉬움
콘크리트 침목	• 부식의 염려가 없고 내구연한이 길 • 자중이 커서 안정이 좋기 때문에 궤도틀림이 적음 • 기상작용에 대한 저항력이 큼 • 보수비가 적게 소요되어 경제적	• 중량이 무거워 취급이 곤란하고 부분적 파손이 발생하기 쉬움 • 레일 체결이 복잡하고 균열발생의 염려가 큼 • 충격력에 약하고 탄성이 부족 • 전기절연성이 목침목보다 부족 • 인력다지기 시 침목에 심한 손상을 주고 비교적 가격이 비쌈

14. 도상횡저항력 500kg/m, 축력 600kg일 때 10m당 침목개수를 산출하시오. (06기사)

해설 $600 \times 1/2 \times n/10 = 500\text{kg/m}$

침목개수 $n = 5000/300 \times 10 = 16.67$개 ≒ 17개

15. 도상재료의 구비 조건 4가지 기술하시오. (06,08,09,11,13,20기사)

해설 1) 경질로서 충격과 마찰에 강할 것

2) 단위 중량이 크고 입자 간 마찰력이 클 것

3) 입도가 적정하고 도상작업이 용이할 것

4) 토사 혼입률이 적고 배수가 양호할 것

5) 동상, 풍화에 강하고 잡초가 자라지 않을 것

6) 양산이 가능하고 값이 저렴할 것

16. 도상두께 결정 요인 4가지를 쓰시오. (01,03,08기사)

해설 1) 열차하중

2) 열차의 속도, 통과 톤수의 등급

3) 장대레일 유무

4) 다지기작업, 보수작업, 궤도강도 등을 고려

17. 도상자갈의 역할(기능)을 기술하시오. (02,11,13기사, 02산업)

해설 1) 레일 및 침목으로부터 전달되는 하중을 노반에 전달

2) 침목을 소정의 위치에 고정

3) 궤도틀림정정 및 침목갱환작업이 용이

4) 침목을 탄성적으로 지지하고 충격력을 완화해서 선로파괴가 경감되어 쾌적한 승차감 제공

18. 교량설계 시 팬드롤(pandrol) 체결구를 설치할 경우 침목 1개당 사용 체결구 수량을 구하시오. (00기사)

해설 1) 클립(clip) : 4개

2) 절연블록(insulator) : 4개

3) 패드(pad) : 2개

4) T볼트 : 2개

19. **도상반력 $P=30\text{kg/cm}^2$, 측정지점의 탄성침하 $r=3\text{cm}$일 때 도상계수값은 얼마이며, 이 노반에 대한 평가는 어디에 해당되는가?** (03,06기사)

해설 1) 도상계수

$$K=\frac{P}{r}\text{에서 }K=\frac{30}{3}=10\text{kg/cm}^3$$

2) 평가 기준은 다음과 같으므로 양호노반

① 불량노반 : $K=5\text{kg/cm}^3$ 이하

② 양호노반 : $5\text{kg/cm}^3 < K < 13\text{kg/cm}^3$

③ 우량노반 : $K=13\text{kg/cm}^3$ 이상

20. **목침목의 종류와 크기를 쓰시오.**

해설 1) 보통침목 : 24×15×250cm

2) 분기침목 : 24×15×280cm～길이 30cm씩 증가(총 7종)

3) 교량침목 : 23×23×250cm～길이 25cm씩 증가(총 3종)

4) 이음매침목 : 30×15×250cm

5) PC침목 : 25.8×18.5×240cm

21. **레일 이음매의 종류를 이음매의 배치상에 따라 2가지로 분류하고 각각의 특성을 간단히 적으시오.**

해설 1) 상대식 이음매 : 좌우 레일의 이음매가 동일위치에 있는 것으로 소음이 크고 노화도가 심하나 보수작업은 상호식보다 용이

2) 상호식 이음매 : 편측 레일의 이음매가 타측 레일의 중앙부에 있는 것으로 충격과 소음이 작으나 보수작업이 불리

2-5 기타 시설물 설계하기

2-5-1 정거장 설계 및 배선설계

1. 정의 (14기사)

열차를 도착, 출발시키는 장소로서 여객의 승강, 화물의 취급, 급유 및 급수 등의 시설을 갖추고 운송, 운전상의 모든 업무를 수행하는 일정한 장소를 말한다.

1) 역 : 열차를 정지시켜 여객 또는 화물을 취급하는 정거장
2) 조차장 : 열차의 편성과 차량의 검사, 수리, 세차, 유치 및 입환만을 취급하여 열차의 종류에 따라 화차조차장, 여객조차장이 있음
3) 신호장 : 열차의 교행 또는 대피를 위하여 설치한 장소
4) 신호소 : 신호장이 아니고 수동 또는 반자동의 상치신호기를 취급하기 위하여 설치한 장소

2. 정거장의 위치 선정

1) 구내는 가능한 수평이고 직선이어야 하며, 정거장 외라도 정거장에 접근하여 급구배나 급곡선이 있는 곳은 피할 것
2) 여객과 화물이 집산되어 중심지에 근접되고 타 교통수단과의 환승이 용이할 것
3) 정거장 사이거리는 보통 4~8km, 대도시 전철역은 1km 전후에 설치
4) 정거장 기능을 충분히 발휘하고 소요면적을 확보하여 장래 확장 및 개량이 용이할 것
5) 정거장에 도착할 때는 상구배, 출발할 때는 하구배가 되는 선형
6) 용지매수가 용이하고 토공량과 구조물이 적은 지역일 것

3. 선로망상의 위치에 분류 (09기사, 03,05,09산업)

1) 중간정거장 : 차량의 선로변경 없이 차량진입이 이루어지는 역(대부분의 정거장이 해당)
   ① 여객승강장 : 섬식과 상대식
   ② 화물적하장 : 차급화물을 적하하기 위해 승강장과 별도로 설치(역본체 좌측)
   ③ 대피선 설치
      - 후속열차가 선행열차를 추월할 필요가 있을 때 설치
      - 열차밀도가 높아서 선행열차가 출발하기 전에 후속열차 진입 필요시 설치
      - 화물열차의 조성과 정리로 장시간 역에 정차시킬 필요가 있을 때 설치
2) 종단정거장 (**03산업**) : 시·종점역으로 선로의 종단에 위치하는 정거장(부산역)
   ① 관통식 종단역
      - 기대선을 설치하여 직통하는 열차에 대하여 기관차를 바꿀 수 있어야 함
      - 기회선과 기관차가 왕래할 수 있는 배선이라야 함
   ② 두단식 종단역
      - 열차를 비교적 장시간 유치할 필요가 있을 때 설치
      - 관통식 정거장에 비해 과선교, 지하도가 불필요하고 여객의 흐름이 원활
3) 연락정거장 (**09기사, 05,09산업**) : 2개 이상의 선로가 집합하여 연락운송을 하는 정거장

① 일반연락정거장 : 본선과 지선 간에 열차의 통과운전을 하지 않는 정거장(수색역)
② 분기정거장 : 본선과 지선 간에 열차의 통과운전을 하는 정거장(천안역, 구로역)
③ 접촉정거장 : 2개 이상의 선로가 근접한 지점에 공동으로 설치된 정거장
④ 교차정거장 : 2개 이상의 선로가 교차하는 지점에 설치된 정거장(옥수역)

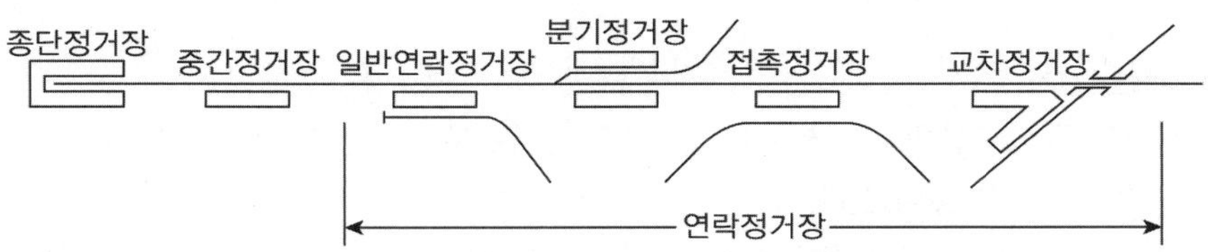

4. 선로설비 : 열차 착발, 통과에 필요한 설비

1) 본선 (15기사) : 주본선(상하), 부본선(출발, 도착, 착발, 통과, 대피, 교행선)
2) 측선 : 수용선, 일상선, 인상선, 안전측선, 입출고선, 기회선, 기대선, 해방선, 유치선

5. 본선로의 구내배선에 의한 분류 (02,20기사)

1) 두단식 정거장(stubstation) : 착발본선이 막힌 종단형으로 된 정거장을 말하며 정거장의 주요 건조물은 선로의 종단 쪽에 설치된다.
2) 관통식 정거장(through station) : 착발본선이 정거장을 관통한 것으로 주요 건조물은 선로의 측방향에 설치되며 고가선구간에서는 선로의 하부 측에 또 깎기 구간에서는 선로 상부 측에 설치하는 경우도 있다.

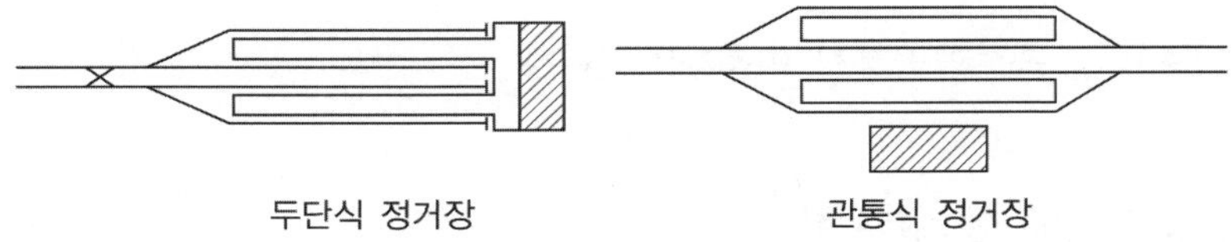
두단식 정거장　　관통식 정거장

3) 절선식 정거장(switch back station) : 산악 등 급구배선이 연속되어 정거장을 설치할 만한 완구배를 얻지 못할 때에는 수평 또는 완구배의 선로를 본선에서 분기시켜 정거장을 설치한다.
4) 반환식 정거장(reverse station) : 구배는 관계가 없고 지형상 이유로 착발선이 반환식으로 된 정거장이나 열차의 운용상으로는 좋지 못하다. 주로 종단정거장에 한한다.

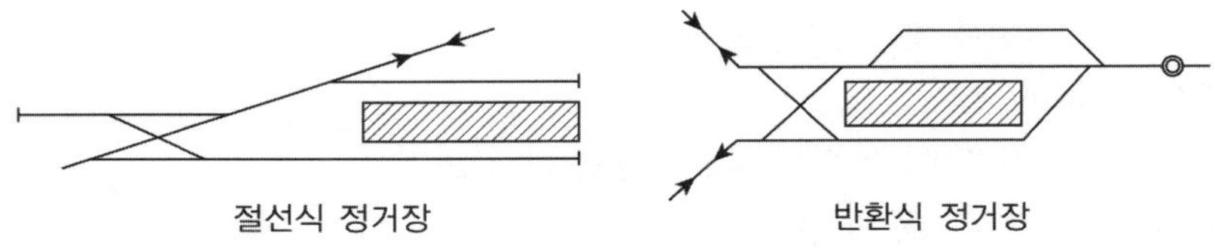
절선식 정거장　　반환식 정거장

5) 섬식 정거장(island station) : 본선로의 사이에 승강장과 정거장 본실을 설치하여 지하도 또는 과선교에 의해 외부와 연결하는 것이 있으나 직통 정거장의 변형에는 좋지 않다.
6) 쐐기식 정거장(wedged station)

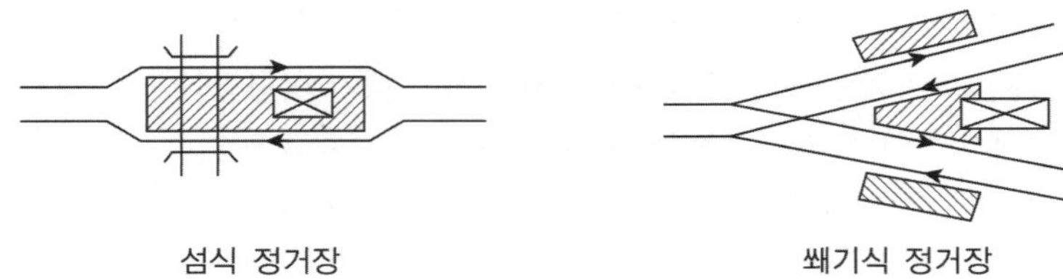

섬식 정거장　　　　쐐기식 정거장

6. 분기역의 배선 (03기사)

분기역의 본선배열에는 단선에서 단선으로 분기하는 경우, 복선에서 단선으로 분기하는 경우, 복선에서 복선으로 분기하는 경우 등이 있다.

1) 선로별 배열방식 : 복복선의 4선 중에서 어떤 한쪽의 각 2선을 복선의 경우와 같이 운전하는 방식이며 이 방식에 적합하도록 배선하는 것을 말한다.
2) 방향별 배열방식 : 복복선의 4선 중에서 한쪽의 2선은 상행열차, 타 2선은 하행열차 운전용으로 하는 방식이며 이 방식에 적합하도록 구내배선을 하는 것을 말한다.

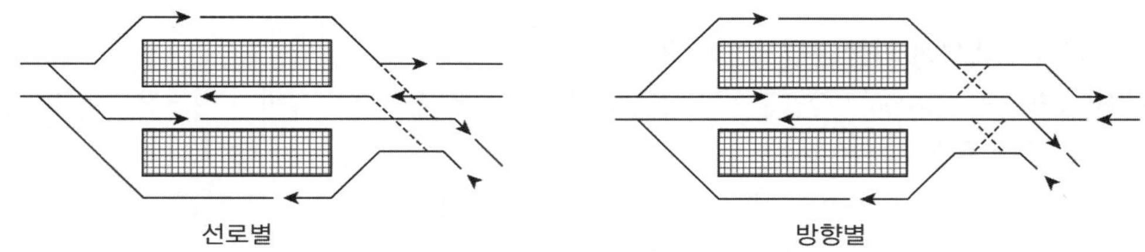

선로별　　　　방향별

7. 철도배선의 3대 원칙

1) 열차운전의 안전성 : 열차 루트의 독립성
2) 기능성 : 열차운전의 고속성과 융통성, 이용자의 편리성
3) 경제성 : 간이성

8. 정거장 배선 설계 고려사항(기본사항) (09,11,12,15기사)

1) 본선과 본선의 평면교차는 피할 것
2) 정거장 구내의 투시가 양호할 것
3) 본선상의 분기기는 가능한 한 수를 줄이고 배향분기기로 설치할 것
4) 분기기는 구내에 산재하지 말고 가능한 한 집중 배치할 것
5) 반대방향의 열차가 서로 안전하게 착발하도록 할 것
6) 입환 및 작업 차량이 본선을 횡단하지 않도록 할 것
7) 장래 구내확장에 대비할 것
8) 측선은 되도록 본선의 한쪽에 배선하여 본선 횡단을 적게 할 것
9) 통과열차 본선은 직선 또는 곡선반경이 클 것
10) 사고발생을 대비하여 응급연결선 설치를 고려할 것

9. 안전측선(safety siding)

1) 정거장에서 2개 이상의 열차가 동시에 진입할 때 만일, 열차가 정위치에서 과주하더라도 본선으로

진입을 막아 열차가 접촉 또는 충돌을 하는 대형 사고를 미연에 방지하기 위하여 설치하는 측선. 분기기의 방향은 항상 안전측선으로 개통되어 있어야 함

2) 부설위치

① 상하 열차를 동시에 진입 → 상하행 본선의 선단에 설치

② 연락정거장에서 지선이 본선에 접속하는 경우(분기정거장) → 지선의 종단에 설치

③ 정거장 가까이 하기울기가 있어 정확한 위치에 정지를 못할 우려가 있는 개소 → 본선의 선단에 설치(하기울기종단)

④ 안전측선 설치 예시

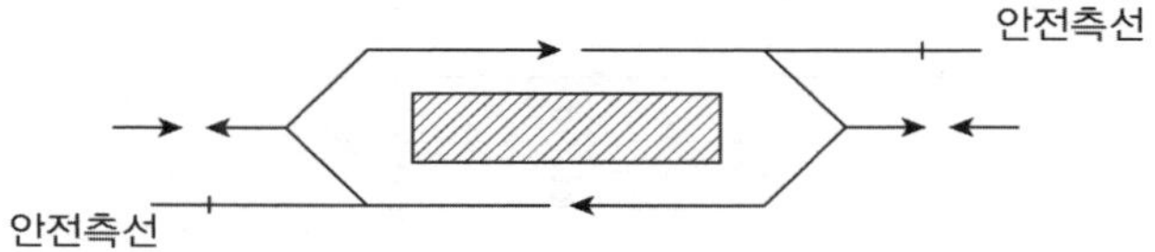

10. 대피선(refuge track) (04,06기사, 06산업)

1) 정의

① 본선 중 한 형태로 대피열차를 착발시킬 목적으로 설치하는 선로

② 주요 간선에는 대부분 설치하고 있으며, 특히 상본선과 하본선 사이에 설치하는 대피선을 중선이라 함

2) 필요개소

① 후속열차가 선행열차를 추월할 필요가 있을 때

② 열차의 밀도가 높아서 선행열차가 출발하기 전에 후속열차를 진입시킬 필요가 있을 때

③ 화물열차의 조성과 정리로 화물열차를 장시간 역에 정차시킬 필요가 있을 때

④ 중대피형

11. 피난측선(catch siding)

1) 정거장에 근접하여 급한 하기울기가 있을 경우 차량고장, 운전부주의 등으로 일주하거나 연결기 절단 등으로 역행하여 정거장의 다른 열차나 차량과 충돌하는 사고를 방지하기 위하여 설치하는 측선

2) 피난측선 설치 예시

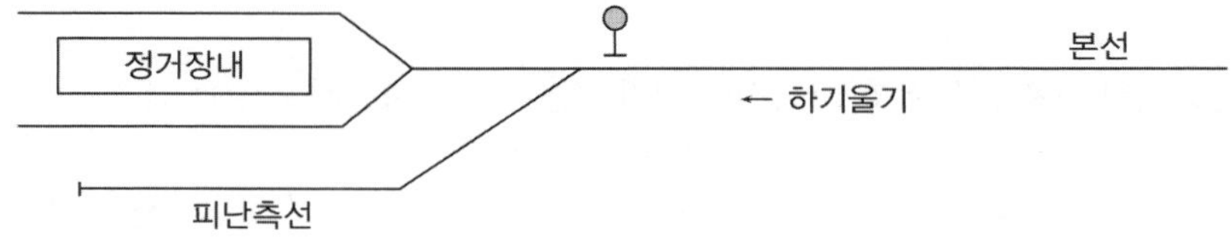

3) 피난측선이 필요한 경우

① 단선 정거장 선단에 안전측선 설비가 없을 때

② 열차상호 간 방호가 필요한 경우로서 안전측선 설비가 없을 때

③ 기타 특히 필요하다고 인정될 때

2-5-2 유효장, 승강장 및 기타

1. 유효장(01,09기사, 05산업)

정거장 내의 선로에서 인접선로의 차량이나 열차에 지장이 되지 않고 차량이나 열차를 수용할 수 있는 해당 선로의 최대길이를 유효장이라 한다. 유효장의 단위는 차장률 산정기준(14m)에 의한다.

1) 일반적으로 선로의 유효장은 차량접촉한계표 간의 거리를 말한다. 그림과 같이 A선과 B선·C선의 유효장은 l_1과 l_2를 말한다.

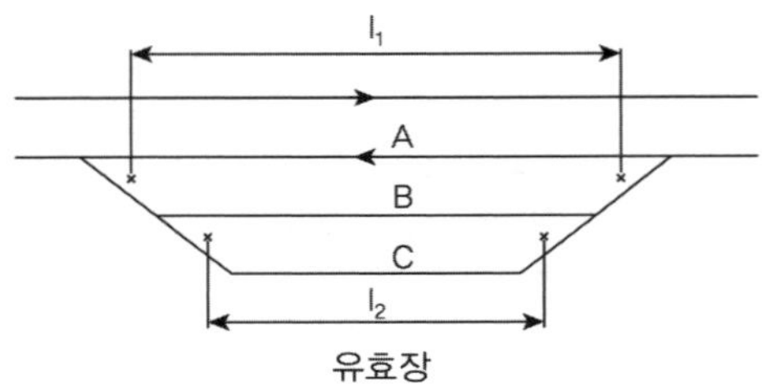

l_1 : A선의 유효장

l_2 : B선과 C선의 유효장

x : 차량접촉한계표

A선 : 본선

B선 : 부본선

C선 : 측선

2) 출발신호기가 설치되어 있는 선로의 경우

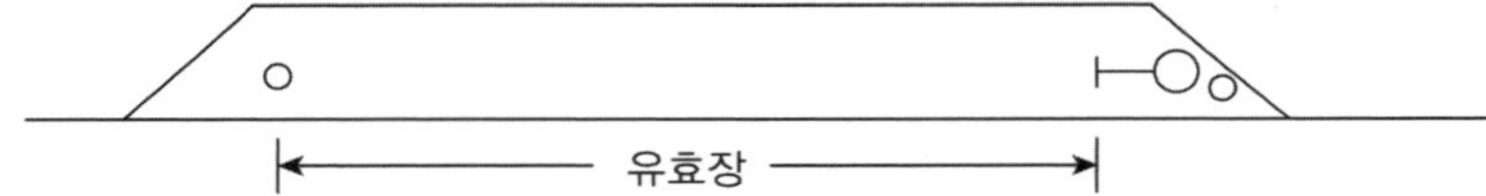

3) 궤도회로의 절연장치가 차량접촉한계표지 내방 또는 출발신호기의 외방에 설치되었을 경우

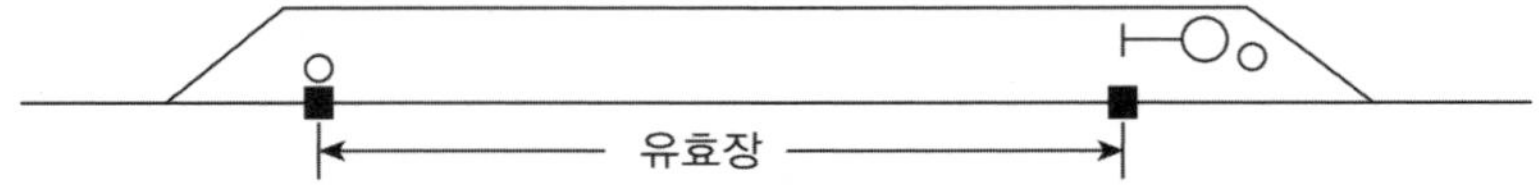

4) 본선과 인접측선의 경우 본선 유효장(측선을 열차 착발선으로 사용하지 않는 경우)

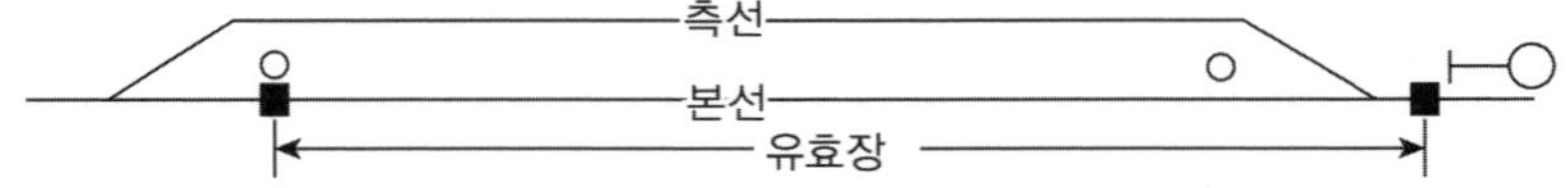

본선의 최소 유효장은 선로구간을 운행하는 최대 열차길이에 따라 정해지며, 최대 열차길이는 선로의 조건, 기관차의 견인정수 등을 고려하여 결정한다. 일반적으로 화물열차는 여객열차보다 열차의 길이가 길어서 화물열차의 길이를 기준으로 그 선로구간의 유효장을 결정한다. 화물열차길이는 화차의 연결량 수, 화차의 적차 비율에 따라 좌우되며 화물열차길이를 산출하는 표준식은 다음과 같다.

$$L = \frac{\ell \cdot N}{a \cdot n + a' \cdot n'} + K + C$$

L : 유효장(m)

N : 기관차 견인정수(선별 최대치)

n : 영차의 평균 환산량 수(1.48)

n' : 공차의 평균 환산량 수(0.48)

C : 열차의 전후 여유(35m)

l : 화차 1량 평균 길이(현차 : 13.7m)

a : 영차율(85%)

a' : 공차율(15%)

K : 기관차 길이(20m)

2. 정거장 경계표

1) 신호기와 보안기기를 생략한 보통정거장과 간이정거장에 있어서 구내경계표를 표시하기 위하여 정거장 경계표를 설치한다.
2) 설치위치는 장내신호기 설치에 준하여 한다.
3) 단선에 있어서는 승강장 뒤쪽에서 각 상하행 쪽으로 경부선 및 호남선 460m, 기타선 370m 거리 이상에 설치한다.

3. 승강장 (08,13,20기사)

1) 승강장은 직선구간에 설치하여야 한다. 다만, 지형여건 등으로 인하여 부득이 한 경우에는 반경 600m 이상의 곡선구간에 설치할 수 있다.
2) 승강장의 높이
   ① 일반여객 승강장으로 객차에 승강계단이 있는 경우는 레일면에서 500mm로 한다.
   ② 화물 적하장의 높이는 레일면에서 1,100mm로 한다.
   ③ 전동차전용 승강장의 높이는 레일면에서 1,135mm로 한다.
   ④ 곡선구간에 설치하는 전동차전용 및 고상승강장의 높이는 캔트에 의한 차량 경사량을 고려해야 한다.
3) 직선구간에서 선로 중심으로부터 승강장 또는 적하장 끝까지의 거리는 1,675mm로 하여야 하며, 곡선구간에서는 곡선에 따른 확대량과 캔트에 따른 차량 경사량 및 슬랙량을 더한 만큼 확대하여야 한다.
4) 전동차가 운행하는 구간의 선로 중심으로부터 승강장까지의 거리는 직결도상의 경우에는 선로 중심으로부터 승강장 또는 적하장 끝까지의 거리는 1,610mm로 하되, 차량 끝단으로부터 승강장연단까지의 거리는 50mm를 초과할 수 없다. 직결도상이 아닌 경우에는 1,700mm로 한다.

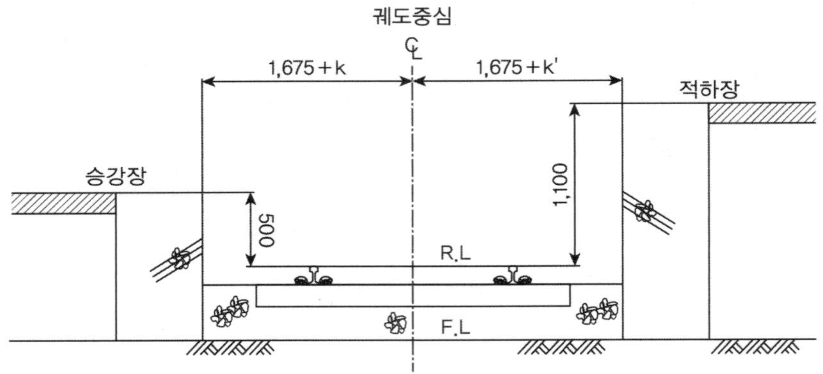

승강장 적하장의 높이 및 승강장과 선로 중심과의 이격거리

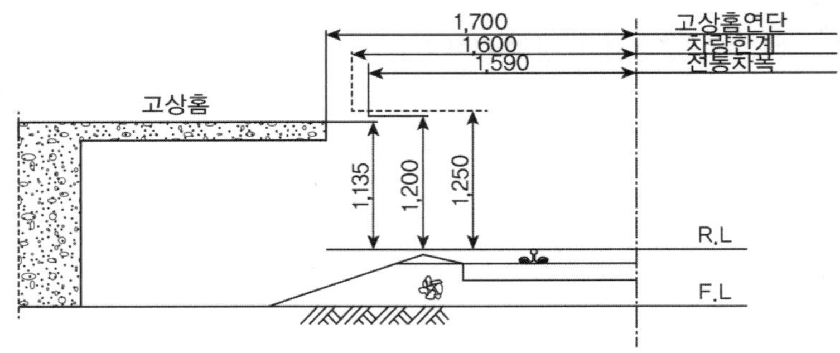

고상 승강장의 높이

5) 승강장에 세우는 조명전주·전차선전주 등 각종 기둥은 선로쪽 승강장 끝으로부터 1.5m 이상, 승강장에 있는 역사·지하도·출입구·통신기기실 등 벽으로 된 구조물은 선로쪽 승강장 끝으로부터 2.0m 이상의 거리를 두어야 한다.

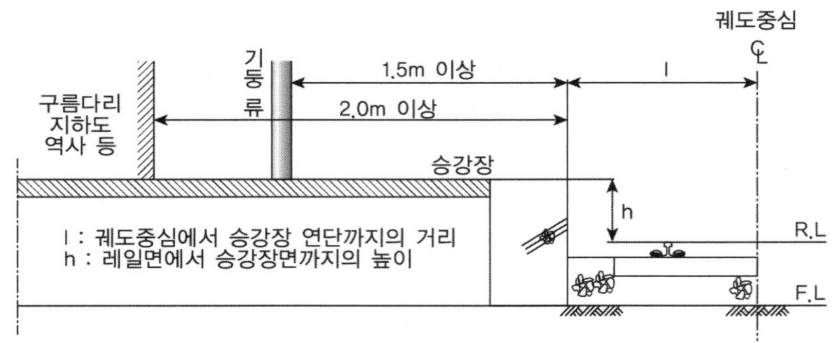

주류 및 벽류의 선로 중심으로부터의 이격거리

6) 승강장의 폭

① 보통 철도(고속선은 제외) 및 특수 철도의 승강장의 폭은 양측을 사용하는 경우에는 중앙부를 3m

이상, 단부를 2m 이상, 한쪽을 사용하는 경우에는 중앙부를 2m 이상, 단부를 1.5m 이상으로 한다.

② 고속선의 승강장의 폭은 양측을 사용하는 경우에는 9m 이상, 한쪽을 사용하는 경우에는 5m 이상으로 한다. 단, 곡선인 플랫폼 단부에서는 양쪽을 사용하는 경우에는 5m 이상, 한쪽을 사용하는 경우에는 4m 이상으로 할 수 있다.

4. 승강장의 편의 · 안전설비(일반, 고속철도)

1) 승강장의 통로 및 계단의 설치

① 승객용 통로 및 승객용 계단의 폭은 3m 이상으로 한다.

② 승객용 계단에는 높이 3m마다 계단참을 설치한다.

③ 승객용 계단에는 손잡이를 설치한다.

2) 에스컬레이터를 설치

① 에스컬레이터의 유효폭은 1,200형을 기본으로 하며 부득이한 경우 800형 이상으로 한다.

② 세부사항은 「교통약자의 이동편의 증진법」 시행규칙을 따른다.

3) 엘리베이터를 설치

① 보행동선에 방해가 되지 않는 곳에 설치한다.

② 유효폭은 800mm 이상으로 한다.

③ 본체 안쪽 폭은 1,400mm 이상으로 하고, 깊이는 1,350mm 이상으로 하여 휠체어가 원활히 회전할 수 있도록 한다.

4) 승객의 안전사고를 방지하기 위한 고려사항

① 승강장과 차량의 승객용 승강구 바닥을 가능한 한 평평하게 한다.

② 승강장 단부에 선로 유지보수를 위해 선로로 진입할 수 있는 계단 등의 시설이 있는 경우에는 일반 승객의 출입을 막기 위한 개폐장치 등의 안전설비를 구비하여야 한다.

③ 승강장의 바닥 표면은 승객이 잘 미끄러지지 않도록 마감 처리한다.

④ 승강장 연단에는 경고 블록 미끄럼 방지타일을 붙여야 하며 승강장 연단에서 600~800mm 떨어진 곳에 시각장애자 경고 블록을 설치하여야 한다.

⑤ 전동차 승강장의 경우, 승강장과 전동차 간의 과대한 간격으로 인한 안전사고를 방지할 수 있는 시설을 설치한다.

⑥ 비상시에 열차를 정지시키기 위한 누름 버튼을 설치한다.

⑦ 추락한 승객이 대피할 수 있도록 승강장의 전장에 걸쳐 승강장 아래에 대피 공간을 확보한다.

⑧ 다음의 경우에는 승객의 안전을 도모하기 위하여 「철도시설안전기준에 관한 규칙」에 따라 안전보호대 또는 스크린도어(screen door)를 설치할 수 있다.

- 승객이 집중되어 인파에 밀려 승객의 안전이 위협을 받는 경우
- 고속주행열차를 동일 홈에서 취급하여 대기승객의 안전이 위협받는다고 판단될 때 등

⑨ 음성이나 시각적으로 열차의 접근을 경고하는 설비를 설치한다.

5. 승강장 등(도시철도)

1) 도시철도의 정거장간 거리는 1km 이상으로 하되, 교통수요 경제성 지형 여건 및 다른 교통수단과의

연계성 등을 종합적으로 고려하여 이를 조정

2) 승강장의 너비

① 본선과 본선 사이에 설치된 승강장의 경우에는 8m 이상

② 본선의 양옆에 설치된 승강장의 경우에는 4m 이상

③ 승강장의 연단으로부터 너비 1.5m, 높이 2m 이내의 공간에는 승객의 실족추락방지시설, 대피시설 등 안전시설 외에는 기둥계단 등 어떠한 시설도 설치하여서는 안 된다.

3) 노면출입구 및 지상보행로 : 해당 출입구를 제외한 지상보행로의 폭이 2m 이상이 되도록 한다.

4) 특별피난계단

① 지하 3층 이하의 승강장에는 비상시 승객이 쉽게 대피할 수 있도록 승강장과 지상을 계단으로 직접 연결한 별도의 비상계단(특별피난계단)을 설치하여야 한다.

② 본선과 본선 사이에 설치된 승강장에는 1개소 이상, 본선의 양옆에 설치된 승강장에는 승강장별로 각 1개소 이상의 특별피난계단을 각각 설치하여야 한다.

③ 특별피난계단에는 유도등과 비상조명등을 각각 설치한다.

2-5-2 분기기

1. 정의 (04,06,15,20기사)

열차 또는 차량을 한 궤도에서 다른 궤도로 전환시키기 위하여 궤도상에 설치한 설비를 분기장치 또는 분기기라 하며, 분기기는 포인트, 리드부, 크로싱 3부분으로 구성된다.

1) 포인트 : 차량의 방향을 유도하는 역할을 담당하며, 텅레일 후단의 힐(heel)이 선회하며, 텅(tongue)레일은 기본레일에 밀착, 이격하여 주행을 인도하는 구조이다. 한 쌍의 텅레일과 기본레일로 구성되어 있다.

2) 리드 : 분기기의 포인트 뒤 끝에서 크로싱 앞 끝까지 차량운행을 유도하는 부분이다.

3) 크로싱 : 분기기 내 직선레일과 곡선레일이 교차하는 부분을 말하며, V자형 노스레일과 X자형 윙레일로 구성되며 크로싱의 양쪽에 가드레일이 있다.

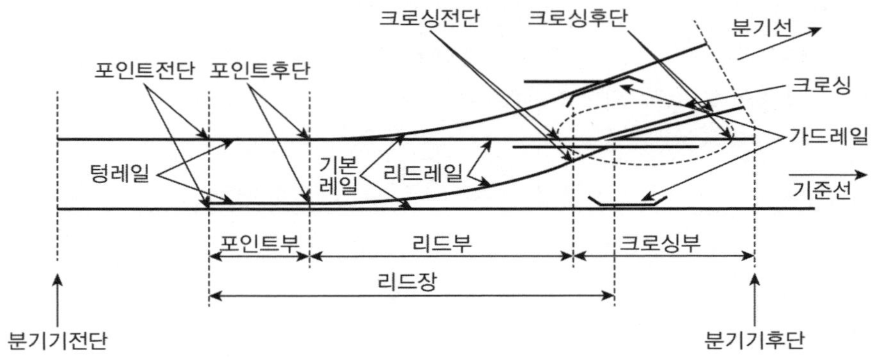

분기기 일반도(01,09**기사**, 02,08**산업**)

2. 분기기의 종류(06**기사**, 09**산업**)

1) 배선에 의한 종류(09**산업**)

① 편개분기기 : 직선에서 좌우 한쪽 방향으로 분기한 것

② 분개분기기 : 직선에서 좌우 양쪽 방향으로 분기각이 다르게 분기한 것

③ 양개분기기 : 직선에서 좌우 양쪽 방향으로 분기각이 동일하게 분기한 것

④ 곡선분기기 : 기본선이 곡선상에 있는 분기기

⑤ 내방분기기 : 곡선 궤도에서 분기선을 곡선 내측으로 분기한 것

⑥ 외방분기기 : 곡선 궤도에서 분기선을 곡선 외측으로 분기한 것

⑦ 복선분기기 : 하나의 궤도에서 2개 이상의 궤도로 분기한 것

⑧ 삼지분기기 : 직선 기준선을 기준으로 동일개소에서 좌우대칭 3선으로 분기한 것

2) 교차에 의한 종류(06**기사**)

① 다이아몬드크로싱 : 두 선로가 평면교차하는 개소에 사용하며 직각 또는 사각으로 교차

② 싱글 슬립 스위치 : 1개의 사각 다이아몬드크로싱의 양궤도 간에 차량이 임의로 분기하도록 건널선을 설치

③ 더블 슬립 스위치 : 2개의 사각 다이아몬드크로싱을 사용 양궤도 간에 차량이 임의로 분기하도록 건널선을 겹쳐서 설치(06**기사**)

3) 교차와 분기기의 조합에 의한 종류

① 건널선(cross over) : 양궤도 간에 건널선을 1방향으로 부설한 것

② 교차 건널선(scissors cross over) : 복선 및 이와 유사한 양궤도 간에 복선에서 건널선을 2방향으로 부설한 것

4) 특수분기기의 종류

① 승월분기기 : 분기선에는 텅레일, 크로싱이 없고 보통 주행레일로 구성된 편개분기기로서 분기선 외궤차륜은 차선이 없는 주행레일 위를 넘어감

② 천이분기기 : 승월분기기와 비슷하나 분기선을 배향으로 통과시키지 않음

③ 탈선분기기 : 단선구간에서 신호기를 오인하는 경우 중대한 사고가 예상될 때 열차를 고의로 탈선

시켜 대향열차 또는 유치열차와의 충돌을 방지하기 위하여 설치한 분기기

④ 간트렛트 궤도 : 복선 중의 일부 짧은 구간에 한쪽 선로가 공사 등으로 장애가 있을 때 포인트 없이 2선의 크로싱과 연결선으로 되어 있는 특수선

3. 포인트

1) 구조에 의한 포인트의 종류

① 둔단 포인트 ② 첨단 포인트

③ 스프링 포인트 ④ 승월 포인트

2) 분기기 입사각

① 기본레일 궤간선과 리드레일 궤간선의 교각을 입사각이라 한다.

② 분기 시 차륜이 텅레일에 닿는 부분을 적게 하기 위해서는 입사각을 가능한 작게 하는 것이 좋으나 입사각이 작으면 텅레일은 길어지고 곡선반경이 커진다.

③ 곡선형 텅레일은 입사각이 커서 원활한 주행에 불리하다.

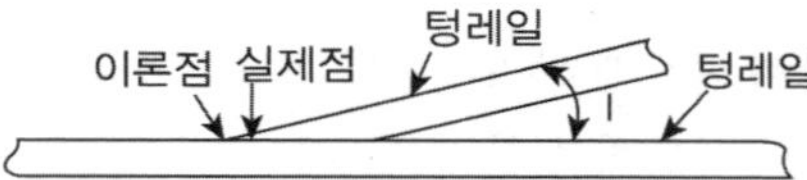

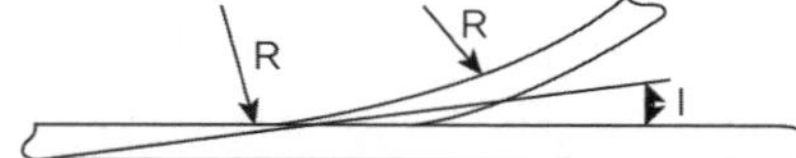

4. 크로싱 (02,06**기사**, 00,06,08,09**산업**)

1) 구조에 의한 종류

① 고정 크로싱

② 가동 크로싱

③ 고망간 크로싱

2) 크로싱 번호 (00,02,11,12,14**기사**, 06,08,09**산업**) : 크로싱 번호는 크로싱 후단길이와 크로싱 벌림량의 비로 표시하며 크로싱 번호가 클수록 분기기 각도(벌림량)는 작아진다.

$$\text{크로싱 번호} : N = \frac{\text{후단길이}}{\text{벌림량}} = \frac{l_2}{S_2}$$

3) 크로싱 각도 θ와 크로싱 번수 N과의 관계

① 크로싱 각도(θ)와 비례하여 크로싱 번수(N)도 비례하여 증가

② 관계식

$$N = \frac{1}{2} Cot \frac{\theta}{2}$$

4) 각부 명칭 (09산업)

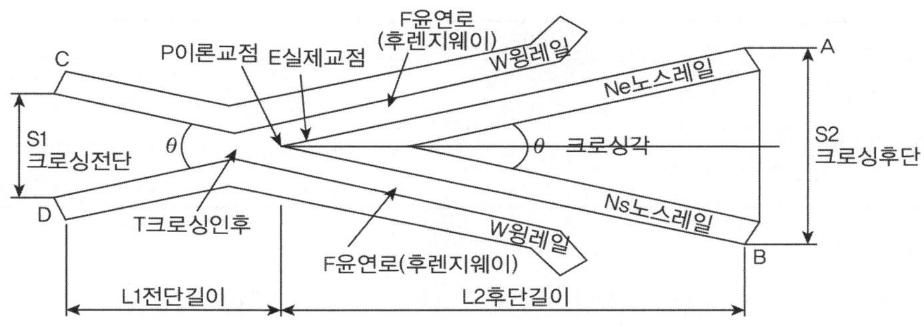

분기기의 고정크로싱과 가드레일 설치 전경

5. 분기기의 보조재료

1) 본선의 주요 대향분기기와 궤간유지가 곤란한 분기기에는 텅레일 전방 소정 위치에 게이지 타이롯드를 붙일 수 있다.
2) 크로싱에는 필요에 따라 게이지 스트럿트를 붙인다.
3) 본선과 주요한 측선의 분기기에는 분기베이스 플레이트를 부설하여야 한다.
4) 텅레일 끝이 심하게 마모되거나 곡선으로부터 분기하는 곡선의 분기기에는 포인트 가드레일 또는 포인트 프로텍터를 붙여야 한다.

6. 분기기의 정비 (12기사)

1) 일반구간

종별	정비한도	비고
크로싱부 궤간	+3 −2	
백게이지	1390～1396	측정 시 노스레일의 후로우는 제외
분기 가드레일 후렌지웨이 폭	42±3mm	백게이지 1,390일 때 45mm, 1,396일 때 39mm

2) 노스가동크로싱(8～15번)

종별	정비한도	비고
백게이지	직 1368～1372 곡 1391～1395	노스레일과 주레일 내측에 부설한 가드 레일 외측 간의 최단거리 **(09기사)**
분기가드레일	직 65±2mm	백게이지 1,358일 때 67mm, 1,372일 때 63mm
후렌지웨이폭	곡 42±2mm	백게이지 1,391일 때 44mm, 1,395일 때 40mm

7. 백게이지

크로싱 노스레일과 주레일 내측에 부설된 가드레일 외측과의 거리를 말한다.

1) 백게이지의 필요성
   ① 크로싱 노스레일 단부저해 방지
   ② 차량의 이선진입 방지
   ③ 차량의 안전주행 유도
2) 백게이지 치수
   ① 국내 일반철도 : 1,390～1,396mm
   ② 국내 고속철도 : 1,392～1,397mm(참고 프랑스 : 1,395mm 고정)
3) 문제점
   ① 백게이지가 작을 경우 : 노스레일 손상 및 마모, 이선진입
   ② 백게이지가 클 경우 : 탈선위험

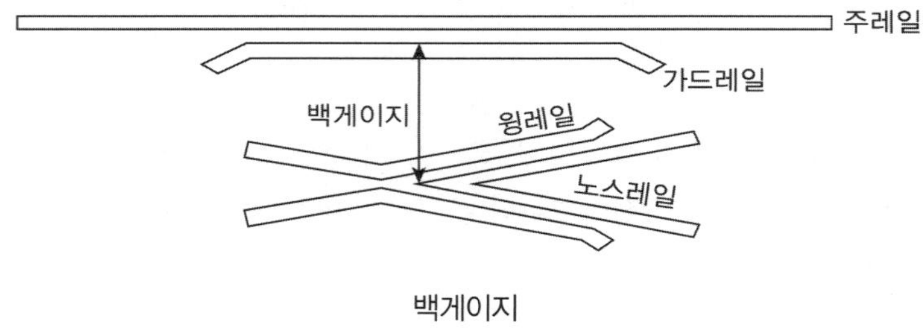

백게이지

8. 전환기의 정위 (06기사)

1) 본선 상호 간에는 중요한 방향
2) 단선의 상하본선에서는 열차의 진입방향
3) 본선과 측선에서는 본선의 방향
4) 본선, 측선, 안전측선 상호 간에서는 안전측선의 방향
5) 측선 상호 간에는 중요한 방향
6) 탈선 포인트가 있는 선은 차량을 탈선시키는 방향

전기선로전환기(NS형)

9. 분기기번호 부여방법 (03,10,13기사)

1) 신호기와 연동되어 있는 분기기와 무연동 분기기라도 본선, 측선 상의 '최외방으로부터 정거장중심을 향해 순차적으로 부여하고' 시점 쪽을 21호~50호, 종점 쪽을 51호~100호까지, 시점 쪽에서 50넘으면 10부터 시작한다.
2) 연동과 무관한 측선의 웨이티드 포인트 전철기는 시점 쪽을 101~200호 종점 201~301호까지 부여한다.
3) 청원선 및 전용선의 분기기는 시점 쪽을 구내에서부터 301~400호 종점 쪽을 401~500호까지 부여한다.

10. 정거장 내 분기기 배치 (08산업)

1) 분기기는 가능한 집중 배치한다.
2) 총유효장을 극대화한다.
3) 본선에 사용하는 분기기는 위치를 충분히 검토한다.
4) 본선에 있어서 분기기를 상대하여 부설하는 경우 양분기기의 포인트 전단 사이가 10m 이상 간격을 두어야 한다.
5) 특별분기기는 유지관리보수를 위해 가급적 피한다.
6) 유치선은 비유효장 부분을 적게 하고 총유효장을 극대화한다.
7) 조차장 입환선에 설치분기기는 차량의 주행저항을 균일하게 한다.
8) 취약개소이므로 본선과 주요 측선 사용 시 위치, 방법, 종별을 신중히 검토한다.

11. 분기기가 일반선로와 다른 점 (09,15기사)

1) 텅레일 앞·끝부분의 단면적이 적다.
2) 텅레일은 침목에 체결되어 있지 않다.
3) 텅레일 뒷부분 끝 이음매는 느슨한 구조로 되어 있다.
4) 기본 레일과 텅레일사이에는 열차통과 시 충격이 발행한다.
5) 분기기 내에는 이음부가 많다.
6) 슬랙에 의한 줄틀림과 궤간틀림이 발생한다.
7) 크로싱 노스부에 차륜충격이 발생한다.
8) 차륜이 윙 레일 및 가드레일을 통과할 때 충격으로 배면 횡압이 작용한다.

12. 크로스오버(분기부의 건널선 설치) (09,15기사)

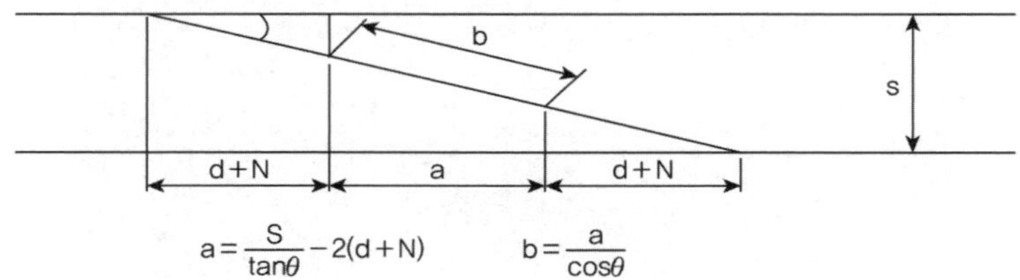

$$a = \frac{S}{\tan\theta} - 2(d+N) \qquad b = \frac{a}{\cos\theta}$$

2-5-3 차량기지

1. 정의

운행을 마친 차량의 보수, 정비, 유치, 검사, 전삭, 수선, 세척을 실시하여 차량의 안전성을 확보하고, 승무원의 운용, 훈련, 지도, 휴식 등 승무원을 관리운영 하는 등 열차의 원활한 운행을 위하여 필요한 설비를 말한다.

2. 종류

1) 기관차차량기지
2) 여객차량기지
   작업과정 : 도착 → 검사 → 세척 → 유치 → 출발
3) 화차차량기지
   작업과정 : 열차도착 → 분해 → 조성 → 발차
4) 전동차차량기지

3. 차량기지의 기능

1) 일반 정거장과 달리 차량의 안전운행을 위한 정비, 검수 및 수선작업을 시행
2) 차량기지는 다음과 같은 기능을 갖추어야 한다.
   ① 유치기능 : 운행을 마친 차량의 일시 유치
   ② 검사기능 : 일상검사, 정기검사, 전반검사, 대차검사, 주요부 검사
   ③ 전삭기능 : 차륜의 편마모 및 손상부 정비
   ④ 수선기능
   ⑤ 세척기능
2) 차량검수는 소정거리 또는 소정주기를 기준으로 하며, 일상·정기·전반검사 등으로 구분된다.
3) 해체나 대수선이 요구되는 전반검사, 대차검사, 주요부 검사는 공장에서 시행한다.
4) 주요 검사
   ① 일상검사 : 일상작업 전 또는 결함발생 전 주요 부분 상태 및 작동 여부를 시행하는 외관검사
   ② 정기검사 : 소정의 주기마다 정기적으로 주요 부분 및 성능상태 검사
   ③ 전반검사 : 소정의 주기마다 각부를 해체하여 전반적으로 시행하는 검사
   ④ 대차검사 : 소정의 주기마다 주 전동기, 동력전달장치 등 주요 부분의 분리, 해체 후 검사
   ⑤ 주요부 검사 : 소정의 주기마다 대차검사 외의 제어장치, 보조 회전기등 주요부를 분리, 해체 후 검사

4. 차량기지 규모산정

1) 배치량수 : 배치량수는 해당선구 총 차량 수에서 기존 기지를 활용하고 남는 차량을 기준으로 산정

① 객차차량기지 소요선의 산정 방법

$$\text{운용열차} = \text{총소요선수}\frac{\text{운영열차수} \times \text{주박시간}}{24} \times \frac{\text{최대주박열차수}}{\text{평균주박열차수}}$$

② 화차차량기지 소요선의 산정 방법

$$N = n - \frac{t(n-1) + t_2}{T}$$

N : n번째의 열차가 도착할 때 필요한 도착선수

t : 도착열차의 시분

t_2 : 도착선에 있어서의 작업시분(보통 10~15분)

T : 1개 열차의 분별소요시분(단, $T > t$)

n : 도착열차수

2) 산정된 배치량수를 기준으로 주공장이 있을 경우 200평/량, 주공장이 없을 경우 140평/량을 기준으로 산정

5. 위치 선정 시 유의사항

1) 차량기지는 대규모의 용지를 필요로 하므로, 인구 밀집지역의 지가가 높은 도심지역에서는 정거장과 분리하여 독립기지로 운용하는 것이 바람직
2) 역, 조차장에서 가까운 곳을 선정, 승무원 운용 및 차량 회송에 따른 손실을 최소화
3) 검수, 정비작업은 설비 및 장비의 활용, 검수·정비요원의 운영효율 향상을 위하여 최대한 집중배치
4) 역 등의 착발선에서 직접 기지로 연결하여 입출고되도록 입출고 동선 확보
5) 입출고 시 본선지장을 주지 않아야 하며, 부득이한 경우는 입체교차화
6) 용지매수가 용이하고 저렴한 곳
7) 평탄지역으로 대규모 입환이 가능한 지역일 것
8) 직접 입환이 가능한 지역일 것
10) 기존 도로와 접근이 용이할 것
11) 종사원의 출퇴근 및 기계·장비의 도로 반입이 수월한 지역일 것
12) 수해 등 재해 예방이 가능한 지역일 것

6. 배선계획 시 유의사항

1) 장래 건물증축 및 선로증설이 가능하도록 배선
2) 반복운전이 적고, 부득이한 경우에는 일정 작업 종료 후 시행토록 배선
3) 작업이 경합되지 않도록 각 선군별로 배선
4) 선군의 위치는 작업 흐름에 따라 '입고 → 정비·보수 → 세척·급유·급수 → 유치 → 출고'가 능률적으로 수행되도록 배선

5) 차량연삭선은 가능한 검사고에 인접하여 설치하고 편성단위의 작업을 원칙으로 최대편성량의 2배 연장으로 계획
6) 유치선의 기울기는 가능한 수평이 되도록 계획
7) 유치선은 원칙적으로 양개분기로 하고 1선 수용능력은 1~2편성이 가능하도록 배선
8) 유치선 간의 선로 중심간격은 각 작업에 지장이 없도록 충분히 이격하여 배선(4.3~5m)

7. 차량기지 부속시설물

1) 차량승무사무소
2) 현업분소(보선, 신호, 통신등)
3) 모터카고
4) 복리후생동
5) 변전/동력/전기실
6) 폐수처리장
7) 종합관리동
8) 수위실

8. 화차의 분해작업방법

1) 돌방 입환(push and shunting)
2) 폴링 입환(poling shunting)
3) 중력 입환(gravity shunting)
4) 험프 입환(hump shunting)

2-5-4 설계와 관련된 적산 및 도면작성

1. 일반 품셈기준에 의한 자재 할증

품목	단위	중량(kg)	할증량(%)	비고
철근	m^3	7,800	3	
레미콘(무근)	m^3	2,300	2	
레미콘(철근)	m^3	2,400	1	

2. 궤도자재에 대한 중량 및 할증

궤도공사를 위한 자재는 크기가 작은 경우가 많아 궤도공사 시 분실의 우려가 상존하고 도상자갈의 경우 다짐에 의한 체적축소가 불가피하다. 따라서 이에 대한 대비 차원에서 재료에 일정량의 할증을 더하는 것이 일반적이다.

1) 레일 : 할증량 없음
2) 침목 및 체결장치

품명	규격	단위	중량(kg)	할증량(%)	비고
콘크리트침목체결구	코일스프링크립식, 절연블록	개	0.059	1	
코일스프링크립	PC침목용, e2007	개	0.80	1	
타이패드	코일스프링크립식	개	0.151	1	
나사스파이크	22*135	개	0.55	1	

3) 도상자갈 : 자갈 할증률은 재료자체가 비등방성 재료이기 때문에 자갈의 입도 및 경도가 노반의 상태

등 여러 가지 여건에 의해 할증률에 영향을 미친다.

구분	할증량	비고
프랑스	15~20%	
일본	16~32%	
미국	15~20%	

① 고속철도 현장에서 직접 궤도자갈 할증률 적용에 관한 시험시공한 결과 다음 표와 같은 결과를 얻었다(고속철도 자갈할증률 시험시공 결과).

구분	다짐할증률	재료할증(손실)률	할증량계	비고
기지용	25%	4%	29%	일반토노반
본선용	18%	4%	22%	강화노반

② 교량과 터널구간은 강화노반구간과 유사한 조건임을 감안하고 국철에서의 경험과 고속철도에서 시험한 사례를 참고하여 도상자갈에 대한 할증량 적용기준은 다음과 같다. (07기사)

구분	할증량	비고
토노반(일반)	30%	
토노반(강화)/교량/터널	20%	

3. 품의 할증

각 중앙관서의 장 또는 계약담당공무원은 품의 할증이 필요한 경우 다음 기준 이내에서 적용할 수 있으며, 품셈 각 항목별 할증이 명시된 경우에는 각 항목별 할증을 우선 적용한다.

1) 국가기술자격법 제14조의 규정에 의한 기술자격 검정시험에 합격한 자로서 기능계 기술자격을 취득한 자를 특별히 사용하고자 하는 경우(5~10%)
2) 도서지역(제주도를 포함) 및 오지개발촉진법 제2조의 규정에 의한 오지지역에서 이루어지는 공사의 경우(50% 이내)
3) 군 작전지구 내에서 작업능률에 현저한 저하를 가져오는 공사의 경우(20% 이내)
4) 일반노임의 할증
   ① 야간할증 : 근로시간, 시간외, 야간(하오 10시부터 상오 6시까지 사이의 8시간의 근무) 및 휴일(통상임금의 100분의 50 이상을 가산)의 근무가 불가피한 경우에는 근로기준법 제49조, 제55조, 유해·위험작업인 경우 산업안전보건법 제146조에 정하는 바에 따른다. PERT/CPM 공정계획에 의한 공기 산출결과 정상작업(정상공기)으로는 불가능하여 야간작업을 할 경우나 공사성질상 부득이 야간작업을 하여야 할 경우에는 품을 25%까지 가산한다.
      - 야간
        - 공비 : 1.50(야간작업 시 노임할증 50%)
        - 작업량 : 0.80(야간작업 시 능률저하 20%)(할증계수 1.5/0.8=1.875)
      - 주야간(주야 3교대)
        - 공비 : 1+1+1.50=3.50

– 작업량 : 1+1+0.80=2.80(할증계수 : 3.5/2.8=1.25)

② 선로일시 사용 중지 할증 : 운행선상의 선로일시사용중지를 필요로 하는 궤도공사의 경우 단시간에 열차개통을 위하여 밀도 높은 자원투입을 필요로 하는 관계로 선로일시사용중지 시간별로 다음 표의 할증량을 적용한다.

야간	2시간	3시간	4시간	5시간
적용요율(%)	35	30	25	20

③ 열차 운전빈도별 일반할증 : 본선상에서 작업 시 열차통과에 따라 작업이 중단되는 경우 열차횟수별 지장할증은 다음 표와 같다.

열차횟수	13회	16회	19회
적용요율(%)	14	25	37

열차운행선 인접공사 시(선로와의 이격거리 10m 이내) 본선상의 반대편 열차통과에 따라 작업이 중단되어 작업능률이 저하되는 경우 대피 할증 요율은 다음 표와 같다.

열차횟수	13회	16회	19회
적용요율(%)	3	5	7

* 선로와의 이격거리 : 건축한계(2.1m)+백호우(0.4m³) 회전반경(약 7.7m)≒10m

④ 위험 할증

- 교량상 작업(철교) : 직접노무비의 30% 적용(무도상 판형교 해당)
- 터널 내 작업(철도) : 직접노무비의 30% 적용(터널입구에서 25m 이상 터널 속에 들어가서 작업 시에 적용한다.
- 교량 및 터널작업 시 위험할증은 궤도부설(자갈 및 콘크리트도상)품 중 레일·침목배열, 레일침목위 올리기, 침목위치정정, 궤광조립, 중심선 측량, 가드레일 및 계재설치, 훅크(T)볼트 설치에 적용한다.
- 지하할증 : 지하터널의 경우 터널할증에 지하할증 10%를 추가로 적용한다.

4. 공구 손료 및 잡재료 손료(재료비로 계상)

1) 표준품셈에 명시되어 있는 공구 손료, 잡재료에 대해서는 이를 계상한다.
2) 표준품셈에 명시되어 있지 않은 공구 손료, 잡재료 손료 등은 다음에 따라 별도 계상하되 산정근거를 명시하여야 한다.

① 공구 손료 : 직접노무비의 3%까지 적용

② 잡재료 손료 : 주재료비의 2~5%까지 적용

2-5 기출문제

1. 정거장 구내배선 분류 방식 5가지를 쓰시오. (02,20기사)

해설 1) 두단식 정거장(stub station)
2) 관통식 정거장(through station)
3) 절선식 정거장(switch back station)
4) 반환식 정거장(reverse station)
5) 섬식 정거장(island station)
6) 쐐기식 정거장(wedged station)

2. 정거장 배선 설계 시 고려사항 4가지를 쓰시오. (09,11,12,15기사)

해설 1) 본선과 본선의 평면교차는 피할 것
2) 정거장 구내의 투시가 양호할 것
3) 본선상의 분기기는 가능한 수를 줄이고 배향분기기로 설치할 것
4) 분기기는 구내에 산재하지 말고 가능한 집중 배치할 것
5) 반대방향의 열차가 서로 안전하게 착발하도록 할 것
6) 입환 및 작업 차량이 본선을 횡단하지 않도록 할 것
7) 장래 구내 확장에 대비할 것
8) 측선은 되도록 본선의 한쪽에 배선하여 본선 횡단을 적게 할 것
9) 통과열차 본선은 직선 또는 곡선반경이 클 것
10) 사고발생을 대비하여 응급연결선 설치를 고려할 것

3. 정거장의 종류를 쓰시오. (09기사, 05,09산업)

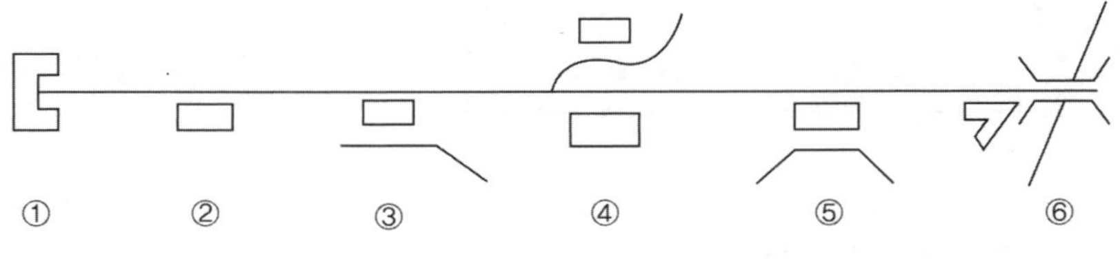

해설 ① 종단정거장 ② 중간정거장
③ 일반연락정거장 ④ 분기정거장
⑤ 접촉정거장 ⑥ 교차정거장

4. 다음 정거장 용어의 뜻을 간단히 기술하시오. (14기사, 02산업)

해설 1) 역 : 열차를 정지시켜 여객 또는 화물을 취급하는 정거장
2) 조차장 : 열차의 편성과 차량의 검사, 수리, 세차, 유치 및 입환만을 취급하여 열차의 종류에 따라 화차조차장, 여객조차장이 있음
3) 신호장 : 열차의 교행 또는 대피를 위하여 설치한 장소

5. 대피선을 간단하게 설명하고 그림을 그리시오. (04,06기사, 06산업)

해설 본선 중 한 형태로 대피열차를 착발시킬 목적으로 설치하는 선로

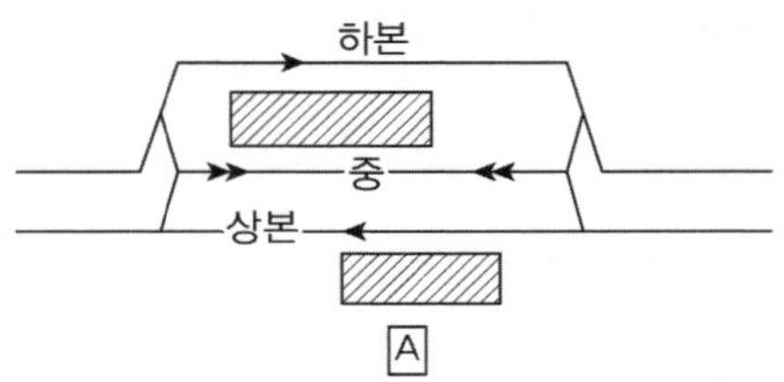

6. 안전측선 정의와 그림을 그리시오. (보선)

해설 정거장에서 2개 이상의 열차가 동시에 진입할 때 만일, 열차가 정위치에서 과주하더라도 본선으로 진입을 막아 열차가 접촉 또는 충돌하는 대형 사고를 미연에 방지하기 위하여 설치하는 측선

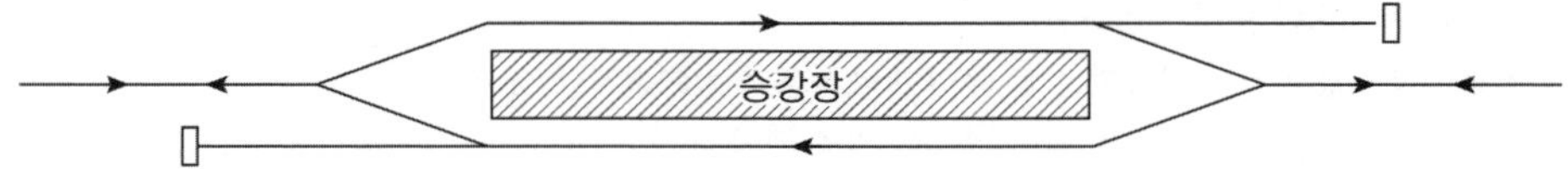

7. 전동차의 길이가 200m일 때 정거장(승강장)의 폭, 높이, 길이를 쓰시오. (보선)

해설 1) 폭 : 섬식 8m, 상대식 4m
2) 높이 : 1,135m
3) 길이 : 200m+10m(지상정거장), 200m+5m(지하정거장)

8. 다음 조건을 보고 선로 유효장의 정의 및 1, 2번 선의 유효장을 쓰시오. (05,09기사, 05산업)

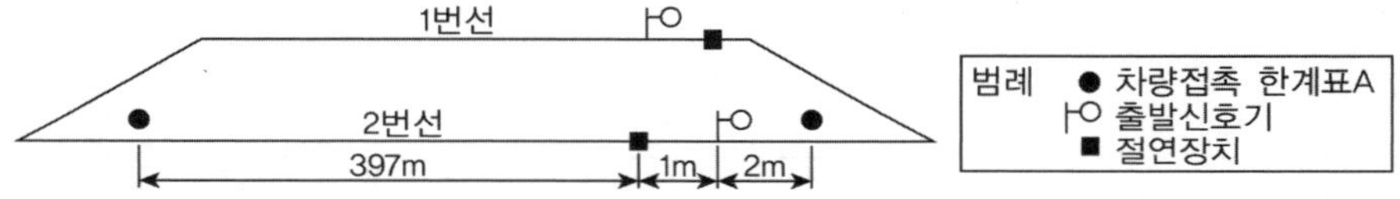

해설 1) 유효장 : 정거장 내의 선로에서 인접선로의 차량이나 열차에 지장이 되지 않고 차량이나 열차를 수용할 수 있는 해당 선로의 최대길이
2) 1번 선의 유효장 397m
3) 2번 선의 유효장 397m

9. 분기역의 배선방식 2가지와 내용을 설명하시오. (03기사)

해설 1) 선로별 배열방식 : 복복선의 4선 중에서 어느 한쪽의 각 2선을 복선의 경우와 같이 운전하는 방식이며 이 방식에 적합하도록 배선하는 것
2) 방향별 배열방식 : 복복선의 4선 중에서 한쪽의 두선은 상행열차 타 2선은 하행 열차운전용으로 하는 방식이며 이 방식에 적합하게 배선

10. 전동차 전용선에서 승강장의 높이와 선로 중심과 승강장 간의 거리에 대하여 다음 각 항목별로 괄호 안에 알맞은 숫자나 공식을 써 넣으시오. (08,13기사)

- 승강장 높이 : 레일 윗면으로부터 (가)
- 직결도상의 경우 선로 중심으로부터 승강장 또는 적하장 끝까지의 거리 (나)
- 차량 끝단으로부터 승강장 연단까지의 거리 (다)를 통과할 수 없다.
- 직결도상이 아닌 경우 선로 중심에서 승강장 연단까지 거리 (라)
- 곡선구간에서 선로 중심으로부터 승강장 또는 적하장 끝까지의 거리에 대한 확폭량 (마)

해설 (가) 500mm (나) 1,610mm (다) 50mm (라) 1,700mm (마) 1,675mm

11. 분기기의 정의를 간단하게 기술하고 분기부 3요소를 쓰시오. (04,06,15,20기사)

해설 1) 정의 : 열차 또는 차량을 한 궤도에서 다른 궤도로 전환시키기 위하여 궤도상에 설치한 설비
2) 분기부 3요소 : 포인트부(point : 전철기), 크로싱(crossing : 철차), 리드(lead)

12. 분기기 각부 명칭을 쓰시오. (01,09기사, 02,08산업)

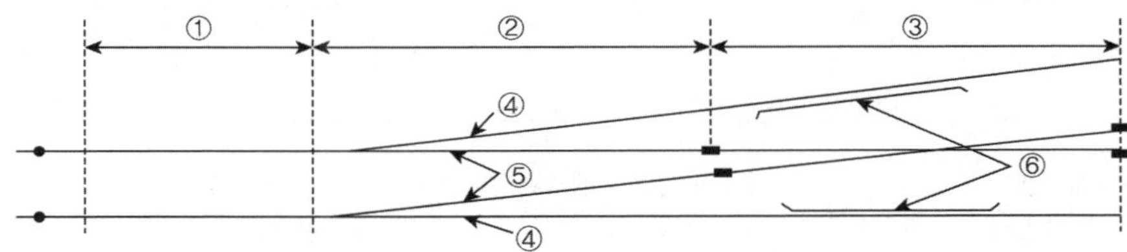

해설 ① 포인트부 ② 리드부
③ 크로싱부 ④ 기본레일
⑤ 리드레일 ⑥ 가드레일

13. 배선에 의한 분기기 종류를 5가지 이상 쓰시오. (02,05,09산업)

해설
- 편개분기기 : 직선에서 좌우 한쪽 방향으로 분기한 것
- 분개분기기 : 직선에서 좌우 양쪽 방향으로 분기각이 다르게 분기한 것
- 양개분기기 : 직선에서 좌우 양쪽 방향으로 분기각이 동일하게 분기한 것
- 곡선분기기 : 기본선이 곡선상에 있는 분기기
- 내방분기기 : 곡선 궤도에서 분기선을 곡선 내측으로 분기시킨 것
- 외방분기기 : 곡선 궤도에서 분기선을 곡선 외측으로 분기시킨 것
- 복선분기기 : 하나의 궤도에서 2개 이상의 궤도로 분기한 것
- 삼지분기기 : 직선 기준선을 기준으로 동일개소에서 좌우대칭 3선으로 분기시킨 것

14. 여러 분기기 기능을 하나의 기능으로 통합한 분기기는 무엇인지 쓰시오. (06기사)

해설 더블 슬립 스위치

15. 포인트 종류 4가지를 쓰시오. (보선)

해설 1) 둔단 포인트 2) 첨단 포인트
3) 스프링 포인트 4) 승월 포인트

16. 특수용 분기기 종류 3가지를 쓰시오. (04기사)

해설 1) 승월분기기 2) 천이분기기
3) 탈선분기기 4) 간트렛트분기기

17. 게이지 타이롯드와 게이지 스트러트를 설명하여라. (08,20기사)

해설 1) 게이지 타이롯드 : 종침구간이나 분기기 입구에서 좌우레일을 연결하여 궤간 확대 방지를 위해 사용한다. 자동신호구간에는 전기적으로 절연하는 구조로 한다.
2) 게이지 스트러트 : 분기기의 크로싱부에서 궤간의 축소 방지를 위해 사용한다.

18. 크로싱 각부의 명칭에 대하여 쓰시오. (09산업)

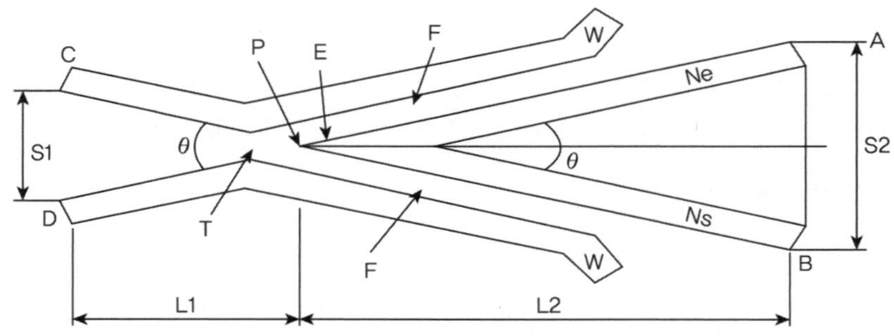

해설 W : 윙 레일 F : 윤연로(후렌지웨이) l1 : 전단길이
l2 : 후단길이 P : 이론교정 E : 실제교정
S1 : 크로싱전단 S2 : 크로싱 후단 T : 크로싱인후
Ne, Ns : 노스레일 θ : 크로싱 각

19. 분기기의 설치간격은 얼마로 하는지 기술하시오. (05산업)

해설 본선에 있어서 분기기를 상대하여 부설하는 경우 양분기기의 포인트 전단 사이 10m 이상 간격을 두어야 한다.

20. 분기기 정비에서 크로싱부의 궤간, 백게이지, CTC 구간의 텅레일 부분의 궤간의 정비한도를 쓰시오. (05,12기사, 보선)

종별	정비한도(mm)	비고
크로싱부의 궤간	(가)	백게이지 측정 시 노스레일 flow는 제외한다.
백게이지	(나)	
CTC구간의 텅레일 부분의 구간	(다)	

해설 (가) +3, −2 (나) 1,390~1,396 (다) +3, −2

21. 분기기 번호는 어떻게 정하고 있는지 그림을 그리고 그 관계를 기술하시오. (03,11,14기사)

해설 크로싱 번호는 크로싱 후 단길이와 크로싱 벌림량의 비로 표시하며 크로싱 번호가 클수록 분기기 각도(벌림량)는 작아진다.

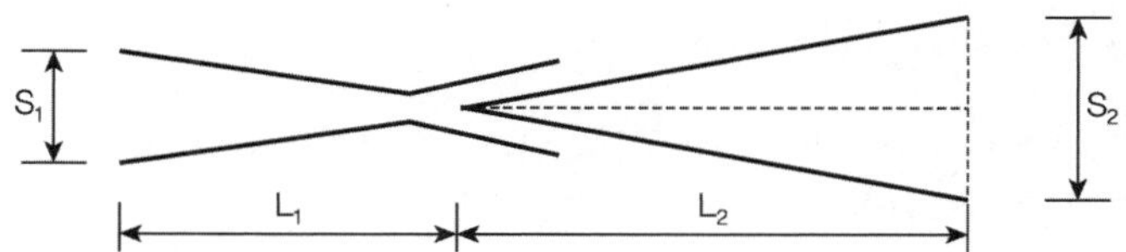

22. 다음 분기기는 몇 번 분기기(크로싱 번호)인지 쓰시오. (02,06,08산업)

해설 크로싱 번호 : $N=\dfrac{\text{후단길이}}{\text{벌림량}}=\dfrac{l_2}{S_2}=\dfrac{16}{2}=8$번 분기기

23. $S_1=141$, $S_2=263$, $L_1=1,700$ $L_2=3,164$일 때 다음 분기기의 절차는 무엇인지 쓰시오.

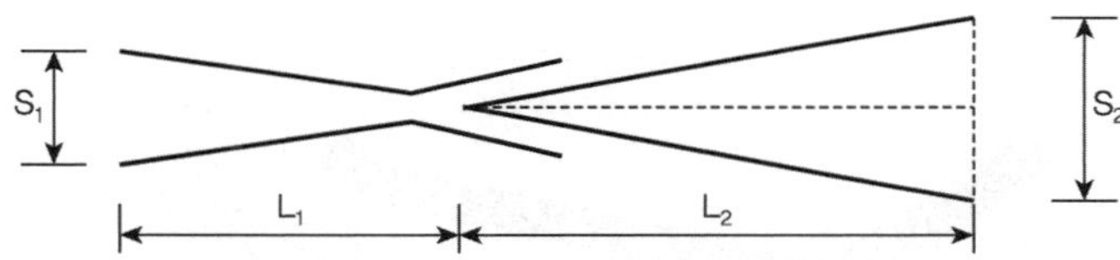

해설 크로싱 번호 : $N=\dfrac{\text{후단길이}}{\text{벌림량}}=\dfrac{l_2}{S_2}=\dfrac{3,164}{263}=12$번 분기기

24. 7번 분기기의 크로싱 벌림 각도를 계산하시오. (05산업)

해설 분기기 각도 : $N=\dfrac{1}{2}\cot(\theta/2)$, $\dfrac{1}{2}\times\dfrac{1}{\tan(\theta/2)}=7$

$$\tan(\theta/2)=\frac{1}{14}$$

$$\therefore\ \theta=2\times\tan^{-1}\left(\frac{1}{14}\right)\fallingdotseq 8°\ 10'\ 05''$$

25. 분기기 총 길이 25.50m, 외측리드레일 곡선반경 $R=175$ 분기번호 #8일 경우의 분기기 스켈톤을 작성하시오.

해설

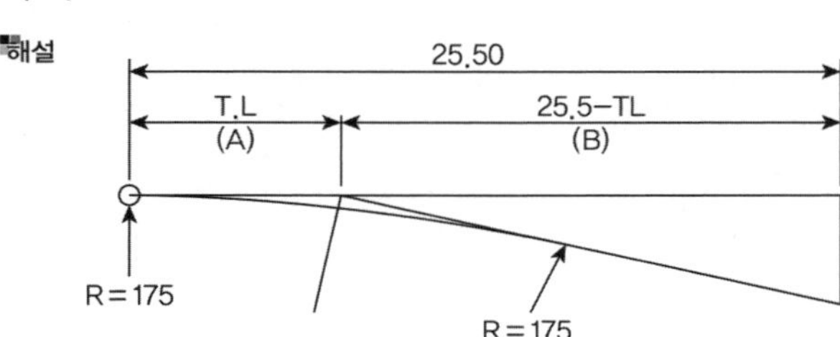

• 분기기 각도 : $N=\frac{1}{2}\cot(\theta/2)$, $\frac{1}{2}\times\frac{1}{\tan(\theta/2)}=8$

$$\tan(\theta/2)=\frac{1}{16},\ \tan(\theta/2)=\frac{1}{16}$$

$$\therefore\ \theta=2\times\tan^{-1}\left(\frac{1}{16}\right)\fallingdotseq 7°\,9'\,10''$$

• 접선장$(A)=R\tan(\theta/2)\fallingdotseq 10.893$, 여기서 $R=175-(1.435/2)=174.28$

• $B=25.5-10.893=14.607$

26. 8# 탄성분기기의 스켈톤이다. 기준선의 리드곡선 반경을 구하시오. (06기사)

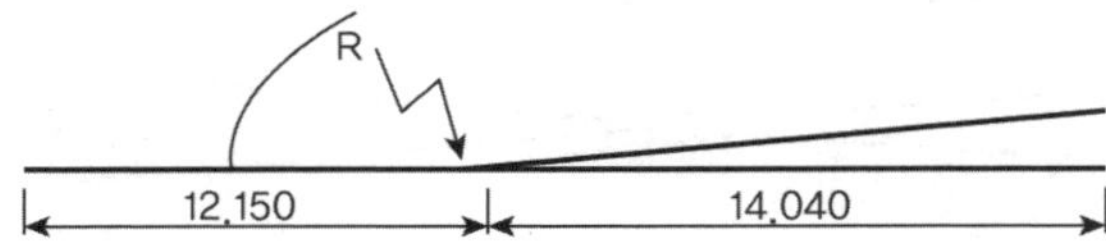

해설 8번 분기기 각도 $\theta=2\times\tan^{-1}\left(\frac{1}{16}\right)\fallingdotseq 7°\,9'\,10''$

접선장(T.L) $=R\tan(\theta/2)$에서 $12.15=R\tan(3°\,34'\,35'')$에서 $R=194.4\text{m}$

27. 크로싱 전단 쪽을 170mm, 후단 쪽을 250mm로 하고자 한다. 크로싱 번호가 #15일 때 크로싱 길이는? (06,12기사)

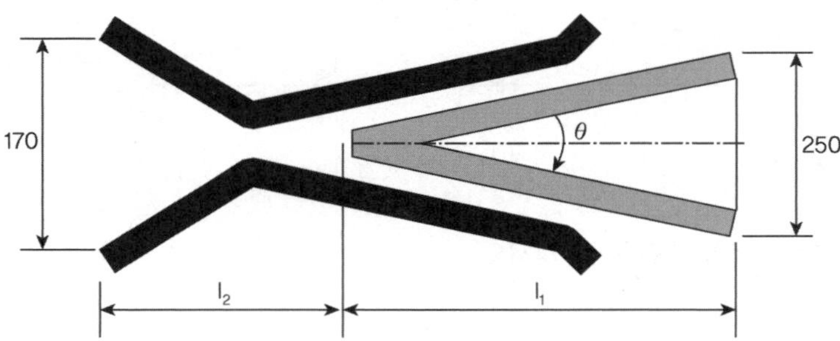

해설 분기기 각도 : $N=\frac{1}{2}\cot(\theta/2)$, $\frac{1}{2}\times\frac{1}{\tan(\theta/2)}=15$

$$\tan(\theta/2)=\frac{1}{30}$$

$$\therefore\ \theta=2\times\tan^{-1}\left(\frac{1}{30}\right)\fallingdotseq 3°\,49'\,06''$$

• $l_1=\frac{125}{\tan(\theta/2)}=3,750\text{mm}$

• $l_2=\frac{85}{\tan(\theta/2)}=2,550\text{mm}$

$\therefore\ l_1+l_2=6,300\text{mm}$

28. 후단부 14.2m, 8# 사용 리드곡선반경 170m, 입사각이 없을 때 분기기 전체길이는 얼마인지 쓰시오.

(02,07기사)

해설 • 8번 분기기 각도 $\theta = 2\times\tan^{-1}\left(\frac{1}{16}\right) ≒ 7°\ 9'\ 10''$

• 접선장(T.L) $=170\times\tan(7°9'10''/2)=10.625 ≒ 10.6$m

• 분기기 전체길이 $=14.2+10.6=24.8$m

29. 선로 중심간격 4.3m인 개소에 시셔스분기기 #10을 부설하고자 할 때 L값은 얼마인지 쓰시오. (06산업)

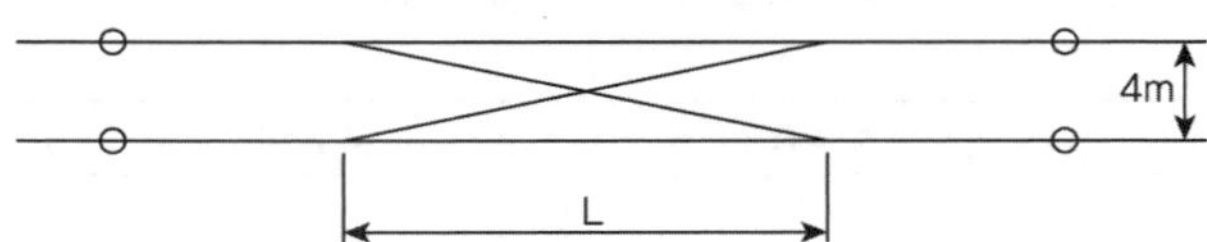

해설 • 분기기 각도 : $N=\frac{1}{2}\cot(\theta/2)$, $\frac{1}{2}\times\frac{1}{\tan(\theta/2)}=10$

$\tan(\theta/2)=\frac{1}{20}$, $\tan(\theta/2)=\frac{1}{20}$

$\therefore\ \theta = 2\times\tan^{-1}\left(\frac{1}{20}\right) ≒ 5°\ 43'\ 29''$

• $L=4/\tan\theta=39.90$m

30. 52호 분기기와 54호 분기기 사이에 $L=85$m, 50kgNS S.O.C 분기기를 설치하고자 한다. 다음 설계조건을 고려하여 설계조건에 맞는 분기기 크로싱 번호를 구하고, A, B, C, D를 구하시오. (04,08,15기사)

설계조건
- 각 분기기 사이에는 9m 이상의 레일 사용
- 크로싱 번호는 #8, #10, #12, #15 중 배선조건을 충족시키는 분기기 중 리드 곡선 반경이 큰 분기기로 설계

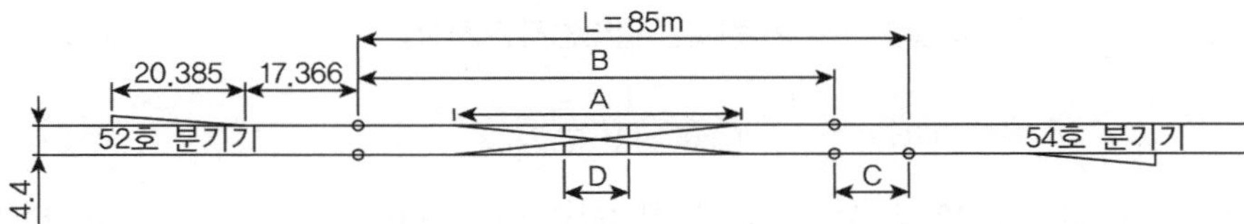

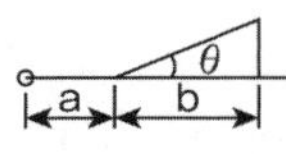

구분	8#	10#	12#	15#
a	12.150	14.661	17.366	21.249
b	14.040	17.017	20.385	25.780
θ	7'9'10'	5'43'29'	4'46'19'	3'49'05'

해설 1) 설계조건에 맞는 분기기 크로싱 번호 : 10#

2) S.O.C 분기 이론교점 간 거리 A : $4.4\times1/\tan5°43'29''=43.891$m

3) S.O.C 분기 전체 연장 B : $(14.661\times2)+43.891=73.213$m

4) S.O.C 분기와 다음 분기 간의 레일 연장 C : $85-73.213=11.787$m

5) S.O.C 분기 사이의 주레일 연장 D : $43.891-(17.017\times2)=9.85$m

31. 다음 그림은 50kgN 8#의 건널선 분기 스켈톤이다. 궤도 중심간격(S)에 따른 크로스 오버치수 A와 B를 및 분기기 연장을 구하여 괄호 안을 채우시오. (단, 단위는 mm) (09기사)

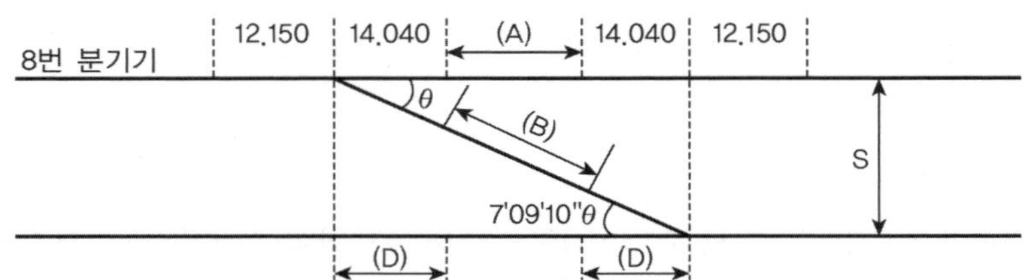

S	4,000	4,250	비고
A	( )	( )	단위 : mm 이하는 버림
B	( )	( )	
분기기 연장	( )	( )	

해설 1) S = 4,000mm일 때의 A, B

$$A=\frac{S}{\tan\theta}-2(d+N)=4{,}000/\tan 7°\ 9'\ 10''-2(14{,}040)=3{,}795\text{mm}$$

$$B=\frac{A}{\cos\theta}=3{,}795/\cos 7°\ 9'\ 10''=3{,}824\text{mm}$$

분기기 연장 : (12,150×2)+(14,040×2)+3,795=56,175mm

2) S = 4,250mm일 때의 A, B

$$A=\frac{S}{\tan\theta}-2(d+N)=4{,}250/\tan 7°\ 9'\ 10''-2(14{,}040)=5{,}787\text{mm}$$

$$B=\frac{A}{\cos\theta}=5{,}787/\cos 7°\ 9'\ 10''=5{,}741\text{mm}$$

분기기 연장 : (12,150×2)+(14,040×2)+5,787=56,175mm

32. 분기기 각도 $\theta=3°10'56''$일 때 분기기 번호는 얼마인지 쓰시오. (00,02,11기사, 09산업)

해설 $N=\frac{1}{2}\cot\frac{\theta}{2}=\frac{1}{2}\times\frac{1}{\tan(\theta/2)}=\frac{1}{2}\times\frac{1}{\tan(3-10-56/2)}=18$

33. 정거장 등에 있어서의 연동과 무관한 측선의 웨이티드 포인트 선로 전환기의 번호 부여 방법에 대하여 쓰시오. (10,13기사)

해설 1) 측선 : 시점을 101～200호까지 종점을 201～300호

2) 청원선 및 전용선 : 시점 쪽은 구내에서 가까운 것부터 301～400호까지 종점 쪽은 401～500호까지

34. 2급선의 궤도 중심에서 승강장 연단까지의 길이를 기술하시오. (05산업)

해설 1,675mm

35. 선로 폭 4.5m인 구간에 건널선을 설치하고자 한다. 분기기 전단부 길이가 15.0일 때 14.3번 분기기(분기각 4.0°)를 사용할 경우 건널선 구간 길이 L을 구하시오. (05산업)

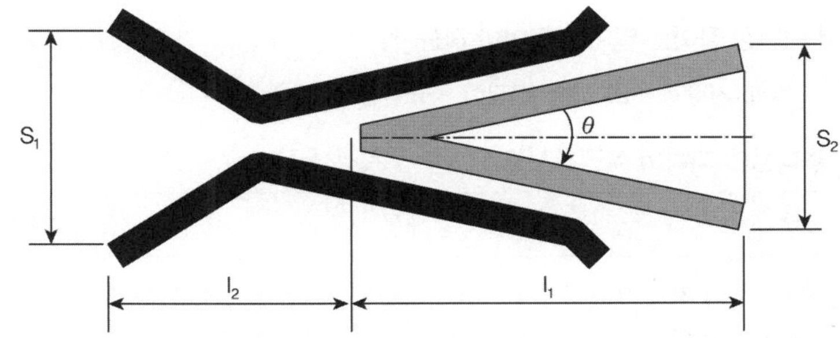

해설 $\tan\frac{\theta}{2} = \frac{S_2/2}{l_1} = \frac{S_2}{2l_1}$

$S_2 = \tan\frac{\theta}{2} \times 2l_1$

이 식을 $N = \frac{l_1}{S_2}$ 에 대입하면

$N = \frac{l_1}{\tan\frac{\theta}{2} \times 2l_1} = \frac{1}{2} \times \frac{1}{\tan\frac{\theta}{2}} = \frac{1}{2}\cot\frac{\theta}{2}$

36. 포인트 정위 설정 표준의 설명이다. 다음 괄호 안을 채우시오. (06산업)

- 본선 상호 간에는 (가) 방향, 단선의 상하본선에는 열차의 (나) 방향
- 본선과 측선에서는 (다) 방향
- 본선, 측선, 안전측선 상호 간에는 (라) 방향
- 측선 상호 간에는 (마) 방향, 탈선 포인트가 있는 선은 차량을 (바)시키는 방향

해설 (가) 중요한 (나) 진입 (다) 본선 (라) 안전측선 (마) 중요한 (바) 탈선

37. 분기기가 일반선로와 다른 점 5가지를 쓰시오. (09,15기사)

해설 1) 텅레일 앞, 끝부분의 단면적이 적다.
2) 텅레일은 침목에 체결되어 있지 않다.
3) 텅레일 뒷부분 끝 이음매는 느슨한 구조로 되어 있다.
4) 기본 레일과 텅레일사이에는 열차통과 시 충격이 발행한다.
5) 분기기 내에는 이음부가 많다.
6) 슬랙에 의한 줄틀림과 궤간틀림이 발생한다.
7) 크로싱 노스부에 차륜충격이 발생한다.
8) 차륜이 윙 레일 및 가드레일을 통과할 때 충격으로 배면 횡압이 작용한다.

38. 화물의 취급 또는 차량의 유치 등을 목적으로 시설한 장소인 기지의 종류를 5가지 쓰시오. (13기사)

해설 화물기지, 차량기지, 주박기지, 보수기지, 궤도기지

39. 협소한 구간에서 정거장 길이는 얼마로 하여야 하는가? (06기사)

해설 전동차 길이+10m(지상정거장), 전동차 길이+5m(지하정거장)

40. 분기기의 용어 중 다음에 대하여 설명하시오. (20실기)

대향	배향	백게이지

해설 • 대향 : 열차가 분기기 집입 시 분기기 전단(기본레일의 앞부분)으로부터 후단으로 진입
• 배향 : 열차가 분기기 진입 시 분기기 후단(크로싱의 끝부분)으로부터 전단으로 진입
• 백게이지 : 크로싱의 노스레일과 가드레일 간의 간격으로서 노스레일 선단의 원호부와 답면과 접점에서 가드레일과 후렌지웨이 내측 간의 가장 짧은 거리를 말하며, 일반철도 백게이지는 1,390~1,396mm, 고속철도 백게이지는 1,392~1,397mm를 유지하도록 하고 있다.

41. 승강장 길이는 여객 열차의 최대 편성 길이 전후에 여유 길이를 확보하여야 한다. 다음 사항별로 답을 쓰시오. (20실기)

• 지상 구간의 일반 여객 열차
• 지상 구간의 전기동차
• 지하 구간의 전기동차

해설 • 지상 구간의 일반 여객 열차 : 20m
• 지상 구간의 전기동차 : 10m
• 지하 구간의 전기동차 : 5m

CHAPTER 03

선로시설물 시공 및 유지관리

3-1 철도시설물 시공에 관한 작업 계획하기

3-1-1 궤도부설

1. 궤도부설

이 작업은 재료점검, 노면다듬기 또는 고르기, 궤광부설, 도상자갈운반살포, 선로양로, 총다지기 및 검측의 순으로 시행한다.

1) 측량이 완료된 노반에 정척 레일 부설구간일 경우에는 직접, 장대레일 부설구간은 용접을 완료하여 시공위치에 2열로 배열하거나 궤광을 조립하여 운반한다.
2) 정척 레일 구간은 레일 유간을 설정하여 미리 측량되어 있는 궤도 중심선을 기준하여 이음매판을 체결하여야 한다.
3) 레일 배열이 완료된 후 침목을 반입하여 약 3m 간격으로 배열하고 궤간을 확보함으로써 모터카의 운행이 가능하도록 하는 것이 좋으며, 이때 PC침목의 중앙부가 지점이 되지 않도록 한다.
4) 모터카 또는 적당한 장비를 이용하여 침목을 현장까지 반입하고 침목배열 간격에 따라 침목배열을 완료한다.
5) 목침목구간의 경우에는 궤간을 정확하게 맞춘 후 레일과 침목을 체결하여 궤광조립작업을 시행한다.
6) 궤광조립이 완료되면 자갈살포를 시행하는데 이때 자갈살포는 다지기 작업과 병행하여 10cm 내외로 1차에서 3차에 걸쳐 살포하여야 한다.
7) 자갈살포작업이 완료되면 계속하여 도상다지기 작업을 시행하여야 하며 방향 및 고저의 궤도정정작업을 시행하고 도상다지기는 레일 직하부를 잘 다지고 전 구간을 균등히 다져야 한다.
8) 궤도부설 공정(자갈도상) (05기사) : 노반인수인계(중심측량) → 궤도재료 운송 및 야적 → 레일용접(장척) → 장척레일 및 침목운반 배치 → 궤광조립 → 테르밋트 용접 → 자갈살포 → 양로 및 MTT → 궤도정정 및 재설정 → 궤도틀림 검사 → 시운전

2. 기준 레일

1) 직선에 있어 레일 레벨(R.L.)의 기준 레일은 열차진행 방향의 우측 레일로 한다. 방향정정의 경우에도 이에 준한다.
2) 곡선에 있어서의 수평기준 레일은 곡선내측 레일로 하고 방향정정의 경우에는 곡선외측 레일로 한다.
3) 연속하는 동일방향 곡선 간의 직선에 있어서는 필요한 경우 이에 준하지 않을 수도 있다.

3. 레일의 사용

1) 레일의 취급에 있어서는 버릇이나 흠집이 생기지 않도록 주의한다.
2) 소정 이외의 구멍이 있는 레일은 본선에 사용하지 않는다.
3) 구멍에서 절단된 레일은 사용하지 않는다.
4) 급곡선부에 사용하는 레일은 미리 휘어둔다.
5) 레일의 본선 사용은 분기부 등 특별한 경우를 제외하고는 길이 10m 미만의 레일은 사용하지 못한다. 부득이 사용할 경우에는 감독자의 지시에 의한다.
6) 곡선궤도에 짧은 레일을 혼용할 때에는 미리 그 계획을 제출하여 감독자의 승낙을 받는다.
7) 종류가 서로 다른 레일을 접속할 때에는 원칙적으로 중계레일을 사용한다. 단, 부득이한 때에는 특수용접 또는 이형이음매판을 사용할 수 있다.

4. 분기기부설

1) 분기기 레일 가공은 정확을 기하여야 한다.
2) 베이스 플레이트는 레일 저부와 침목 윗면과 충분히 밀착되도록 그 위치를 바르게 침목에 부설하며, 필요에 따라서는 침목면에 밀착이 잘 되도록 깎아야 한다.
3) 힐부의 기본 레일과 텅레일면과의 어긋남 높이차는 침목을 가공하지 않고 베이스 플레이트를 사용하여 정정한다.
4) 레일의 휨점은 정확하게 굴절시켜 슬랙을 붙여야 한다.
5) 크로싱의 위치는 주의하여 검측하고 방향을 바른 위치에 두어야 한다.
6) 레일은 사장식 또는 기타 방법으로 정확하게 굴절시키거나 붙여야 한다.
7) 텅레일은 항상 기본 레일에 밀착되도록 설치하고 텅레일, 접속 레일과는 어긋남이 없도록 부설하여야 한다.
8) 분기기의 조립은 직선 측의 주 레일, 가드레일, 크로싱 및 리드레일을 조립한 다음 분기 측을 조립하여야 한다.

5. 궤도의 소음진동 방지법 (02,10,13기사, 10산업)

1) 레일의 장대화
2) 진동흡수 레일
3) 방진 매트
4) 궤도 구조개선(체결구조, 강성, 질량 등)
5) 흡음효과 개선(자갈도상)
6) 레일 연마
7) 레일, 체결장치, 침목, 도상 각각의 경계부위에 방진재(고무패드) 삽입
8) 궤도틀림 방지 및 단차 방지 등

[참고] 궤도부설 공정

궤도부설 공정	세부공정	
구분	복선구간	단선구간
노반인수인계 (중심측량)	측량 기준점 확인 및 보고, 선로노반에 대한 중심 선형 및 수준고, 지장물 확인	
궤도재료 운송 및 야적	레일, 침목, 체결구 등 궤도자재 운반 및 적치	
레일용접(장척)	가스 압접 및 용접부 레일 연마 시행	
장척레일 및 침목운반 배치	침목 운반배열	1차 자갈살포 후 침목배치 (시공기면 횡방향 기울기 고려하여 침목의 부모멘트 방지를 위하여 자갈살포 : 화물자동차)
궤광조립	레일체결장치 조임, 각종 자재의 부설위치 확인 및 정정	
테르밋트 용접	장척레일 현장용접(장대화)	
자갈살포	도상두께 확보를 위한 자갈 살포(모터카＋트로리 사용)	
양로 및 MTT	최종 도상두께 확보를 위한 자갈살포 및 들어올리기, 최종 도상단면형성(궤도자갈 정리)	
궤도정정 및 재설정	방향, 고저, 줄맞춤, 궤간에 대한 궤도정정작업	
궤도틀림 검사	궤도틀림 검사 및 기록	
시운전	열차주행 하중에 의한 궤도안정성 확인	

3-1-2 선로제표 (01,05,09**산업**)

제표명	설치방법	설치위치	표시
거리표	1km마다, 200m마다(단, 지하구간 100마다)	선로좌측	
구배표	구배 변경점	선로좌측	표지판양면에 구배를 표시하는 숫자기입
곡선표 (09,05,01**산업**)	원곡선의 시·종점	선로좌측	곡선반경, 캔트, 슬랙 등
속도제한표		열차 진행방향 좌측	
기적표	건널목, 교량, 급곡선 등 열차진행 방향 400m 이상	열차 진행방향 좌측	
선로작업표	• 100km/h 미만 : 200m • 100～130km/h : 300m • 140km/h 이상 : 400m	열차 진행방향 대향	
차량접촉한계표	분기부 뒤쪽의 위치		
용지경계표	직선 : 40m 이내 굴곡 : 굴곡지점마다		
관할경계표		선로우측	
수준표	약 1km마다	선로우측	

* 기록표 : 교량표, 구교표, 터널표, 양수표, 정거장중심표, 분기기번호표 등

3-1-3 가드레일(Guard Rail, 호륜레일)

1. 정의 (05,14,15,20기사)

열차의 이선진입, 탈선 등 위험이 예상되는 개소에 주행레일 안쪽에 일정한 간격을 두고 부설한 레일로 차량의 탈선을 방지하고, 차량이 탈선하여도 큰 사고를 미연에 방지한다.

2. 탈선 방지 가드레일 (06,08기사, 06산업)

1) 부설조건

① 곡선반경 300m 미만 곡선

② 기울기 변화와 곡선이 중복되는 개소

③ 연속 하기울기 개소, 곡선이 중복되는 개소

2) 설치방법 (06산업)

① 위험이 큰 쪽의 반대쪽레일 궤간 안쪽에 부설한다.

② 가드레일은 특수한 경우를 제외하고는 본선레일과 같은 레일을 사용하여야 한다.

③ 후렌지웨이의 폭은 80～100mm로 부설하고 그 양단은 2m 이상의 길이를 깔때기형으로 구부려서 종단은 본선레일에 대하여 200mm 이상의 간격이 되도록 하여야 한다.

④ 탈선 방지 가드레일의 이음부는 특수한 경우를 제외하고는 이음매판을 사용하고 이음매판 볼트는 후렌지웨이 바깥쪽에서 조여야 한다. 다만, 특수한 구조의 가드레일 이음부는 신축이 가능한 구조로 하여야 한다.

3. 교상 가드레일 (06,08기사)

1) 부설조건

① 트러스, 프레이트거더교

② 전장 18m 이상 교량

③ 곡선교량

④ 10‰ 이상 기울기, 종곡선이 있는 교량

⑤ 교량과 인접하여 R=600m 미만 곡선이 있는 교량

2) 부설방법

① 본선레일 양측의 궤간안쪽에 부설하고 특수한 경우를 제외하고는 본선레일과 같은 레일을 사용하며, 본선레일보다 25mm 높거나 낮아서는 안 된다.

② 교상 가드레일의 이음부는 특수한 경우를 제외하고는 이음매판을 사용하고 이음매판 볼트는 후렌지웨이 바깥쪽에서 조여야 한다. 다만, 특수한 구조의 가드레일 이음부는 신축이 가능한 구조로 하여야 한다.

③ 교상 가드레일은 교대 끝에서 복선구간에 있어서 열차 진입방향은 15m 이상 다른 한쪽은 5m 이상을 연장 부설하여야 하며 단선구간에 있어서는 교량 시·종점부의 교대 끝에서 각각 15m 이상 연장 부설하여야 한다.

④ 후렌지웨이 간격은 200～250mm로 하며 양측레일의 끝은 2m 이상의 길이에서 깔때기형으로 구부려서 두 가드레일을 이어 붙여야 한다.

4. 건널목가드레일 (06,08기사)

1) 건널목에는 본선레일 궤간 안쪽 양측에 가드레일을 부설하여야 하며, 특수한 경우를 제외하고는 본선과 같은 레일을 사용하며 후렌지웨이 폭은 65mm에 슬랙을 더한 치수로 하여야 한다.
2) 건널목 보판 또는 포장은 본선레일과 같은 높이로 하며 특수한 경우를 제외하고는 본선레일 바깥 양쪽으로 약 450mm 보판을 깔아야 하며, 궤간 내 차량의 복귀가 용이하도록 양쪽 끝은 경사지게 설치하여야 한다.

5. 안전가드레일

탈선 방지 가드레일이 필요한 개소로서 이를 설치하기가 곤란하거나 낙석 또는 강설이 많은 개소에 있어서는 안전가드레일을 부설하여야 한다.

6. 분기기가드레일

크로싱의 결선부에서 이선진입, 탈선을 방지하기 위하여 반대쪽 주 레일에 일정한 간격을 두고 부설하여야 한다.

7. 포인트 가드레일

1) 레일마모가 심한 곡선분기기 등의 포인트부에는 텅레일 마모방지용 포인트 가드레일 또는 포인트 프로텍터를 붙일 수 있다.
2) 포인트 가드레일의 부설방법은 분기가드레일 부설방법에 따르되 후렌지웨이 폭은 65mm에 슬랙을 가한 치수로 하여야 한다.

3-1-4 콘크리트도상 궤도

1. 정의

도상 부분을 콘크리트로 대체한 것을 말하며, 목침목을 일정한 규격으로 절단하여 레일을 부설하는 경우(단침목식), 콘크리트도상에 직접 레일을 체결하는 경우(직결식), 침목을 콘크리트도상에 매립하는 경우(매립식) 등이 있다.

2. 콘크리트도상의 특성 (02,05,06,07,08,09,12기사, 02,05,06,08산업)

1) 장점
   ① 궤도의 방향 및 수평 등 선형유지가 좋아 보수작업이 감소
   ② 횡방향의 안전성이 개선되어 장대레일 구간의 확대가 가능
   ③ 궤도의 강도가 향상되어 에너지 비용, 차량수선비, 궤도보수비가 감소
   ④ 차량탈선 시 궤도의 피해가 적음
   ⑤ 승객의 안정성과 승차감이 양호
   ⑥ 자갈도상에 비해 도상두께가 낮으므로 구조물(터널)의 규모를 줄일 수 있음
2) 단점
   ① 시공기간이 길며 건설비(초기투자비)가 고가(단, 영국의 경우 약 5~7년 만에 손익분기점에 이르고, 일본 산양 신간선의 경우 건설비는 약 2배 높았지만 약 9년 만에 손익분기점에 도래)

② 소음이 높아 별도의 방진설비 필요

③ 장래의 선형변경에 대한 융통성이 없음

3. 경제성 및 환경성 효과

1) 유지보수의 실질적인 감소로 노동력과 경비의 감소
2) 자갈도상에 비해 궤도의 균일성이 향상되고 변형이 감소되어 쾌적한 승차감 제공
3) 초기투자비가 자갈도상에 비해 1.5~2배 정도 소요
4) 건설 후 10년간 유지관리비는 자갈도상의 약 18%로 유리한 결론 도달
5) 콘크리트도상 감성 때문에 자갈도상보다 높은 소음이 나지만 적절한 체결구와 이중방진구조의 채택으로 경감 가능
6) 자갈도상의 세립화로 인한 분니현상이나 도상 내의 청결 등을 고려하면 콘크리트도상이 양호한 환경 제공

4. 국내 부설현황

1) 일반철도 : 대부분 자갈도상, 터널 등 콘크리트도상 부분 도입
2) 도시철도 : 대부분 콘크리트 및 Slab 도상
3) 고속철도

① 경부고속철도

- 1단계(시흥~대구) 콘크리트도상(터널)+자갈도상
- 2단계(대구~부산) 콘크리트도상

② 호남고속철도 : 콘크리트도상

5. 각 도상형식별 장단점 비교표

구분	자갈도상	콘크리트도상	Slab도상
탄성	양호	불량	불량
전기절연성	양호	불량	불량
충격 및 소음	적음	큼	큼
도상진동	큼	적음	적음
궤도틀림	큼	적음	적음
유지보수	필요	불필요	불필요
사고 시 응급처지	용이	곤란	곤란
건설비	저렴	고가	고가
세척 및 청소용이성	불량	양호	양호
미세먼지	불량	양호	양호

6. 시공순서

1) 기준점 측량 및 궤도 중심, 레일 레벨 측정 설치
2) 레일 용접기 및 궤도부설장비 반입
3) 레일 반입 운반적치 및 장척화 가스 압접 시행

4) 장척 레일 운반배치 및 침목투입 운반배열
5) 궤광조립 및 궤도조절용 기구 반입, 궤광거치
6) 와이어 매쉬 설치 및 거푸집 조립
7) 선형조정 및 궤도검측, 시공측량
8) 콘크리트 타설 및 양생
9) 거푸집 제거 및 선형검측, 확인 측량
10) 선형 완전정정 및 장대화 테르밋트 용접
11) 잔재정리 및 청소

3-1 기출문제

1. 가드레일의 종류를 5가지 이상 쓰시오. (05,14,15기사)

해설 1) 탈선방지 가드레일
2) 교상 가드레일
3) 건널목 가드레일
4) 안전 가드레일
5) 분기기 가드레일
6) 포인트 가드레일

2. 다음 가드레일 간격 수치와 괄호 안을 채워 넣으시오. (06,08,20기사)

- 탈선 방지 가드레일 : 후렌지웨이의 폭은 (가)mm로 부설
- 교상 가드레일 : 후렌지웨이 폭은 (나)mm
- 건널목 가드레일 : 후렌지웨이 폭은 (다)mm에 (라)을 더한 치수
- 포인트 가드레일 : 후렌지웨이 폭은 (마)mm에 (바)을 더한 치수

해설 (가) 80～100 (나) 200～250 (다) 65 (라) 슬랙 (마) 65 (바) 슬랙

3. 곡선반경 600m, $S'=0$일 때 허용되는 궤간의 치수는 얼마인지 쓰시오. (03기사, 05산업)

해설 $S=\frac{2,400}{R}=\frac{2,400}{600}=4\text{mm}$이므로

궤간은 $1,435+4=1,439\text{mm}$

4. 탈선방지레일을 부설해야 할 개소 및 부설방법을 3가지 이상 쓰시오. (05,06산업)

해설 1) 부설조건
- 곡선반경 300m 미만 곡선
- 기울기 변화와 곡선이 중복되는 개소
- 연속 하기울기 개소, 곡선이 중복되는 개소

2) 설치방법
- 위험이 큰 쪽의 반대쪽레일 궤간 안쪽에 부설
- 가드레일은 특수한 경우를 제외하고는 본선레일과 같은 레일을 사용
- 후렌지웨이의 폭은 80～100mm로 부설하고 그 양단은 2m 이상의 길이를 깔때기형으로 구부려서 종단은 본선레일에 대하여 200mm 이상의 간격이 되도록 함

5. 선로곡선표 건식위치와 기재사항을 쓰시오. (01,05,09산업)

해설 1) 건식위치 : 원곡선의 시·종점의 선로좌측
2) 기재사항 : 곡선반경, 캔트, 슬랙

6. 이음매의 배치상의 분류로서 2가지 예를 들고 설명하시오. (07기사)

해설 1) 상대식 이음매 : 좌우레일의 이음매가 동일 위치에 있으며 소음이 크고 노화가 심하나 보수작업이 편리하다.
2) 상호식 이음매 : 편측레일의 이음매가 타측레일의 중앙부에 있는 것으로 충격과 소음이 적으나 보수작업이 불리하다.

7. 궤도의 소음진동 방지법 5가지를 쓰시오. (02,10,13기사,10산업)

해설 1) 레일의 장대화
2) 진동흡수 레일
3) 방진 매트
4) 궤도 구조개선(체결구조, 강성, 질량 등)
5) 흡음효과 개선(자갈도상)
6) 레일 연마
7) 레일의 장대화, 중량화

8. 선로구조물상 레일 이음매 배치를 금지하여야 할 곳 3개소를 쓰시오. (01기사)

해설 1) 교대
2) 교각 부근
3) 거더중앙
4) 건널목상

9. 콘크리트도상의 장단점을 3가지씩 쓰시오. (02,05,06,07,08,09,12기사, 02,05,06,08산업)

해설 1) 장점
- 궤도의 방향 및 수평 등 선형유지가 좋아 보수작업이 감소
- 횡방향의 안전성이 개선되어 장대레일 구간의 확대가 가능
- 궤도의 강도가 향상되어 에너지 비용, 차량수선비, 궤도보수비가 감소
- 차량탈선 시 궤도의 피해가 적음
- 승객의 안정성과 승차감이 양호
- 자갈도상에 비해 도상두께가 낮아 구조물(터널)의 규모를 줄일 수 있음

2) 단점
- 시공기간이 길며 건설비(초기투자비)가 고가
- 소음이 높아 별도의 방진설비 필요
- 장래의 선형변경에 대한 융통성이 없음

10. 콘크리트도상의 단점 3가지를 기술하고 단점을 보완하기 위한 장치 또는 방법을 2가지만 쓰시오. (09산업)

해설 1) 단점
- 시공기간이 길며 건설비(초기투자비)가 고가
- 자갈도상보다 소음이 높음
- 장래의 선형변경에 대한 융통성이 없음

2) 보완 장치 및 방법
- 소음을 줄이기 위한 방진설비 필요(방진궤도, 차량밀폐도 향상)
- 초기투자비는 고가이나 장기적으로 볼 때는 이익(영국의 경우 약 5~7년 만에 손익분기점에 이르고, 일본 산양 신간선의 경우 건설비는 약 2배 높았지만 약 9년 만에 손익분기점에 도래)

3-2 철도시설물 관리에 관한 작업 계획하기(선로점검, 보선작업기준)

3-2-1 보선작업 계획

1. 보선작업 계획 (02기사, 05산업)

1) 고려사항

① 작업의 시행시기
② 작업의 시행순서
③ 작업인원
④ 재료입수
⑤ 선로상태
⑥ 계절별 기후상태

2) 보선작업계획

① 연간계획
② 월간계획
③ 주간계획
④ 일일계획

2. 선로보수방식

1) 수시수선방식 : 궤도의 불량개소 발생 시마다 그때그때 수선하는 방식으로 소규모 보수에 적합하며 재래선에서 보수방법으로 사용, 주간(열차상간)에 작업한다.

2) 정기수선방식 : 대단위작업반을 편성하고 대형 장비를 사용하고 사전에 계획된 스케줄에 의하여 전 구간에 걸쳐 정기적으로 집중 수선하는 방식이다. 장점으로는 작업이 확실하고 보수주기가 길며 경제적이나 선로조건에 따라 선로상태가 균등하게 유지되지 않는 단점도 있다.

① 궤도갱신작업 : 15~20년 주기로 재료를 일시에 갱신
② 재료부분갱환 : 2~4년 주기로 재료의 부분적인 갱환
③ 궤도수선작업 : 2~6개월 주기로 궤도보수 및 정정을 하는 궤도수선 작업

3. 보선작업의 개선대책 (05산업)

1) 본격적인 정기수선방식으로 전환
2) 중보선 장비의 대량 집단편성 등 기계화 보선으로 전환
3) 경보선 장비 작업반 별도편성운영
4) 시설관리반의 야간 집단반으로 종합편성 운영
5) 담당구역의 광역화로 관리의 효율적 능률 향상
6) 충분한 차단 작업시간확보(6시간 이상)
7) 보선작업의 성역화(省力化)

① 연약개소의 개량 : 분니개소, 동상개소, 배수불량개소
② 구조물의 개량 : 터널누수개소, 교량변상개소
③ 궤도구조의 개량 : 레일의 중량화, 장대화, PC침목화, 분기기고번화 등

4. 보수작업의 종류

1) 보선작업의 계획 : 연간, 월간, 주간, 일일계획
2) 작업성질 측면 : 선로 유지작업, 재료 교환작업, 선로 보강작업

3) 열차운행측면 : 선로 차단작업, 운행선 변경작업

4) 보수 대상이 되는 선로재료 측면 : 분기기작업, 노반작업, 제설작업, 동상작업

3-2-2 궤도정비 기준(필기 편 Chapter 선로보수 5-1-3 궤도틀림 참조)

1. 궤도틀림

1) 궤간틀림(track gauge) : 좌우 레일의 간격틀림

2) 수평틀림(cross level) : 좌우 레일 답면의 수평틀림이고 고저차로 표시

3) 면틀림(longitudinal level) : 한쪽 레일의 길이방향의 높이차

4) 줄틀림(alignment) : 한쪽 레일의 좌우방향의 틀림

5) 평면성 틀림(twist) : 궤도 5m 간격에 있어서 수평틀림의 변화량

2. 궤도틀림의 관리기준(선로유지관리지침 제7조 제1항 참조)

3. 레일 교환 기준 (06기사, 01산업)

1) 레일두부의 최대 직마모(편마모)

① 60kg : 13mm(15mm)

② 50kgN, 50kgPS : 12mm(13mm)

2) 레일의 마모부식으로 인한 단면적 감소 백분율

① 60kg : 24%

② 50kgN, 50kgPS : 본선 18%(측선 22%)

3) 열차 통과 톤수

① 60kg : 6억 톤

② 50kgN : 5억 톤

4. 도상교환 기준(선로유지관리지침 제51조 참조)

1) 도상단면 보수기준

본·측선별	침목노출(cm)	어깨 폭감소(cm)	횡압방지용 도상 어깨 돋기 감소(cm)
본선	1	2	5
측선	3	5	

2) 도상 높이기 및 긁어내기 작업 표준(주의사항)

① 1회의 작업량은 열차운전 사이에 다지기 작업까지를 완료할 수 있는 범위로 정하여 좌우레일을 같이 시행하여야 한다.

② 1회 시행할 수 있는 높이는 열차 운전상태를 고려하여 정하되 특별한 경우를 제하고는 50mm를 초과하지 못한다.

③ 도상을 긁어낼 때에는 더운 날을 피하고 한 번에 연속 10m를 초과하지 못한다. 다만 더운 날 일지라도 충분히 준비를 하여 위험성이 없다고 인정될 때에는 연속 50m까지 긁어낼 수 있다.

④ 작업 중에 열차통과를 위한 레일면의 접속연장은 긁어내기 또는 높이기량의 200배 이상의 거리에

서 접속시키고 그날 작업의 종료 후 작업 시 종점부는 600배 이상에서 접속시켜야 한다.

⑤ 작업을 연속적으로 시행할 때에는 몹시 더운 날을 피해야 한다.

5. 레일의 유간정리 (01,14,20기사, 02산업)

1) 레일의 유간

① 레일을 부설하거나 유간을 정정할 때의 레일 이음매는 다음 표준에 따라 유간을 두어야 한다. 레일길이별 유간표는 다음과 같다.

〈레일길이별 유간표〉 (단위 : mm)

레일길이(m) \ 레일온도(°C)	−20 이하	−15	−10	−5	0	5	10	15	20	25	30	35	40	45 이상
20	15	14	13	11	10	9	8	7	6	5	3	2	1	0
25	16	16	15	14	12	11	9	9	7	5	4	2	1	0
40	16	16	16	16	14	11	9	7	5	2	0	0	0	0
50	16	16	16	16	15	13	10	7	4	1	0	0	0	0

② 온도변화가 적은 터널 내에서는 갱구로부터 각 100m 이상은 제1항의 표준치에 관계없이 2mm의 유간을 두어야 한다.

③ 유간의 정정 여부는 레일온도가 올라갈 때 유간이 축소되기 시작할 때와 레일온도가 내려갈 때 유간이 확대되기 시작할 때의 양측 측정치의 평균치에 따라 판정하는 것으로 한다.

④ 유간은 여름철 또는 겨울철에 접어들기 전에 정정하는 것을 원칙으로 한다.

2) 간이정리 : 상례보수작업으로 맹유 간 또는 과대유간을 정리하는 정도의 경우로서 수시로 시행할 수 있으나 혹서·혹한에서는 주의하여 시행한다.

3) 소정리 : 레일은 크게 이동시키지 않으면서 상당한 연장에 걸쳐 유간을 정리하는 경우로서 유간을 균등하게 배분함을 원칙으로 한다. 혹서·혹한은 피한다.

① 레일 밀림이 있는 구간에서 밀림의 기점 쪽은 적게, 종점 쪽은 크게 한다.

② 레일의 신축량을 고려한다.

③ 작업구간을 소구간으로 구분하여 구간 내의 유간의 과부족을 가감한다.

4) 대정리 (02**산업**) : 상당한 연장에 걸쳐 레일을 대이동하여 유간을 근본적으로 정리하는 경우로서 유간정리 시행구간 전반을 표준유간으로 정리하되 위의 소정리 때의 각 사항을 고려한다. 혹서·혹한은 시행불가하며 준비작업은 다음과 같다.

① 신유간의 설정과 작업계획 : 시행구간 전장에 걸쳐 재래 레일유간과 레일온도를 측정하여 유간을 계산 설정(設定)하고 열차 상간에 있어서의 작업연장 및 레일의 이동량을 산정(算定)한다.

② 침목의 삭정 : 침목에 레일 박힘이 있는 것은 삭정하고 방부제를 도포한다.

③ 이음매판 보수 : 이음매판이 훼손된 것은 보수하거나 교환한다.

④ 이음매판볼트를 풀었다가 주유(注油)한 후 다시 조인다.

⑤ 스파이크를 뽑았다가 다시 박는다.

⑥ 레일 밀림방지장치를 철거한다.

3-2-3 선로검사(선로유지관리지침 제3장 참조)

1. 개요

선로의 상태를 정확히 조사·파악하여 선로관리 및 보수의 합리화를 기함으로써 열차안전운행을 확보하는데 목적으로 하며 열차안전운전의 확보 및 선로기능 유지를 위한 선로점검의 종류, 점검시기, 시행방법 및 보고에 대한 사항이 있다.

2. 점검의 종류 (15,07,20기사, 01,05,07산업)

1) 궤도보수 점검 : 궤도 전반에 대한 보수상태를 점검
  ① 궤도검측차 점검
    - 점검 대상 : 본선 및 착발선(다만, 검측차 점검이 어려운 구간은 인력점검 시행)
    - 점검 시기 : 다음 각 목에 따라 시행하되, 필요에 따라 추가 시행
      - 고속철도 : 월 1회
      - 일반철도 : 분기 1회
    - 점검항목 : 궤도의 선형상태(궤간, 수평, 줄맞춤, 면맞춤, 뒤틀림 등)
  ② 인력 점검
    - 일반철도
      - 본선 및 측선, 건널선 분기기(본선, 측선, 건널선) : 반기 1회 이상
      - 궤도검측차 점검결과 불량개소에 대하여는 보수 전 및 보수 후에 점검을 시행
      - 특별히 궤도보수 상태 파악이 필요한 경우
    - 고속철도
      - 궤도검측차점검, 차량가속도점검 운행결과 불량개소에 대한 보수 확인이 필요한 경우
      - 특별히 궤도보수 상태 파악이 필요한 경우
  ③ 선로점검차 점검
    - 고속철도 본선 및 일반철도 주요 선구 본선 : 월 1회 이상
    - 일반철도 기타 선구(본선) : 반기별 1회
  ④ 차상진동가속도 측정 점검
    - 일반철도 : 필요시
    - 고속철도 : 2주 1회 이상
2) 장대레일점검
  ① 하절기 점검
  ② 운행적합성 점검
  ③ 특정 지점 및 취약개소 점검
  ④ 궤도전장에 대한 열차순회점검
3) 궤도재료점검
  ① 레일점검
    - 레일의 마모 측정

- 레일표면상태(흑점, 파상마모, 표면박리 여부, 부식의 정도 등)
- 레일의 연마상태
- 선형상태(고속철도에 한함)
- 돌려놓기 또는 바꿔놓기 필요의 유무
- 불량레일에 대한 점검표시 유무
- 가공레일의 가공상태 적부

② 분기기점검

- 일반점검 : 일반철도는 분기기 손상, 마모, 부식상태와 정비기준 및 교환기준에 따라 점검하고 고속철도는 외형 및 안전치수를 측정
- 정밀점검 : 일반철도는 일반점검을 포함하여 연결간과 접속간의 접속부 텅레일, 이음매부(힐)을 해체하여 훼손 유무 및 그 상태 등을 점검하고 고속철도는 안전치수 및 부품 점검, 궤간 특별 확인을 실시
- 기능점검 : 일반철도에 부설된 분기기는 수시로 텅레일의 밀착, 접착(웨이뎃트 포인트 및 표지핸들 부착 등) "백게이지" 및 기타 부속품의 기능상태를 점검

③ 신축이음장치점검

- 일반점검 : 선형, 텅레일 상태, 체결상태 및 각종 안전수치 등을 점검 시행
- 정밀점검 : 안전치수 및 부품 점검, 궤간 특별 확인

④ 레일체결장치점검 : 체결구 형식별 매뉴얼에 따라 연 1회 이상 점검

⑤ 레일이음매부 점검

⑥ pc침목점검

- 점검시기 : 일반철도는 본 본선부설 PC침목에 대하여 연 1회 이상 기타 측선의 경우에는 2년에 1회 이상 점검하여야 하며, 고속철도는 전수에 대하여 연 1회 이상 점검을 시행
- 점검사항
  - 침목구체의 손상 여부
  - 체결장치의 손상, 마모 정도
  - 침목구체의 균열 여부
  - 기능의 상태
- 불량판정
  - PC강선이 노출되거나 구체가 균열되어 기능 유지가 곤란한 것
  - 크립류의 탄성기능이 상실되고 재질 손상 등의 파손으로 횡압, 체결력 및 궤간 유지를 못하는 경우
  - 볼트 및 너트가 훼손되어 체결기능을 상실한 것
  - 와셔 손상, 절손, 변형되어 기능을 상실한 것
  - 코일스프링크립걸이(숄더)나 절연블럭이 손상, 절손, 변형되어 기능을 상실한 것
  - 레일 좌면에 영향을 미치는 파손
  - 기타 침목의 기능을 상실한 파손

⑦ 목침목 점검
- 침목의 부패, 절손 여부
- 레일박힘, 할열 등의 상태와 정도
- 교량침목 고정장치의 이완 상태

⑧ 도상점검
- 단면부족 상태
- 도상보충 또는 정리 상태
- 도상저항력 유지 상태
- 토사혼입 상태

⑨ 기타 궤도재료의 점검
- 이음매판
  - 이음매판의 흠 유무
  - 불량 이음매판 유무
- 이음매판의 볼트 및 기타 볼트, 너트류
  - 조임 정도의 불량 유무
  - 손상, 마모의 정도
  - 기름치기 또는 기름바르기의 적정 여부
- 스파이크
  - 굴곡 등으로 지지력 상실 유무
  - 3mm 이상 솟아 올랐는지 여부
  - 손상마모의 정도
- 스프링크립
- 타이 플레이트 및 베이스 플레이트
- 레일패드
  - 훼손의 유무
  - 재질이 열화되어 변형된 것
- 레일앵카
- 가드레일
  - 본선 레일과의 간격 여부
  - 레일 끝부분의 굽힘 기타 정비 상태
- 건널목
  - 보판 및 노면의 정비 상태

4) 선로 구조물점검 : 선로구조물의 변상 및 안전성을 점검한다.

① 1종 시설물 : 고속철도교량, 도시철도의 교량 및 고가교, 상부구조형식이 트러스교 및 아치교인 교량 등 연장 500m 이상 교량과 고속철도터널, 도시철도터널 등 연장 1,000m 이상 터널

② 2종 시설물 : 1종 시설물에 해당하지 않는 연장 100m 이상의 교량, 1종 시설물에 해당하지 않는 터

널로서 특별시 또는 광역시에 있는 터널, 지면으로부터 노출된 높이가 5m 이상인 부분의 합이 100m 이상인 옹벽, 지면으로부터 연직높이(옹벽이 있는 경우 옹벽 상단으로부터의 높이) 30m 이상을 포함한 절토부로서 단일 수평연장 100m 이상인 절토사면

③ 3종 시설물 :1종 시설물 및 2종 시설물 외에 안전관리가 필요한 소규모 시설물로서 「시설물의 안전 및 유지관리에 관한 특별법」(이하 시설물안전법)에 따라 지정·고시된 시설물

④ 기타시설물 : 제1, 2, 3종 시설물을 제외한 선로구조물

5) 선로순회점검

① 일상순회점검

- 도보순회 : 궤도 및 시설물의 이상 유무를 확인 감시
  - 고속철도 : 10주마다 1회 이상
  - 일반철도 : 주요 선구 주 1회, 기타선구 2주 1회
- 열차순회

② 악천우 시 점검

③ 열차기관사나 승무원의 요구에 의한 점검

3-2-4 분니

1. 분니의 원인 (00,08기사)

1) 배수요인(물)

① 노반배수불량

② 노반 내 배수불량

③ 지하수위의 존재

2) 토질요인(흙) : 분니 발생 개소의 토질은 거의 점성토로 구성되어 있다.

3) 열차의 반복하중에 의한 요인

① 노반압력 과다

② 도상자갈의 세립화

2. 분니의 종류

1) 도상분니 (09,11기사) : 도상재료의 마모에 기인하여 미립자가 증가하여 도상 간극을 메움으로서 배수를 저해하고, 도상을 고결시켜 탄성력을 잃게 된다.

2) 노반분니 : 우수나 지하수에 의하여 연약화된 노반흙이 모세관 현상에 의해 도상간극으로 상승, 열차 통과 시 반복하중에 의하여 도상표면에 분출하는 것이다.

3. 분니 해소 대책 (08기사)

1) 기본대책

① 도상 일부 또는 전체 갱환 ② 도상두께 증가

③ 배수지장물 이설 및 철거 ④ 횡단배수설치

⑤ 총다지기

2) 특수대책

① 노반피복 ② 노반치환
③ 노반안정처리 ④ 배수관이설
⑤ 포장 궤도화 공법 ⑥ 약액주입공법
⑦ sand drain 공법 등

3-2-5 복진

1. 개요 (03,12기사)

열차의 주행과 온도변화의 영향으로 레일이 전후방향으로 이동하는 현상을 복진이라 하며, 동절기에 심하며 체결장치가 불충분할 때는 레일만이 밀리고 체결력이 충분하면 침목까지 이동하여 궤도가 파괴되고, 열차사고의 원인이 된다.

2. 복진의 영향(궤도에 미치는 영향) (03기사)

1) 침목이 이동하여 궤도가 파괴되고 레일장력이 발생한다.
2) 침목배치가 흐트러지고, 도상이 이완, 궤도틀림이 발생한다.
3) 장대레일에서는 좌굴의 원인이 되므로 특히 주의가 필요하다.
4) 이음매 유간이 고르지 못하며 맹유간이 생기면 레일에 장출이 생겨 열차사고 위험을 초래한다.
5) 포인트부에서는 전철기의 전환을 지장하여 불밀착으로 인한 열차의 탈선사고 원인으로 된다.

3. 복진의 원인(단부 → 파상진동 → 반작용 → 마찰 → 온도 상승)

1) 열차의 견인과 진동에 의한 차륜과 레일의 마찰로 발생한다.
2) 차륜이 레일 단부에 부딪혀 레일을 전방으로 떠민다.
3) 열차주행 시 레일에 파상진동이 생겨 레일이 전방으로 이동되기 쉽다.
4) 동력차의 구동륜이 회전하는 반작용으로 레일이 후방으로 밀리기 쉽다.
5) 온도상승에 따라 레일이 신장되면 양단부가 타 레일에 밀착 후 레일의 중간부분이 약간 치솟아 차륜이 레일을 전방으로 떠민다.

4. 복진이 발생하기 쉬운 개소 (07,12,15기사, 09산업)

1) 열차진행 방향이 일정한 복선구간
2) 운전속도가 큰 선로구간
3) 급한 하향 기울기 구간
4) 분기부와 곡선부
5) 도상이 불량한 곳, 체결력이 적은 스파이크 구간
6) 교량전후 궤도탄성 변화가 심한 곳
7) 열차 제동횟수가 많은 곳

5. 복진방지 대책 (03,05,06,09기사, 05,06,08산업)

복진을 방지하려면 레일과 침목 간, 침목과 도상 간의 마찰저항을 증가시켜야 된다.

1) 레일과 침목 간의 체결력 강화 방법

① 스파이크구간 : L형 이음매판의 노치(notch) 부분에 개못을 박아, 레일이 밀리는 힘을 이음매 침목과 도상이 저항토록 한다.

② 탄성 체결장치를 사용하여 레일과 침목 간의 체결력을 확고히 한다.

2) 레일앵카를 부설하는 방법 (03**기사**)

① 복진방지용 쇠붙이로서 레일의 저부에 장치하여 복진방향의 침목 측면에 밀착설치 → 침목이 고정되어 있어야 효과가 있다.

② 레일앵카의 조건

- 체결력이 강할 것
- 설치 및 철거가 용이할 것
- 반복하중에 견딜 수 있고 저렴할 것

③ 앵카 설치 조건 (05,09**기사**)

- 연간 밀림량 25mm 이상 되는 구간에 설치
- 궤도 10m당 8개가 표준
- 밀림량에 따라 수량증가, 최대 16개/10m당
- 산설식(분산설치)와 집설식(집중설치)이 있으며 산설식이 바람직

3) 침목의 이동방지 방법 : 복진방지 장치를 침목에 긴착시켜 침목 자체의 이동방지한다.

① 말뚝식

- 이음매 침목에 인접하여 복진방향과 반대 측에 말뚝을 박는 방법이다.
- 말뚝 높이는 침목상면과 같게 하여 열차운행에 지장이 없도록 한다.

② 계재식 : 이음매 전후 수개의 침목을 계재로 연결시켜 수 개의 침목도상 저항력을 협력시키는 방법이다.

③ 버팀식

- 이음매 침목에서 궤간 외에 팔자형으로 2개의 지개를 설치하는 방법이다.
- 레일앵카 부설이 불가능한 경우에 적용 : 실제로는 거의 사용을 안 한다.

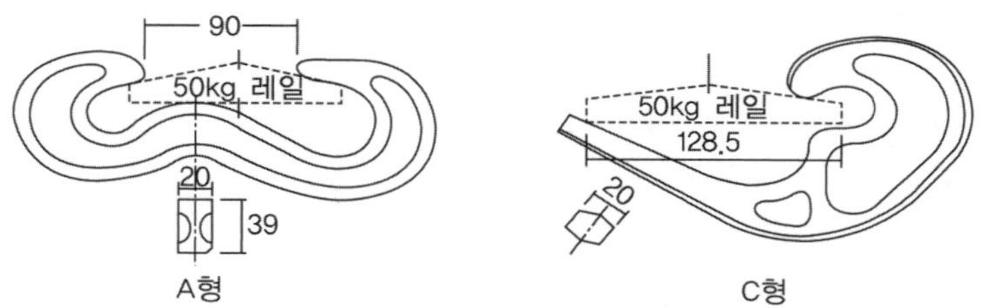

3-2-6 궤도파괴 및 레일 훼손

1. 궤도파괴 원인

1) 선로를 구성하는 궤도재료가 열차하중, 사용연수에 따라 마모, 파손되는 경우

2) 격심한 열차의 반복하중에 의해 선로가 변형되어 궤도틀림이 생기는 경우

2. 레일의 마모

1) 마모는 무르고 경량일수록, 직선보다 곡선의 외궤, 곡선반경이 적을수록, 평탄선보다는 구배선이 심하며, 열차중량, 속도, 통과 톤수가 많을수록 마모진행이 빠르다.
2) 레일의 길이방향으로 수 센티미터 간격으로 파형으로 마모되는 파상마모(corrugation) 형상은 도상이 과도하게 견고한 개소, 콘크리트도상 등 레일의 지승체가 견고하여 탄력성이 부족하고 불균일하여 발생한다.
3) 레일의 마모는 레일의 경질화, 마모방지레일 부설, 도유의 실시로 경감이 가능하다.
4) 파상마모(corrugation)

$$\frac{\delta_1 + \delta_2}{\delta 1} > 1.03 \text{ 일 때 파상마모 발생}$$

δ_1 : 레일좌면(침목상면)의 레일처짐량

δ_2 : 침목 사이의 레일처짐량

3. 레일 훼손 (05기사, 02,09산업)

1) 원인 (05기사)
   ① 제작 중 내부의 결함 또는 압연작용의 불량 등 품질적인 결함 발생
   ② 취급방법 및 부설방법 불량
   ③ 작용하중에 비하여 레일 단면이 작은 경우
   ④ 궤도상태 불량 시
   ⑤ 부식, 이음매부 레일끝처짐 시
   ⑥ 차량불량, 사고 및 탈선 시
2) 종류 (02,09산업)
   ① 유궤, 좌궤 : 열차의 반복하중 등으로 두부 정부의 일부가 궤간 내측으로 찌그러지거나, 정부의 전부가 압타되는 현상을 말한다.
   ② 종렬, 횡렬 : 종렬은 두부의 연직면에 따라 발생되며, 때로는 복부의 볼트구멍에 따라 발생된다. 그리고 횡렬은 두부 내부에 발생된 핵심균열이 반복하중에 의하여 발달된다.
   ③ 파단, 파저 : 이음매볼트 부근의 응력집중이 원인으로 되어 방사형으로 발생하는 균열이 대부분이며, 경우에 따라서 두부와 복부에 발생하는 것으로 파단이라고 한다. 또한 레일 저부가 레일못과 침목과의 지나친 밀착관계로 파손되는 것을 파저라 한다. 레일 훼손의 약 50%를 점유하고 있다.
   ④ 상복부, 하복부 균열 : 레일두부와 복부가 서로 접한 상복부와 저부가 서로 접한 하복부는 큰 응력을 받으므로 이 부분에 균열이 발생하는 현상을 상복부 및 하복부 균열이라고 한다.
   ⑤ 결손 : 레일이 완전히 부러지거나 절손되게 하는 대횡렬이 발생하는 것으로 내부결함이 원인이 되며 경질레일에서 많이 일어난다. 내부적인 진행과정 후 도발적으로 발생하기 쉽다.
   ⑥ 손상 : 불량차륜, 차량의 공전, 급격한 제동, 레일 못을 박을 때 해머자국이 레일을 손상시킨다.
   ⑦ 흑점 균열 : 고속운전에서 곡선 외 궤두부에 흑색 반점상의 균열이 발생하는 경향이 있다.

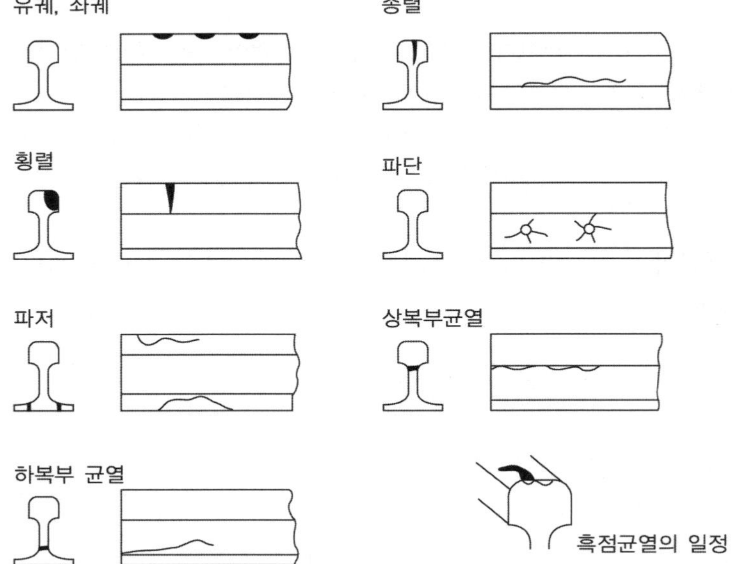

4. 레일의 내구연한 및 피로한도

1) 레일의 내구연한은 훼손, 부식, 마모 등 3가지 원인에 의해 결정된다.
2) 레일의 수명은 열차의 통과 톤수, 차량중량, 부설방법에 따라 상이하다.
   ① 직선부 20~30년
   ② 해안부 12~16년
   ③ 터널부 5~10년
3) 최근 급곡선(R=400m 이하)에는 편마모가 발생하므로 갱환 주기 시 레일과 두부를 열처리하여 경도를 높인 경질화 레일을 곡선의 외측에 부설하여 대처한다.
4) 훼손, 부식, 마모 등 이외에 반복되는 열차하중으로 레일의 피로현상이 생기는데 피로한도에 도달하면 레일은 급격히 파손된다.

3-2 기출문제

1. **보선작업 계획 시 고려사항 5가지를 쓰시오.** (02기사)

해설 1) 작업시행시기 2) 작업순서
3) 작업인원 4) 재료반입량
5) 선로상태

2. **국철에서 선로보수방식이 수시수선방식에서 정기수선방식으로 전환되는 이유 3가지를 쓰시오.** (05산업)

해설 1) 보수주기가 길어지고 경제적
2) 중보선 장비의 대량 집단편성등 기계화 보선으로 전환
3) 시설관리반의 야간 집단반으로 종합편성 운영
4) 담당구역의 광역화로 관리의 효율적 능률 향상
5) 충분한 차단 작업시간확보(6시간 이상)
6) 보선작업의 성역화(省力化)

3. **보선작업계획 종류를 일반적으로 기간에 따라 구분할 때 계획의 종류 4가지를 쓰시오.** (05산업)

해설 1) 연간계획 2) 월간계획
3) 주간계획 4) 일일계획

4. **궤도정비기준에 대한 설명이다. (가)~(마)에 알맞은 숫자를 채워 넣으시오.** (03,06,12,13기사, 01산업)

구분		본선	측선
궤도 정비 기준	궤간	(가)	+10 −2
	수평	(나)	9
	면맞춤	직선(레일길이 10m에 대하여) (다) 곡선(레일길이 2m에 대하여) (라)	직선(레일길이 10m에 대하여) 9 곡선(레일길이 2m에 대하여) 4
	줄맞춤	레일길이10m에 대하여 (마)	레일길이10m에 대하여 9

해설 (가) +10, −2 (나) 7
(다) 7 (라) 3 (마) 7

5. **본선의 레일교환 기준에 대하여 쓰시오.** (06기사, 01산업)

해설 1) 레일두부의 최대 직마모(편마모)
- 60kg : 13mm(15mm)
- 50kgN, 50kgPS : 12mm(13mm)

2) 레일의 마모부식으로 인한 단면적 감소 백분율
- 60kg : 24%
- 50kgN, 50kgPS : 본선 18%(측선 22%)

3) 열차 통과 톤수
- 60kg : 6억 톤
- 50kgN : 5억 톤

6. PC침목 점검시기, 점검사항과 불량판정의 기준을 3가지씩 쓰시오. (05기사)

해설 1) 점검시기 : 본선부설(연 1회 이상), 기타 측선(2년에 1회 이상 점검)

2) 점검사항
- 침목구체의 손상 여부
- 체결구의 손상, 마모 정도
- 기능의 상태

3) 불량판정
- 구체가 균열되어 기능유지 곤란한 것
- 크립류의 탄성기능이 상실되고 재질이 손상된 것
- 볼트 및 너트가 훼손되어 체결기능이 상실한 것
- 왓샤가 손상, 절손, 변형되어 기능을 상실한 것
- 숄더나 절연편이 손상, 절손, 변형되어 기능을 상실한 것

7. 본선 도상에서 1년마다의 점검사항을 설명하시오. (00,05,14,20기사)

해설 1) 단면부족의 유무 2) 토사혼입의 정도
3) 도상보충 또는 정리의 양부 4) 도상횡저항력 유지상태의 양부

8. 레일체결구인 볼트 및 너트의 검사사항과 교환기준을 쓰시오. (05산업)

해설 1) 검사사항
- 조임 정도의 불량 유무
- 손상, 마모의 정도
- 기름치기 또는 기름바르기의 적정 여부

2) 교환기준
- 나사 부분이 부식 또는 손상되어 체결기능을 상실한 것
- 굴곡되어 교정이 곤란한 것
- 볼트직경이 3mm 이상 마모된 것
- 부식되어 10% 이상 중량이 감소된 것

9. 레일점검 내용 3가지와 레일검사 사항 4가지를 쓰시오. (07기사)

해설 1) 레일의 손상, 마모, 부식 정도
2) 전환, 진체 필요 유무
3) 불량레일 감시표시 유무
4) 가공레일 가공적, 부상태

10. 이음매판과 이음매판 볼트너트의 검사사항을 쓰시오. (01산업)

해설 1) 이음매판
- 흠 유무
- 불량이음매판 감시표시 유무

2) 이음매판 볼트너트
- 조임 정도
- 손상 및 마모 정도

- 체결기능 상실
- 굴곡되어 교정이 곤란한 것
- 볼트직경이 3mm 이상 마모된 것
- 부식으로 10% 이상 중량이 감소된 것

11. 편마모를 경감시키기 위해서는 어떻게 해야 하는가? (보선)

해설 1) 경두레일 부설 2) 레일마모방지레일 부설
3) 레일유도기 설치

12. 복진의 정의를 기술하고 궤도에 미치는 영향을 쓰시오. (03기사)

해설 1) 정의 : 열차의 주행과 온도변화의 영향으로 레일이 전후방향으로 이동하는 현상
2) 궤도에 미치는 영향
- 침목이 이동하여 궤도가 파괴되고 레일장력 발생
- 침목배치가 흐트러지고, 도상이 이완, 궤도틀림 발생
- 이음매 유간이 고르지 못하며 맹유간이 생기면 레일에 장출이 생겨 열차사고 위험 초래
- 장대레일에서는 좌굴의 원인이 되므로 특히 주의 필요
- 포인트부에서는 전철기의 전환을 지장하여 불밀착으로 인한 열차의 탈선사고 원인으로 된다.

13. 다음 대기온도에서의 레일온도를 쓰시오. (보선)

−15°C	0°C	20°C	38°C

해설 1) 대기온도 : −15°C 0°C 20°C 38°C
2) 레일온도 : (−9.79) (0°C) (27.81°C) (56.7°C)
※ 일반식 $y=x^{1.11}$

14. 분니의 원인 및 대책을 설명하시오. (00,08,09,11기사)

해설 1) 분니 발생요인(흙, 하중, 물)
- 배수요인 : 노반 배수 불량, 노반 내 배수 불량, 지하수위의 존재
- 토질요인 : 분니 발생 개소의 토질은 거의 점성토로 구성
- 열차의 반복하중에 의한 요인 : 노반압력 과다, 도상자갈의 세립화

2) 분니해소 대책의 종류
- 기본대책 : 측정비, 도상일부 또는 전체갱환, 도상두께 증가, 배수지장물 이설 및 철거, 횡단배수설치, 총다지기 등
- 특수대책 : 노반비복, 노반치환, 노반안정처리, 배수관이설, 포장궤도화 공법, 약액주입공법, sand drain 공법 등

15. 복진이 일어나는 원인과 일어나기 쉬운 개소 4가지를 쓰시오. (07,12,15기사, 09산업)

해설 1) 원인
- 열차의 견인과 진동에 의한 차륜과 레일의 마찰이 원인이다.
- 차륜이 레일 단부에 부딪혀 레일을 전방으로 떠민다.
- 열차주행 시 레일에 파상 진동이 생겨 레일이 전방으로 이동하기 쉽다.

• 동력차의 구동륜이 회전하는 반작용으로 레일이 후방으로 밀리기 쉽다.

2) 개소

• 열차의 방향이 일정한 복선구간
• 급한하구배
• 분기부와 급곡선부
• 도상이 불량한 곳
• 열차제동 횟수가 많은 곳
• 운전속도가 큰 선로구간
• 교량전후 궤도탄성변화가 심한 곳

16. 레일복진방지방법 3가지를 쓰시오. (06기사, 05,06,08산업)

해설 1) 레일과 침목 간에 체결력을 강화한다.
2) 레일 앵카를 부설한다.
3) 침목의 이동을 방지한다.

17. 레일 앵카 설치법을 간단히 쓰시오. (03기사)

해설 1) 연간 밀림량 25mm 이상 되는 구간에 설치하며 궤도 10m당 8개가 표준
2) 산설식(분산설치)와 집설식(집중설치)이 있으며 산설식이 바람직함

18. 레일 앵카 설치방법인 산설식과 집설식에 대해 간단히 설명하시오. (03,05,09,20기사)

해설 1) 산설식 : 궤도 10m당 8개가 표준 설치되나 10m에 걸쳐 분산으로 설치
2) 집설식 : 궤도 10m당 8개가 표준 설치되나 10m에 걸쳐 집중하여 설치

19. 레일의 유간정리의 종류 3가지와 방법을 간략히 쓰시오. (01기사)

해설 1) 간이정리 : 상례보수작업으로 맹유간 또는 과대유간을 정리하는 정도의 경우로서 수시로 시행
2) 소정리 : 레일은 크게 이동시키지 않으면서 상당한 연장에 걸쳐 유간을 정리하는 경우로서 유간을 균등하게 배분함을 원칙
3) 대정리 : 상당한 연장에 걸쳐 레일을 대이동하여 유간을 근본적으로 정리하는 경우

20. 유간정정의 대정리 작업 시 준비사항에 대하여 쓰시오. (02산업)

해설 1) 시행구간 전장에 걸쳐 재래 레일유간과 레일온도를 측정하여 유간을 계산 설정(設定)하고 열차 상간에 있어서의 작업연장 및 레일의 이동량을 산정(算定)한다.
2) 침목의 삭정 : 침목에 레일 박힘이 있는 것은 삭정하고 방부제를 도포한다.
3) 이음매판 보수 : 이음매판이 훼손된 것은 보수하거나 교환한다.
4) 이음매판 볼트를 풀었다가 주유(注油)한 후 다시 조인다.
5) 스파이크를 뽑았다가 다시 박는다.
6) 레일 밀림방지장치를 철거한다.

21. 레일 훼손의 종류 6가지를 쓰고 간단하게 그림을 그리시오. (02,09산업)

해설 1) 유궤, 좌궤 : 열차의 반복하중 등으로 두부 정부의 일부가 궤간 내측으로 찌그러지거나, 정부의 전부가 압타되는 현상이다.
2) 종렬, 횡렬 : 종렬은 두부의 연직면에 따라 발생되며, 때로는 복부의 볼트구멍에 따라 발생된다. 그리고

횡렬은 두부 내부에 발생된 핵심균열이 반복하중에 의하여 발달된다.

3) 파단, 파저 : 이음매볼트 부근의 응력집중이 원인으로 방사형으로 발생하는 균열이 대부분이며, 경우에 따라서 두부와 복부에 발생하는 것으로 파단이라고 한다. 또한 레일 저부가 파손되는 것을 파저라 한다. 레일 훼손의 약 50%를 점유하고 있다.

4) 상복부, 하복부 균열 : 레일두부와 복부가 서로 접한 상복부와 저부가 서로 접한 하복부는 큰 응력을 받으므로 이 부분에 균열이 발생하는 현상이다.

5) 결손 : 레일이 완전히 부러지거나 절손되게 하는 대횡렬이 발생하는 것이다.

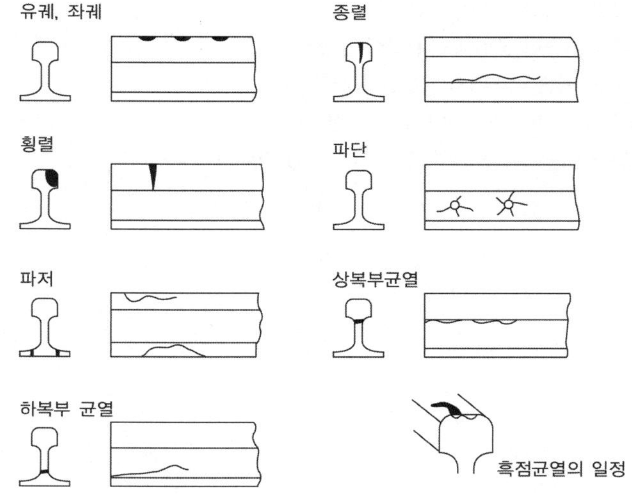

22. 레일 훼손의 원인에 대하여 4가지를 쓰시오. (05기사)

해설 1) 제작 중 내부의 결함 또는 압연작용의 불량 등 품질적인 결함 발생
2) 취급방법 및 부설방법 불량
3) 작용하중에 비하여 레일 단면이 작은 경우
4) 궤도상태 불량 시
5) 부식, 이음매부 레일 끝 처짐 시

23. 다음 괄호 안의 알맞은 답을 채우시오. (14기사)

온도변화가 적은 터널 내에서는 갱구로부터 각 (가) 이상은 제1항의 표준치에 관계없이 (나)의 유간을 두어야 한다.

해설 (가) 100m (나) 2mm

24. 궤도보수점검의 종류를 쓰시오. (15기사)

해설 1) 궤도틀림 점검 : 궤도검측차 점검, 인력 점검
2) 선로점검차 점검
3) 차상진동가속도 측정 점검
4) 하절기 점검

25. PC침목 점검주기, 점검사항, 점검 기준을 쓰시오. (12,13,15,20기사)

해설 1) 점검시기 : 본선 부설(연 1회 이상), 기타 측선(2년에 1회 이상 점검)

2) 점검사항
- 침목구체의 손상 여부
- 체결구의 손상, 마모 정도
- 기능의 상태

3) 점검 기준(불량 판정)
- 구체가 균열되어 기능 유지가 곤란한 것
- 클립류의 탄성 기능이 상실되고 재질이 손상된 것
- 볼트 및 너트가 훼손되어 체결 기능을 상실한 것
- 와셔가 손상, 절손, 변형되어 기능을 상실한 것
- 숄더나 절연편이손상, 절손, 변형되어 기능을 상실한 것

3-3 궤도재료 교환에 관한 작업 계획

3-3-1 레일 교환(선로유지관리지침 제17조 및 보선작업지침 제3장 참조)

1. 레일 교환기준 (06기사, 01산업)

1) 직선상의 레일 수명(누적 통과 톤수 기준) : 60kg 6억 톤, 50kg 5억 톤
2) 레일두부의 마모(편마모) : 60kg 15mm, 50kg 13mm
3) 레일 단면적의 감소 : 60kg 24%, 50kg 18%
4) 기타 균열, 심한 파상마모 등 열차운전상 위험할 때

2. 레일 교환작업

1) 준비작업
   ① 신레일 검사 및 도상자갈고르기와 밀림방지장치 철거
   ② 레일 브레이스의 못과 스파이크는 솟구었다가 다시 박는다.
   ③ 신레일의 유간을 위한 유간정정을 하고 신레일은 볼트를 조인 후 고침목대에 병치한다.
   ④ 본 작업에 필요한 기구 및 재료는 상당한 예비품을 준비 정돈하여 두어야 한다.
2) 본작업
   ① 작업반의 인원은 불변인원 5명과 작업인원 4개 반에 각 반 4~8명으로 구성한다(불변인원 : 지휘자, 보조지휘자, 전화반, 이음매반).
   ② 각 반의 작업은 제1반 구레일 밀어내기작업, 제2반 침목삭정 및 매목박는 작업, 제3반 신레일 밀어넣기작업, 제4반 신레일 이동방지 및 스파이크 박는 작업으로 편성 진행한다.
   ③ 본 작업이 완료한 때에는 지휘자는 보선장과 같이 공사의 완성상태를 검사하고 불량 개소는 즉시 수리하여 완전한 것을 확인한다.
3) 수리작업
   ① 침목이동정정작업 및 불량침목갱환과 정밀다지기작업 시행
   ② 침목이동작업 완료 후 밀림방지장치 시설 및 레일 브레이스 설치작업 시행
   ③ 레일 갱환 후 발생할 염려가 있는 방향, 궤간, 수평, 면 등의 틀림에 대하여는 충분히 보수

3. 레일 쌓기

레일은 다음 표에 따라 선별, 단면에 도색하여 일정한 장소에 쌓되 한쪽 단면을 일직선으로 되게 쌓고 레일종별, 길이 및 수량을 표시한 표찰을 세워야 한다.

구분		단면도색	선별 기준
신품	보통	백색	신품으로 본선사용이 가능한 것
	열처리	황색	
중고품	보통	청색	일단 사용했다가 발생한 것으로 마모상태, 길이 등이 다시 사용가능한 것
	열처리	황색(두부) 청색(복부, 저부)	
불용품		적색	훼손, 마모한도초과, 단척기타레일 종류상 불용조치하여 다시 사용할 수 없는 것
기타			상기 이외의 것은 파쇠붙이로 취급

3-3-2 침목교환

1. 침목교환기준

1) PC침목

① 구체가 균열되어 기능유지가 곤란한 것

② PC강선 등의 강제가 절손된 것

③ 스프링 클립 탄성기능이 상실되고 재질이 손상된 것

④ 볼트 및 너트가 훼손되어 체결기능을 상실한 것

⑤ 숄더가 체결기능을 상실하고 체결장치가 절손, 변형된 것

2) 목침목

① 나사 스파이크(스파이크) 인발저항력이 600kg 미만인 것

② 부식된 단면이 1/3 이상인 것(겉과 속)

③ 박힘의 삭정량이 20mm 이상인 것

④ 갈라져서 나사 스파이크 지지력이 없고, 갈라짐방지 가공을 할 수 없는 것

⑤ 절손된 것

3) 기타 사항

① 레일과 견고한 체결력이 곤란하고 열차하중을 지지할 수 없을 때

② 부패, 절손 및 나사 스파이크 구멍확대 등으로 지지력이 상실되었을 때

③ 전반적인 침목상태를 고려하여 국부적으로 치우친 갱환이 없도록 하여야 함

2. 침목교환작업 (11기사, 06산업)

1) 목침목 교환작업 순서 : 자갈긁어내기 → 스파이크 뽑기(체결구 해체) → 침목인출 → 침목 및 자갈 고르기 → 새침목 넣기 → 자갈채움 → 스파이크 박기 → 다지기 → 뒷정리

2) PC침목 교환작업 순서 (06산업) : 도상자갈 긁어내기 → 체결장치 해체철거 → 궤광들기 → 구침목 빼내기 → 침목위치 바닥 고르기 → 신침목의 삽입 → 궤광 내리기 → 신침목의 체결 → 침목 직각틀림 정정 → 레일면의 정정 → 도상다지기

3-3-3 도상교환

1. 도상교환기준

1) 열차하중으로 침하 및 풍화, 파쇄로 양이 감소될 때는 보충

2) 토사혼입량이 많을 때는 교환

3) 도상보충의 기준 : 일반철도의 도상보충 기준은 도상이 다음표의 기준치 이상으로 침목이 노출되거나 도상폭이 좁아지거나 궤도 횡압방지용 도상단면이 감소되지 않도록 하여야 한다. 이때 도상폭이라함은 침목상면 끝에서 한쪽 도상어깨폭을 말한다.

구분	침목노출(cm)	어깨폭 감소(cm)	횡압방지용 도상 어깨 돋기감소(cm)
본선	1	2	5
측선	3	4	

4) 도상자갈치기 기준(불순물 혼합비율 기준)
① 소재침목을 사용한 구간 : 25%
② 주약침목을 사용한 구간 : 30%

2. 도상작업 종류교환

1) 도상자갈다지기 : 도상 긁어내기, 다짐, 도상 되메움 및 표면달고다지기의 순으로 시행
2) 도상교환 : 구자갈을 철거하고 신자갈로 채우는 작업을 말한다. 도상교환이 침목 8개 정도로 진행되었을 때 도상자갈다지기를 시공한다.
3) 도상정리 : 긁어넣기, 긁어올리기를 포함한다.
4) 도상자갈 살포

3. 도상자갈 주행 살포 (03,14기사)

1) 살포 전 업무지정사항 (03기사)
① 시행연월일
② 살포구간 및 위치
③ 작업열차
④ 열차 최초 정지위치는 운전속도(10km/h)를 조절할 수 있는 거리
⑤ 작업책임자
2) 자갈차 작업 시 주의사항
① 궤간 내 살포
- 하화용 문을 좌우 동시에 과대하게 열 때
- 2량 이상 동시 시행할 때
② 궤간 외 살포
- 3량 이상 동시 시행할 때
- 에프론을 수직으로 하고 2량 이상 동시 시행할 때
③ 동일 차량으로 동시에 시행하는 궤간 내외의 살포
3) 자갈살포 금지개소
① 분기기 및 그 부근
② 운전보안장치에 영향을 미칠 우려가 있는 개소
③ 건널목
④ 교량(유도상 구간 제외)
⑤ 곡선반경 250m 미만의 곡선개소(자갈차에 의할 경우를 제외)
⑥ 기타 열차운전 사항에 지장을 줄 우려 개소

3-3-4 체결구류 교환

1. 이음매판

1) 이음매판이 균열되었을 때
2) 마모, 부식, 손상 등이 심한 때

2. 볼트 및 너트류

1) 나사부분이 부식 또는 손상되어 체결기능을 상실한 것
2) 굴곡되어 교정이 곤란한 것
3) 볼트 직경이 3mm 이상 마모된 것
4) 부식되어 10% 이상 중량이 감소된 것

3. 나사 스파이크(스파이크)

1) 길이가 15mm 이상 짧아진 것
2) 굴곡되어 교정이 곤란한 것
3) 두부가 훼손되어, 파워 렌치, 빠루 등으로 뽑을 수 없는 것
4) 부식되어 11% 이상 중량이 감소된 것
5) 나사 스파이크는 나사 부분이 부식 마모되어 기능을 상실한 것

4. 베이스 플레이트(타이 플레이트)

1) 바닥턱이 3mm 이상 마모된 것
2) 5mm 이상 굽어 평평치 않은 것
3) 부식되어 15% 이상 중량이 감소된 것
4) 볼트 받침구멍이 마모되어 체결기능을 상실한 것

3-3-5 분기기 교환

1. 분기기 전체를 갱환하는 방법

1) 밀어넣기 방법 : 교환할 분기기의 부근에 분기기를 조립할 수 있는 부지를 조성하고 헌 침목 또는 H빔 등으로 받침대를 만들고 그 위치에서 분기기를 조립한 다음 레일 등을 이용한 미끄럼대 또는 롤러에 의하여 구 분기기를 철거한 자리에 밀어 넣어 정지시키는 방법
2) 들어놓기 방법 : 위 1호 밀어넣기와 같이 교환할 분기기의 부근에서 조립한 분기기를 밀어 넣는 대신 적당한 크레인 등으로 들어 올려서 교환할 위치에 앉히는 방법과 분기기 공장 또는 분기기 조립기지에서 조립한 분기기를 리프팅 유니트 장비로 화차에 적재, 교환장소까지 운반하여 구 분기기를 철거한 자리에 정확히 앉히는 방법
3) 원 위치 조립부설 방법 : 구 분기기를 해체 철거한 자리의 현 위치에서 신 분기기를 포인트, 주레일, 크로싱, 리드레일, 가드레일 등의 부재를 조립하면서 부설하는 방법

3-3 기출문제

1. PC침목 교환순서를 쓰시오. (11기사, 06산업)

해설 도상자갈 긁어내기 → 체결장치 해체철거 → 궤광들기 → 구침목 빼내기 → 침목위치 바닥 고르기 → 신침목의 삽입 → 궤광 내리기 → 신침목의 체결 → 침목 직각틀림 정정 → 레일면의 정정 → 도상다지기

2. 도상자갈 주행살포 시 살포 전 업무지정 사항 5가지를 쓰시오. (03,14기사)

해설 1) 시행연월일
2) 살포구간 및 위치
3) 작업열차
4) 열차 최초 정지위치는 운전속도(10km/h)를 조절할 수 있는 거리
5) 작업책임자

3. 레일 교환 작업 시 불변인원을 서술하시오.

해설 1) 지휘자
2) 보조지휘자
3) 전화반
4) 이음매반

4. 레일쌓기 중 레일의 단면 도색 색깔을 구분하여 작성하시오. (13,14기사)

해설

구분		단면도색
신품	보통	백색
	열처리	황색
중고품	보통	청색
	열처리	황색(두부) 청색(복부, 저부)
불용품		적색
기타		

5. 분기기 전체를 갱환하는 방법을 쓰시오. (13기사)

해설 1) 밀어넣기 방법 : 교환할 분기기의 부근에 분기기를 조립할 수 있는 부지를 조성하고 헌 침목 또는 H빔 등으로 받침대를 만들고 그 위치에서 분기기를 조립한 다음 레일 등을 이용한 미끄럼대 또는 롤러에 의하여 구 분기기를 철거한 자리에 밀어 넣어 정지시키는 방법
2) 들어놓기 방법 : 위 1호 밀어넣기와 같이 교환할 분기기의 부근에서 조립한 분기기를 밀어넣는 대신 적당한 크레인 등으로 들어 올려서 교환할 위치에 앉히는 방법과 분기기 공장 또는 분기기 조립기지에서 조립한 분기기를 리프팅 유니트 장비로 화차에 적재, 교환장소까지 운반하여 구 분기기를 철거한 자리에 정확히 앉히는 방법
3) 원 위치 조립부설 방법 : 구 분기기를 해체 철거한 자리의 현 위치에서 신 분기기를 포인트, 주레일, 크로싱, 리드레일, 가드레일 등의 부재를 조립하면서 부설하는 방법

6. **설계속도 $200 < V \leq 300$km/h 구간 도상어깨 상면에서 100mm 이상 더돋기를 시행하여야 하는 개소 3가지만 쓰시오.** (15기사)

해설 1) 장대레일 신축이음매 전후 100m 이상의 구간
2) 교량 전후 50m 이상의 구간
3) 분기기 전후 50m 이상의 구간
4) 터널입구로부터 바깥쪽으로 50m 이상의 구간
5) 곡선 및 곡선 전후 50m 이상의 구간
6) 기타 선로 유지관리상 필요로 하는 구간

3-4 장대레일 부설, 관리에 관한 작업 계획하기(정척레일)

3-4-1 장대레일

1. 용어 정의 (08산업)

1) 장대레일 (08산업)

① 1개의 길이가 200m 이상인 레일을 말한다.

② 고속선에서의 1개의 레일길이가 300m 이상인 레일을 말한다.

2) 부동구간 : 도상저항력과 레일의 유동방지에 의하여 레일이 신축을 제한하는 경우 레일이 어느 길이 이상이 되면 중앙부에 신축이 생기지 않는 구간이 생기는데 이 구간을 부동구간이라 한다. 장대레일의 중앙부로서 통상 양단부 각 100m 정도를 제외한 구간을 말한다(고속선의 경우 양단부 각 150m 정도 제외 구간).

3) 설정온도 : 장대레일을 부서할 때의 레일온도로서 장대레일 전 길이에 대한 평균온도로 표시한다. 레일온도측정은 레일저부상면 장대레일 구간의 여러 곳을 측정하여 산출평균치로 한다.

4) 중위온도 : 장대레일을 부설한 후 일어날 수 있는 최저, 최고온도의 중간온도로서 연간의 평균온도와는 다르다.

5) 신축이음매 : 장대레일 끝에 신축이음매를 사용하여 신축량을 흡수하는 것으로 궤간의 변화와 충격을 주지 않으면서 전 신축량을 흡수하게 한다. 우리나라는 입사각이 없는 텅레일과 비슷하며, 신축이음매의 동정은 250mm로 하였다.

6) 완충레일 (08산업) : 장대레일의 신축대비로서 3~5개 정도의 정척레일과 고탄소강의 이음매판과 이음매볼트를 사용하여 레일단부의 신축량을 배분하는 방법이다.

2. 장대레일 부설 (03,06,07,08기사, 06,08산업)

1) 장대레일의 장점

① 구도의 보수주기 연장

② 소음, 진동발생의 감소(3~4dB 정도)

③ 궤도재료의 손상 감소

④ 차량의 동요가 적어 쾌적한 승차감 제공

2) 장대레일 부설기준 (08기사)

① 반경 600m 미만의 곡선(다만, 온도변화가 크지 않은 지하철이나 도상저항력을 충분히 확보한 경우 반경 300m까지 부설할 수 있음)

② 구배변환점에서 반경 3,000m 미만의 종곡선 삽입부분

③ 반경 1,500m 미만의 반향곡선은 연속해서 1개의 장대레일을 부설할 수 없다.

④ 불량 노반개소(궤도틀림 진행이 빠른 개소)

⑤ 전장 25m 이상의 무도상(판형교, 거더교 등) 교량

⑥ 레일의 밀림(복진) 현상이 심한 선로구간

⑦ 흑열흠, 공전흠 등 레일이 부분적으로 손상되는 구간

⑧ 신축이음매의 동정(動程, stroke)은 중위온도에서 설정하는 경우에는 동정을 중위에 맞추고, 중위 온도에서 5°C 이상의 차에서 설정하는 경우에는 1°C차에 대하여 1.5mm만큼 띄워서 맞춘다.

3) 터널 내 장대레일 부설

① 온도변화의 범위가 설정온도의 ±20°C 이내인 터널을 선택할 것

② 터널의 갱문부근에서 외부온도와의 영향이 큰 곳은 피할 것

③ 연약지반을 피할 것

④ 누수 등으로 국부적인 레일 부식이 심한개소는 피할 것

4) 교량상 장대레일 부설 (03**기사**)

① 레일 체결부 및 침목과 거더와의 체결부는 횡방향의 강도를 가지며 부상을 충분히 방지할 수 있는 구조일 것

② 교대 및 교각은 장대레일 축력에 충분히 견딜 수 있는 구조일 것

③ 무도상 교량 및 5m 이상의 유도상 교량에서는 전후방향의 종저항력을 주지 않도록 할 것

④ 거더의 온도와 비슷한 레일온도에서 장대레일을 설정할 것

⑤ 연속보의 상간에 교량용 레일신축이음매를 사용하고 스트로크를 살필 것

5) 궤도구조 (06**기사**, 08**산업**)

① 레일은 50kg의 신품 레일로 하되 흠이나 버릇이 없는 것으로 정밀검사 후 사용

② 양단부의 이음매 구조는 장대레일의 온도신축량과 복진량을 처리할 수 있어야 함

③ 침목은 PC침목을 원칙으로 하고 도상횡저항력 500kg/m 이상, 도상종 저항력 500kg/m 이상이 되도록 배치

④ 도상자갈은 깬 자갈을 사용하고, 도상저항력이 500kg/m 이상이어야 하며 장대레일 설정 전에 반드시 표본측정을 하여 저항치를 확인

6) 장대레일 부설 시 주의사항 (07,09**기사**, 06**산업**)

① 적재, 운반, 하차 등의 작업을 할 때 주의하며 레일에 손상이나 버릇이 생기지 않도록 한다.

② 부설현장에 하차되어 부설할 때까지 보관 중에 장출되는 수도 있고 다른 원인으로 레일에 버릇이 생기는 경우가 있으므로 관리를 잘 하여야 한다.

③ 부설작업은 설정온도 부근에서 온도변화가 심하지 않을 때를 선택하여야 한다.

④ 레일을 부설할 때에는 레일 전장에 설정온도가 균등하여야 하며 부분적으로 축응력이 상이하여서는 안 된다.

⑤ 설정온도는 설정기간 중 정확하게 측정하여 평균설정온도를 기록하고 다시 설정할 필요성의 유무를 검토하여야 한다.

⑥ 부설 직후에 급격한 온도변화가 있을 경우엔 침목의 이동량도 크고 궤도의 각부가 불안전하므로 레일 부설 후 빠른 시일 내에 궤도가 완전히 정비되고 안전상태가 되도록 노력하여야 한다.

⑦ 장대레일을 부설한 후 레일의 양단부가 정확한 위치에 올 수 있도록 설정온도에서 정확하게 절단하든지 설정 시에 신축이음매 위치에 맞추어 그 자리에서 절단하여야 한다.

3. 장대레일 관리

1) 장대레일 보수(07,11,14,15**기사**, 06**산업**)

① 부설 초기에는 정확하고 양호한 상태로 정비하고, 자리를 잡게 되면 너무 빈번하게 작업하지 않는 것을 원칙으로 한다. 그러나 좌굴방지, 과대 신축 및 복진방지와 재료의 국부적인 손상에 대하여는 관심을 가져야 한다.

② 장대레일은 국부틀림 및 틀림의 진행이 큰 개소에 유의하고, 특히 건널목, 교량 등의 구조물 전후 상태에 주의하여 보수하여야 한다.

③ 하절기 레일 온도가 상승하기 전에 산로상태를 점검하고 불량 개소는 원인을 파악하여 정정하여야 한다.

④ 원곡선 및 완화곡선의 곡률정정을 정확히 하고, 특히 구배변경점에는 반경 3000m 이상의 종곡선을 유지하여야 한다.

⑤ 도상저항력 확보를 위하여 다음 사항에 유의하여야 한다.

- 도상의 보충상태에 따라 도상폭 및 도상어깨높이를 확보하도록 하고 필요시 보충한다.
- 장대레일의 도상어깨는 도상표준도보다 약 100mm 정도의 산모양으로 쌓아 올리는 것이 좋다.
- 침목하면뿐만 아니라 도상상면다지기도 충분히 시행하고, 특히 총다지기 시행 시는 도상상면다짐은 꼭 시행하여야 한다.

⑥ 체결구는 전장에 걸쳐서 순회검사를 시행하고 부품의 체결상태를 확인하고 특히 클립의 밀림 및 패드의 이동시는 정정하여야 한다. 이때 양단부로부터 25m 정도의 범위 내의 체결구는 특히 큰 힘이 작용하므로 더욱 주의를 요한다.

⑦ 레일의 국부적 손상, 용접부의 결손, 공전흠 등의 방지에 유의하고 이상축력의 발생과 축력증대 등에 주의하여야 한다.

2) 장대레일의 작업제한(유지보수작업 시 주의사항) (02**산업**)

① 연장 25m 범위를 침목하면까지 자갈을 긁어내거나 궤도틀기를 할 경우에는 장대레일의 설정온도보다 낮은 온도에서는 직선부는 25℃, 곡선부는 10℃보다 더 차가 나지 않는 온도에서 시행하여야 한다.

② 연속 4개의 침목하면 자갈을 긁어내거나 침목측면을 50mm까지 노출시키거나 침목단부를 노출시키는 등의 작업은 설정온도보다 5℃ 이상 높지 않도록 하고 3℃ 이상 낮지 않은 범위에서 시행하여야 한다.

③ 침목을 연속 4개까지 측면을 30% 정도(50mm)노출시키는 작업을 연장 25m 정도까지 시행함으로써 도상저항력을 약화시키는 경우에는 설정온도보다 낮은 온도에서는 제한이 없으나 15℃ 이상 높은 온도에서 시행하여서는 안 된다.

④ PC체결구의 볼트를 연속 25m까지 해체하는 작업은 설정온도보다 높은 온도에서 시행하여서는 안 되며, 낮은 온도에서 곡선부는 5℃, 직선부는 30℃ 이상 차가 나지 않는 정도에서 시행하여야 한다.

⑤ 침목을 연속 4개까지, 또는 10m까지의 체결구를 해체하는 작업은 설정온도보다 낮은 온도에서는 제한이 없으나 15℃ 이상 높은 온도에서 시행하여서는 안 된다.

3) 좌굴 또는 훼손 시의 조치 (01산업)

① 밀어넣는 방법 : 좌굴된 부분이 현저하게 구부러지지 않았거나 레일의 훼손이 없을 때는 적당한 곡선을 삽입하여 응급조치한다.

② 레일 절단에 의한 복구

- 응급복구 후 신속히 본복구 시행
- 절단 제거하는 범위 : 레일이 현저히 휜 부분 및 손상이 있는 부분
- 절단방법 : 레일 절단기 또는 가스로 절단
- 바꾸어 넣는 레일 : 당초 레일과 같은 정도의 단면
- 용접 전에 초음파탐상기 등으로 검사하여 사용

4. 장대레일 설정 온도 및 중위온도

1) 중위온도 : 중위온도는 레일 최고, 최저온도를 기준으로 하여 $\frac{60+(-20)}{2}=20°C$가 되나 온도변화에 의한 레일 축력은 하절기 온도 상승 시 위험성이 더 크므로 이를 고려하여 5℃만큼 올려 25℃로 정하였다.

2) 설정온도 : 설정온도란 레일체결구로 장대레일을 구속한 상태에서 장대레일 내부에 축력이 작용하지 않는 온도상태를 말한다. 국철의 선로정비 규칙에 의하면 설정온도는 중위온도에서 +5℃를 기본으로 하고 있다. 설정온도는 중위온도에서 5℃만큼 올린 것이고 허용범위를 ±3℃로 하여 설정 가능 범위를 22～28℃로 한 것이다.

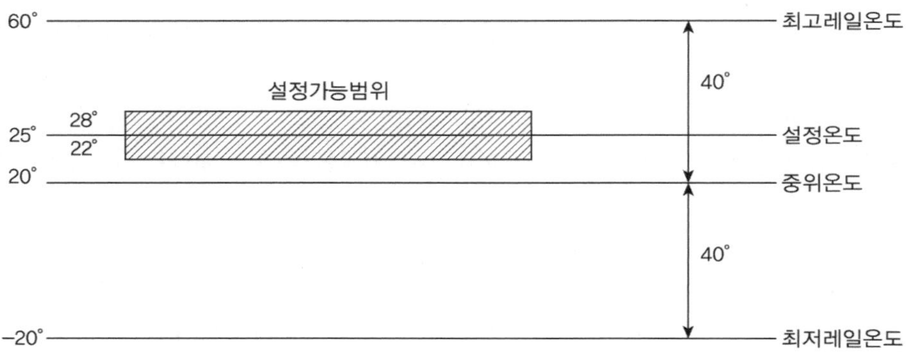

설정 가능 온도범위

3) 고속철도 설정온도

① 장대레일의 설정 시 특별한 경우를 제외하고는 열을 가하지 않아야 하며 자연 상태 또는 레일긴장기에 따른 설정을 하여야 한다.

② 장대레일 설정 시 대기 온도와 레일 온도를 측정, 기록하여야 하며 레일 온도를 측정하는 경우 레일 복부 온도를 측정하여 적용하여야 한다.

③ 설정 온도는 일반 구간의 경우 25±3℃, 터널 구간의 경우 15℃±5℃로 한다.

④ 1회 설정 길이는 터널과 일반 구간으로 구분하고 최대 1,200m로 하며 터널 시·종점으로부터 100m

구간은 일반 구간으로 분류한다. 단, 선로조건에 따라 설정 구간의 길이를 달리 할 수 있다.

⑤ 설정은 기온이 상승한 후 하강하는 오후 늦은 시간 또는 야간에 시행하는 것을 원칙으로 하며 10분 이상 레일 온도를 측정하여 온도변화가 급격할 경우 설정 작업을 해서는 안 된다.

5. 가동구간 및 부동구간 (03,06,07**기사**, 06**산업**)

장대레일은 온도의 변화에 의하여 레일의 신축이 발생하게 되며 이 신축을 도상(체결구, 침목, 자갈) 저항력에 의해 강제로 구속하여 장대레일의 부설을 가능하게 한다. 장대레일에서 축력의 분포는 레일의 온도변화에 따라 변화하는 신축구간과 온도의 변화에도 변하지 않는 부동구간으로 나타난다.

가동구간의 신축은 신축이음매를 부설하여 축력의 변화를 처리하며, 부동구간은 온도의 변화에 따라 발생하는 레일의 축력을 도상 저항력에 의해 강제로 억제되기 때문에 신축과 축력이 변화가 일어나지 않는다.

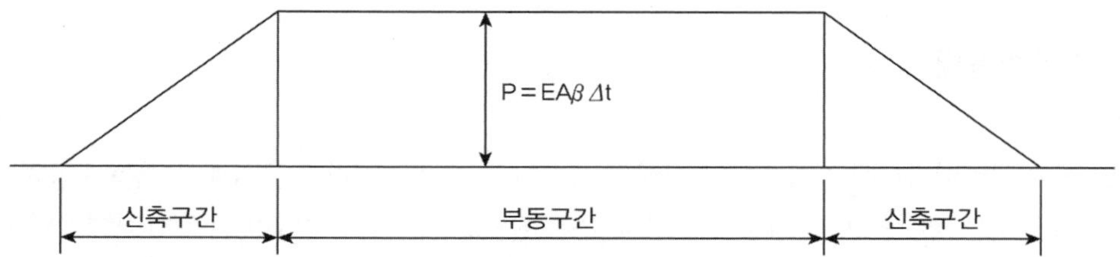

1) 부동구간 (00,01,02,06,08**기사**, 06,08**산업**) : 레일의 축력이 변하지 않는 부분을 부동구간이라 하며 부동구간의 레일에 발생하는 축력(P)은 다음 식으로 구한다.

$$P = E \times A \times \beta \times \Delta t$$

여기서, P : 장대레일의 축력(kg)

E : 레일의 탄성계수($2.1 \times 10^6 kg/cm^2$)

A : 레일의 단면적(cm^2)

β : 레일강의 선팽창(신축) 계수($1.14 \times 10^{-5}/℃$)

Δt : 현재의 레일온도 − 설정 시 레일온도(℃)

2) 가동구간 (03,06,07**기사**) : 레일의 축력이 변하는 부분을 가동구간이라 부르며 가동구간의 길이는 다음 식으로 구한다.

$$\text{가동구간의 길이}(X) = \frac{E \cdot A \cdot \beta \cdot \Delta t}{r_o} = \frac{P}{r_o}$$

여기서, r_0 : 도상 종저항력(kg/m)

$$\text{레일신축량(이동량)}\ \Delta l = \frac{EA\beta^2 \Delta t^2}{2r_0} = \frac{X\beta\Delta t}{2} = \frac{rX^2}{2EA}$$

X : 축응력과 침목저항이 동등하게 되는 점까지의 거리 (03,05,07**기사**)

3) 레일의 자유신축량 (07**기사**, 09**산업**)

$$\text{레일의 자유신축량 } e = L \times \beta \times \Delta t$$

4) 레일절단 총 길이 : 레일 자유신축 길이와 용접소요길이(간격), 고정부의 미끄러짐길이를 합한 값을 말한다(단, 현재의 유간이 있을 시 고려하여야 함).

6. 장대레일 재설정 (12,15기사)

장대레일이 다음에 해당하는 경우 빠른 시일 내에 재설정을 실시하고 그 내역을 기록 관리하여야 한다.

1) 고속철도 장대레일 설정 시 레일긴장기를 사용하지 않고 설정 표준온도 범위 밖에서 시행한 경우
2) 장대레일이 복진 또는 과대 신축으로 신축이음장치에서 처리할 수 없는 경우
3) 자갈치기 등으로 장대레일 축력의 변화가 있는 경우
4) 장대레일에 불규칙한 축압이 발생한 경우

3-4-2 신축이음매

1. 개요 (05,08산업)

장대레일 끝에 신축이음매를 사용하여 신축량을 흡수하는 방법은 프랑스 국철에서 처음 사용하기 시작한 것으로 우리 철도의 신축이음매장치는 입사각이 없는 텅레일과 비슷하며 이것을 장대레일 끝에 설치하여 가능한 궤간의 변화와 충격을 주기 않으면서 전신축량을 흡수하게 하고 있다

레일의 신축은 온도에 의한 신축과 레일의 복진, 그리고 다음 장대레일과 연속 부설할 경우를 감안하여야 하므로 한국철도에서는 신축이음매의 동정(stroke)은 250mm로 하였다.

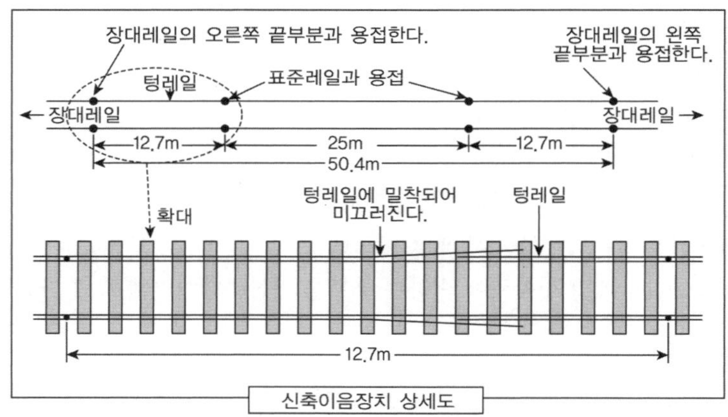

신축이음장치 상세도

1) 스트로크설정 (05**산업**) : 일어나는 최고온도와 중위온도로 설정할 때에는 스트로크의 중위에 맞추는 것으로 하고 중위온도에서 5℃ 이상의 온도 차이로 설정할 때에는 1℃에 대하여 1.5mm 비례로 정하여야 한다.
2) 신축이음매 부설 : 침목은 일정한 간격으로 레일과 직각으로 부설하고 특히 텅레일과 받침레일의 중복부분의 특수상판의 간격과 방향이 소정의 보수가 되도록 이 부분의 침목에 대하여는 주의를 하며,

구조상 궤간 및 줄맞춤의 치수가 일반선로와 다르므로 도면에 의거 정밀하게 부설하여야 한다. 경우에 따라서는 완충레일을 부설할 수도 있다.

2. 종류

1) 양측둔단중복형 : 프랑스
2) 결선사이드 레일(side rail)형 : 벨기에
3) 편측첨단형 : 한국, 이탈리아, 일본
4) 양측첨단형 : 네덜란드, 스위스
5) 양측둔단 맞붙이기형 : 스페인

3-4-3 레일용접

1. 레일용접 방법 (03,10,11,13,20기사, 01,10산업)

1) 후레쉬버트 용접(flash-butt welding) : 용접할 2개의 레일단부를 약 2mm 띄어 전류를 통하게 한 후 양단부를 접촉과 분리를 반복하여 전류회로를 단락시키면 전기 저항이 일어난다. 이 전기저항으로 발생되는 열에 의하여 접합 단부를 가열한 후 양모재를 밀착시켜 강압하여 용접시킨다. 강도의 균일성이 높은 용접방법, 기계적 제반작업이 필요하고, 단시간에 용접을 할 수 있다.
2) 가스압접 용접(gas pressure welding) : 산소, 아세틸렌 또는 프로판가스 등으로 양레일의 단부를 가열해서, 적열하여 용융시키면서 양모재를 가압하여 용접시키는 방법이다.
3) 테르밋 용접(thermit welding) : 양레일을 예열해서 간극에 테르밋이라고 칭하는 산화철과 알루미늄의 분말을 혼합한 용제를 점화하여 가열시킴으로써 화학반응에 의하여 용융철분을 유입시키며 이때에 발생하는 고열로 용접하는 것이다.
4) 엔크로즈드아크 용접(enclosed arc welding) : 양레일단부에 용접봉에 의한 전류를 통해서 발생시킨 아크열에 의해 레일단을 적열시킨 용접봉으로 용접한 것이다.

2. 용접부 검사 (06기사, 01,06산업)

1) 검사종목 및 시편 : 엔크로즈드아크 용접 중에서 레일 및 크로싱 살부치기용접은 외관검사와 경도시험만을 시행한다.

<table>
<tr><th>용접방법
검사종목</th><th>엔크로즈드아크 용접</th><th colspan="2">가스압접 용접</th><th>테르밋 용접</th><th>후레쉬버트 용접</th></tr>
<tr><td>외관검사</td><td>전수</td><td colspan="2">전수</td><td>전수</td><td>전수</td></tr>
<tr><td>침투탐상검사</td><td>전수</td><td></td><td>전수</td><td>전수</td><td></td></tr>
<tr><td>자분탐상검사</td><td>전수</td><td>전수</td><td></td><td></td><td>전수</td></tr>
<tr><td>초음파탐상검사</td><td>전수</td><td></td><td>전수</td><td>전수</td><td>전수</td></tr>
<tr><td>경도시험</td><td>5% 이상
(1개소 5점)</td><td colspan="2">5% 이상
(1개소 5점)</td><td>5% 이상
(1개소 5점)</td><td>5% 이상
(1개소 5점)</td></tr>
</table>

2) 외관검사
  ① 요철, 균열

② 굽힘, 비틀림

③ 언더커트(undercut), 블로우 홀(blow hole)

3) 자분탐상검사 : 검사결과 유해한 성분이 없어야 한다.

4) 초음파 탐상검사 : 전 용접개소에 대하여 레일 용접부의 초음파 탐상을 실시하여 융합불량(불출분한 융해)과 같은 유해한 결함이 없어야 한다.

5) 경도시험

① 브리넬(Hb) : 240~340(표준구 : 10mm 하중 3,000kg)

② 쇼어(Hs) : 36~50

6) 굴곡시험 : 낙중시험을 할 수 없을 경우에 시행하며, 용접부를 중심으로 지점간 거리를 1.0m로 하여 용접부를 일정 속도로 가압하되 레일두부와 레일저부를 각각 상면으로 놓아 각각 1본씩 가압시험 하며, 시험결과 최대하중 및 처짐량의 크기가 2본 모두 각각 다음표의 수치 이상에서 균열 또는 파단되지 않아야 한다.

7) 낙중 시 : 용접부를 중심으로 하여 914mm로 지지하고 중량 907kg의 추를 0.5m 높이로부터 낙고를 0.5m씩 높이면서 반복낙하시험을 하되 다음의 최대 높이에서 레일두부와 레일저부의 어느 부분에도 파손, 균열, 터짐이 없어야 한다.

8) 줄맞춤 및 면맞춤 검사 : 용접부를 중심으로 1m 직자에 대하여 레일두부 및 궤간 내측부에 한하여 10배 확인 가능한 레일답면 측정기로 점검한다.

구분	신품레일(mm)	헌 레일(mm)
줄맞춤	±0.3 이내	±0.5 이내
면맞춤	+0.3, −0.1 이내	±0.5 이내

9) 끝다듬 검사 : KSB0507(표면거칠기 표준면)에 따라 촉감 및 시각 등으로 비교 검사한다.

10) 재용접부의 검사

3-4-4 장척레일

1. 선로조건 (00,04,13기사, 05산업)

장척레일을 부설할 수 없는 경우의 선로조건은 다음과 같다.

1) 반경 300m 미만의 곡선에는 부설하지 않는다. 다만, 600m 미만의 곡선에는 충분한 도상횡저항력을 확보할 수 있는 조치를 강구해야 한다.

2) 레일의 밀림이 현저한 구간은 피한다.

3) 흑열흠, 공전흠 등 레일이 부분적으로 손상되는 구간은 피한다.

2. 궤도구조

1) 레일의 체결은 PC침목체결 또는 목침목탄성체결을 원칙으로 하되 스파이크체결의 경우는 레일앵카를 10m당 10개 이상 설치하여야 한다.

2) 도상저항력은 400kgf/m 이상이어야 한다.

3-4 기출문제

1. 다음 괄호 안에 알맞은 숫자를 쓰시오. (08산업)

> 일반구간의 장대레일 길이 (가) 이상, 고속철도 (나) 이상
> 장척레일 길이는 (다)보다 길고 (라) 미만, 고속철도 (마) 미만의 레일

해설 (가) 200m (나) 300m
(다) 25m (라) 200m
(마) 300m

2. 장대레일 부설 시 궤도구조에 대한 설명으로 다음 괄호 안에 알맞은 내용을 넣으시오. (08산업)

> 1) 침목은 (가) 침목을 원칙으로 하고 도상횡저항력 (나) 이상, 도상종저항력 (다) 이상이 되도록 배치한다.
> 2) 도상자갈은 깬 자갈을 사용하고, 도상저항력이 (라) 이상이어야 하며 장대레일 설정 전에 반드시 표본측정을 하여 저항치를 확인하여야 한다.

해설 (가) PC (나) 500kg/m
(다) 500kg/m (라) 500kg/m

3. 장대레일 부설기준으로 장대레일을 부설할 수 없는 개소에 대하여 5가지를 쓰시오. (08기사)

해설 1) 반경 600m 미만의 곡선(다만, 온도변화가 크지 않은 지하철이나 도상저항력을 충분히 확보한 경우 반경 300m까지 부설할 수 있음)
2) 구배변환점에서 반경 3,000m 미만의 종곡선 삽입 부분
3) 반경 1,500m 미만의 반향곡선은 연속해서 1개의 장대레일을 부설할 수 없음
4) 불량 노반개소(궤도틀림 진행이 빠른 개소)
5) 전장 25m 이상의 무도상(판형교, 거도교 등) 교량
6) 레일의 밀림(복진) 현상이 심한 선로구간
7) 흑열흠, 공전흠 등 레일이 부분적으로 손상되는 구간

4. 장대레일 부설 작업 시 주의사항 3가지를 쓰시오. (보선)

해설 1) 적재, 하차 등의 작업을 할 때 레일에 손상이나 버릇이 생기지 않도록 하여야 한다.
2) 부설작업은 설정온도 부근에서 온도변화가 심하지 않을 때를 선택하여야 한다.
3) 레일을 부설할 때에는 레일 전장에 설정온도가 균등하여야 하며 부분적으로 축응력이 상이하여서는 안 된다.
4) 설정온도는 설정기간 중 정확하게 측정하여 평균설정온도를 기록하고 다시 설정할 필요성의 유무를 검토하여야 한다.
5) 부설 직후에 급격한 온도변화가 있을 경우엔 레일 부설 후 빠른 시일 내에 궤도가 완전히 정비되고 안전 상태가 되도록 노력하여야 한다.

5. 좌굴 시 응급조치 방법 2가지를 쓰시오. (01산업)

해설 1) 밀어넣는 방법 2) 레일 절단에 의한 복구

6. 다음 괄호 안에 알맞은 내용을 차례로 기입하시오. (08산업)

> 일반구간의 장대레일 양단에는 원칙적으로 (　　)이음매를 사용하는 것으로 하되 경우에 따라서는 (　　) 레일을 부설할 수도 있다.

해설 신축, 완충

7. 장대레일 부설 시 중위온도와 8°C 차이로 설정하고자 할 때 신축이음매의 스트로크 중위에서 정정할 치수는 얼마인가? (05산업)

해설 중위온도에서 5°C 이상의 온도 차이로 설정 시 1°C에 대하여 1.5mm 비례하므로 8×1.5＝12mm

8. 레일용접의 틀림 검사 시 면맞춤 줄맞춤은 용접부를 중심으로 1m 직자에 대해 얼마 이내로 하는지 쓰시오. (단, 신품과 헌 레일 구분)

해설 1) 줄맞춤 : 신품레일 : ±0.3mm 이내, 헌 레일 : ±0.5mm 이내
2) 면맞춤 : 신품레일 : ＋0.3, －0.1mm 이내, 헌 레일 : ±0.5mm 이내

9. 장대레일 용접부위 검사항목 5가지를 쓰시오. (06기사, 01,05,06산업)

해설 1) 외관검사
2) 경도시험
3) 침투검사 및 초음파검사
4) 굴곡시험
5) 낙중시험
6) 줄맞춤 및 면맞춤

10. 장대레일의 용접방법 4가지를 쓰고 간단히 설명하여라. (03,11,13,20기사, 01산업)

해설 1) 후레쉬버트 용접 : 전기저항을 이용하여 용접부에 고열을 발생시켜 고압으로 레일을 압착시키는 방법
2) 가스압접 용접 : 산소, 아세틸렌 또는 부탄가스로 가열하여 압착
3) 테르밋 용접 : 산화철과 알루미늄 간에서 일어나는 약 2,000°C에서의 산화반응으로 용융철을 얻어 레일과 레일 사이에 간격 메우는 용접방법
4) 엔크로즈드아크 용접 : 용접봉으로 레일 사이에 간격을 메꿔 용접하는 방법

11. 장대레일 보수 시 유의하여 시행하여야 할 사항을 5가지 이상 기술하여라. (07,11,14,15기사, 02,06산업)

해설 1) 부설 초기에 양호한 상태로 정비하고, 자리를 잡게 되면 빈번한 작업을 금함
2) 국부틀림 및 건널목, 교량 등의 구조물 전후 상태에 주의하여 보수
3) 하절기 레일온도가 상승하기 전에 선로상태를 점검하고 불량개소는 원인을 파악하여 정정
4) 원곡선 및 완화곡선의 곡률정정을 정확히 하고 반경 3,000m 이상의 종곡선 유지
5) 체결구는 전장에 걸쳐서 순회검사를 시행하고 양단부로부터 25m 정도의 범위 내 체결구는 주의하여 정정
6) 레일의 국부적 손상, 용접부의 결손, 공전흠 등의 방지에 유의하고 이상축력의 발생과 축력 증대에 주의

12. 교량상에 장대레일을 부설할 때 주의해야 할 사항을 기술하시오. (03기사)

해설 1) 레일과의 체결부 및 침목과 거더와의 체결부는 횡방향의 강도를 가지며 부상을 방지할 수 있는 구조여야 함
2) 무도상 및 5m 이상 유도상교량에 있어서는 전후방향의 종저항력을 주지 않도록 할 것
3) 교대 및 교각은 장대레일로 인하여 발생하는 힘에 대하여 충분히 견딜 수 있는 구조로 할 것
4) 거더의 온도와 비슷한 레일온도에서 장대레일을 설정할 것
5) 연속보의 사이에 교량용 레일신축이음매를 설치하고 신축이음매의 동정을 관찰하여야 함

13. 장대레일의 궤도구조에 대하여 쓰시오. (06기사)

해설 1) 레일 : 신품레일 사용(정밀검사 후 사용)

2) 침목 : PC침목, 도상횡 · 종저항력이 500kg/m 이상이 되도록 침목배치

3) 도상 : 깬자갈을 사용하고 도상저항력 500kg/m 이상 유지

4) 양단부이음매구조 : 온도신축량과 복진량을 처리할 수 있는 구조

14. 레일길이 10m에 대한 최대소요유간을 구하시오. (단, 레일온도 −20°C∼+60°C, 레일의 선팽창계수 β = 1.15×10^{-5}) (07기사, 09산업)

해설 자유신축량$(e) = l \times \beta \times (t - t_0) = 10\text{m} \times 1.15 \times 10^{-5} \times (60+20)/2$

$= 0.0046\text{m} = 4.6\text{mm}$

15. 장대레일 1,000m를 부설하였을 때의 온도는 +20°C이고 레일 온도의 변화 범위를 −20°C에서 +60°C로 볼 때 이 장대레일의 자유신축량과 레일이 완전히 구속되었을 때의 축력을 구하시오. (단, 레일의 탄성계수 E=2.1×10^{6}kg/cm^2, 레일의 선팽창계수 β=1.14×10^{-5}, 레일의 단면적 A=77.5cm^2)

(00,01,02,06,12,14기사, 06,08산업)

해설 1) 자유신축량$(e) = l \times \beta \times (t - t_0)$

$= 1{,}000\text{m} \times 1.14 \times 10^{-5} \times (60 - 20)$

$= 0.456\text{m} = 456\text{mm}$

2) 축력$(P) = E \times A \times \beta \times (t - t_0)$

$= 2.1 \times 106\text{kg/cm}^2 \times 77.5\text{cm}^2 \times 1.14 \times 10^{-5}(60 - 20)$

$= 74{,}214\text{kg} = 74.2$

16. 장대레일 1,000m를 부설하였을 때의 온도는 +20°C이고 레일 온도의 변화범위를 −20°C에서 +60°C로 볼 때 이 장대레일의 가동구간의 길이와 가동구간의 레일신축량을 구하여라. (단, 레일의 탄성계수(E)= 2.1×10^{6}kg/cm^2, 레일의 선팽창계수(β)=1.14×10^{-5}, 레일의 단면적(A)=77.5cm^{2}이, 도상 종저항력 900kg/m) (03,04,11기사, 05산업)

해설 1) 가동구간의 길이 $X = \dfrac{EA\beta(\Delta t)}{r_o} = \dfrac{P}{r_o}$

$$X = \frac{2.1 \times 10^6 \times 77.5 \times 1.14 \times 10^{-5} \times (60-20)}{900} \fallingdotseq 82.46\text{m}$$

2) 가동구간의 레일신축량

$$\Delta l = \frac{E \cdot A \cdot \beta^2 \cdot \Delta t^2}{2r_o}$$

$$\Delta l = \frac{2.1 \times 10^6 \times 77.5 \times (1.14 \times 10^{-5})^2 \times (60-20)^2}{2 \times 900}) \fallingdotseq 2.70\text{cm}$$

17. 장대레일 시점부의 구동구간을 70m 정도로 제한하려는데, 레일단면적 $A=50\text{cm}^2$, $E=2\times10^6\text{kg/cm}^2$, $\beta=0.00001/°\text{C}$, 최대온도차=40°C라면 소요 종방향 저항력은 얼마인지 구하시오.

해설 가동구간의 길이 $X=\dfrac{EA\beta(\Delta t)}{r_o}$ 에서

$$r_o=\frac{2,000,000\times50\times0.00001\times40}{70}=571.43\text{kg/m}$$

18. 무한하게 긴 장대레일을 부설하는 고속철도에서 $L=1200\text{m}$ 구간을 레일온도 25°C로 설정하고자 한다. 현재 레일온도가 15°C, 현재 유간이 6mm, 테르밋 용접 유간이 24mm, 레일긴장 시 기존 체결구 구간의 총미끄러짐이 7mm이며 선팽창계수가 0.000012/°C일 때, 긴장기 사용 전 절단해야 하는 레일길이를 구하시오. (09기사)

해설 1) 레일 자유신축 길이=선팽창계수×재설정길이×온도차
=(0.000012×1200×(25−15))=144mm

2) 용접소요간격=용접유간(S) − 1=24 − 1=23mm

3) 신장억제구간 단부의 이론적 이동길이(미끄러짐 길이)=7mm

4) 레일 절단길이=레일신장량(144+23+7)−6mm(현재 유간)
=174−6=168mm

19. 장척레일을 부설할 수 없는 곳을 설명하시오. (00,04,13기사, 05산업)

해설 1) 반경 600m 미만의 곡선(다만, 도상저항력이 충분히 확보한 경우 반경 300m까지 부설할 수 있다)

2) 레일의 밀림이 현저한 구간

3) 흑열흠, 공전흠 등 레일이 부분적으로 손상되는 구간

20. 장대레일 재설정을 해야 하는 경우 4가지를 쓰시오. (12,15기사)

해설 1) 고속철도 장대레일 설정 시 레일긴장기를 사용하지 않고 설정 표준온도 범위 밖에서 시행한 경우

2) 장대레일이 복진 또는 과대 신축으로 신축이음장치에서 처리할 수 없는 경우

3) 자갈치기 등으로 장대레일 축력의 변화가 있는 경우

4) 장대레일에 불규칙한 축압이 발생한 경우

3-5 궤도보수작업에 관한 작업 계획하기

3-5-1 궤도정비

1. 궤도정비 시 고려사항

1) 소수분산작업보다 다수집단작업이 효율적
2) 단일종목보다 다종목 연합작업이 강도 유지
3) 인력작업보다 기계화 작업이 능률적
4) 작업 출동 시 기동력 향상으로 실동시간 늘림
5) 현장분해조립보다 조립 상태갱신이 능률적

2. 보수시간 부족 시 고려사항

1) 집단이동작업 → 협동, 정기적
2) 기계작업화 → 강도 향상 및 능률 증강
3) 기동력 강화 → 출동 및 이동시간 절감
4) 고속 및 짧은 주기검측 → 신속 정밀한 현장 확인
5) 궤도갱신 → 일체갱환 및 최대능률 확보
6) 열차간격이용 → 야간단선운행(복선)

3. 보수대상이 되는 선로재료에 의한 분류

1) 궤도보수작업 : 궤도틀림을 보수하는 작업
   궤간정정, 면맞춤 및 다지기, 줄맞춤, 이음매 처짐 정정, 유간 정정, 레일버릇 정정, 침목위치 정정 등
2) 재료보수작업 : 레일류, 체결장치, 침목, 도상자갈 보충 및 보수 등 작업
   레일 보수, 레일 체결장치 보수, 침목 보수, 궤도 침목 부속품 보수, 도상자갈 다지기 등
3) 재료교환작업 : 궤도를 구성하는 재료를 교환하는 작업
   궤도 갱신, 레일 교환, 침목 교환, 도상 교환 등
4) 분기기작업 : 궤도보수, 재료보수, 재료교환작업 등
5) 노반작업 : 시공기면정리, 비탈면 보호, 노면배수, 측구정리, 제초작업 등
6) 제설작업 : 제빙, 제설, 방설공 보호, 유설구, 도수구, 작업구
7) 동상방지작업 : 동상 개소는 침목과 레일 사이에 packing을 압입하여 고저를 조절하고 해빙기에는 packing을 제거하여 원상 복귀하는 작업
8) 보안작업 : 신호보안에 관한 작업 및 입회
9) 순회조사 및 검사 : 선로의 조사 및 검사, 정밀검사 등 일절의 검사 및 입회
10) 기타 작업 : 사고경비, 감독입회, 제반공사, 기타 제반 작업

4. 침목의 다지기 (00기사)

1) 다지기의 순서 : 8자형 다지기를 원칙으로 하되 다만 선로상태 등에 따라 줄다지기 또는 2자형 다지기를 할 수 있다.

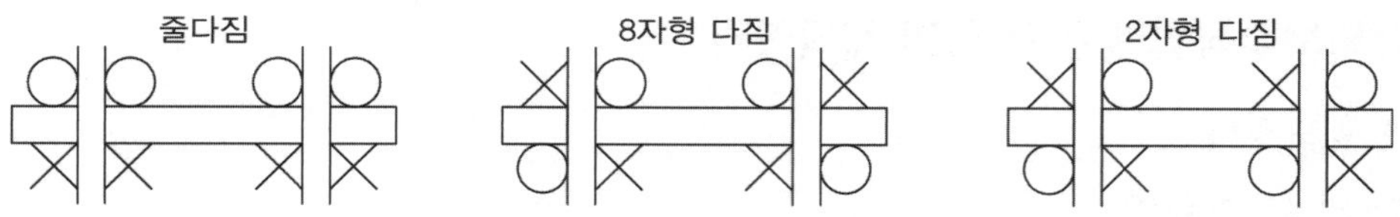

주) ○는 첫다짐을 표시함　×는 뒷다짐을 표시함

2) 다지기의 방법 : 다지기는 1개의 침목에 대하여 8개소 다지기로 한다. 다만 선로상태, 작업조건 등에 따라서 6개소 또는 4개소 다지기로 할 수 있다.

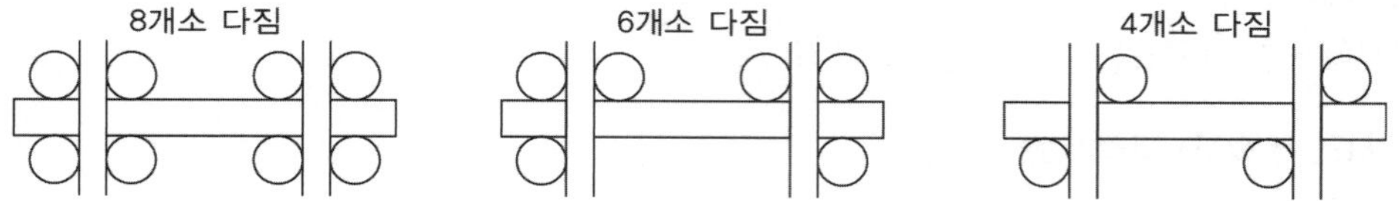

3-5-2 보선작업의 기계화

1. 보선장비의 특수성

1) 이동(자주식 또는 견인식)할 수 있는 장비일 것
2) 시간적 제약에 적응할 수 있을 것
3) 장소적인 제약에 적응할 수 있을 것
4) 구조적 제약에 적응할 수 있을 것
5) 장비의 종류가 다양할 것
6) 기계화의 요구가 강할 것

2. 보선작업 기계화의 장점 (02,09산업)

1) 작업능률이 향상되어 열차 사이의 시간활용도가 높아진다.
2) 보수요원과 작업비가 절감된다.
3) 인력작업에 비하여 질적으로 우수하고 균등작업이 가능하다.
4) 재료운반과 보수요원 이동에 기동성을 부여하고 작업시간의 활용도가 향상된다.
5) 보수요원의 중노동과 인력난을 완화시킨다.

3. 보선장비의 종류

1) 검사 및 측정 장비 (06기사, 05산업)
   ① 궤도검측차
      - 속도에 따라 EM30, EM80, EM120 등이 있음
      - 선로의 틀림상태인 궤간, 고저, 방향, 수평 등을 측정하는 장비
      - 검측속도 20～80km/h, 운전속도 80～150km/h

   ② 종합검측차 : 자동화된 검측차량에 의하여 궤도, 신호, 전차선, 통신 등의 상태를 동적으로 파악하게 되므로 보수인력의 적기투입 및 정확한 보수 시행이 가능하여 열차주행 안정성 확보 및 승차감이 향상된다.

• 궤도선형(track geometry) : 레이저와 카메라에 의한 비접촉식 검측(고저, 방향, 궤간, 캔트, 비틀림)
• 레일단면(rail profile)
• 레일표면(rail surface)
• 레일주름(rail corrugation)

③ 레일 탐상차
• 탐상형식에 따라 여러 종류(US-1, ST-1등)가 있음
• 레일의 균열 및 내부결함상태를 초음파탐상방식으로 검사하는 장비
• 결함 개소에 대한 페인트 분사와 컴퓨터 기록연상장치가 있음
• 탐상속도 20~40km/h, 운전속도 60~100km/h

④ 차량용 진동가속도계 : 3성분 진동가속도계(상하, 좌우, 전후), 2성분 진동가속도계(상하, 좌우) 합성진동가속도계(상하, 좌우 및 합성)가 있음

⑤ 도상저항측정기 : 도상의 저항력을 측정하는 기계로 도상의 횡방향 저항과 종방향 저항력을 측정

⑥ 레일 축력측정기
• 부설된 궤도의 레일 축력을 측정하는 기계
• 레일 복부에 약 103mm의 표점을 설치한 후 센서를 부착하여 기록장치로 레일의 축력을 기록

⑦ 레일 단면측정기 : 레일의 단면형상, 특히 마모상태를 조사하기 위하여 레일 단면을 기록지에 기록하는 것이다.

2) 도상작업용 장비 (04,06,07,08,11,13,14**기사**, 01,05,08,09**산업**)

① 멀티플 타이탬퍼(multiple tie tamper) (05**산업**)다짐봉선단 깊이
• 궤도의 면맞춤, 줄맞춤, 도상다지기작업용 장비
• 작업속도 200~800m/h, 주행속도 60~80km/h
• 다짐봉은 레일면에서부터 250~480mm 하부까지 다짐
• 작업량 산출 (04,06,08**기사**, 09**산업**)

② 밸러스트 클리너(ballast cleaner)
• 침목하면으로 통하여 연결시킨 스크레이퍼 체인을 회전하면서 긁어 올린 자갈을 쳐서 교환하는 장비
• 작업속도 200~500m/h, 주행속도 60~80km/h

③ 밸러스트 레귤레이터(ballast regulator)
• 살포한 자갈을 주행하면서 고르게 표준도상단면을 형성하는 자갈정리장비
• 작업속도 500~1000m/h, 주행속도 60~80km/h

④ 밸러스트 콤팩터(ballact compactor)
• 침목과 침목 상이 및 도상어깨의 표면을 다져서 도상저항력을 증대
• 작업속도 250~800m/h, 주행속도 60~80km/h

⑤ 스위치 타이탬퍼(switch tie tamper)
• 분기기를 다지는 장비
• 작업속도 1~2km/h, 주행속도 60~80km/h

⑥ 궤도동적안정기(DTS : Dynamic Track Stabilizer) : 도상의 안정화를 위하여 MTT의 결점을 보완하여 궤도침하를 억제하며 다짐 후 감소된 도상횡저항력을 조기에 회복시킴

3) 레일 작업용 기계 (07기사)

① 레일연마(rail grinding) : 레일은 평로 또는 전로에서 추출된 용강을 주형에 주입해서 강괴(ingot)로 성형한 후 1150~1250℃로 가열, 압연(roll)으로 레일형상을 만드는데, 이때 인, 바륨 등이 고온에서 연소되지 않고 불순물로 존재하고, 이 불순물이 레일표면에서 0~0.3mm 두께의 탈탄층(ferrite)을 형성하는 데 신규 레일표면의 탈탄층을 제거하는 것을 레일연마라 한다.

- 필요성
  - 레일 표면 결함제거로 사용수명 연장
  - 레일답면 형상유지(profile)
  - 소음 및 진동저감, 승차감향상
  - 원가절감(레일수명연장, 차륜수명연장, 체결구·침목수명연장)
- 종류
  - 수정연마(corrective grinding)
  - 유지보수연마(mainte-nance grinding)
  - 예방연마(preventive grinding)

② 레일 교환기

③ 레일 절단기

④ 레일 천공기

⑤ 레일 굴곡 및 가열기

⑥ 레일 파상마모 및 후로 삭정기

⑦ 레일 도유기

4. 보선장비의 작업 중 안전

1) 많은 장비가 동원 운행되므로 운전지조 시에 동원되는 장비배열 등을 명확히 하여 서로 착오 없도록 하고 특히 구내입환 시에 유의하여야 한다. 이를 위해서는 역과 입환타합을 한 후 유도원 장비전호원의 전호에 따라 이동하여야 하며, 입환유도전호는 장비전방 약 30~50m에서 시행하되 확인이 용이한 선로 밖에서 하여야 한다.

2) 보선장비는 주행을 목적으로 제작된 것이 아니고 작업계통에 중점을 두었기 때문에 구내입환 시, 측선 및 분기부통과 시는 서행운전을 하고, 역유도원 이외의 직원은 포인트 취급을 해서는 안 된다.

3) 본선주행 시 신호, 기타 선로지장물에 유의하고 이상 개소를 진입 통과 시에는 위협을 대비하기 위하여 주의운전 및 환호응답을 철저히 하여야 한다.

4) 기상상태 또는 전도주시가 곤란한 때에는 10km/h 이하의 속도로 주의운전하여야 한다.

5) 주행 중 장비 간의 거리는 급정거시를 감안, 200m 이상 간격을 두고 운전하여야 한다.

5. 1종·2종 보선장비 편성

1) 1종 기계작업 장비

① 멀티플 타이탬퍼

② 밸러스트 콤팩터

③ 밸러스트 레귤레이터

2) 2종(자갈치기) 기계작업 장비의 작업순서는 다음과 같다. (05,06,09**기사**)

① 밸러스트 클리너

② 견인용 기관차/모터카/자갈화차

③ 밸러스트 레귤레이터

④ 멀티플 타이탬퍼

⑤ 밸러스트 콤팩터

3) 주행안전확보

① 이동전 장비점검 : 주행 전에 반드시 제동장치점검(제동시험) 및 각종 쇄정장치를 점검한다.

② 장비별로 전호원을 지정배치하고 운전 협의사항을 주지시킨다.

③ 역 유도원과 장비 전호원의 전호에 따라 순서대로 이동토록 한다.

④ 입환유도와 전호는 장비 전방 30m 내지 50m 거리에서 시행하되 확인이 용이하고 궤도 밖의 안전한 위치에서 전호한다.

⑤ 분기부, 건널목, 교량, 터널, 각종신호기, 선로통행개소, 공사개소전후, 열차교행 시 등의 장소를 통과할 때에는 주의운전, 환호응답(喚呼應答)을 실시하고 필요에 따라 서행토록 한다.

⑥ 기상상태 불량 시의 서행 : 기상상태, 기타 전도주시가 곤란할 때에는 10km/h 이하로 서행하면서 주의운전한다.

⑦ 이동 중 장비간의 거리는 200m 이상을 확보토록 한다.

⑧ 역구 내 진출입할 때에는 반드시 역 직원의 유도를 받아야 한다.

⑨ 작업위치로부터 10m 전방에서 일단정지 후 다음 행동으로 옮긴다.

⑩ 작업 중, 정차 중의 장비 상호 간의 거리는 10m 이상 되도록 한다.

3-5 기출문제

1. **침목의 다지기순서를 설명하시오.** (00기사)

해설 다지기의 순서 : 8자형 다지기를 원칙으로 하되 다만 선로상태 등에 따라 줄다지기 또는 2자형 다지기를 할 수 있다.

주) ○은 첫다짐을 표시함 ×은 뒷다짐을 표시함

2. **다음은 자갈치기 기계 작업에 사용되는 대형 보선장비에 대한 기술이다. 작업순서와 장비의 용도 중 빈칸에 알맞은 사항을 쓰시오.** (05,06,09기사)

> 1) 밸러스트 클리너 ( )
> 2) 견인용 기관차/모타카/자갈화차 ( )
> 3) 밸러스트 레귤레이터 ( )
> 4) 멀티플 타이탬퍼 ( )
> 5) 밸러스트 콤팩터 ( )

해설 1) 자갈치기 2) 자갈보충 3) 자갈정리 4) 다지기 작업 5) 도상표면다지기

3. **주어진 조건에서 멀티플타이탬퍼의 작업량을 산출하시오. (단, 시간당 작업량 750m/h, 효율 80%, 차단시간 3시간, 입환소요시분 5분, 차단 후 5분 전 유치완료, 작업장까지 거리 1km, 속도 30km/h)** (04,06,08기사, 09산업)

해설 총 작업시간 = 3시간 = 180분, 이동시간 = $1/30 \times 2$(왕복)$\times$(60분) = 4분

실 작업시간 = $180-(14+25+5)=166$분

작업능력 = $750 \times \dfrac{166}{60} \times 0.8 = 1,660\text{m}$

4. **장비작업의 장점을 3가지 기술하시오.** (02,09산업)

해설 1) 작업능률이 향상되어 열차 사이의 시간활용도가 높아진다.
2) 보수요원과 작업비가 절감된다.
3) 인력작업에 비하여 질적으로 우수하고 균등작업이 가능하다.
4) 재료운반과 보수요원 이동에 기동성을 부여하고 작업시간의 활용도가 향상된다.
5) 보수요원의 중노동과 인력난을 완화시킨다.

5. **레일작업용 기계의 종류를 5가지 이상 쓰시오.** (07기사)

해설 1) 레일연마기
2) 레일 교환기
3) 레일 천공기
4) 레일 절곡 및 가열기
5) 레일 도유기

6. **다음 장비(MTT, CO, RE)의 용도를 간단하게 적으시오.** (01,07,13,14기사, 01,05산업)

해설 1) 멀티플 타이탬퍼 : 궤도들기, 면맞춤, 줄맞춤, 다지기
2) 밸러스트 콤팩터 : 도상면 및 도상어깨면 달고다지기, 침목상면 체결구 청소
3) 밸러스트 레귤레이터 : 자갈정리, 자갈소운반 보충

6. **다음 설명에 맞는 보선장비명을 적으시오.** (08산업)

1) 궤도들기, 면맞춤, 줄맞춤, 도상다지기
2) 자갈치기
3) 도상면 및 도상어깨면 달고다지기, 침목상면 체결구청소
4) 자갈정리, 자갈소운반 보충
5) 분기기 다지기

해설 1) 궤도들기, 면맞춤, 줄맞춤, 도상다지기 : 멀티플 타이탬퍼
2) 자갈치기 : 밸러스트 클리너
3) 도상면 및 도상어깨면 달고다지기, 침목상면 체결구청소 : 밸러스트 콤팩터
4) 자갈정리, 자갈소운반 보충 : 밸러스트 레귤레이터
5) 분기기 다지기 : 스위치 타이템퍼

7. **분기기 구간 등과 같이 짧고 레일긴장기를 사용하기 곤란한 경우, 레일을 가열 설정온도로 세팅하는 레일 작업용기계의 명칭을 쓰시오.** (05산업)

해설 레일가열기

8. **보선작업의 기계화에 따라 과학적인 선로유지보수를 위한 측정용 기계기구를 4가지 기술하고 용도를 쓰시오.** (06기사, 05산업)

해설 1) 궤도검측차 : 선로의 틀림상태인 궤간, 고저, 방향, 수평 등을 측정하는 장비
2) 종합검측차 : 자동화된 검측차량에 의하여 궤도, 신호, 전차선, 통신 등의 상태를 동적으로 파악하여 정확한 보수 시행하는 장비
3) 레일 탐상차 : 레일의 균열 및 내부결함상태를 초음파탐상방식으로 검사하는 장비
4) 차량용 진동가속도계 : 3성분 진동가속도계(상하, 좌우, 전후), 2성분 진동가속도계(상하, 좌우) 합성진동가속도계(상하, 좌우 및 합성)가 있음
5) 도상저항측정기 : 도상의 저항력을 측정하는 기계로 도상의 횡방향 저항과 종방향 저항력을 측정
6) 레일 축력측정기 : 부설된 궤도의 레일 축력을 측정하는 기계
7) 레일 단면측정기 : 레일의 단면형상, 특히 마모상태를 조사하기 위하여 레일 단면을 기록지에 기록

9. **멀티플 타이탬퍼의 탬핑툴(다짐봉) 선단 깊이는 침목하면에서 얼마의 범위가 더 들어가도록 하는 것이 가장 적당한가?** (14기사, 05산업)

해설 레일상면에서 250～480mm이므로 침목하면에서 본다면 약 0～150mm

3-6 철도보호지구

3-6-1 지정목적 및 범위 등

1. 지정목적

철도시설 보호와 열차안전운행을 확보하여 철도사고를 예방하고 공공복리 증진에 기여함

2. 지정범위(철도안전법 제45조)

철도경계선(가장 바깥쪽 궤도의 끝선)으로부터 30m 이내 지역

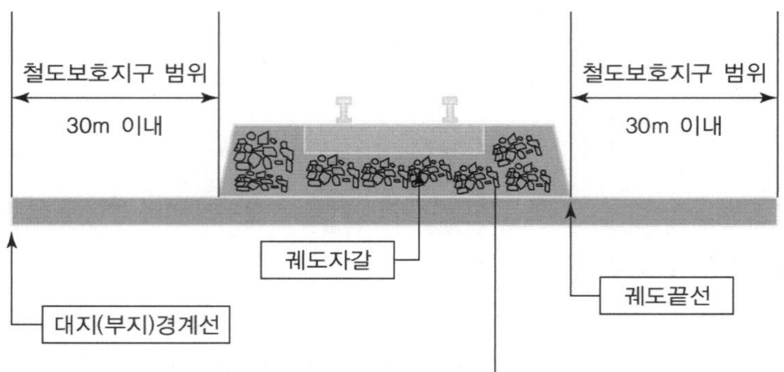

3-6-2 철도보호지구 행위신고 대상(철도안전법 제45조)

1. 토지의 형질변경 및 굴착(掘鑿)

2. 토석, 자갈 및 모래의 채취

3. 건축물의 신축 · 증축 · 개축(改築) 또는 인공구조물의 설치

4. 나무의 식재

1) 철도차량운전자의 전방시야 확보에 지장을 주는 경우
2) 나뭇가지가 전차선이나 신호기 등을 침범하거나 침범할 우려가 있는 경우
3) 호우나 태풍 등으로 나무가 쓰러져 철도시설물을 훼손시키거나 열차의 운행에 지장을 줄 우려가 있는 경우

5. 그 밖에 철도시설을 파손하거나 철도차량의 안전운행을 방해할 우려가 있는 행위로서 대통령령으로 정하는 행위

1) 폭발물이나 인화물질 등 위험물을 제조· 저장하거나 전시하는 행위
2) 철도차량 운전자 등이 선로나 신호기를 확인하는 데 지장을 주거나 줄 우려가 있는 시설이나 설비를 설치하는 행위
3) 철도신호등(鐵道信號燈)으로 오인할 우려가 있는 시설물이나 조명 설비를 설치하는 행위
4) 전차선로에 의하여 감전될 우려가 있는 시설이나 설비를 설치하는 행위
5) 시설 또는 설비가 선로의 위나 밑으로 횡단하거나 선로와 나란히 되도록 설치하는 행위

6) 그 밖에 열차의 안전운행과 철도 보호를 위하여 필요하다고 인정하여 국토교통부장관이 정하여 고시하는 행위

3-6-3 행위신고 및 행위수리

1. 철도보호지구 행위신고 절차

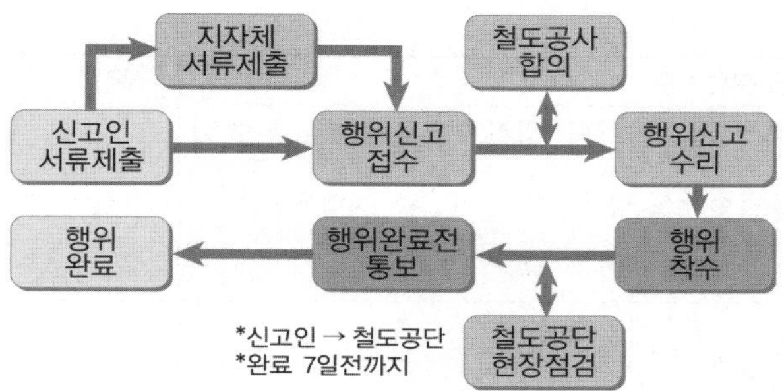

2. 철도보호지구 행위자의 제출 서류

1) 건축허가 신청서 또는 실시계획승인 신청서(해당되는 경우)
2) 다음 각 목의 사항이 포함된 설계도
   ① 철도와 공사예정지 상황을 표현한 배치도
   ② 설치시설의 평면도
   ③ 철도와 시설물 사이의 표고차가 표시된 종·횡단면도
   ④ 그 밖에 안전성 검토에 필요한 사항
3) 신고된 행위가 다음에 해당하는 경우 안전관리계획서
   ① 주유소, LPG 충전소 등 폭발물 또는 인화물질을 제조·저장·전시하는 행위 또는 제조·저장·전시하는 시설을 설치하는 행위
   ② 3층 이상 건축물의 신축·증축·개축 또는 공작물의 설치 행위
   ③ 선로 및 노반의 침하가 우려되는 굴착 또는 자갈·모래 등의 채취 행위
   ④ 타워크레인 설치 또는 파일 항타(杭打)·천공 등 대형 건설장비를 이용하는 작업이 예정되어 있는 행위
   ⑤ 가공전선로(架空電線路) 또는 전신주 설치 등 전차선로와 접촉될 우려가 있는 작업이 예정되어 있는 행위
   ⑥ 열차운행에 지장을 줄 우려가 있는 수목의 식재 행위
   ⑦ 그 밖에 철도차량의 안전운행 및 철도시설의 보호를 저해할 우려가 있다고 판단되는 행위

3. 행위수리 검토사항

1) 행위의 금지 또는 제한명령의 필요성
2) 안전조치의 필요성
3) 규정에 따른 현장 확인결과 안전조치가 필요한 사항

4) 그 밖에 알림판 설치·안전원 배치·위험물 보관 등 철도시설의 보호 또는 철도차량의 안전운행을 위하여 필요한 사항
5) 철도 이용자들의 정거장 진·출입 지장 여부

4. 안전점검

1) 행위를 기준에 따라 등급별로 구분하여 주기적으로 안전점검을 시행

구분	등급 분류기준	점검주기
A등급	• 철도시설물에 직접변형을 가져오거나 직접 접촉하여 철도 안전에 직접 영향을 줄 수 있는 작업 - 철도횡단공사(과선도로교, 지하차보도, 하수박스, 상하수도관, 가스관, 전력통신관, 가공전선로 등) - 방음벽 설치공사 등	1회/주
B등급	• 철도시설 및 열차운행에 지장을 줄 수 있다고 판단되는 공사 - 선로 및 노반의 침하가 우려되는 터파기 행위 - 파일항타(천공작업), 타워크레인, 백호우 등 대형장비 투입이 계획되어 있는 작업 - 3층 이상의 건축물 신축·증축·개축 행위 - 절개지 상부 건축행위, 선로변 도로개설 - 철도교량 하부 하천준설공사 등	1회/월
C등급	• 철도시설 및 열차운행에 지장이 경미하다고 판단되는 공사 - 소규모 건축물 신축·증축·개축 행위 등 - 장기간 공사 중지중인 행위 등	1회/월

2) 안전점검 시 철도차량의 안전 운행 및 철도시설의 보호에 지장이 우려되는 행위 발견 시 안전조치 등 요구
3) 매 분기별 특별안전점검 시행

5. 행위완료 확인

1) 행위자는 행위완료 7일 전 통보
2) 통보 시 현장점검으로 철도차량 안전운행 지장 여부 확인

제2판

철도공학 및 관계법규 포함

철도토목기사•산업기사 필기•실기 합격 바이블

초판발행 2017년 7월 7일
초판 2쇄 2018년 6월 15일
초판 3쇄 2020년 4월 14일
2판 1쇄 2021년 3월 30일

저 자 정대호, 정찬묵, 배석복
펴 낸 이 김성배
펴 낸 곳 도서출판 씨아이알

편 집 장 박영지
책임편집 최장미
디 자 인 윤지환, 윤미경
제작책임 김문갑

등록번호 제2-3285호
등 록 일 2001년 3월 19일
주 소 (04626) 서울특별시 중구 필동로8길 43(예장동 1-151)
전화번호 02-2275-8603(대표)
팩스번호 02-2265-9394
홈페이지 www.circom.co.kr

I S B N 979-11-5610-950-1 (93530)
정 가 28,000원